中国国家标准汇编

2004 年修订-2

中国标准出版社

2005

图书在版编目（CIP）数据

中国国家标准汇编．2：2004 年修订/中国标准出版社总编室编．—北京：中国标准出版社，2005
ISBN 7-5066-3915-7

Ⅰ．中…　Ⅱ．中…　Ⅲ．国家标准-汇编-中国-2004　Ⅳ．T-652.1

中国版本图书馆 CIP 数据核字（2005）第 122161 号

中国标准出版社出版发行
北京复兴门外三里河北街 16 号
邮政编码：100045
网址 www.bzcbs.com
电话：68523946　68517548
中国标准出版社秦皇岛印刷厂印刷
各地新华书店经销
*
开本 880×1230 1/16　印张 43.75　字数 1 293 千字
2006 年 1 月第一版　2006 年 1 月第一次印刷
*
定价 120.00 元

ISBN 7-5066-3915-7

出 版 说 明

1.《中国国家标准汇编》是一部大型综合性国家标准全集,自 1983 年起,按国家标准顺序号以精装本、平装本两种装帧形式陆续分册汇编出版。《汇编》在一定程度上反映了我国建国以来标准化事业发展的基本情况和主要成就,是各级标准化管理机构,工矿企事业单位,农林牧副渔系统,科研、设计、教学等部门必不可少的工具书。

2. 由于标准的动态性,每年有相当数量的国家标准被修订,这些国家标准的修订信息无法在已出版的《汇编》中得到反映。为此,自 1995 年起,新增出版在上一年度被修订的国家标准的汇编本。

3. 修订的国家标准汇编本的正书名、版本形式、装帧形式与《中国国家标准汇编》相同,视篇幅分设若干册,但不占总的分册号,仅在封面和书脊上注明“2004 年修订-1,-2,-3,……”等字样,作为对《中国国家标准汇编》的补充。读者配套购买则可收齐前一年新制定和修订的全部国家标准。

4. 修订的国家标准汇编本的各分册中的标准,仍按顺序号由小到大排列(不连续);如有遗漏的,均在当年最后一分册中补齐。

5. 2004 年度发布的修订国家标准分 10 册出版。本分册为“2004 年修订-2”,收入新修订的国家标准 50 项。

中国标准出版社

2005 年 10 月

目录

ICS 29.020
K 04

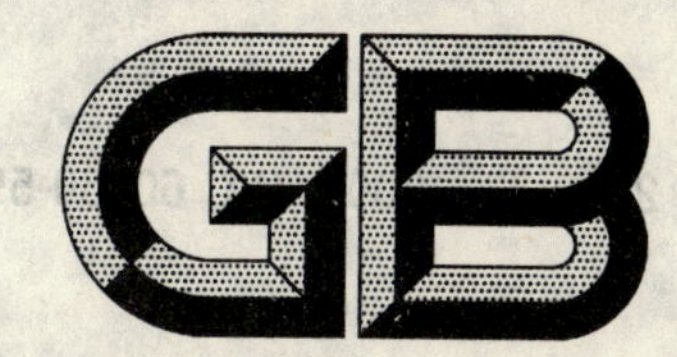

中华人民共和国国家标准

GB/T 2900.33—2004/IEC 60050-551:1998
代替 GB/T 2900.33—1993

电工术语 电力电子技术

Electrotechnical terminoligy—Power electronics

(IEC 60050-551:1998, International electrotechnical vocabulary—
Part 551:Power electronics, IEC 60050-551-20:2001,
International electrotechnical vocabulary—
Part 551-20:Power electronics—Harmonic analysis, IDT)

2004-05-10 发布 2004-12-01 实施

中华人民共和国国家质量监督检验检疫总局
中国国家标准化管理委员会 发布

前言

GB/T 2900的本部分等同采用IEC 60050-551:1998《国际电工词汇　第551部分:电力电子技术》和IEC 60050-551-20:2001《国际电工词汇　第551-20部分:电力电子技术——谐波分析》(均为英文版),正文内容完全一致。

本部分中,术语编号与国际标准一致。

为使用方便,增加附录A,其内容为一些我国经常使用,且与相关国际标准一致的术语和定义。

本部分的附录A是资料性附录。

本部分由全国电工术语标准化技术委员会提出。

本部分自发布之日起实施,过渡期6个月,代替GB/T 2900.33—1993。

本部分由全国电力电子学标准化技术委员会归口。

本部分起草单位:全国电力电子学标准化技术委员会秘书处、西安电力电子技术研究所。

本部分主要起草人:周观允、蔚红旗。

本部分历次版本情况为:GB 2900.33—1982,GB/T 2900.33—1993。

电工术语　电力电子技术

1　范围

GB/T 2900 的本部分规定了电力电子技术领域的术语及其定义，适用于电力电子技术的标准、书刊、文献、资料和技术活动。

2　规范性引用文件

下列文件中的条款通过 GB/T 2900 的本部分的引用而成为本部分的条款。凡是注日期的引用文件，其随后所有的修改单(不包括勘误的内容)或修订版均不适用于本部分，然而，鼓励根据本部分达成协议的各方研究是否可使用这些文件的最新版本。凡是不注日期的引用文件，其最新版本适用于本部分。

GB/T 3859.1　半导体变流器　基本要求的规定(GB/T 3859.1—1993 eqv IEC60146-1-1:1991)

GB/T 3859.4　半导体变流器　包括直接直流变流器的半导体自换相变流器(GB/T 3859.4—2003 idt IEC 60146-2:1999)

3　术语和定义

551-11　一般术语

551-11-01

电力电子学　power electronics

电力电子技术

控制或不控制电(力)功率的情况下，涉及电力变换或开关的电子学领域。

551-11-02

[电力][电子]变流　(electronics)(power) conversion

换流

借助电子阀器件使电力系统的一个或多个特性变化，且基本没有可观的损耗。

注：例如，特性有电压、相数和频率(包括零频率)。

551-11-03

[电力]电子通断　electronics (power) switching

借助电子阀器件使电力电路接通或断开的过程。

551-11-04

[电力][电子]电阻控制　(electronics)(power) resistance control

利用连续改变电子器件的电阻进行控制的过程。

551-11-05

[电力][电子]交流/直流变流　(electronics)a.c./d.c.(power)conversion

交流到直流或直流到交流的变流。

551-11-06

[电力][电子]整流　(electronics)(power)rectification

交流到直流的变流。

551-11-07

[电力][电子]逆变　(electronics)(power)inversion

直流到交流的变流。

551-11-08

［电力］［电子］交流变流　(electronics) a. c. (power) conversion

交流到交流的变流。

551-11-09

［电力］［电子］直流变流　(electronics) d. c. (power) conversion

直流到直流的变流。

551-11-10

［电力］直接变流　direct (power) conversion

无直流或交流环节的变流。

551-11-11

［电力］间接变流　indirect (power) conversion

有一个或多个直流或交流环节的变流。

551-12　电力电子变流器的型式

图1给出的是基本电力电子变流器的例子。

551-12-01

［电力］［电子］变流器　(electronics)(power) converter

换流器

由一个或多个阀器件连同变压器、滤波器(如有必要)和辅助装置(如有)所组成的运行单元。

注：英文“变流器”一词，有“converter”和“convertor”两种拼写，两者都正确，本部分使用“converter”。

551-12-02

交流/直流变流器　a. c. /d. c. converter

用于整流或逆变，或既可以整流也可以逆变的电子变流器。

551-12-03

电压型交流/直流变流器　voltage stiff a. c. /d. c. converter

直流电压基本平稳(例如为谐波电流提供一个低阻抗通路)的交流/直流电子变流器。

551-12-04

电流型交流/直流变流器　current stiff a. c. /d. c. converter

直流电流基本平滑(例如通过减少谐波电流)的交流/直流电子变流器。

551-12-05

直接交流/直流变流器　direct a. c. /d. c. converter

无直流或交流环节的交流/直流电子变流器。

551-12-06

间接交流/直流变流器　indirect a. c. /d. c. converter

有直流环节或交流环节的交流/直流电子变流器。

551-12-07

整流器　rectifier

用于整流的交流/直流变流器。

551-12-08

直接整流器　direct rectifer

无直流或交流环节的整流器。

551-12-09

间接整流器　indirect rectifer

有直流或交流环节的整流器。

551-12-10

逆变器 **inverter**

用于逆变的交流/直流变流器。

注：英文“逆变器”有“inverter”和“invertor”两种拼写，两者都正确，本部分使用“inverter”。

551-12-11

电压源逆变器 **voltage source inverter; voltage fed inverter**

电压平稳的逆变器。

551-12-12

电流源逆变器 **current source inverter; current fed inverter**

电流平滑的逆变器。

551-12-13

直接逆变器 **direct inverter**

无直流环节的逆变器。

551-12-14

间接逆变器 **indirect inverter**

有直流环节的逆变器。

551-12-15

无功[功率]变流器 **reactive power converter**

用于无功补偿或消耗无功功率的变流器，除变流器的损耗外，没有有功功率流动。

551-12-16

电力电子滤波器 **electronic power filter**

有源电力滤波器 **active power filter**

用于滤波的变流器。

551-12-17

交流变流器 **a. c. converter**

用于交流变流的变流器。

551-12-18

直接交流变流器 **direct a. c. converter**

无直流环节的交流变流器。

551-12-19

间接交流变流器 **indirect a. c converter**

有直流环节的交流变流器。

551-12-20

电流环节间接交流变流器 **indirect current link a. c converter**

有一个电流平滑直流环节的交流变流器。

551-12-21

电压环节间接交流变流器 **indirect voltage link a. c converter**

有一个电压平稳直流环节的交流变流器。

551-12-22

变频器 **frequency converter**

用于改变频率的交流变流器。

551-12-23

周波变流器　cycloconverter

一种直接变频器。

注 1：通过由较高频率交流系统的连续波来形成交流电压，周波变流器提供一个较低的输出频率。

注 2：通过由合适频率和持续时间的连续电压采样来形成交流电压，周波变流器提供一个较高或较低的输出频率。

551-12-24

变相器　phase converter

用于改变相数的交流变流器。

551-12-25

交流电压变流器　a. c. voltage converter

用于改变电压的交流变流器。

551-12-26

谐振变流器　resonant converter

利用谐振电路来进行换相或减少开关损耗的变流器。

551-12-27

直流变流器　d. c. converter

用于直流变流的变流器

551-12-28

直接直流变流器　direct d. c. converter

直流斩波器　d. c. chopper

无交流环节的直流变流器。

551-12-29

间接直流变流器　indirect d. c. converter

有交流环节的直流变流器。

551-12-30

正激变流器　forward converter

一种直流变流器。在可控主臂导电期间，能量从电源侧输送到负载侧。

551-12-31

反激变流器　flyback converter

一种直流变流器。经过电感贮能之后，在可控主臂空闲期间，能量从电源侧输送到负载侧。

551-12-32

升压变流器　boost converter；step-up converter

一种产生输出电压高于输入电压的直接直流变流器。

551-12-33

降压变流器　buck converter；step-down converter

一种产生输出电压低于输入电压的直接直流变流器。

551-12-34

单象限变流器　one-quadrant converter

一种交流/直流变流器或直流变流器，其直流功率的流通只有一种可能的方向。

551-12-35

双象限变流器　two-quadrant converter

一种交流/直流变流器或直流变流器，与电流方向不可变而电压方向可变（或相反的电压方向不可变而电流方向可变）相联系，直流功率的流动有两个可能的方向。

551-12-36

四象限变流器　four-quadrant converter

一种直流/交流变流器或直流变流器，与电流方向和电压方向均可改变相联系，直流功率的流动有两个可能的方向。

551-12-37

可逆变流器　reversible converter

功率流通方向可逆的变流器。

551-12-38

单变流器　single converter

一种电流型可逆交流/直流变流器，其直流电流只有一个方向。

551-12-39

双变流器　double converter

一种电流型可逆交流/直流变流器，其直流电流可在两个方向流通。

551-12-40

双变流器的变流组　converter section of a double converter

双变流器的一部分。从直流端来看，该部分的主直流电流总是沿一个方向流通。

551-12-41

多重变流器　multi-connected converter

由两个或更多个变流单元并联或串联或串并联组成的一种变流器，每个单元均以其固有方式运行。

551-12-42

半导体变流器　semiconductor converter

使用半导体阀器件的电力电子变流器。

注：类似术语也适用于其他的半导体或特定电子阀器件的变流器，或具体类型的变流器，例如晶闸管变流器，晶体管逆变器。

551-13　电力电子开关和电力电子交流控制器

551-13-01

[电力]电子开关　electronic (power) switch

包括至少一个可控的阀器件，用于电力电子通断的一种运行单元。

551-13-02

[电力]电子交流开关　electronic a. c. (power) switch

能使交流电流通断的一种电力电子开关。

551-13-03

[电力]电子直流开关　electronic d. c. (power) switch

能使直流电流通断的一种电力电子开关。

551-13-04

电力电子交流控制器　electronic a. c. power controller

能够作为可直接控制交流电压的变流器及可作为交流电子开关运行的一种单元。

551-13-05

半导体开关　semiconductor switch

使用半导体阀器件的电力电子开关。

注：类似术语也用于使用特定电子阀器件的电子开关或电力控制器，例如晶闸管控制器，晶体管开关。

551-14　电力电子设备的基本组件

551-14-01

电子器件　electronic device

其功能基于通过半导体、高真空、或气体放电使电荷载流子迁移的器件。

551-14-02

电子阀器件　electronic valve device

用于电力电子变流或电力电子通断，包括单一不可控或双稳态可控单向导电路径的不可分割的电子器件。

注1：晶闸管、电力整流二极管、开关型双极和场效应晶体管、IGBT等是典型的阀器件；

注2：两个或更多电子阀器件可以作在一个半导体芯片上（如逆导通晶闸管包括一个晶闸管和一个整流二极管，开关型场效应晶体管包括其反向二极管），或封装在一个共同的外壳中（如电力半导体模块）。这样的组合按独立的电子阀器件考虑。

551-14-03

可控阀器件　controllable valve device

在导电方向，其电流通路为双稳态可控的一种器件。

551-14-04

不可控阀器件　non-controllable valve device

整流二极管　rectifier diode

在导电方向，不需施加任何控制信号，电流通路即可导通的一种反向阻断阀器件

551-14-05

反向阻断阀器件　reverse blocking valve device

能够阻断施加于其不导电方向的规定的直流电压的一种阀器件。

551-14-06

反向不阻断阀器件　non-reverse blocking valve device

在其不导电方向，不能够阻断任何大于几伏电压的一种可控阀器件。

注：在特定的电力电子电路中，这种阀器件要求抑制任何反向电压，例如反并联不可控阀器件（整流二极管）。

551-14-07

擎住阀器件　latching valve device

一种可控阀器件。当阀器件开通时擎住，这意味着在触发信号结束之后仍维持在通态。

注1：大多数擎住阀器件仅可由外部措施抑制通过导电路径的电流来关断；

注2：GTO（可关断晶闸管）是一种可由控制信号关断的擎住阀器件；

注3：擎住阀器件可以是反向阻断的或反向不阻断的。

551-14-08

开关阀器件　switched valve device

可以由控制信号开通和关断的一种可控阀器件。

551-14-09

半导体阀器件　semiconductor valve device

一种是半导体器件的电子阀器件。

551-14-10

高真空阀器件　high vacuum valve device

真空等级高到可以忽略电离效应的一种电子阀器件。

551-14-11

离子阀器件　ionic valve device

充气阀器件　gas-filled valve device

气体电离效应起主要作用的电子阀器件。

551-14-12

阀器件堆　valve device stack

由一个或多个电子阀器件连同其安装件和辅助件(如有)组成一体的结构。

551-14-13

阀器件装置　valve device assembly

由电子阀器件或堆通过电气和机械连接而组合成的总装体,包括其机械结构内的所有电联结和辅助件。

注:类似术语也适用于由特定电子阀器件组成的堆和装置,例如二极管堆(仅为整流二极管)、晶闸管装置(仅为晶闸管,或与整流二极管共同组成)。

551-14-14

换相电抗器　commutation reactor

包括在换相电路中,用来增加换相电感量的电抗器。

551-14-15

换相电容器　commutation capacitor

包括在换相电路中,用来供给换相电压的电容器。

551-14-16

相间变压器　interphase transformer

平衡电抗器

利用装在同一个铁心的绕组间的感应耦合,使两个或多个相的换相组得以并联运行的一种电磁器件。

551-14-17

阻尼器[电路]　snubber (circuit)

为减少诸如瞬态过电压、开关损耗、高的电压或电流上升率而在一个或几个电子阀器件上连接的辅助电路。

注:常用诸如RC阻尼器、并联阻尼器、交流侧阻尼器等特定术语。

551-14-18

直流滤波器　d.c. filter

接在变流器的直流侧以减少相连系统纹波的滤波器。

551-14-19

交流滤波器　a.c. filter

接在变流器的交流侧以减少相连系统谐波电流环流的滤波器。

551-15　电力电子设备的电路和电路组成部分

551-15-01

[阀]臂　(valve)arm

电力电子变流器或开关的一部分电路,以任意两个交流或直流端子为界,包括一个或多个连接在一起的同时导电的电子阀器件及其他组件(如有)。

551-15-02

主臂　principal arm

在由变流器或电子开关的一侧向另一侧传送电力中起主要作用的阀臂。

注:根据运行方式,主臂可以作为辅助臂,或辅助臂也可以作为主臂。

551-15-03

臂对　pair of arms

沿同一导通方向串联连接的两个阀臂。

551-15-04

反并联臂对　pair of antiparallel arms

按相反导通方向并联的两个阀臂。

551-15-05

辅助臂　auxiliary arm

主臂之外的任何其他阀臂。

注：辅助臂有时不只有下述一种功能：旁路臂、续流臂、关断臂或再生臂。

551-15-06

旁路臂　by-pass arm

提供一个允许电流流通的路径，而电源和负载间无电能交换的一种辅助臂。

551-15-07

续流臂　free-wheeling arm

只包含不可控阀器件的一种旁路臂。

551-15-08

关断臂　turn-off arm

直接从导通的阀臂过渡性地接受电流的辅助臂，由一个或多个不能用控制信号将其关断的擎住阀器件组成。

551-15-09

再生臂　regenerative arm

将一部分电力由负载侧传送到电源侧的一种辅助臂。

551-15-10

变流联结　converter connection

阀臂与其他对变流器主电路起重要作用的部件之间的电气连接方式。

551-15-11

基本变流联结　basic converter connection

变流器中主臂的电气连接方式。

551-15-12

(变流器的)单拍联结　single -way connection(of a converter)

变流联结的一种，其通过交流电路每一相端子的电流是单方向的。

551-15-13

(变流器的)双拍联结　double -way connection(of a converter)

变流联结的一种，其通过交流电路每一相端子的电流是双方向的。

551-15-14

桥式联结　bridge connection

全部由臂对组成的一种双拍联结。以臂对的中心端子作为交流电路的相端子，连接在一起的同极性端子为直流端子。

551-15-15

均一联结　uniform connection

所有主臂都可控或都不可控的一种联结。

551-15-16

不可控联结　non-controllable connection

所有主臂都不可控的一种均一联结。

551-15-17

全控联结　fully controllable connection

所有主臂都可控的一种均一联结。

551-15-18

非均一联结　non-uniform connection

兼有可控和不可控主臂的一种联结。

551-15-19

半控联结　half-controllable connection

半数主臂是可控的非均一联结。

551-15-20

(换相组的)**多重联结　multiple connection** (of commutating groups)

由两个或多个相同但不同时换相的换相组组成的一种联结,其各换相组的直流电流是叠加的。

551-15-21

升压和降压联结　boost and buck connection

两个或多个变流联结的串联联结,根据独立联结的控制,其直流电压相加或相减。

551-15-22

(串联联结的)**级　stage** (of a series connection)

两个或多个变流联结中串联联结的一部分,由一个或多个变流联结并联而成。

551-16　电力电子设备的运行

551-16-01

换相　commutation

在变流器中,电流由一个导通臂向下一个导通臂顺序转移的过程,电流不中断,该两个臂在一限定的时间内同时导电。

551-16-02

换相电压　commutating voltage

使电流换相的电压。

551-16-03

换相电路　commutation circuit

由换相臂和换相电压源所组成的电路。

551-16-04

换相期　commutation interval

换相臂同时流通主电流的时间间隔。

551-16-05

重叠角　angle of overlap

用电角度表示的换相期。

551-16-06

换相缺口　commutation notch

电网换相或机械换相变流器的交流网侧电压因换相而出现的周期性电压瞬变。

551-16-07

换相电感　commutation inductance

换相电路中的总电感。

551-16-08

换相组　commutating group

电流与其他主臂无过渡换相,而只在其组内轮流转移的一组主臂。

551-16-09

直接换相　direct commutation

两个主臂之间不经过任何辅助臂过渡的一种换相方式。

551-16-10

间接换相　indirect commutation

借助一个或多个辅助臂的连续换相,实现由一个主臂到另一个主臂或返回到原臂的一系列换相过程。

551-16-11

外部换相　external commutation

由变流器或电子开关以外的电源提供换相电压的一种换相方式。

551-16-12

电网换相　line commutation

由电网提供换相电压的一种外部换相方式。

551-16-13

负载换相　load commutation

由负载而不是电网提供换相电压的一种外部换相方式。

551-16-14

机械换相　machine commutation

由旋转电机提供换相电压的一种外部换相方式。

551-16-15

自换相　self-commutation

由变流器或电子开关内部零件提供换相电压的一种换相方式。

551-16-16

阀器件换相　valve device commutation

通过用控制信号关断导通的电子阀器件而产生换相电压的一种自换相方法。

注:同时开通下一个电子阀器件。

551-16-17

电容换相　capacitor commutation

由换相电路内的电容器提供换相电压的一种自换相方法。

551-16-18

自动顺序换相　auto-sequential commutation

一种电容换相方法。当接通电容器将换相电压加到前一个主臂时,下一个主臂自动导通。

551-16-19

熄断　quenching

在没有换相的情况下,臂内电流终止流通的现象。

551-16-20

阀器件熄断　valve device quenching

依靠电子阀器件自身而实现熄断的一种熄断方法。

551-16-21

外部熄断　external quenching

由电子阀器件之外的原因而导致熄断的一种熄断方法。

551-16-22

熄断电压　quenching voltage

使电流熄断的电压。

551-16-23

相[位]控[制]　phase control

改变电子阀器件或阀臂在周期内导电开始时刻的过程。

551-16-24

对称相[位]控[制]　symmetrical phase control

全控变流联结或换相组内所有主臂具有相同延迟角的一种相位控制。

551-16-25

不对称相[位]控[制]　asymmetrical phase control

在变流联结或换相组内的主臂具有不同延迟角的一种相位控制。

551-16-26

顺序相控　sequential phase control

按给定顺序确定延迟角的一种非对称相位控制。

551-16-27

脉冲控制　pulse control

改变主臂重复导电的起点和/或终点的控制。

551-16-28

脉冲持续时间控制　pulse duration control

改变脉冲的持续时间而保持频率不变的一种脉冲控制。

551-16-29

脉[冲]频[率]控制　pulse frequency control

改变脉冲频率而保持脉冲持续时间不变的一种脉冲控制。

551-16-30

脉宽调制控制　pulse width modulation control

PWM 控制(简写)　PWM control(abbreviation)

为产生某一输出波形,在每一基本周期调制脉冲的宽度或频率,或同时调制脉冲的宽度和频率的一种脉冲控制。

551-16-31

多周波控制　multicycle control

改变导电周波数与不导电周波数之比的过程。

551-16-32

电流延迟角　current delay angle

电流导通的起始瞬间由于相控而延迟的时间间隔,以电角度表示。

551-16-33

触发延迟角　trigger delay angle

相控时,触发脉冲滞后于基准点的时间间隔,以电角度表示。

注:对电网、机械或负载换相变流器,基准点为换相电压的过零点;对交流控制器则为电源电压的过零点。对于感性负载的交流控制器,则为相位移与电流延迟角之和。

551-16-34

触发超前角　trigger advance angle

触发脉冲超前于基准点的时间间隔,以电角度表示。

注:对电网、机械或负载换相变流器,基准点为换相电压的过零点。

551-16-35

固有延迟角　inherent delay angle

由于多重叠角的原因,即使无相控也会出现的电流延迟角。

注:在电网换相变流器的重叠角大时产生多重叠角。

551-16-36

相控因数　phase control factor

在相控情况下,假定所有的(电)压降为零,在主电流延迟角时的电压与零电流延迟角时的电压之比。

551-16-37

多周波控制因数　multicycle control factor

多周波控制情况下,导通周波数对导通与不导通周波数之和的比。

551-16-38

脉冲控制因数　pulse control factor

假设换相电感量为零,主臂在脉冲持续时间控制情况下的导通比。

551-16-39

[直流变流器的]转换因数　transfer factor (of a d. c. converter)

负载侧电压与电源侧电压之比。

551-16-40

通态　on state;

导通状态　conducting state

电流通过电子阀器件或臂时的状态。

551-16-41

断态　off state;

正向阻断状态　forward blocking state

由于没有导通信号,致使可控阀器件或由其构成的臂在导通方向不能流过负载电流的这种不导通状态。

551-16-42

反向阻断状态　reverse blocking state

在反向阻断阀器件或由其构成的臂的主端子间施加反向电压时的不导通状态。

551-16-43

(电子阀器件的或阀臂的)**导通方向　conducting direction** (of an electronic valve device or of a valve arm)

电子阀器件或阀臂能够导通电流的方向。

551-16-44

(电子阀器件的或阀臂的)**不导通方向　non-conducting direction** (of an electronic valve device or of a valve arm)

与导通方向相反的方向。

551-16-45

关断期　hold-off interval

擎住阀器件电流下降到零的时刻到该阀器件承受再加断态电压时刻之间的时间间隔。

551-16-46

基本周期　elementary period

周期性重复现象的一个循环所持续的时间。

551-16-47

基本频率 elementary frequency

基本周期的倒数。

551-16-48

(阀臂的)**导通期 conduction interval** (of a valve arm)

阀臂在基本周期内导通的时间。

551-16-49

(阀臂的)**不导通期 idle interval** (of a valve arm)

阀臂在基本周期内不导通的时间。

551-16-50

导通比 conduction ration

导通期对导通期与不导通期之和的比。

551-16-51

电路反向阻断期 circuit reverse blocking interval

反向阻断阀器件或由其构成的臂处于反向阻断状态的时间。

551-16-52

电路断态期 circuit off-state interval

可控阀器件或由其构成的臂处于断态的时间。

551-16-53

电路断态工作峰值电压 circuit crest working off-state voltage

可控阀器件或由其构成的臂两端出现的断态电压的最高瞬时值,不包括所有的重复和不重复瞬变电压。

551-16-54

电路断态重复峰值电压 circuit repetitive peak off-state voltage

可控阀器件或由其构成的臂的两端出现的断态电压的最高瞬时值,包括所有重复瞬变电压,但不包括所有不重复瞬变电压。

551-16-55

电路断态不重复峰值电压 circuit non-repetitive peak off-state voltage

反向阻断阀器件或由其构成的臂两端出现的任何不重复断态电压的最高瞬时值。

551-16-56

电路反向工作峰值电压 circuit crest working reverse voltage

反向阻断阀器件或由其构成的臂两端出现的反向电压的最大瞬时值,但不包括所有的重复和不重复瞬变电压。

551-16-57

电路反向重复峰值电压 circuit repetitive peak reverse voltage

反向阻断阀器件或由其构成的臂两端出现的反向电压的最大瞬时值,包括所有重复瞬变电压,但不包括所有不重复瞬变电压。

551-16-58

电路反向不重复峰值电压 circuit non-repetitive peak reverse voltage

反向阻断阀器件或由其构成的臂两端出现的任何反向不重复电压的最大瞬时值。

551-16-59

换相失败 commutation failure

电流未能由导电臂转移到后继导电臂的现象。

551-16-60

穿通　break-through

可控阀器件或由其构成的臂在正向阻断时间内丧失阻断能力的故障。

551-16-61

触发　triggering

使擎住阀器件或由其构成的臂实现开通的控制效应。

551-16-62

开通　firing

在擎住阀器件或由其构成的臂的导电方向建立主电流的过程。

551-16-63

误通　false firing

擎住阀器件或由其构成的臂在不应当导通时刻开通。

551-16-64

直通　conduction through

在逆变运行过程中，正常导通期结束时或关断之后，阀臂继续导电的情况。

551-16-65

失通　firing failure

擎住阀器件或由其构成的臂在应导通期间未能实现导通的现象。

551-16-66

(电子阀器件或阀臂的)**击穿　breakdown**(of an electronic device or a valve arm)

电子阀器件或阀臂永久丧失阻断电压性能的一种损坏现象。

551-16-67

正向击穿　forward breakdown

可控阀器件或由其构成的臂永久丧失正向阻断电压性能的一种损坏现象。

551-16-68

反向击穿　reverse breakdown

反向阻断阀器件或由其构成的臂永久丧失反向阻断电压性能的一种损坏现象。

551-16-69

阀器件闭锁　valve device blocking

借助抑制控制信号，使可控阀器件或由其构成的臂不再导通的控制作用。

551-16-70

(直流电流的)**断续流通　intermittent flow**(of direct current)

直流电流呈周期性间断的流通。

551-16-71

(直流电流的)**连续流通　continuous flow** (of direct current)

直流电流的无周期性间断现象的流通。

551-17　电力电子设备的基本性能

551-17-01

脉波数　pulse number

在一个基本周期内，在主臂之间对称而不是同时发生的直接或非直接的换相次数。

551-17-02

电路角　circuit angle

在整流联结中，电流延迟角为零时，交流阀侧相电压波顶与未经滤波的直流电压同时出现或紧接出现的波顶之间的相位角。

551-17-03

换相数　commutation number

在一个基本周期内,每一换相组中,一个主臂到另一个主臂的换相次数。

551-17-04

谐波含量　harmonic content

见 551-20-12。

551-17-05

[总]谐波因数　(total)harmonic factor

THF(简写)　THF(abbreviation)

见 551-20-15。

551-17-06

[总]谐波畸变　(total) harmonic distortion

THD(简写)　THD(abbreviation)

见 551-20-13。

551-17-07

基波因数　fundamental factor

见 551-20-17。

551-17-08

基波功率　fundamental power

由电压和电流的基波分量所决定的有功功率。

551-17-09

直流功率　DC power

直流电压和直流电流(均为平均值)的乘积。

551-17-10

变流因数　conversion factor

基波输出功率或直流输出功率对基波输入功率或直流输入功率之比。

551-17-11

整流因数　rectification factor

整流时,直流功率对基波输入功率之比。

551-17-12

逆变因数　inversion factor

逆变时,输出基波功率对直流功率之比。

551-17-13

交流变流因数　AC conversion factor

交流变流时,基波输出功率对基波输入功率之比。

551-17-14

直流变流因数　DC conversion factor

直流变流时,负载侧直流功率对电源侧直流功率之比。

551-17-15

理想空载直流电压　ideal no -load direct voltage

假定无相控、电子阀器件无门槛电压且轻载时电压不上升,交流/直流变流器的理论空载直流电压。

551-17-16

受控理想空载直流电压　controlled ideal no -load direct voltage

假定电子阀器件无门槛电压且轻载时电压不上升,交流/直流变流器对应于一个特定触发延迟角下的理论空载直流电压。

551-17-17

约定空载直流电压　conventional no-load direct voltage

在无相控(即电流延迟角为零)条件下,将直流电压/电流特性曲线由直流电流连续流通区延伸到零电流处所得到的直流电压平均值。

551-17-18

受控约定空载直流电压　controlled conventional no-load direct voltage

将直流电压/电流特性曲线由直流电流连续流通区延伸到零电流处所得到的,对应于一个特定触发延迟角的直流电压平均值。

551-17-19

实际空载直流电压　real no-load direct voltage

直流电流为零时的实际平均直流电压。

551-17-20

过渡电流　transition current

随着电流的减小,换相组的直流电流刚出现间断时变流联结的平均直流电流。

551-17-21

直流电压调整值　direct voltage regulation

在相同的触发延迟角下,不考虑稳定装置(如有)的校正效应,约定空载直流电压与负载下直流电压之差。

551-17-22

固有直流电压调整值　inherent direct voltage regulation

不考虑交流系统阻抗效应时的直流电压调整值。

551-17-23

总直流电压调整值　total direct voltage regulation

包括交流系统阻抗效应时的直流电压调整值。

551-17-24

阻性直流电压调整值　resistive direct voltage regulation

由电阻引起的直流电压调整值(不包括电子阀器件的门槛电压)。

551-17-25

感性直流电压调整值　inductive direct voltage regulation

由换相电感引起的直流电压调整值。

551-17-26

[电子阀器件的]门槛电压　threshold voltage (of an electronic valve device)

由电子阀器件通态特性的近似直线与电压轴的交点处所得到的电压值。

551-17-27

(直流侧的)纹波电压　ripple voltage (on the DC side)

变流器直流侧电压中的交流电压分量。

551-17-28

直流波形因数　DC form factor

含有直流分量的周期变化量在整个周期内的方均根值对平均值之比。

551-17-29

直流纹波因数　DC ripple factor

脉动直流电量的峰值与谷值之差的一半对该直流电量平均值之比。

注：对于低值直流纹波因数，其量近似等于最大值与最小值的差对最大值与最小值的和之比。

551-18　电力电子变流器的特性曲线

551-18-01

[变流器的]特性[曲线]　characteristic (curve) (of a converter)

表示输出电压与输出电流之间的关系曲线。

551-18-02

(电网换相变流器的)自然特性　natural characteristic (of a line commutated converter)

仅由设备的基本部分(例如变压器和阀器件装置)所决定的特性。

551-18-03

[电网换相变流器的]强制特性　forced characteristic (of a line commutated converter)

采取附加措施(例如使影响量在规定限值内变化的稳定措施)后所得到的特性。

551-18-04

稳定输出特性　stabilized output characteristic

当影响量变化时，输出量仍能保持稳定的一种强制特性。

551-18-05

稳压特性　stabilized voltage characteristic

具有稳定输出电压的特性。

551-18-06

稳流特性　stabilized current characteristic

具有稳定输出电流的特性。

551-18-07

自动开通　automatic switching on

设备具有的一种强制特性，使其能自动地开通。

551-18-08

自动关断　automatic switching off

设备具有的一种强制特性，使其能自动地关断。

551-18-09

跃变特性　jumping characteristic

设备具有从一种特性跃变到另一种特性(例如改变稳定装置的设定值)的特性。

551-18-10

综合特性　composite characteristic

稳压和稳流特性组合而成的特性。

551-19　稳定电源

551-19-01

影响量　influence quantity

在电力电子学领域，一般指电源之外可以影响其性能的任何量。

551-19-02

稳定　stabilization

在电力电子学领域，指减少影响量变化对输出量的影响。

551-19-03

稳定电源 stabilized power supply

在电力电子学领域,指从电源取得电能,并通过内部措施使之稳定,向一对或多对输出端子供电的一种设备。

551-19-04

恒压电源 constant voltage power supply

相对于影响量的变化而论,能稳定输出电压的电源。

551-19-05

恒流电源 constant current power supply

相对于影响量的变化而论,能稳定输出电流的电源。

551-19-06

恒压或恒流电源 constant voltage or constant current power supply

根据负载条件,作为恒压电源或者作为恒流电源运行的一种稳定电源。

551-19-07

允差带 tolerance band

稳定电源的稳定输出量的稳态值范围,处于偏离预定值(如标称值)规定的上下限值之间。

551-19-08

恒压到恒流的转换 constant voltage to constant current crossover

稳定电源的一种特性。当输出电流达到一个预定值时,能自动从稳压转换到稳流方式运行,反之亦然。

551-19-09

交叉区 crossover area

当稳定电源的运行方式发生变化(例如从稳压到稳流)时,输出量值的范围。

注 1:在此区间,输出量不作规定。

注 2:除非另有说明,交叉区由负载影响带或允差带的重叠部分给出。

551-19-10

交叉点 crossover point

对于稳定电源,是指表示两个稳定输出量标称值直线的交点,通常在交叉区的中央。

551-19-11

并联运行 parallel operation

稳定电源的一种运行方式。所有相同的输出端子连接和安装在一起,使总负载由所有电源共同分担。

551-19-12

从属运行 slave operation

稳定电源的一种运行方式。只要调节主电源即可实现互连稳定电源的协调控制。

551-20 电力电子技术领域的谐波分析

551-20-01

(傅立叶级数)基波分量 fundamental component (of a Fourier series)

基波 fundamental

周期量的傅立叶级数中具有其自身频率的正弦分量。

551-20-02

基准基波分量 reference fundamental component

周期量之傅立叶级数的正弦分量,其频率为其他所有分量的基准且不是基波分量。

注1：如果上下文的陈述明确，则“基准”一词可以省略，但本标准不推荐这样做。

注2：对实用分析来说，周期数的近似计算可能是必需的。

注3：在电力电子技术领域，常常把具有AC电源系统频率或具有变流器输出量频率的分量作为基准基波分量。

551-20-03

基波频率　fundamental frequency

基波分量的频率。

551-20-04

基准基波频率　reference fundamental frequency

基准基波分量的频率。

注：如果上下文的陈述明确，则“基准”一词可以省略，但本标准不推荐这样做。

551-20-05

谐波频率　harmonic frequency

基波频率或基准基波频率一倍以上的整数倍频率。

551-20-06

间谐波频率　interharmonic frequency

基准基波频率的非整数倍频率。

551-20-07

谐波分量　harmonic component

周期量中具有谐波频率的正弦分量。

注：对实用分析来说，周期数的近似计算可能是必需的。

551-20-08

间谐波分量　interharmonic component

周期量中具有间谐波频率的正弦分量。

注：对实用分析来说，周期数的近似计算可能是必需的。

551-20-09

谐波次数　harmonic order

任一正弦分量的频率对基波频率或基准基波频率之比。

注：基波分量或基准基波分量的谐波次数为1。

551-20-10

分谐波分量　次谐波分量　subharmonic component

谐波次数小于1的间谐波分量。

注：在某些应用中，该分量的次数被限制为整数的倒数。

551-20-11

总畸变含量　total distortion content

从一个交流量中减去其基波分量或基准基波分量而得的量。

注1：总畸变含量包括谐波分量和间谐波分量（如有）。

注2：总畸变含量与基波分量的选择有关。如果文中没有说明所减去的是哪一个基波分量，则应予指定。

注3：总畸变含量是时间的函数。

注4：交流量是一个直流分量为零的周期量。

551-20-12

谐波含量　harmonic content

一个周期量中各谐波分量之和。

注1：谐波含量是时间的函数。

注2：对实用分析来说，周期数的近似计算可能是必需的。

注 3:谐波含量与基波分量的选择有关。如果文中没有说明所用的是哪一个基波分量,则应予指定。

551-20-13

总谐波率　total harmonic ratio

总谐波畸变率　total harmonic distortion

THD(简写)

谐波含量的方均根值对交流量的基波分量或基准基波分量的方均根值之比。

注 1:总谐波率与基波分量的选择有关。如果文中没有说明所用的是哪一个基波分量,则应予指定。

注 2:总谐波率可以限定为对于某一特定的谐波次数,此时,应予说明。

551-20-14

总畸变率　total distortion ratio

总畸变含量的方均根值对交流量的基波分量或基准基波分量方均根值之比。

注 1:总畸变率与基波分量的选择有关。如果文中没有说明所用的是哪一个基波分量,则应予指定。

注 2:总畸变率可以近似为对于某一特定的谐波次数,此时,应予说明。

551-20-15

总谐波因数　total harmonic factor

谐波含量的方均根值对交流量的方均根值之比。

注:总谐波因数与基波分量的选择有关。如果文中没有说明所用的是哪一个基波分量,则应予指定。

551-20-16

总畸变因数　total distortion factor

总畸变含量的方均根值对交流量的方均根值之比。

注:总畸变因数与基波分量的选择有关。如果文中没有说明所用的是哪一个基波分量,则应予指定。

551-20-17

基波因数　fundamental factor

基波分量的方均根值或基准基波分量的方均根值对交流量的方均根值之比。

注:基波因数与基波分量的选择有关。如果文中没有说明所用的是哪一个基波分量,则应予指定。

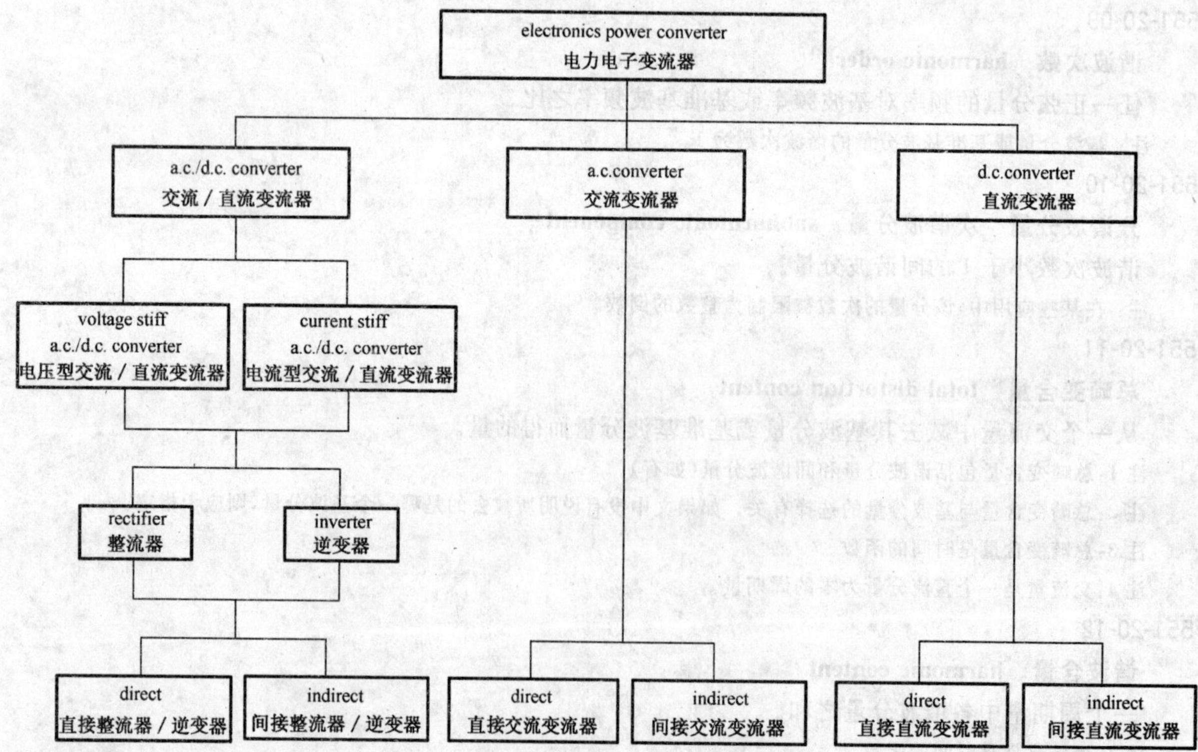

图 1　基本电力电子变流器的例子

附 录 A
（资料性附录）
电力电子技术经常使用的其他中文术语

以下的术语和定义可参见 GB/T 3859.1 和 GB/T 3859.4。

A.1 电力电子设备 electronic power equipment

主要功能是以电子技术变换和开关电力的设备。包括变流器、电子开关、电力电子交流控制器、稳定电源和不间断电源（UPS）等。

A.2 变流设备 converter equipment

同 551-12-01 的定义。

注：习惯上将“变流器”作为“变流设备”和“变流装置”的泛称词使用，且一般情况下意指变流设备。当需要明确区别，防止两者混淆时，则应使用“变流设备”。

A.3 变流装置 converter assembly

变流器的臂和主电路中其他起主要作用的部分，特别是直流电容器，电抗器和门极设备，在电和机械上的组装体。

注：类似术语也适用于具体阀器件组成的装置，例如二极管装置、晶闸管装置。

A.4 触发器 触发设备 triggering device

将控制信号变换成适当的触发脉冲以控制可控阀器件的有关单元，包括移相、计时和脉冲形成电路，一般还包括电源电路。

A.5 平衡温度 equilibrium temperature

在指定负载和冷却条件下，部件处于热稳定状态时的温度。

注：不同部件的平衡温度一般是不同的，建立热平衡所需要的时间也不一样，且与热时间常数成正比。

A.6 冷却媒质 cooling medium

从设备或热交换器带走热量的气体（如空气）或液体（如水）。

A.7 热转移媒质 heat transfer agent

将发热部分之热能传至热交换器的液体或气体。

A.8 直接冷却 direct cooling

冷却媒质直接与被冷却的设备部件相接触的冷却方法，即不使用热转移媒质的冷却方法。

A.9 间接冷却 indirect cooling

使用热转移媒质将设备部件产生的热量转移至冷却媒质的冷却方法。

A.10 自然循环（对流）冷却 natural circulation(convection) cooling

利用密度随温度变化而产生的流体循环过程来带走热量的冷却方法。

A.11 强迫冷却 forced cooling

利用风机或泵来加快流体速度以提高散热效果的冷却方法。

A.12 混合冷却 mixed cooling

交替使用自然冷却和强迫冷却来带走热量的冷却方法。

A.13 额定值 rated value

相对于定义的运行条件,供货者所规定的电、热、机械和环境参数。在此条件和参数下,阀器件、堆、装置或变流器能作预期的良好运行。

注1:电源系统的标称值(例如标称电压)一般等于变流器的对应额定值,两者的值都应在有关参数的容许变动范围之内。

注2:半导体器件与其他电器元件不同,只要超过额定值,即使运行时间极短,也会损坏。

注3:应规定额定值的变化范围,对于某些指定的限值,可为最大值或最小值。

A.14 [变流器]输入 (converter) input

变流器引入电力进行变换的那部分(在正常运行情况下)。

A.15 [变流器]输出 (converter) output

在电力进行变换之后引出变流器的那部分(在正常情况下)。

注:如果两个方向电力流动相同,则输入和输出可随机假定。

中 文 索 引

F

G

H

J

K

英 文 索 引

A

B

C

D

Q

R

S

ICS 29.120.50;01.040.29
K 04

中华人民共和国国家标准

GB/T 2900.49—2004/IEC 60050(448):1995
代替 GB/T 2900.49—1994

电工术语　电力系统保护

Electrotechnical terminology—Power system protection

(IEC 60050(448):1995, International electrotechnical vocabulary—
Chapter 448: Power system protection, IDT)

2004-05-10 发布　　2004-12-01 实施

中华人民共和国国家质量监督检验检疫总局
中国国家标准化管理委员会　发布

前　言

GB/T 2900 的本部分等同采用国际电工委员会 IEC 60050(448):1995《国际电工词汇　第 448 章:电力系统保护》(英文版)。

本部分的编写格式和表述规则完全符合 GB/T 1.1—2000《标准化工作导则　第 1 部分:标准的结构和编写规则》的要求。

本部分的采标标识和编号方法符合 GB/T 20000.2—2001《标准化工作指南　第 2 部分:采用国际标准的规则》的要求。

本部分自实施之日起,代替 GB/T 2900.49—1994。

本部分由全国电工术语标准化技术委员会提出。

本部分由全国电工术语标准化技术委员会和全国量度继电器和保护设备标准化技术委员会归口。

本部分起草单位:许昌继电器研究所、南瑞继保电气有限公司、机械科学研究院、国电南京自动化股份有限公司。

本部分主要起草人:李志勇、夏期玉、杨芙、高永生。

本部分所代替标准的历次版本发布情况为:

——GB/T 2900.49—1994。

电工术语 电力系统保护

1 范围

GB/T 2900 的本部分规定了电力系统保护及继电保护装置的专用术语。

2 术语和定义

2.1 基本术语和定义

448-11-01

保护 protection

在电力系统中检出故障或其他异常情况，从而使故障切除、终止异常情况或发出信号或指示。

注1：保护是一个用于保护装置或保护系统的一般性词语。

注2：保护可以用于描述整个电力系统的保护或者电力系统中个别构成单元的保护，例如变压器保护、线路保护、发电机保护。

注3：保护不包括电力系统的构成单元，例如用于限制电力系统过电压的单元。但它包括用于控制电力系统电压或频率偏差的单元，比如电抗器自动投切、减负荷等等。

448-11-02

保护继电器 protection relay; protective relay (USA)

单独地或与其他继电器组合在一起构成某个保护装置的一种量度继电器。

448-11-03

保护装置 protection equipment; relay system (USA)

一个或多个保护继电器和逻辑元件按需要结合在一起，完成某项特定保护功能的装置。

注：一个保护装置是一个保护系统的组成部分。

示例：距离保护装置，相位比较保护装置(一套相位比较保护装置是相位比较保护系统在线路一端的组成部分)。

448-11-04

保护系统 protection system

完成某项规定保护功能，由一个或多个保护装置和其他器件组成。

注1：一个保护系统包括一个或多个保护装置，仪用互感器、接线、跳闸回路及辅助电源，有时还有通信系统。根据保护系统的原理，它可以包括被保护区的一端或所有各端，可能还包括自动重合闸装置。

注2：不包括断路器。

448-11-05

保护区 protected section

电力系统网络或网络内回路中应用规定保护的那个部分。

448-11-06

保护的选择性 selectivity of protection

保护检出电力系统的故障区和/或故障相的能力。

448-11-07

保护的区选择性 section selectivity of protection

保护检出电力系统故障区的能力。

448-11-08

保护的相选择性 phase selectivity of protection

保护检出电力系统故障相的能力。

448-11-09

单元保护　unit protection

其动作和区选择性取决于比较被保护区各端电量的一种保护。

注：在美国，术语“单元保护”指用于发电机的保护。

448-11-10

非单元保护　non-unit protection

其动作和区选择性取决于量度继电器对被保护区一端的电量的测量，及在某些情况下各端之间逻辑信号交换的一种保护。

注：非单元保护的区选择性可以取决于整定，特别是关于时间的整定。

448-11-11

分相保护　phase segregated protection; segregated phase protection (USA)

具有相选择性的保护，一般为单元保护。

448-11-12

不分相保护　non-phase segregated protection

不具有相选择性的保护，一般为单元保护。

注：不分相单元保护一般使用导出单相量的方法代表所有三个电力相，比如总加互感器或相序网络。

448-11-13

主保护　main protection; primary protection (USA)

电力系统中预定优先启动切除故障或用作结束异常情况的保护。

注：对于某项给定的设备可以有两个或更多的主保护。

448-11-14

后备保护　backup protection

由于主保护动作失效或不能动作或者相关联的断路器动作失灵，导致系统故障在预定的时间内未被切除或异常情况未被发现时预定动作的保护。

注：在美国，术语“后备保护”是指在主保护系统中指定装置独立工作的一种保护方式。后备保护仅仅在主保护系统失灵或退出运行时可作为主保护运行。

448-11-15

电路近后备保护　circuit local backup protection

由激励主保护的仪用互感器、或由主保护同一个一次电路中的仪用互感器激励的后备保护。

注：在美国，术语“电路近后备保护”有时选择术语“断路器失灵保护”。

448-11-16

变电站近后备保护　substation local backup protection

由与相应的主保护位于同一变电站内、但不共用同一个一次电路的仪用互感器激励的后备保护。

448-11-17

远后备保护　remote backup protection

位于远离相应的主保护所在变电站的另一变电站内的后备保护。

448-11-18

断路器失灵保护　circuit-breaker failure protection; breaker failure protection (USA)

预定在相应的断路器跳闸失败的情况下通过启动其他断路器跳闸来切除系统故障的一种保护。

448-11-19

备用保护　standby protection

通常不处于工作状态、但可切换到工作状态以代替其他保护的保护。

448-11-20

瞬时保护　instantaneous protection

不带预定延时的保护。

448-11-21

延时保护　delayed protection;time -delayed protection（USA）

带预定延时的保护。

448-11-22

方向保护　directional protection

预定只对位于继电保护安装点一个方向的故障动作的保护。

448-11-23

保护范围　reach of protection

预期由保护覆盖的范围,超过此范围非单元保护将不动作。

448-11-24

保护重叠区　overlap of protection

由厂站中不同设备的多套保护所保护的共同区间。

448-11-25

剩余电流　residual current（for protection）

等于各相电流之和的电流。

448-11-26

剩余电压　residual voltage（for protection）

等于各相对地电压之和的电压。

448-11-27

正序分量　positive（sequence）component（of a three -phase system）

三个对称相序分量之一,它存在于对称的和不对称的正弦量三相系统中,由下列复数表达式定义:

$$\underline{X}_1 = (\underline{X}_{L1} + \alpha\underline{X}_{L2} + \alpha^2\underline{X}_{L3})/3$$

式中:α 是 120°运算因子,而 $\underline{X}_{L1}$、$\underline{X}_{L2}$ 和 $\underline{X}_{L3}$ 是有关相量的复数表达式,其中 $\underline{X}$ 表示系统电流或电压的相矢量。

448-11-28

负序分量　negative（sequence）component（of a three -phase system）

三个对称相序分量之一,它仅存在于一个不对称的正弦量三相系统之中,由下列复数表达式定义:

$$\underline{X}_2 = (\underline{X}_{L1} + \alpha^2\underline{X}_{L2} + \alpha\underline{X}_{L3})/3$$

式中:α 是 120°运算因子,而 $\underline{X}_{L1}$、$\underline{X}_{L2}$ 和 $\underline{X}_{L3}$ 是有关相量的复数表达式,其中 $\underline{X}$ 表示系统电流或电压的相矢量。

448-11-29

零序分量　zero（sequence）component（of a three -phase system）

三个对称相序分量之一,它仅存在于一个不对称的正弦量三相系统之中,由下列复数表达式定义:

$$\underline{X}_0 = (\underline{X}_{L1} + \underline{X}_{L2} + \underline{X}_{L3})/3$$

式中:$\underline{X}_{L1}$、$\underline{X}_{L2}$ 和 $\underline{X}_{L3}$ 是有关相量的复数表达式,其中 $\underline{X}$ 表示系统电流或电压的相矢量。

448-11-30

涌流　inrush current

与变压器、电缆、电抗器等的激励有关的暂态电流。

448-11-31

跳闸 tripping

通过手动或自动控制或者通过保护装置将断路器断开。

448-11-32

操作跳闸 operational tripping

为防止系统出现过电压、过负荷、系统不稳定等非正常状态,在其他断路器随着电力系统故障跳闸后,断路器的自动跳闸。

2.2 保护的可靠性

448-12-01

保护的正确动作 correct operation of protection;correct operation of relay system (USA)

保护以预定方式启动跳闸信号或其他指令去响应电力系统故障或电力系统其他的异常情况。

448-12-02

保护的不正确动作 incorrect operation of protection;incorrect operation of relay system (USA)

拒动或误动,见图1和图2。

448-12-03

保护误动 unwanted operation of protection

在电力系统没有任何故障或其他异常情况,或虽有故障或其他的异常情况而保护不应当动作时,保护所发生的动作。

448-12-04

保护拒动 failure to operation of protection;failure to trip (USA)

因技术性失效或设计缺陷,保护应当动作而不动作。

448-12-05

保护的可靠性 reliability of protection;reliability of relay system (USA)

在给定条件下的给定时间间隔内,保护能完成所需功能的概率。

注:对保护所需功能是当需要动作时便动作、当不需要动作时便不动作,见图1。

448-12-06

保护的安全性 security of protection;security of relay system (USA)

在给定条件下的给定时间间隔内,保护不误动的概率,见图1。

448-12-07

保护的信赖性 dependability of protection;dependability of relay system (USA)

在给定条件下的给定时间间隔内,保护不拒动的概率,见图1。

448-12-08

冗余 redundancy

在一个设备中,同时具备多种手段完成所需的功能。

448-12-09

硬件失效 hardware failure

由于保护内的元件失效导致保护的不正确动作,见图2。

注:在维护检验中,通常可发现这种失效。

448-12-10

原理性缺陷 principle failure

由于保护的规划、设计、整定或应用中的错误导致保护的不正确动作,见图2。

注1:此类缺陷通常不能在维护试验中被发现。

注2:在数字式继电器中由软件引起的缺陷是原理性缺陷。

448-12-11

自检功能　automatic supervision function;self-checking function (USA)

通常在保护装置内部执行的旨在自动发现保护装置内部和外部失效情况的一种功能。

448-12-12

自动监视功能　automatic monitor function;self-monitoring function (USA)

执行自动检查而不影响保护装置的保护功能的一种功能。

448-12-13

自动测试功能　automatic test function;self-testing function (USA)

在断开了保护的正常工作部分或全部以后进行测试的一种自动检查功能。通常是通过跳闸闭锁，去影响保护装置的保护功能。

448-12-14

非电力系统故障跳闸　non-power system fault tripping;false tripping (USA)

因不是电力系统故障而引起断路器误跳闸的一种事件。比如，在未发生电力系统故障时保护的误动、或断路器由于某些二次设备失效或人为错误的跳闸。

2.3　电力系统故障

448-13-01

电力系统异常　power system abnormality

超出电力系统正常条件以外的电气工作条件，比如电压、电流、功率、频率、稳定性等。

448-13-02

电力系统故障　power system fault

由于主系统回路或一次系统厂站设备或器件的失效，且正常地需要通过相应的断路器跳闸将故障回路、电站、设备或器件从电力系统立即断开的电力系统异常情况。

注：电力系统故障可能是短路、纵向和复合故障。

448-13-03

区内故障　internal fault

保护区内部的电力系统故障。

448-13-04

区外故障　external fault

保护区外部的电力系统故障。

448-13-05

短路故障　shunt fault;short-circuit fault (USA)

在有关电力系统的频率下，电流流过两相或多相之间或者流过相与地之间的特征的故障。

448-13-06

纵向故障　series fault

通常由一相或两相断开造成的三相的各相阻抗不相等的故障。

注：图 3 是一种典型示例。

448-13-07

复合故障　combination fault

同时出现短路故障和纵向故障的故障。

448-13-08

高阻故障　high resistance fault

在故障点带有高电阻的短路故障。

448-13-09

双回线故障　double-circuit fault

在两个并行的回路上的同一地理位置同时发生的两个短路故障，见图 3。

448-13-10

系统间故障　intersystem fault

涉及到两个不同电压等级的电力系统故障。

注：在美国，"intersystem fault"被指定为"cross-country fault"。

448-13-11

相继故障　consequential fault

直接或间接由另一故障引起的故障。

448-13-12

发展性故障　developing fault;evolving fault (USA)

由相对地(或相间)短路而发展为两相或三相故障的绝缘故障。

448-13-13

穿越性故障电流　through fault current

由保护装置保护区以外的电力系统故障引起的流过被保护区的电流。

448-13-14

故障电流断开时间　fault current interruption time;interruption time (USA)

从故障开始至断路器完全断开的时间间隔。

注：故障电流断开时间由保护动作时间和断路器断开时间组成，见图 11。

448-13-15

故障清除时间　fault clearance time;clearing time (USA)

从故障开始到故障清除之间的时间。

注：这个时间是相关的断路器为了清除故障部分的故障电流所用的最长的故障电流断开时间，见图 11。

448-13-16

跨线故障　cross-country fault (USA)

涉及两个或多个电力回路导体的故障。

2.4　保护

448-14-01

距离保护　distance protection;distance relay (USA)

一种非单元保护，其动作和选择性取决于本地电气量的测量值与保护区整定值比较所估算的故障等效距离。

448-14-02

非单元保护区　zones of non-unit protection;zones of protection (USA)

电力系统非单元保护(通常为距离保护)的测量元件的范围。

注：这些非单元保护(通常为距离保护)常常有两个、三个或更多的可用区。通常将它们安排为使最短的区对应于略小于被保护区阻抗且常瞬时动作。具有长范围整定的区通常有延时，以获得选择性。

448-14-03

全距离保护　full distance protection

对不同类型的相间故障和相对地故障以及对每个保护区的测量，通常具有各自测量元件的距离保护。

448-14-04

切换式距离保护　switched distance protection

对所有电力系统故障和/或所有保护区通常只有一种测量元件的距离保护。

448-14-05

欠范围 underreach;underreching protection（USA）

距离保护的最短保护区整定值的等效范围短于被保护区范围的状态。

448-14-06

误差性欠范围 erroneous underreaching

距离保护的保护范围由于测量误差使等效范围短于其保护区整定值的动作状态。

448-14-07

超范围 overreach;overreaching protection（USA）

距离保护的最短保护区段整定值的等效范围长于被保护区范围的状态。

448-14-08

误差性超范围 erroneous overreaching

距离保护的保护范围由于测量误差使等效范围长于其保护区整定值的动作状态。

448-14-09

允许式保护 permissive protection

收到信号后允许就地保护启动跳闸的一种保护，一般为距离保护。

448-14-10

闭锁式保护 blocking protection

收到信号后闭锁就地保护启动跳闸的一种保护，一般为距离保护。

448-14-11

故障阻抗 fault impedance

故障点的故障相导线与地之间或各故障相导线之间的阻抗。

448-14-12

转移阻抗 transfer impedance

一个网络中所有的两点之间并行通路的阻抗用这两点之间的等效阻抗来表示。

448-14-13

电源阻抗 source impedance

对于一个特定的故障点，在施加于量度继电器处的电压和在同一通路中产生故障电流的等效回路的电动势之间的故障电流通路的等效回路的阻抗。

448-14-14

系统阻抗比 system impedance ratio;source impedance ratio（USA）

在一给定的测量地点，通常在线路的一端，电力系统电源阻抗与被保护区阻抗之比。

448-14-15

负荷阻抗 load impedance

在一给定的测量地点，假设在电力系统没有故障的情况下，电力传输中相电压与相电流的商。

448-14-16

纵联差动保护 longitudinal differential protection;line differential protection（USA）

其动作和选择性取决于被保护区各端电流的幅值比较或相位与幅值比较的一种保护。

448-14-17

横联差动保护 transverse differential protection

应用于并联电路的一种保护，其动作取决于这些电路之间的电流的不平衡分配。

448-14-18

相位比较保护 phase comparison protection

其动作和选择性取决于被保护区各端电流的相位比较的一种保护。

448-14-19

全波相位比较保护　full-wave phase comparison protection;dual-comparer phase comparison protection（USA）

每周期比较两次的相位比较保护。对正半周和负半周各比较一次。

448-14-20

半波相位比较保护　half-wave phase comparison protection;single comparer phase comparison protection（USA）

在每周期的正半周或负半周作一次比较的相位比较保护。

448-14-21

构架漏电保护　frame leakage protection;case ground protection（USA）**;frame ground protection**（USA）

其输入激励量为保护区内流经指定设备构架对地通路的电流的一种保护。

示例:变压器油箱的构架漏电保护。

448-14-22

高阻抗差动保护　high impedance differential protection

用一阻抗高于饱和的电流互感器二次回路的阻抗的电流差动继电器构成的电流差动保护。

448-14-23

低阻抗差动保护　low impedance differential protection

用一阻抗低于饱和的电流互感器二次回路的阻抗的电流差动继电器构成的电流差动保护。

448-14-24

判别区　discriminating zone

多区段母线保护的选择部分,一般监视流入和流出母线单个区的电流。

448-14-25

检测区　check zone

多区段母线保护的非选择部分,一般监视流过全站各终端的电流。

注:母线保护的跳闸取决于检测区与一个判别区两者的动作。

448-14-26

过电流保护　overcurrent protection

预定在电流超过规定值时动作的一种保护。

448-14-27

相间故障保护　phase-fault protection

预定对电力系统多相故障动作的保护。

448-14-28

接地故障保护　earth-fault protection;ground-fault protection（USA）

预定对电力系统接地故障动作的保护。

448-14-29

零相差动保护　restricted earth-fault protection;ground differential protection（USA）

其中来自于一组三相电流互感器的剩余电流平衡于一组类似的电流互感器的、或者更常见的是一个位于中性点接地处(如果有)的单个电流互感器的剩余输出的一种保护。

注:当被保护设备的中性点未接地,不需要第二组三相电流互感器、也不需要在中性点接地处有一只电流互感器来限制被保护区时,此术语亦可被使用。

448-14-30

中性点电流保护　neutral current protection;ground overcurrent protection（USA）

变压器、电抗器或发电机的中性点接地的电流保护。

448-14-31

过负荷保护　overload protection

预定当被保护区出现过负荷时动作的保护。

448-14-32

过电压保护　overvoltage protection

预定当电力系统电压超过规定值时动作的保护。

448-14-33

欠电压保护　undervoltage protection

预定当电力系统电压减少到低于规定值时动作的保护。

448-14-34

中性点过电压保护　neutral displacment protection; neutral over-voltage protection (USA)

预定当电力系统的中性点与地之间的电压超出规定值时动作的保护。

448-14-35

失步保护　loss-of-synchronism protection; out-of-step protection (USA)

预定在电力系统开始失步时便动作以防止失步加剧的保护。

448-14-36

减负荷保护　load-shedding protection

预定在异常条件(比如频率减少)发生时减少系统负荷的保护。

448-14-37

失电压保护　loss-of-voltage protection

预定在电力系统失去电压时断路器动作的一种保护,通常为了准备系统恢复。

448-14-38

行波保护　travelling wave protection

取决于由电力系统故障引起的电压和电流行波的幅值和/或极性的测量的保护。

448-14-39

叠加分量保护　superimposed component protection

取决于对引出叠加量的测量或比较,即取决于相应的电流、电压值等电气量的故障前和故障时的差值的一种保护。

2.5　纵联保护

448-15-01

纵联保护　protection using telecommunication; pilot protection (USA)

要求在电力系统保护区各端之间的通信的保护,见图4。

448-15-02

非单元纵联保护　non-unit protection using telecommunication; directional comparison protection (USA)

信号通过通信传输使区内故障允许跳闸或远方断路器跳闸、或使外部故障闭锁跳闸的一种非单元保护,见图5~图10。

448-15-03

单元纵联保护　unit protection using telecommunication

电力系统电气量通过通信以模拟或数字形式从保护区一端传输至其他端以作比较的单元保护。

448-15-04

导引线保护　pilot wire protection

使用金属线通信的保护。

448-15-05

电力线载波保护　power-line-carrier protection;carrier-pilot protection (USA)

使用电力线载波通信的保护。

448-15-06

微波保护　microwave link protection;microwave-pilot protection (USA)

使用微波传送通信的保护。

448-15-07

光纤保护　optical link protection

使用光纤通信的保护。

448-15-08

远方跳闸　intertripping;transfer tripping (USA)

由来自与本地保护状态无关的远方保护信号起动的断路器跳闸。

448-15-09

操作性远方跳闸　operational intertripping

为防止电力系统出现过电压、过负荷、系统不稳等异常状态,其他断路器随着电力系统故障跳闸后,断路器的远方自动跳闸。

448-15-10

方向比较保护　directional comparison protection

用本地的电压或电流作为基准,比较保护区各端的相角测量元件的相对动作状态,使用通信的超范围保护,通常不是距离保护。

注:在美国,"directional comparison protection"用于任何使用通信的、带或不带超范围或欠范围距离保护的非单元保护。

448-15-11

允许式欠范围保护(PUP)　permissive underreach protection(PUP);permissive underreaching transfer trip protection (USA) (PUTT)

使用通信的、在每个区带欠范围保护的保护,一般为距离保护。欠范围保护检出故障后便送出一个信号。若其他端的其他本地允许式保护检出了故障,其他端接收到该信号便起动跳闸,见图5。

448-15-12

远方跳闸欠范围保护(IUP)　intertripping underreach protection(IUP);direct underreaching transfer trip protection (USA) (DUTT)

使用通信的、在每个区端带欠范围保护的保护,一般为距离保护。欠范围保护检出故障后便送出一个信号。其他端接收到该信号不依赖于本地保护便立即起动跳闸,见图6。

448-15-13

加速式欠范围保护(AUP)　accelerated underreach protection (AUP)

使用通信的、在每个区带欠范围保护的保护,一般为距离保护。欠范围保护检出故障后便送出一个信号。其他端接收到该信号后允许超范围区起动跳闸,见图7。

448-15-14

闭锁式超范围保护(BOP)　blocking overreach protection(BOP);blocking directional comparison protection (USA)

使用通信的、在每个区带超范围保护的保护,一般为距离保护。检出反向外部故障后便送出一个信号。其他端接收到信号后闭锁该端的超范围保护起动跳闸,见图8。

448-15-15

解除闭锁式超范围保护(UOP)　unblocking over reach protection(UOP);unblocking directional

comparison protection（USA）

使用通信的、在每个区带超范围保护的保护，一般为距离保护。连续向其他端发送闭锁信号，直到超范围保护发现故障、解除闭锁信号并向其他端发送解除闭锁信号。解除本侧闭锁信号并同时接收到对侧解除闭锁信号允许本地保护起动跳闸，见图9。

注：如果在解除闭锁信号后未收到解除闭锁信号，通常安排允许超范围保护在一可变时间（通常为100 ms～200 ms）内起动跳闸。

448-15-16

允许式超范围保护（POP） permissive overreach protection（POP）；permissive overreach transfer trip protection（USA）（POTT）

使用通信的、在每个区带超范围保护的保护，一般为距离保护。超范围保护检出故障后便送出一个信号。其他端接收到信号后允许本地超范围保护起动跳闸，见图10。

448-15-17

弱电源端回馈功能 echo function with weak infeed end

与允许式超范围保护相关的一种功能。由于故障水平高，一个区的故障检测元件可以动作；但远区的馈入太低，不允许故障检测主元件动作，这样远方信号就不被发送。根据相应的本地条件是否满足，在弱馈电端接收到信号后，将把接收到的信号返回给强馈电端以允许那个区跳闸。

2.6 自动控制装置

448-16-01

自动切换装置 automatic switching equipment；automatic control equipment（USA）

在变电站中按照规定程序预定起动操作断路器和/或隔离开关的自动装置。

示例：自动切换装置可由一台欠电压保护或一台负荷保护起动。也可以用一台正常设备代替故障设备。

448-16-02

自动重合闸装置 automatic reclosing equipment；automatic reclosing relay（USA）

在相关回路的保护动作后，预定起动断路器重合的自动装置，见图11。

注：如果自动重合断开时间是有意义的，应在表达中提及。这样，相应于其应用情况，可被描述为高速、低速、延时等等。

示例：自动重合断开时间为0.5s的自动重合闸装置。

448-16-03

单相重合闸装置 single -pole reclosing equipment；single -phase reclosing equipment

在电力系统单相故障后，预定重合断路器一相的自动重合闸装置。

448-16-04

三相重合闸装置 three -pole reclosing equipment；three -phase reclosing equipment

在电力系统故障后，预定重合断路器三相的自动重合闸装置。

448-16-05

一次重合闸 single -shot reclosing

如果重合不成功，不再次重合的一种自动重合闸。

448-16-06

多次重合闸 multiple -shot reclosing

如果重合不成功，便重合二次或三次（通常不多于三次）的一种自动重合闸。

448-16-07

无电压时间 dead time

自动重合闸期间电力线或相未联接任何网络电压的时间，见图11。

注：对辐射状馈电线，无电压时间等于自动重合断开时间。

448-16-08

同期检查三相重合闸装置　three-pole reclosing equipment with sychrocheck, three-phase reclosing equipment with synchroceck

在合断路器之前,对电压、频差和相角的检查的三相重合闸装置。

448-16-09

自动重合断开时间　autoreclose open time

自动重合期间有关的断路器的触头断开的时间,见图 11。

注:据此定义,自动重合断开时间包括断路器的飞弧时间和预飞弧时间。

448-16-10

自动重合中断时间　autoreclose interruption time

自动重合期间电力线或相不能通电的时间,见图 11。

注:对辐射状馈电线, 自动重合中断时间等于无电压时间和自动重合断开时间。

448-16-11

复归时间　reclaim time; reset time (USA)

自动重合后,允许自动重合闸装置在电力系统下次故障后能再次重合的时间。

448-16-12

自动恢复装置　automatic restoration equipment

用于起动预定的、顺序的及延时的自动再接通的断路器或其他特定开关的装置。

注:自动恢复可以在一次不成功的自动重合或者一个带或不带自动重合动作的一般断开状态之后进行。自动恢复通常在发生大面积扰动后,有计划地对部分或所有站恢复电压。

448-16-13

自动负荷恢复装置　automatic load restoration equipment

预定在由于一次甩负荷动作而跳闸后自动起动断路器重合的装置。

注:重合是由频率和电压控制的。

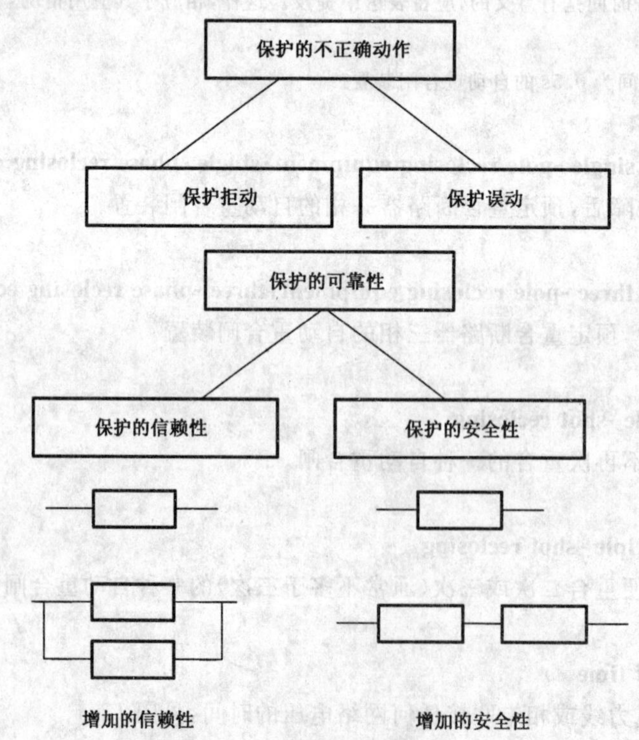

图 1　保护的可靠性

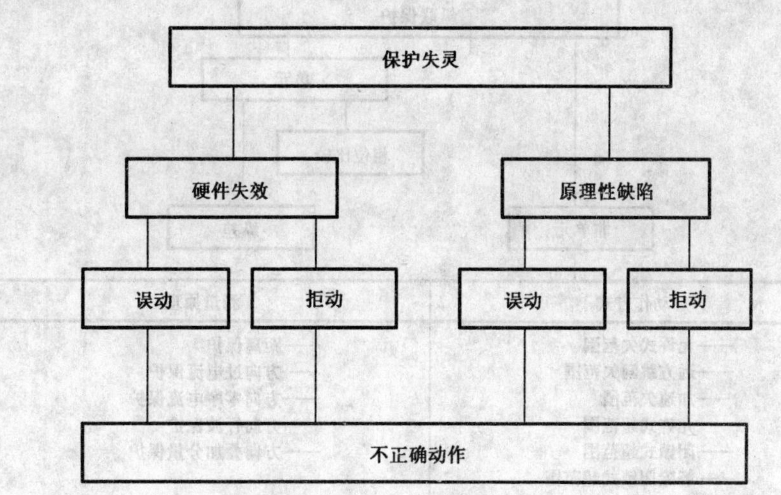

图 2 保护失灵

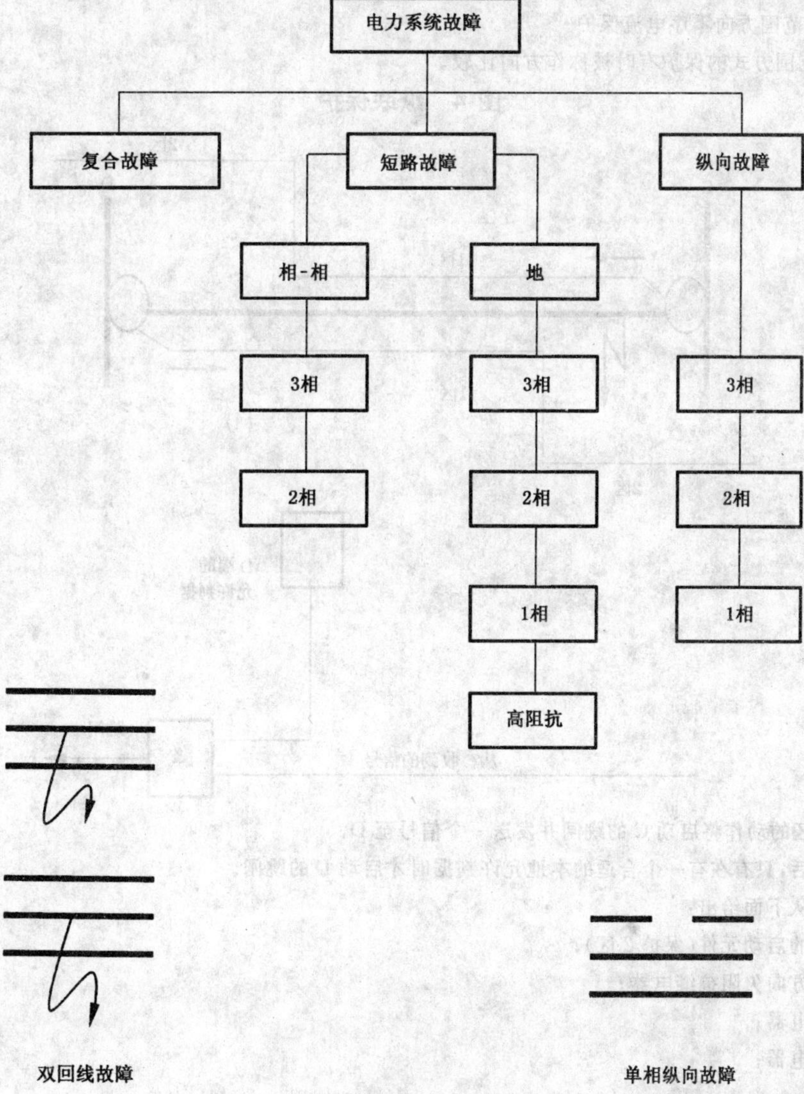

图 3 电力系统故障

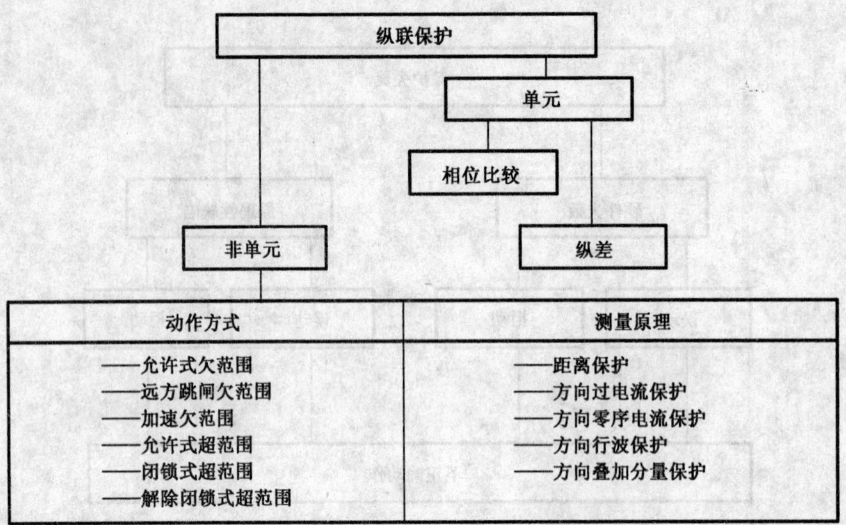

所有组合都是可能的。

示例:允许式欠范围方向保护;

　　允许式欠范围方向零序电流保护。

注:允许式超范围方式的保护有时被称作方向比较。

图 4　纵联保护

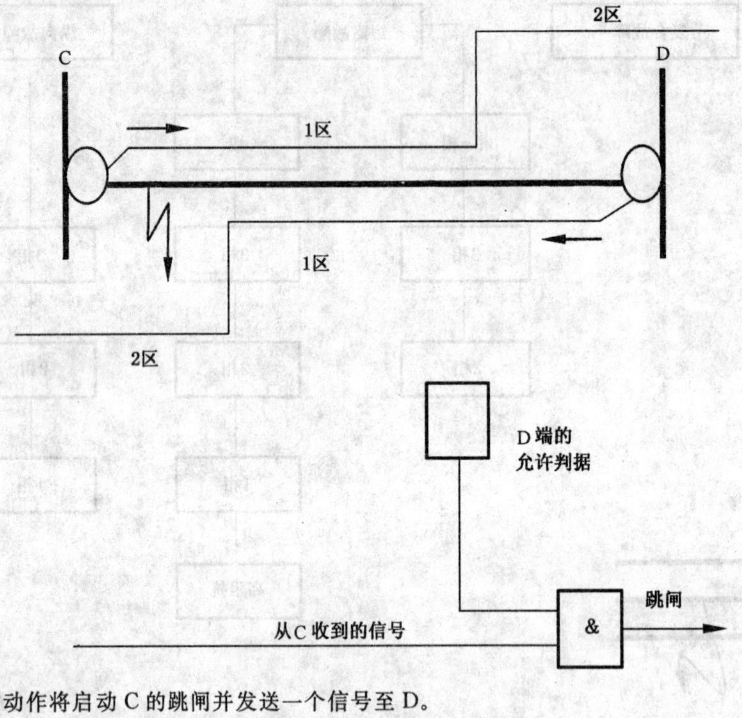

2区
C
D
1区
1区
2区
D端的
允许判据
跳闸
&
从C收到的信号

C端的保护1区的动作将启动C的跳闸并发送一个信号至D。

接收到该信号后,只有在有一个合适的本地允许判据时才启动D的跳闸。

允许判据可以从下面给出:

——距离保护的启动元件(保护2区);

——方向或非方向欠阻抗继电器;

——欠电压继电器;

——过电流继电器;

——距离保护。

图 5　允许式欠范围保护 PUP

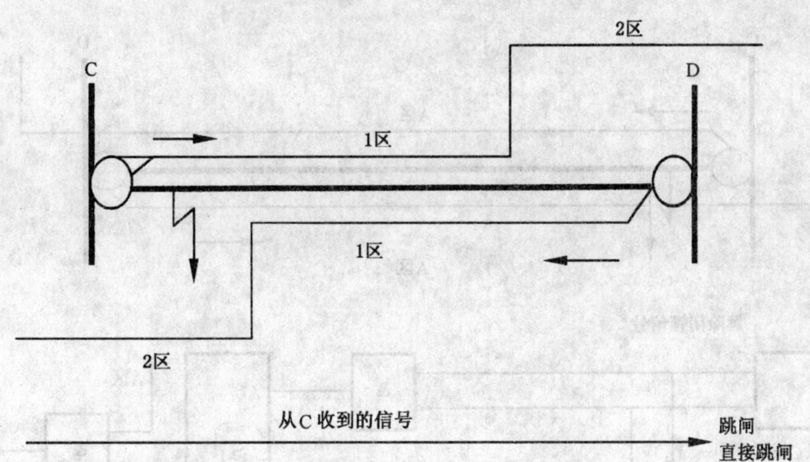

2区
C
D
1区
1区
2区
从C收到的信号
跳闸
直接跳闸

C端的保护1区的动作将启动C的跳闸并发送一个信号至D。

接收到该信号后，将启动D而无需任何本地的允许判据。

图6 远方跳闸欠范围保护 IUP

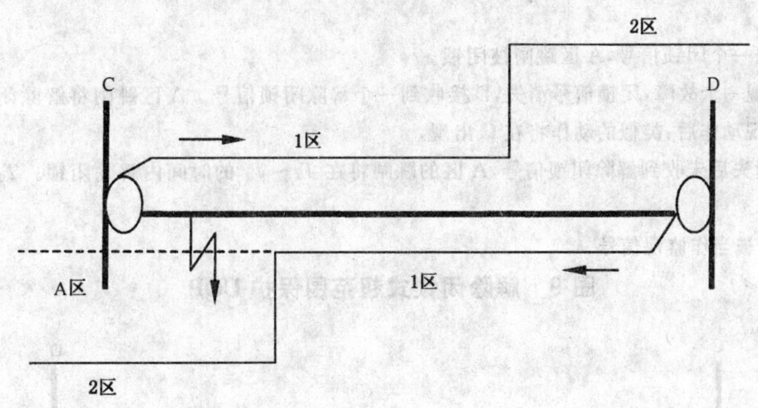

2区
C
D
1区
A区
1区
2区

C端的保护1区的动作将启动C的跳闸并发送一个信号至D。

接收到该信号后，A区超范围将被激活并启动D的跳闸。

在切换式距离保护中，保护1区将被切换至超范围A区。在距离保护中，保护2区的延时将不被考虑。

图7 加速式欠范围保护 AUP

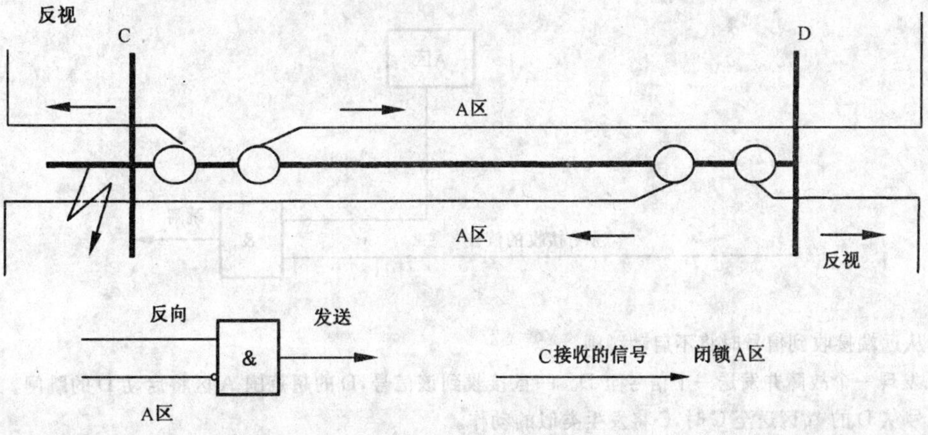

反视
C
D
A区
A区
反视
反向
&
发送
A区
C接收的信号
闭锁A区

此方案需要反向看的量度继电器。如果反视继电器检测到一个外部故障，它将发送信号至对端并闭锁该端的A区。

在内部故障的情况下，A区将以类似于允许式超范围保护的方式动作。

图8 闭锁式超范围保护 BOP

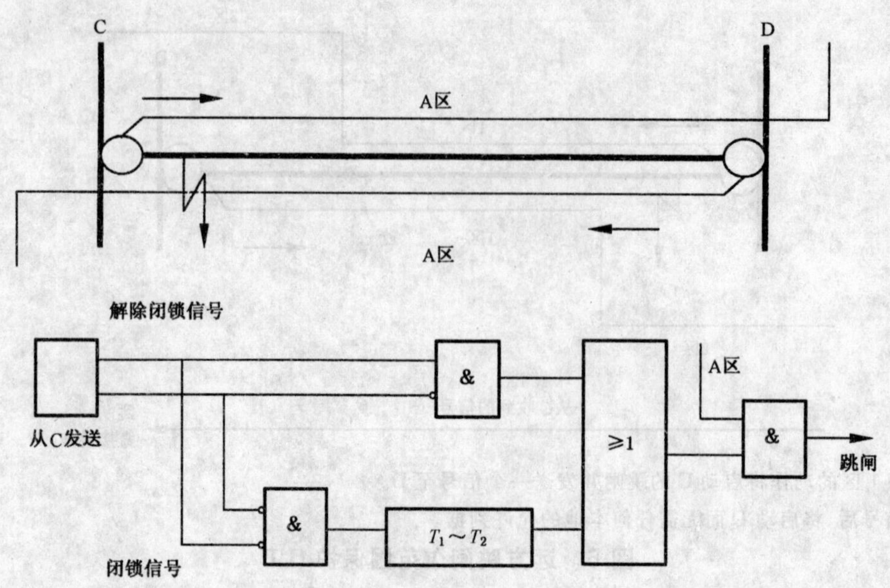

在正常动作时发送一个闭锁信号，A 区跳闸被闭锁。

如果 C 的 A 区发现一个故障，闭锁信号消失，D 接收到一个解除闭锁信号。A 区跳闸将解除闭锁，D 的跳闸将被启动。在 D 的 A 区的发现动作后，类似的动作将在 C 出现。

如果在闭锁信号消失后未收到解除闭锁信号，A 区的跳闸将在 $T_1 \sim T_2$ 的时间内解除闭锁。$T_1 \sim T_2$ 通常被设定为 100 ms～200 ms。

注：闭锁信号有时被当作监视信号。

图 9 解除闭锁式超范围保护 UOP

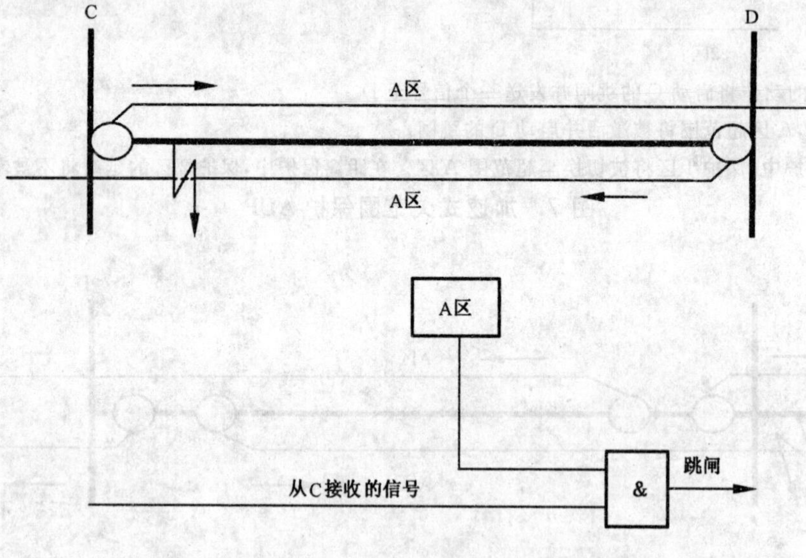

C
D
A区
A区
A区
跳闸
从C接收的信号
&

A 区在未从远端接收到信号时将不启动跳闸。

C 的 A 区发现一个故障并发送一个信号至 D。一旦接收到该信号，D 的超范围 A 区将启动 D 的跳闸。

当一个信号从 D 的 A 区送至 C 时，C 将发生类似的动作。

在全距离保护中，第二区的量度继电器通常被用作发送和允许判据。

在切换式距离保护中，通常必须有作用于 A 区的单独的测量单元。

图 10 允许式超范围保护 POP

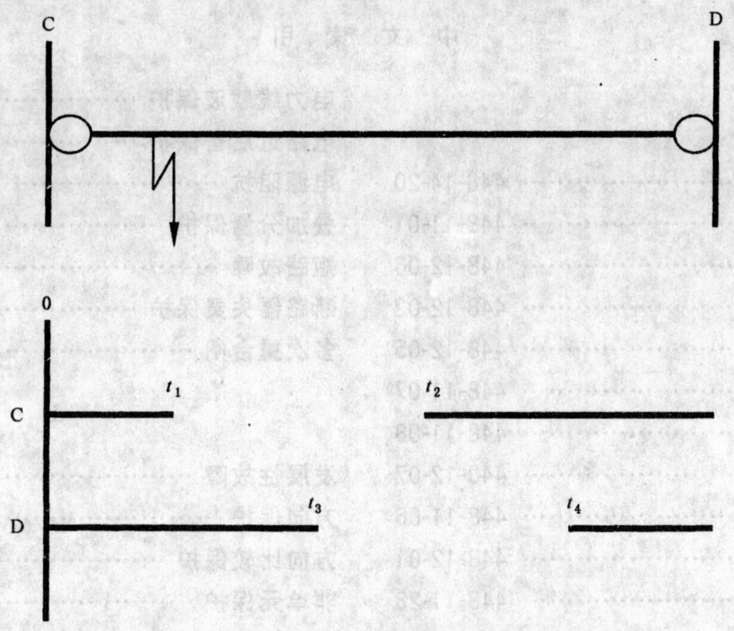

$0\sim t_1$——C端的故障电流中断时间；

$0\sim t_3$——D端的故障电流中断时间(故障清除时间)；

$t_1\sim t_2$——C端的断路器自动重合的断开时间；

$t_3\sim t_4$——D端的断路器自动重合的断开时间；

$t_3\sim t_2$——无电压时间；

$t_1\sim t_4$——自动重合中断时间。

图 11 自动重合

中 文 索 引

英 文 索 引

A

B

C

D

ICS 91.160
K 70

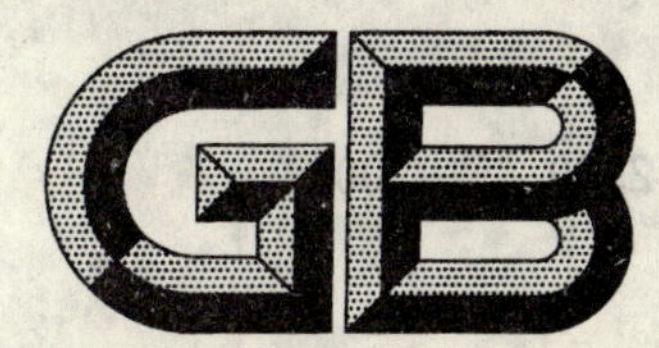

中华人民共和国国家标准

GB/T 2900.65—2004
代替 GB/T 7451—1987

电工术语 照明

Electrotechnical terminology—Lighting

(IEC 60050(845):1987,MOD)

2004-05-10 发布 2004-12-01 实施

中华人民共和国国家质量监督检验检疫总局
中国国家标准化管理委员会 发布

前　言

GB/T 2900 的本部分修改采用国际标准 IEC 60050(845):1987《国际电工词汇　第 845 章:照明》。

本部分在制定中,未将原国际标准中部分有关俄语、法语和德语等词汇解释收集在本部分中,并将原章节的编号进行了修改,其他内容与原国际标准一致。

本部分生效之日,GB/T 7451—1987《电光源名词》应废止。

本部分由全国电工术语标准化技术委员会提出。

本部分由全国照明电器标准化技术委员会技术归口。

本部分负责起草单位:北京电光源研究所。

本部分主要起草人:屈素辉、杨小平。

电工术语 照明

1 范围

GB/T 2900 的本部分规定了照明、照明电器及相关的术语和定义。

本部分适用于编写有关照明电器行业的各类标准及其有关的技术文献。

2 照明术语

845-01 辐射,量和单位 radiation,quantities and units

A 通用术语 general terms

845-01-01

(电磁)辐射 (electromagnetic) radiation

1) 能量以与光子有关联的电磁波形式的发射或传播。

2) 电磁波或光子。

845-01-02

光学辐射 optical radiation

波长在向 X 射线过渡区($\lambda \approx 1$ nm)和向无线电波过渡区($\lambda \approx 1$ mm)之间的电磁辐射。

845-01-03

可见辐射 visible radiation

任何能够直接引起视觉的光学辐射。

注:可见辐射的光谱范围没有明确的界限,因为它取决于到达视网膜的辐射功率和观察者的响应度。下限一般在 360 nm 和 400 nm 之间,上限在 760 nm 和 830 nm 之间。

845-01-04

红外辐射 infrared radiation

波长大于可见辐射波长的光学辐射。

注:对于红外辐射,通常将 780 nm 和 1 mm 之间的光谱分为:

IR-A 780……………………………………1 400 nm

IR-B 1.4……………………………………3 μm

IR-C 3 μm……………………………………1 mm

845-01-05

紫外辐射 ultraviolet radiation

波长小于可见辐射波长的光学辐射。

注:对于紫外辐射,通常将 100 nm 和 400 nm 之间的光谱分为:

UV-A 315……………………………………400 nm

UV-B 280……………………………………315 nm

UV-C 100……………………………………280 nm

845-01-06

光 light

1) 感知到的光(见 845-02-17)。

2) 可见辐射(见 845-01-03)。

注 1:“Light”一词有时在 2)的含义上用于扩展到可见区之外的光学辐射,但这种用法不推荐使用。

注 2:英文“Light”和德文“Licht”也用于某些照明装置和光信号(特别是发送视觉信号)。

845-01-07

单色辐射　monochromatic radiation

用单一频率表征的辐射。实际上,是用确定的单一频率来表述很小频率范围的辐射。

注:空气中或真空中的波长也可以用来表征单色辐射。

845-01-08

光谱(辐射的)　**spectrum** (of a radiation)

所考虑辐射的单色成分的展示或陈述。

注 1:有线光谱、连续光谱和具有两种特征的光谱。

注 2:该术语也用于表示光谱效能(激发光谱、作用光谱)。

845-01-09

光谱线　spectral line

1)　在两能级之间跃迁时发射或吸收的单色辐射。

2)　在光谱中的表现形式。

845-01-10

偏振辐射　polarized radiation

电磁场(它的振动方向垂直于传播方向)按照确定方向取向的辐射。

注:偏振可以是直线偏振,椭圆偏振或圆偏振。

845-01-11

相干辐射　coherent radiation

各点之间电磁振荡的相位差保持恒定的单色辐射。

845-01-12

干涉　interference

能够使辐射振幅局部减弱或增强的(两个或两个以上的)相干波的叠加。

845-01-13

衍射　diffraction

当辐射通过障碍物边缘时,由辐射的波动性质决定的辐射传播方向的偏离。

845-01-14

波长　wavelength

λ

在周期波的传播方向上,相位相同的相邻两点间的距离。

单位:m

注 1:媒质中波长等于真空中波长除以媒质的折射率。除另有说明外,波长值通常是在空气中的值。标准空气(对于光谱学:$t=15℃$,$p=101\ 325$ Pa)对可见辐射的折射率在 1.000 27 和 1.000 29 之间。

注 2:$\lambda=v/\nu$,式中 λ 是媒质中的波长;v 是在该媒质中的相速度;ν 是频率。

845-01-15

波数　wave number

σ

波长的倒数。

单位:m^{-1}

845-01-16

光谱的　spectral

当形容词“光谱的”用于有关电磁辐射量 X 时,其含义为:

——该 X 是波长 λ 的函数,符号:$X(\lambda)$;

——或该量是指 X 的光谱密集度，符号：$X_\lambda \equiv \frac{dX}{d\lambda}$。

X_λ 也表示为 λ 的函数。为了强调，也可写作 $X_\lambda(\lambda)$，而含义不变。

注：量 X 也可表示为频率 ν，波数 σ 等的函数；其相应符号为：$X(\nu)$，$X(\sigma)$等，或 X_ν，X_σ 等等。

845-01-17

光谱密集度　spectral concentration

光谱分布（辐射量、光度量或光子量 $X(\lambda)$的）　**spectral distribution**（of radiant，luminous or photon quantity $X(\lambda)$）

$\boldsymbol{X_\lambda}$

在波长 λ 处，包含 λ 的波长间隔 $d\lambda$ 内的辐射量或光度量或光子量 $dX(\lambda)$与该波长间隔之商。

$$X_\lambda = \frac{dX(\lambda)}{d\lambda}$$

单位：$[X] \cdot m^{-1}$，例如 $W \cdot m^{-1}$，$lm \cdot m^{-1}$，等。

注1：当所涉及的函数 $X_\lambda(\lambda)$在宽的波长范围，而不是某一特定的波长时，采用术语"光谱分布"更为适宜。

注2：参见 845-01-16 的注释。

845-01-18

相对光谱分布（辐射量、光度量或光子量 $X(\lambda)$的）　**relative spectral distribution**（of a radiant，luminous or photon quantity $X(\lambda)$）

$\boldsymbol{S(\lambda)}$

量 $X(\lambda)$的光谱分布 $X_\lambda(\lambda)$对某一确定参考值 R 之比，R 可以是该分布的平均值、最大值或任意选定的值。

$$S(\lambda) = \frac{X_\lambda(\lambda)}{R}$$

单位：1

注：参见 845-01-16 的注释。

845-01-19

点源　point source

尺寸足够小的辐射源，其大小与它到辐照面的距离相比，在计算和测量时可以忽略。

注：向所有方向均匀辐射的点源称为各向同性点源或均匀点源。

845-01-20

球面度　steradian

sr

立体角的SI单位：顶点处在球心的立体角所切割的球面面积等于一正方形面积，正方形的边长等于球的半径。

B　辐射量、光度量和光子量及其单位　radiant，luminous and photon quantities and their units

导言：

1. 明视觉量和暗视觉量——光的（光度）量有两种，即用于明视觉的量和用于暗视觉的量。在这两种情况下，它们的定义用词几乎是相同的。一般说来，一种定义就足够了，如有必要，可加上形容词"明视觉的"或"暗视觉的"。暗视觉量的符号是在明视觉量的符号上加一撇（如：Φ'，$V'(\lambda)$等），而他们的单位是相同的。

对于中间视觉，CIE还没有给出相关量的定义。

2. 辐射量、光的（光度）量和光子量——这三种量都有相同的基本符号，为了区别，需分别加注下脚标 e（能量），v（视觉）或 p（光子），例如：Φ_e，Φ_v，Φ_p。

3.（845-01）使用的形容词"光的"一词也用于（845-02）（视觉），但其含义不同。

845-01-21

光刺激 light stimulus

进入眼睛并引起光感觉的可见辐射。

845-01-22

光谱光视效率(波长为 λ 的单色辐射的)($V(\lambda)$用于明视觉,$V'(\lambda)$用于暗视觉) **spectral luminous efficiency** (of a monochromatic radiation of wavelength λ) ($V(\lambda)$ for photopic vision; $V'(\lambda)$ for scotopic vision)

在特定光度条件下,引起相等强度光感觉的波长为 λ_m 和 λ 的两辐射通量之比,λ_m 选在最大比值等于1处。

注:除另有说明外,用于明视觉的光谱光视效率值是1924年由CIE公布的国际协议值,并于1970年~1971年由内插法和外推法进一步完善。1972年由国际计量委员会(CIPM)推荐采用。

对于暗视觉,CIE在1951年对青年观测者采用的值,于1976年由国际计量委员会(CIPM)批准。

这些数值分别确定的 $V(\lambda)$ 或 $V'(\lambda)$ 函数由 $V(\lambda)$ 或 $V'(\lambda)$ 曲线表示。

λ (nm,HM)	明视觉 $V(\lambda)$	暗视觉 $V'(\lambda)$
380	0.000 0	0.000 589
390	0.000 1	0.002 209
400	0.000 4	0.009 29
410	0.001 2	0.034 84
420	0.004 0	0.096 6
430	0.011 6	0.199 8
440	0.023	0.328 1
450	0.038	0.455
460	0.060	0.567
470	0.091	0.676
480	0.139	0.793
490	0.208	0.904
500	0.323	0.982
510	0.503	0.997
520	0.710	0.935
530	0.862	0.811
540	0.954	0.650
550	0.995	0.481
560	0.995	0.328 8
570	0.952	0.207 6
580	0.870	0.121 2
590	0.757	0.065 5
600	0.631	0.033 15
610	0.503	0.015 93
620	0.381	0.007 37
630	0.265	0.003 335
640	0.175	0.001 497
650	0.107	0.000 677
660	0.061	0.000 312 9
670	0.032	0.000 148 0
680	0.017	0.000 071 5
690	0.008 2	0.000 035 33
700	0.004 1	0.000 017 80
710	0.002 1	0.000 009 14
720	0.001 05	0.000 004 78
730	0.000 52	0.000 002 546
740	0.000 25	0.000 001 379
750	0.000 12	0.000 000 760
760	0.000 06	0.000 000 425
770	0.000 03	0.000 000 241
780	0.000 015	0.000 000 139

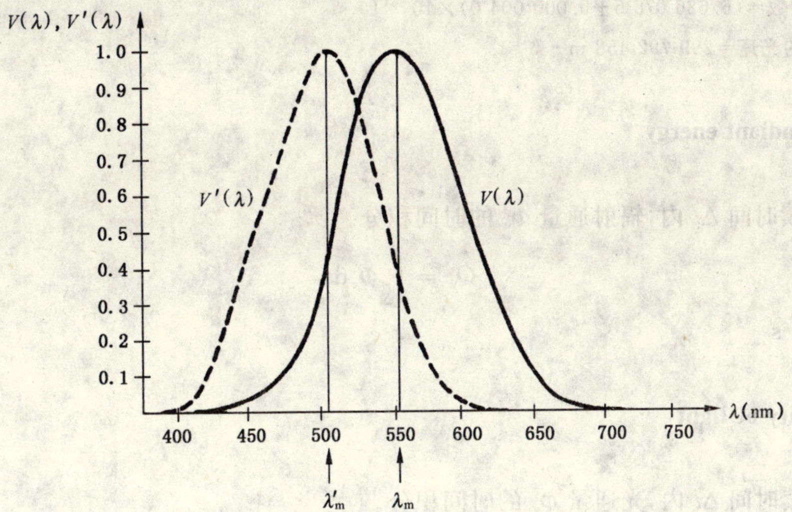

845-01-23

CIE 标准光度观测者　CIE standard photometric observer

具有与函数 $V(\lambda)$（明视觉）或函数 $V'(\lambda)$（暗视觉）一致的相对光谱响应度曲线的理想观测者，并且遵从在光通量定义中含有的叠加定律。

845-01-24

辐（射）通量　radiant flux

辐射功率　radiant power

$\boldsymbol{\Phi_e}$；$\boldsymbol{\Phi}$；$\boldsymbol{P}$

以辐射的形式发射、传播或接收的功率。

单位：W

845-01-25

光通量　luminous flux

$\boldsymbol{\Phi_v}$；$\boldsymbol{\Phi}$

从辐射通量 Φ_e 导出的量，该量是根据辐射对 CIE 标准光度观测者的作用来评价的。对于明视觉：

$$\Phi_v = K_m \int_0^\infty \frac{d\Phi_e(\lambda)}{d\lambda} \cdot V(\lambda) d\lambda$$

式中：$\frac{d\Phi_e(\lambda)}{d\lambda}$是辐射通量的光谱分布，$V(\lambda)$是光谱光视效率。

单位：lm

注：K_m 值（明视觉）和 K'_m 值（暗视觉）参见 845-01-56。

845-01-26

光子通量　photon flux

$\boldsymbol{\Phi_p}$；$\boldsymbol{\Phi}$

在时间元 dt 内发射、传播或接收的光子数目 dN_p 除以该时间元。

$$\Phi_p = \frac{dN_p}{dt}$$

单位：s^{-1}

注：光谱分布为$\frac{d\Phi_e(\lambda)}{d\lambda}$或$\frac{d\Phi_e(\nu)}{d\nu}$的辐射束，其光子通量为：

$$\Phi_p = \int_0^\infty \frac{d\Phi_e(\lambda)}{d\lambda} \cdot \frac{\lambda}{hc_0} \quad d\lambda = \int_0^\infty \frac{d\Phi_e(\nu)}{d\nu} \cdot \frac{1}{h\nu} d\nu$$

h，普朗克常数＝(6.626 075 5±0.000 004 0)×10^{-34} J·s

c_0，真空中的光速＝299 792 458 m·s^{-1}

845-01-27

辐射能量　radiant energy

Q_e；Q

在给定的持续时间 Δt 内，辐射通量 Φ_e 的时间积分。

$$Q_e = \int_{\Delta t} \Phi_e \mathrm{d}t$$

单位：J＝W·s

845-01-28

光量　quantity of light

Q_v；Q

在给定的持续时间 Δt 内，光通量 Φ_v 的时间积分。

$$Q_v = \int_{\Delta t} \Phi_v \mathrm{d}t$$

单位：lm·s

其他单位：流明—小时(lm·h)

845-01-29

光子数　number of photons；photon number

N_p；Q_p；Q

在给定的持续时间 Δt 内，光子通量 Φ_p 的时间积分。

$$N_p = \int_{\Delta t} \Phi_p \mathrm{d}t$$

单位：1

845-01-30

辐射强度(辐射源在给定方向上的)　**radiant intensity**(of a source；in a given direction)

I_e；I

离开辐射源的、在包含给定方向的立体角元 dΩ 内传播的辐射通量 dΦ_e 除以该立体角元。

$$I_e = \frac{\mathrm{d}\Phi_e}{\mathrm{d}\Omega}$$

单位：W·sr^{-1}

845-01-31

发光强度(光源在给定方向的)　**luminous intensity** (of a source，in a given direction)

I_v；I

离开光源的在包含给定方向的立体角元 dΩ 内传播的光通量 dΦ_v 除以该立体角元。

$$I_v = \frac{\mathrm{d}\Phi_v}{\mathrm{d}\Omega}$$

单位：cd＝lm·sr^{-1}

845-01-32

光子强度(辐射源在给定方向的)　**photon intensity**(of a source，in a given direction)

I_p；I

离开辐射源的在包含给定方向的立体角元 dΩ 内传播的光子通量 dΦ_p 除以该立体角元。

$$I_p = \frac{\mathrm{d}\Phi_p}{\mathrm{d}\Omega}$$

单位：$s^{-1} \cdot sr^{-1}$

845-01-33

几何因子（射线束的） **geometric extent** (of a beam of rays)

[G]

由等效公式定义的量元 dG 对整个射线束的积分。

$$dG = \frac{dA \cdot \cos\theta \cdot dA' \cdot \cos\theta'}{l^2} = dA \cdot \cos\theta \cdot d\Omega$$

式中：dA 和 dA' 是由间距 l 隔开的束元的两个截面的面积；

θ 和 θ' 是束元方向和 dA，dA' 的法线之间的夹角；

$d\Omega = \frac{dA' \cdot \cos\theta'}{l^2}$ 是 dA' 对 dA 上的一点所张的立体角。

单位：$m^2 \cdot sr$

注：对于通过连续非漫射媒质传播的光束，量 $G \cdot n^2$ 是一个不变量，n 为折射率。该不变量称为“光学因子”。

845-01-34

辐射亮度（实际的或假想的表面上的给定点在给定方向上的） **radiance** (in a given direction, at a given point of a real or imaginary surface)

L_e；L

由公式 $L_e = \frac{d\Phi_e}{dA \cdot \cos\theta \cdot d\Omega}$ 定义的量。式中 $d\Phi_e$ 是经过给定点的辐射束元在包含给定方向的立体角元 $d\Omega$ 内传播的辐射通量；dA 是包含给定点的该辐射束的截面面积；θ 是截面法线与辐射束方向之间的夹角。

单位：$W \cdot m^{-2} \cdot sr^{-1}$

下面注 1～注 5 中的公式，同样适用于术语 845-01-35 和 845-01-36，所以各量的符号没有标注注释。

注 1：对于光源表面的面元 dA，由于 dA 在给定方向的光强为 $dI = d\Phi/d\Omega$，于是照明工程中最常用的等效公式是 $L = \frac{dI}{dA \cdot \cos\theta}$。

注 2：对于接收辐射束的表面面元 dA，由于辐射束在 dA 上产生的辐照度或光照度 dE 为 $dE = d\Phi/dA$，则等效公式 $L = \frac{dE}{d\Omega \cdot \cos\theta}$，是在光源没有表面时（例如：天空、放电等离子体）使用的公式。

注 3：辐射束元的几何因子 dG 的使用，由于 $dG = dA \cdot \cos\theta \cdot d\Omega$，则等效公式为 $L = d\Phi/dG$。

注 4：由于光学因子 $G \cdot n^2$（参见 845-01-33 的注释）是一不变量，若吸收，反射和漫射的损失为零，则沿辐射束路径的量 $L \cdot n^{-2}$ 也是一个不变量。该量称为“基本辐射亮度”或“基本光量度”或“基本光子辐射亮度”。

注 5：上述公式中给定的 $d\Phi$ 与 L 之间的关系有时称为“辐射度学和光度学的基本定律”：

$$d\Phi = L\frac{dA \cdot \cos\theta \cdot dA' \cdot \cos\theta'}{l^2} = L \cdot dA \cdot \cos\theta \cdot d\Omega = L \cdot dA' \cdot \cos\theta' \cdot d\Omega'$$

845-01-35

（光）亮度（实际的或假想的表面上的给定点在给定方向上的） **luminance** (in a given direction, at a given point of a real or imaginary surface)

L_v；L

由公式 $L_v = \frac{d\Phi_v}{dA \cdot \cos\theta \cdot d\Omega}$ 定义的量。式中 $d\Phi_v$ 是经过给定点的光束元在包含给定方向的立体角 $d\Omega$ 内传播的光通量；dA 是包含给定点的该光束的截面面积；θ 是截面法线与辐射束方向之间的夹角。

单位：$cd \cdot m^{-2} = lm \cdot m^{-2} \cdot sr^{-1}$

注：参见 845-01-34 的注释 1～5。

845-01-36

光子辐(射)亮度(实际的或假想的表面上的给定点在给定方向上的) **photon radiance** (in a given direction, at a given point of a real or imaginary surface)

L_p;L

由公式 $L_p=\frac{d\Phi_p}{dA\cdot\cos\theta\cdot d\Omega}$定义的量。式中 $d\Phi_p$ 是经过给定点的辐射束元,在包含给定方向的立体角元 $d\Omega$ 内传播的光子通量;dA 是包含给定点的该辐射束的截面面积;θ 是截面法线与辐射束方向之间的夹角。

单位:$s^{-1}\cdot m^{-2}\cdot sr^{-1}$

注:参见 845-01-34 的注释 1~5。

845-01-37

辐(射)照度(面上一点的) **irradiance**(at a point of a surface)

E_e;E

投射到包含该点的面元上的辐射通量 $d\Phi_e$ 除以该面元面积 dA。

等效定义:沿着由给定点所见半球对表达式 $L_e\cdot\cos\theta\cdot d\Omega$ 的积分,式中 L_e 是立体角为 $d\Omega$ 的不同方向入射的辐射束元对着给定点的辐射亮度,θ 是任一辐射束元与给定点处的表面法线之间的夹角。

$$E_e=\frac{d\Phi_e}{dA}=\int_{2\pi sr}L_e\cdot\cos\theta\cdot d\Omega$$

单位:$W\cdot m^{-2}$

845-01-38

(光)照度(表面上一点的) **illuminance**(at a point of a surface)

E_v;E

投射到包含该点的面元上的光通量 $d\Phi_v$ 除以该面元面积 dA。

等效定义:沿着由给定点所见半球对表达式 $L_v\cdot\cos\theta\cdot d\Omega$ 的积分,式中 L_v 是立体角为 $d\Omega$ 的沿不同方向入射的光束元对着给定点的光亮度,θ 是任一辐射束元与给定点处的表面法线之间的夹角。

$$E_v=\frac{d\Phi_v}{dA}=\int_{2\pi sr}L_v\cdot\cos\theta\cdot d\Omega$$

单位:$lx=lm\cdot m^{-2}$

845-01-39

光子辐(射)照度(表面上一点的) **photon irradiance**(at a point of a surface)

E_p;E

投射到包含该点的面元上的光子通量 $d\Phi_p$ 除以该面元面积 dA。

等效定义:沿着由给定点所见半球对表达式 $L_p\cdot\cos\theta\cdot d\Omega$ 的积分,式中 L_p 是立体角为 $d\Omega$ 的沿不同方向入射的辐射束元对着给定点的光子辐射亮度,θ 是任一辐射束元与给定点处表面的法线之间的夹角。

$$E_p=\frac{d\Phi_p}{dA}=\int_{2\pi sr}L_p\cdot\cos\theta\cdot d\Omega$$

单位:$s^{-1}\cdot m^{-2}$

845-01-40

球面辐(射)照度;辐射流率(在一点上的) **spherical irradiance; radiant fluence rate** (at a point)

$E_{e,o}$;E_o

由公式 $E_{e,o}=\int_{4\pi sr}L_e d\Omega$ 定义的量,$d\Omega$ 是穿过该点的每一辐射束元的立体角,L_e 是各辐射束元对着该点的亮度。

单位：W·m^{-2}

注1：该量是投射到以给定点为中心的无限小球体外表面的全部辐射的辐通量除以该球直径横截面面积。

注2：类似量“球面[光]照度 $E_{v,o}$”和“光子球面辐[射]照度 $E_{p,o}$”用相同的方法定义，但需用光亮度 L_v 或光子辐射亮度 L_p 替代辐射亮度 L_e。

注3：术语“球面辐射照度”或“标量辐射照度”或其他类似的术语可以在文献中找到，在他们的定义中，横截面面积有时用四倍截面面积大的球元表面积替代。

845-01-41

(圆)柱面辐(射)照度(在一点的和一个方向的) **cylindrical irradiance** (at a point, for a direction)

$\boldsymbol{E_{e,z}}$；$\boldsymbol{E_z}$

由公式 $E_{e,z}=\frac{1}{\pi}\int_{4\pi sr}L_e\sin\varepsilon\cdot d\Omega$ 定义的量，式中 $d\Omega$ 是穿过给定点的每一辐射束元的立体角，L_e 是辐射束元对着该点的辐射亮度，ε 是辐射束元与给定方向之间的夹角；除另有说明外，该方向为垂直方向。

单位：W·m^{-2}

注1：该量是投射到包含给定点并且轴线与给定方向一致的无限小圆柱体外曲面上的全部辐射的通量除以在包含其轴线的平面上测量的圆柱体横截面面积的 π 倍。

注2：类似量“圆柱面光照度 $E_{v,z}$”和“光子圆柱面辐照度 $E_{p,z}$”用相同方法定义，但需用光亮度 L_v 或光子辐射亮度 L_p 替代辐射亮度 L_e。

845-01-42

曝辐射量(表面上一点的，在给定时程内的) **radiant exposure** (at a point of a surface, for a given duration)

$\boldsymbol{H_e}$；$\boldsymbol{H}$

在给定的时程内，投射到包含该点的面元上的辐射能量 dQ_e 除以该面元面积 dA。

等效定义：在整个给定时程 Δt 内，给定点上的辐照度 E_e 的时间积分。

$$H_e=\frac{dQ_e}{dA}=\int_{\Delta t}E_e\cdot dt$$

单位：J·m^{-2}＝W·s·m^{-2}

注：此处定义的量 exposure(曝辐射量)一定不要与在 X 射线和 γ 射线范围内使用的也称为 exposure(照射量)的量相混淆，后者的单位为库伦每千克(C·kg^{-1})。

845-01-43

曝光量(表面上一点的，在给定时程内的) **luminous exposure; light exposure**(已弃用)(at a point of a surface, for a given duration)

$\boldsymbol{H_v}$；$\boldsymbol{H}$

在给定时程内投射到包含该点的面元上的光量 dQ_v 除以该面元面积 dA。

等效定义：在整个给定时程 Δt 内，给定点上的光照度 E_v 的时间积分。

$$H_v=\frac{dQ_v}{dA}=\int_{\Delta t}E_v\cdot dt$$

单位：lx·s＝lm·s·m^{-2}

845-01-44

曝光子量(表面上一点的，在给定时程内的) **photon exposure** (at a point of a surface, for a given duration)

$\boldsymbol{H_p}$；$\boldsymbol{H}$

在给定时程内投射到包含该点的面元上的光子数 dQ_p 除以该面元面积 dA。

等效定义：在整个给定时程 Δt 内，给定点上的光子辐照度 E_p 的时间积分。

$$H_p = \frac{dQ_p}{dA} = \int_{\Delta t} E_p \cdot dt$$

单位：m^{-2}

845-01-45

球面曝辐射量；辐射流量（一点的，在给定时程内的） **radiant spherical exposure; radiant fluence**（at a point, for a given duration）

$\boldsymbol{H_{e,o}}$；$\boldsymbol{H_o}$

在给定时程 Δt 内，给定点处的球面辐照度 $E_{e,o}$ 的时间积分。

$$H_{e,o} = \int_{\Delta t} E_{e,o} \cdot dt$$

单位：$J \cdot m^{-2} = W \cdot s \cdot m^{-2}$

注：类似量“球面曝光量”$H_{v,o}$ 和“球面曝光子量”$H_{p,o}$ 用相同方法定义，但需用球面光照度 $E_{v,o}$ 或光子球面辐照度 $E_{p,o}$ 替代球面辐照度 $E_{e,o}$。

845-01-46

（圆）柱面曝辐射量（一点上的，给定方向和时程内的） **radiant cylindrical exposure**（at a point, for a given direction and duration）

$\boldsymbol{H_{e,z}}$；$\boldsymbol{H_z}$

在给定时程 Δt 内，给定点在给定方向上的圆柱面辐照度 $E_{e,z}$ 的时间积分。

$$H_{e,z} = \int_{\Delta t} E_{e,z} \cdot dt$$

单位：$J \cdot m^{-2} = W \cdot s \cdot m^{-2}$

注：类似量“圆柱面曝光量”$H_{v,z}$ 和“圆柱面曝光子量”$H_{p,z}$ 用相同方法定义，但需用圆柱面光照度 $E_{v,z}$ 或光子圆柱面辐照度 $E_{p,z}$ 替代圆柱面辐照度 $E_{e,z}$。

845-01-47

辐射出射度（表面上一点的） **radiant exitance**（at a point of a surface）

$\boldsymbol{M_e}$；$\boldsymbol{M}$

离开包含该点的面元的辐射通量 $d\Phi_e$ 除以该面元面积 dA。

等效定义：沿着由给定点所见半球对表达式 $L_e \cdot \cos\theta \cdot d\Omega$ 的积分，式中 L_e 是各个方向在立体角 $d\Omega$ 内发射的辐射束元对着给定点的辐射亮度，θ 是任一辐射束元与给定点处的表面法线之间的夹角。

$$M_e = \frac{d\Phi_e}{dA} = \int_{2\pi sr} L_e \cdot \cos\theta \cdot d\Omega$$

单位：$W \cdot m^{-2}$

845-01-48

光出射度（表面上一点的） **luminous exitance**（at a point of a surface）

$\boldsymbol{M_v}$；$\boldsymbol{M}$

离开包含该点的面元的光通量 $d\Phi_v$ 除以该面元面积 dA。

等效定义：沿着由给定点所见的半球对表达式 $L_v \cdot \cos\theta \cdot d\Omega$ 的积分，式中 L_v 是各个方向在立体角 $d\Omega$ 内发射的辐射束元对给定点的光亮度，θ 是任一辐射束元与给定点处的表面法线之间的夹角。

$$M_v = \frac{d\Phi_v}{dA} = \int_{2\pi sr} L_v \cdot \cos\theta \cdot d\Omega$$

单位：$lm \cdot m^{-2}$

845-01-49

光子出射度（表面上一点的） **photon exitance**（at a point of a surface）

$\boldsymbol{M_p}$；$\boldsymbol{M}$

离开包含该点的面元的光子通量 $d\Phi_p$ 除以该面元面积 dA。

等效定义：沿着由给定点所见半球对表达式 $L_p \cdot \cos\theta \cdot d\Omega$ 的积分，式中 L_p 是各个方向在立体角 $d\Omega$ 内发射的辐射束元对着给定点的光子辐射亮度，θ 是任一辐射束元与给定点处的表面法线之间的夹角。

$$M_p = \frac{d\Phi_p}{dA} = \int_{2\pi sr} L_p \cdot \cos\theta \cdot d\Omega$$

单位：$s^{-1} \cdot m^{-2}$

845-01-50

坎德拉　candela

cd

发光强度的 SI 单位：坎德拉是发出频率为 540×10^{12} 赫兹单色辐射的光源在给定方向的发光强度，光源在该方向的辐射强度为 1/683 瓦特每球面度。（第 16 届国际计量大会，1979 年）

$1cd = 1lm \cdot sr^{-1}$

845-01-51

流明　lumen

lm

光通量的 SI 单位：由一个发光强度为 1cd 的均匀点光源在单位立体角（球面度）内发射的光通量。（第 9 届国际计量大会，1948 年）

等效定义：频率为 540×10^{12} 赫兹、辐射通量为 1/683 瓦特的单色辐射束的光通量。

845-01-52

勒克斯　lux

lx

光照度的 SI 单位：由 1 流明的光通量均匀分布在 1 平方米的表面上所产生的光照度。

$1\ lx = 1lm \cdot m^{-2}$

注：非米制单位："流明每平方英尺（$lm \cdot ft^{-2}$）"或：英尺烛光（fc）（美国）＝10.764 lx。

845-01-53

坎德拉每平方米　candela per square metre

$cd \cdot m^{-2}$

光亮度的 SI 单位。

注：这个单位过去有时称做"尼特（nt）"（不宜使用此名称）。

光亮度的其他单位：

米制，非 SI：朗伯（L）$= \frac{10^4}{\pi} cd \cdot m^{-2}$。

非米制：英尺朗伯（fL）$= 3.426\ cd \cdot m^{-2}$。

845-01-54

辐射效率（辐射源的）　radiant efficiency (of a source of radiation)

η_e；η

辐射源发出的辐射通量与其消耗的功率之比。

单位：1

注：必须说明辐射源所耗功率中是否包括辅助装置，例如镇流器等（如果有的话）所耗功率。

845-01-55

光源的光视效能　luminous efficacy of a source

η_v；η

光源发出的光通量除以其所耗功率。

单位：$lm \cdot W^{-1}$

注：参见 845-01-54 的注解。

845-01-56

辐射的光视效能　luminous efficacy of radiation

K

光通量 Φ_v 除以相应的辐射通量 Φ_e。

$$K=\frac{\Phi_v}{\Phi_e}$$

单位：$lm\cdot W^{-1}$

注：应用于单色辐射时，$K(\lambda)$的最大值用符号 K_m 表示。

对于明视觉，$K_m=683lm\cdot W^{-1}$，相应于 $\nu_m=540\times10^{12}$ Hz($\lambda_m\approx555$ nm)。

对于暗视觉，$K'_m=1\ 700lm\cdot W^{-1}$，相应于 $\lambda'_m=507$ nm。

对于其他波长，$K(\lambda)=K_mV(\lambda)$和 $K'(\lambda)=K'_mV'(\lambda)$。

845-01-57

光视效率(辐射的)　**luminous efficiency** (of radiation)

V

按照 $V(\lambda)$加权的辐射通量与相应的辐射通量之比。

$$V=\frac{\int_0^\infty \Phi_{e,\lambda}(\lambda)\cdot V(\lambda)\cdot d\lambda}{\int_0^\infty \Phi_{e,\lambda}(\lambda)\cdot d\lambda}=\frac{K}{K_m}$$

单位：1

注 1：对于光谱光视效率，

$V(\lambda)=\frac{K(\lambda)}{K_m}$，参见 845-01-22。

注 2：对于暗视觉，公式里的符号分别用 V'，Φ'，K'和 K'_m 替代。

845-01-58

等效(光)亮度(对任意相对光谱分布的辐射，给定大小和形状的视场的)　**equivalent luminance** (of a field of given size and shape, for a radiation of arbitrary relative spectral distribution)

L_{eq}

比较视场的光亮度，其辐射与处于铂凝固温度的普朗克辐射体有相同的相对光谱分布，并在特定光度条件下与被测视场的视亮度相同；比较视场必须有特定的大小和形状，但可以不同于被测视场。

单位：$cd\cdot m^{-2}$

注：如果在相同测量条件下，比较视场的等效光亮度已知，则比较视场辐射的相对光谱分布不同于处于铂凝固温度($T=2042K$)的普朗克辐射体时，也可使用。

845-01-59

点耀度　point brilliance

E_v；E

在光源的表观直径不能察觉的距离上直接目视观测光源时所涉及的量。点耀度是以光源在观测者眼睛处垂直于光源方向的平面上产生的光照度来度量的。

单位：lx

845-01-60

视星等(天体的)　**apparent magnitude** (of an astronomical object)

m

多少与星体发光外貌有关联的量，该量用下面公式定义：

$$m=m_0-2.5\log_{10}(E/E_0)$$

式中 E 是所考察星体的点耀度，m_0 和 E_0 是以某些标准星体的星等为依据的常数。

单位:1

注:除了上面定义的目视星等外,还有其他用同一公式定义的视星等(照相的,测辐射热的等等),但是式中的 E 和 E_0 则是具有规定光谱响应度的探测器的响应。

845-02 视觉,显色性 vision,colour rendering

A 眼睛 the eye

845-02-01

视网膜 retina

位于眼球内后部,对光刺激敏感的膜,它包括光感受器(锥状细胞和柱状细胞)和神经细胞,后者将刺激光感受器所产生的信号传递给视神经。

845-02-02

锥状细胞 cones

视网膜中的光感受器,含有能够主导明视觉过程的感光色素。

845-02-03

柱状细胞 rods

视网膜中的光感受器,含有能够主导暗视觉过程的感光色素。

845-02-04

黄斑 yellow spot;macula lutea

覆盖在视网膜中央凹区域的不感光色素的膜层。

845-02-05

中央凹 fovea;fovea centralis

视网膜的中心部分,层薄而凹陷,几乎只含锥状细胞,形成最清晰的视觉部位。

注:中央凹在视场中的张角大约为 0.026 rad(1.5°)。

845-02-06

小凹 foveola

仅含有锥状细胞的中央凹的中心区域。

注:小凹在视场中的张角大约为 0.017 rad(1°)。

845-02-07

适应 adaptation

视觉系统先后暴露于不同的光亮度,光谱分布和(视场)张角等刺激时,其状态发生变化的过程。

注 1:也使用"明适应"和"暗适应"两个术语,"明适应"用于刺激的光亮度在几个坎德拉每平方米以上时,"暗适应"用于光亮度在百分之几坎德拉每平方米以下时。

注 2:对规定空间频率、取向、大小等的适应,也认为包含于这个定义中。

845-02-08

色适应 chromatic adaptation

不同相对光谱分布的刺激为主要效应的适应。

845-02-09

明视觉 photopic vision

正常人眼睛适应于几个坎德拉每平方米以上的光亮度水平时的视觉。

注:在明视觉中,(视网膜的)锥状细胞是起主要作用的光感受器。

845-02-10

暗视觉 scotopic vision

正常人眼睛适应于百分之几坎德拉每平方米以下的光亮度水平时的视觉。

注:在暗视觉中,(视网膜的)柱状细胞是起主要作用的光感受器。

845-02-11

中间视觉　mesopic vision

介于明视觉和暗视觉之间的视觉。

注：中间视觉中，(视网膜的)锥状细胞和柱状细胞均起作用。

845-02-12

夜盲　hemeralopia；night-blindness

暗视觉能力完全丧失或明显减弱的视觉异常。

845-02-13

色觉缺陷　defective colour vision

辨别一些或全部颜色的能力降低的视觉异常。

845-02-14

普尔金耶现象　Purkinje phenomenon

当几种刺激的光亮度按同样比例从明视觉水平到中间视觉水平或暗视觉水平降低而不改变各自刺激的相对光谱分布时，长波长为主的色刺激的视亮度相对于短波长为主的色刺激的视亮度的降低。

注：从明视觉过渡到中间视觉或暗视觉时，光谱光视效率发生变化，其最大光视效率的波长移向短波。

845-02-15

斯太耳斯-克劳福德效应(第一种的)　Stiles-Crawford effect (of the first kind)

方向效应　directional effect

光刺激的视亮度随着光束进入瞳孔位置的偏心度的增加而降低。

注：如果是色调和色饱和度发生变化，而不是视亮度，则此效应称作"第二种斯太耳斯-克劳福德效应"。

845-02-16

楚兰德　troland

Td

用于表示由光刺激产生的与视网膜上照度成正比的量的单位。当眼睛看一光亮度均匀的表面时，楚兰德数等于自然或人造瞳孔所限制的面积(平方毫米)与表面光亮度(坎德拉每平方米)的乘积。

注：在计算有效视网膜照度时，必须考虑吸收、散射和反射损失与所涉及的特定眼睛的尺寸，以及斯太耳斯-克劳福德效应。

B　光和颜色　light and colour

845-02-17

(知觉的)光　(perceived) light

对视觉系统特有的所有知觉和感觉的普遍和基本属性。

注1：通常(但不总是)光是作为光刺激对视觉系统作用的结果而被感知的。

注2：参见845-01-06。

845-02-18

(知觉的)颜色　(perceived) colour

由彩色和非彩色成分的任意组合所构成的目视知觉的属性。该属性可以用彩色名称，例如：黄色、橙色、棕色、红色、粉色、绿色、蓝色、紫色等；或用非彩色名称，如白色、灰色、黑色等；并用光亮、暗淡、明亮、黑暗等修饰词；或用这些名称的组合来描述。

注1：知觉(颜)色取决于：颜色刺激的光谱分布；刺激区域的大小、形状、结构及周围环境；观测者视觉系统的适应状态；以及观察者已有的经验和熟练程度。

注2：参见845-03-01的注释1和2。

注3：知觉(颜)色可以以几种形式的色貌出现。不同形式色貌的名称用于分辨定性的和几何的色知觉差别。一些较为重要的色貌形式的术语在845-02-19，20，21中给出。其他形式的色貌有胶片(颜)色，体积(颜)色，照明(颜)色，人体(颜)色和全视场的颜色。每一种这些形式的色貌都可以进一步用形容词确定，来描述颜色或他

们空间和时间关系的各种组合。在各种形式色貌的知觉色中有关不同性质的术语在 845-02-22,23,24 和 25 中给出。

845-02-19

物体色 object-colour

从物体知觉到的颜色。

845-02-20

表面色 surface colour

从呈现漫反射或漫辐射表面知觉到的颜色。

845-02-21

小孔色 aperture colour

知觉到的不具有空间位置深度感的颜色。例如:从屏上小孔中所知觉到的覆盖视野的颜色。

845-02-22

发光(知觉)色 luminous (perceived) colour

从呈现发射光的区域如自发光光源,或呈现镜面反射这种光的区域知觉的颜色。

845-02-23

非发光(知觉)色 non-luminous (perceived) colour

从呈现透射或漫反射光区域知觉到的颜色,如次级光源。

注:在自然环境中所见的次级光源,通常显示出这种意义上的非发光颜色的外貌。

845-02-24

相关(知觉)色 related (perceived) colour

在其他颜色的背景上所知觉到的表面的颜色。

845-02-25

非相关(知觉)色 unrelated (perceived) colour

与其他颜色隔绝时,所知觉到的表面的颜色。

845-02-26

非彩(知觉)色 achromatic (perceived) colour

1) 知觉的意义:知觉的无色调的颜色。这类颜色通常使用白色、灰色和黑色等色名,对于透明物体,则称无色或中性色。

2) 心理物理的意义:参见非彩色刺激(845-03-06)。

845-02-27

彩(知觉)色 chromatic (perceived) colour

1) 知觉的意义:具有色调的知觉色。在日常语言中,"颜色"这个词常常在这个意义上用来与白色、灰色和黑色相区别,形容词"有色的"常指彩色而言。

2) 心理物理的意义:参见彩色刺激(845-03-07)。

845-02-28

视亮度 brightness

发光度(已废除) **luminosity** (obsolete)

与表面呈现发光多少有关的视觉属性。

845-02-29

明亮的 bright

用于描述高水平视亮度的形容词。

845-02-30

暗淡的 dim

用于描述低水平视亮度的形容词。

845-02-31

明度(相关色的)　lightness (of a related colour)

在相同照明条件下,相对于白色表面或高度透明面的视亮度来判断的表面视亮度。

注：仅仅是相关色才显示有明度。

845-02-32

光亮的　light

用于描述高水平明度的形容词。

845-02-33

黑暗的　dark

用于描述低水平明度的形容词。

845-02-34

亥姆霍兹-柯尔劳什现象　Helmholtz-Kohlrausch phenomenon

在明视觉范围内,保持光亮度不变而增加色刺激的纯度所引起知觉色的视亮度的变化。

注：对于相关知觉色,保持色刺激的光亮度因数恒定而增加色纯度时,其明度也能发生变化。

845-02-35

色调　hue

表面呈现出类似知觉颜色红、黄、绿和蓝中的一种或其中两种色的组合的视觉属性。

845-02-36

单一色调　unitary hue;unique hue

除了用自己的名称之外,不能再用别的色调名称描述的知觉色调。

注：单一色调有四种:红色,绿色,黄色和蓝色。

845-02-37

二元色调　binary hue

由两种单一色调的组合描述的知觉色调。例如:橙色是淡黄色—红色或淡红色—黄色混合的色调;紫色是淡红色—蓝色混合的色调等。

845-02-38

阿布尼现象　Abney phenomenon

当保持色刺激的主波长和光亮度恒定时,由降低其纯度而引起的色调变化。

845-02-39

贝措尔德-布吕克现象　Bezold-Brücke phenomenon

保持色刺激的色品不变时,由改变色刺激的光亮度(明视觉范围内)而引起的色调变化。

注：对于某些单色刺激,在宽的光亮度范围色调保持不变(对于给定的适应条件)。这些刺激的波长有时称作"不变波长"。

845-02-40

色浓度　chromaticness;colourfulness

表面知觉色呈现的与色彩浓淡程度有关的视觉属性。

注1：对于给定色品和(在相关色情况下)给定光亮度因数的色刺激,色浓度通常随光亮度的增加而增加,但当视亮度很高时除外。

注2：以前,"色浓度"表示色调和色饱和度的综合知觉,即:色品的知觉相关性。

845-02-41

色饱和度　saturation

按照表面的视亮度来判断的色浓度。

注：对于给定观察条件和在明视觉范围内各级光亮度水平,给定色品的色刺激对于各级光亮度均呈现近似恒定的色饱和度,但当视亮度很高时除外。

845-02-42

彩度 chroma

在相同照明条件下，比照呈现白色或高透明表面的视亮度判断出的一个表面的色浓度。

注：对于给定的观察条件和在明视觉范围光亮度水平上，来自给定亮度因数的表面并给定色品的，作为相关色知觉的色刺激，对于所有照度水平都呈现近似不变的彩度，但视亮度很高时除外。在相同的情况下，在给定的照度水平上，若亮度因数增加，通常彩度也会增加。

C 视觉现象 visual phenomena

845-02-43

视觉分辨力 visual acuity；visual resolution

1）定性方面：清楚地看到具有很小角度间隔的细部的能力。

2）定量方面：任一种空间分辨力的测定结果，例如观测者恰可察觉分离的两个相邻物体（点或线或其他特定刺激）的用弧分表示的角度间隔的倒数。

845-02-44

调视 accommodation

晶体透镜屈光强度的调整，以使在给定距离的物体的像聚焦在视网膜上。

845-02-45

光亮度阈值 luminance threshold

可察觉刺激的最低光亮度。

注：该值取决于视场大小、背景、适应状态和其他观察条件。

845-02-46

光亮度差阈 luminance difference threshold

ΔL

可察觉的最小光亮度差。

注：该值取决于光亮度和包括适应状态的观察条件。

845-02-47

对比；衬比 contrast

1）知觉意义：同时或相继看到的视场中两个或两个以上部位外貌差异的评估（视亮度对比，明度对比，色对比，同时对比，相继对比等）。

2）物理意义：表示与知觉视亮度对比相关的量，通常由一个包含涉及刺激的光亮度的公式来定义，例如：接近光亮度阈值时为 $\Delta L/L$，或对于较高的光亮度用 L_1/L_2。

845-02-48

对比灵敏度 contrast sensitivity

S_c

最小知觉（物理的）对比的倒数，通常用 $L/\Delta L$ 表示，其中 L 为平均光亮度，ΔL 为光亮度差阈。

注：S_c 值依赖于光亮度和包括适应状态的观察条件。

845-02-49

闪烁 flicker

由光刺激的光亮度或光谱分布随时间波动所引起的不稳定的目视感觉。

845-02-50

融合频率 fusion frequency

临界闪烁频率（对于给定的一组条件） **critical flicker frequency** (for a given set of conditions)

感知不到闪烁的刺激的交替频率。

845-02-51

塔耳波特定律　Talbot's law

如果视网膜上的一点受到振幅的周期变化的频率超过融合频率的光刺激作用，则所产生的视觉等同于振幅为在一个周期里变化的光刺激的平均振幅的稳定光刺激所产生的视觉。

845-02-52

眩光　glare

由于光亮度的分布或范围不适当，或对比度太强，而引起不舒适感或分辨细节或物体的能力减弱的视觉条件。

注：在俄文中 845-02-52～57 的术语与干扰观察条件的光源和其他发光面的性质相关，而不是由于视场中不适当的光亮度分布而使观察条件发生变化。

845-02-53

直接眩光　direct glare

由处于视场中的自发光物体（尤其靠近视线）而引起的眩光。

845-02-54

反射眩光　glare by reflection

由于反射，特别是反射象出现在被观察物体相同或邻近方向时所产生的眩光。

注：以前称作 reflected glare。

845-02-55

光幕反射　veiling reflections

出现在被观察物体上的镜面反射使对比度降低而部分或全部看不清细部。

845-02-56

不舒适眩光　discomfort glare

引起不舒适感觉，而不一定降低物体可见度的眩光。

845-02-57

失能眩光　disability glare

降低物体可见度而不一定引起不适感觉的眩光。

845-02-58

等效光幕亮度（对于失能眩光或光幕反射）　**equivalent veiling luminance** (for disability glare or veiling reflections)

当叠加到适当背景和物体两者的光亮度，在下述条件下使得光亮度阈或光亮度差阈是等同的光亮度：

(1) 存在眩光，但没有附加亮度；

(2) 存在附加亮度，但没有眩光。

D　显色性（同时参见 CIE 13.2(1974)出版物）　colour rendering

845-02-59

显色性　colour rendering

照明体对物体色貌的影响。这种影响是观察者有意或无意地将它与参照照明体下的色貌相比较产生的。

845-02-60

参照照明体　reference illuminant

作为与其他照明体进行比较的照明体。

注：对用于颜色复现的照明体，需要更详细的解释。

845-02-61

显色指数　colour rendering index

R

由被测照明体照明物体所呈现的心理物理色与由参照照明体照明同一物体所呈现的心理物理色一致程度的度量(应适当考虑色适应状态)。

845-02-62

CIE 1974 特殊显色指数　CIE 1974 special colour rendering index

R_i

由被测照明体和参照照明体分别照明 CIE 试验色样所呈现的心理物理色一致程度的度量(适当考虑色适应状态)。

845-02-63

CIE 1974 平均显色指数　CIE 1974 general colour rendering index

R_a

对于规定的一组 8 种试验色样的 CIE 1974 特殊显色指数的平均值。

845-02-64

照明体色度位移　illuminant colorimetric shift

物体色刺激的色品和光亮度因数因照明体的改变而引起的变化。

845-02-65

适应色度位移　adaptive colorimetric shift

为了修正色适应的变化而做的数学调整。

845-02-66

合成色度位移　resultant colorimetric shift

照明体色度位移和适应色度位移的向量和。

845-02-67

照明体(知觉)色位移　illuminant (perceived) colour shift

在观察者色适应状态没有任何变化的情况下,仅由照明体的改变而引起的物体知觉色的变化。

845-02-68

适应(知觉)色位移　adaptive (perceived) colour shift

仅由色适应的改变而引起物体知觉色的变化。

845-02-69

总的[知觉]色位移　resultant (perceived) colour shift

照明体知觉色位移和适应知觉色位移的组合色位移。

845-03　色度学　colorimetry

845-03-01

色　colour

颜色　color(USA)

1) (知觉)色:参见 845-02-18。

2) (心理物理)色:由运算确定的值对色刺激做详细说明,例如三刺激值。

注:当上下文意思很明确时,可单独使用术语"颜色"。

A　[色]刺激　stimuli

845-03-02

色刺激　colour stimulus

进入眼睛而引起彩色或非彩色色觉的可见辐射。

845-03-03

色刺激函数　colour stimulus function

$\varphi_{\lambda}(\lambda)$

用作为波长函数的辐射量(例如辐射亮度或辐射功率)的光谱密集度对色刺激的描述。

845-03-04

相对色刺激函数　relative colour stimulus function

$\varphi(\lambda)$

色刺激函数的相对光谱功率分布。

845-03-05

同色异谱色刺激　metameric colour stimuli

同色异谱　metamers

光谱不同而有相同三刺激值的色刺激。

注：相应的性质叫做“同色异谱性”。

845-03-06

非彩色刺激　achromatic stimulus

在通常适应条件下，引起非彩色知觉色感觉的刺激。

注：在物体色的色度学中，对于所有照明体，完全反射或完全透射漫射体的颜色通常认为是非彩色刺激，但光源呈现高彩色的情况除外。

845-03-07

彩色刺激　chromatic stimulus

在通常适应条件下，引起彩色知觉色的刺激。

注：在物体色的色度学中，纯度大于零的刺激通常认为是彩色刺激。

845-03-08

单色刺激　monochromatic stimulus

光谱刺激　spectral stimulus

单色辐射的刺激。

845-03-09

互补色刺激　complementary colour stimuli

当两种色刺激适当相加混合能产生特定非彩色刺激的三刺激值时，此两种色刺激是互补的。

B　照明体　illuminants

845-03-10

照明体　illuminant

在影响物体色知觉的波长范围内具有确定相对光谱功率分布的辐射。

注：在日常英语中，该术语不限于这一意义，它也用于投在物体或屏上的任何一种光。

845-03-11

日光照明体　daylight illuminant

具有与一种时相的日光相同或近似相同的相对光谱功率分布的照明体。

845-03-12

CIE 标准照明体　CIE standard illuminants

由 CIE 依照相对光谱功率分布规定的照明体 A，B，C，D_{65} 和其他照明体 D。

注：上述照明体表示：

A：温度约为 2856K 的普朗克辐射体的辐射；

B：直射的太阳辐射(已作废)；

C：平均昼光；

D_{65}：包括紫外区段的昼光。

（参见 CIE 15 号出版物）。

845-03-13

CIE 标准光源　CIE standard sources

CIE 规定的其辐射近似于 CIE 标准照明体 A,B,C 的人造光源。（参见 CIE 15 号出版物）。

845-03-14

等能光谱　equi-energy spectrum；equal energy spectrum（USA）

在整个可见光区，作为波长函数的辐射量的光谱密集度为常数的辐射光谱（$\varphi(\lambda)=$常数）。

注：等能光谱辐射有时作为一种照明体，此时用符号 E 表示。

C　三色系统　trichromatic systems

845-03-15

色刺激相加混合　additive mixture of colour stimuli

各种色刺激以不能单独知觉的方式联合作用于视网膜上。

845-03-16

色匹配　colour matching

使一种色刺激与给定色刺激呈现相同颜色的操作。

845-03-17

格拉斯曼定律　Grassmann's laws

描述色刺激相加混合的色匹配性质的三条实验定律：

1）为规范色匹配，三个独立的变量是必要的和充分的。

2）对于色刺激的相加混合，仅与它们的三刺激值相关，而与他们的光谱组成无关。

3）在色刺激的相加混合中，如果逐渐改变混合色的一种或几种成分，则合成的三刺激值也逐渐改变。

注：格拉斯曼定律不能推广于所有观测条件。

845-03-18

（冯克莱斯）保持定律　（von Kries'）persistence law

为一实验定律，说明在一组适应条件下匹配的色刺激在任何其他组适应条件下也将保持。

注：冯克莱斯保持定律不适用于所有的条件。

845-03-19

阿布尼定律　Abney's law

为一实验定律，说明如果两种色刺激，A 和 B，知觉到有相等的视亮度；而另两种色刺激，C 和 D，知觉到的视亮度也相等，则 A 和 C 的相加混合色与 B 和 D 的相加混合色也知觉到相等的视亮度。

注：阿布尼定律的有效性强烈依赖于观测条件。

845-03-20

三色系统　trichromatic system

基于用三种适当选择的参照色刺激的相加混合来匹配颜色，并用三刺激值确定色刺激的系统。

845-02-21

参照色刺激　reference colour stimuli

作为三色系统基础的一组三种色刺激。

注 1：这些色刺激或者是实际的色刺激，或者是由实际色刺激的线性组合所确定的理论色刺激。三种参照色刺激中每一种刺激的大小（或每一种参照色刺激的大小）或用光度单位，或用辐射单位表示，而更常用的方法是规定他们之间的比例，或者说明用这三种刺激匹配一种特定的非彩色刺激所规定的相加混合。

注 2：在 CIE 标准色度系统中，用符号[X]，[Y]，[Z]和[X_{10}]，[Y_{10}]，[Z_{10}]表示参比色刺激。

845-03-22

三刺激值(色刺激的)　tristimulus values (of a colour stimulus)

在给定的三色系统中,与所考虑的刺激的颜色相匹配所要求的三种参照色刺激的总量。

注:在 CIE 标准色度系统中,三刺激值用符号 X,Y,Z 和 X_{10},Y_{10},Z_{10}表示。

845-03-23

色匹配函数(三色系统的)　**colour-matching functions** (of a trichromatic system)

具有相等辐射功率的(一系列)单色刺激的三刺激值。

注 1:一组色匹配函数在给定波长的三个值叫作色匹配系数(以前叫作光谱三刺激值)。

注 2:由色刺激的色刺激的函数 $\varphi_{\lambda}(\lambda)$,可用色匹配函数计算其三刺激值(参见 CIE No.15 号出版物)。

注 3:在 CIE 标准比色系统中,色匹配函数用符号 $\bar{x}(\lambda)$,$\bar{y}(\lambda)$,$\bar{z}(\lambda)$和 $\bar{x}_{10}(\lambda)$,$\bar{y}_{10}(\lambda)$,$\bar{z}_{10}(\lambda)$表示。

845-03-24

色方程　colour equation

两种色刺激匹配的代数表示法或矢量表示法,例如,其中一种[色刺激匹配表示法]可以是三种参照色刺激的相加混合。

例如:$C[\mathrm{C}]\equiv X[\mathrm{X}]+Y[\mathrm{Y}]+Z[\mathrm{Z}]$

注:符号≡表示色匹配,读作"匹配于",括号外的符号表示括号内的符号所代表刺激的量,因此,$C[\mathrm{C}]$表示[C]刺激的 C 个单位,"+"号表示色刺激的相加混合。

在这类方程式中,"—"号表示在进行色匹配时,该刺激要加在方程的另一边。

845-03-25

色空间　colour space

颜色在三维空间中的几何表示。

845-03-26

色立体　colour solid

含有表面色的那部分色空间。

845-03-27

色(谱)集　colour atlas

按照一定规则对颜色样品进行排列和辨别的汇集。

845-03-28

CIE 1931 标准色度系统(XYZ)　CIE 1931 standard colorimetric system (XYZ)

使用 CIE 在 1931 年采用的三种色匹配函数 $\bar{x}(\lambda)$,$\bar{y}(\lambda)$,$\bar{z}(\lambda)$和一组参照色刺激[X],[Y],[Z]确定任一光谱功率分布的三刺激值的系统(参见 CIE 15 号出版物)。

注 1:$\bar{y}(\lambda)$与 $V(\lambda)$相同,因此,三色刺激值 Y 与亮度成正比。

注 2:该标准色度系统适用于大约 1°至大约 4°(0.017 和 0.07 弧度)之间的张角的中心视场。

845-03-29

CIE 1964 补充标准色度系统　CIE 1964 supplementary standard colorimetric system X_{10},Y_{10},Z_{10}

使用 CIE 在 1964 年采用的三种色匹配函数 $\bar{x}_{10}(\lambda)$,$\bar{y}_{10}(\lambda)$,$\bar{z}_{10}(\lambda)$和一组参照色刺激[X_{10}],[Y_{10}],[Z_{10}]确定任一光谱功率分布的三刺激值的系统(参见 CIE 15 号出版物)。

注 1:该标准色度系统适用于大于 4°(0.07 弧度)张角的中心视野。

注 2:使用该系统时,所有表示色度测量的符号均用脚标 10 加以区分。

注 3:Y_{10}值与亮度不成比例。

845-03-30

CIE 色匹配函数　CIE colour-matching function

CIE 1931 标准色度系统中的函数 $\bar{x}(\lambda)$,$\bar{y}(\lambda)$,$\bar{z}(\lambda)$或 CIE 1964 补充标准色度系统中的函数

$\bar{x}_{10}(\lambda)$，$\bar{y}_{10}(\lambda)$，$\bar{z}_{10}(\lambda)$(参见 CIE 15 号出版物)。

845-03-31

CIE 1931 标准色度观测者　CIE 1931 standard colorimetric observer

色匹配特性与 1931 年 CIE 采用的色匹配函数 $\bar{x}(\lambda)$，$\bar{y}(\lambda)$，$\bar{z}(\lambda)$相一致的理想观测者。

845-03-32

CIE 1964 补充标准色度观测者　CIE 1964 supplementary standard colorimetric observer

色匹配特性与 1964 年 CIE 采用的色匹配函数 $\bar{x}_{10}(\lambda)$，$\bar{y}_{10}(\lambda)$，$\bar{z}_{10}(\lambda)$相一致的理想观测者。

D　色品　chromaticity

845-03-33

色品坐标　chromaticity coordinates

一组三色刺激值中的每一个值与他们的总和之比。

注 1：由于 3 个色品坐标之和等于 1，所以知道其中两个便能确定色品。

注 2：在 CIE 标准色度系统中，色坐标用符号 x，y，z 和 x_{10}，y_{10}，z_{10} 表示。

845-03-34

色品　chromaticity

由色刺激的色品坐标，或由其主波长或补色波长及纯度一起所确定的色刺激的特性。

845-03-35

色品图　chromaticity diagram

一种平面图其上每一点均由表示色刺激色品的色品坐标来确定。

注：在 CIE 标准色度系统中，y 通常表示纵坐标，x 表示横坐标，从而得到 x，y 色品图。

845-03-36

光谱色的色品坐标[$x(\lambda)$，$y(\lambda)$，$z(\lambda)$分别为 $x_{10}(\lambda)$，$y_{10}(\lambda)$，$z_{10}(\lambda)$]　spectral chromaticity coordinates [$x(\lambda)$，$y(\lambda)$，$z(\lambda)$ resp $x_{10}(\lambda)$，$y_{10}(\lambda)$，$z_{10}(\lambda)$]

各单色刺激的色品坐标。

845-03-37

光谱轨迹　spectrum locus

在色品图或三刺激空间中，由表示单色刺激的点构成的轨迹。

注：在三刺激空间中，光谱轨迹是一锥面，在德语中称为“光谱锥”，而在包括表示紫色范围的矢量时，则称为“色斗”。

845-03-38

紫色刺激　purple stimulus

处在色度图中由表示特定非彩色刺激的点和波长约为 380 nm 和 780 nm 的光谱轨迹的两个端点所确定的三角形内的点所代表的色刺激。

845-03-39

紫色边界　purple boundary

在色度图中或在三刺激空间中表示波长约为 380 nm 和 780 nm 的单色刺激的相加混合色的直线或平面。

845-03-40

最佳色刺激　optimal colour stimuli

相应于任何波长的光谱亮度因数不超过 1，且对每一色品的亮度因数具有最大可能值的物体的物体色刺激。

注 1：通常，这些色刺激相应于光谱亮度因数为 1 或为 0 的物体，并且其间的转折点不多于 2 个。

注 2：这些色刺激的亮度因数和色品坐标划定了相应于非荧光物体的色立体的边界。

注 3：对于给定的亮度因数，这些色刺激确定了非荧光物体可能有的最大纯度。

845-03-41

普朗克轨迹　Planckian locus

在色品图中，代表不同温度普朗克辐射体辐射的色品的点形成的轨迹。

845-03-42

日光轨迹　daylight locus

在色品图中，代表不同相关色温的各时相日光的色品的点形成的轨迹。

845-03-43

零亮度面　alychne

在三刺激空间中，表示亮度为 0 的色刺激的轨迹形成的面。

注：该面通过三刺激空间的原点。它与任一色品图相交于一直线，这条直线叫作零亮度线，它完全位于由光谱轨迹和紫色边界所限定的区域之外。

845-03-44

主波长（色刺激的）　dominant wavelength (of a colour stimulus)

λ_d

为一单色刺激的波长，该单色刺激与规定的非彩色刺激按适当比例相加混合，以与所考虑的色刺激相匹配。

注：对于紫色刺激，主波长用补色波长代替。

845-03-45

补色波长（色刺激的）　complementary wavelength (of a colour stimulus)

λ_c

为一单色刺激的波长，该单色刺激与所考虑的色刺激按适当比例相加混合，以与所规定的非彩色刺激相匹配。

845-03-46

纯度（色刺激的）　**purity**(of a colour stimulus)

单色刺激与规定的非彩色刺激相加混合与所考虑的色刺激相匹配时两者用量的比例的度量。

注 1：对于紫色刺激，单色刺激由紫色边界上的一点所代表色品的色刺激来替代。

注 2：该比例能用不同方法进行测量（参见 845-03-47 和 845-03-48）。

845-03-47

色度纯度　colorimetric purity

p_c

由关系式 $p_c = L_d/(L_n + L_d)$ 定义的量，其中 L_d 和 L_n 分别是以适当比例相加混合与所考虑的色刺激相匹配的单色刺激和规定非彩色刺激的光亮度。

注 1：对于紫色刺激，参见 845-03-46 的注 1。

注 2：在 CIE 1931 标准色度系统中，色度纯度 p_c 通过关系式 $p_c = p_e y_d / y$ 与兴奋纯度 p_e 发生关系，式中 y_d 和 y 分别是单色刺激和所考虑的色刺激的 y^- 色品坐标。

注 3：在 CIE 1964 补充标准色度系统中。$p_{c,10}$ 是由注 2 中的公式确定的，但要用 $p_{e,10}$，$y_{d,10}$ 和 y_{10} 代替 p_e，y_d 和 y。

845-03-48

兴奋纯度　excitation purity

p_e

由 CIE 1931 或 1964 标准色度系统的色品图上的两共线距离之比 NC/ND 定义的量，第一个距离为表示所考虑的色刺激的 C 点和表示规定非彩色刺激的 N 点之间的距离，第二个距离为 N 点和所考虑色刺激的主波长在光谱轨迹上的 D 点之间的距离。由此定义可导出下列公式：

$$p_e = \frac{y - y_n}{y_d - y_n} \text{ 或 } p_e = \frac{x - x_n}{x_d - x_n}$$

其中(x,y),(x_n,y_n),(x_d,y_d)分别是点C,N和D的色品坐标x,y。

注1：对于紫色刺激，参见845-03-46的注1。

注2：x的公式与y的公式等效，但是，分子较大的公式可给出更精确的结果。

注3：兴奋纯度p_e与色度纯度p_c有关，用公式表示为：$p_e = p_c\ y/y_d$。

845-03-49

颜色温度、色温　colour temperature

T_c

普朗克辐射体辐射的色品与给定色刺激的色品相同时普朗克辐射体的温度，即为该色刺激的颜色温度。

单位：K

注：也使用倒数色温，单位是：K^{-1}。

845-03-50

相关色温　correlated colour temperature

T_{cp}

在相同视亮度和规定的观测条件下，普朗克辐射体辐射的知觉色与给定色刺激的知觉色最接近相似时，普朗克辐射体的温度，即为该色刺激的相关色温。

单位：K

注1：计算色刺激的相关色温的推荐方法是在色品图上，确定普朗克轨迹与包含代表该色刺激的点的约定等温线的交点所对应的温度(参见CIE 15号出版物)。

注2：任何情况下相关色温都是适宜的，倒数相关色温比倒数色温更常使用。

E　均匀颜色空间　uniform colour spaces

845-03-51

均匀颜色空间　uniform colour space

用相等的距离表示具有相等量值知觉色差的阈值或超阈值的颜色空间。

845-03-52

均匀色品标度图　uniform-chromaticity-scale diagram；UCS diagram

为一两维图，其坐标的设定是为了使整个图上相等的距离对于相同亮度的色刺激表示尽可能相等的色差级。

845-03-53

CIE 1976 均匀色品标度图　CIE 1976 uniform-chromaticity-scale diagram；CIE 1976 UCS diagram

在由(1)式定义的量u'和v'构成的直角坐标上作图而产生的均匀色品标度图。

$$\begin{cases} u' = \dfrac{4X}{X + 15Y + 3Z} = \dfrac{4x}{-2x + 12y + 3} \\ v' = \dfrac{9Y}{X + 15Y + 3Z} = \dfrac{9y}{-2x + 12y + 3} \end{cases} \quad \cdots\cdots\cdots\cdots (1)$$

X,Y,Z为CIE 1931或1964标准色度系统中的三刺激值，x,y为所考虑色刺激的相应的色坐标。

注：本图是对CIE 1960 UCS图的修订和替代，该图是v对u的直角坐标图，这两对坐标之间的关系为

$u' = u; v' = 1.5v$。

845-03-54

CIE 1976 $L^* u^* v^*$ 色空间　CIE 1976$L^* u^* v^*$ colour space；CIELUV colour space

由直角坐标$L^* u^* v^*$构成的三维近似均匀色空间，其值由公式(2)确定：

$$\begin{cases} L^* = 116(Y/Y_n)^{1/3} - 16 \quad Y/Y_n > 0.008\,856 \\ u^* = 13L^*(u' - u'_n) \\ \nu^* = 13L^*(\nu' - \nu'_n) \end{cases} \quad \cdots\cdots (2)$$

Y, u', ν' 表示所考虑的色刺激，Y_n, u'_n, ν'_n 表示一特定的白的非彩色刺激。

注：明度、饱和度、彩度和色调的相关近似值可按下述公式计算得出：

CIE 1976 明度 $L^* = 116(Y/Y_n)^{1/3} - 16 \quad Y/Y_n > 0.008\,856$

CIE 1976u,ν 饱和度 $s_{uv} = 13[(u' - u'_n)^2 + (\nu' - \nu'_n)^2]^{1/2}$

CIE 1976u,ν 彩度 $C^*_{uv} = (u^{*2} + \nu^{*2})^{1/2} = L^* s_{uv}$

CIE 1976u,ν 色调角 $h_{uv} = \arctan[(\nu' - \nu'_n)/(u' - u'_n)] = \arctan(\nu^*/u^*)$

（参见 CIE 15.2 号出版物）。

845-03-55

CIE 1976 $L^* u^* \nu^*$ 色差　CIE 1976 $L^* u^* \nu^*$ colour difference; CIELUV colour difference

ΔE^*_{uv}

在 $L^* u^* \nu^*$ 空间中，用代表两个色刺激的点之间的欧几里得距离来确定他们之间的差异，这种差异即色差，可由公式(3)计算得出：

$$\Delta E^*_{uv} = [(\Delta L^*)^2 + (\Delta u^*)^2 + (\Delta \nu^*)^2]^{1/2} \quad \cdots\cdots (3)$$

注：CIE 1976u,ν 色调差可由下述公式计算得出：

CIE 1976 u,ν 色调差：

$\Delta H^*_{uv} = [(\Delta E^*_{uv})^2 - (\Delta L^*)^2 - (\Delta C^*_{uv})^2]^{1/2}$

（参见 CIE 15.2 号出版物）。

845-03-56

CIE 1976 $L^* a^* b^*$ 色空间　CIE 1976 $L^* a^* b^*$ colour space; CIELAB colour space

由直角坐标 $L^* a^* b^*$ 构成的三维近似均匀色空间，其值由公式(4)确定。

$$\begin{cases} L^* = 116(Y/Y_n)^{1/3} - 16 & Y/Y_n \\ a^* = 500[(X/X_n)^{1/3} - (Y/Y_n)^{1/3}] & X/X_n \\ b^* = 200[(Y/Y_n)^{1/3} - (Z/Z_n)^{1/3}] & Z/Z_n \end{cases} > 0.008\,856 \quad \cdots\cdots (4)$$

X, Y, Z 表示所考虑的色刺激，X_n, Y_n, Z_n 表示一特定的白的非彩色刺激。

注：明度、彩度和色调的相关近似值可按下述公式计算得出：

CIE 1976 明度 $L^* = 116(Y/Y_n)^{1/3} - 16 \quad Y/Y_n > 0.008\,856$

CIE 1976a,b 彩度 $C^*_{ab} = (a^{*2} + b^{*2})^{1/2}$

CIE 1976a,b 色调角 $h_{ab} = \arctan(b^*/a^*)$

（参见 CIE 15.2 号出版物）。

845-03-57

CIE 1976 $L^* a^* b^*$ 色差　CIE 1976 $L^* a^* b^*$ colour difference; CIELAB colour difference

ΔE^*_{ab}

在 $L^* a^* b^*$ 空间中，用代表两个色刺激的点之间的欧几里得距离来确定他们的差异，这种差异即色差，可由公式(5)计算得出：

$$\Delta E^*_{ab} = [(\Delta L^*)^2 + (\Delta a^*)^2 + (\Delta b^*)^2]^{1/2} \quad \cdots\cdots (5)$$

注：CIE 1976 a,b 色调差可由下述公式计算：

CIE 1976 a,b 色调差：

$\Delta H^*_{ab} = [(\Delta E^*_{ab})^2 - (\Delta L^*)^2 - (\Delta C^*_{ab})^2]^{1/2}$

（参见 CIE 15.2 号出版物）。

845-04　发射，材料的光学性质　emission, optical properties of materials

A　发射　emission

845-04-01

发射（辐射的）　**emission**(of radiation)

辐射能量的释放。

845-04-02

热辐射　thermal radiation

1. 由于物质粒子(例如原子、分子、离子)的热激发而产生的辐射能量的发射过程。

2. 由该过程发出的辐射。

845-04-03

热辐射体　thermal radiator

热辐射的发射源。

845-04-04

普朗克辐射体　Planckian radiator

黑体　blackbody

对任何波长，入射方向或偏振状态的入射辐射均能完全吸收的理想热辐射体。该热辐射体在任何波长和任何方向对在给定温度下处于热平衡状态的热辐射体具有最大的辐射亮度的光谱密集度。

845-04-05

普朗克定律　Planck's law

给出普朗克辐射体的辐射亮度的光谱密集度与波长和温度的函数关系的定律，见式(1)。

$$L_{e,\lambda}(\lambda,T)=\frac{\partial L_e(\lambda,T)}{\partial\lambda}=\frac{c_1}{\pi}\lambda^{-5}(e^{\frac{c_2}{\lambda T}}-1)^{-1} \quad \cdots\cdots(1)$$

L_e:辐射亮度；

λ:真空中的波长；

T:热力学温度；

$c_1=2\pi hc_0^2$;

$c_2=hc_0/k$;

h:普朗克常数；

c_0:真空中的光速；

k:玻耳兹曼常数。

注1：该公式有时用$\frac{c_1}{\pi\Omega_0}$代替$\frac{c_1}{\pi}$，其中Ω_0是大小为1球面度的立体角。

注2：对处于折射率为n的媒质中的探测器，所测得的辐射亮度为$n^2L_{e,\lambda}(\lambda,T)$。

注3：普朗克定律也可表示为辐射出射度的光谱密集度：$M_{e,\lambda}(\lambda,T)$，此时公式(1)中第一个系数c_1/π用c_1来代替。

注4：两个量(辐射亮度和出射度)均适用于所发射的非偏振辐射。

845-04-06

维恩定律(辐射的)　Wien's law (of radiation)

普朗克定律的近似形式，该定律在乘积λT小于0.002 m·K时，所得近似值的误差小于千分之一。见式(2)。

$$L_{e,\lambda}(\lambda,T)=\frac{c_1}{\pi}\lambda^{-5}e^{-\frac{c_2}{\lambda T}} \quad \cdots\cdots(2)$$

符号的含义参见845-04-05及注1,2,3和4。

845-04-07

斯忒藩-玻耳兹曼定律　Stefan-Boltzmann's law

普朗克辐射体的辐射出射度与其温度之间的关系。见式(3)。

$$M_e=\sigma T^4 \quad \cdots\cdots(3)$$

$$\sigma=\frac{2\pi^5k^4}{15h^3c_0^2}=(5.670\ 51\pm0.000\ 19)\times10^{-8}\,\mathrm{W\cdot m^{-2}\cdot K^{-4}}$$

符号的含义参见845-04-05。

845-04-08

方向发射率(给定方向上热辐射体的)　**directional emissivity** (of a thermal radiator, in a given direction)

$\boldsymbol{\varepsilon}$; $\boldsymbol{\varepsilon(\theta,\varphi)}$

在相同温度下,辐射体在给定方向上的辐射亮度与普朗克辐射体的辐射亮度之比。

注:例如,此处选用符号 θ,φ 作为确定给定方向的角坐标。

845-04-09

(半球)发射率(热辐射体的)　**(hemispherical) emissivity** (of a thermal radiator)

$\boldsymbol{\varepsilon}$; $\boldsymbol{\varepsilon_h}$

在相同温度下,辐射体的辐射出射度与普朗克辐射体的辐射出射度之比。

845-04-10

选择性辐射体　selective radiator

在所考虑的光谱范围内,光谱发射率随波长而变化的热辐射体。

845-04-11

非选择性辐射体　non-selective radiator

在所考虑的光谱范围内,光谱发射率相对于波长保持不变的热辐射体。

845-04-12

灰体　grey body; gray body (USA)

发射率小于1的非选择性热辐射体。

845-04-13

(单色)辐射亮度温度(热辐射体对规定波长的)　**(monochromatic) radiance temperature** (of a thermal radiator, for a specified wavelength)

在规定波长下,普朗克辐射体与所考虑的热辐射体有相同的辐射亮度的光谱密集度时,普朗克辐射体的温度。

单位:K

845-04-14

分布温度　distribution temperature

$\boldsymbol{T_D}$

在所关注的光谱范围内,普朗克辐射体的相对光谱分布 $S(\lambda)$ 与所考虑的辐射体的相对光谱分布相同或近似相同时,普朗克辐射体的温度。

单位:K

845-04-15

白炽　incandescence

由热辐射作用引起的光辐射的发射。

845-04-16

能级　energy level

原子、分子或离子能量的分离量子态。

845-04-17

激发　excitation

原子、分子或离子的能级向较高能级的跃迁。

845-04-18

发光　luminescence

物质的原子、分子或离子被能量激发(热激发除外)而发射的光辐射;某些波长或某些光谱区域的这种光辐射要超过该物质在同一温度下的热激发引起的辐射。

845-04-19

光致发光　photoluminescence

由光辐射的吸收而引起的发光。

845-04-20

荧光　fluorescence

由光激发的能级向较低能级的直接跃迁而发射光辐射的光致发光；这种跃迁通常在光激发后 10 纳秒之内发生。

845-04-21

余辉　afterglow

在停止激发发光材料后仍持续存在并缓慢衰减的发光，持续时间从大约 100 毫秒至几分钟。

845-04-22

反斯托克斯发光　anti-Stokes luminescence

辐射波长处于小于激发辐射波长的光谱区之内的光致发光。

注：例如，发射光子的能量源于吸收两个激发光子时，便会产生这种光致发光。

845-04-23

磷光　phosphorescence

由于中间能级储存能量而延迟的光致发光。

注 1：对于有机物质，术语“磷光”通常用于三重态—单一态跃迁。

注 2：该术语有时在更广泛的意义上用于确定其他类型的光致发光。

845-04-24

场致发光　electroluminescence

在气体或固体材料中，由于电场的作用而引起的发光（Destriau 效应或如发光二极管中的辐射复合）。

845-04-25

阴极发光　cathodoluminescence

由于电子与某些类型发光材料（例如电视荧光屏上的涂层）的碰撞而引起的发光。

845-04-26

辐射发光　radioluminescence

由 X 射线或放射性辐射引起的发光。

845-04-27

化学发光　chemiluminescence

由化学反应所释放的能量而引起的发光。

845-04-28

生物发光　bioluminescence

发生在生物体内的化学发光。

845-04-29

摩擦发光　triboluminescence

由机械力的作用而引起的发光。

845-04-30

热致发光　thermally activated luminescence；thermoluminescence

预先激发的发光材料被加热时所引起的发光。

845-04-31

光致发光的辐射产额　photoluminescence radiant yield

光致发光材料发出的辐射通量与该材料所吸收的辐射通量之比。

注：术语"光致发光的辐射产额"也用来表述具有类似意义的基本过程，即所发射的光子的能量与产生这种光子的吸收光子的能量之比。

845-04-32

光致发光的量子产额　photoluminescence quantum yield

光致发光材料发出辐射的光子通量与该材料所吸收辐射的光子通量之比。

注："外光致发光的量子产额"表示为发射辐射的光子通量与入射辐射的光子通量之比。

845-04-33

激发光谱(对所发射辐射的具有规定波长 λ 的单色成分而言)　**excitation spectrum** (for a monochromatic component of specified wavelength λ of the emitted radiation)

由光致发光材料发出的辐射通量或光子通量在特定发射波长下的光谱密集度，功率激发入射单色辐射波长的函数。

845-04-34

(发光)发射光谱　(luminescence) emission spectrum

在规定激发条件下发光材料所发出辐射的光谱分布。

845-04-35

共振线　resonance line

不通过中间能级而直接从激发能级跃迁至基态，或从基态跃迁至激发能级所产生的光谱线(例如，对于汞 $\lambda=253.7$ nm；对于钠，$\lambda=589.0$ nm 以及 589.6 nm)。

845-04-36

磷光体，荧光体，发光体　luminophor；phosphor；fluorophor

发光材料。

845-04-37

闪烁体　scintillator

以短余辉显示辐射发光的发光材料，通常为液体或固体。

845-04-38

受激发射　stimulated emission

量子从激发能级向较低能级跃迁引起的发射过程，这种跃迁由具有该跃迁频率的入射辐射触发的。

845-04-39

激光　laser

由受激发射产生的相干光辐射的发射源。

845-04-40

发光二极管

LED(缩略语)　**light emitting diode**

被电流激发时能发出光辐射的 p～n 结固态器件。

845-04-41

同步加速器辐射　synchrotron radiation

由具有极大加速度的自由带电粒子，如在环形轨道上高速运动的带电粒子发出的辐射。

B　材料的光学性质　optical properties of materials

导言

1. 许多参数，例如反射比、透射比等可用于复合辐射或单色辐射。对于后者，可加上形容词"光谱"；如光谱反射比等(参见 845-01-16)。

2. 本术语标准不包括已建议收入的一些术语。部分原因是为了节省篇幅，而更主要的是他们要求由适当的 CIE 技术委员会进行更广泛的国际研讨。比如：各种形容词修饰的“反射比”，如方向反射比，锥反射比，半球反射比，还有双向反射分布函数(USA)，为了定义反射比、透射比、发射率以及与他们有关的术语而引出的“出射度”(USSR)。

845-04-42

反射　reflection

不改变辐射的单色成分的频率而使该辐射被表面或媒质返回的过程。

注 1：照射在媒质上的辐射的一部分被媒质的表面反射(表面反射)，另一部分从媒质内被散射折回(体积反射)。

注 2：只有在反射辐射的物体运动时而不发生多普勒效应，频率才不会改变。

845-04-43

透射　transmission

辐射通过媒质而它的单色成分的频率不变。

845-04-44

漫射　diffusion

散射　scattering

辐射束在不改变其单色成分频率的情况下，由表面或媒质向各个方向分散而使其空间分布发生变化的过程。

注 1：根据漫射特性是否随入射辐射的波长而变化，漫射分为选择性漫射和非选择性漫射。

注 2：参见 845-04-42 的注 2。

845-04-45

规则反射　regular reflection

镜反射　specular reflection

符合几何光学定律、没有漫射的反射。

845-04-46

规则透射　regular transmission

直透射　direct transmission

没有漫射并符合几何光学定律的透射。

845-04-47

漫反射　diffuse reflection

由反射产生的漫射，而在宏观上不存在规则反射。

845-04-48

漫透射　diffuse transmission

由透射产生的漫射，而在宏观上不存在规则透射。

845-04-49

混合反射　mixed reflection

由部分规则反射和部分漫反射构成的反射。

845-04-50

混合透射　mixed transmission

由部分规则透射和部分漫透射构成的透射。

845-04-51

各向同性漫反射　isotropic diffuse reflection

在反射辐射所在的半球空间，反射辐射的空间分布使得所有方向的辐射亮度或光亮度都相等的漫反射。

845-04-52

各向同性漫透射　isotropic diffuse transmission

在透射辐射所在的半球空间，透射辐射的空间分布使得所有方向的辐射亮度或光亮度都相等的漫透射。

845-04-53

漫射体　diffuser

实质上基于漫射现象而用来改变辐射的空间分布的器件。

注：如果漫射体所反射或透射的所有辐射均被漫射而没有规则反射或规则透射，则该漫射体被称作完全漫射体，与反射或透射是否是各向同性无关。

845-04-54

完全漫反射体　perfect reflecting diffuser

反射比为1的理想的各向同性漫射体。

845-04-55

完全漫透射体　perfect transmitting diffuser

透射比为1的理想的各向同性漫射体。

845-04-56

朗伯(余弦)定律　Lambert's (cosine) law

面元在其上方半球空间的所有方向的辐射亮度或光亮度均相等时，则

$$I(\theta) = I_n \cos\theta$$

式中 $I(\theta)$ 和 I_n 分别是与该面元的法线成 θ 角度方向上和该面元的法线方向上的辐射强度或发光强度。

845-04-57

朗伯面　Lambertian surface

所发出辐射的角度分布符合朗伯余弦定律的理想表面。

注：对于朗伯面，$M=\pi L$，其中 M 是辐射出射度或光出射度，L 是辐射亮度或光亮密度。

845-04-58

反射比(对于给定光谱成分，偏振状态和几何分布的入射辐射)　**reflectance** (for incident radiation of given spectral composition, polarization and geometrical distribution)

$\boldsymbol{\rho}$

在给定条件下，反射的辐射通量或光通量与入射通量之比。

单位：1

注：参见845-04-62的注1。

845-04-59

透射比(对于给定光谱成分，偏振状态和几何分布的入射辐射)　**transmittance** (for incident radiation of given spectral composition, polarization and geometrical distribution)

$\boldsymbol{\tau}$

在给定条件下，透射的辐射通量或光通量与入射通量之比。

单位：1

注：参见845-04-63的注1。

845-04-60

规则反射比　regular reflectance

$\boldsymbol{\rho_r}$

全部反射通量中，规则反射部分的通量与入射通量之比。

单位:1

注:参见 845-04-62 的注 1 和注 2。

845-04-61

规则透射比 regular transmittance

τ_r

全部透射通量中,规则透射部分的通量与入射通量之比。

单位:1

注:参见 845-04-63 的注 1 和注 2。

845-04-62

漫反射比 diffuse reflectance

ρ_d

全部反射通量中,漫反射部分的通量与入射通量之比。

单位:1

注 1:—$\rho=\rho_r+\rho_d$。

注 2:—ρ_r 和 ρ_d 的测量结果取决于所使用的仪器和测量技术。

845-04-63

漫透射比 diffuse transmittance

τ_d

全部透射通量中,漫透射部分的通量与入射通量之比。

单位:1

注 1:—$\tau=\tau_r+\tau_d$。

注 2:—τ_r 和 τ_d 的测量结果取决于所使用的仪器和测量技术。

845-04-64

反射因数(面元的,对顶点位于该面元的给定圆锥内的反射辐射部分,对给定光谱成分,偏振状态和几何分布的入射辐射) **reflectance factor** (at a surface element, for the part of the reflected radiation contained in a given cone with apex at the surface element, and for incident radiation of given spectral composition, polarization and geometrical distribution)

R

在给定圆锥所限定的方向上,反射的辐射通量或光通量与在同一方向相同的辐射或光照条件下,完全漫反射体在所反射的辐射通量或光通量之比。

注 1:对于受到小立体角光束照射的规则反射面,如果该圆锥包含光源的镜反射像,则反射因数可远大于 1。

注 2:如果圆锥的立体角接近于 2πsr,则反射因数接近于同样照射条件下的反射比。

注 3:如果该圆锥形的立体角接近于 0,则反射因数接近于同样照射条件下的辐射亮度因数或光亮度因数。

845-04-65

反射(光学)密度 reflectance (optical) density

D_ρ

反射比的倒数取以 10 为底的对数。

$$D_\rho=-\log_{10}\rho$$

845-04-66

透射(光学)密度 transmittance (optical) density

D_τ

透射比的倒数取以 10 为底的对数。

$$D_\tau=-\log_{10}\tau$$

845-04-67

反射因数(光学)密度　reflectance factor (optical) density

$\boldsymbol{D}_{\mathrm{R}}$

反射因数的倒数取以10为底的对数。

$$D_{\mathrm{R}} = -\log_{10} R$$

845-04-68

辐射亮度因数(在规定照射条件下,非自身辐射媒质的面元在给定方向上的)　**radiance factor** (at a surface element of a non-self-radiating medium, in a given direction, under specified conditions of irradiation)

$\boldsymbol{\beta}_{\mathrm{e}};\boldsymbol{\beta}$

面元在给定方向的辐射亮度与在相同照射条件下完全漫射体或完全漫透射体的辐射亮度之比。

单位:1

注:对于光致发光媒质,辐射亮度因数为下述两部分之和:反射辐射亮度因数 β_{s} 和发光辐射亮度因数 β_{L},$\beta_{\mathrm{e}} = \beta_{\mathrm{s}} + \beta_{\mathrm{L}}$。

845-04-69

光亮度因数(在规定照明条件下,非自身辐射媒质的面元在给定方向上的)　**luminance factor** (at a surface element of a non-self-radiating medium, in a given direction, under specified conditions of illumination)

$\boldsymbol{\beta}_{\mathrm{v}};\boldsymbol{\beta}$

面元在给定方向的光亮度与在相同照明条件下完全漫反射体或完全漫透射体的光亮度之比。

单位:1

注:对于光致发光媒质,光亮度因数为下述两部分之和:反射光亮度因数 β_{s} 和发光亮度因数 β_{L}:$\beta_{\mathrm{v}} = \beta_{\mathrm{s}} + \beta_{\mathrm{L}}$。

845-04-70

辐射亮度系数(在规定照射条件下,媒质的面元在给定方向上的)　**radiance coefficient** (at a surface element of a medium, in a given direction, under specified conditions of irradiation)

$\boldsymbol{q}_{\mathrm{e}};\boldsymbol{q}$

媒质面元在给定方向上的辐射亮度除以该媒质上的辐射照度。

单位:sr^{-1}

845-04-71

光亮度系数(在规定照明条件下,媒质面元在给定方向上的)　**luminance coefficient** (at a surface element, in a given direction, under specified conditions of illumination)

$\boldsymbol{q}_{\mathrm{v}};\boldsymbol{q}$

媒质面元在给定方向上的光亮度除以媒质上的光照度。

单位:sr^{-1}

注:参见845-04-70的注释。

845-04-72

反射计测量值　reflectometer value

$\boldsymbol{R'}$

由特定反射计测得的值。

注:所使用的反射计应加以说明。所测得的反射计值取决于反射计的几何特性、照明方式、探测器(即使装有滤光器)的光谱灵敏度和所使用的参照标准。

845-04-73

光泽(表面的)　gloss (of a surface)

表面的一种外貌特征,由于表面的方向选择性使得物体反射的明亮部分看起来好象重叠在它的表面上。

845-04-74

吸收　absorption

由于辐射与物质的相互作用而使辐射能转换成不同形式能量的过程。

845-04-75

吸收比　absorptance

α

在规定条件下所吸收的辐射通量或光通量与入射通量之比。

单位：1

845-04-76

光谱的线衰减系数（对于平行辐射束，吸收和漫射媒质中的一点）　**spectral linear attenuation coefficient** (at a point in an absorbing and diffusing medium, for a collimated beam of radiation)

$\mu(\lambda)$

由于媒质的吸收和散射，在所考虑的点处，平行辐射束沿线元 dl 传播时，其辐射通量的光谱密集度 $\Phi_{e,\lambda}$ 的相对减少量除以线元 dl。

$$\mu(\lambda)=\frac{1}{\Phi_{e,\lambda}}\cdot\frac{d\Phi_{e,\lambda}}{dl}$$

单位：m^{-1}

845-04-77

光谱的线散射系数（对于平行辐射束，漫射媒质中的某一点）　**spectral liner scattering coefficient** (at a point in a diffusing medium, for a collimated beam of radiation)

$s(\lambda)$

由于媒质的漫射，在所考虑的点处，平行辐射束沿线元 dl 传播时，其辐射通量的光谱密集度 $\Phi_{e,\lambda}$ 的相对减少量除以线元 dl。

$$s(\lambda)=\frac{1}{\Phi_{e,\lambda}}\cdot\frac{d\Phi_{e,\lambda}}{dl}$$

单位：m^{-1}

845-04-78

光谱的线吸收系数（对于平行辐射束，吸收媒质中的一点）　**spectral linear absorption coefficient** (at a point in an absorbing medium, for a collimated beam of radiation)

$a(\lambda)$

由于媒质的吸收，在所考虑的点处，平行辐射束沿线元 dl 传播时，其辐射通量的光谱密集度 $\Phi_{e,\lambda}$ 的相对减少量除以线元长度 dl。

$$a(\lambda)=\frac{1}{\Phi_{e,\lambda}}\cdot\frac{d\Phi_{e,\lambda}}{dl}$$

单位：m^{-1}

845-04-79

光谱的质量衰减系数　spectral mass attenuation coefficient

光谱的线衰减系数 $\mu(\lambda)$ 除以媒质的质量密度 ρ。

单位：$m^2\cdot kg^{-1}$

845-04-80

光谱光学厚度（对给定长度的媒质）　**spectral optical thickness; spectral optical depth** (of a medium, for a given length)

$\delta(\lambda)$

用于大气物理学和物理海洋学的参数：对波长为 λ 的单色成分的平行辐射束，当其在均匀或非均匀漫射媒质中沿着从点 x_1 至点 x_2 的给定长度的路径传播时，x_1 和 x_2 之间的媒质的光谱光学厚度 $\delta(\lambda)$ 由下述公式确定：

$$\delta(\lambda) = \int_{x_1}^{x_2} \mu(x, \lambda) \mathrm{d}x$$

式中 $\mu(x,\lambda)$是在 $\mathrm{d}x$ 位置的光谱的线衰减系数。

单位：1

注 1：按照下述公式，点 x_1 处辐射束的光谱辐射通量 $\Phi_{\mathrm{e},\lambda}(x_1\lambda)$减少为点 x_2 处的值 $\Phi_{\mathrm{e},\lambda}(x_2\lambda)$：

$$\Phi_{\mathrm{e},\lambda}(x_2, \lambda) = \Phi_{\mathrm{e},\lambda}(x_1, \lambda) \cdot \mathrm{e}^{-\delta(\lambda)}$$

因此 $\delta(\lambda) = -\ln \dfrac{\Phi_{\mathrm{e},\lambda}(x_2\lambda)}{\Phi_{\mathrm{e},\lambda}(x_1\lambda)}$

注 2：对于同质非漫射层，$\delta(\lambda)$是 Napier 光谱内透射密度(参见 845-04-84)。

845-04-81

光谱内透射比(均匀非漫射层的) **spectral internal transmittance** (of a homogeneous non-diffusing layer)

$\tau_i(\lambda)$

抵达非漫射层出射内表面的光谱辐射通量与穿过入射面之后进入该漫射层的光谱通量之比。

单位：1

注：对于给定的非漫射层，光谱内透射比取决于辐射在该非漫射层中的路径长度，因此，尤其要取决于入射角度。

845-04-82

光谱内吸收比(均匀非漫射层的) **spectral internal absorptance** (of a homogeneous non-diffusing layer)

$\alpha_i(\lambda)$

在非漫射层的内入射面和内出射面之间吸收的光谱辐射通量与穿过入射面之后进入该非漫射层的光谱通量之比。

单位：1

注：对于给定的非漫射层，光谱内吸收比取决于辐射在该非漫射层中的路径长度，因此，尤其要取决于入射角度。

845-04-83

光谱内透射密度 **spectral internal transmittance density**

光谱吸收度(均匀非漫射层的) **spectral absorbance** (of a homogeneous non-diffusing layer)

$A_i(\lambda)$

光谱内透射比的倒数取以 10 为底的对数。

$$A_i(\lambda) = -\log_{10} \tau_i(\lambda)$$

注 1：参见 845-04-81 的注释。

注 2：符号 $E(\lambda)$仍在使用。

845-04-84

奈培光谱内透射密度 **Napierian spectral internal transmittance density**

奈培光谱吸收度(均匀非漫射层的) **Napierian spectral absorbance** (of a homogeneous non-diffusing layer)

$A_n(\lambda)$；$B(\lambda)$

光谱内透射比倒数的自然(奈培)对数。

$$A_n(\lambda) = B(\lambda) = -\ln \tau_i(\lambda)$$

845-04-85

奈培光谱吸收系数(均匀非漫射层的) **Napierian spectral absorption coefficient** (of a homogeneous non-diffusing layer)

$a_n(\lambda)$

媒质的非漫射层的光谱内透射比 $\tau_i(\lambda)$ 倒数的自然对数除以通过该非漫射层的辐射束的路径长度 l。

$$a_n(\lambda) = -\frac{\ln\tau_i(\lambda)}{l} = -\frac{\log_{10}\tau_i(\lambda)}{l}\ln 10 = A_n(\lambda)/l$$

(参见 845-04-84)。

845-04-86

反射率(材料的) **reflectivity** (of a material)

ρ_∞

材料层的厚度使得其反射比不再随厚度的增加而变化时的反射比。

单位:1

845-04-87

光谱透射率(吸收材料的) **spectral transmissivity** (of an absorbing material)

$\tau_{i,o}(\lambda)$

在不受材料界面影响的条件下,辐射程为单位长度时,材料层的光谱内透射比。

注:必须规定单位长度。如果采用新的单位长度,若它是原先单位长度的 k 倍,则 $\tau_{i,o}(\lambda)$ 的值应变为 $\tau'_{i,o}(\lambda)=[\tau_{i,o}(\lambda)]^K$。

845-04-88

光谱吸收率(吸收材料的) **spectral absorptivity** (of an absorbing material)

$\alpha_{i,o}(\lambda)$

在不受材料界面影响的条件下,辐射程为单位长度时,材料层的光谱内吸收比。

单位:1

注:必须规定单位长度。如果采用新的单位长度,若它是原先单位长度的 k 倍,则 $\alpha_{i,o}(\lambda)=1-\tau_{i,o}(\lambda)$ 的值应变为 $\alpha'_{i,o}(\lambda)=1-[\tau_{i,o}(\lambda)]^K$。

845-04-89

漫射因数(反射或透射漫射面的) **diffusion factor** (of a diffusing surface, by reflection or by transmission

σ

当所考虑的表面受到垂直照射时,在与法线成 20°和 70°(0.35 和 1.22 rad)角测得亮度的平均值与在 5°(0.09 rad)角测得的亮度之比。

$$\sigma = \frac{L(20°) + L(70°)}{2L(5°)}$$

注 1:漫射因数用来表征漫射通量的空间分布。对于每一各向同性漫射面,不论漫反射比或漫透射比的值如何,漫射因数均等于 1。

注 2:这种确定漫射因数的方法只适用于漫射特性曲线与普通乳白玻璃没有明显差异的材料。

注 3:参见 845-04-90 的注释。

845-04-90

半值角(反射或透射漫射面的) **half-value angle** (for a diffusing surface by reflection or by transmission)

γ

在光垂直入射漫射面时,亮度为 0°角度漫射光亮度值的二分之一的观测角度。

注：为了表明漫射特性曲线的形状，建议漫射因数 σ 用于强漫射材料，半值角 γ 用于弱漫射材料。

845-04-91

漫射特性曲线 indicatrix of diffusion

散射特性曲线(对规定入射光束的) **scattering indicatrix** (for a specified incident beam)

用极坐标表示的面形图描绘的媒质的面元由于漫反射或漫透射形成的(相对)辐射强度或发光强度或(相对)辐射亮度或光亮度在空间的角度分布。

注1：对于窄入射辐射束，适宜用笛卡儿坐标表示漫射特性曲线。如果角度分布是旋转对称的，则用该面的子午面表示便足以满足要求。

注2：术语"特性曲线"常常代替面来表示用类似的方法在与所考虑的面元相垂直的平面上获得的曲线。

845-04-92

逆反射 retroreflection

辐射沿着接近其入射方向相反的方向折回的反射，这种特性在入射光线方向大范围变化时，仍能保持。

845-04-93

逆反射器 retroreflector

能使大部分反射的辐射为逆反射的面或器件。

845-04-94

观测角(逆反射器的) **observation angle** (of a retroreflector)

α

逆反射器的观测方向与入射光方向之间的夹角。

845-04-95

投射角(逆反射器的) **entrance angle** (of a retroreflector)

β

表示逆反射器相对于入射光线方向所处角度位置的角度特征。

注：对于平面逆反射器，其投射角度通常与光线的入射角相一致。

845-04-96

发光强度系数(逆反射器的) **coefficient of luminous intensity** (of a retroreflector)

R

逆反射器在观测方向的发光强度 I 除以逆反射器上垂直于入射光线方向的平面上的后照度 $E_{\perp}$。

$$R = I/E_{\perp}$$

单位：$\mathrm{cd \cdot lx^{-1}}$

845-04-97

逆反射系数(平面逆反射面的) **coefficient of retroreflection** (of a plane retroreflecting surface)

R'

平面逆反射表面的发光强度系数 R 除以它的面积 A。

$$R' = R/A = \frac{I/E_{\perp}}{A}$$

单位：$\mathrm{cd \cdot lx^{-1} \cdot m^{-2}}$

注：此参数尤其适合于描述片状材料。

845-04-98

逆反射亮度系数(平面逆反射面的) **coefficient of retroreflected luminance** (of a plane retroreflective surface)

R_L

逆反射面在观测方向的亮度 L 除以逆反射器上垂直于入射光线方向的平面上的照度 $E_{\perp}$。

$$R_{L} = L/E_{\perp}$$

单位：cd·m^{-2}·lx^{-1}

注：此参数尤其适合于描述片状材料。

845-04-99

液晶显示器　liquid crystal display

LCD

使用某些液态晶体的显示器件，其反射比或透射比能随所加电场而变化。

845-04-100

折射　refraction

辐射通过非光学均匀媒质或穿过不同媒质的分界面时，由于其传播速度的变化而导致辐射传播方向变化的过程。

845-04-101

折射率(媒质对真空中波长为 λ 的单色辐射的)　**refractive index** (of a medium, for a monochromatic radiation of wavelength λ in vacuum)

$\boldsymbol{n(\lambda)}$

电磁波在真空中的速度与单色辐射波在媒质中的相速度之比。

单位：1

注：对于各向同性媒质，其折射率等于光线通过真空与媒质界面的入射角 θ_1 的正弦与折射角 θ_2 的正弦之比：$n(\lambda)=\sin\theta_1/\sin\theta_2$。

845-04-102

光谱吸收指数(强吸收材料的)　**spectral absorption index** (of a heavily absorbing material)

$\boldsymbol{\kappa(\lambda)}$

由下述公式定义的参数：

$$\kappa(\lambda) = \frac{\lambda}{4\pi}a(\lambda)$$

式中 $a(\lambda)$ 是光谱的线吸收系数。

单位：1

845-04-103

复折射率(各向同性吸收材料的)　**complex refractive index** (of an absorbing, isotropic material)

$\boldsymbol{\hat{n}(\lambda)}$

由下述公式定义的参数：

$$\hat{n}(\lambda) = n(\lambda) - i\kappa(\lambda)$$

式中 $\kappa(\lambda)$ 是光谱吸收指数，$i=\sqrt{-1}$

单位：1

845-04-104

色散　dispersion

1. 单色辐射在媒质中的传播速度随他们的频率而变化的现象。

2. 产生这种现象的媒质的性质。

3. 能使辐射的单色成分分离的光学系统的性质，例如，可用棱镜或光栅获得这种性质。

845-04-105

[光学]滤光器　(optical) filter

用于改变所通过辐射的辐射通量或光通量、相对光谱分布，或两者同时改变的规则的透射器件。

注：根据滤光器是否改变所通过的辐射的相对光谱分布，来区分选择性滤光器和非选择性滤光器或中性滤光器和

中性灰色滤光器。能使辐射的色品发生明显改变的选择性滤光器叫作颜色滤光器；能改变光谱分布，但由于同色异谱，而使所透过的辐射的色品几乎等于入射辐射的色品的滤光器可叫作灰色滤光器。

845-04-106

中性光楔　neutral wedge

透射比沿表面上的直线或曲线路径连续变化的非选择性滤光器。

845-04-107

中性阶梯光楔　neutral step wedge

透射比沿表面上的直线或曲线路径呈阶梯式变化的非选择性滤光器。

845-04-108

透明媒质　transparent medium

在所涉及的光谱范围内主要为规则透射，并且通常具有高的规则透射比的媒质。

注：如果媒质的几何形状合适，并且在可见区是透明的，则通过媒质可以清晰看到物体。

845-04-109

半透明媒质　translucent medium

主要以漫透射方式透过可见辐射的媒质，因此通过它不能清晰看见物体。

845-04-110

不透明媒质　opaque medium

在所涉及的光谱范围内，不能透过辐射的媒质。

845-05　辐射测量、光度测量和颜色的测量。物理探测器　radiometric, photometric and colorimetric measurements. physical detectors

A　通用术语和仪器　general terms and instruments

845-05-01

原级光度标准器；光度基准　primary photometric standard

指定用于建立光度基本单位（坎德拉）的装置。

845-05-02

次级光度标准器　secondary photometric standard

光度副基准器

参照原级光度标准器校正的光源或光度计。

845-05-03

工作光度标准器　working photometric standard

参照次级光度标准器校正的光源或光度计，用于日常光度的测量工作。

845-05-04

比较灯　comparison lamp

具有稳定的发光强度，光通量或亮度而不必知道量值的光源，用它与标准灯和被测光源相继进行比较。

845-05-05

辐射度学　radiometry

辐射测量

与辐射能量有关量的测量。

注：参见 845-05-09 的注释。

845-05-06

辐射计　radiometer

测量辐射量的仪器。

845-05-07

光谱辐射计 spectroradiometer

在给定光谱范围,用于测量窄波长间隔内的辐射量的仪器。

845-05-08

光谱光度计 spectrophotometer

在相同波长处,测量辐射量的两个值之比的仪器。

845-05-09

光度学 photometry

光度测量

依据按照给定的光谱光视效率函数,如 $V(\lambda)$或 $V'(\lambda)$,评价辐射量所进行的测量。

845-05-10

色度学 colorimetry

基于一套规定的颜色测量。

845-05-11

目视光度学 visual photometry

利用眼睛对两个光刺激进行定量比较的光度学。

845-05-12

目视色度学 visual colorimetry

利用眼睛对两个色刺激进行定量比较的色度学。

845-05-13

物理光度学 physical photometry

使用物理探测器进行测量的光度学。

845-05-14

物理色度学 physical colorimetry

使用物理探测器进行测量的色度学。

845-05-15

光度计 photometer

测量光度量的仪器。

845-05-16

照度计 illuminance meter

测量[光]照度的仪器。

845-05-17

亮度计 luminance meter

测量[光]亮度的仪器。

845-05-18

色度计 colorimeter

测量色度量(例如色刺激的三刺激值)的仪器。

845-05-19

闪烁光度计 flicker photometer

一种目视光度计,它能使观测者看到两个被比较的光源依次照亮的不分界的视场或看到交替照亮的两个相邻视场,适当选择变换频率,使其高于颜色的融合频率而低于视亮度的融合频率。

845-05-20

等视亮度光度计　equality of brightness photometer

一种目视光度计，它能同时观测到比较场的各个部分，并能将其调节到视亮度相等。

845-05-21

等对比度光度计　equality of contrast photometer

一种目视光度计，它能同时观测到比较场的各部分，并能将其调节到对比度相等。

845-05-22

分布光度计　goniophotometer

测量光源、灯具、媒质或表面的方位光分布特性的光度计。

845-05-23

分布辐射计　gonioradiometer

测量光源、灯具、媒质或表面的方位辐射分布特性的辐射计。

845-05-24

积分球　integrating sphere

乌布利希球　Ulbricht sphere

表面尽可能为一非选择性漫反射层的空心球。

注：积分球通常与辐射计或光度计一起使用。

845-05-25

积分光度计　integrating photometer

通常与积分球结合用于测量光通量的光度计。

845-05-26

反射计　reflectometer

测量与反射有关的量的仪器。

845-05-27

密度计　densitometer

测量反射光学密度或透射光学密度的光度计。

845-05-28

曝辐射量计　radiant exposure meter

测量曝辐射量的仪器。

845-05-29

曝光表　exposure meter

用于确定照相机的光圈、快门速度等正确设置的仪器。

845-05-30

光泽计　glossmeter

测量能产生光泽的表面的各种光度特性的仪器。

B　光学辐射的物理探测器　physical detectors of optical radiation

B.1　探测器术语　terms for detectors

845-05-31

选择性探测器(光辐射的)　**selective detector** (of optical radiation)

在所考虑的光谱范围内，光谱响应度随波长变化的光辐射探测器。

845-05-32

非选择性探测器(光辐射的) **non-selective detector** (of optical radiation)

在所考虑的光谱范围内,光谱响应度不依赖于波长的光辐射探测器。

845-05-33

光电探测器 photoelectric detector

利用辐射与物质之间的相互作用,使得物质吸收光子,随之电子从稳定状态释放出来而产生电势或电流,或引起电阻改变的光辐射探测器。不包括由温度变化引起的电现象。

845-05-34

光电发射器件 photoemissive cell

光电管 phototube

利用由光辐射引起电子发射的光电探测器。

845-05-35

光阴极 photocathode

在光电探测器中使用的能有效发射光电子的金属层或半导体层。

845-05-36

光电倍增管 photomultiplier

由光阴极、阳极和电子倍增器件组成的光电探测器,它利用光阴极和阳极之间的若干倍增级或通道的二次电子发射。

845-05-37

光敏电阻 photoresistor

光导管 photoconductive cell

利用由光辐射的吸收引起导电率变化的光电器件。

845-05-38

光电池 photoelement

光生伏打电池 photovoltaic cell

利用由光辐射的吸收产生电动势的光电探测器。

845-05-39

光电二极管 photodiode

在两个半导体之间的 p-n 结邻近区域或半导体和金属之间的接点处吸收光辐射而产生光电流的光电探测器。

845-05-40

雪崩光电二极管 avalanche photodiode

采用偏置电动势工作,通过(半导体)结点处的雪崩击穿而使初级光电流放大的光电二极管。

845-05-41

光电晶体管 phototransistor

使用半导体材料,并在具有放大功能的双重 p-n 结(p-n-p 或 n-p-n)邻近区域产生光电效应的光电探测器。

845-05-42

(非选择性)量子探测器(**non-selective**) **quantum detector**

在所考虑的光谱范围内量子效率不依赖于波长的光辐射探测器。

注:在宽的光谱范围内,光致发光产额不依赖于激发辐射波长的光致发光材料有时称为量子计数器。

845-05-43

光子计数器　photon counter

由光电探测器和能对光阴极所发射的电子计数量的辅助电子线路构成的仪器。

845-05-44

热辐射探测器　thermal detector of radiation; thermal (radiation) detector

由于吸收辐射的部件发热而引起可测物理效应的光辐射探测器。

845-05-45

绝对热探测器　absolute thermal detector

自校准热探测器　self-calibrating thermal detector

能将辐射通量直接与电功率进行比较的光辐射热探测器。

845-05-46

(辐射)热电偶　(radiation) thermocouple

利用单个热电结产生的电动势来测量由吸收辐射产生的热效应的光辐射热探测器。

845-05-47

(辐射)热电堆　(radiation) thermopile

利用若干热电结产生的电动势来测量由吸收辐射产生的热效应的光辐射热探测器。

845-05-48

辐射热测量计　bolometer

吸收辐射的部件发热引起其电阻发生变化的光辐射热探测器。

845-05-49

热[释]电探测器　pyroelectric detector

利用温度变化引起某些电介质材料的自发极化或长期感应极化的时间变化率的光辐射热探测器。

B.2　有关探测器参数的术语　terms for quantities related to detectors

845-05-50

输入(光辐射探测器的)　**input**(for a detector of optical radiation)

光辐射探测器所测量或探测的辐射量或光度量。

845-05-51

输出(光辐射探测器的)　**output** (for a detector of optical radiation)

由于探测器对输入光学量的响应而产生的物理量。

注：这些物理量通常是电学量，例如可以是电流、电压或电阻的变化；输出也可以是化学量，例如摄影胶片或感光计；或是机械量，例如高莱探测器。

845-05-52

光电流　photocurrent

I_{ph}

光电探测器的输出电流中由入射辐射引起的那部分输出电流。

注：在光电倍增管中，必须区分阴极光电流和阳极光电流。

845-05-53

暗电流　dark current

I_0

在没有入射辐射的情况下，光电探测器或其阴极的输出电流。

845-05-54

响应度　responsivity

灵敏度(探测器的)　**sensitivity** (of a detector)

s

探测器的输出 Y 除以探测器的输入 X。

$$s = Y/X$$

注：如果在没有输入时探测器的输出是 Y_o，而在探测器的输入为 X 时其输出是 Y_t，则响应度为 $s=(Y_t-Y_o)/X$。

845-05-55

相对响应度　relative responsivity

相对灵敏度（探测器的）　**relative sensitivity** (of a detector)

s_r

探测器在辐射 Z 照射时的响应度 s(Z)与它在参照辐射 N 照射时的响应度 s(N)之比。

$$s_r = s(Z)/s(N)$$

845-05-56

光谱响应度　spectral responsivity

光谱灵敏度（探测器的）　**spectral sensitivity** (of a detector)

$s(\lambda)$

探测器的输出 $dY(\lambda)$除以作为波长 λ 的函数，在波长间隔 $d\lambda$ 的和探测器单色输入 $dX_e(\lambda)=X_{e,\lambda}(\lambda)\cdot d\lambda$。

$$s(\lambda)=\frac{dY(\lambda)}{dX_e(\lambda)}$$

845-05-57

相对光谱响应度　relative spectral responsivity

相对光谱灵敏度（探测器的）　**relative spectral sensitivity** (of a detector)

$s_r(\lambda)$

探测器在波长 λ 处的光谱响应度 $s(\lambda)$与给定参照值 s_m 之比。

$$s_r(\lambda) = s(\lambda)/s_m$$

注：给定的参照值可以是 $s(\lambda)$的平均值最大值或任选值。

845-05-58

响应时间（探测器的）　**response time** (of a detector)

在探测器的稳定输入发生梯极变化后，其输出达到最终值的给定百分比所需要的时间。

845-05-59

时间常数（输出随时间按指数规律变化的探测器的）　**time constant** (of a detector whose output varies exponentially with time)

探测器在一个稳定输入突变至另一个稳定输入后，其输出从初始值变化至最终值的(1－1/e)时所需要的时间。

845-05-60

上升时间（探测器的）　**rise time** (of a detector)

在瞬时施加一稳定输入时，探测器的输出从最大值的规定低百分比上升至最大值的规定较高百分比所需要的时间。

注：通常认为低百分比为10%，高百分比为90%。

845-05-61

下降时间（探测器的）　**fall time** (of a detector)

在瞬时去掉一稳定输入时，探测器的输出从最大值的规定高百分比下降至最大值的规定较低百分比所需要的时间。

注：通常认为高百分比为90%，低百分比为10%。

845-05-62

噪声等效输入(探测器的) **noise equivalent input** (of a detector)

对于规定的测量仪器的频率和带宽,探测器的输出等于噪声输出的有效值(r. m. s)时探测器的输入值。

注:通常认为带宽为 1 Hz,除非另有规定,实际上就采用这个值。

845-05-63

噪声等效功率 **noise equivalent power**

NEP(缩略语)(探测器的) **NEP** (abbreviation)(of a detector)

$\boldsymbol{\Phi}_{\mathbf{m}}$

当探测器所测量或探测的量为辐射通量时赋予噪声等效输入的名称。

845-05-64

噪声等效辐射照度(探测器的) **noise equivalent irradiance** (of a detector)

$\boldsymbol{E}_{\mathbf{m}}$

当探测器所测量或探测的量为均匀辐射照度时赋予噪声等效输入的名称。

845-05-65

探测率(探测器的) **detectivity** (of a detector)

$\boldsymbol{D}$

噪声等效功率的倒数。

$$D = 1/\Phi_m$$

845-05-66

标准化探测率(探测器的) **normalized detectivity** (of a detector)

$\boldsymbol{D}^*$

计及探测系统的两个重要参数:探测器的灵敏面积 A 和测量带宽 Δf 而标准化的探测率。

$$D^* = D(A \cdot \Delta f)^{1/2} = \Phi_m^{-1}(A \cdot \Delta f)^{1/2}$$

注:此概念只有在所考虑的频率范围内探测器的响应度和噪声输出不受频率影响,以及噪声等效输入随探测器面积的平方根而变化时才是现实的。但情况并不总是这样。

845-05-67

量子效率(探测器的) **quantum efficiency** (of a detector)

$\boldsymbol{\eta}$

对探测器的输出有贡献的基本事件(例如电子的释放)的数量与入射光子数之比。

845-06 光辐射的光化学效应 actinic effects of optical radiation

845-06-01

光效应 **photoeffect**

由光辐射与物质的相互作用产生的物理变化,化学变化或生物学变化。

注:这些变化包括光电效应、光视觉效应、光化学效应和光生物学效应,但辐射加热通常不视为光电效应。

845-06-02

感光度 **actinism**

能使光辐射在某些活性材料或非活性材料上引起化学变化的光辐射特性。

845-06-03

光化性 **actinic**

1. 适用于辐射:表示感光度。
2. 适用于其它概念或装置:表示感光度。

845-06-04

直接光化学效应　direct actinic effect

在吸收辐射能的部位所产生的光化学效应，它取决于辐射能的大小。

845-06-05

间接光化学效应　indirect actinic effect

在吸收辐射能的区域之外所产生的光化学效应，它取决于辐射能的大小。

注：直接光化学效应和间接光化学效应的区分主要在生物学变化方面，例如，对内分泌腺的光刺激就是间接光化学效应。

845-06-06

自然光化学效应　natural actinic effect

由自然辐射引起的化学变化。

注：例如：大气中的臭氧、光合作用、日光影像的产生。

845-06-07

模拟感光化学效应　artificially induced actinic effect

由受控条件下的光辐射引起的化学变化。

注：例如，通过调节照明时间控制植物的生长，对家禽施加照明来增加蛋产量，采用特种灯治疗疾病。

845-06-08

光敏作用　photosensitization

一种材料或系统由于受到另一种材料或系统的作用而变得更易于发生光电效应的过程。

845-06-09

光退敏作用　photodesensitization

一种材料或系统由于受到另一种材料或系统的作用而变得不易发生光电效应的过程。

845-06-10

生物光学　photobiology

研究生命系统的光辐射效应的生物学的分支。

845-06-11

病理光学　photopathology

研究与光辐射的应用有关的病理学效应的生物学和医学分支。

845-06-12

光照疗法　phototherapy

利用光辐射治疗疾病。

845-06-13

日光疗法　heliotherapy

利用太阳辐射治疗疾病。

845-06-14

（光化学）作用光谱（对一特定系统中形成特定光化学现象的光辐射而言）　**(actinic) action spectrum** (of optical radiations, for a specified actinic phenomenon, in a specified system)

在这种系统中产生这种现象的单色光辐射的效率。

845-06-15

（光化学）红斑　(actinic) erythema

由太阳辐射或人工光辐射的光化学效应引起的皮肤发红，并有炎症或无炎症。

注：非光化学红斑可能由各种化学或物理因素引起。

845-06-16

红斑辐射　erythemal radiation

能引起光化学红斑的光辐射。

845-06-17

日晒灼伤 sunburn

由于受到光辐射的过度照射而引起的皮肤损伤，并同时出现红斑。

845-06-18

晒黑 suntan

由光辐射引起的皮肤变黑。

845-06-19

杀菌辐射 bactericidal radiation

能使细菌失去活力的光辐射。

845-06-20

灭菌辐射 germicidal radiation

能杀死致病微生物的光辐射。

845-06-21

剂量(特定光谱分布的光辐射的) dose (of optical radiation of specified spectral distribution)

在光化学、光线疗法和生物光学中用来表示辐射的照射量的术语。

单位：$J \cdot m^{-2}$

845-06-22

有效剂量 effective dose

剂量中实际能产生所研究的光化学效应的那部分剂量。

单位：$J \cdot m^{-2}$

845-06-23

光化学剂量 actinic dose

在相应的波长条件下对符合光化学激发光谱值的剂量进行光谱加权所获得的参数。

单位：$J \cdot m^{-2}$

注：该定义的意思是激发光谱用于所研究的光化学效应，其最大值为 1。当给出一个量值时，由于其单位与其他量值相同，必须指出是哪种“剂量”或“光化学剂量”。

845-06-24

最小红斑剂量 minimum erythema dose

MED(缩略语) MED (abbreviation)

能使正常的非暴露的“白色”皮肤产生恰好容易看得见的红斑的光化学剂量。

注：该量值与处在最大光谱效率(λ=295 nm)约为 100 $J \cdot m^{-2}$ 条件下的单色辐射的辐照量相当。

845-06-25

剂量比率 dose rate

在光化学，光治疗和生物光学中用来表示辐照量的术语。

单位：$W \cdot m^{-2}$

注 1：在使用“剂量”一词的情况下，必须规定出辐射的光谱分布。

注 2：关于“比率”的概念，同样适用于“光化学剂量”和“有效剂量”。

845-06-26

生物节律 biological rhythm

在生物体内或在与生命有关的过程中出现的周期性变化。

注：生物节律可能会受到光辐射的影响。

845-06-27

光周期 photoperiod

生物体所面临的白昼与黑夜相互交替的自然周期或人工周期。

注：例如，对于昼夜平分点的白昼的自然周期，白昼持续时间(L=12 h)与黑夜持续时间(D=12 h)之比表示为 LD12：12。

845-07 光源 light sources

A 通用术语 general terms

845-07-01

自发光光源 primary light source

原极光源

由于能量转换而发光的面或物体。

845-07-02

次极光源 secondary light source

本身并不发射光，但由透射光或反射光而发光的面或物体。

845-07-03

灯 lamp

为产生光辐射(通常为可见的)而制作的光源。

注：此术语有时也用于某些类型的照明器。

B 白炽灯 incandescent lamps

845-07-04

白炽(电)灯 incandescent (electric) lamp

用通电的方法，将元件加热到白炽态而发光的灯。

845-07-05

碳丝灯 carbon filament lamp

其发光元件为碳丝的白炽灯。[1]

845-07-06

金属丝灯 metal filament lamp

其发光元件为金属丝的白炽灯。[1]

845-07-07

钨丝灯 tungsten filament lamp

其发光元件为钨丝的白炽灯。[1]

1) 有关灯丝的类型参见 845-08-03，04 和 05。

845-07-08

真空(白炽)灯 vacuum (incandescent) lamp

发光元件在真空玻壳中工作的白炽灯。

845-07-09

充气(白炽)灯 gas-filled (incandescent) lamp

发光元件在充有惰性气体的玻壳中工作的白炽灯。

845-07-10

卤钨灯 tungsten halogen lamp

充有卤素或卤化物的钨丝灯

注：碘钨灯就属于此类。

C 放电灯和弧光灯 discharge lamps and arc lamps

845-07-11

放电(在气体中) electric discharge (in a gas)

通过在电场感应下产生和运动的载荷子，使电流流经气体和蒸气。

注：这种电磁辐射的发射现象致使在照明行业中广泛应用。

845-07-12

辉光放电　glow discharge

阴极的次级发射比热离子发射大得多的一种放电。

注：这种放电的特征是阴极电压降大(一般在 70 V 以上)和电流密度小(大约为 10 A・m^{-2})。

845-07-13

阴极电压降　cathode fall;cathode drop

阴极附近的空间电荷所引起的电势差。

845-07-14

正常阴极电压降　normal cathode fall

与放电电流无关,阴极活性表面上的电流密度为恒定时的阴极电压降。

845-07-15

异常阴极电压降　abnormal cathode fall

依赖于放电电流,并且分布到整个阴极活性表面上的阴极电压降。

845-07-16

弧光放电　arc discharge

电弧(在气体或蒸气中的)　electric arc (in a gas or in a vapour)

特性为其阴极电压降比辉光放电中电压降小的放电。

注：阴极的发射是由于各种原因(热离子发射,场致发射等)同时作用或分别作用引起的,而次级发射仅占一小部分。

845-07-17

放电灯　discharge lamp

其发出的光是直接的或间接的由气体、金属蒸气或几种气体和蒸气的混合物放电产生的灯。

注：根据光主要是在气体中还是蒸气中产生的条件,分为“气体放电灯”,例如氙、氖、氦、氮和二氧化碳灯,和“金属蒸气灯”,例如汞蒸气灯和钠蒸气灯。

845-07-18

负辉光灯　negative-glow lamp

其发出的光是利用阴极前部区域的负辉光辐射直接或间接地(通过荧光)产生的灯。

845-07-19

高强度放电灯　high intensity discharge lamp

HID 灯　HID lamp

能借助玻壳内壁的温度产生稳定的弧光,且电弧管壁负荷超过 3 W/cm^2 的放电灯。

注：HID 灯包括高压汞灯、金属卤化物灯和高压钠灯。

845-07-20

高压汞(蒸气)灯　high pressure mercury (vapour) lamp

大部分光直接或间接由分压超过 100 kPa 的汞蒸气辐射产生的一种 HID 灯。

注：该术语适用于透明和带荧光涂层的荧光汞灯和自镇流汞灯。对于荧光汞灯,一部分光是由放电管中的紫外辐射激发荧光粉产生的,一部分光则由汞蒸气产生。

845-07-21

自镇流汞灯　blended lamp;self-ballasted mercury lamp (USA)

在同一玻壳内装有串联连接的汞灯放电管和白炽灯丝的灯。

注：灯玻壳可以是漫射型或是有荧光涂层的。

845-07-22

低压汞(蒸气)灯　low pressure mercury (vapour) lamp

玻壳带有或不带荧光粉涂层的汞蒸气放电灯,在工作期间,其蒸气分压不超过 100 Pa。

845-07-23

高压钠(蒸气)灯　high pressure sodium (vapour) lamp

大部分光由分压为 10 kPa 数量级的钠蒸气辐射产生的一种 HID 灯。

注:该术语适用于透明玻壳的灯或是漫射型玻壳的灯。

845-07-24

低压钠(蒸气)灯　low pressure sodium (vapour) lamp

光由分压为 0.7 Pa～1.5 Pa 的钠蒸气辐射产生的一种放电灯。

845-07-25

金属卤化物灯　metal halide lamp

光主要由金属蒸气、金属卤化物和金属卤化物分解物的混合气体的辐射产生的一种高强度放电灯。

注:该术语用于透明和带涂层的灯。

845-07-26

荧光灯　fluorescent lamp

主要由放电产生的紫外辐射激发一层或几层荧光粉涂层而发光的低压汞放电灯。

注:这类灯通常是管形的,在英国通称为“荧光灯管”。

845-07-27

冷阴极灯　cold cathode lamp

由辉光放电的阳极区产生光的放电灯。

注:这种灯通常由一个提供足够电压的装置供电,无需专用装置进行启动。

845-07-28

热阴极灯　hot cathode lamp

由弧光放电的阳极区产生光的放电灯。

注:这种灯通常需要专用启动装置或线路。

845-07-29

冷启动灯　cold-start lamp

瞬时启动灯(USA)　instant-start lamp (USA)

阴极无需进行预热而可启动的放电灯。

845-07-30

预热灯　preheat lamp

热启动灯　hot-start lamp

启动时电极需要预热的热阴极灯。

845-07-31

开关启动荧光灯　switch-start fluorescent lamp

需要一个带有启动器的线路对电极进行预热的荧光灯。

845-07-32

无启动器荧光灯　starterless fluorescent lamp

工作时需要辅助装置的冷启动或热启动荧光灯,开关闭合时,该启动装置能使灯在无启动器情况下很快启动。

845-07-33

弧光灯　arc lamp

由电弧放电和/或由电极产生光的放电灯。

注:电极可以是碳制的(在大气中工作)或金属制的。

845-07-34

短弧灯 short-arc lamp;compact-source arc discharge lamp

两个电极之间的距离约 1 mm～10 mm,通常为超高压的弧光灯。

注:这类型灯有某些汞灯或氙灯。

845-07-35

长弧灯 long-arc lamp

两个电极之间的距离大,通常是高压的弧光灯,这类灯电弧充满放电管因而是稳定的。

D 特种灯或专用灯 lamps of special types or for special purposes

845-07-36

聚光灯 prefocus lamp

在制造过程中,发光体和灯定位销钉的相对位置经精确调整的白炽灯。

845-07-37

反射灯 reflector lamp

在适当形状的玻壳的一部分上涂以反射材料,以便控制光的白炽灯或放电灯。

845-07-38

压制玻璃灯 pressed glass lamp

其玻壳由两个玻璃件,即一个金属镀膜反光碗和一个形成光学系统的模型前罩熔结在一起的反射灯。

845-07-39

密闭光束灯 sealed beam lamp

一种严密控制光束的压制玻璃灯。

845-07-40

投光灯 projector lamp

通过发光体的安装,使灯泡可以和按所选方向投光的光学系统一起使用的灯。

注:本术语包括诸如泛光灯,光斑聚光灯,摄影灯等各种类型的灯。

845-07-41

投影灯 projection lamp

发光体相对集中并通过安装,使灯泡可以将静止或动态的画面投影到屏幕上的光学系统一起使用的灯。

845-07-42

摄影灯 photoflood lamp

为了照明摄影对象,色温特别高,通常为反射型的白炽灯。

845-07-43

闪光灯 photoflash lamp

为了照明摄影对象,通过在玻壳内燃烧的方式,以极短时间内发出强闪光的灯。

845-07-44

闪光管 flash tube

电子闪光灯 electronic-flash lamp

带电子装置工作的放电灯,以便给出一个周期极短的超强光输出,并可重复工作。

注:这类灯用于照明摄影对象,或用于频闪观察以及发送信号。

845-07-45

昼光灯 daylight lamp

光谱能量分布和昼光的光谱能量分布接近的灯。

845-07-46

黑光灯 black light lamp

伍德玻璃灯 Wood's glass lamp

用来发射A波段紫外辐射,可见辐射甚少的灯。

注:这种灯通常为汞蒸气放电灯或荧光灯。

845-07-47

钨带灯 tungsten ribbon lamp;strip lamp (USA)

发光体为钨带的白炽灯。

注:这种灯专门用作测高温学和光谱辐射测量学的标准。

845-07-48

场致发光光源 electroluminescent source

由场致发光而产生光的光源。

845-07-49

场致发光灯 electroluminescent lamp

由场致发光而产生光的灯。

845-07-50

场致发光板 electroluminescent panel

由场致发光而产生光的发光板。

845-07-51

红外线灯 infrared lamp

红外线辐射特别强,不以产生可见辐射(如果有的话)为直接目的的灯。

845-07-52

紫外线灯 ultraviolet lamp

紫外线辐射特别强,不以产生可见辐射(如果有的话)为直接目的的灯。

注:这种灯有用于光生物学的,光化学的和生物医学的等几种类型。

845-07-53

杀菌灯 bactericidal lamp;germicidal lamp

玻壳可以透射过杀菌用C波段紫外线辐射的低压汞蒸气灯。

845-07-54

光谱灯 spectroscopic lamp

辐射出轮廓分明的线光谱,与滤光器组合起来可以获取单色辐射的放电灯。

845-07-55

基准灯 reference lamp

为检验镇流器而选择的放电灯,该灯当与基准镇流器在规定条件下配套使用时,具有接近相关规定中给定的实际值的电参数。

845-07-56

次级标准灯 secondary standard lamp

用做为次级光度标准的灯。

845-07-57

工作标准灯 working standard lamp

用做为工作光度标准的灯。

E 灯特性及其工作条件 operational conditions and characteristics of lamps

845-07-58

额定值(灯的) **rating** (of a lamp)

灯的一组工作条件和额定参数值,用来表示灯的特性和标志。

845-07-59

额定光通量(一种型号灯的) **rated luminous flux** (of a type of lamp)

由制造商或销售商宣称的某一给定型号灯在规定条件下工作时的初始光通量值。

单位:lm

注1:初始光通量为该灯在相关灯标准规定的老炼期之后的光通量。

注2:额定光通量有时标明在灯上。

845-07-60

额定功率(一种型号灯的) **rated power** (of a type of lamp)

由制造商或销售商宣称的某一给定型号灯在规定条件下工作时的功率值。

单位:W

注:额定功率通常标明在灯上。

845-07-61

寿命(灯的) **life** (of a lamp)

灯工作到失效时,或根据标准规定认为其已失效时的总时间。

注:灯寿命通常用小时表示。

845-07-62

寿命试验 life test

灯在规定条件下进行规定的时间或至寿命终止的燃点,并且在规定的时间可以进行光电参数测量的试验。

845-07-63

X%灯失效时的寿命 life to X% failures

承受寿命试验的X%的灯达到其寿命终止时的时间,此期间灯应在规定的条件下燃点,并且根据有关标准判断寿命终结时间。

845-07-64

平均寿命 average life

承受寿命试验的一批灯的每支灯寿命的平均值,此期间灯在规定的条件下燃点,并且根据规定的标准判断寿命终结的时间。

845-07-65

光通量维护系数 luminous flux maintenance factor

光通维持率(灯的) **lumen maintenance** (of a lamp)

灯在其寿命中一给定时间的光通量与其初始光通量之比,此期间灯在规定的条件下燃点。

注:此比率通常用百分比表示。

845-07-66

光通量的波动幅度(交流供电光源的) **amplitude of fluctuation of the luminous flux** (of a source run on alternating current)

用光通量的最大值与最小值之差对于该两个数值的和之比所表示的光强度周期波动的相对幅度。

$$\left(\frac{\Phi_{max}-\Phi_{min}}{\Phi_{max}+\Phi_{min}}\right)$$

注1:该比率通常用百分比表示,然而现在解释为"闪烁百分率",这是不正确的。

注2：照明工业有时采用另一种方法表示光输出中的波动，即"闪变指数"，该闪变指数由表示一整个时间周期瞬时光通量变化的图推断出的两个区域的比率来定义；高于平均值的图区域被除以曲线下的总区域（该总区域是平均值和给定时间周期的乘积）。

845-07-67

启动电压（放电灯的） **starting voltage** (of a discharge lamp)

灯启动放电需要的电极之间的电压。

845-07-68

灯电压（放电灯的） **lamp voltage** (of a discharge lamp)

在稳定的工作条件下，灯电极之间的电压（在交流时为有效值）。

845-07-69

启动时间（弧光放电灯的） **starting time** (of an arc discharge lamp)

弧光放电灯达到电稳定的弧光放电所需的时间，放电灯要在特定的条件下工作，启动时间应在线路接通电源时进行测量。

注：在电源施加在启动装置时与电源施加在灯电极时的时间之间，启动装置有时间延迟。启动时间在电源施加在电极时测量。

845-07-70

串联阴极加热（放电灯的） **series cathode heating** (of a discharge lamp)

加热电流流过串联电极的放电灯电极加热类型。

845-07-71

串联阴极预热（放电灯的） **series cathode preheating** (of a discharge lamp)

预热电流流过串联电极的放电灯电极预热类型。

845-07-72

并联阴极加热（放电灯的） **parallel cathode heating** (of a discharge lamp)

电极由分激式电路供电的放电灯电极加热类型。

注：每一电极通常连接于低压绕组两端，该绕组可以是镇流器的一部分并可提供加热电流。在某些线路中，电弧放电之后该低压自动下降。

845-07-73

并联阴极预热（放电灯的） **parallel cathode preheating** (of a discharge lamp)

电极由分激式电路供电的放电灯电极预热类型。

注：每一电极通常连接于低压绕组两端，该绕组可以是镇流器的一部分并可提供预热电流。在某些线路中，电弧放电之后该低压自动下降。

845-08 灯的部件和辅助装置 components of lamps and auxiliary apparatus

845-08-01

发光元件 **luminous element**

灯的发光部分。

845-08-02

灯丝 **filament**

通常是钨制成的丝状导体，当电流通过灯丝并加热发出白炽光。

845-08-03

直丝灯丝 **straight filament**

非螺旋的而且平直的灯丝。

845-08-04

单螺旋灯丝 single-coil filament

绕成螺旋状的灯丝。

845-08-05

双螺旋灯丝 coiled-coil filament

用螺旋灯丝绕成较大螺旋状的灯丝。

845-08-06

玻壳 bulb

透明或半透明的内有发光体的密封外壳。

845-08-07

透明玻壳 clear bulb

对于可见辐射是透明的玻壳。

845-08-08

磨砂玻壳 frosted bulb

内或外表面经打磨而使光漫射的玻壳。

845-08-09

乳白玻壳 opal bulb

整个或其中一层用漫射光的材料制成的玻壳。

845-08-10

涂层玻壳 coated bulb

内或外表面涂有漫射薄层的玻壳。

845-08-11

反射玻壳 reflectorized bulb

内或外表面部分地涂有涂层,形成反射面,使光向特定方向发出的玻壳。

注:此类反射面对于某些辐射线是可以透过的,对于红外线尤其如此。

845-08-12

漆膜玻壳 enamelled bulb

涂有半透明漆膜层的玻壳。

845-08-13

彩色玻壳 coloured bulb

用彩色玻璃或内或外涂有可透射或漫射色层的玻璃制成的玻壳。

845-08-14

硬料玻壳 hard glass bulb

用高软化点和耐热冲击的玻璃制成的玻壳。

845-08-15

灯头 cap;base(USA)

用以利用灯座或灯连接件与电源连接的灯部件,并且多数情况下用于将灯固定在灯座上。

注1:英、美两国也用"base"表示灯其加工成形完成具有灯头作用的夹封部位。根据灯的灯座的其他设计特点,它可以与灯或连接器配套使用。

注2:灯头及基相应灯座,通常用一个或几个字母,其后并标有数字来命名,数字是以毫米为单位表示灯头的基本尺寸(通常指其直径)。有关灯头的编码参见 IEC 600061 标准。

845-08-16

螺口式灯头 screw cap;screw base (USA)

灯头壳体带有螺纹状与灯座配套的灯头(国际命名 E 型)。

845-08-17

卡口式灯头　bayonet cap; bayonet base (USA)

灯头壳体带有可卡于灯座槽内的销钉的灯头(国际命名B型)。

845-08-18

圆筒式灯头　shell cap; shell base (USA)

灯头成光滑圆筒形灯头(国际命名S型)。

845-08-19

插脚式灯头　pin cap; pin base (USA)

灯头上带有一个或几个插脚的灯头(国际命名:对于单插脚为F型;对于两个或多个插脚为G型)。

845-08-20

预聚焦式灯头　prefocus cap; prefocus base (USA)

灯泡在制造过程中将发光体装在相对于灯头某一特定位置的灯头,这样可使灯泡装入配套灯座内时精确重复性定位(国际命名P型)。

845-08-21

卡口销钉　bayonet pin

从灯头(尤其是卡口灯头)壳体上凸出的金属部件,它与灯座上的槽口卡合使灯头固定。

845-08-22

接触片　contact plate; eyelet (USA)

灯头上(与壳体相绝缘)与一条引入线相连接,使灯与电源相连接的金属片。

845-08-23

插脚　pin; post

固定在灯头端部通常为圆柱形的金属部件,为了与灯座的相应插孔连接,使灯头固定或与灯座电接触。

注:英文"pin"和"post"通常指不同的尺寸,"pin"比"post"尺寸小。

845-08-24

灯座　lampholder

使灯固定位置,通常将灯头插入其中并使灯与电源相接的器件。

注1:英文"socket"或若上下文清楚时,通常用略语"holder"代替"lampholder"。

注2:参见845-08-15注2。

845-08-25

(灯的)连接器　(lamp) connector

由相应的绝缘体及弹性连接部件组成的器件,该连接器使灯与电源相连接,但不起支撑灯的作用。

845-08-26

主电极(放电灯的)　**main electrode** (of a discharge lamp)

放电已经稳定之后,放电电流所流经的电极。

845-08-27

启动电极(放电灯的)　**starting electrode** (of a discharge lamp)

使灯放电开始的辅助电极。

845-08-28

放电管　arc tube

包容、限制灯电弧的壳体。

845-08-29

发射物质　emissive material

为增强电子发射而沉积在金属电极上的物质。

845-08-30

启动带　starting strip; starting stripe (USA)

为辅助启动灯而纵向放在管形放电灯的内壁或外壁的狭窄的导电条。

注：启动条可以与一个或两个灯头壳体连接，或(如果可能)与电极相连接。

845-08-31

启动装置　starting device

其自身或与电路中其他部件配套，为启动放电灯提供所需的电气条件。

845-08-32

启动器　starter

为电极提供所需的预热，并且与镇流器串联使施加在灯的电压产生脉冲的启动装置，通常用于荧光灯。

845-08-33

触发器　ignitor

其自身或与其他部件配套产生启动放电灯所需的电压脉冲，但对电极不提供预热的装置。

845-08-34

镇流器　ballast

连接于电源和一支或几支放电灯之间，主要用于将灯电流限制到规定值。

注：镇流器也可以装有转换电源电压，校正功率因数的装置，其自身或与启动装置配套为启动灯提供所需的条件。

845-08-35

半导体镇流器　semiconductor ballast

由半导体器件和稳定性元件组成的装置，供在交流电源下工作的一支或几支放电灯使用，该装置可由交流或直流供电。

845-08-36

基准镇流器　reference ballast

为检验镇流器提供比较标准，为筛选基准灯及检验在标准化条件下正常生产的灯而设计的专用电感镇流器。

845-08-37

调光器　dimmer

为改变照明装置中光源的光通量而安装在电路中的装置。

845-09　照明技术、自然光　lighting technology, daylighting

A　通用术语　general terms

845-09-01

照明　lighting; illumination

光照射到场景、物体及其环境使其可以看见的过程。

注：日常中，“照明”一词也含有“照明系统”或“照明装置”的意思。

845-09-02

照明技术　lighting technology

照明工程　illuminating engineering

有关照明的各个方面的应用。

845-09-03

照明环境　luminous environment

与光有关的生理和心理的效果。

845-09-04

视觉功能　visual performance

视觉系统在执行目视工作时的功能，例如对某速度和精确度进行测试。

845-09-05

等效对比度(一项任务的)　**equivalent contrast** (of a task)

在与所考虑的任务相同亮度等级下，具有同等可视度的可视基准任务的亮度对比。

B　照明类型　types of lighting

845-09-06

普通照明　general lighting

一个场地的基本均匀照明，而不提供特殊局部照明。

845-09-07

局部照明　local lighting

特殊目视工作用照明，做为普通照明辅助并与其分开控制的照明。

845-09-08

定位照明　localised lighting

为提高某一特殊位置(例如工作现场)的照度而设置的照明。

845-09-09

昼光补充照明(室内的)　**permanent supplementary artificial lighting** (in interiors)

为补充在单独利用自然采光不足或不适宜时，而采用的恒定人工昼光照明。

注：这种形式的照明通常用英文术语的第一个字母缩写来表示，即：PSALI。

845-09-10

应急照明　emergency lighting

供正常照明失效时而采用的照明。

845-09-11

太平门照明　escape lighting

属应急照明一类，用于保证可以充分辨认和使用的安全路线照明。

845-09-12

安全照明　safety lighting

属应急照明一类，为保证人们防止陷入潜在危险境地的照明。

845-09-13

备用照明　stand-by lighting

属应急照明一类，用于保证正常活动能继续不被中断的照明。

845-09-14

直接照明　direct lighting

借助于灯具的光强度分布特性，将 90％～100％的光通量直接照射到无假定边界的工作面上的照明。

845-09-15

半直接照明　semi-direct lighting

借助于灯具的光强度分布特性，将 60％～90％的光通量直接照射到无假定边界的工作面上的照明。

845-09-16

普通漫射照明 general diffused lighting

借助于灯具的光强度分布特性，将 40%～60% 的光通量直接照射到无假定边界的工作面上的照明。

845-09-17

半间接照明 semi-indirect lighting

借助于灯具的光强度分布特性，将 10%～40% 的光通量直接照射到无假定边界的工作面上的照明。

845-09-18

间接照明 indirect lighting

借助于灯具的光强度分布特性，将 0%～10% 的光通量直接照射到无假定边界的工作面上的照明。

845-09-19

定向照明 directional lighting

投射到工作面或物体上的光主要是从特定方向发出的照明。

845-09-20

漫射照明 diffused lighting

投射到工作面或物体上的光不是从特定方向发出的照明。

845-09-21

泛光照明 floodlighting

通常使用投光器使场景或物体的照度明显高于四周环境的照明。

845-09-22

聚光照明 spotlighting

使用小型聚光灯使一限定面积或物体的照度明显高于四周环境的照明。

C 照明计算术语 terms used in lighting calculations

845-09-23

照度矢量(一点上的) **illuminance vector**(at a point)

与通过假设点一面之两对边照度之间的最大差值相等的矢量值，该矢量垂直于并且远离较高照度的边。

845-09-24

发光强度(的空间)分布(光源的) **(spatial) distribution of luminous intensity** (of a source)

用曲线或表格把光源光强度的值做为空间方向的函数表示出来。

845-09-25

对称光强度分布(光源的) **symmetrical luminous intensity distribution** (of a source)

具有一个对称轴或至少有一个对称面的光强度分布。

注：此术语有时用于表示 845-09-26 条的内容。此用法不鼓励。

845-09-26

旋转对称光强度分布(光源的) **rotationally symmetrical luminous intensity distribution** (of a source)

可以用围绕一个旋转轴来表示的，包含该轴的一个平面内的极座标光强度分布曲线的光强度分布。

845-09-27

平均球面光强度(光源的) **mean spherical luminous intensity** (of a source)

光源光强度在所有方向上的平均值，和其光通量与立体角(4π 球面度)之比相等。

845-09-28

等光强曲线 **iso-intensity curve; iso-intensity line** (USA)

等堪德拉曲线(不赞成使用此名词)(光源的) **isocandela curve or line** (deprecated) (of a source)

以光中心为中心的球面上，把与光强度相等的那些方向所对应的点连接而成的曲线，或是该曲线的平面投影。

845-09-29

等光强图 **iso-intensity diagram**

等堪德拉图(不赞成使用此名词) **isocandela diagram** (deprecated)

等光强曲线族。

845-09-30

半峰发散角(投光器的，在一给定的平面上) **half-peak divergence; one-half-peak spread** (USA) (of a projector, in a specified plane)

光束角的范围，在这个角度范围内包含了在一给定平面上光强度极坐标曲线的长度大于最大值的50%的全部矢径。

注：在英国的实际应用中，"beam spread"与总角度有关，在这总角度中，与光束轴线垂直的平面上的光照度超过最大值的10%。

845-09-31

累积光通量(光源的，相对于立体角) **cumulative flux** (of a source, for a solid angle)

光源在工作条件下，在一个具有垂直向下的轴和密封主体角的锥体内所发出的光通量。

845-09-32

球面带光通量(光源的，相对于一个区域) **zonal flux** (of a source, for a zone)

相对于该球面带上下各边界所对的立体角，光源的各累积光通量的差值。

845-09-33

总光通量(光源的) **total flux** (of a source)

相对于4π球面角度的立体角，光源的累积光通量。

845-09-34

向下光通量(光源的) **downward flux** (of a source)

相对于低于通过光源的水平面的2π球面角度的立体角，光源的累积光通量。

845-09-35

向上光通量(光源的) **upward flux** (of a source)

总光通量与向下光通量的差值。

845-09-36

累积向下光通量比(光源的，相对于立体角) **cumulative downward flux proportion** (of a source, for a solid angle)

相对于正在研究中的立体角，光源的累积光通量与向下光通量之比。

845-09-37

光通量三联体(光源的) **flux triplet** (of a source)

相对于$\pi/2$、π和$3\pi/2$球面角度，光源的累积向下光通量比的数值组，表示光源的相关向下光通量分布，用做计算该光源装置的正比。

845-09-38

光学光输出效率(灯具的) **optical light output ratio** (of a luminaire)

在规定的条件下所测得的灯具的总光通量，与这些灯在灯具内时的单个光通量的总和之比。

注：对于仅用于白炽灯的灯具，在实际应用中，光效率和灯具效率是相同的。

845-09-39

灯具效率(灯具的) **light output ratio** (of a luminaire);**luminaire efficiency (USA)**

在规定的实用条件下所测得的带有配套灯和灯具的总光通量,与这些灯在规定条件下在灯具外并带有相同装置工作时的单个光通量的总和之比。

注:参见 845-09-38 的注释。

845-09-40

向下灯具效率(灯具的) **downward light output ratio** (of a luminaire)

在规定的实用条件下所测得的带有配套灯和装置的灯具的向下光通量,与这些灯在规定条件下在灯具外并带有相同装置工作时的单个光通量的总和之比。

注:参见 845-09-38 的注释。

845-09-41

向下光通量损耗(灯具的) **downward flux fraction** (of a luminaire)

向下光通量与灯具总光通量之比。

845-09-42

光通量规则(灯具的) **flux code** (of a luminaire)

光通量三联体,向下光通量损耗和灯具效率的数值组,代表灯具相对光通量分布,用做计算照明效率和/或空间效率。

845-09-43

放大率(灯具的) **magnification ratio** (of a luminaire)

灯具(通常指投光器)的最大光强度与其灯的平均球面光强度之比。

注:在某些国家,放大率的定义是根据灯具或灯的型号而变化的。

845-09-44

直接光通量(表面上的) **direct flux** (on a surface)

表面直接从照明装置接收到的光通量。

845-09-45

间接光通量(表面上的) **indirect flux** (on a surface)

表面从照明装置接收到的从其他表面反射的光通量。

845-09-46

正比(室内照明装置的) **direct ratio** (of an interior lightng installation)

工作面上的直接光通量与照明装置向下光通量的比率。

845-09-47

照明灯光通量密度(对于室内照明的) **installed lamp flux density** (for an interior lighting)

照明装置上灯的单个额定光通量总和除以地面面积。

单位:$lm \cdot m^{-2}$

845-09-48

照明装置光通量密度(对于室内照明的) **installation flux density** (for an interior lighting)

照明装置的灯具单个总光通量总和除以地面面积。

单位:$lm \cdot m^{-2}$

845-09-49

基准面 **reference surface**

测量或指定照度的表面。

845-09-50

工作面 **work plane;working plane**

规定在该平面上进行工作的基准面。

注：在室内照明中，另有说明除外，工作面假定为高于地面0.85米并由房间墙壁限制的水平面。美国通常假定工作面为高于地面0.76米，苏联为高于地面0.8米。

845-09-51

照明利用率　utilization factor

照明利用系数（相对于基准面，照明装置的）　**coefficient of utilization**（**USA**）（of an installation, for a reference surface）

基准面所接受到的光通量与照明装置中灯单个光通量的总和之比。

845-09-52

对比照明利用率（相对于基准面，照明装置的）　**reduced utilization factor**（of an installation, for a reference surface）

基准面的平均照度与照明灯光通量密度之比。

845-09-53

固有照明利用率（照明装置的，相对于基准面）　**utilance**（of an installation, for a reference surface）

U

基准面接收到的光通量与照明装置灯具单个总光通量的总和之比。

845-09-54

对比固有照明利用率（照明装置的，相对于基准面）　**reduced utilance**（of an installation, for a reference surface）

基准面的平均照度与照明装置光通密度之比。

845-09-55

室形指数　room index

照明装置指数　installation index

K

表示房间工作面与灯具面之间部分的形状数字，用来计算照明利用率和固有照明利用率。

注1：除非另有说明，室形指数由下列公式计算：

$$K=\frac{a\cdot b}{h(a+b)}$$

式中的 a 和 b 是房间侧壁的尺寸，h 是灯具悬挂高度，即工作面与灯具平面之间的距离。

注2：在英国的实际应用中，除 h 表示天花板至灯具的距离情况外，用同样公式计算“天花板空腔指数”。

注3：在美国，广泛使用术语“房间空腔指数”。该术语与注1)中公式所定义的室形指数的五倍的倒数相等。并且使用两补充术语：“天花板空腔指数”和“地板空腔指数”，除 h 分别表示天花板至灯具和地板至工作面之间的距离的情况外，两个补充术语的推导方法与“房间空腔指数”相同。

845-09-56

等亮度曲线　isoluminance curve

在观测者和光源或光源组与下述表面有关的位置给定的条件下，亮度相等的表面上的点的轨迹。

845-09-57

等照度曲线　iso-illuminance curve; iso-illuminance line（**USA**）

等勒克司曲线（不提倡使用该术语）　**isolux curve or line**（deprecated）

照度数值相等的表面上点的轨迹。

845-09-58

照明均匀度（在给定平面上的）　**uniformity ratio of illuminance**（on a given plane）

给定平面上的最小照度与平均照度之比。

注：同时也使用：a)最小照度与最大照度之比；b)上述两个比值中任何一个的例数。

845-09-59

光损耗系数　light loss factor

维护系数(已废用)　**maintenance factor** (obsolete)

照明装置使用一定时期后工作面上的平均照度,与通常认作是新照明装置在相同条件下得到的平均照度之比。

注1:术语"衰减系数"以前已用于表示上述比值的倒数。

注2:光损耗要考虑灯具和房间四壁上的灰尘沉积以及灯的折旧率。

845-09-60

标称照度(区域的)　**service illuminance** (of an area)

在照明装置的一维护周期内,在相关区域上所要求的平均照度。

注:相关区域可以是室内整个工作面区域或是工作区。

845-09-61

基准照明　reference lighting

由一项工作背景(四周)的标准光源 A 发出的完全漫射和非偏振照明。

845-09-62

对比度再现因数(照明系统的,相对于一项工作)　**contrast rendering factor** (of a lighting system, for a task)

在照明系统下的工作对比度与在基准照明下的同一工作对比度之比。

845-09-63

镇流器流明系数　ballast lumen factor

基准灯在和专用产品镇流器配套工作时发射的光通量,与同一只灯在和其基准镇流器配套工作时发射的光通量之比。

D　距离测试相关术语　terms relating to distance measurements

845-09-64

[发]光中心(光源的)　**light centre** (of a source)

光度测量和计算时,光的起源点。

845-09-65

测量距离(对于光度测量)　**test distance** (for photometric measurements)

发光中心至探测器表面的距离。

845-09-66

间距(照明装置中的)　**spacing** (in an installation)

照明装置中相邻灯具的发光中心之间的距离。

845-09-67

接近度(室内照明装置的)　**proximity** (in an installation in an interior)

室内与墙壁最接近的一排灯具的发光中心与墙壁之间的距离。

845-09-68

悬挂长度(室内灯具的)　**suspension length** (of a luminaire in an interior)

灯具发光中心与天花板之间的距离。

845-09-69

悬挂系数(室内照明装置的)　**suspension factor** (of an installation in an interior)

照明装置的灯具悬挂长度与天花板到工作面之间的距离之比。

E 内反射相关术语 terms relating to interreflection

845-09-70

内反射 interreflection; interflection (USA)

几个反射面之间,辐射的总反射效应。

845-09-71

(相互)传递系数(当 S_1(或 S_2)面的辐射亮度或光亮度在所有点和所有方向相同时,S_1 和 S_2 面之间的) **(mutual) exchange coefficient** (between two surfaces S_1 and S_2, when the radiance or luminance of S_1 (or S_2) is the same at all points and for all directions)

g

S_1(或 S_2)面传递给 S_2(或 S_1)面的辐射通量或光通量与 S_1(或 S_2)面的辐射出射度或光出射度之比。

$$g = \frac{\Phi_2}{M_1} = \frac{\Phi_1}{M_2}$$

单位:m^2

注 1:由于 $M=\pi L$,并且在 S_1 上的所有点能从 S_2 上所有点看见的特殊情况下

$$g = \frac{1}{\pi}\int_{A_1}\int_{A_2} \frac{\cos\theta_1 \cdot \cos\theta_2}{l_2} dA_1 \cdot dA_2 = \frac{1}{\pi}G,$$

式中 1 是表示 S_1 和 S_2 上的面元 dA_1 和 dA_2 之间的距离,G 是由 S_1 和 S_2 的边界所限制的光束的几何分量(见845-01-33)。

注 2:对于 dA_1 和 dA_2 两个面元

$$dg = \frac{1}{\pi} dA_1 \cdot d\Omega_1 \cdot \cos\theta_1 = \frac{1}{\pi} dA_2 \cdot d\Omega_2 \cdot \cos\theta_2$$

式中 $d\Omega_1$(或 $d\Omega_2$)是面元 dA_2(或 dA_1)所对 dA_1(或 dA_2)的中心的立体角。

注 3:由 dA_1 和 dA_2 的边界所限定的光束的辐射亮度或光亮度为

$$L = \frac{1}{\pi} \cdot \frac{d\Phi}{dg}$$

845-09-72

照度传递系数(表面 S_1 和 S_2 之间的) **configuration factor** (between two surfaces S_1 and S_2)

c

表面 S_1 和 S_2 上的一点由于接受到来自表面 S_1 或(S_2)的通量所产生的辐射照度或光照度,与表面 S_1(或 S_2)的辐射出射度或光出射度之比。

$$c_{21} = \frac{E_2}{M_1}; \qquad c_{12} = \frac{E_1}{M_2}\,{}^{*}$$

单位:1

* 照度传递系数 c 和(相互)传递系数 g 之间的关系是:

$$\int_{A2} c_{21} dA_2 = \frac{\int_{A2} E_2 dA_2}{M_1} = \frac{\Phi_2}{M_1} = g = \frac{\Phi_1}{M_2} = \frac{\int_{A1} E_1 dA_1}{M_2} = \int_{A1} c_{12} dA_1$$

845-09-73

波形系数(S_1 和 S_2 两表面之间的) **form factor** (between two surfaces S_1 and S_2)

f

整个表面 S_2(或 S_1)接受到来自表面 S_1(或 S_2)的平均辐射通量或光通量密度与表面 S_1(或 S_2)的辐射出射度或光出射度之比。

$$f_{21} = \frac{\Phi_2}{A_2 M_1} = \frac{g}{A_2}; A_2 f_{21} = g = A_1 f_{12}$$

单位:1

845-09-74

自传递系数(当辐射亮度或光亮度在所有点上和所有方向相同时,表面的) **self-exchange coefficient** (of a surface when its radiance or luminance is the same at all points and for all directions)

g_s

来自该表面又落在其自身上的那部分辐射通量或光通量与该表面的辐射出射度或光出射度之比。

单位:m^2

注:由平面曲线C限定的仅仅位于该曲线的平面一边的表面S的自传递系数,等于S的表面积减去由C限定的该平面表面积。

845-09-75

内反射比 interreflection ratio

间接到达一个腔形表面的辐射通量或光通量 Φ_i 与另一表面直接接收的初始通量 Φ_o 之比,通量 Φ_i 是由通量 Φ_o 的内反射产生的。

F 自然光 daylighting

845-09-76

太阳辐射 solar radiation

来自由太阳发出的电磁辐射。

845-09-77

地球外的太阳辐射 extraterrestrial solar radiation

发生在地球大气层外层范围的太阳辐射。

845-09-78

太阳常数 solar constant

$E_{e,o}$

由与太阳——地球平均距离的太阳光线相垂直的表面上的地球外的太阳辐射产生的辐射照度。

注:$E_{e,o}=(1\,367\pm7)\,W\cdot m^{-2}$。

845-09-79

直接太阳辐射 direct solar radiation

经过大气选择性散射,作为平行光束到达地球表面的那部分地球外的太阳辐射。

845-09-80

漫射天空辐射 diffuse sky radiation

到达地球时经由空气中微小颗粒、悬浮颗粒、云层颗粒或其他颗粒散射的那部分太阳辐射。

845-09-81

全球太阳辐射 global solar radiation

直接太阳辐射与漫射天空辐射的组合辐射。

845-09-82

太阳光* sunlight*

直接太阳辐射的可见部分。

* 当涉及光辐射的光化效应时,该术语通常用于表示超出可见光谱范围所延续的辐射。

845-09-83

天空光* skylight*

漫射天空辐射的可见光部分。

* 当涉及光辐射的光化效应时，该术语通常用于表示超出可见光谱范围所延续的辐射。

845-09-84

昼光*　daylight*

白昼时全球太阳辐射的可见光部分。

* 当涉及光辐射的光化效应时，该术语通常用于表示超出可见光谱范围所延续的辐射。

845-09-85

反射(全球)太阳辐射　reflected (global) solar radiation

由全球太阳辐射的反射而产生的辐射，该反射是通过地球表面和遮断全球太阳辐射的任一表面完成的。

845-09-86

大气层的光厚度　optical thickness of the atmosphere

$\boldsymbol{\delta(\varepsilon)}$

通过下述公式进行定量：

$$\delta(\varepsilon) = -\ln(\Phi'_e/\Phi_e)$$

式中 Φ_e 是与垂直面成 ε 角进入大气层上限层的平行光束的辐射通量，Φ'_e 是到达地球表面的平行光束的衰减辐射通量。

单位:1

注 1：参见 845-04-80。

注 2：在英国，有时用术语“光深度”替代“光厚度”。

845-09-87

总混浊度系数(根据 Linke)　**total turbidity factor** (according to Linke)

$\boldsymbol{T}$

混浊大气的垂面光厚度与纯净干燥的大气(雷利大气)的垂面光厚度之比和太阳总光谱有关。

$$T = \frac{\delta_R + \delta_A + \delta_Z + \delta_W}{\delta_R}$$

式中 δ_R 是相对于在空气分子处雷利散射的光厚度，δ_A，δ_Z，δ_W 分别是相对于在悬浮微粒处的球形介质材料散射和吸收，相对于臭氧的吸收，以及相对于水蒸气的吸收。

845-09-88

相对光学大气质量　relative optical air mass

$\boldsymbol{m}$

斜面光厚度 $\delta(\varepsilon)$ 与大气层的垂面光厚度 $\delta(O)$ 之比。

$$m = \delta(\varepsilon)/\delta(O)$$

单位:1

注 1：见 845-04-80 中的注 1。

注 2：当大气层弯曲和大气折射忽略不计时，则 $m=1/\cos\varepsilon$。

845-09-89

全球照度　global illuminance

$\boldsymbol{E_g}$

地球水平面上昼光产生的照度。

845-09-90

CIE 标准阴天　CIE standard overcast sky

完全阴暗的天空，在地平线上 γ 角度方向的光亮度 L_γ 与在天顶的光亮度 L_Z 之比，用下述方程计算：

$$L_\gamma = L_Z(1 + 2\sin\gamma)/3$$

845-09-91

CIE 标准晴天　CIE standard clear sky

CIE No. 22(1973)出版物中所描述的相对亮度分布的无云天空。

845-09-92

总云量　total cloud amount

云彩所对的立体角与整个天空 2π 立体弧度的立体角之比。

注：在美国，总云量经常称做“fractional cloud cover”。

845-09-93

日照时间　sunshine duration

S

在给定时期内(时，日，月，年)的垂直于太阳方向的平面上来自直接太阳辐射的辐射照度为每平方米等于或大于 200 W 的时间的总和。

845-09-94

天文日照时间　astronomical sunshine duration

在给定时期内，太阳处于平稳的无遮蔽的水平线上的时间总和。

845-09-95

可能的日照时间(在特定地点的)　**possible sunshine duration** (at a particular location)

在给定时期内，太阳处于实际的水平线上，但可能会被高山、建筑物、树木等遮蔽的时间总和。

845-09-96

相对日照时间　relative sunshine duration

在同一时期内，日照时间与可能的日照时间之比。

845-09-97

昼光系数　daylight factor

D

在给定平面上的一点，由于直接或间接地接收来自假定或已知亮度分布的天空光而产生的光照度，与该天空无遮挡半球在水平面上的光照度之比。这两个光照度值均不包括直射阳光的成分。

注 1：包括由于装有玻璃、灰尘产生的效应等。

注 2：计算室内照明时，对于直射阳光的成分必须分开考虑。

845-09-98

昼光系数的天空分量　sky component of daylight factor

D_s

在给定平面上的一点，直接(或通过透明玻璃)接收来自假定或已知亮度分布的天空的那部分照度，与该天空无遮挡半球在水平面上的照度之比。这两个光照度值均不直射阳光的成分。

注：参见 845-09-97 的注 2。

845-09-99

昼光系数的外反射分量　externally reflected component of daylight factor

D_e

在室内给定平面上一点，直接接收来自(由假定或已知亮度分布的天空而直接或间接照射的)外反射面的那部分照度，与该天空无遮挡半球在水平面上的照度之比。这两个光照度值均不包括直射阳光的成分。

注：参见 845-09-97 的注 2。

845-09-100

昼光系数的内反射分量　internally reflected component of daylight factor

D_i

在室内给定平面上一点，直接接收来自(由假定或已知亮度分布的天空而直接或间接照射的)内反射面的那部分照度，与该天空无遮挡半球在水平面上的照度之比。这两个光照度值均不包括直射阳光的成分。

注：参见 845-09-97 的注 2。

845-09-101

障碍 obstruction

建筑之外阻碍直接观看部分天空的任何物体。

845-09-102

昼光进口 daylight opening

能够使光进入室内的装有玻璃或未装玻璃的区域。

845-09-103

窗户 window

房间四周的垂直或近似垂直区域上的昼光进口。

845-09-104

顶棚采光 rooflight

天窗采光 skylight

建筑物顶棚上或水平表面上的昼光进口。

845-09-105

遮光物 shading

为遮挡，减弱或分散太阳辐射而设计的装置。

845-09-106

太阳光系数 solar factor

总(能量)透射比(玻璃材料的) **total (energy) transmittance** (of glazing material)

g

穿过玻璃窗射入室内的热量与投射在该玻璃窗的太阳辐射能量之比。

注：上述之比是两个数量的总和，即：玻璃窗的辐射透射比 τ_e 和相等于所获得的从玻璃窗进入室内的对流和辐射热 Q_2 与投射在玻璃窗上的太阳辐射能量 Q_1 之比的数量。

$$g = \tau_e + Q_2/Q_1$$

845-10 灯具及其组件 luminaires and their components

845-10-01

灯具 luminaire

凡是能按设计分配、透出或转变一个或多个光源发出光线的一种器具，并包括支撑、固定和保护光源必需的所有部件，但不包括光源本身，以及必需的电路辅助装置和将他们与电源连接的设备。

注：该术语不赞成使用“lighting fitting”。

845-10-02

对称灯具 symmetrical luminaire

具有对称光强度分布的灯具。

注：对称可以指的是轴对称或平面对称。

845-10-03

非对称灯具 asymmetrical luminaire

具有非对称光强度分布的灯具。

845-10-04

广角灯具　wide angle luminaire

使光在较大立体角内散发的灯具。

注：和广角灯具相反的是窄角灯具，窄角灯具可能已经提到过，但实际上这些是聚光灯(845-10-25)。

845-10-05

普通灯具　ordinary luminaire

不具备特殊的防尘和防潮性能的灯具。

845-10-06

防护灯具　protected luminaire

具有特殊防尘、防潮和防水功能的灯具。

注：IEC 60598-1 认定下述防护灯具：

防尘灯具

密封防尘灯具

防滴水灯具

防溅水灯具

防淋水灯具

防喷水灯具

密封防水灯具

845-10-07

隔爆型防爆灯具　flameproof luminaire；explosion-proof luminaire (USA)

符合带防爆外壳装置的规则，用于存在有爆炸危险场合的灯具。

845-10-08

可调式灯具　adjustable luminaire

通过适当安装可使其主要部件旋转或移动的灯具。

845-10-09

可移式灯具　portable luminaire

在与电源相连接后，可容易地从一处移到另一处的灯具。

845-10-10

悬挂式灯具　pendant luminaire；suspended luminaire (USA)

配有电线、拉链、拉管等，而能将其悬吊在天花板或墙壁支架上的灯具。

845-10-11

升降式悬挂灯具　rise and fall pendant

通过配有滑轮、平衡器等的悬吊装置来调节其高度的悬挂式灯具。

845-10-12

嵌入式灯具　recessed luminaire

适用于全部或部分地嵌入安装表面的灯具。

845-10-13

槽形灯具　troffer

长形嵌入式灯具，安装时通常为敞开并与天花板齐平。

845-10-14

格栅灯具　coffer

嵌在天花板内的带有透光格栅或圆罩的灯具。

845-10-15

下射灯具　downlight

通常嵌在天花板内的小型聚光灯具。

845-10-16

壁灯灯具　bulkhead luminaire

用于直接固定在垂直面或水平面上的紧凑型灯具。

845-10-17

檐板照明　cornice lighting

由固定在天花板上与墙壁平行的遮光屏遮挡的光源组成，使光分布在整个墙壁上的照明装置。

845-10-18

(窗)帘式照明　valance lighting; pelmet lighting

由安装在窗顶与墙平行的遮光板遮挡的光源组成的照明装置。

845-10-19

穹顶照明　cove lighting

由突沿或凹槽遮挡的光源组成，使光沿整个天花板或墙的上部分布的照明装置。

845-10-20

落地灯具　standard lamp; floor lamp (USA)

安装在高支架上，底座放置在地板上的可移式灯具。

845-10-21

台灯　table lamp

放置在家具上的可移式灯具。

845-10-22

手提灯　hand-lamp; trouble lamp (USA)

装配有手柄和电源连接线的可移式灯具。

845-10-23

手电筒　torch; flashlight (USA)

带有内装式电源，通常为干电池或蓄电池，有时配有手摇发电机的可移式灯具。

845-10-24

灯串　lighting chain; lighting string (USA)

沿电缆线串联或并联连接的成组的灯。

845-10-25

投光灯具　projector

借助反射和/或折射增加限定的立体角内的光强的灯具。

845-10-26

探照灯　searchlight

孔径通常大于 0.2 m，发出基本平行光束的高强度投光灯。

845-10-27

聚光灯　spotlight

孔径通常小于 0.2 m 所发出的聚光束通常其角度不超过 0.35 弧度(20°)误差的投光灯。

845-10-28

泛光灯　floodlight

较大面积泛光照明用，通常可以照射任一方向的投光灯。

845-10-29

遮光 cut-off

将灯和高亮度表面隐藏安装避免直视,以减少眩光的技术方法。

注:在公共场所照明中,分为全遮光灯具,半遮光灯具和不遮光灯具。

845-10-30

遮光角(灯具的) cut-off angle (of a luminaire)

在最低点,所测得的垂直轴与第一条光线之间的夹角(在该处看不见灯和高亮度表面)。

845-10-31

屏蔽角 shielding angle

遮光角的补角。

845-10-32

折射器 refractor

利用折射现象,改变光源的光通量空间分布的装置。

845-10-33

反射器 reflector

主要利用反射现象,改变光源的光通量空间分布的装置。

845-10-34

漫射器 diffuser

主要利用漫射现象,改变光源的光通量空间分布的装置。

845-10-35

碗形罩 bowl

安置在灯下方的碗形漫射器,折射器或反射器。

845-10-36

球形罩 globe

用透明或漫射材料制成的,用以保护灯泡,漫射灯光,或改变光的颜色的外罩。

845-10-37

灯罩 shade

用不透明或漫射材料制成的,用于防止灯光直射人眼的屏罩。

845-10-38

漫射格网 louvre;louver (USA)

遮光罩 spiu shield

用半透明或不透明材料的组件组成的,并且按照几何图形安置,在一给定角度范围内可防止灯光直接射入人眼的屏罩。

845-10-39

防护玻璃 protective glass

敞开或封闭式灯具的透明或半透明部件,用于防止灯落上灰尘或污物,防止灯与液体、蒸气或气体接触,并且可防止灯泡被触及。

845-10-40

灯具防护罩 luminaire guard

加工成网格状的,用于使灯具防护玻璃免受机械撞击的装置。

845-10-41

摄影室泛光照明 studio floodlight

光束的半峰发散量超过 1.74 弧度(100°),而总发散量不超过 3.14 弧度(180°)的照明装置。

845-10-42

摄影室特殊泛光照明　special studio floodlight

具有小于1.74弧度(100°)的特定半峰发散量和特定总发散量的照明装置。

845-10-43

反射型聚光灯　reflector spotlight

具有简单反射器并且可通过相对移动灯和反射镜的距离来调整发散角的投光灯。

845-10-44

透镜聚光灯　lens spotlight

具有简单透镜,并带有或不带反射器,通过相对移动灯和透镜的距离可调整发散角的投光灯。

845-10-45

菲涅尔透镜聚光灯　Fresnel spotlight

具有分步透镜的透镜聚光灯。

845-10-46

轮廓聚光灯　profile spotlight

产生边界清晰的光束,其外形可随光阑,遮光板或轮廓遮光罩变化的投光灯。

845-10-47

效果投光灯　effects　projector

借助光学镜片产生滑动均匀场地照明,并带有适当物镜产生轮廓分明的局部投光的投光灯具。

注:滑动可是静止的或移动效果型。

845-10-48

柔光照明　softlight

尺寸足以能够产生阴影边界很浅的漫射照明灯光的照明装置。

矿井照明用灯具　luminaires for mine lighting

845-10-49

矿井用灯具　mine luminaire

由外壳,有时和蓄电池构成,并用来为地下矿井的所有区域提供照明的灯具。

845-10-50

(个人用)矿灯　miner's (personal) lamp

带有完整电源,并要求每个进入地下矿井的人必须配备的矿井用灯具。

845-10-51

头灯　cap lamp

设计要求安装在矿工安全帽上的个人用矿灯。

845-10-52

头灯前照灯　headpiece

装有光源,按设计要求安装在矿工安全帽上的头灯的部件。

845-10-53

矿井安全灯　mine safety lamp

用于探测矿井空气中的甲烷含量和缺氧状况的辉光灯。

845-10-54

便携式矿井用灯具　portable mine luminaire

装有整体电源或电网电源,在移动过程中能提供照明的矿井用灯具。

845-10-55

矿井营救灯具　mine rescue luminaire

装有完整电源，设计用于营救工作的便携式矿井用灯具。

845-10-56

气压灯　air-turbo lamp; compressed air luminaire(USA)

由压缩空气驱动交流发电机实行供电的灯具。

845-10-57

地道灯具　haulageway luminaire

设计用于采矿地道照明并由电力网进行供电的矿井灯具。

845-10-58

采掘面灯具　face luminaire

在开采工作面区域提供照明的便携式或其它形式的矿井灯具。

845-10-59

感应式灯具　induction luminaire

利用灯具的变压器部件的开式磁路来与电网进行连接的矿井灯具。

845-10-60

许可灯具　permissible luminaire

符合设计要求并经过试验可用在可能存在易爆的甲烷气体或煤粉尘的场合的矿井灯具。

845-10-61

本质安全灯具　intrinsically safe luminaire

因使用本质安全电子电路而具有安全性的矿井灯具。

845-10-62

矿车尾灯　paddy lamp; trip lamp (USA)

设计安装在一列车厢的尾部，发出红光并使用电池作为电源的便携式矿井灯具。

845-11　视频信号设备[1)]　visual signalling[1)]

1) 对铁路信号用术语，可参照国际铁路联合会(UIC)出版的《信号术语大全》。IEV821 章《铁路用信号及安全设备》尚在研究之中。

A　通用术语　general terms

845-11-01

视觉信号　visual signal

用于传递信息的可视现象。

845-11-02

光信号　light signal

由光源发出的可视信号。

注 1：该术语有时用于发射光信号的物体或装置，但对这种用法不作推荐(参见 845-11-05)。

注 2：德语中，术语"光信号"指的是刺激视觉感觉的信号；而术语"信号灯"指的是传递信号的可见辐射。

845-11-03

标志　sign

能用其所处位置、形状、颜色或图案以及有时用符号或字母数字来表示的可视信号装置。这种装置可采用内部照明。

注：法语中，术语"信号板"是特指含有视觉信号的面板。

845-11-04

矩阵标志　matrix sign

设计要求借助一系列基本信号来显示不同的信息的标志。对每个基本信号可单独实施照明，或在外形上进行改动。

845-11-05

信号灯　signal light

设计用于发射光信号的装置。

845-11-06

(导航)标志　(navigation) mark

借助其所处位置及其特殊的外形来提供导航信息的天然物体或人工物体。

845-11-07

浮标　beacon

1. 固定的人工导航标志。可装有信号灯。

2. 用来显示指定地理位置的信号灯。

注：法语中，术语“方位标”还指用来管制机动车辆或行人的交通的人工物体。

B　灯光的状态　appearance of a light

845-11-08

(灯光信号)特征　character (of a light signal); characteristic (of a light signal) (USA)

灯光信号用作识别标志或信息传递的那种特殊节奏和颜色(或几种颜色)。

845-11-09

固定灯光　fixed light

以恒定不变的发光强度和颜色向任一给定方向连续发出的信号灯光。

845-11-10

间歇灯光　rhythmic light

以固定的间歇频率向一给定的方向断续发出的信号灯光。

845-11-11

闪烁灯光　flashing light

每一灯光(闪烁)状态均具有相同的持续时间，并且在一个周期内亮灯总时间明显短于黑灯总时间的间歇灯光，但快速闪烁频率的灯光除外。

注：术语“漆黑”用于两个连续的亮灯状态间的黑灯间隔。

845-11-12

等相灯光　isophase light

所指定的亮灯与黑灯的全部时间均感觉相等的间歇灯光。

注：在法语和道路交通术语中，等相灯光也称为“闪光信号灯”。

845-11-13

隐显灯光　occulting light

每一黑灯(隐藏)间隔均具有相等的时间，并且，某一时段的亮灯总时间明显长于黑灯总时间的间歇灯光。

845-11-14

交变灯光　alternating light

以规律的重复顺序显示不同的颜色的信号灯光。

845-11-15

摆动灯光 reciprocating lights

能调整至交替发光的成对等相的灯光。

845-11-16

日光幻象 sun phantom

由太阳辐射照射到一信号灯上引起的杂光信号

845-11-17

微光(灯光的) **loom** (of a light)

可以从一束光线之外看到的,作为光在大气中散射的结果的漫射辉光。

845-11-18

有效强度(闪烁灯光的) **effective intensity** (of a flashing light)

其相对光谱分布与闪烁灯光相同,并且在同一观测条件下其发光范围(航空术语叫视觉范围)与闪烁灯光相同的固定灯光的发光强度。

注:在实际应用中,闪烁灯光的惯用的有效强度可按商定的方法从光度参数中计算得出。

C 能见度 visibility

845-11-19

大气透射率 atmospheric transmissivity

T

规定长度为 d_0 的光径上的大气的规则发光透射率。

注:德语中,术语“Transmissionsfaktor”和“Sichtwert”分别指 1 公里的长度和 1 海里的长度。

845-11-20

气象光学范围 meteorological optical range

V

使色温为 2 700K 的光源射出的平行光束的光通量衰减 95%所需要的大气中的光径长度。

注 1:已选出的衰减值使该术语能为常用概念“气象能见度”提供近似的计量方法,(气象)能见度系指在以地平线天空为背景的日光下能识别出尺寸适当的黑体所需要的最大距离。

注 2:气象光学范围 V 与大气透射率 T 有关,假定它们是均匀不变的,则由下述公式求出:

$$V=d_0\,\frac{\log 0.05}{\log T}\text{ 或 }T=0.05^{d_0/V}$$

式中 d_0 是 T 的定义中规定的长度。

这些公式有时可写成:

$$V=\frac{\log 0.05}{\log T}\text{或 }T=0.05^{1/V}$$

式中 V 是以 d_0 为“单位”测量气象光学范围 V 所测得的数值,T 是 T 的数值。

845-11-21

视觉对比阈值 visual contrast threshold

由给定物体在观测者眼睛上引起的并能使该物体在给定背景下能被察觉的最小反差。

注:对于气象观测,该物体必须是可辨认的,因此要求有较高的阈值。数值 0.05 已被采纳作为气象光学范围测量的基数。

845-11-22

Koschmieder 定律 Koschmieder's law

说明在给定观测距离 d 处,以天空为背景的物体的表面对比度 C_d 与其内在对比度 C_0 和大气透射率 T 的关系的定律,假定它们是均匀不变的,则

$$C_d = C_0 \cdot T^{d/d_0}$$

式中 d_0 是 T 的定义所规定的长度。

注 1：该公式有时写成：

$$C_d = C_0 \cdot T^d$$

d 是以 d_0 为“单位”测量 d 所得的数值。

注 2：考虑到 845-11-20 给定的 T 和气象光学范围 v 之间的关系，该定律也可写成：

$$C_d = C_0 \cdot 0.05^{d/v}$$

注 3：该对比度可理解为物体的亮度与其背景的亮度的差与该背景的亮度之比。

845-11-23

视觉范围　visual range

在大气透射率和视觉对比阈值所限定的范围内的任一特定情况下能识别出给定的物体的最大距离。

注 1：在航空术语中，该术语也用于信号灯的“发光范围”。

注 2：在航空术语中，机场的“跑道视觉范围”指的是从跑道中心线上方的给定高度能看见跑道表面标志，跑道中心线灯光或跑道边沿灯光的最大距离。

845-11-24

地理范围（物体或光源的）　**geographical range; geographic range**（**USA**）（of an obiect or a light source）

在理想能见度条件下能看到某一物体或某一光源的最大距离，它只受地球表面的弯曲度、大气的折射作用以及观测者、物体或光源的高度的限制。

845-11-25

点视觉　point vision

对明显微小光源的视觉形式，以这种视觉形式，只能由位于观测者眼睛处的该光源产生的照度决定发光感觉。

845-11-26

照度阈值　threshold of illuminance

视觉阈值（点视觉的）　**visual threshold**（in point vision）

在观测者眼睛处，以点视觉看到的光源所产生的最小照度（光点亮度），它能使该光源在具有给定亮度的背景下被察觉；要考虑到与眼睛处的入射光线相垂直的表面元素上的此种照度。

注：对于视觉信号，光源必须能被识别，因此，应该有较高的照度阈值。

845-11-27

Allard 定律　Allard's law

说明由其一光源在某一表面上产生的照度 E 与朝向该表面的该光源的发光强度 I，该表面和该光源之间的距离 d 以及大气透射系数 T 之间的关系的定律，假定大气透射系数是均匀不变的；该表面与光源方向垂直，并与视为点辐射源的该光源保持足够的距离：

$$E = \frac{I}{d^2} \cdot T^{d/d_0}$$

式中 d_0 是 T 的定义所规定的长度。

注 1：上述公式有时写成：

$$E = \frac{I}{d^2} \cdot T^d$$

式中 T^d 的指数 d 是以 d_0 为“单位”测得的距离 d 的数值。

注 2：考虑到 845-11-20 所述 T 和气象光学范围 V 之间的关系，该定律也可写成：

$$E = \frac{I}{d^2} \cdot 0.05^{d/v}$$

845-11-28

发光范围 luminous range

在任何特定情况下能识别出给定信号灯光的最大距离，该距离只受大气透射系数和观测者眼睛处的照度阈值的限制。

845-11-29

标称范围 nominal range

海上信号灯光在气象光学范围为 10 海里的均匀大气中的发光范围。

845-11-30

明显性 conspicuity

在周围环境中突出显眼的物体和光源的特性。

D 海上和水路交通及船舶用灯2) maritime and waterway traffic and lights on vessels2)

2) 国际灯塔管理协会(IALA)出版的《国际海上导航设备词典》第 2 章“光学仪器”中给出了某些相关的术语。

845-11-31

灯塔 lighthouse

建立在指定的地理位置，装有信号灯用来协助海上导航的塔式建筑物或构造坚固的建筑物或结构。

845-11-32

扇形灯光 sector light

设计要求使用不同的字母符号来显示视野中的指定扇形区域的信号灯光。

845-11-33

定向灯光 direction light

设计要求能在一狭窄扇形视野中显示一个字母信号并表示出特定方向的信号灯光。该信号灯光还可用不同的字母符号来显示朝向每一侧的扇形视野。

注：法语中，“定向灯光”指的是利用视野的一非常狭窄的区域来显示特定方向的定向灯光，该定向灯光必须显示出朝向每一侧的扇形视野。

845-11-34

方向标 leading marks

两个以上用来指示导航路线或航海方向的位置固定的标志，他们的方向可与视线方向垂直。

845-11-35

导航标灯 leading lights

两个以上位置固定的用来指示导航路线或航海方向的信号灯光，他们的方向可与视线的方向垂直。

845-11-36

灯船 light vessel; lightship

设计要求装有高发光强度的信号灯并停泊或锚定在指定的地理位置，用来协助导航海上的船。

845-11-37

浮标 buoy

浮动并被锚定的人工导航标志

845-11-38

照明浮标 lighted buoy

装有信号灯的浮标。

845-11-39

浮体船 float

船形浮标

845-11-40

横向标志 lateral mark

用来指示通航水路的航线的人工标志。

注：优先航道标志是一种在航道选择位置上用来指出优先航道的横向标志。

845-11-41

横向灯光 lateral light

用来指示通航水路的航线的人工信号灯光。

注：优先航道灯光是一种在航道选择位置上用来指出优先航道的横向灯光。

845-11-42

主标志 cardinal mark

参照罗盘的主要指针来指示通航水路的位置的人工标志。

845-11-43

主灯光 cardinal light

参照罗盘的主要指针，用来指示通航水路的位置的人工信号灯光。

845-11-44

导航灯(船舶的) **navigation light** (of a vessel)

安装在船上用来显示该船的存在和方位的信号灯，有时用它来显示该船的特定用途和操作性能。

845-11-45

桅杆顶灯 mast-head light

定位在船的纵向轴线的上方，设计要求能向船的前方和两侧发出固定白光的导航灯。

845-11-46

侧灯 sidelight

通常定位在船的侧面，设计要求能向船的纵向轴线的右舷发出固定绿光，或向船的纵向轴线的左舷而不是向后发出固定红光的导航灯。

845-11-47

船尾灯 stern light

定位在船的尾部，设计要求能向后方发出固定白光的导航灯。

E 空中交通及航空器用灯[3)] air traffic and lights on aircraft[3)]

3) 国际民航组织(ICAO)出版的《国际民航协定》的附录14"飞机场"中给出了某些相关的术语。

845-11-48

导航地灯 aeronautical ground light

安装在陆地或水上用来协助飞机导航的信号灯。

845-11-49

障碍(物信号)**灯 obstacle light; obstruction light** (deprecated in this sense)

用来向地面移动或空中飞行的飞机指示存在固定或活动的障碍物的航空地灯。

845-11-50

识别标志灯 identification beacon

能发出编码信号，显示指定地理位置的航空地灯

845-11-51

机场标志灯 aerodrome beacon

用来显示机场的位置的航空地灯。

845-11-52

条形灯光 barrette

间隔紧凑的航空地灯串，按照设计要求从远处观察，其呈现为一垂直于机场跑道中心线的短条形灯光。

845-11-53

跑道灯 runway lights

安装在机场跑道上(或机场跑道边上)用来显示飞机在跑道上着陆或起飞的预定位置的航空地灯。

注：跑道中心线灯和跑道边界灯分别显示跑道的中心线和边界。跑道起点灯和跑道终点灯分别显示飞机在跑道上着陆的预定开始位置和停止位置。跑道触地区域灯是安装在两排跑道边界灯之间，并与跑道中心线对称的成对条形灯光，用来显示飞机在跑道着陆时首先应接触的部分。

845-11-54

着陆指示照明系统 approach lighting system

安装在机场跑道起点的前面，设计要求能为准备在该跑道上着陆的飞机提供导向的航空地灯系统。

845-11-55

横向光带(由灯组成的) **cross bar** (of lights)

在着陆指示照明系统中与该系统和跑道的中心线相垂直并呈对称状态配置的灯串。

845-11-56

侧面光带 wing bar

在机场跑道边上跑道边界灯串的外侧安装的条形灯光。它可与跑道对边另一条形灯光成对称状态。

845-11-57

目视着陆斜度指示灯 visual approach slope indicator

设计用来为准备着陆的飞机显示正确的降落角度的航空地灯或灯光系统。

845-11-58

导航灯(飞机的) **navigation light** (of an aircraft)

安装在飞机上用来显示该飞机的存在和飞行状况的信号灯。

845-11-59

防撞灯 anti-collision light

安装在飞机上用来显示该飞机的存在的信号灯。

845-11-60

着陆灯 landing light

安装在飞机上，在其着陆或起飞时为其前方的地面提供照明的聚光灯。该聚光灯也可为准备着陆的飞机提供一非常明显的灯光。

845-11-61

滑行灯 taxiing light

安装在飞机上，飞机在地面上滑行时为其前方的地面提供照明的聚光灯。

F 道路交通及机动车辆用灯 road traffic and lights on vehicles

845-11-62

交通信号 traffic sign

向来往车辆和行人传递禁止、限制、要求或警告等信息的指定信号。

845-11-63

交通灯 traffic light

交通信号(不赞成使用该术语) **traffic signal** (deprecated)

用来控制交通的信号灯。

注:由红黄(浅黄)绿灯构成的三色装置通常用于机动车辆的交通管理。法语术语“三色灯”用于这种三色装置。

845-11-64

(交通)标柱 (traffic) bollard

用来指出障碍物或管理交通的柱子。它可采用内部照明,并可装有受控交通标志。

845-11-65

标志杆 marker post

竖立安装在车行道边缘用来指出障碍物或车行道边缘线的柱子。它可以装有反光镜。

845-11-66

界标 delineator (**USA**)

用来指出车行道的边缘线的一系列标志杆。

845-11-67

道路标志 road marking

涂写在道路的表面用来对机动车辆和行人进行交通管理或传递交通信息的标志。线条图形、符号或字母数字。道路标志可含有反光材料。

845-11-68

地面路标 road stud;raised pavement marker (**USA**)

作为道路标志固定在道路表面并稍微凸出于该表面的微小装置。它可装有反光镜。

845-11-69

前灯 headlight;headlamp

安装在机动车上为其前方道路或现场提供照明的聚光灯。

845-11-70

远光灯 main-beam headlight*;high-beam headlight* (**USA**)

设计安装在机动车上为其前方相当长的一段距离提供较强照明的前灯。

845-11-71

近光灯 dipped-beam headlight*;low-beam headlight* (**USA**)

设计安装在机动车上,在车的前方提供不对行人产生过度强光照明的前灯。

注:845-11-70 和 845-11-71 所定义的两种前灯通常安装在一单独的照明装置中。

845-11-72

前雾灯 front fog light*

安装在机动车上在能见度极低的情况下为其前方道路提供照明的聚光灯,通常该聚光灯应安装在能降低对司机的散射发光量的位置上。

845-11-73

前示宽灯 front position light*

安装在机动车上向前方显示该车的存在的信号灯。该灯也可与另一只同样的灯配对安装在一起来显示车的宽度。

845-11-74

后示宽灯 rear position light*;tail light*

安装在机动车上,向后方显示该车的存在的信号灯,该灯也可与配对安装的另一只同样的灯一起来显示车的宽度。

注:术语“侧灯”(英国)和“侧面标志灯”(美国)通常用于成对前置灯。

845-11-75

停车灯　parking light*

安装在机动车上用来显示该车已停在停车场的信号灯。

注：前置灯或后置灯有时可分别用作前置停车灯或后置停车灯。

845-11-76

后雾灯　rear fog light*

安装在机动车上在能见度极低的情况下向车后方显示该车的存在的信号灯。该种灯是对后置灯的补充。

845-11-77

倒车灯　reversing light*；backup light*(USA)

安装在机动车上，向后方显示该车准备或正在向后移动的信号灯。按设计要求该灯也可为车后方的道路提供照明。

845-11-78

刹车灯　brake light*；stop light*

安装在机动车上，向后方显示该车正在减速刹车的信号灯。

845-11-79

方向指示灯　direction indicator light*；turn-signal light*(USA)

安装在机动车上，用来显示该车准备或正在向左或向右移动的成套信号灯。

845-11-80

示警灯(机动车的)　**hazard warning signal** (on a vehicle)

通过使车上全部方向指示灯同时点亮而形成的灯光信号，用来显示该车对其它正在行驶的车辆已构成特殊危险。

845-11-81

号码牌灯　number-plate light*

后注册牌灯　rear registration-plate light*

牌照灯　licenceplate light*(USA)

安装在机动车上为该车尾部的号码牌或注册牌或牌照提供照明的灯光装置。

845-11-82

(轮廓)标志灯　(outline) marker light*

安装在机动车上用来显示该车的特殊长度或尺寸的信号灯。

* 在此术语中，有时用 lamp 代替 light。

量的名称及单位用字符和符号表示法

1. 参数

· 此条目号所示注释中的符号。

2. 单位

A 安培

℃ 摄氏(温)度

cd 坎德拉

Hz 赫兹

h (小)时

J 焦耳

K 开尔文

kg 千克

lm 流明

lx 勒克斯

m 米

Pa 帕斯卡

rad 弧度

s 秒

sr 球面度

Td 托兰

V 伏特

W 瓦特

° (角)度

中 文 索 引

D

T

W

英 文 索 引

A

C

D

E

F

M

N

O

P

T

U

V

W

Y

Z

·此条目号所示注释中的术语。

ICS 01.040.29
K 04

中华人民共和国国家标准

GB/T 2900.66—2004/IEC 60050-521:2002

电工术语
半导体器件和集成电路

Electrotechnical terminology—
Semiconductor devices and integrated circuits

(IEC 60050-521:2002,International electrotechnical vocabulary—
Part 521:Semiconductor devices and integrated circuits,IDT)

2004-05-10 发布 2004-12-01 实施

中华人民共和国国家质量监督检验检疫总局
中国国家标准化管理委员会 发布

前 言

GB/T 2900 的本部分等同采用 IEC 60050-521:2002《国际电工词汇 第 521 部分:半导体器件和集成电路》。

本部分等同翻译 IEC 60050-521:2002。

为了便于使用,本部分做了下列编辑性修改:

"本国际标准"一词改为"本部分";

删除国际标准的前言和说明。

本标准中术语编号与 IEC 60050-808:2002 保持一致。

本标准由全国电工术语标准化技术委员会提出。

本标准由全国电工术语标准化技术委员会归口。

本标准起草单位:中国电子技术标准化研究所(CESI)、机械科学研究院。

本标准主要起草人:赵英、顾振球、杨芙、罗发明、刘春勋、陈裕焜。

电工术语　半导体器件和集成电路

1　范围

GB/T 2900 的本部分界定了半导体技术、半导体设计和半导体类型的通用术语。

2　规范性引用文件

IEC 60050-151:2001,国际电工词汇　第 151 部分:电的和磁的器件

3　术语和定义

3.1　原子物理术语

521-01-01

非量子化系统(粒子的)　**non-quantized system** (of particles)

粒子的能量能够连续变化,且在某一瞬间由粒子的位置和速度确定的微观状态的数目不受限制的粒子系统。

521-01-02

量子化系统(粒子的)　**quantized system**(of particles)

粒子能量只能取分立值的粒子系统。

521-01-03

麦克斯韦-玻尔兹曼统计　**Maxwell-Boltzmann statistics**

在非量子化系统中由有限小体积的位置、速度或能量平均值确定的该系统宏观态的概率分布。

521-01-04

玻尔兹曼关系　**Boltzmann relation**

说明以下内容的关系式:除一个可附加的常数外,粒子系统的熵等于宏观态概率的自然对数和玻尔兹曼常数的乘积。

521-01-05

麦克斯韦-玻尔兹曼速度分布律　**Maxwell-Boltzmann velocity-distribution law**

给出非量子化系统中,速度分量分别处于间隔$(u,u+\mathrm{d}u)$,$(v,v+\mathrm{d}v)$,$(w,w+\mathrm{d}w)$中的粒子数 $\mathrm{d}N$ 的代数式:

$$\mathrm{d}N = A \cdot \exp\left[\frac{-m(u^2+v^2+w^2)}{2kT}\right]\mathrm{d}u \cdot \mathrm{d}v \cdot \mathrm{d}w$$

$$A = N\left[\frac{m}{(2\pi \cdot kT)}\right]^{3/2}$$

式中:

N——粒子的总数;

m——粒子的质量;

T——热力学温度;

k——玻尔兹曼常数。

注:$\mathrm{d}N/N$ 代表一个粒子的速度分量处于所考虑间隔内的概率。

521-01-06

玻尔原子　**Bohr atom**

基于玻尔和索末菲(sommerfeld)概念的原子模型,原子中的电子以分立的圆形或椭圆形轨道围绕

原子核运动。

注：与原子的每一自由度对应一系列能态，它们确定原子发射的光谱系。

521-01-07

量子数（给定原子中电子的） **quantum number**（of an electron in a given atom）

每一个表征给定原子中电子自由度的数。

——主量子数 n；

——轨道量子数 l；

——自旋量子数 s；

——总角动量量子数 j。

521-01-08

主量子数 **principal quantum number ；first quantum number**

n

表征一个原子中电子能级主要变化的正整数。

注：按照玻尔原子模型，可认为主量子数表征电子轨道的大小。

521-01-09

轨道量子数 **orbital quantum number ；second quantum number**

l

能够取 0 到 $n-1$ 全部正整数的量子数，n 为主量子数。

注：按照玻尔原子模型，可认为轨道量子数表征电子在其轨道上围绕原子核运动的角动量。

521-01-10

自旋[**量子数**] **spin**（**quantum number** ）

当把电子看成是围绕自身轴旋转的带电小球时，给出电子角动量的量子数。

注：自旋量子数可取：+1/2 或 -1/2。

521-01-11

总角动量量子数 **total angular momentum quantum number**

j

表征电子因沿其轨道运动和绕其自身轴旋转而产生的合成磁场的量子数。

注：量子数 j 的值构成一组整数和半整数。

521-01-12

能级（粒子的） **energy level**（of particles）

与物理系统的量子状态相关联的能量。

521-01-13

能级图 **energy-level diagram**

用水平线表示量子化系统中粒子能级的一种图，其纵坐标为这些粒子的能量。

521-01-14

泡利-费米不相容原理 **Pauli-Fermi exclusion principle**

泡利原理 **Pauli principle**

量子化系统中每一能级只能容纳 0，1 或 2 个粒子的原理。

注：在一个能级有 2 个电子的情况下，自旋取相反的符号。

521-01-15

费米-狄拉克统计 **Fermi-Dirac statistics**

费米统计 **Fermi statistics**

只有分立能级且遵从泡利—费米不相容原理的粒子量子化系统的一组宏观状态的概率。

521-01-16

费米-狄拉克函数　Fermi-Dirac function

遵从费米统计的粒子占据允许能级(E)的概率的函数 $P(E)$

$$P(E)=\frac{1}{1+\exp\left(\frac{E-E_{\mathrm{F}}}{kT}\right)}$$

式中：

k——玻尔兹曼常数；

T——热力学温度；

E_{F}——费米能级。

能级是量子化的，它可容纳 0，1 或 2 个电子。

521-01-17

费米能级　Fermi-level

温度为绝对零度时，将固体中占有态与未占有态分开的能级。

注：当占有态和未占有态由禁带分开时，费米能级指定为禁带的中心。

521-01-18

孤电子　lone electron

单独存在于一个能级上的电子。

521-01-19

费米-狄拉克-索末菲速度分布律　Fermi-Dirac Sommerfeld velocity distribution law

给出平衡的量子化系统中速度分量分别处于间隔($u,u+\mathrm{d}u$)、($v,v+\mathrm{d}v$)、($w,w+\mathrm{d}w$)内的粒子数 $\mathrm{d}N$ 的代数式：

$$\mathrm{d}N=2N\cdot\frac{m^3}{h^3}\cdot\frac{\mathrm{d}u\cdot\mathrm{d}v\cdot\mathrm{d}w}{1+\exp\left(\frac{E-E_{\mathrm{m}}}{kT}\right)}$$

式中：

N——粒子的总数；

m——粒子的质量；

T——热力学温度；

k——玻尔兹曼常数；

h——普朗克常数；

E——粒子的动能，$E=\frac{m}{2}(u^2+v^2+w^2)$；

E_{m}——内逸出功；

$\mathrm{d}N/N$——一个粒子的速度分量处于所考虑间隔内的概率。

521-01-20

光电效应　photoelectric effect

因吸收光子而产生的电现象。

521-01-21

光生伏打效应　photovoltaic effect

光伏效应

因吸收光子而产生电动势的光电效应。

521-01-22

光电导效应　photoconductive effect

以改变电导率为其特征的光电效应。

521-01-23

光磁电效应　photoelectromagnetic effect

在受到磁场和电磁辐射作用的半导体中产生电场的现象，该电场垂直于磁场及由光电效应所产生并在半导体中扩散的载流子流。

3.2　半导体材料特性

521-02-01

半导体　semiconductor

两种载流子引起的总电导率通常在导体和绝缘体之间的一种材料，这种材料中的载流子浓度随外部条件改变而变化。

521-02-02

单元素半导体　single-element semiconductor

在纯净状态下，由单一元素组成的半导体。

521-02-03

化合物半导体　compound semiconductor

在纯净状态下，由几种元素组成的半导体，各元素的比例关系接近于它们的化学配比。

521-02-04

杂质　impurity

单元素半导体中的其他元素的原子；化合物半导体中的其他元素的原子或与化合物半导体晶体理想配比成分相比多出或缺少的原子。

521-02-05

杂质激活能　impurity activation energy

由杂质引起的中间能级与相邻能带之间的间隙。

521-02-06

离子半导体　ionic semiconductor

由离子流动引起的电导率大于电子和空穴的运动引起的电导率的一种半导体。

521-02-07

本征半导体　intrinsic semiconductor

近于纯净理想的半导体，在热平衡条件下，其传导电子浓度与空穴浓度近于相等。

521-02-08

非本征半导体　extrinsic semiconductor

载流子浓度取决于杂质或其他缺陷的一种半导体。

521-02-09

N 型半导体　N-type semiconductor

传导电子浓度超过空穴浓度的一种非本征半导体。

521-02-10

P 型半导体　P-type semiconductor

空穴浓度超过传导电子浓度的一种非本征半导体。

521-02-11

补偿半导体　compensated semiconductor

一种导电类型的杂质对载流子浓度的影响部分地或完全地抵消另一种导电类型杂质影响的半

导体。

521-02-12

非简并半导体　non-degenerate semiconductor

位于能隙中的费米能级离上下能带边界的距离至少为玻尔兹曼常数和热力学温度乘积两倍的一种半导体。

注：在非简并半导体中载流子遵从麦克斯韦-玻尔兹曼统计。

521-02-13

简并半导体　degenerate semiconductor

费米能级位于导带中或价带中或者其中一个能带的距离都小于玻尔兹曼常数和热力学温度乘积两倍的一种半导体。

注：简并半导体的载流子服从费米-狄拉克统计。

521-02-14

传导电子　conduction electron

在电场作用下半导体导带中能自由移动的电子。

521-02-15

传导电流　conduction current

在外电场的作用下，自由载流子在介质中的定向运动形成的电流。

521-02-16

导体　conductor

含有受电场作用能够移动的自由载流子的物质。

521-02-17

空穴　hole

满带中的空位，在电场作用下可视为基本正电荷一样移动。

521-02-18

空穴导电　hole conduction

在半导体中，空穴因电场作用在晶格中传输而形成的导电。

521-02-19

电子导电　electron conduction

在半导体中，传导电子因电场作用在晶格中传输而形成的导电。

521-02-20

本征导电　intrinsic conduction

在半导体中，热激发产生的载流子对生成的空穴和传导电子运动引起的导电。

521-02-21

离子导电　ionic conduction

因外部能量连续作用而使离子位移，从而使电荷作定向运动而形成的导电。

521-02-22

导带　conduction band

被电子部分占据的允带，其中的电子在外电场作用下可以自由运动。

521-02-23

价带　valence band

被价电子占据的允带。

注1：理想晶体的价带在绝对零度时被完全占满。

注2：从价带激发的电子在价带中产生导电空穴并在导带中产生传导电子。

521-02-24

能隙　energy gap

导带的下边界和价带的上边界之间的能量间距。

521-02-25

能带　energy band

布洛赫带　Bloch band

物质中几乎连续的能级组。

521-02-26

能带(半导体中)　**energy band**(in a semiconductor)

在半导体中由能量的最大值和最小值限定的电子能级的范围。

521-02-27

部分占据带　partially occupied band

能带中的能级没有全部被自旋相反的两个电子中任一个电子所占据的能带。

521-02-28

激发带　excitation band

具有对应于物质中电子的可能激发态的能级的能带。

521-02-29

允带　permitted band

每一个能级都可被电子占据的能带。

521-02-30

禁带　forbidden band

不能被电子占据的能带。

521-02-31

绝缘物　insulant

在这种物质中价带为满带,价带与第一激发带(导带)之间的禁带相当宽,以至电子从价带激发到导带所需的能量足以使该物质击穿。

521-02-32

满带　filled band

在绝对零度下,所有能级都被电子占据的允带。

521-02-33

空带　empty band

在绝对零度下,能级没有被电子占据的允带。

521-02-34

表面带　surface band

由晶体的表面能级所形成的一种允带。

521-02-35

局部能级　local level

在低缺陷密度的情况下,由晶格缺陷引起的位于禁带中的能级。

521-02-36

杂质能级　impurity level

由杂质引起的一种局部能级。

521-02-37

杂质带　impurity band

由一种类型的杂质能级组成的全部或一部分位于禁带中的能带。

521-02-38

施主　donor

在晶格中数量占优势的并以贡献出电子的方式形成电子导电的一种缺陷。

521-02-39

受主　acceptor

在晶格中数量占优势的并以接收电子的方式形成空穴导电的一种缺陷。

521-02-40

施主能级　donor level

在非本征半导体中，靠近导带的中间杂质能级。

注：在绝对零度时，施主能级处于被填满的状态；在其他温度下，它能向导带提供电子。施主能级能够形成狭窄的杂质能带。

521-02-41

受主能级　acceptor level

在非本征半导体中，靠近价带的中间杂质能级。

注：在绝对零度时，受主能级是空的；在其他温度下，它能从价带俘获电子。受主能级能够形成狭窄的杂质能带。

521-02-42

表面能级　surface level

由晶体表面存在的杂质或其他缺陷而引起的局部能级。

521-02-43

施主电离能　ionizing energy of donor

位于施主能级上的一个电子跃迁到导带上所需的最小能量。

521-02-44

受主电离能　ionizing energy of acceptor

价带上的一个电子跃迁到受主能级上所需的最小能量。

521-02-45

理想晶体　ideal crystal

结构是完整周期性的不包含杂质或其他缺陷的晶体。

521-02-46

理想配比成分　stochiometric composition

化合物中各元素的化学成分完全符合化学分子式代表的比例。

521-02-47

缺陷(晶格的)　imperfection(of a crystal lattice)

与理想晶体在结构上的偏离。

521-02-48

本征电导率　intrinsic conductivity

本征半导体的电导率。

521-02-49

N 型电导率　N-type conductivity

施主提供的电子的移动引起的电导率。

521-02-50

P 型电导率　P-type conductivity

受主提供的空穴的移动引起的电导率。

521-02-51

载流子(半导体中) **charge carrier**(in a semiconductor)

半导体内的传导电子、空穴或离子。

521-02-52

多[数载流]子(半导体中) **majority carrier** (in a semiconductor region)

浓度超过载流子总浓度一半的载流子。

521-02-53

少[数载流]子(半导体中) **minority carrier** (in a semiconductor region)

浓度低于载流子总浓度一半的载流子。

521-02-54

过剩载流子 **excess carrier**

超过热力学平衡状态时载流子数目的传导电子或空穴。

521-02-55

电导率调制(半导体的) **conductivity modulation**(of a semiconductor)

由于注入过剩载流子或抽出载流子而引起的电导率的变化。

521-02-56

表面复合速度 **surface recombination velocity**

漂移到半导体表面的少数载流子复合而消失的速度。

注：表面复合速度等于单位时间和单位表面面积发生的复合数除以紧靠表面下方的过剩少数载流子浓度之商。

521-02-57

体寿命(少数载流子的) **bulk lifetime** (of minority carriers)

在均匀半导体的体内，过剩少数载流子浓度因复合而减少到其初始值的 $1/e$ 时所需的时间。

521-02-58

[漂移]迁移率(载流子的) **(drift)mobility**(of a charge carrier)

在电场方向上载流子平均速度的值除以电场强度的值所得的商。

521-02-59

扩散(半导体中) **diffusion**(in a semiconductor)

只由浓度梯度所引起的粒子运动。

521-02-60

扩散长度(少数载流子的) **diffusion length**(of minority carriers)

当少数载流子在均匀半导体中扩散时，它们的浓度减少到其初始值的 $1/e$ 所经过的距离。

521-02-61

扩散常数(载流子的) **diffusion constant**(of charge carriers)

扩散流密度除以载流子浓度梯度所得的商。

521-02-62

载流子贮存(半导体中) **charge carrier storage**(in a semiconductor)

与零偏压平衡条件下的值相比，载流子浓度的局部增长。

521-02-63

陷阱 **trap**

在半导体禁带中，由晶格缺陷或杂质形成的能级，这些能级作为电子或空穴的俘获中心。

521-02-64

复合中心 **recombination centre**

在半导体禁带中，由晶格缺陷或杂质形成的能级，这些能级能使传导电子和空穴复合。

521-02-65

PN 界面　PN boundary

P 型与 N 型材料过渡区的交界面，在这个界面上施主和受主浓度相等。

521-02-66

过渡区　transition region

在两个均匀半导体区之间的区域，在这个区域中电性能是变化的。

注：两个均匀区不一定都是相同的半导体材料。

521-02-67

杂质浓度过渡区　impurity concentration transition zone

杂质浓度从一个数值变到另一个数值的区域。

521-02-68

中性区　neutral region

电子和离化的受主原子的负电荷与空穴和离化的施主原子的正电荷相平衡而实际上呈电中性的区域。

521-02-69

势垒　potential barrier

在两种互相接触的材料之间或者在具有不同电性质的两个均匀区域之间，由于双方载流子的扩散形成空间电荷区而产生的电势差。

521-02-70

势垒(PN 结的)　**potential barrier**(of a PN junction)

分别位于 P 型中性区和 N 型中性区中的两点之间的电势差。

521-02-71

肖特基势垒　Schottky barrier

当金属与半导体接触时，在半导体表面形成的具有整流势垒作用的过渡区，其特征是具有阻挡载流子从一个区域移动到另一个区域的势垒。

521-02-72

结　junction

不同电特性的半导体区域或半导体和其他类型的层之间的过渡区。

521-02-73

突变结　abrupt junction

在杂质浓度梯度方向上结的宽度远小于空间电荷区宽度的结。

521-02-74

缓变结　progressive junction

在杂质浓度梯度的方向上结的宽度与空间电荷区宽度差不多的结。

521-02-75

合金结　alloyed junction

用一种或多种材料与半导体晶体合金形成的结。

521-02-76

扩散结　diffused junction

在半导体晶体内用杂质扩散形成的结。

521-02-77

生长结　grown junction

半导体晶体从熔融液中生长时形成的结。

521-02-78

PN 结　PN junction

P 型和 N 型半导体材料之间的结。

521-02-79

空间电荷区　space charge region

净电荷浓度不为零的区域。

注：净电荷是由电子、空穴、离化的受主和施主形成的。

521-02-80

空间电荷区(PN 结的)　**space charge region**(of a PN junction)

夹在中性 P 型区和中性 N 型区之间的空间电荷区。

521-02-81

内建电场　internal electric field

由半导体内部的空间电荷所产生的电场。

521-02-82

耗尽层(半导体的)　**depletion layer**(of a semiconductor)

可动载流子浓度在数量上不足以完全中和由固定的离化施主和离化受主形成的净电荷浓度的区域。

521-02-83

隧道效应(PN 结的)　**tunnel effect**(in a PN junction)

电子在半导体 PN 结 N 区的导带与 P 区的价带之间的任何方向上通过，引起的 PN 结势垒的导电现象。

注：隧道作用不同于载流子的扩散，它只包括电子，在所有的实际应用中，渡越时间实际上可以忽略不计。

521-02-84

磁[电]阻效应　magnetoresistive effect

因磁场而使半导体或导体电阻发生变化的现象。

521-02-85

压阻效应　piezoresistive effect；tensoresistive effect

因机械应力而使半导体或导体电阻发生变化的现象。

3.3　半导体材料工艺

521-03-01

直拉生长(单晶的)　**growing by pulling**(of a single crystal)

切克劳斯基法生长　growing by Czechralskis method

从熔体中逐渐提拉生长晶体来制备单晶。

521-03-02

区熔生长(单晶的)　**growing by zone melting** (of a single crystal)

使熔区首先通过单晶的籽晶部分，然后通过与籽晶紧靠在一起的多晶半导体材料，借助于单晶体的籽晶来制备单晶。

521-03-03

区熔提纯　zone refining

让一个或多个熔区通过半导体晶体，用以减少晶体中的杂质浓度。

521-03-04

区熔夷平　zone levelling

让一个或多个熔区通过半导体晶体，使晶体中杂质均匀分布。

521-03-05

掺杂(半导体的)　**doping**(of a semiconductor)

将杂质加入半导体中,以获得所需要的N型电导率或P型电导率。

521-03-06

杂质补偿　impurity compensation

将施主杂质加入P型半导体或将受主杂质加入N型半导体,从而导致部分补偿、均衡补偿或过补偿。

521-03-07

合金工艺　alloy technique

将施主或受主材料熔进半导体晶体表面来形成PN结。

注1:在冷却过程中形成的再结晶区域中包含能生成与原质晶体不同的N型或P型电导率的杂质原子。

注2:通常在原质晶体两对边用合金法来形成PNP或NPN结构。

521-03-08

扩散工艺　diffusion technique

将杂质原子扩散到半导体晶体中,在该晶体中形成P型或N型电导率区域。

521-03-09

平面工艺　planar technique

通过半导体晶体表面保护层的小孔进行扩散,在该晶体中形成P型或N型区域,或者同时形成这两种区域。

521-03-10

微合金工艺　micro-alloy technique

利用电镀工艺将受主或施主材料淀积在小凹槽中,然后合金形成小PN结。

521-03-11

台面工艺　mesa technique

通过连续杂质扩散或合金,并将台面周围的材料腐蚀掉,形成一台式的结。

521-03-12

外延　epitaxy

在衬底上沉积一层与衬底有相同的结晶方向的半导体材料。

521-03-13

表面钝化　surface passivation

P型区、N型区或两者都形成以后,在半导体表面涂敷或生长一层保护膜。

521-03-14

离子注入　ion implantation

将被加速的离子注入到半导体晶体中,在该晶体中形成P型、N型或本征电导率区域。

521-03-15

汽相淀积工艺　vapour-phase deposition technique

采用物理淀积或化学反应的方法使汽相源材料淀积在固体衬底上形成导电的、绝缘的或半导体膜。

521-03-16

丝网印刷工艺　screen-printing technique

通过丝网印压浆料将导电膜、绝缘膜或半导体膜淀积到固体基片上。

521-03-17

溅射　sputtering

采用离子轰击或其他能量将粒子从固态源中释放出来并淀积在附近表面上的一种形成薄膜的工艺。

3.4 半导体器件类型

521-04-01

半导体器件 semiconductor device

其基本特性是由在半导体中的载流子流动所决定的器件 。

注：该定义包括基本特性仅部分地由于载流子在半导体中流动产生的器件,从规范的角度考虑这些器件仍被认为是半导体器件。

521-04-02

[半导体]分立器件 discrete(semiconductor)device

被规定完成某种基本功能,并且其本身在功能上不能再细分的半导体器件。

注：在分立器件和集成电路之间不可能有清楚的界限。原则上,分立器件仅由单一的电路元件组成。然而,当作分立器件出售和规范时器件内部可由多于一个电路元件组成。

521-04-03

[半导体]二极管 (semiconductor) diode

具有非对称的电压电流特性的两引出端半导体器件。

注：除非另有说明,此术语通常表示具有典型单一 PN 结电压—电流特性的器件。

521-04-04

信号二极管 signal diode

用于从随时间变化的模拟或数字的电信号中提取和处理信息的半导体二极管。

521-04-05

隧道二极管 tunnel diode

由具有隧道效应的 PN 结构成的半导体二极管,隧道效应在正向电流电压特性的特定区域内呈现负的微分电导。

521-04-06

反向二极管 unitunnel diode;backward diode

峰点和谷点电流几乎相等的一种隧道二极管。

521-04-07

变容二极管 variable-capacitance diode

端电容在反向偏置时以某种确定的方式随所加电压变化而变化的半导体二极管,它的应用基于这种特殊的电容电压关系特性。

521-04-08

混频二极管 mixer diode

借助本机振荡器将射频信号变换成中频信号的半导体二极管。

521-04-09

倍频二极管 frequency-multiplication diode

设计用于信号频率倍增的半导体二极管。

521-04-10

调制二极管 modulator diode

设计用于调制的半导体二极管。

521-04-11

检波二极管 detector diode

设计用于解调的半导体二极管。

521-04-12

阶跃恢复二极管 snap-off diode;step recovery diode

在正向偏置下存储电荷,在随后的反向偏置下以突变方式恢复,从而引起它的端阻抗突变的半导体二极管。

521-04-13

开关二极管　switching diode

一种半导体二极管,根据所加电压的极性,该二极管呈现高阻抗态到低阻态的快速变化,反之一样。

521-04-14

微波开关二极管　microwave switching diode

根据加到二极管上直流偏置电压或电流,可呈现高阻抗态到低阻抗态的快速变化(反之也一样)的半导体二极管,该二极管在微波频率下分别呈现高阻抗或低阻抗,这使得它能通过或切断微波信号。

521-04-15

微波限幅二极管　microwave limiting diode

根据加到二极管上射频功率电平的大小,可呈现高阻抗态到低阻抗态的快速变化(反之也一样)的半导体二极管,该二极管在微波频率下分别呈现高阻抗或低阻抗,这使得它能限制或抑制多余的微波能量。

521-04-16

电压基准二极管　voltage-reference diode

在某规定的偏置电流范围内工作时,两端呈现规定准确度的基准电压的半导体二极管。

521-04-17

电压调整二极管　voltage-regulator diode

在规定的电流范围内,两端呈现基本恒定的电压的半导体二极管。

521-04-18

电流调整二极管　current-regulator diode

在规定的电压范围内,限制电流在某一基本恒定的值的半导体二极管。

521-04-19

[半导体]整流二极管　(semiconductor)rectifier diode

设计为用于整流的一种半导体二极管,也可包括与之一体的相关的安装和冷却附件(如有时)。

521-04-20

雪崩整流二极管　avalanche rectifier diode

具有确定的最小击穿电压特性的一种半导体整流二极管,在其反向特性击穿范围内,它能消耗一定时间内的功率浪涌。

521-04-21

半导体整流堆　(semiconductor)rectifier stack

包含多个带有相关安装件的整流二极管的一种整体结构,还包括与之相连的冷却附件、电或机械的连接件(如有时)。

521-04-22

热敏电阻器　thermistor

具有很大非线性(通常为负)阻抗温度系数的电阻器。

521-04-23

半导体温差电器件　semiconductor thermoelement

基于基贝克或帕尔帖效应的半导体器件,它用于热能和电能间的直接转化。

521-04-24

霍尔效应器件　Hall effect device

利用霍尔效应的一种半导体器件。

521-04-25

霍尔调制器　Hall modulator

专门设计用于调制的霍尔效应器件。

521-04-26

霍尔发生器　Hall generator

带引线的霍尔板，以及封装盒和铁或非铁类垫板组成的装置。

521-04-27

霍尔乘法器　Hall multiplier

含一个霍尔发生器和可用做磁感应强度源的线圈的霍尔效应器件，其输出特性与控制电流和磁场激励电流乘积成正比。

521-04-28

霍尔探头　Hall probe

霍尔效应磁强计　Hall effect magnetometer

设计用于测量磁感应强度的霍尔效应器件。

521-04-29

磁[电]阻器　magnetoresistor

一种利用电阻对磁感应强度依赖关系的半导体或导体器件。

521-04-30

科尔比诺圆盘　Corbin disc

一种圆盘形磁致电阻器，它的两个电极中一个在圆片的几何中心导电区，一个在圆盘外部。

521-04-31

光电子器件　optoelectronic device

发射、响应光辐射，或内部工作机理利用光辐射，或完成这些功能组合的一种半导体器件。

521-04-32

光电二极管　photodiode

在结和它相邻区域或在半导体金属的接触处，电磁辐射产生电阻或电压变化的一种光电子器件。

521-04-33

光电导电池　photoconductive cell

利用光电导效应的器件。

521-04-34

光生伏打电池　photovoltaic cell

光伏电池

利用光伏效应的器件。

521-04-35

光发射器件　photoemitter

直接将电能转化成光辐射能的一种光电子器件。

521-04-36

光电子显示器件　optoelectronic display

设计用于显示可见信息的一种半导体光电发射器件。

521-04-37

激光二极管　laser diode

当激励电流大于阈值时，传导电子和空穴复合产生受激发射而发射相干光的一种半导体二极管。

注：激光二极管以耦合或非耦合的形式(例如透镜、尾纤)安装在载体上或封装上。

521-04-38

激光二极管模块　laser-diode module

含有激光二极管及输出光功率的自动光控装置和(或)热稳定装置的一种模块。

521-04-39

发光二极管　light-emitting diode

LED(缩写词);**LED**(abbreviation)

当被电流激发时通过传导电子和光子的再复合产生受激辐射而发出非相干光的一种半导体二极管。

521-04-40

红外发光二极管　infrared-emitting diode

能发射红外光的一种发光二极管。

521-04-41

[半导体]光敏器件　(semiconductor) photosensitive device

能响应光辐射的一种光电子器件。

521-04-42

[半导体]光电探测器　(semiconductor) photoelectric detector

利用光电效应探测光辐射的一种半导体光敏器件。

521-04-43

光敏电阻器　photoresistor

利用吸收光辐射改变电导率的一种半导体光敏器件。

521-04-44

雪崩光电二极管　avalanche photodiode

工作于反向偏置的一种光电二极管,使初始光电流在该二极管内得到放大。

521-04-45

光电耦合器　photocoupler;optocoupler

利用光辐射传输电信号,使输入和输出之间实现电隔离耦合的一种半导体光电器件。

521-04-46

晶体管　transistor

它能够提供电功率放大并具有三个或更多电极的一种半导体器件。

521-04-47

双极[结型]晶体管　bipolar junction transistor

至少具有两个结,其功能依赖于多数载流子和少数载流子的一种晶体管。

521-04-48

单极晶体管　unipolar transistor

主要依靠单一极性载流子来实现功能的一种晶体管。

521-04-49

双向晶体管　bi-directional transistor

当通常指定为发射极和集电极的引出端互换时,具有基本相同的电特性的晶体管。

521-04-50

四极晶体管　tetrode transistor

通常具有两个单独的基区电极和两个基区引出端的普通结型的四电极晶体管。

521-04-51

光电晶体管　phototransistor

以它的发射极结附近因光电效应产生的电流作为基极电流，并可被放大的一种晶体管。

521-04-52

场效应晶体管　field-effect transistor

其流过导电沟道的电流受施加在栅源引出端间的电压产生的电场所控制的一种晶体管。

521-04-53

结栅场效应晶体管　junction-gate field-effect transistor

具有一个或多个与沟道形成PN结的栅区的一种场效应晶体管。

521-04-54

绝缘栅场效应晶体管　insulated-gate field-effect transistor

具有一个或多个与沟道电绝缘的栅极的一种场效应晶体管。

521-04-55

金属氧化物半导体场效应晶体管　metal-oxide-semiconductor field-effect transistor

MOSFET(缩写词)；**MOSFET**(abbreviation)

每个栅极和沟道之间的绝缘层是氧化物材料的一种绝缘栅场效应晶体管。

521-04-56

N沟道场效应晶体管　N-channel field-effect transistor

具有N型导电沟道的一种场效应晶体管。

521-04-57

P沟道场效应晶体管　P-channel field-effect transistor

具有P型导电沟道的一种场效应晶体管。

521-04-58

耗尽型场效应晶体管　depletion type field-effect transistor

在零栅源电压下具有较大的沟道电导率，根据所加的栅源电压的极性，其沟道电导率可以增加或减少的一种场效应晶体管。

521-04-59

增强型场效应晶体管　enhancement type field-effect transistor

在零栅源电压下沟道电导率几乎为零，当施加适当极性的栅源电压，其沟道电导率可以增加的一种场效应晶体管。

521-04-60

金属-半导体场效应晶体管　metal-semiconductor-field-effect transistor

MESFET(缩写词)；**MESFET**(abbreviation)

有与沟道形成肖特基势垒的一个或多个栅极的一种场效应晶体管。

521-04-61

闸流晶体管　thyristor

晶闸管

一种双稳态半导体器件，它具有三个或更多的结并能从断态切换至通态，反之也一样。

注：仅有三层但具有类似四层闸流晶体管开关特性的器件也可以叫作闸流晶体管。

521-04-62

反向阻断二极闸流晶体管　reverse blocking diode thyristor

反向阻断二极晶闸管

在负的阳极电压下不切换而呈现反向阻断态的一种二引出端闸流晶体管。

521-04-63

反向阻断三极闸流晶体管　reverse blocking triode thyristor

反向阻断三极晶闸管

在负的阳极电压下不切换而呈现反向阻断态的一种三引出端闸流晶体管。

521-04-64

逆导二极闸流晶体管　reverse conducting diode thyristor

逆导二极晶闸管

在负的阳极电压下不切换，但在电压的大小与正向通态电压比拟时，反向能通过大电流的一种二引出端闸流晶体管。

521-04-65

逆导三极闸流晶体管　reverse conducting triode thyristor

逆导三极晶闸管

在负的阳极电压下不切换，但在电压的大小与正向通态电压比拟时，反向能通过大电流的一种三引出端闸流晶体管。

521-04-66

双向二极闸流晶体管　bi-directional diode thyristor

双向二极晶闸管

diac（缩写词）；**diac**（abbreviation）

在电流电压特性曲线的第一和第三象限中，基本上有相同开关特性的一种二引出端闸流晶体管。

521-04-67

双向三极闸流晶体管　bi-directional triode thyristor

双向三极晶闸管

triac（缩写词）；**triac**（abbreviation）

在电流—电压特性曲线的第一和第三象限中，基本上有相同开关特性的一种三引出端闸流晶体管。

521-04-68

可关断闸流晶体管　turn-off thyristor

可关断晶闸管

在栅端施加适当极性的控制信号它能从通态切换至断态，反之也一样的一种闸流晶体管。

521-04-69

P栅闸流晶体管　P-gate thyristor

P门极晶闸管

栅端与接近阴极的P区相连，对栅端施加相对阴极端正的信号能正常地切换至通态的一种闸流晶体管。

521-04-70

N栅闸流晶体管　N-gate thyristor

N门极晶闸管

栅端与接近阳极的N区相连，对栅端施加相对阳极端负的信号能正常地切换至通态的一种闸流晶体管。

521-04-71

非对称闸流晶体管　asymmetrical thyristor

非对称晶闸管

额定反向电压显著低于其额定断态电压的一种反向阻断四极闸流晶体管。

521-04-72

光敏闸流晶体管　photothyristor

光控晶闸管

一种由光辐射触发的闸流晶体管。

3.5 半导体通用术语

521-05-01

电极(半导体器件的) **electrode**(of a semiconductor device)

半导体内进行电接触的导电部分,它能完成一种或多种功能:发射电子或空穴、收集电子或空穴、控制电子或空穴的运动。

521-05-02

引出端(半导体器件的) **terminal**(of a semiconductor device)

提供外部连接的导电部分。

521-05-03

正向(PN 结的) **forward direction**(of a PN junction)

P 型半导体区相对 N 型区电压为正时产生的电流方向。

521-05-04

反向(PN 结的) **reverse direction**(of a PN junction)

N 型半导体区相对 P 型区电压为正时产生的电流方向。

521-05-05

负微分电阻区 **negative differential resistance region**

电压电流特性曲线上所有微分电阻为负值的部分。

521-05-06

击穿(反向偏置 PN 结的) **breakdown**(of a reverse-biased PN junction)

从高动态电阻态向低动态电阻态转变时可观察到的反向电流增加的这一现象是击穿。

521-05-07

雪崩击穿(半导体 PN 结的) **avalanche breakdown**(of a semiconductor PN junction)

在半导体中电场强至某些自由载流子获得足够的能量电离释放新的空穴电子对时,由自由载流子的累积倍增引起的一种击穿。

521-05-08

雪崩电压 **avalanche voltage**

发生雪崩击穿时施加的电压。

521-05-09

齐纳击穿(PN 结的) **Zener breakdown**(of a PN junction)

电子在 PN 结的强电场影响下由于隧道效应从价带跃迁到导带引起的一种击穿。

521-05-10

齐纳电压 **Zener voltage**

在齐纳击穿发生时,加在 PN 结的最小电压。

521-05-11

热击穿(PN 结的) **thermal breakdown** (of a PN junction)

由于功率耗散增大与结温升高之间的相互积累作用而产生的自由载流子所引起的击穿。

521-05-12

穿通(两个 PN 结间的) **punch-through** (between two PN junctions)

两个 PN 结的空间电荷区之间接触导致其中的一个或两个都变宽的现象。

521-05-13

热阻 **thermal resistance**

器件的有效温度与外部规定参考点温度之差除以器件中的稳态功率耗散所得的商。

521-05-14

有效温度　virtual temperature

内部等效温度(半导体器件的)　**internal equivalent temperature** (of a semiconductor device)

以半导体器件简化了的热、电性能模式为基础的理论温度。

注1:有效温度不一定是器件中的最高温度;

注2:基于这一简化工作模式,有效结温可由功率耗散和热阻或热阻抗用公式表述如下:

$$T_{\mathrm{j}} = T_{\mathrm{case}} + \frac{P}{R_{\mathrm{th}}}$$

或

$$T_{\mathrm{j}} = T_{\mathrm{amb}} + \frac{P}{R_{\mathrm{th}}}$$

521-05-15

有效结温　virtual (equivalent)junction temperature

等效结温

半导体器件结的有效温度。

521-05-16

热容　thermal capacitance

器件中存储的热能除以器件的有效温度与外部规定参考点温度之差所得的商。

521-05-17

浮置电压　floating voltage

将基准电压加到其他所有引出端时,开路端和参考点之间的电压。

521-05-18

恢复电荷(二极管或闸流晶体管的)　**recovered charge**(of a diode or thyristor)

从规定的正向(通态)电流条件转换到规定的反向条件以后,二极管或闸流晶体管恢复的总电荷。

注:这种电荷包括载流子储存和耗尽层电容引起的部分。

521-05-19

阈值电压(二极管或闸流晶体管的)　**threshold voltage**(of a diode or thyristor)

由电压电流(通态)特性曲线的近似直线与电压轴相交点所确定的正向电压值。

521-05-20

截止频率　cut-off frequency

被测参数的模减小到其低频值的 $1/n$(n 按规定)时的频率。

注:对于晶体管,截止频率通常采用共基极或共发射极组态下的小信号短路正向电流传输比。

521-05-21

延迟时间　delay-time

从输入信号电平呈阶跃函数变化时起,到输出信号幅值达到一个接近其起始值的规定值为止的时间间隔。

521-05-22

上升时间　rise time

当半导体器件从断态切换到通态时,输出脉冲值分别达到规定的下限和上限的时间间隔。

注:下限和上限通常规定为输出脉冲幅值的10%和90%。

521-05-23

载流子贮存时间　carrier storage time

加到半导体器件输入端的脉冲开始下降时与载流子在输出端所产生的脉冲开始下降时之间的时间间隔。

521-05-24

下降时间　fall time

当半导体器件从通态切换到断态时，输出脉冲值分别达到规定的上限和下限的时间间隔。

注：上限和下限通常规定为输出脉冲幅值的 90％和 10％。

521-05-25

正向恢复时间　forward recovery time

从零或规定的反向电压切换至规定的正向偏置状态的瞬间开始，到电流或电压恢复到规定值所需的持续时间。

521-05-26

反向恢复时间　reverse recovery time

从规定的正向(通态)电流瞬时地转换到规定的反向偏置条件后，电流或电压恢复到规定值所需要的时间。

521-05-27

静电放电敏感器件　electrostatic-discharge-sensitive device

在日常操作、试验和运输活动中所遇到的静电势会对它产生永久性的损伤的一种分立器件或集成电路。

521-05-28

衬底　substrate

基片

在其上或在其中制造半导体器件或电路元件的一种材料。

521-05-29

晶[圆]片　wafer

一个或多个电路或器件在其中制成的半导体材料或是在某种衬底上淀积的一种材料，一般是扁而圆的片子。

521-05-30

芯片　chip

管芯　die

晶片的一部分(或整体)，可完成一种或若干功能。

521-05-31

封装　package

外壳

一个或多个半导体芯片、膜元件或其他元器件的包封，它提供电连接及机械和环境的保护。

521-05-32

引线框架(封装的)　lead frame (of a package)

一种金属框，它提供引出端和机械支撑。

521-05-33

热沉　heat sink

一种与封装分离或与之一体的零件，用来耗散封装内产生的热。

521-05-34

电路参数　circuit parameter

表征电路元器件或电路特性的物理量数值。

521-05-35

等效电路　equivalent circuit

具有电路参数的电路元件的排列，在所考虑的范围内，与某特定的电路或器件参数电气等效。

注：为了便于分析，用等效电路替代更复杂的电路或器件。

521-05-36

寄生电路元件　parasitic circuit element

一种不需要的电路元件,它是一个或多个需要的电路元器件的不可避免的附生物。

3.6　二极管专用术语

521-06-01

峰点(隧道二极管的)　**peak point** (of a tunnel diode)

在隧道二极管电流电压特性曲线上,微分电导为零的且正向电压最低的一点。

521-06-02

谷点(隧道二极管的)　**valley point** (of a tunnel diode)

在隧道二极管电流电压特性曲线上,微分电导为零的且正向电压大于峰点电压的一点。

521-06-03

投影峰点(隧道二极管的)　**projected peak point** (of a tunnel diode)

在隧道二极管电流电压特性曲线上,电流等于峰点电流而电压大于谷点电压的一点。

521-06-04

电阻性截止频率　resistive cut-off frequency

在规定偏压下,隧道二极管引出端导纳实部为零时的频率。

521-06-05

正向斜率电阻　forward slope resistance

由电流电压特性曲线的近似直线求得电阻值。

3.7　晶体管专用术语

521-07-01

发射结　emitter junction

基区与发射区之间的PN结,通常处于正向偏置,通过这个结的载流子由多数载流子区流向少数载流子区。

521-07-02

集电结　collector junction

基区与集电区之间的PN结,通常处于正向偏置,通过这个结的载流子由少数载流子区流向多数载流子区。

521-07-03

基区　base

晶体管中发射结和集电结之间的一个区域。

521-07-04

发射区　emitter

晶体管中发射结和发射极之间的一个区域。

521-07-05

集电区　collector

晶体管中集电结和集电极之间的一个区域。

521-07-06

沟道(场效应晶体管的) **channel**(of a field-effect transistor)

源区和漏区之间的半导体薄层,其中的电流流动受栅极电势的控制。

521-07-07

源区(场效应晶体管的)　**source**(of a field-effect transistor)

多数载流子从该区流入沟道。

521-07-08

漏区(场效应晶体管的)　drain(of a field-effect transistor)

多数载流子从沟道流入该区。

521-07-09

栅区(场效应晶体管的)　gate(of a field-effect transistor)

栅极控制电压产生的电场起作用的区域。

521-07-10

耗尽工作模式　depletion mode operation

栅源电压为零时已有源漏电流的场效应晶体管的工作模式,通过改变栅源电压,减小源漏电流。

521-07-11

增强工作模式　enhancement mode operation

栅源电压为零时源漏电流亦为零的场效应晶体管的工作模式,通过改变栅源电压,增加源漏电流。

521-07-12

反向工作　inverse direction operation

集电极起发射极作用的一种双极晶体管的工作模式,此时有净少数载流子从集电区流向基区。

521-07-13

共基极　common base

以基极作为输入电路和输出电路公共端的电路接法,其输入端为发射极,输出端为集电极。

521-07-14

共集电极　common collector

以集电极作为输入电路和输出电路公共端的电路接法,其输入端为基极,输出端为发射极。

521-07-15

共发射极　common emitter

以发射极作为输入电路和输出电路公共端的电路接法,其输入端为基极,输出端为集电极。

521-07-16

反向共基极　inverse common base

以基极作为输入电路和输出电路公共端的电路接法,其输入端为集电极,输出端为发射极。

521-07-17

反向共集电极　inverse common collector

以集电极作为输入电路和输出电路公共端的电路接法,其输入端为发射极,输出端为基极。

521-07-18

反向共发射极　inverse common emitter

以发射极作为输入电路和输出电路公共端的电路接法,其输入端为集电极,输出端为基极。

521-07-19

小信号短路正向电流传输比　small-signal short-circuit forward current transfer ratio

在小信号和输出端交流短路条件下,交流输出电流与产生它的正弦输入电流之比。

521-07-20

静态正向电流传输比　static forward current transfer ratio

输出电压保持不变时,直流输出电流与直流输入电流之比。

521-07-21

特征频率　transition frequency

f_T

共发射极小信号短路正向电流传输比的模$|h_{21e}|$与测试频率的乘积,测试频率选在使$|h_{21e}|$以每倍

频程下降 6 dB 的区段。

521-07-22

单位电流传输比频率 frequency of unity current transfer ratio

f_1

共发射极小信号短路正向电流传输比的模$|h_{21e}|$降到 1 时的频率。

521-07-23

截止电压(耗尽型场效应晶体管的) **cut-off voltage**(of a depletion type field-effect transistor)

漏极电流值达到特定低值时的栅源电压。

521-07-24

阈值电压(增强型场效应晶体管的) **threshold voltage**(of an enhancement type field-effect transistor)

漏极电流值达到特定低值时的栅源电压。

521-07-25

跨导(场效应晶体管的) **transconductance**(of a field-effect transistor)

漏源电压保持不变时,漏极电流增量与相应的栅源电压增量之比。

3.8 闸流晶体管(晶闸管)专用术语

521-08-01

栅极 gate

门极

控制闸流晶体管开关动作的辅助端。

521-08-02

主电流 principal current

除栅极电流外流过的电流

521-08-03

主端子 main terminals

主电流流过的端子。

521-08-04

主电压 principal voltage

主端子之间的电压。

521-08-05

主(电压-电流)特性 principal(voltage-current)characteristic

主电压与主电流之间的函数关系,通常用曲线图表示,适用时,栅极电流可作为一个参数。

521-08-06

阳极-阴极(电压-电流)特性 anode-to-cathode (voltage-current) characteristic

阳极特性 anode characteristic

阴极电压和主电流的函数关系,通常用曲线图表示,适用时,栅极电流可作为一个参数。

521-08-07

通态 on-state

对应于主特性曲线的低电阻、低电压部分的状态。

注:对反向电导器件,此定义仅适用于正阳极电压。

521-08-08

断态 off-state

对应于主特性曲线原点和转折点之间的状态。

521-08-09

反向阻断状态(反向阻断闸流晶体管的) **reverse blocking state** (of a reverse blocking thyristor)

对应于反向电流低于反向击穿电压下的电流值的反向阻断闸流晶体管的状态。

521-08-10

维持电流 holding current

维持闸流晶体管通态所需的最小主电流。

521-08-11

擎住电流 latching current

从断态切换到通态并去掉触发信号以后,能维持闸流晶体管在通态所需的最小主电流。

521-08-12

转折点 breakover point

主特性曲线上微分电阻为零,且主电压达最大值处的点。

521-08-13

通态斜率电阻 on-state slope resistance

由通态特性曲线上近似直线部分的斜率所确定的电阻。

521-08-14

栅极触发电流 gate trigger current

门极触发电流

闸流晶体管由断态转换到通态所需的最小栅极电流。

521-08-15

栅极触发电压 gate trigger voltage

门极触发电压

产生栅极触发电流所需的栅极电压。

521-08-16

栅极不触发电压 gate non-trigger voltage

门极不触发电压

不导致闸流晶体管从断态转换到通态的最大栅极电压。

521-08-17

栅极不触发电流 gate non-trigger current

门极不触发电流

对应于栅极不触发电压下的栅极电流。

521-08-18

断态电压临界上升率 critical rate of rise of off-state voltage

不导致闸流晶体管从断态转为通态的最大主电压上升率。

521-08-19

通态电流临界上升率 critical rate of rise of on-state current

闸流晶体管能够承受的不导致有害效应的最大通态电流上升率。

3.9 霍尔效应器件和磁[电]阻器专用术语

521-09-01

霍尔效应 Hall effect

在导体和半导体中产生的与电流密度和磁感应强度矢量积成正比的电场强度。

521-09-02

霍尔系数 Hall coefficient

R_H

在霍尔效应定量关系式中的比例系数R_H：

注：常用霍尔系数的符号来判别多数载流子的类型。

$$\vec{E}_H = R_H(\vec{J} \times \vec{B})$$

式中：

$\vec{E}_H$——得到的横向电场强度；

$\vec{J}$——电流密度；

$\vec{B}$——磁感应强度。

521-09-03

霍尔角　Hall angle

出现霍尔效应时电流密度与产生的电场强度之间的角。

521-09-04

霍尔迁移率　Hall mobility

μ_H

霍尔系数和电导率的积。

521-09-05

霍尔电压　Hall voltage

霍尔效应产生的电压。

521-09-06

霍尔端　Hall terminals

霍尔发生器上呈现霍尔电压的引出端。

521-09-07

控制电流端(霍尔发生器的)　**control current terminal** (of a Hall generator)

霍尔器件流过控制电流的引出端。

521-09-08

输出回路有效感应面积　effective induction area of the output loop

由连接霍尔端的引线和通过霍尔效应器件相关的导电路径形成的回路的有效面积。

521-09-09

控制电流回路有效感应面积　effective induction area of the control current loop

由控制电流的引线和霍尔器件相关的导电路径形成的回路的有效面积。

521-09-10

自建场(霍尔发生器的)　**self field** (of a Hall generator)

控制电流流过由控制电流引线和霍尔效应器件相关路径形成的回路产生的磁场。

521-09-11

控制电流(霍尔发生器的)　**control current**(of a Hall generator)

流经霍尔板并与磁场相互作用产生霍尔电压的电流。

521-09-12

磁灵敏度(霍尔探头的)　**magnetic sensitivity** (of a Hall probe)

在霍尔探头的线性工作区内霍尔电压除以磁感应强度的商。

521-09-13

控制电流灵敏度(霍尔探头的)　**control current sensitivity** (of a Hall probe)

在霍尔探头的线性工作区内霍尔电压除以控制电流的商。

521-09-14

零控制电流剩余电压(霍尔探头的) **residual voltage for zero current control** (of a Hall-effect probe)

控制电流为零而磁场随时间变化时存在于霍尔端之间的电压。

521-09-15

零磁场剩余电压(霍尔探头的) **residual voltage for zero magnetic field** (of a Hall-effect probe)

在无外加磁场条件下,控制电流流过时存在于霍尔端之间的电压。

521-09-16

感应控制电压(霍尔效应器件的) **induced control voltage** (of a Hall-effect device)

在控制电流引线和霍尔板相关的电流路径形成的回路中由磁感应强度引起的感应电压。

521-09-17

磁电阻特性曲线 **magnetoresistive characteristic curve**

磁电阻器的电阻随磁感应强度变化的曲线。

521-09-18

磁电阻系数 **magnetoresistive coefficient**

在某规定的磁感应强度下,磁电阻器的电阻值随磁感应的变化量除以在该规定的磁感应强度下磁电阻器电阻值的商。

521-09-19

磁电阻比 **magnetoresistive ratio**

磁电阻器在规定的磁感应强度的电阻值与零磁感应强度下的电阻值之比。

521-09-20

磁电阻灵敏度 **magnetoresistive sensitivity**

磁电阻器在规定的磁感应强度下电阻的变化量与磁感应强度之比。

3.10 集成电路专用术语

521-10-01

微电子学 **microelectronics**

高度小型化电子电路及其应用的科学和工程领域。

521-10-02

微电路 **microcircuit**

具有高密度电路元件并可视为单一产品的电子器件。

521-10-03

集成电路 **integrated circuit**

将全部或部分电路元件不可分割地联在一起,并形成电互连,以致就结构和产品而言,被视为不可分割的微电路。

521-10-04

微组件 **microassembly**

由各种独立制造并且能在组装和封装前独立进行测试的元器件组成的微结构。

521-10-05

半导体集成电路 **semiconductor integrated circuit**

由半导体器件构成的集成电路。

521-10-06

膜集成电路 **film integrated circuit**

电路元件,包括互连均是在绝缘基片表面上形成的膜元件的一种集成电路。

注:膜元件可以是有源的或无源的。

521-10-07

膜(膜集成电路的) **film** (of a film integrated circuit)

用淀积工艺在基片上或淀积在基片其他膜上形成的固体材料层。

521-10-08

薄膜(膜集成电路的) **thin film** (of a film integrated circuit)

汽相淀积或其他溅射生长工艺产生的膜。

521-10-09

厚膜(膜集成电路的) **thick film** (of a film integrated circuit)

以丝网印刷工艺或其他有关技术产生的膜。

521-10-10

多片集成电路 multi-chip integrated circuit

含两个或多个芯片的半导体集成电路。

521-10-11

锁定态 latch-up state

因输入、输出或电源过压触发寄生四层双极结构所产生的电流,导致并维持低阻通路的一种可逆状态。

3.11 数字集成电路专用术语

521-11-01

可编程逻辑器件 programmable logic device

PLD(缩写词);**PLD**(abbreviation)

由具有互连图形(部分供用户编程)的逻辑单元组成的集成电路。

521-11-02

可编程逻辑阵列 programmable logic array

主要由与门阵列和或门阵列组成的可编程逻辑器件。

521-11-03

可编程门阵列 programmable gate array

其逻辑单元包括具有门电路组功能的开关及存储单元的可编程逻辑器件。

521-11-04

存储单元 memory cell ;memory element

一个数据位已进入或能进入、已存储或能存储并能从中取出的存储器最小分区。

521-11-05

集成电路存储器 integrated circuit memory

由存储单元组成且通常包括诸如地址选择器、放大器等相关电路的集成电路。

521-11-06

只读存储器 read-only memory

ROM(缩写词);**ROM**(abbreviation)

正常工作时其存储内容只能读出不能修改的存储器。

521-11-07

读写存储器 read/write memory

正常工作时其存储内容既能读出也能修改的存储器。

521-11-08

随机存取存储器 random-access memory

RAM(缩写词);**RAM**(abbreviation)

允许按所要求的顺序在任一地址单元存取数据的存储器。

注：按习惯用法，本术语通常指“读/写”存储器，但也能用于“只读”存储器。

521-11-09

静态[读写]存储器　static (read/write) memory

在没有控制信号情况下仍能保存数据内容的存储器。

521-11-10

动态[读写]存储器　dynamic (read/write) memory

为了保持所存数据，其存储单元要求重复施加控制信号的存储器。

521-11-11

易失性存储器　volatile memory

当不再加电时，其数据内容即行丢失的存储器。

521-11-12

串行存取存储器　serial access memory

存储区只能按预定时序存取的存储器。

521-11-13

按内容访问存储器　content addressable memory

关联存储器　associative memory

如果某个存储区的部分数据与用来寻址的数据相符，则对该存储区全部数据作出响应的存储器。

521-11-14

电荷转移器件　charge-transfer device

依靠分立电荷包沿半导体表面或表面下边，或者通过半导体表面上的互连作有效运动而工作的半导体器件。

521-11-15

戽链器件　bucket-brigade device

在半导体的分立区域内存储电荷，并通过连接这些区域的一系列开关器件以电荷包的形式转移电荷的电荷转移器件。

521-11-16

电荷耦合器件　charge-coupled device

CCD(缩写词)；**CCD**(abbreviation)

在势阱中存储电荷，并通过势阱的移动，使电荷以电荷包的形式几乎完全转移的电荷转移器件。

521-11-17

电荷转移图像传感器　charge-transfer image sensor

将图像转换成电荷包阵列并能作为图像电信号传输的电荷转移器件。

521-11-18

专用集成电路　application specific integrated circuit

ASIC(缩写词)；**ASIC**(abbreviation)

为特定用途设计的集成电路。

521-11-19

半定制集成电路　semicustom integrated circuit

由预先设计的，并能在自动芯片布图过程中生产特定应用电路的单元和宏单元构成的集成电路。

521-11-20

门阵列　gate array

包含用于形成宏单元和宏功能并可互连实现逻辑功能的电路单元或固定布局的集成电路。

521-11-21

单元(半导体中)　**cell**(in a semiconductor)

集成电路中为实现某种功能而具有特定布图及互连端口的预定组合电路单元。

521-11-22

宏单元　**macro cell**

具有特定互连的一组单元。

中文索引

英 文 索 引

A

B

C

T

ICS 01.040.33
M 71

中华人民共和国国家标准

GB/T 2900.67—2004/IEC 60050-808:2002

电工术语 非广播用摄像机

Electrotechnical terminology—
Video cameras for non-broadcasting

(IEC 60050-808:2002, International electrotechnical vocabulary—
Part 808: Video cameras for non-broadcasting, IDT)

2004-05-13 发布　　　　2004-12-01 实施

中华人民共和国国家质量监督检验检疫总局
中国国家标准化管理委员会　发布

前　言

GB/T 2900的本部分等同采用IEC 60050-808:2002《国际电工词汇　第808部分:非广播用摄像机名词术语》,除按照GB/T 1.1所做的编辑性的修改外,所有的技术内容与IEC 60050-808:2002保持一致。

为便于使用,本标准做了下列编辑性修改:

a）删除国际标准的前言;

b）删除国际标准中其他语言的术语和定义;

c）用小数点'.'代替作为小数点的逗号','。

本标准中术语编号与IEC 60050-808:2002保持一致。

本标准由全国电工术语标准化技术委员会提出。

本标准由全国电工术语标准化技术委员会归口。

本标准负责起草单位:信息产业部电子四所、机械科学研究院。

本标准参加起草单位:中国电子科技集团公司第三研究所、北京广播学院、上海索广电子有限公司、北京JVC电子产业有限公司。

本标准主要起草人:赵新华、张崎、付淑云、杨芙、刘全恩、李剑、汪莉、毛福明、李晓斌。

电工术语 非广播用摄像机

1 范围

本标准规定了非广播用摄像机生产和应用领域所用的一般术语。

本标准适用于非广播用摄像机。

2 术语和定义

2.1 通用部分

808-01-01

目标景物(用于摄像机系统) **subject** (in a camera system)

摄像机镜头捕捉的目标。

808-01-02

欠扫描 **underscanning**

为了显示完整的视频信号信息,调整电视图像监视器,使扫描图像比监视器屏幕满屏尺寸小。

2.2 特性

808-02-01

彩色不均匀性 **colour non-uniformity**

拍摄均匀彩色测试图时,色度信号与其参考值的差。

808-02-02

彩色重现误差 **colour reproduction error**

在规定相关色温照明条件下,样品的重现彩色与原始彩色之间的偏差。

808-02-03

亮度压缩比 **luminance compression ratio**

亮度压缩比是能给出100%视频基准电平的目标景物照度与最大目标景物的比。在此最大目标景物照度下,低于白饱和电平的相邻略低照度级的细节刚好可被分辨。

808-02-04

对比度范围(用于摄像机系统) **contrast range** (in a video camera system)

能出现对比的最大照度级和最小照度级之间的范围。最小照度级是与亮度通道中受噪声电平限制的最小信号电平相对应的照度级。

注:对比度范围由亮度压缩比(以分贝表示)与亮度信号的信噪比(以分贝表示)之和计算。

808-02-05

对比度传递函数 **contrast transfer function**

表示信号对比度变化的空间频率函数。

808-02-06

动态范围 **dynamic range**

既不引起开花也不引起垂直亮道的最大照度级和受噪声限制的最小信号电平对应的照度级之间的照度变化范围。

808-02-07

自动聚焦准确度 **automatic focusing accuracy**

由自动聚焦功能实际达到的分辨率与极限分辨率之间的比。

808-02-08

伽马补偿特性 gamma compensation characteristic

摄像机输出电信号相对于输入光信号的非线性特性。

808-02-09

灰度不纯度 grey-scale non-purity

白色跟踪误差 white tracking error

采用单灰度时白平衡的跟踪误差。

808-02-10

极限分辨率 limiting resolution

对应一个分辨率测试图极限可分辨的电视图像线数。

808-02-11

最小目标景物照度 minimum subject illuminance

至少获得参考亮度信号电平一半的亮度信号电平所需要的目标景物照度值。

808-02-12

过曝光比 over-exposure ratio

入射照度超过摄像器件参考电平(100%)倍数的值,以100%的倍数表示。

808-02-13

重合误差 registration error

在使用一个以上的摄像器件的摄像机中,从各个摄像器件中获得的图像之间的相对位移。

808-02-14

垂直亮道比(用于固态图像传感器系统) **smearing ratio** (in solid-state image sensor system)

对垂直亮道电平的评价,定义为产生5%的亮道电平的目标景物照度与产生参考亮度信号电平的目标景物照度之比。

808-02-15

白斑跟踪误差 tracking error of white shading

当拍摄均匀的白色图像,光圈开到最大时,色差信号电平对亮度信号电平的变焦比跟踪特性。

808-02-16

白色重现不均匀性 white reproduction non-uniformity

白斑 white shading

拍摄均匀的白色测试图时,色度信号对其参考值的偏差。

808-02-17

白饱和电平 white saturation level

白削波电平 white clipping level

摄像机输出的最大亮度信号电平。

808-02-18

白跟踪特性 white tracking characteristics

从黑到白的白平衡跟踪特性。

808-02-19

变焦比 zooming ratio

变换焦距镜头的最长焦距与最短焦距之比。

2.3 测量

808-03-01

黑测试图　black test chart

反射系数低于2%的测试图，用于测试杂散光(参见808-04-05)。

808-03-02

滞后测试图　chart for lag

具有两个由控制电路驱动的绿色发光二极管的均匀黑测试图。

808-03-03

色度频响图　chrominance frequency response sweep chart

覆盖从100 kHz到1.5 MHz的空间频率范围的彩色多波群图案，它由上半部分为红色和青色，下半部分为黄色和蓝色垂直条组成。

808-03-04

彩色样片　colour chips

用于评价摄像机彩色重现的彩色样品，每个样品都具有已知的光谱反射系数。

808-03-05

彩色多波群图　colour multiburst chart

具有已知空间频率的彩色测试图，用于评价摄像机的色度频率响应。

808-03-06

彩色重现测试图　colour reproduction chart

具有反射系数为89.9%的白色样品和规定的彩色样品排列的测试图。

808-03-07

灰度图　grey-scale chart

测试电视摄像机用测试图，带有沿水平轴排列的从黑到白变化的不同灰度级的测试图。

808-03-08

对数灰度图　logarithmic grey-scale chart

当采用伽马补偿特性为0.45的摄像机时，为获得线性阶梯输出信号而设计的灰度图。

808-03-09

线性测试图　linearity chart

评价图像的几何失真用的测试图。

808-03-10

垂直灰度图　vertical grey-scale chart

旋转90°的灰度图，作为测量亮度信噪比的可选方法。

808-03-11

参考灵敏度　reference sensitivity

为获得参考亮度信号电平所需的镜头光圈 F 值。

808-03-12

参考目标景物照度　reference subject illuminance

为在正常的摄像机设置条件下获得参考亮度信号电平所需的目标景物照度值。

注：这个量通常对应镜头光圈设置为 $F5.6$ 所需的目标景物照度。

808-03-13

分辨率测试图　resolution chart

测量亮度分辨率用测试图，它包括排成一个环形的细长的黑白楔形图案。

808-03-14

径向分辨率测试图　radial resolution chart

用来测量调制传递函数(MTF)和摄像器件 x 轴和 y 轴上所有方向分辨率的测试图。

808-03-15

正弦测试图　sinusoidal chart

反射系数按正弦波形变化的测试图。

注：测量中使用正弦测试图时几乎不会由于边缘效应产生任何干扰。

808-03-16

方窗测试图　square window chart

用于测量图像残留特性的测试图。该测试图为黑色非透明板中央带有一个方形透明视窗，其大小在图中注明。

808-03-17

跟踪测试图　tracking chart

用于测量自动聚焦的测试图，它包括一个环形排列的细长黑白楔形图案，与径向分辨率测试图相似。

808-03-18

透明测试图　transparent test chart

带有一些摄像机测试用的图文的透明薄片。例如，玻璃薄片。

注：透明测试图只能与灯箱一起使用。

808-03-19

"V"形测试图　"V" pattern chart

在白色背景上水平和垂直排列着黑色 V 形字母的测试图，用以测量屏上各个区域的重合（参见808-04-09）。

808-03-20

波形失真测试图　waveform distortion chart

被分割成上白下黑的测试图，白色的背景上排列有规定宽度和长度的黑色带状图形，黑色背景上排列有规定宽度和长度的白色带状图形。

808-03-21

窗测试图　window chart

黑色背景上排列有规定宽度和长度的白色带状图形的测试图。

2.4　现象

808-04-01

孔阑效应　aperture effect

由于摄像器件像素的孔径尺寸的限制而引起的高频损失效应。

808-04-02

黑斑　black shading

当摄像机没有光线射入，例如，盖上镜头盖时，色度或亮度信号的变化。

808-04-03

开花(用于固态摄像机系统)　**blooming** (in solid-state camera system)

当固态摄像器件的像素过量照射以致产生的电子数大于可存储数时发生的现象。

注：这些多余的电子会扩散到相邻单元，结果在电视屏上出现场景高亮区尺寸的增大。

808-04-04

固定图形噪声　fixed pattern noise

在图像中出现的图形固定的噪声。

注：固态图像传感器的暗电流噪声和由于图像中的定时脉冲产生的固定干扰噪声为两种类型的固定图形噪声。

808-04-05

杂散光　flare

由镜头筒内的反射引起的或来自光学元件(如分束器或图像传感器)表面的不希望的反射光。

808-04-06

图像滞后　lag, after-image

图像变化时,见到的前面图像的正或负残留图像叠加在新图像上的效应。

808-04-07

网纹干扰　moiré

莫尔干扰　moiré

由多个空间频率的调制产生的空间差拍现象。

注:由摄像器件的每个像素对空间连续入射图形进行抽样导致了视频信号混叠失真。对摄像机,亮度信号里的失真称为亮度莫尔干扰,而色度信号里的失真称为色度莫尔干扰。

808-04-08

随机噪声　random noise

幅度和相位在时间与空间上随机起伏的连续噪声。

808-04-09

重合　registration

在采用一个以上摄像器件的摄像机中,估计各个摄像器件摄取的图像间位移的视觉失真程度。

注:这个失真程度与扫描区域的水平和垂直尺寸成比例。

808-04-10

斑　shading

由视频信号的不均匀引起的监视器上图像的不平坦。

注:换句话说,当拍摄一个平坦的图案时,在监视器上出现一个不平坦图像。

808-04-11

垂直亮道(用于固态图像传感器系统)　**smearing** (in solid-state image sensor system)

当图像中有一个过亮的目标时出现的亮带图案,这是由光电荷泄露进入固态图像传感器的电荷转移通道引起的。

808-04-12

图像残留　sticking

先前静止图像对应的电荷表观上消除后,不希望的图像再现。

2.5　器件与元件

808-05-01

偏置光　bias light

为降低图像滞后,辐射到摄像管光导表面的光。

808-05-02

光导层　photoconductive layer

其导电率随其照度增长的薄膜层。

注:沉积薄膜比如 Sb_2S_3, PbO, CdS, As_2Se_3 尤其适合摄像器件使用。

808-05-03

光敏层　photosensitive layer

当光线投射到其上的时候发射电信号的材料(光电效应)。它包括摄像器件和光电二极管的光导层。

2.6　信号处理

808-06-01

黑平衡 black balance

保持黑色目标景物无彩色的功能,作为颜色重现的一个因素。

808-06-02

黑电平校正器 black level corrector

在任何增益模式下,都能校正黑平衡的摄像机的功能。

808-06-03

彩色矩阵校正器 colour matrixing corrector

实现色坐标线性变换的功能。

808-06-04

轮廓校正器 contour corrector

通过有选择性地提高某些视频信号的高频分量的电平,以增强目标景物的边缘,达到增强图像主观清晰度的功能。

808-06-05

白平衡 white balance

在目标景物照度色温变化的条件下,保持颜色不变的功能,作为颜色重现的一个因素。

808-06-06

白削波 white clipping

对摄像机输出的最大亮度信号电平的限制。

2.7 自动控制

808-07-01

自动曝光 automatic exposure

通过对图像的自动光圈控制、电子增益控制以及曝光时间控制,优化输出图像信号电平的功能。

808-07-02

自动聚焦 automatic focusing

自动保持图像在摄像机与目标景物之间不同距离聚焦的功能。

808-07-03

图像的自稳定性 automatic image stabilization

自动降低由摄像机支撑不稳定引起图像晃动的功能。

808-07-04

自动光圈控制 automatic iris control

不管目标景物照度大小,通过光圈的自动控制,使镜头的光通量能自动优化。

808-07-05

自动白平衡 automatic white balance

自动控制白色平衡的功能。

中 文 索 引

B

C

D

F

G

H

J

K

L

M

P

Q

S

T

英 文 索 引

A

B

C

D

F

G

ICS 77.040.20
H 26

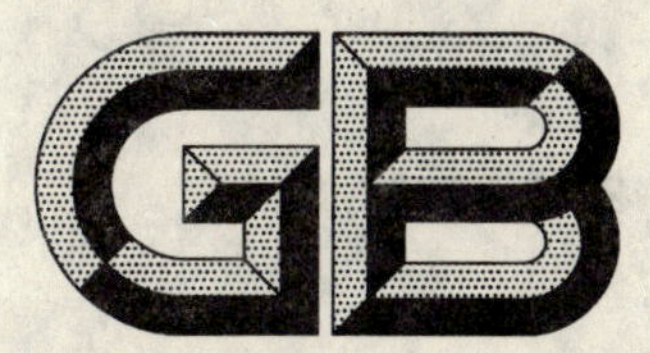

中华人民共和国国家标准

GB/T 2970—2004
代替 GB/T 2970—1991

厚钢板超声波检验方法

Thicker steel plates—Method for ultrasonic inspection

2004-05-09 发布　　　　2004-10-01 实施

中华人民共和国国家质量监督检验检疫总局
中国国家标准化管理委员会　发布

前言

本标准代替GB/T 2970—1991《中厚钢板超声波检验方法》。

本标准与GB/T 2970—1991相比，主要变化如下：

——本标准适用范围也可以包括奥氏体不锈钢板；

——双晶片直探头可探厚度范围由原20 mm扩大到60 mm；

——自动检验用试样有较大简化；

——双晶直探头性能要求有所改变；

——对钢板中不允许存在的单个缺陷的要求有所提高。

本标准附录A为规范性附录。

本标准由中国钢铁工业协会提出。

本标准由全国钢标准化技术委员会归口。

本标准起草单位：钢铁研究总院，冶金工业信息标准研究院。

本标准主要起草人：张广纯、张建卫、范弘、贾慧明、黄颖、董莉。

本标准所代替的历次版本发布情况为：

——GB 2970—1982、GB/T 2970—1991。

厚钢板超声波检验方法

1 范围

本标准规定了厚钢板超声波检验对比试样、检验仪器和设备、检验条件与方法、缺陷的测定与评定、钢板的质量分级、检验报告等内容。

本标准适用于厚度不小于 6 mm 的锅炉、压力容器、桥梁、建筑、造船、钢结构、管线、模具等用途钢板的超声波检验。奥氏体不锈钢板也可参照本标准。

2 规范性引用文件

下列文件中的条款通过本标准的引用而成为本标准的条款。凡是注日期的引用文件，其随后所有的修改单(不包括勘误的内容)或修订版均不适用于本标准，然而，鼓励根据本标准达成协议的各方研究是否可使用这些文件的最新版本。凡是不注日期的引用文件，其最新版本适用于本标准。

GB/T 8651 金属板材超声板波探伤方法

GB/T 12604.1 无损检测术语 超声检测

JB/T 10061 A 型脉冲反射式超声波探伤仪通用技术条件

JB 4730—1994 压力容器无损检测

3 一般要求

3.1 被检板材表面应平整、光滑、厚度均匀，不应有液滴、油污、腐蚀和其他污物。

3.2 被检板材的金相组织不应在检验时产生影响检验的干扰回波。

3.3 检验场地应避开强光、强磁场、强振动、腐蚀性气体、严重粉尘等影响超声波探伤仪稳定性或检验人员可靠观察的因素。

3.4 从事钢板超声波检验人员应经过培训，并取得权威部门认可的超声探伤专业Ⅰ级及其以上资格证书。签发探伤报告者应获得权威部门认可的超声探伤专业Ⅱ级及其以上资格证书。

3.5 检验方式可采用手工的接触法、液浸法(包括局部液浸和压电探头或电磁超声探头的自动检验法)。

3.6 所采用的超声波波型可为纵波、横波和板波。

4 对比试样

4.1 对比试样材质、声学性能应与被检验钢板相同或相似，并应保证内部不存在影响检验的缺陷。

4.2 用双晶片直探头检验厚度不大于 60 mm 的钢板时，所用对比试样如图 1 所示。

4.3 用单晶片直探头检验钢板时，对比试样应符合图 2、表 1 和表 2 的规定。

4.4 用压电或电磁超声自动超声检验方法时，试样长边应平行于压延方向，端面应平直，厚度公差应小于板厚的 2%。人工缺陷的位置如图 3 所示。

4.5 采用板波、横波检验的对比试样形式见 GB/T 8651 和 JB 4730—1994 附录 H。

单位为毫米

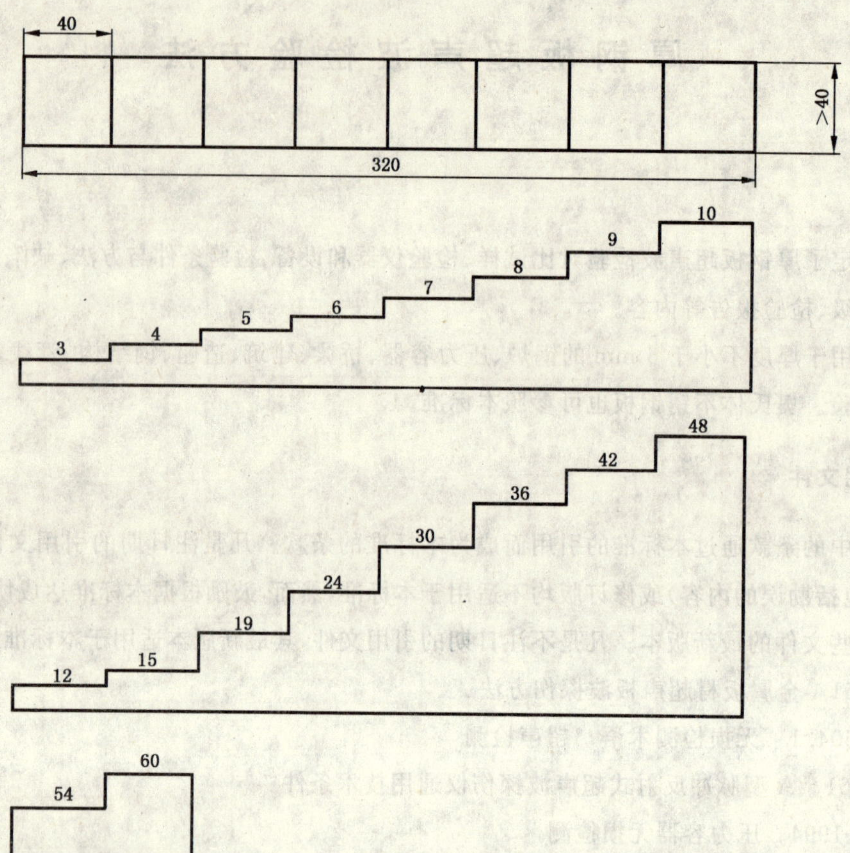

图 1　板厚≤60 mm 的双晶片直探头检验用对比试样

单位为毫米

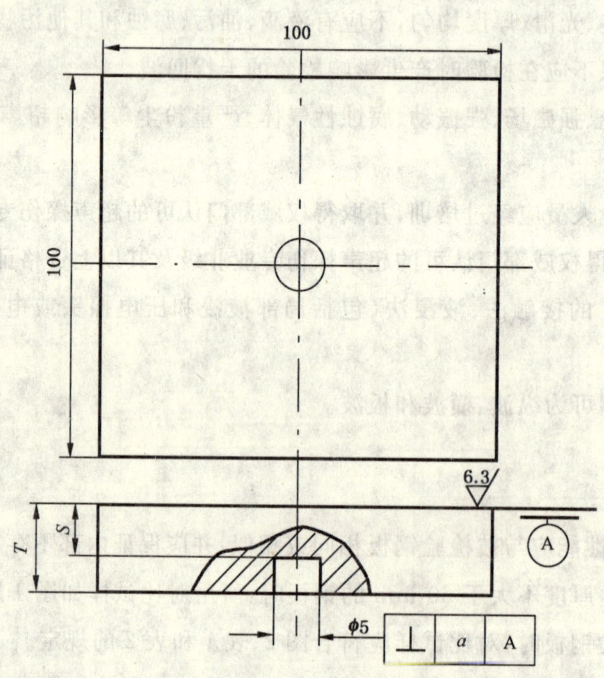

注：垂直度 a 随试块厚度变化见表 2。

图 2　单晶片直探头检验用对比试样

表 1 单晶片直探头用对比试样

单位为毫米

试块编号	被检验钢板厚度	检验面到平底孔的距离 S	试样厚度 T
1	>13～20	7	≥15
2	>20～40	15	≥20
3	>40～60	30	≥40
4	>60～100	50	≥65
5	>100～160	90	≥110
6	>160～200	140	≥170

表 2 垂直度 a 随试样厚度变化

单位为毫米

试样厚度	>20～40	>40～60	>60～100	>100～160	>160～200	>200
a	0.15	0.20	0.25	0.30	0.40	0.55

单位为毫米

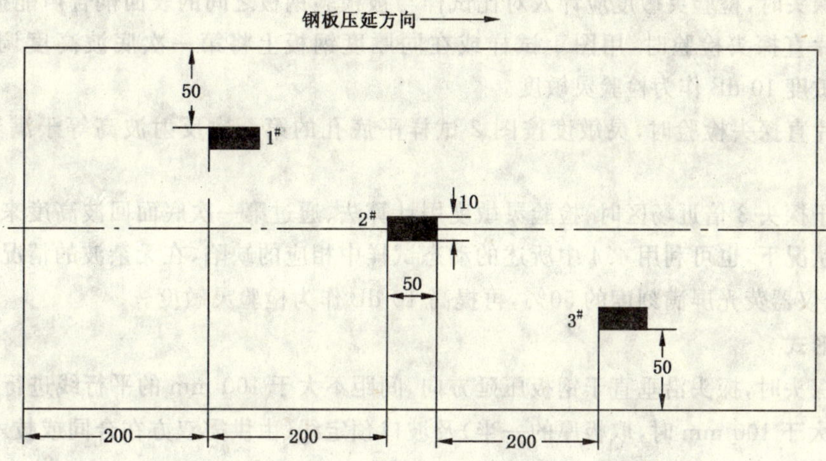

注 1:1#、2# 人工缺陷为人工平底槽,加云母焊合,埋藏深度为板厚的 1/2,缺陷自身高度为 0 mm～0.3 mm;3# 为表面铣槽(槽深为 3 mm);

注 2:1#、2#、3# 人工缺陷的长×宽为 50 mm×10 mm;

注 3:根据探伤模式的不同,可在适当位置增加适当数量直径为 5 mm 的当量平底孔(孔深按表 1)。

图 3 自动超声检验用动态试样

5 检验仪器和设备

5.1 探伤仪

所用探伤仪的性能应符合 GB/T 8651 或 JB/T 10061 的有关规定。

5.2 换能器

5.2.1 压电直探头的选用如表 3。

不管选用哪种探头,都要保证有效探测区。板厚大于 60 mm 时,若双晶片直探头性能指标能达到单晶片直探头，也可选用双晶片直探头。

表 3　探头的选用

板厚/mm	所用探头	探头标称频率/MHz
6～13	双晶片直探头	5
>13～60	双晶片直探头或单晶片直探头	≥2.0
>60	单晶片直探头	≥2.0

5.2.2　双晶片直探头的性能应符合附录 A 的要求。

5.2.3　当采用板波法进行探伤时，波型、波模及检验方法的选择应符合 GB/T 8651 的要求。

5.2.4　当采用横波探伤时，可参照 JB 4730—1994 的附录 H。

6　检验条件和方法

6.1　检验时间

原则上在钢板加工完毕后进行，也可在轧制后进行。

6.2　检验面

可以从钢板任一轧制面进行检验，被检验钢板的表面应平整，应清除影响检验的氧化皮、腐蚀、油污等。

6.3　检验灵敏度

6.3.1　用压电探头时，检验灵敏度应计入对比试样与被检验钢板之间的表面耦合声能损失(dB)。

6.3.2　用双晶片直探头检验时，用图 1 试样或在同厚度钢板上将第一次底波高度调整到满刻度的 50%，再提高灵敏度 10 dB 作为检验灵敏度。

6.3.3　用单晶片直探头检验时，灵敏度按图 2 试样平底孔的第一次反射波高等于满刻度的 50% 来校准。

6.3.4　板厚大于探头 3 倍近场区时，检验灵敏度用计算法、通过第一次底面回波高度来确定。

6.3.5　在动态状况下，也可利用 4.4 中所述的动态试样中相应的缺陷，在无杂波的情况下，使人工缺陷反射波高不低于仪器荧光屏满刻度的 50%，再提高 10 dB 作为检验灵敏度。

6.4　探头扫查形式

6.4.1　用压电探头时，探头沿垂直于钢板压延方向、间距不大于 100 mm 的平行线进行扫查；在钢板周围 50 mm(板厚大于 100 mm 时，取板厚的一半)及坡口预定线(由供需双方在合同或技术协议中确定具体位置)两侧各 25 mm 内沿周边进行扫查。

6.4.2　用双晶片探头时，探头隔声层应与压延方向平行(垂直于压延方向扫查)。

6.4.3　根据合同或技术协议或图纸要求，也可进行其他形式的扫查或 100%扫查。

6.4.4　自动检验也可沿平行于钢板压延方向扫查。

6.5　检验速度

检验速度应不影响探伤，但在使用不带自动报警功能的探伤装置进行扫查时，检验速度应不大于 200 mm/s。

7　缺陷的测定与评定

7.1　在检验过程中，发现下列情况应记录

7.1.1　缺陷第一次反射波(F_1)波高大于或等于满刻度的 50%。

7.1.2　当底面第一次反射波(B_1)波高未达到满刻度时，缺陷第一次反射波(F_1)波高与底面第一次反射波(B_1)波高之比大于或等于 50%。

7.1.3 当底面(或板端部)第一次反射波(B_1)波高低于满刻度的50%。

7.2 缺陷的边界或指示长度的测定方法

7.2.1 检验出缺陷后,在周围进行检验,以确定缺陷的延伸。

7.2.2 用双晶片探头确定缺陷的边界或指示长度时,探头移动方向应与探头的隔声层相垂直。

7.2.3 利用半波高度法确定缺陷的边界或指示长度。

7.2.4 确定7.1.2中缺陷的边界或指示长度时,移动探头,将板底面(或端部)第一次反射波升高到检验灵敏度条件下荧光屏满刻度的50%。此时,探头中心点即为缺陷的边界点。

7.2.5 采用自动超声方法检验时,发现可疑缺陷后,缺陷的定量定位可用手工方法进行。缺陷的指示长度及边界的精确测定亦用人工方法。

7.3 缺陷指示长度的评定规则

单个缺陷按其表现的最大长度作为该缺陷的指示长度,若指示长度小于40 mm时,则其长度可不作记录。

7.4 单个缺陷指示面积的评定规则

7.4.1 单个缺陷按其表现的面积作为该缺陷的单个指示面积。

7.4.2 当多个缺陷的相邻间距小于100 mm或间距小于相邻缺陷(以指示长度来比较)的指示长度(取其较大值)时,其各块缺陷面积之和也作为单个缺陷指示面积。

7.5 缺陷密集度的评定规则

在任一1 m×1 m检验面积内,按缺陷面积占的百分比来确定。

8 钢板的质量分级

8.1 钢板质量分级见表4。

8.2 在钢板周边50 mm(板厚大于100 mm时,取板厚的一半)可检验区域内及坡口预定线两侧各25 mm内,单个缺陷的指示长度不得大于或等于50 mm。

表4 钢板质量分级

级别	不允许存在的单个缺陷的指示长度/mm	不允许存在的单个缺陷的指示面积/cm^2	在任一1 m×1 m检验面积内不允许存在的缺陷面积百分比/%	以下单个缺陷指示面积不记/cm^2
Ⅰ	≥80	≥25	>3	<9
Ⅱ	≥100	≥50	>5	<15
Ⅲ	≥120	≥100	>10	<25
Ⅳ	≥150	≥100	>10	<25

9 检验报告

检验报告应包括下列内容:

a) 工件情况:材料牌号、材料厚度等;

b) 检验条件:探伤仪型号、探头类型、探头标称频率、晶片尺寸、耦合剂、对比试样等;

c) 检验结果:包括缺陷位置、缺陷分布示意图、缺陷等级及其他;

d) 检验人员、报告签发人的姓名及资格等级、检验日期、报告签发日期等。

附 录 A
(规范性附录)
双晶片直探头性能要求

A.1 探头性能

A.1.1 距离-波幅特性曲线

用图1所示试样测定每一厚度的回波高度，作出如图A.1所示的特性曲线，其必须满足下述条件：

A.1.1.1 要检测的最大厚度的底面回波高度与最大回波高度差应在0 dB～－6 dB的范围内。对于与具有距离幅度补偿功能的仪器联合使用的双晶片直探头，补偿后要求检测的最大厚度的底面回波高度与最大回波高度差也应在0 dB～－6 dB的范围内。

A.1.1.2 距离为3 mm处的回波高度与最大回波高度差应在0 dB～－6 dB的范围内。对于与具有距离幅度补偿功能的仪器联合使用的双晶片直探头，补偿后要求距离为3 mm处的回波高度与最大回波高度差也应在0 dB～－6 dB的范围内。

A.1.2 双晶片探头的表面泄露回波高度

直接接触法测得的双晶片探头的表面泄露回波高度必须比最大回波高度低40 dB。

A.1.3 检出灵敏度(用图A.2试样测量)

图A.2试样平底孔的回波高度与最大回波高度差必须在－10 dB±2 dB的范围内。

A.1.4 有效波束宽度

使探头对准A.2试块ϕ5.6 mm平底孔，并平行于双晶探头的声场分割面移动，测定最大回波高度两侧下降6 dB的范围，全部宽度必须大于15 mm。

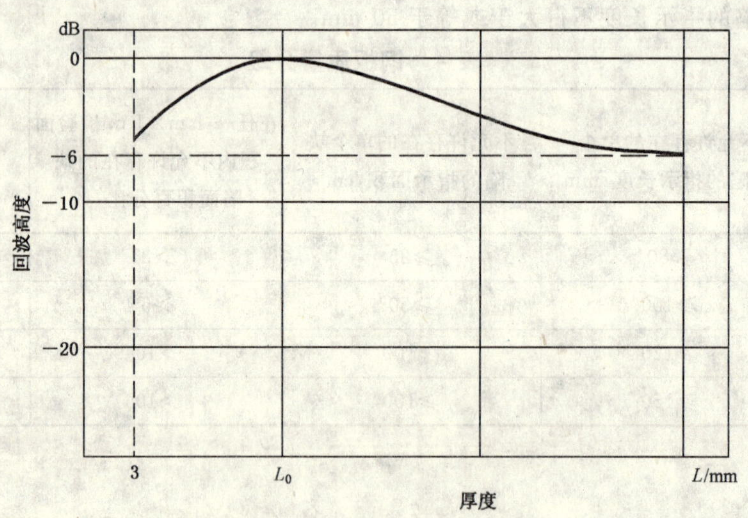

L_0——图1试样中最大回波高度时的厚度；

L——使用的最大厚度。

图A.1 距离-波幅特性曲线

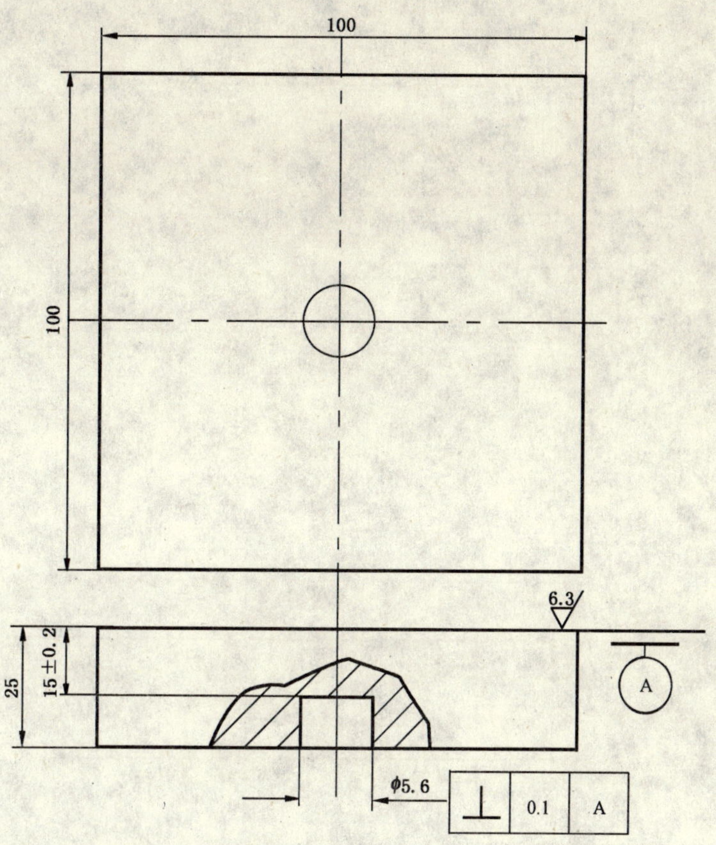

注：图中尺寸单位均为 mm。

图 A.2 测定仪器和探头组合性能试样

ICS 25.220.40
H 25

中华人民共和国国家标准

GB/T 2973—2004
代替 GB/T 2973—1991

镀锌钢丝锌层质量试验方法

Zinc coated steel wire test method for gravimetric determination of zinc coating

(ISO 1460:1992,Metallic coatings—Hot dip galvanized coatings on ferrous materials—Gravimetric determination of the mass per unit area,MOD)

2004-01-19 发布 2004-07-01 实施

中华人民共和国国家质量监督检验检疫总局
中国国家标准化管理委员会 发布

前　言

本标准修改采用 ISO 1460:1992《金属镀层　钢铁材料热镀锌层　单位面积上锌层质量的重量法测定》。

本标准代替 GB/T 2973—1991《镀锌钢丝锌层重量试验方法》。

本标准根据 ISO 1460:1992《金属镀层　钢铁材料热镀锌层　单位面积上锌层质量的重量法测定》重新起草。本标准中气体法选择采用 ISO 7989:1988《钢丝镀锌层》附录 A,技术内容与其保持一致。为了方便比较,在资料性附录 A 中列出了本国家标准条款和国际标准条款的对照一览表。

由于我国法律要求和工业的特殊需要,本标准在采用国际标准时进行了修改。这些技术性差异用垂直单线标识在它们所涉及的条款的页边空白处。并在附录 B 中给出了技术性差异及其原因的一览表以供参考。

本标准还作了下列编辑性修改:

——删除国际标准的前言。

本标准与 GB/T 2973—1991 相比主要变化如下:

——试样长度改为按钢丝直径分为五档。

——增加 2.1.2.2 条,对取样的要求。

——增加溶液 a,原溶液 a 为现溶液 b,取消原溶液 b 和原溶液 c。

——锌层质量测量精度改为:至少精确至 0.01 g 和 0.001 g 两档。

——增加镀层厚度计算公式和本试验方法的再现性及试验报告的内容。

——本标准气体法改为选择采用 ISO 7989:1988《钢丝镀锌层》。

本标准附录 A 和附录 B 都是资料性附录。

本标准由中国钢铁工业协会提出。

本标准由全国钢标准化技术委员会归口。

本标准起草单位:上海二钢有限公司、冶金工业信息标准研究院。

本标准主要起草人:戴国檠、俞国峰、柳泽燕、刘宝石、唐岚。

本标准 1982 年 3 月首次发布,1991 年 3 月第一次修订。

镀锌钢丝锌层质量试验方法

1 范围

本标准规定了镀锌钢丝锌层质量试验方法(重量法和气体法)的原理、试样、试验装置、试验溶液、试验条件和步骤及试验结果计算等。

本标准所述镀锌层包括纯锌层和锌合金层。

本标准的重量法和气体法均适用于测定镀锌钢丝锌层质量,但仲裁试验时应用重量法。

本标准的重量法适用于热镀锌钢丝,也适用于电镀锌钢丝。气体法适用于电镀锌钢丝,热镀锌钢丝也可参照使用。

2 试验方法

2.1 重量法

2.1.1 重量法原理

重量法的原理是用含有抑制剂的盐酸将试样镀锌层溶解除去,用试样去掉锌层前后的质量和去掉锌层后的直径,计算镀锌钢丝单位表面积上的锌层质量。

2.1.2 重量法试样

2.1.2.1 试样长度按表1切取。

表 1

单位为毫米

钢丝直径	试样长度
≥0.15～0.80	600
>0.80～1.50	500
>1.50～3.00	300
>3.00～5.00	200
>5.00	100

2.1.2.2 在切取试样时,应小心注意避免表面损伤。局部有明显损伤的试样不得使用。

2.1.2.3 试验前试样应用乙醇、汽油等溶剂擦洗。必要时再用氧化镁糊剂轻擦并水洗后迅速干燥。

2.1.3 重量法试验溶液

2.1.3.1 选用下列溶液之一作为试验溶液(配制所用的试剂均为化学纯),但仲裁试验时应用溶液a)。

a) 用3.5 g六次甲基四胺($(CH_2)_6N_4$)溶于500 mL的浓盐酸(相对密度为1.18以上)中,用蒸馏水稀释至1 000 mL。

b) 用32 g三氯化锑($SbCl_3$)或20 g三氧化二锑(Sb_2O_3)溶于1 000 mL盐酸(相对密度为1.18以上)作为原液,用上述盐酸100 mL加5 mL原液的比例配制试验溶液。

2.1.3.2 试验溶液在还能溶解锌层的条件下,可反复使用。

2.1.4 重量法试验条件和步骤

2.1.4.1 称量试样去掉锌层前的质量,钢丝直径不大于0.80 mm至少精确至0.001 g,钢丝直径大于0.80 mm至少精确至0.01 g。

2.1.4.2 将试样完全浸置在试验溶液中,试样比容器长时,可将试样作适当弯曲或卷起来。试验过程中,试验溶液温度不得超过38℃。

2.1.4.3 待氢气的发生明显减少，锌层完全溶解后，取出试样立即水洗后用棉布擦净充分干燥，再次称量试样去掉锌层后的质量，钢丝直径不大于 0.80 mm 至少精确至 0.001 g，钢丝直径大于 0.80 mm 至少精确至 0.01 g。

2.1.4.4 测量试样去掉锌层后的直径，应在同一圆周上两个相互垂直的部位各测一次，求其平均值。精确至 0.01 mm。

2.1.5 重量法试验结果计算

钢丝锌层质量按式(1)计算：

$$W=\frac{W_1-W_2}{W_2}\times d\times 1\,960 \qquad (1)$$

式中：

W——钢丝单位表面积上的锌层质量，单位为克每平方米(g/m^2)；

W_1——试样去掉锌层前的质量，单位为克(g)；

W_2——试样去掉锌层后的质量，单位为克(g)；

d——试样去掉锌层后的直径，单位为毫米(mm)；

1 960——常数。

根据需方要求，钢丝镀锌层厚度可按式(2)计算：

$$\delta=\frac{W}{\rho}\times 10^{-3} \qquad (2)$$

式中：

δ——镀层近似厚度，单位为毫米(mm)；

ρ——镀锌层密度，单位为克每立方厘米(g/cm^3)(纯锌层的密度为 7.2 g/cm^3)。

2.1.6 再现性

再现性(试验者不同，装置不同和操作条件不同)约为平均值的±5%。

2.2 气体法

2.2.1 将规定尺寸钢丝的试验试样放入盐酸溶液中，溶解试样的镀锌层。根据锌层溶解过程中释放出氢气的体积，确定所溶解锌层的质量(气体法)。按此方法测定的锌层质量与试验试样表面积的关系，获得锌层溶解后单位表面积锌层的质量。

2.2.2 试剂：

2.2.2.1 盐酸 适当浓度的溶液。

2.2.2.2 缓蚀剂 如：六次甲基四胺($(CH_2)_6N_4$)，三氯化锑($SbCl_3$)或三氧化二锑(Sb_2O_3)。

2.2.3 装置 试验装置由以下部分组成(见图 1)。

2.2.3.1 量管，带有至少为毫升刻度，两端带旋塞。

2.2.3.2 烧瓶，底部带嘴，由橡胶管与量管底部的嘴连接。见图 1。

2.2.3.3 量杯，存放去掉锌层后的试样。

2.2.4 试验试样的制备：

小心切取试样，仔细校直钢丝试样，准确测量长度。试样长度见表 2。

表 2 试样长度

单位为毫米

钢丝直径	试样长度
<1.00	300
1.00～1.49	150
1.5～3	100
>3	50

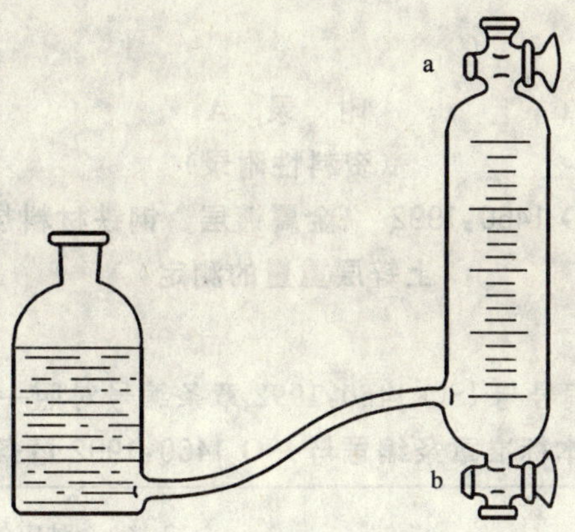

图 1　气体法锌层重量测量装置

2.2.5　试验程序：

2.2.5.1　旋紧旋塞 b，量管内和烧瓶的一部分装满含有适量缓蚀剂(2.2.2.2)的盐酸溶液(2.2.2.1)。

2.2.5.2　抬高盛有盐酸的烧瓶(2.2.3.2)，量管(2.2.3.1)中溶液的水平面刚刚达到旋塞 a 下面，使量管和烧瓶中溶液的水平面相同。

2.2.5.3　将试样从瓶口 a 放入量管后，关闭旋塞 a，由于酸与锌层的作用，释放出氢气，氢气聚集在量管的上部。

2.2.5.4　当氢气不再发生时(即钢丝表面出现一些小气泡时)，相对于量管将烧瓶放低，以使量管与烧瓶中的溶液达到相同平面。量管中弯月液面的位置，指示释放出氢气的体积。

2.2.5.5　调整烧瓶的位置将量管中的剩余溶液收集在烧瓶中，并打开旋塞 a。

2.2.5.6　打开旋塞 b，使试样进入量杯(2.2.3.3)。在测量试样的长度和直径前，清洗试样并仔细擦净。

2.2.5.7　每次仅对一个试样进行试验，量管中的试验温度保持在 20℃±2℃。

2.2.6　结果计算：

以 g/m^2 为单位的表面积的锌层质量按式(3)求得：

$$m = \frac{2\,720V}{\pi \cdot d \cdot l} \qquad (3)$$

式中：

m——每平方米锌层附着的质量，单位为克每平方米(g/m^2)；

d——钢丝去掉锌层后的直径，单位为毫米(mm)；

l——试样长度，单位为毫米(mm)；

V——每次试验中释放出氢气的体积，单位为毫升(mL)。

已知外部大气压力范围是 740 mmHg～780 mmHg[1)]式(3)右边应乘以系数 $P/760$，P 是大气压，一般为毫米汞柱(mmHg)。

实际上，可以将去掉锌层钢丝的每平方米表面积的锌层质量作为钢丝直径和释放出氢气体积的函数作成表格，直接读取单位表面积的锌层质量。

3　试验报告

试样测试后，应附有试验报告，内容至少包括：

a)　本标准号及试验方法；

b)　试样类别及规格；

c)　试验结果。

1)　1 mmHg＝133.322 Pa。

附 录 A
（资料性附录）
本标准章条与 ISO 1460:1992 《金属镀层 钢铁材料热镀锌层单位面积上锌层重量的测定》

表 A.1 给出了本标准章条编号与 ISO 1460:1992 章条编号对照一览表。

表 A.1 本标准章条编号与 ISO 1460:1992 章条编号对照

本标准章条编号	对应的国际标准章条编号
1	1
2.1.1	2
2.1.3	3
2.1.2	4
2.1.4	5
2.1.5	6.1
2.1.6	6.2
2.2～2.2.6	—
3	7

附 录 B
（资料性附录）
本标准与 ISO 1460:1992 《金属镀层 钢铁材料热镀锌层单位面积上锌层重量的测定》技术性差异及其原因

表 B.1 给出了本标准章条编号与 ISO 1460:1992 的技术性差异及其原因的一览表。

表 B.1 本标准与 ISO 1460:1992 的技术性差异及其原因

本标准的章条编号	技术性差异	原因
1	本标准仅适用于“镀锌钢丝”。	GB/T 1839—2003《钢产品镀锌层重量试验方法》适用于镀锌钢板带及管锌层重量试验。 “镀锌钢丝”除重量法外还有“气体法”，因此单独制定标准。
2.1.2	本标准增加了试样长度及试样制备的规定。	不规定试样长度及制备，生产中不便于操作。
2.1.3.1 中 b)	本标准增加了试验溶液 b。	由于该溶液使用多年，此次不宜取消，作为溶液 b 过渡一段时间，仲裁试验时应用溶液 a。
2.1.4.1、2.1.4.3	钢丝称量精确度改为：“钢丝直径不大于 0.80 mm 至少精确至 0.001 g，钢丝直径大于 0.80 mm 至少精确至 0.01 g。”	如此规定易于操作且较合理。
2.2～2.6	本标准增加气体法。	气体法快速简便，适于炉前检验，可方便大生产检验。

ICS 77.040.10
H 26

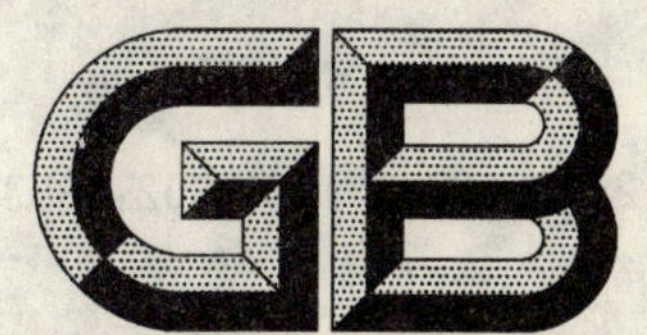

中华人民共和国国家标准

GB/T 2976—2004/ISO 7802:1983
代替 GB/T 2976—1988

金属材料　线材　缠绕试验方法

Metallic materials—Wire—Wrapping test

(ISO 7802:1983,IDT)

2004-01-19 发布　　2004-07-01 实施

中华人民共和国国家质量监督检验检疫总局
中国国家标准化管理委员会　发布

前 言

本标准等同采用国际标准 ISO 7802:1983《金属材料　线材　缠绕试验方法》(英文版)。

为便于使用,本标准做了下列编辑性修改:

a) ‘本国际标准’一词改为‘本标准’;

b) 用小数点‘.’代替作为小数点的‘,’;

c) 删除国际标准的前言。

本标准代替 GB/T 2976—1988《金属线材缠绕试验方法》。

本标准与 GB/T 2976—1988 相比主要变化如下:

——增加了试验原理的描述;

——对范围和试验机的内容进行了修改;

——删去了试验方式、试样和试验结果的判定等章节;

——术语“松懈”修改为“解圈”。

本标准由中国钢铁工业协会提出。

本标准由全国钢标准化技术委员会提出。

本标准由国家金属制品质量监督检验中心负责起草,贵州钢绳股份有限公司参加起草。

本标准主要起草人:衡俊华、洪　涛、杨红英。

本标准 1982 年首次发布,1988 年第一次修订。

金属材料 线材 缠绕试验方法

1 范围

本标准适用于测定直径或厚度为0.1 mm～10 mm的金属线材在缠绕试验过程中承受塑性变形的能力。

2 原理

缠绕试验是将线材试样在符合相关标准规定直径的芯棒上紧密缠绕规定螺旋圈数。

本试验也可包括特殊程序的缠绕、解圈甚至再缠绕。

3 试验设备

试验设备应能满足线材绕芯棒缠绕，并使相邻线圈紧密排列呈螺旋线圈。用作试验的线材，只要符合规定的芯棒直径且具有足够的硬度，也可用作芯棒。

4 试验程序

4.1 试验一般应在10℃～35℃的室温下进行，如有特殊要求，试验温度应为23℃±5℃。

4.2 试样应在没有任何扭转的情况下，以每秒不超过一圈的恒定速度沿螺旋线方向紧密缠绕在芯棒上。必要时，可减慢缠绕速度，以防止温度升高而影响试验结果。

4.3 为确保缠绕紧密，缠绕时可在试样自由端施加不超过该线材公称抗拉强度相应力值5%的拉紧力。

4.4 如果要求解圈或解圈后再缠绕，其解圈和再缠绕的速度应尽可能的慢，以防止温度升高而影响试验结果，解圈时试样末端应至少保留一个缠绕圈。

4.5 缠绕试验结果判定应按相关标准的规定执行。如无具体要求，可在不用放大工具的情况下检查试样表面，如未发现裂纹则该试样判为合格。对直径或厚度小于0.5 mm的线材应在放大约10倍的情况下进行检查。

5 试验报告

试验报告应包括下列内容：

a) 本标准编号；

b) 试样标记(如材质、镀层类别等)；

c) 试样的直径或厚度；

d) 芯棒直径；

e) 试验条件(如圈数或缠绕长度)；

f) 试验结果。

ICS 81.080
Q 42

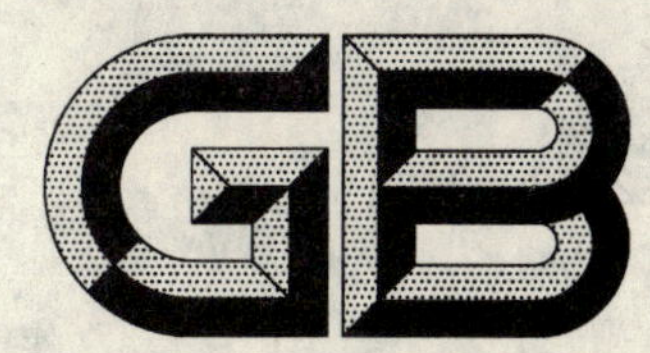

中华人民共和国国家标准

GB/T 2988—2004
代替 GB/T 2988—1987

高铝砖

High alumina brick

2004-01-19 发布　　2004-07-01 实施

中华人民共和国国家质量监督检验检疫总局
中国国家标准化管理委员会　发布

前 言

本标准代替 GB/T 2988—1987《高铝砖》。

本标准是对 GB/T 2988—1987《高铝砖》标准的修订。

本标准与前版主要有如下不同：

——增加了高铝砖 LZ-80 牌号；

——理化指标中删除了耐火度要求；

——加严了砖的尺寸允许偏差；

——增加了砖的厚度相对边差要求；

——增加了砖的楔度差要求。

本标准由中国钢铁工业协会提出。

本标准由全国耐火材料标准化技术委员会归口。

本标准起草单位：唐钢耐火材料有限公司、洛阳耐火材料集团有限责任公司、郑州豫华企业股份公司。

本标准主要起草人：宋利民、刘爱国、杜文忠、方正国、张喜成、侯俊杰。

本标准所替代标准的历次版本发布情况为：

——GB 2988—1982、GB/T 2988—1987；

——YB 398—1963。

高 铝 砖

1 范围

本标准规定了高铝砖的分类、形状尺寸、技术要求、试验方法、检验规则、包装、标志、运输、储存及质量证明书。

本标准适用于单重不大于18 kg的一般用途的高铝砖。

2 规范性引用文件

下列文件中的条款通过本标准的引用而成为本标准的条款。凡是注日期的引用文件,其随后所有的修改单(不包括勘误的内容)或修订版均不适用于本标准,然而,鼓励根据本标准达成协议的各方研究是否可使用这些文件的最新版本。凡是不注日期的引用文件,其最新版本适用于本标准。

GB/T 2992 通用耐火砖形状尺寸

GB/T 2997—2000 致密定形耐火制品体积密度、显气孔率和真气孔率试验方法

GB/T 5072 致密定形耐火制品常温耐压强度试验方法

GB/T 5988 致密定形耐火制品重烧线变化试验方法

GB/T 6900.4—1986 粘土、高铝质耐火材料化学分析方法 EDTA滴定法测定氧化铝量

GB/T 7321 定形耐火制品试样制备方法

GB/T 10324 耐火制品的分型定义

GB/T 10325—2001 定形耐火制品抽样验收规则

GB/T 10326—2001 定形耐火制品尺寸、外观及断面的检查

GB/T 16546—1996 定形耐火制品包装、标志、运输和储存

YB/T 370—1995 耐火制品荷重软化温度试验方法(非示差-升温法)

3 分类及形状尺寸

3.1 砖按理化指标分为:LZ-80、LZ-75、LZ-65、LZ-55、LZ-48五个牌号。

3.2 砖的形状尺寸应符合GB/T 2992的规定,亦可按需方提供的图纸进行生产。

3.3 砖的分型应符合GB/T 10324的规定。

4 技术要求

4.1 砖的理化指标应符合表1的规定。

4.2 砖的尺寸允许偏差及外观应符合表2的规定。

4.3 砖的断面层裂应符合表2中裂纹的数值规定。

表1 高铝砖的理化指标

<table>
<tr><th colspan="3" rowspan="2">项 目</th><th colspan="5">指 标</th></tr>
<tr><th>LZ-80</th><th>LZ-75</th><th>LZ-65</th><th>LZ-55</th><th>LZ-48</th></tr>
<tr><td colspan="2">$w(Al_2O_3)$/%</td><td>不小于</td><td>80</td><td>75</td><td>65</td><td>55</td><td>48</td></tr>
<tr><td colspan="2">显气孔率/%</td><td>不大于</td><td>22</td><td>23</td><td>23</td><td>22</td><td>22</td></tr>
<tr><td colspan="2">常温耐压强度/MPa</td><td>不小于</td><td>55</td><td>50</td><td>45</td><td>40</td><td>35</td></tr>
<tr><td colspan="2">0.2MPa荷重软化开始温度/℃</td><td>不低于</td><td>1 530</td><td>1 520</td><td>1 500</td><td>1 450</td><td>1 420</td></tr>
<tr><td rowspan="2">加热永久线变化/%</td><td colspan="2">1 500℃×2 h</td><td colspan="4">0.1～−0.4</td><td></td></tr>
<tr><td colspan="2">1 450℃×2 h</td><td colspan="4"></td><td>0.1～−0.4</td></tr>
</table>

表 2 砖的尺寸允许偏差及外观

单位为毫米

<table>
<tr><th colspan="3">项　目</th><th>指　标</th></tr>
<tr><td rowspan="3">尺寸允许偏差[a]</td><td colspan="2">尺寸≤150</td><td>±2</td></tr>
<tr><td colspan="2">尺寸 151～300</td><td>±3</td></tr>
<tr><td colspan="2">尺寸>300</td><td>±4</td></tr>
<tr><td colspan="2">厚度相对偏差</td><td rowspan="10">不大于</td><td>1</td></tr>
<tr><td colspan="2">楔度差</td><td>1</td></tr>
<tr><td rowspan="2">扭曲</td><td>长度≤300</td><td>1.0</td></tr>
<tr><td>长度>300</td><td>2.0</td></tr>
<tr><td colspan="2">缺角长度($a+b+c$)</td><td>40</td></tr>
<tr><td colspan="2">缺棱长度($e+f+g$)</td><td>60</td></tr>
<tr><td colspan="2">熔洞直径</td><td>6</td></tr>
<tr><td rowspan="3">裂纹长度</td><td>宽度≤0.25</td><td>不限制</td></tr>
<tr><td>宽度 0.26～0.5</td><td>50</td></tr>
<tr><td>宽度>0.5</td><td>不准有</td></tr>
<tr><td colspan="4">a　根据用户需求可对砖的一个主要尺寸进行分档。</td></tr>
</table>

5 试验方法

5.1 砖的检验制样按 GB/T 7321 进行。

5.2 Al_2O_3 的测定按 GB/T 6900.4—1986 进行。

5.3 显气孔率的检验按 GB/T 2997—2000 进行。

5.4 常温耐压强度的检验按 GB/T 5072 进行。

5.5 荷重软化开始温度的检验按 YB/T 370—1995 进行。

5.6 加热永久线变化的检验按 GB/T 5988 进行。

5.7 砖的尺寸、外观及断面的检验按 GB/T 10326—2001 进行。

6 检验规则

6.1 砖的抽样、验收按 GB/T 10325—2001 进行。复验时试样检验结果的允许偏差应符合表 3 中第 2 栏的规定。

表 3 试验结果的允许偏差和标准差

项目	允许偏差	标准差 σ
1	2	3
$w(Al_2O_3)$/%	−1	1.3
显气孔率/%	+1	1.0
常温耐压强度/MPa	−5	15
荷重软化开始温度/℃	−10	20

6.2 采用 GB/T 10325—2001 附录 A5.3 抽样验收时，表 1 中的数值为保证平均值(μ_G)，其标准差由表 3 中第 3 栏给出。

6.3 本标准推荐的物理检测验收项目为：气孔率、荷重软化开始温度、常温耐压强度。

7 包装、运输、储存、标志及质量证明

7.1 砖的包装、运输、储存按 GB/T 16546—1996 进行。

7.2 砖发出时应附有供方质量监督部门签发的质量证明书，载明：供方名称、需方名称、发货日期、产品名称、标准编号、牌号、砖号、批号及相应的理化指标。

ICS 81.080
Q 40

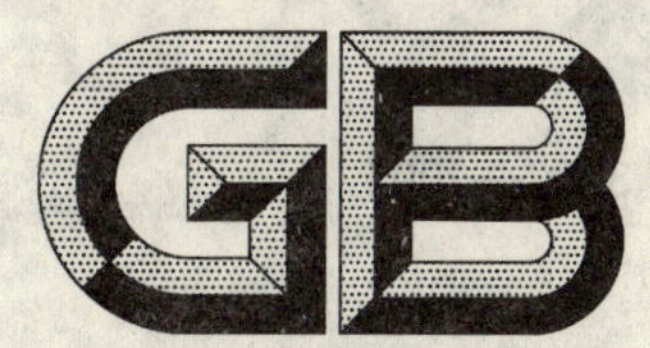

中华人民共和国国家标准

GB/T 3002—2004
代替 GB/T 3002—1982,GB/T 13243—1991

耐火材料　高温抗折强度试验方法

Refractory products—Determination of modulus of rupture at elevated temperatures

(ISO 5013:1985,MOD)

2004-06-09 发布　　2004-12-01 实施

中华人民共和国国家质量监督检验检疫总局
中国国家标准化管理委员会　发布

前　言

本标准是对 GB/T 3002—1982《耐火制品高温抗折强度试验方法》的修订。

本标准修改采用 ISO 5013:1985《耐火制品高温抗折强度试验方法》(英文版)。

本标准与 ISO 5013 主要技术差异如下：

——5.2.2 对试验炉提出了更详细的要求；

——8.2 增加对计算结果保留位数的规定。

本标准与原 GB/T 3002—1982 主要技术差异如下：

——扩大了适用范围；

——增加了引用标准；

——支承刀口之间的距离改变；

——增加了对试验炉的要求；

——试样尺寸改变；

——更改对计算结果保留位数的规定；

——增加了试验报告的项目。

本标准的附录 A 是规范性附录。

本标准代替 GB/T 3002—1982《耐火制品高温抗折强度试验方法》和 GB/T 13243—1991《含炭耐火材料高温抗折强度试验方法》。

本标准由中国钢铁工业协会提出。

本标准由全国耐火材料标准化技术委员会归口。

本标准负责起草单位：洛阳耐火材料研究院。

本标准参加起草单位：河南省新密市高炉砌筑耐火材料厂。

本标准主要起草人：王秀芳、彭西高、魏发灿、杨慧敏。

本标准所代替标准历次版本的发布情况：

——GB/T 3002 首次发布于 1982 年；

——GB/T 13243 首次发布于 1991 年。

耐火材料　高温抗折强度试验方法

1　范围

本标准规定了耐火材料高温抗折强度试验方法的原理、设备、试样、试验程序、结果计算及试验报告等。

本方法主要用于定形烧成耐火制品。对化学结合耐火制品或不定形耐火材料，通常需要经过预处理，预处理条件需经有关方面协商并在试验报告中注明。

2　规范性引用文件

下列文件中的条款通过本标准的引用而成为本标准的条款。凡是标注日期的引用文件，其随后所有的修改单(不包括勘误的内容)或修订版均不适用于本标准，然而，鼓励根据本标准达成协议的各方研究是否可使用这些文件的最新版本。凡是不注日期的引用文件，其最新版本适用于本标准。

GB/T 8170　数值修约规则

GB/T 10325　定形耐火制品抽样验收规则

3　定义

本标准采用下列定义。

3.1

抗折强度　modulus of rupture

具有一定尺寸的耐火材料条形试样，在 3 点弯曲装置上受弯时所能承受的最大应力。

3.2

试验温度　test temperature

试样张力面中点的温度(见 5.3)。

4　原理

将试样加热到试验温度，保温至规定的温度分布，以恒定的加荷速率施加应力直至试样断裂。

5　设备

5.1　加荷装置

5.1.1　加荷装置应具有 2 个下刀口和 1 个上刀口，3 个刀口应互相平行。下刀口之间的距离为 125 mm±2 mm，上刀口应放置在 2 个下刀口的正中，精确至±2 mm(见图 1)。

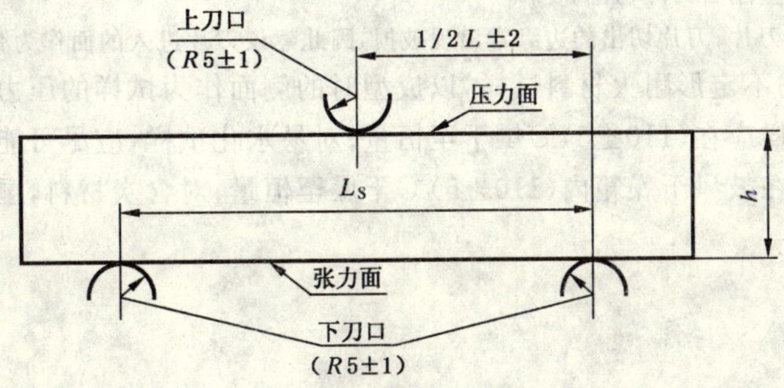

图 1　弯曲装置原理图

5.1.2 刀口和试样在试验温度下接触时应不发生任何反应。

5.1.3 刀口长度比试样宽度应至少长5 mm,刀口的曲率半径应为(5±1) mm,使用过程中刀口应定期检查,以保证其曲率半径符合规定。

5.1.4 两个下刀口应在同一水平面上,其间距应在室温下测量,精确至±0.5 mm。

5.1.5 加荷装置应能以规定的加荷速率(见7.2.2)对试样均匀地加荷,并应具备记录或指示试样断裂时载荷的装置,示值精度应为±2%。

5.2 试验炉

5.2.1 试验炉应能同时加热加荷装置和试样,并且在试验时使试样上温度均匀分布,温差不超过±10℃。

5.2.2 对于含炭等易氧化试样,试验炉中试样周围的气氛应是中性的或还原性的,以保护试样免于氧化。试验后试样折断处的表面与断面应无氧化变色。为此,应采取下列措施之一:

——用气密的试验炉,通入纯净的氩气或氮气等保护性气体;

——用非气密的试验炉,用匣钵以石墨粉埋覆试样。

5.3 温度测量装置

5.3.1 应在试样张力面中点附近用校准的热电偶测量温度。

5.3.2 应事先确定测量的温度和试样张力面中点温度之间的关系,并应按附录A所列程序定期检查。

5.3.3 试验期间应使试样张力面中点保持在试验温度下。

6 试样

6.1 数量

6.1.1 定形耐火制品样品的抽取及数量按GB/T 10325进行,也可按双方约定的数量。

6.1.2 对不定形耐火材料,每组试样应不少于3个。

6.2 形状和尺寸

6.2.1 通常情况下,试样应为长方体,横截面为(25±1) mm×(25±1) mm,长约为150 mm,每个试样长度方向上的相对面应相互平行,允许偏差不超过±0.2 mm,横截面的对边应相互平行,允许偏差不超过0.1 mm,应保证试样表面平滑,棱角完整。如果采用其他的尺寸,试样的尺寸变化按5 mm的间隔进行。

注:8.1给出的公式仅对长条状的试样有效,因此推荐试样高与宽之比及试样高与支撑刀口之间距离之比分别为 $h/b \geqslant 1/3$, $h/L_s \leqslant 1/4$。

6.2.2 不定形耐火材料试样尺寸可为(40±1) mm×(40±1) mm×160 mm。

6.2.3 用游标卡尺测量常温下试样中部的长和宽,精确至±0.1 mm。

6.3 制样

6.3.1 由定形制品上切取的试样,如果已知制品的压制方向,应保留垂直于压制方向的一个原砖面做试样的压力面,并做标记,而长度方向的其他表面不应有原砖面。

注:建议采用连续凸缘金刚石刀片切割。

如果使用齿形凸缘刀片,刀片切出的边缘常出现破损,因此建议刀片进入的面作为张力面。

6.3.2 使用模型制备的不定形耐火材料试样,以成型时的侧面作为试样的压力面。

6.3.3 一般情况下,试样应在(110±5)℃烘干至恒量;对易水化试样,应尽可能干切,如需湿切,湿切后用干布将水擦干后立即在鼓风干燥箱内(110±5)℃干燥至恒量;对含炭材料,湿切后立即在鼓风干燥箱内40℃以下干燥至恒量。

7 试验程序

7.1 加热

7.1.1 试验温度应由有关方面商定,推荐使用100℃的倍数(如1 000℃,1 100℃……),如果需要也可使用 50℃的倍数(如 1 050℃,1 100℃,1 050℃……)。

7.1.2　将试样置于试验炉内,按试样材质要求控制试样周围气氛,将试样加热到试验温度±10℃,升温速率(2～10)℃/min,最好(4～6)℃/min。

7.1.3　达到试验温度时,将试样在此温度下保温一定时间,以使试样上温度分布均匀,温差不超过±10℃,保温时间应在试验报告中注明。

7.1.4　对于烧成耐火材料保温时间一般为 30 min,对于不烧制品或不定形耐火材料,预处理与保温时间由有关方面商定。

7.1.5　由位于试样压力面中心点附近的热电偶测量的温度在试验过程中的波动不超过±2℃

7.2　加荷

7.2.1　将试样对称地置于下刀口上。

7.2.2　使上刀口在试样的压力面中部垂直地均匀加荷,直至断裂。应力增加速率应符合下列规定:

——致密耐火制品:(0.15±0.015) MPa/s;

——隔热耐火制品:(0.05±0.005) MPa/s。

7.2.3　记录试样断裂时的最大载荷(F_{max})。

8　结果计算

8.1　按下式计算抗折强度:

$$Re = \frac{3}{2} \times \frac{F_{max} L_s}{bh^2}$$

式中:

Re——抗折强度,单位为兆帕(MPa);

F_{max}——试样断裂时的最大载荷,单位为牛顿(N);

L_s——支承刀口之间的距离,单位为毫米(mm);

b——试样的宽度,单位为毫米(mm);

h——试样的高度,单位为毫米(mm)。

8.2　结果按 GB/T 8170 修约至 1 位小数。

9　试验报告

试验报告应包括:

——实验室名称;

——试验日期;

——试样名称和编号;

——试样数量;

——试验温度(℃)及保温时间(min);

——试样预处理条件(见 7.1.3 及角注);

——试样尺寸(mm);

——试样在砖上的位置;

——支承刀口之间的距离(mm);

——升温速率(℃/min);

——试验气氛(见 5.2.2);

——应力增加速率(N/mm^2·s);

——抗折强度的单值及平均值。

附 录 A
（规范性附录）
试样温度分布的测量

A.1 在每一试验温度下均应进行预先测量，以确定：

a） 试样上的温度分布；

b） 试样温度分布达到指定的均匀程度所需要的时间（见 5.2.1 及 7.1.3）；

c） 平衡时，试验热电偶指示的温度与试样张力面中点的温度之间的关系（见 5.3.1 及 5.3.2）。

A.2 这些数据可在试验条件下用试验热电偶、附加热电偶和带有供插附加热电偶的钻孔的特殊试样测定，其试样应与所用试样尺寸相同（见 6.2）、导热系数相近。

A.3 对每台新试验炉和每当试验条件变化（例如更换加热元件或试验热电偶）时，都应进行测量。

ICS 21.060.40
J 13

中华人民共和国国家标准

GB/T 3098.18—2004/ISO 14589:2000
代替 GB/T 12619—1990 第9章

紧固件机械性能 盲铆钉试验方法

Mechanical properties of fasteners—Blind rivets testing

(ISO 14589:2000,Blind rivets—Mechanical testing,IDT)

2004-02-10 发布 2004-08-01 实施

中华人民共和国国家质量监督检验检疫总局
中国国家标准化管理委员会 发布

前　言

本部分是国家标准"紧固件机械性能"系列标准之一。该系列包括：
——GB/T 3098.1—2000　紧固件机械性能　螺栓、螺钉和螺柱；
——GB/T 3098.2—2000　紧固件机械性能　螺母　粗牙螺纹；
——GB/T 3098.3—2000　紧固件机械性能　紧定螺钉；
——GB/T 3098.4—2000　紧固件机械性能　螺母　细牙螺纹；
——GB/T 3098.5—2000　紧固件机械性能　自攻螺钉；
——GB/T 3098.6—2000　紧固件机械性能　不锈钢螺栓、螺钉和螺柱；
——GB/T 3098.7—2000　紧固件机械性能　自挤螺钉；
——GB/T 3098.8—1992　紧固件机械性能　耐热用螺纹连接副；
——GB/T 3098.9—2002　紧固件机械性能　有效力矩型钢六角锁紧螺母；
——GB/T 3098.10—1993　紧固件机械性能　有色金属制造的螺栓、螺钉、螺柱和螺母；
——GB/T 3098.11—2002　紧固件机械性能　自钻自攻螺钉；
——GB/T 3098.12—1996　紧固件机械性能　螺母锥形保证载荷试验；
——GB/T 3098.13—1996　紧固件机械性能　螺栓与螺钉的扭矩试验和破坏扭矩　公称直径1～10 mm；
——GB/T 3098.14—2000　紧固件机械性能　螺母扩孔试验；
——GB/T 3098.15—2000　紧固件机械性能　不锈钢螺母；
——GB/T 3098.16—2000　紧固件机械性能　不锈钢紧定螺钉；
——GB/T 3098.17—2000　紧固件机械性能　检查氢脆用预载荷试验　平行支承面法；
——GB/T 3098.18—2004　紧固件机械性能　盲铆钉试验方法；
——GB/T 3098.19—2004　紧固件机械性能　盲铆钉；
——GB/T 3098.20—2004　紧固件机械性能　蝶形螺母　保证扭矩。

本部分是 GB/T 3098 的第 18 部分。

本部分等同采用国际标准 ISO 14589:2000《盲铆钉　机械试验》(英文版)。

本部分代替 GB/T 12619—1990《抽芯铆钉技术条件》中的第 9 章。

本部分与 GB/T 12619—1990 第 9 章相比主要变化如下：
——制定独立标准，并增加了击芯铆钉的机械性能试验方法(见第 1 章)；
——对剪切和拉力试验各规定了常规与仲裁两种试验方法及夹具，并调整补充了有关内容(见第 3 章)；
——增加钉头保持能力试验(见第 4 章)；
——增加铆接前的钉芯拆卸力试验(见第 5 章)；
——增加钉芯断裂载荷试验(见第 6 章)；
——取消铆接试验(见 1990 年版的 9.3)。

本部分的附录 A 为资料性附录。

本部分由中国机械工业联合会提出。

本标准由全国紧固件标准化技术委员会(SAC/TC 85)归口。

本部分由机械科学研究院负责起草，上海安字实业有限公司参加起草。

本部分由全国紧固件标准化技术委员会秘书处负责解释。

本部分所代替标准历次版本发布情况为：
——GB/T 12619—1990。

紧固件机械性能
盲铆钉试验方法

1 范围

本部分规定了盲铆钉(即抽芯铆钉和击芯铆钉)的机械性能试验方法,包括:

——剪切试验(见第3章);

——拉力试验(见第3章);

——钉头保持能力试验(见第4章);

——钉芯拆卸力试验(安装前)(见第5章);

——钉芯断裂载荷试验(见第6章)。

试验环境温度为10℃～35℃。

适用于公称直径至6.4 mm的抽芯铆钉和击芯铆钉。

2 规范性引用文件

下列文件中的条款通过GB/T 3098的本部分的引用而成为本部分的条款。凡是注日期的引用文件,其随后所有的修改单(不包括勘误的内容)或修订版均不适用于本部分,然而,鼓励根据本部分达成协议的各方研究是否可使用这些文件的最新版本。凡是不注日期的引用文件,其最新版本适用于本部分。

GB/T 3722—1992 液压式压力试验机

GB/T 16491—1996 电子式万能试验机

JB/T 9375—1999 机械式拉力试验机 技术条件

3 剪切和拉力试验

3.1 试验原理

对固定在试验夹具中的抽芯铆钉或击芯铆钉试件,施加剪切载荷或拉力载荷,直至损坏。

3.2 试验夹具

对两种试验方法规定了两种试验夹具。3.2.1.1和3.2.2.1规定的夹具可用于常规试验。3.2.1.2和3.2.2.2规定的夹具也可用于常规试验,但有争议时是决定性和仲裁的试验夹具。

3.2.1 剪切试验夹具

3.2.1.1 常规剪切试验

常规剪切试验夹具的基本尺寸见图1。

试验板应由硬度不低于420 HV30的钢制成。用适当的钢螺栓将试验板固定在试验机上,使在载荷作用下试验板变形的影响减至最小。

当装铆钉的通孔呈现非圆形、有磨损的痕迹,或损坏或者其尺寸超出表2规定的最大直径时,则该试验板应予报废。

试验板厚度和通孔直径见3.2.3。

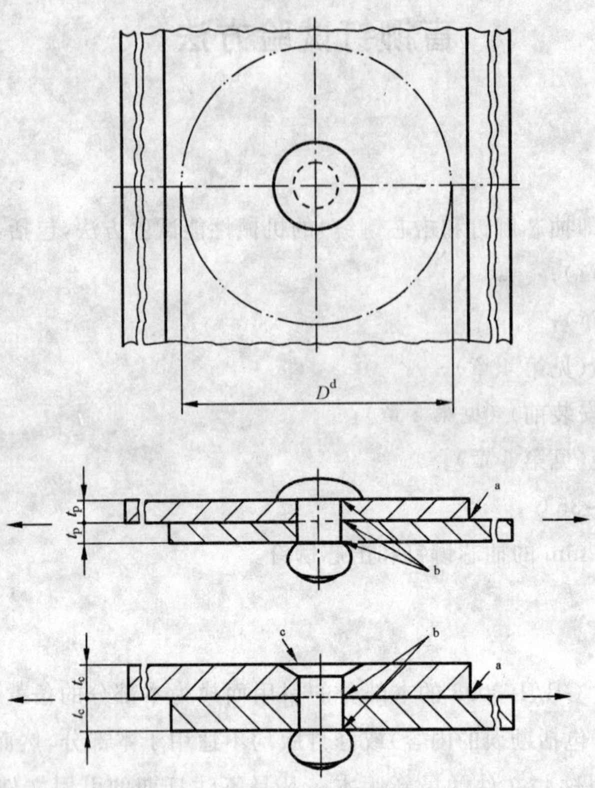

a 表面粗糙度 $Ra=1.6\ \mu m$。

b 通孔的棱角处不得有毛刺。

c 沉头角应等于钉体头的公称角度，其公差为$_{-2^{\circ}}^{\ 0}$。

d 试件周围最小圆形面积的直径 $D=25$ mm。

图 1 常规剪切试验夹具

3.2.1.2 仲裁剪切试验

图 3 试验夹具中使用的衬套应符合图 2 给出的尺寸和表面粗糙度。

衬套应由淬火并回火的钢制成，其最低硬度为 700 HV30。装入铆钉试件的夹具应安装在试验机中，并能自动定心。

对每一仲裁试验项目应使用新的衬套。

图 3 的试验夹具如用于常规试验，当装铆钉的通孔呈现非圆形、有磨损的痕迹，或损坏或者其尺寸超出表 2 规定的最大直径时，则该试验衬套应予报废。

衬套的厚度和通孔尺寸见 3.2.3。

3.2.2 拉力试验夹具

3.2.2.1 常规拉力试验

常规拉力试验夹具的基本尺寸见图 4。

注：适用的试验夹具示例见附录 A。

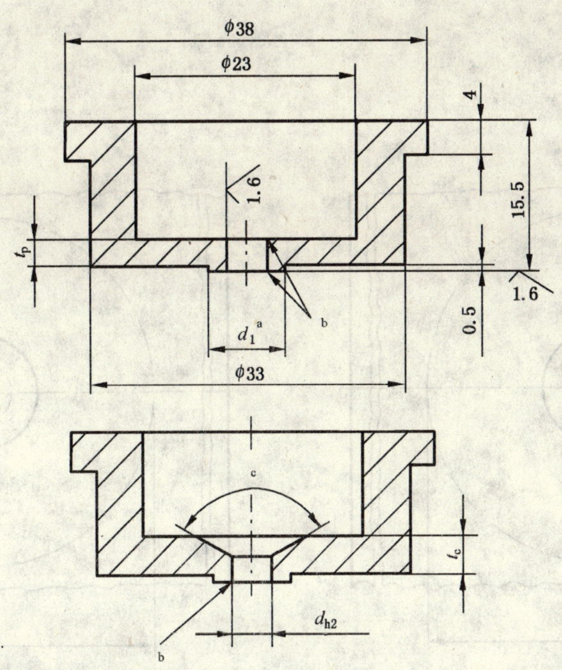

a $d_1=2d$，d——铆钉公称直径。

b 通孔的棱角处不得有毛刺。

c 沉头角应等于钉体头的公称角度，其公差为 $_{-2°}^{\ 0}$。

图 2 突头和沉头铆钉用试验衬套

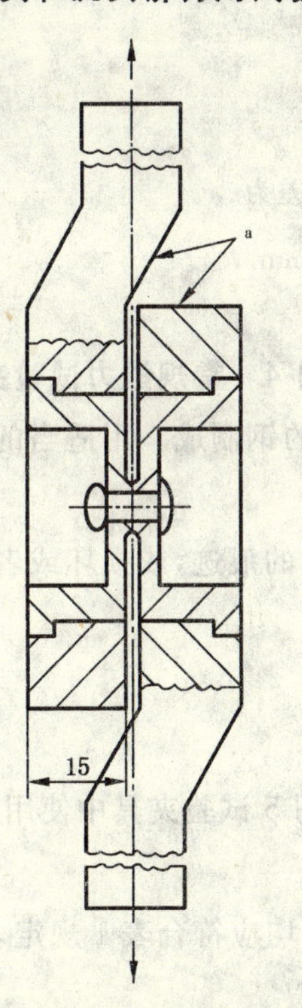

a 宽度 50 mm。

图 3 仲裁剪切试验夹具

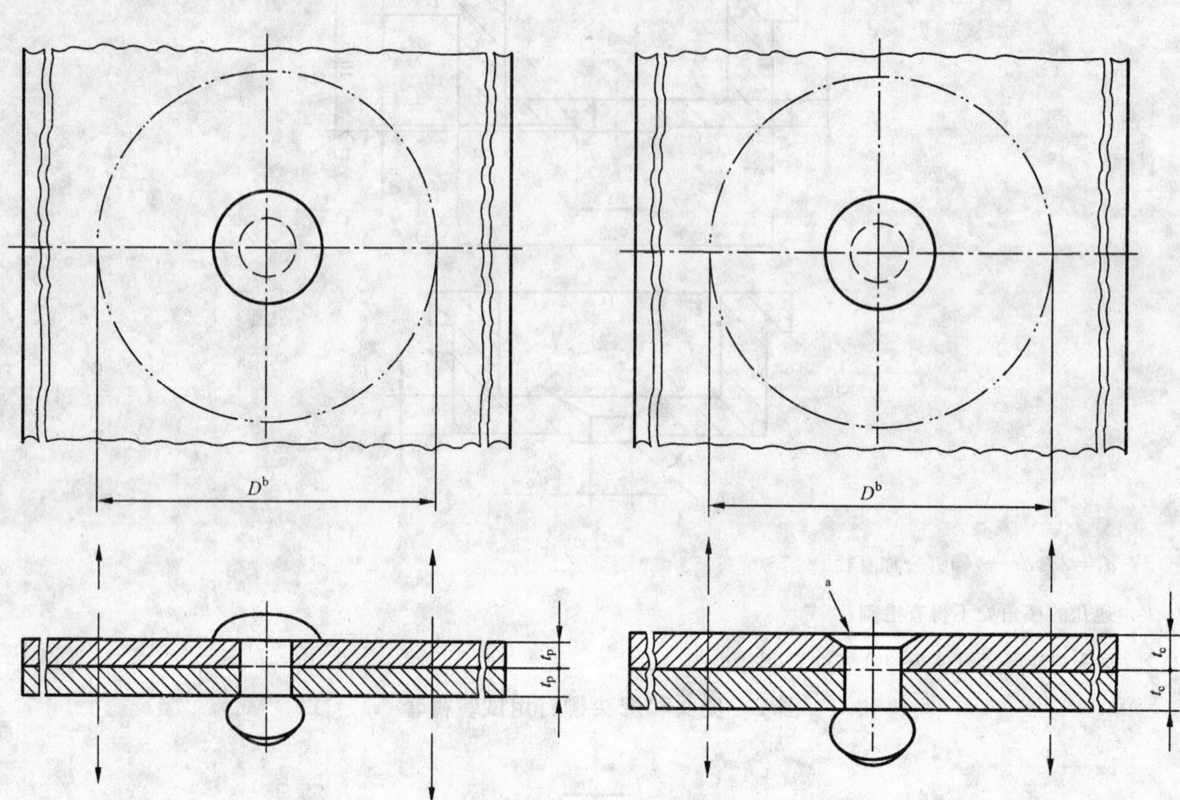

a 沉头角应等于钉体头的公称角度，其公差为$_{-2°}^{0}$。

b 试件周围最小圆形面积的直径 D=25 mm。

图 4 常规拉力试验夹具

试验板应由硬度不低于 420 HV30 的钢制成。用适当的钢螺栓将试验板固定在试验机上，使在载荷作用下试验板变形的影响减至最小。

当装铆钉的通孔呈现非圆形、有磨损的痕迹，或损坏或者其尺寸超出表 2 规定的最大直径时，则该试验板应予报废。

试验板厚度和通孔直径见 3.2.3。

3.2.2.2 仲裁拉力试验

3.2.1.2 规定的技术要求均适用于图 5 试验夹具中使用的衬套。

3.2.3 试验板或衬套厚度和通孔直径

对所有试验夹具，试验板或衬套厚度均应符合表 1 规定，通孔直径应符合表 2 规定。

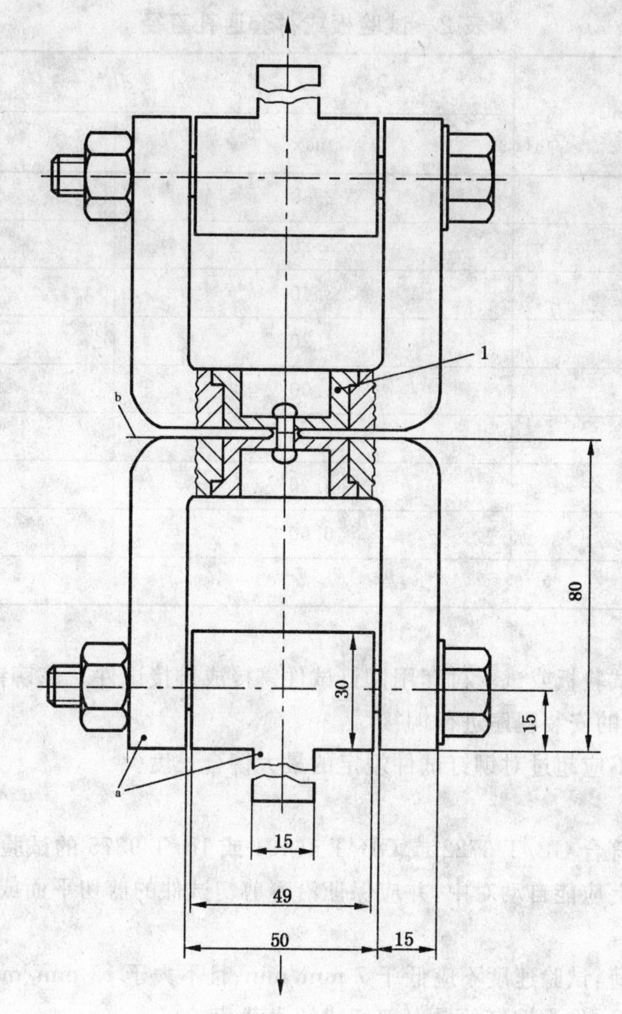

1——衬套(详见图 2)。

a 宽度 50 mm。

b 试验较长的铆钉可增加衬垫。

图 5 仲裁拉力试验夹具

表 1 盲铆钉的类型与试验板或衬套厚度的关系

盲铆钉的类型	试验板或衬套厚度	
	t_p[a] min	t_c[b] min
穿越式钉芯 断裂式钉芯(包括伸长的残留部分) 非断裂式钉芯	0.5 d[c]	0.75 d[c]
埋入式钉芯	0.75 d[c]	1 d[c]
卡紧式钉芯	0.65 d[c]	0.75 d[c]
击入式钉芯	0.5 d[c]	0.75 d[c]

a t_p——适用于突头铆钉的厚度。

b t_c——适用于沉头铆钉的厚度。

c d——铆钉公称直径。

表 2 试验板或衬套通孔直径

铆钉公称直径 d	d_{h2} [a]	
	max	min
2.4	2.60	2.55
3	3.20	3.15
3.2	3.40	3.35
4	4.20	4.15
4.8	5.00	4.95
5	5.20	5.15
6	6.20	6.15
6.4	6.60	6.55

[a] d_{h2}——通孔直径。

3.2.4 试件铆接成型

将两个相同厚度的试验板或试验衬套用铆钉试件铆接成铆接试件。该铆钉应当用铆接工具或抓取机构，按铆钉制造者推荐的安装程序进行铆接。

铆接试件的总厚度不应超过对铆钉试件规定的最大铆合长度。

3.3 试验程序

将铆接试件安装在符合 GB/T 3722 或 GB/T 16491 或 JB/T 9375 的试验机上。

夹具在拉力试验机上应能自动对中，并应保证沿着剪切试件的剪切平面或拉力试件的中心线，直线地施加载荷。

应当持续地施加载荷，试验速度不应低于 7 mm/min、且不大于 13 mm/min，直至试件损坏。

最大载荷值应予记录，作为铆钉的最大剪切或拉力载荷。

如在规定的最小剪切或拉力载荷之前铆钉试件损坏，则该铆钉不能通过本试验。

3.4 短铆钉的试验

对铆钉最大铆合长度短于表 1 规定的 $2t_{pmin}$ 或 $2t_{cmin}$ 时，试验板或试验衬套的组合厚度应等于铆钉试件规定的最大铆合长度。

试件铆接成型和试验程序应符合 3.2 的有关规定。试验的评定取决于试验板或试验衬套是否能承受铆钉试件的最大剪切或拉力载荷。所以，对短铆钉的试验数据有下列几种情况：

a) 直至铆钉损坏，试验板或试验衬套保持完好无损，则最大载荷数据是该铆钉损坏时的最大剪切或拉力载荷。如该载荷等于或超过规定的最小剪切或拉力载荷，则该铆钉通过本试验。

b) 当载荷等于或超过规定的最小剪切或拉力载荷时，铆钉保持完好无损而试验板或试验衬套损坏，则该铆钉通过本试验。然而，在这种情况下不能确定铆钉的最大剪切或拉力载荷。

c) 当载荷小于规定的最小剪切或拉力载荷时，铆钉保持完好无损而试验板或试验衬套损坏，则该铆钉是否接收可由供需双方协议。

d) 在达到规定的最小剪切或拉力载荷之前，铆钉损坏，则该铆钉不能通过本试验。

4 钉头保持能力试验

4.1 试验原理

从铆钉的钉体头一侧沿钉芯轴向加载，直至钉头移动。

注：本试验不适用于封闭型、击入式、扩口型和开槽型盲铆钉。

4.2 试验夹具

钉头保持能力试验夹具见图 6。

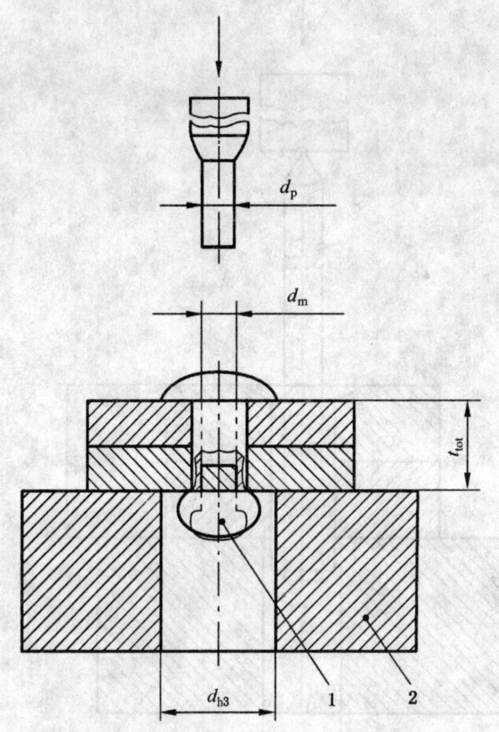

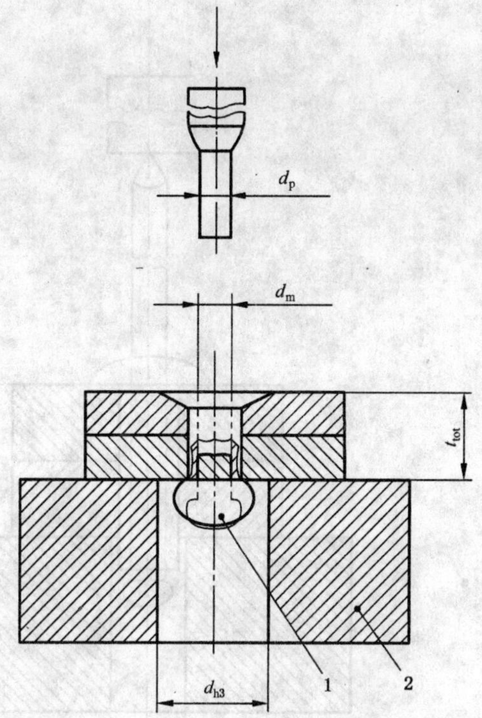

1——钉芯；

2——试验垫板。

图 6 钉头保持能力试验夹具

铆接件可用一块或多块钢板组成，但其总厚度应等于铆钉试件规定的最大铆合长度。单板厚度不得小于 1.5 mm。试验板应有一定的宽度，以保证试件周围最小圆形的直径 D=25 mm。

试验板装入铆钉的通孔(d_{h2})直径应按表 2 规定。

铆钉应使用铆接工具或抓取机构，并按铆钉制造者推荐的安装程序进行安装。

冲头直径 d_p 应比钉芯直径 d_m 小 0.25 mm。

试验垫板上的孔(铆接件置于其上)应能放入盲铆头，但其直径 d_{h3} 不得大于 2 倍的铆钉公称直径($d_{h3} \leqslant 2\ d$)。

4.3 试验程序

将试验夹具安装在符合 GB/T 3722 或 GB/T 16491 或 JB/T 9375 的试验机上。该试验机应装有如图 6 所示的压力冲头。

将载荷持续而无冲击地沿着钉芯轴线直接施加于钉芯断口，并持续到钉头对铆钉体开始移动。试验速度不应低于 7 mm/min、且不大于 13 mm/min。钉头开始移动之前的最大载荷应予记录，并作为该铆钉的钉头保持载荷。

5 钉芯拆卸力试验(铆接前)

5.1 试验原理

从铆钉的钉体头一侧沿钉芯轴向加载，直至推出钉芯。

注：本试验不适用于封闭型和击入式盲铆钉。

5.2 试验夹具

钉芯拆卸力试验(铆接前)夹具见图 7。

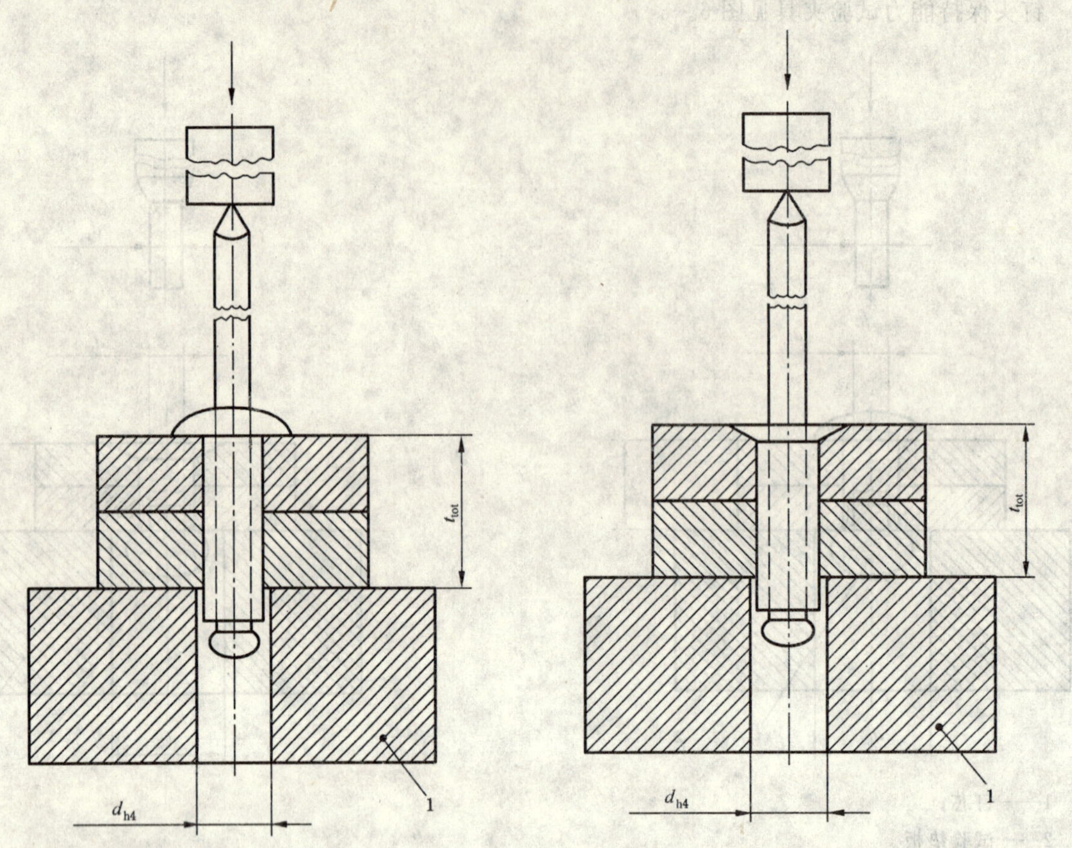

1——试验垫板。

图 7 钉芯拆卸力试验夹具

铆接件可用一块或多块钢板组成，但其总厚度应为 $t_{tot} \geqslant 10$ mm。单板厚度不得小于 1.5 mm。试验板应有一定的宽度，以保证试件周围最小圆形的直径 $D=25$ mm。

试验板装入铆钉的通孔直径(d_{h2})应按表 2 规定。

试验垫板上孔(试验板和铆钉试件置于其上)的直径 d_{h4} 不得比铆钉杆最大直径大 1 mm。

5.3 试验程序

将试验夹具安装在符合 GB/T 3722 或 GB/T 16491 或 JB/T 9375 的试验机上。该试验机应装有如图 7 所示的压力冲头。

将载荷持续而无冲击地沿着钉芯轴线直接施加于钉芯末端，直至钉芯对铆钉体开始移动。试验速度不应低于 7 mm/min、且不大于 13 mm/min。出现的最大载荷应予记录，并作为该盲铆钉的钉芯拆卸载荷。

6 钉芯断裂载荷试验

6.1 试验原理

对试验夹具中的钉芯施加拉力载荷，直至钉芯断裂。

6.2 试验夹具

钉芯断裂载荷试验夹具见图 8。

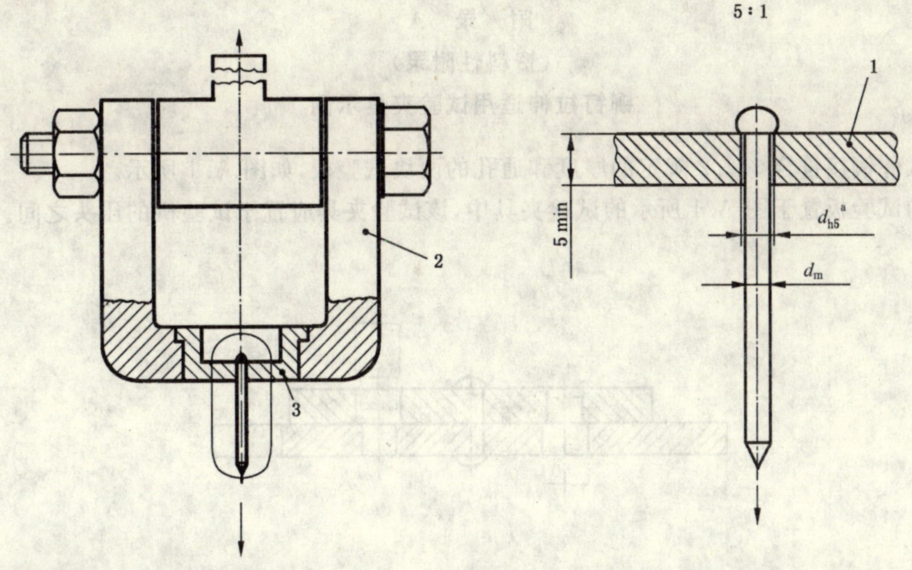

1——试验板；

2——试验夹具见图 5(仅是一部分)；

3——试验衬套。

a 孔径 $d_{h5}=d_{m}{}^{+0.4}_{+0.2}$ mm。

图 8 钉芯断裂载荷试验夹具

试验夹具应由硬度不低于 700 HV30 的一个钢试验板或衬套组成。试验板或试验衬套中置入钉芯的孔，应等于试件钉芯的公称直径，其公差为$^{+0.4}_{+0.2}$ mm。试验板或试验衬套的厚度不得小于 5 mm，并应能承受试验载荷而无塑性变形。

6.3 试验程序

将试验夹具安装在符合 GB/T 3722 或 GB/T 16491 或 JB/T 9375 的试验机上。该试验机应装有能夹紧钉芯的夹具。

将拉力载荷持续而无冲击地沿着钉芯轴线直接施加于钉芯，并持续到钉芯破坏。试验速度不应低于 7 mm/min、且不大于 13 mm/min。出现的最大载荷应予记录，并作为该铆钉的钉芯断裂载荷。

附 录 A
（资料性附录）
铆钉拉伸适用试验夹具示例

用铆钉试件铆接符合3.2.2规定的厚度和通孔的两块试验板，如图A.1所示。

将铆后的试验板置于图A.1所示的试验夹具中，该试验夹具应置于试验机的压头之间。

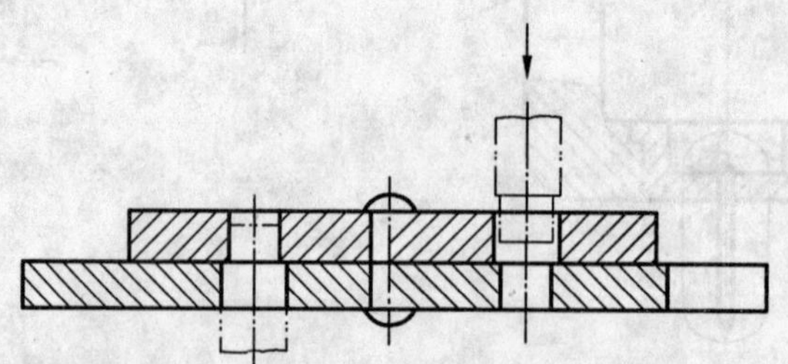

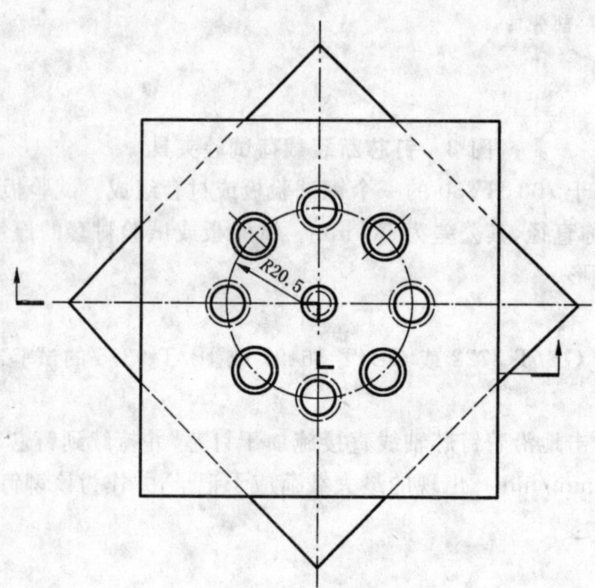

图 A.1 铆钉拉伸试验夹具

ICS 21.060.40
J 13

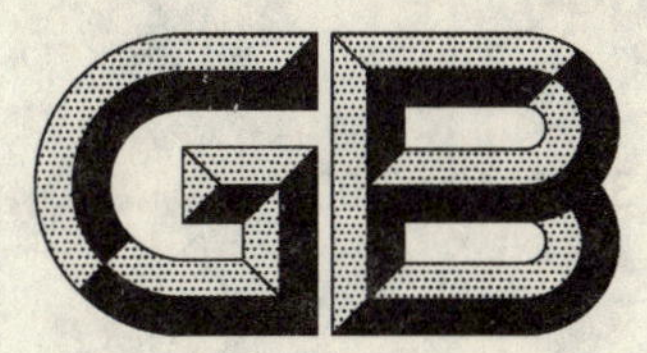

中华人民共和国国家标准

GB/T 3098.19—2004
代替 GB/T 12619—1990

紧固件机械性能 抽芯铆钉

**Mechanical properties of fasteners—
Blind rivets with break pull mandrel**

2004-02-10 发布　　2004-08-01 实施

中华人民共和国国家质量监督检验检疫总局
中国国家标准化管理委员会　发布

前　言

本部分是国家标准“紧固件机械性能”系列标准之一。该系列包括：

——GB/T 3098.1—2000　紧固件机械性能　螺栓、螺钉和螺柱；
——GB/T 3098.2—2000　紧固件机械性能　螺母　粗牙螺纹；
——GB/T 3098.3—2000　紧固件机械性能　紧定螺钉；
——GB/T 3098.4—2000　紧固件机械性能　螺母　细牙螺纹；
——GB/T 3098.5—2000　紧固件机械性能　自攻螺钉；
——GB/T 3098.6—2000　紧固件机械性能　不锈钢螺栓、螺钉和螺柱；
——GB/T 3098.7—2000　紧固件机械性能　自挤螺钉；
——GB/T 3098.8—1992　紧固件机械性能　耐热用螺纹连接副；
——GB/T 3098.9—2002　紧固件机械性能　有效力矩型钢六角锁紧螺母；
——GB/T 3098.10—1993　紧固件机械性能　有色金属制造的螺栓、螺钉、螺柱和螺母；
——GB/T 3098.11—2002　紧固件机械性能　自钻自攻螺钉；
——GB/T 3098.12—1996　紧固件机械性能　螺母锥形保证载荷试验；
——GB/T 3098.13—1996　紧固件机械性能　螺栓与螺钉的扭矩试验和破坏扭矩　公称直径1～10 mm；
——GB/T 3098.14—2000　紧固件机械性能　螺母扩孔试验；
——GB/T 3098.15—2000　紧固件机械性能　不锈钢螺母；
——GB/T 3098.16—2000　紧固件机械性能　不锈钢紧定螺钉；
——GB/T 3098.17—2000　紧固件机械性能　检查氢脆用预载荷试验　平行支承面法；
——GB/T 3098.18—2004　紧固件机械性能　盲铆钉试验方法；
——GB/T 3098.19—2004　紧固件机械性能　抽芯铆钉；
——GB/T 3098.20—2004　紧固件机械性能　蝶形螺母　保证扭矩。

本部分是 GB/T 3098 的第 19 部分。

本部分代替 GB/T 12619—1990《抽芯铆钉技术条件》。

本部分与 GB/T 12619—1990 相比主要变化如下：

——全面调整了抽芯铆钉的机械性能等级与材料组合(见表 1)；
——全面调整了抽芯铆钉的最小剪切载荷与最小拉力载荷(见表 2～表 5)；
——增加开口型抽芯铆钉的钉芯拆卸力和钉头保持能力(见 4.2、4.3 和表 6)；
——增加抽芯铆钉的钉芯断裂载荷(见 4.4、表 7 和表 8)；
——引用了抽芯铆钉的机械性能试验方法标准，并全面调整了试验方法(见第 5 章)；
——取消抽芯铆钉的形位公差、表面缺陷、推荐的铆接厚度以及验收检查等(见 1990 年版的第 5 章、第 6 章、第 7 章、9.3.3 及第 10 章)。

本部分由中国机械工业联合会提出。

本部分由全国紧固件标准化技术委员会(SAC/TC 85)归口。

本部分由机械科学研究院负责起草，上海安字实业有限公司参加起草。

本部分由全国紧固件标准化技术委员会秘书处负责解释。

本部分所代替标准的历次版本发布情况为：

——GB/T 12619—1990。

紧固件机械性能
抽芯铆钉

1 范围

本部分规定了开口型和封闭型抽芯铆钉的机械性能等级与材料、最小剪切载荷、最小拉力载荷和钉芯断裂载荷，以及开口型抽芯铆钉的钉芯拆卸力和钉头保持能力等机械性能。

2 规范性引用文件

下列文件中的条款通过GB/T 3098的本部分的引用而成为本部分的条款。凡是注日期的引用文件，其随后所有的修改单(不包括勘误的内容)或修订版均不适用于本部分，然而，鼓励根据本部分达成协议的各方研究是否可使用这些文件的最新版本。凡是不注日期的引用文件，其最新版本适用于本部分。

GB/T 699 优质碳素结构钢

GB/T 1220 不锈钢棒

GB/T 3098.18 紧固件机械性能 盲铆钉试验方法(GB/T 3098.18—2004，ISO 14589:2000，Blind rivets—Mechanical testing，IDT)

GB/T 3190 变形铝及铝合金化学成分

GB/T 3206 优质碳素结构钢丝

GB/T 4232 冷顶锻用不锈钢丝

GB/T 5235 加工镍及镍合金 化学成分和产品形状

GB/T 14956 专用铜及铜合金线

3 机械性能等级

抽芯铆钉的机械性能等级由二位数字组成，表示不同的钉体与钉芯材料组合或机械性能。同一机械性能等级、不同的抽芯铆钉型式，其机械性能不同(如表2与表3;表5与表6)。

机械性能等级与材料组合按表1规定。其中，材料牌号及技术条件仅系推荐采用，铆钉制造者可根据实际条件与经验选用其他材料牌号及技术条件。

4 机械性能

4.1 剪切载荷与拉力载荷

抽芯铆钉的最小剪切载荷与最小拉力载荷按表2～表5规定。

4.2 钉芯拆卸力

钉芯拆卸力仅适用于开口型抽芯铆钉，应大于10 N。

4.3 钉头保持能力

钉头保持能力仅适用于开口型抽芯铆钉，按表6规定。

4.4 钉芯断裂载荷

抽芯铆钉的钉芯断裂载荷按表7或表8规定。

表 1 机械性能等级与材料组合

性能等级	钉体材料			钉芯材料	
	种类	材料牌号	标准编号	材料牌号	材料编号
06	铝	1035	GB/T 3190	7A03 5183	GB/T 3190
08	铝合金	5005、5A05		10、15、 35、45	GB/T 699 GB/T 3206
10		5052、5A02			
11		5056、5A05			
12		5052、5A02		7A03 5183	GB/T 3190
15		5056、5A05		0Cr18Ni9 1Cr18Ni9	GB/T 4232
20	铜	T1 T2 T3	GB/T 14956	10、15、 35、45	GB/T 699 GB/T 3206
21				青铜[a]	a
22				0Cr18Ni9 1Cr18Ni9	GB/T 4232
23	黄铜	a	a	a	a
30	碳素钢	08F、10	GB/T 699 GB/T 3206	10、15、 35、45	GB/T 699 GB/T 3206
40	镍铜合金	28-2.5-1.5 镍铜合金 (NiCu28-2.5-1.5)	GB/T 5235		
41				0Cr18Ni9 2Cr13	GB/T 4232
50	不锈钢	0Cr18Ni9 1Cr18Ni9	GB/T 1220	10、15、 35、45	GB/T 699 GB/T 3206
51				0Cr18Ni9 2Cr13	GB/T 4232

a 数据待生产验证(含选用材料牌号)。

表 2 最小剪切载荷——开口型

钉体直径 d/mm	性能等级							
	06	08	10 12	11 15	20 21	30	40 41	50 51
	最小剪切载荷/N							
2.4	—	172	250	350	—	650	—	—
3.0	240	300	400	550	760	950	—	1 800[a]
3.2	285	360	500	750	800	1 100[a]	1 400	1 900[a]
4.0	450	540	850	1 250	1 500[a]	1 700	2 200	2 700
4.8	660	935	1 200	1 850	2 000	2 900[a]	3 300	4 000
5.0	710	990	1 400	2 150	—	3 100	—	4 700
6.0	940	1 170	2 100	3 200	—	4 300	—	—
6.4	1 070	1 460	2 200	3 400	—	4 900	5 500	—

a 数据待生产验证(含选用材料牌号)。

表 3　最小拉力载荷——开口型

钉体直径 d/mm	性能等级							
	0.6	0.8	10 12	11 15	20 21	30	40 41	50 51
	最小拉力载荷/N							
2.4	—	258	350	550	—	700	—	—
3.0	310	380	550	850	950	1 100	—	2 200[a]
3.2	370	450	700	1 100	1 000	1 200	1 900	2 500[a]
4.0	590	750	1 200	1 800	1 800	2 200	3 000	3 500
4.8	860	1 050	1 700	2 600	2 500	3 100	3 700	5 000
5.0	920	1 150	2 000	3 100	—	4 000	—	5 800
6.0	1 250	1 560	3 000	4 600	—	4 800	—	—
6.4	1 430	2 050	3 150	4 850	—	5 700	6 800	—

a　数据待生产验证(含选用材料牌号)。

表 4　最小剪切载荷——封闭型

钉体直径 d/mm	性能等级				
	0.6	11 15	20 21	30	50 51
	最小剪切载荷/N				
3.0	—	930	—	—	—
3.2	460	1 100	850	1 150	2 000
4.0	720	1 600	1 350	1 700	3 000
4.8	1 000[a]	2 200	1 950	2 400	4 000
5.0	—	2 420	—	—	—
6.0	—	3 350	—	—	—
6.4	1 220	3 600[a]	—	3 600	6 000

a　数据待生产验证(含选用材料牌号)。

表 5 最小拉力载荷——封闭型

钉体直径 d/ mm	性能等级				
	0.6	11 15	20 21	30	50 51
	最小拉力载荷/N				
3.0	—	1 080	—	—	—
3.2	540	1 450	1 300	1 300	2 200
4.0	760	2 200	2 000	1 550	3 500
4.8	1 400[a]	3 100	2 800	2 800	4 400
5.0	—	3 500	—	—	—
6.0	—	4 285	—	—	—
6.4	1 580	4 900[a]	—	4 000	8 000

a 数据待生产验证(含选用材料牌号)。

表 6 钉头保持能力——开口型

钉体直径 d/ mm	性能等级	
	06、08、10、11、12、15、20、21、40、41	30、50、51
	钉头保持能力/N	
2.4	10	30
3.0	15	35
3.2	15	35
4.0	20	40
4.8	25	45
5.0	25	45
6.0	30	50
6.4	30	50

表 7 钉芯断裂载荷——开口型

钉体材料	铝	铝	铜	钢	镍铜合金	不锈钢
钉芯材料	铝	钢、不锈钢	钢、不锈钢	钢	钢、不锈钢	钢、不锈钢
钉体直径 d/ mm	钉芯断裂载荷/N max					
2.4	1 100	2 000	—	2 000	—	—
3.0	—	3 000	3 000	3 200	—	4 100
3.2	1 800	3 500	3 000	4 000	4 500	4 500
4.0	2 700	5 000	4 500	5 800	6 500	6 500
4.8	3 700	6 500	5 000	7 500	8 500	8 500
5.0	—	6 500	—	8 000	—	9 000
6.0	—	9 000	—	12 500	—	—
6.4	6 300	11 000	—	13 000	14 700	—

表 8 钉芯断裂载荷——封闭型

钉体材料	铝	铝	钢	不锈钢
钉芯材料	铝	钢、不锈钢	钢	钢、不锈钢
钉体直径 d/mm	钉芯断裂载荷/N max			
3.2	1 780	3 500	4 000	4 500
4.0	2 670	5 000	5 700	6 500
4.8	3 560	7 000	7 500	8 500
5.0	4 200	8 000	8 500	—
6.0	—	—	—	—
6.4	8 000	10 230	10 500	16 000

5 试验方法

抽芯铆钉的试验方法按 GB/T 3098.18 规定。

ICS 21.060.20
J 13

中华人民共和国国家标准

GB/T 3098.20—2004

紧固件机械性能
蝶形螺母 保证扭矩

**Mechanical properties of fasteners—
Wing nuts with specified proof torque**

2004-02-10 发布　　　　2004-08-01 实施

中华人民共和国国家质量监督检验检疫总局
中国国家标准化管理委员会　发布

前言

本部分是国家标准“紧固件机械性能”系列标准之一。该系列包括：

——GB/T 3098.1—2000　紧固件机械性能　螺栓、螺钉和螺柱；

——GB/T 3098.2—2000　紧固件机械性能　螺母　粗牙螺纹；

——GB/T 3098.3—2000　紧固件机械性能　紧定螺钉；

——GB/T 3098.4—2000　紧固件机械性能　螺母　细牙螺纹；

——GB/T 3098.5—2000　紧固件机械性能　自攻螺钉；

——GB/T 3098.6—2000　紧固件机械性能　不锈钢螺栓、螺钉和螺柱；

——GB/T 3098.7—2000　紧固件机械性能　自挤螺钉；

——GB/T 3098.8—1992　紧固件机械性能　耐热用螺纹连接副；

——GB/T 3098.9—2002　紧固件机械性能　有效力矩型钢六角锁紧螺母；

——GB/T 3098.10—1993　紧固件机械性能　有色金属制造的螺栓、螺钉、螺柱和螺母；

——GB/T 3098.11—2002　紧固件机械性能　自钻自攻螺钉；

——GB/T 3098.12—1996　紧固件机械性能　螺母锥形保证载荷试验；

——GB/T 3098.13—1996　紧固件机械性能　螺栓与螺钉的扭矩试验和破坏扭矩　公称直径1～10 mm；

——GB/T 3098.14—2000　紧固件机械性能　螺母扩孔试验；

——GB/T 3098.15—2000　紧固件机械性能　不锈钢螺母；

——GB/T 3098.16—2000　紧固件机械性能　不锈钢紧定螺钉；

——GB/T 3098.17—2000　紧固件机械性能　检查氢脆用预载荷试验　平行支承面法；

——GB/T 3098.18—2004　紧固件机械性能　盲铆钉试验方法；

——GB/T 3098.19—2004　紧固件机械性能　抽芯铆钉；

——GB/T 3098.20—2004　紧固件机械性能　蝶形螺母　保证扭矩。

本部分是 GB/T 3098 的第 20 部分。

此次制修订工作中，参照日本标准 JIS B 1185—1994《翼形螺母》(日文版)提出了我国“蝶形螺母”产品系列标准，同时增加了“保证扭矩”及其试验方法，并作为单独标准纳入“紧固件机械性能”系列标准。

本部分由中国机械工业联合会提出。

本部分由全国紧固件标准化技术委员会(SAC/TC 85)归口。

本部分由机械科学研究院负责起草。

本部分由全国紧固件标准化技术委员会秘书处负责解释。

本部分首次发布。

紧固件机械性能
蝶形螺母 保证扭矩

1 范围

本部分规定了适用于国家标准蝶形螺母的保证扭矩等级、保证扭矩值及试验方法。

2 保证扭矩等级与保证扭矩值

蝶形螺母的保证扭矩等级由一位罗马数字组成,仅为代号,而无等级高低之分。适用于国家标准规定的蝶形螺母产品。

蝶形螺母的保证扭矩按表1规定。在常温下按第4章规定的方法进行试验时,蝶形螺母的螺纹不应脱扣或断裂,翼部亦不应有明显变形;当去除扭矩后,应能用手将螺母旋出,或借助扳手松开螺母,但不得超过半扣。试验中,如螺栓损坏,则试验作废。

表1 保证扭矩

单位为牛米

螺纹规格	保证扭矩等级		
	Ⅰ	Ⅱ	Ⅲ
M2	0.20	0.15	—
M2.5	0.39	0.29	—
M3	0.69	0.49	0.29
M4	1.57	1.08	0.59
M5	3.14	2.16	1.08
M6	5.39	3.92	1.96
M8	12.7	8.83	4.41
M10	25.5	17.7	8.83
M12	45.1	31.4	—
M14	71.6	50.0	—
M16	113	78.5	—
M18	157	108	—
M20	216	147	—
M22	294	206	—
M24	382	265	—

3 试验方法

应按3.1或3.2规定的试验方法进行蝶形螺母保证扭矩试验。螺母应能满足二者之一的要求。

3.1 固定螺栓法

将蝶形螺母拧入涂有润滑油的螺栓及垫圈上,如图1所示。用台钳夹住螺栓头部(不旋转即可),然后借助专用夹具(见图2)对螺母施加扭矩并达到表1规定的保证扭矩值,如图3所示。

3.2 固定螺母法

将蝶形螺母拧入涂有润滑油的螺栓及垫圈上,如图1所示。用台钳夹住螺母两翼(不旋转即可),然后对螺栓施加扭矩并达到表1规定的保证扭矩值,如图4所示。

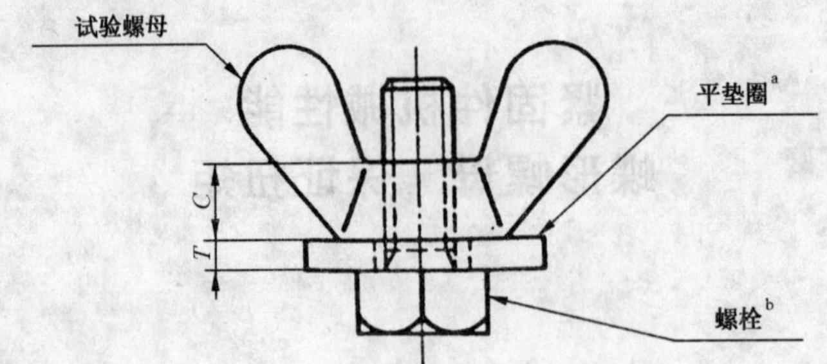

$T \geqslant$ 螺栓不完整螺纹部分的长度。

C——见蝶形螺母产品标准中的 m 尺寸。

a　垫圈硬度≥30 HRC；垫圈产品等级为 A 级。

b　螺栓硬度≥27 HRC；螺纹为 6 g 级；螺栓产品等级为 A 级。

图 1　安装试验螺母

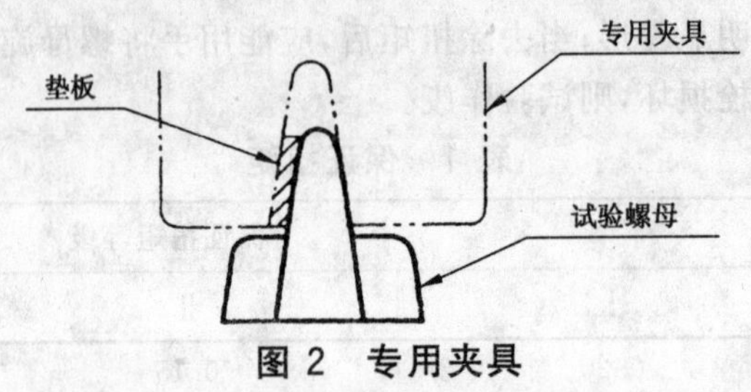

图 2　专用夹具

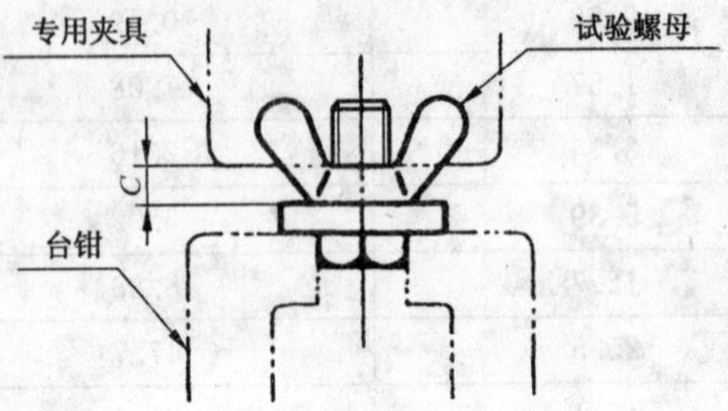

C——见蝶形螺母产品标准中的 m 尺寸。

图 3　固定螺栓法

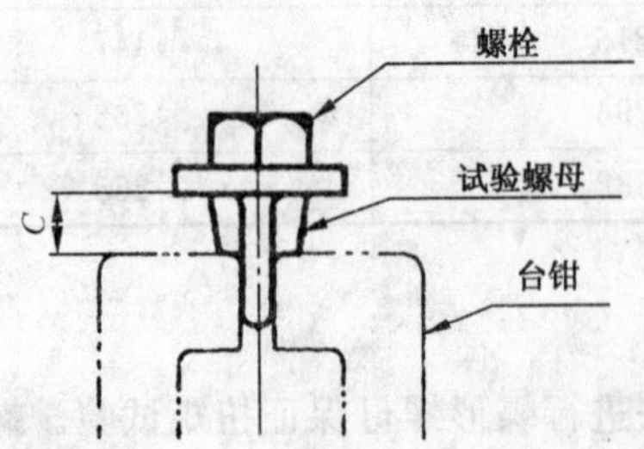

C——见蝶形螺母产品标准中的 m 尺寸。

图 4　固定螺母法

ICS 21.060.40
J 13

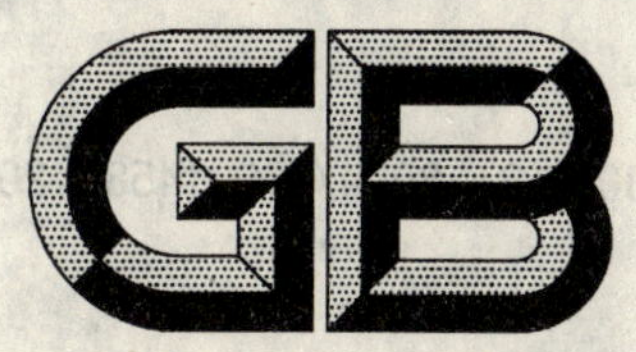

中华人民共和国国家标准

GB/T 3099.2—2004/ISO 14588:2000

紧固件术语　盲铆钉

Terminology of fasteners—Blind rivets

(ISO 14588:2000,Blind rivets—Terminology and definitions,IDT)

2004-02-10 发布　　2004-08-01 实施

中华人民共和国国家质量监督检验检疫总局
中国国家标准化管理委员会　发布

前 言

本部分是国家标准“紧固件术语”系列标准之一。该系列包括：

a) GB/T 3099—1982　螺栓、螺钉、螺母及附件　名词术语(修订时标准编号将改为:GB/T 3099.1)

b) GB/T 3099.2—2004　紧固件术语　盲铆钉

本部分是 GB/T 3099 的第 2 部分。

本部分等同采用国际标准 ISO 14588:2000《盲铆钉　术语和定义》(英文版)，主要修改如下：

——ISO 14588 给出英文及法文的术语与定义，本标准仅给出中文的术语与定义，以及英文术语。

本部分的附录 A 为资料性附录。

本部分由中国机械工业联合会提出。

本部分由全国紧固件标准化技术委员会(SAC/TC 85)归口。

本部分由机械科学研究院负责起草，上海安字实业有限公司参加起草。

本部分由全国紧固件标准化技术委员会秘书处负责解释。

本部分系首次发布。

紧固件术语 盲铆钉

1 范围

本部分规定了盲铆钉(含抽芯铆钉和击芯铆钉)的型式、性能和几何形状的术语和定义,以及通常用于铆接的安装和铆接装备的术语和定义。

本部分的附录A按英文术语的字母顺序给出中、英文对照、索引表。

2 术语与定义

条号	图形	术语	定义
2.1	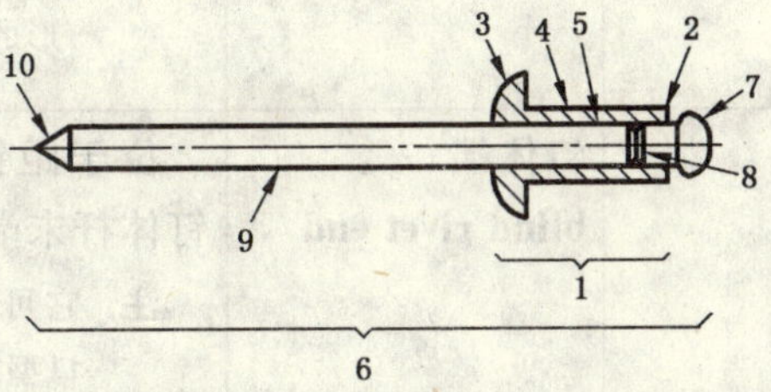 1——钉体; 2——钉体端; 3——钉体头; 4——钉体杆; 5——钉体孔; 6——钉芯; 7——钉芯头; 8——断裂槽; 9——钉芯杆; 10——钉芯端。 图1	**盲铆钉** **blind rivet**	在组装某些零件时,仅从单边插入,也能安装铆钉并进行铆接的紧固件。 注1:盲铆钉由一个钉体和一个钉芯组成,在铆接过程中,使其钉体末端变形,也可使钉体杆胀粗。 注2:抽芯铆钉的组成见图1。
2.1.1	—	**钉体** **blind rivet body**	钉体由钉体头、钉体杆、钉体端和钉体孔组成。
2.1.1.1	—	**钉体头** **blind rivet head**	始终位于入口或安装面的钉体预成形部分。
2.1.1.1.1	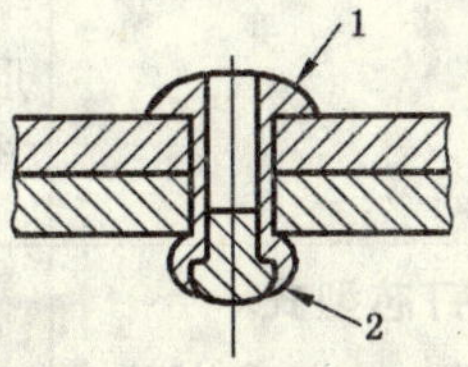 1——突头; 2——盲铆头。 图2	**突出式钉体头** **——突头** **protruding blind rivet head**	铆钉铆接后,突出被紧固零件表面的钉体头,见图2。

条　号	图　形	术　语	定　义
2.1.1.1.2	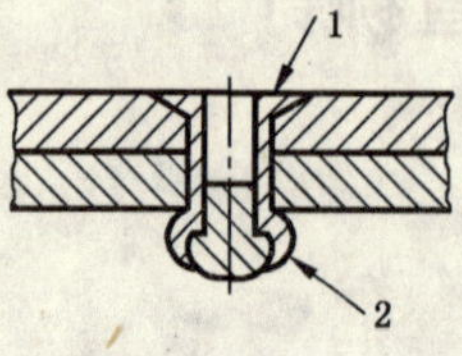 1——沉头； 2——盲铆头。 图 3	**埋入式钉体头——沉头** **countersunk blind rivet head**	铆钉铆接后，与被紧固零件表面齐平的钉体头，见图 3。
2.1.1.2	—	**钉体杆** **blind rivet shank**	钉体头以下至钉体端的部分。 注：其截面一般是圆形的。
2.1.1.3	—	**钉体端** **blind rivet end**	位于距钉体头最远的钉体杆末端。 注：它可以是封闭型、开口型或扩口型。
2.1.1.4	—	**钉体孔** **blind rivet core**	钉体的轴向孔。 注：可以全部或部分通过钉体全长。
2.1.2	—	**钉芯** **mandrel**	是预装在钉体中的元件，通常有一个断裂槽。 注 1：它有一个镦粗头，钉芯杆可是光杆或制出环槽。 注 2：拉出或击入钉芯，使钉体端变形为盲铆头。
2.1.3	—	**盲铆头** **blind head**	钉体的胀粗部分。铆接时远距钉体头的钉体端在钉芯头的作用下，变形而形成的部分，见图 2 和图 3。
2.2	—	**钉芯型式** **Types of blind rivet mandrels and pins**	—

条　号	图　形	术　语	定　义
2.2.1	—	**抽拉式钉芯** **pull mandrel**	铆钉插入被紧固零件的通孔后，钉芯受轴向拉力，其头部使钉体端变形而形成盲铆头。 注：多种型式的抽拉式钉芯见 2.2.1.1～2.2.1.6。
2.2.1.1	图 4	**穿越式钉芯** **pull through mandrel**	铆钉铆接后，钉芯完全通过钉体孔，形成空心铆钉，见图 4。
2.2.1.2	图 5	**断裂式钉芯** **break pull mandrel**	铆钉铆接后，钉芯断在芯头与芯杆交接处或其附近，钉芯头和一小部分钉芯杆留在钉体中，见图 5。
2.2.1.3	图 6	**脱出式钉芯** **break head mandrel**	铆钉铆接后，钉芯断在芯头与芯杆交接处或其附近，两者脱出钉体而形成空心铆钉，见图 6。
2.2.1.4	图 7	**非断裂式钉芯** **non-break pull mandrel**	铆钉铆接后，钉芯不断裂，见图 7。 注：钉芯杆可在以后的工序中齐钉体头修平。
2.2.1.5	图 8	**埋入式钉芯** **structural flush break self-plugging pull mandrel**	铆钉铆接后，钉芯杆在钉体内或外的某点断裂，见图 8。 注：一段长度的钉芯杆留在钉体内，使该接头在钉体和钉芯杆上都有抗剪面。

条号	图形	术语	定义
2.2.1.6	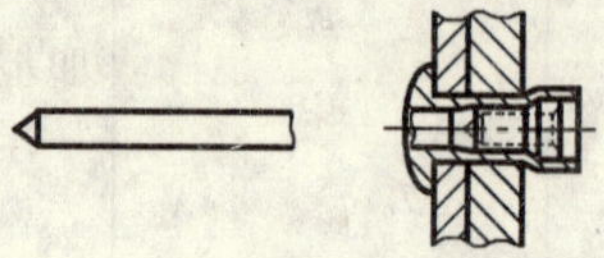 图 9	卡紧式钉芯 multi-grip flush break positive lock pull mandrel	铆接时，钉芯杆和(或)钉体预期的变形产生较大的钉芯杆移出阻力。而在铆接后，钉芯在钉体头顶面齐平拉断，使该接头在钉体和钉芯杆上都有抗剪面，见图 9。 注：可连接较大厚度范围的零件。
2.2.2	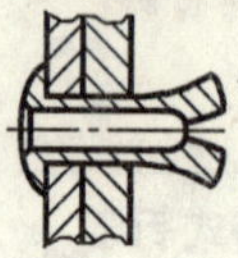 图 10	击入式钉芯 drive pin	预装后的钉芯突出钉体头，铆钉插入被紧固零件的通孔后，将钉芯击入钉体，直到与钉体头顶面齐平。钉体端被扩开，形成盲铆头，见图 10
2.3	—	钉体型式 Types of blind rivet shanks	—
2.3.1	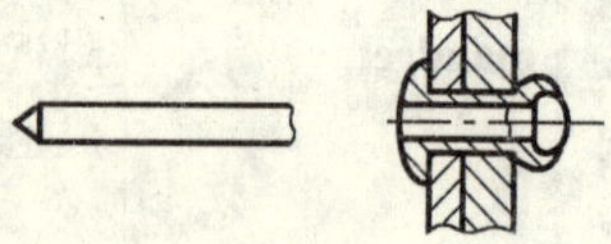 图 11	开口型 open end	钉体整个长度是空心的，可使用任何型式的钉芯，见图 11。 注：钉芯型式见 2.2.1.1～2.2.1.6。
2.3.2	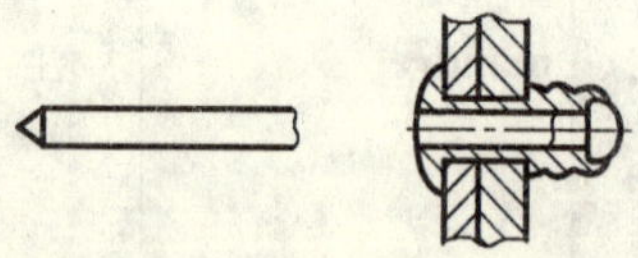 图 12	多鼓型 open end, extended set	除具有开口型钉体的特性，还能连接较大厚度范围的零件，见图 12。
2.3.3	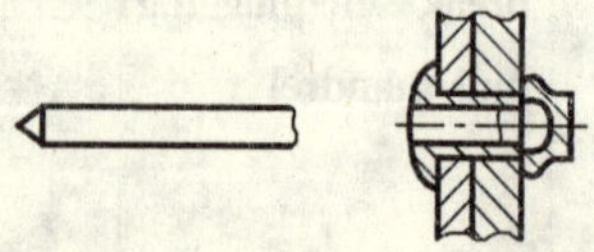 图 13	封闭型 closed end	末端封闭，且铆接后仍保持封闭的钉体，见图 13。 注：钉芯型式见 2.2.1.2 或 2.2.1.4。

条号	图形	术语	定义
2.3.4	图 14 图 15	扩口型 split end	端部沿轴向分成二片或多片的钉体，见图 14 和图 15。 注：钉芯型式见 2.2.1.1～2.2.1.4、2.2.1.6 或 2.2.2。
2.3.5	图 16	开槽型 slotted shank	在钉体头和钉体端之间有轴向槽的钉体，见图 16。 注：可使用 2.2.1.1～2.2.1.5的钉芯。
2.4	—	钉体孔型式 Types of blind rivet cores	—
2.4.1	—	填孔 filled core	铆钉铆接后，通常留在钉体内的钉芯断裂口与钉体头顶面齐平，见图 7～图 9。
2.4.2	—	半填孔 semi-filled core	铆钉铆接后，只有较短的一段钉芯留在钉体内，见图 5。
2.4.3	—	非填孔 hollow core	铆钉铆接后，钉芯不留在钉体内，钉体为空心状，见图 4 和图 6。
2.5	—	工作性能 performance characteristics	—
2.5.1	—	最大拉力载荷 ultimate tensile load	铆钉断裂前能承受的最大轴向拉力载荷。
2.5.2	—	最大剪切载荷 ultimate shear load	铆钉断裂前能承受的最大单面剪切载荷。

条 号	图 形	术 语	定 义
2.5.3	—	铆接力 **rivet setting load**	完成铆接所需的力。
2.5.4	—	钉芯断裂载荷 **mandrel break load**	插入铆钉后，拉断钉芯需要的载荷。
2.5.5	—	铆合能力 **pull-together capability**	铆钉铆接时，消除被紧固零件之间任何间隙的能力。
2.5.6	—	夹紧力 **clamping force**	铆接时，铆钉作用于接头的最大力。
2.5.7	—	残余载荷 **residual load**	铆接后，铆钉中的轴向拉力。
2.5.8	—	钉芯拆卸力 **mandrel push out resistance**	铆接前，将钉芯从钉体中分离的阻力。
2.5.9	—	钉头保持能力 **mandrel head retention capability**	铆接后，钉芯余留部分保持在钉体中的能力。
2.5.10	—	密封能力 **sealing capability**	铆接后，防止气体、液体或固体通过钉体孔和间隙的能力。
2.5.11	—	填孔能力 **hole fill capability**	铆接后，钉体径向膨胀填充孔隙的能力。
2.6	—	尺寸 **dimensions**	—

条 号	图 形	术 语	定 义
2.6.1	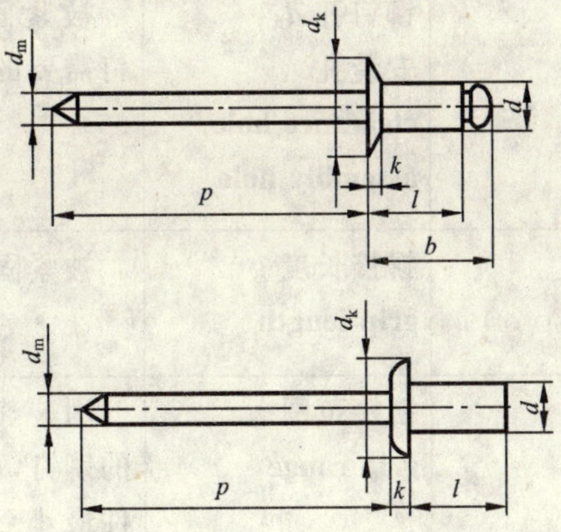 b——盲区长度； k——钉体头高度； d——钉体直径； l——铆钉长度； d_k——钉体头直径； p——钉芯伸出长度。 d_m——钉芯直径； 图 17	盲铆钉 **blind rivet**	抽芯(盲)铆钉的尺寸见图 17。
2.6.1.1	—	铆钉长度 l **rivet length**	平行于铆钉轴线测量突头支承面或沉头顶面至钉体末端的距离。
2.6.1.2	—	盲区长度 b **blind length**	对开口型铆钉：平行于铆钉轴线测量突头支承面或沉头顶面至钉芯头最顶端的距离。 注：封闭型铆钉的盲区长度等于铆钉长度。
2.6.1.3	—	钉芯伸出长度 p **mandrel protrusion**	铆接前，平行于铆钉轴线测量的钉芯伸出钉体头的最大长度。
2.6.2	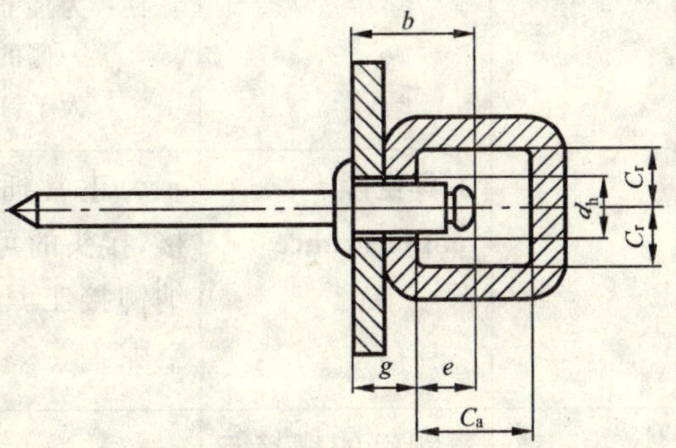 b——盲区长度； d_h——铆钉孔直径； C_a——盲侧轴向空隙； e——盲侧伸出长度； C_r——盲侧径向空隙； g——铆接长度。 图 18	盲铆钉的应用 **blind rivet application**	使用的尺寸见图 18。

条号	图形	术语	定义
2.6.2.1	—	铆钉孔 d_h 安装孔 **clearance hole** **assembly hole**	被紧固零件上安装铆钉需要的单个或多个孔。
2.6.2.2	—	铆接长度 g **grip length**	被紧固零件的总厚度。
2.6.2.3	—	铆接范围 **grip range**	用一个给定公称长度的铆钉，可正常紧固的零件最小到最大总厚度的范围。
2.6.2.4	—	盲侧伸出长度 e **blind side protrusion**	最大盲区长度(b)和最小铆合长度(g)之差。
2.6.2.5	—	盲侧轴向空隙 C_a **blind side axial clearance**	被紧固零件不可接近的边和钉芯头或钉体端对面的该元件任何部分的表面间的距离。 注：为能正常铆接，盲面一侧的轴向空隙必须大于盲面一侧的伸出长度。
2.6.2.6	—	盲侧径向空隙 C_r **blind side radial clearance**	垂直于铆钉轴线测量的被紧固零件任何部分的表面至铆钉轴线的距离。 注：为能正常铆接，盲面一侧的径向空隙必须大于钉体头的半径。
2.6.2.7	—	工具空隙 **tool clearance**	为正常插入铆钉并铆接，接头的可接近一边容纳铆接工具必须的最小空隙。
2.7	—	盲铆钉的铆接与铆接工具 **blind rivet setting and setting equipment**	—

条　号	图　形	术　语	定　义
2.7.1	—	铆接 **setting**	将铆钉插入被紧固零件的安装孔内,拉或击钉芯,夹紧并固定接头。
2.7.1.1	—	铆接工具 **setting tool**	为安装和铆接铆钉专门设计的装备。 注:可以手动、气动、液压、电动或这些动力源的组合。
2.7.1.2	—	抓取机构 **nose assembly**	包括抓紧和动作机构的铆接工具部件。
2.7.1.3	—	钉芯收集箱 **mandrel catcher**	用于收集铆接后断落钉芯的铆接工具或附件的部件。
2.7.1.4	—	钉芯收集系统 **mandrel collection system**	铆接后,用于存放、输送或收集断落钉芯的铆接工具的部件。
2.7.2	—	修整 **dressing**	铆接后,清除露出钉体头表面的钉芯断口的辅助工序。

附 录 A
(资料性附录)
术语索引表

按英文术语的字母顺序给出中、英文对照,见表 A.1。

表 A.1 术语索引表

英 文 术 语	中 文 术 语	条 号
assembly hole	安装孔	2.6.2.1
blind head	盲铆头	2.1.3
blind length	盲区长度	2.6.1.2
blind rivet	盲铆钉	2.1,2.6.1
blind rivet application	盲铆钉的应用	2.6.2
blind rivet body	钉体	2.1.1
blind rivet core	钉体孔	2.1.1.4
blind rivet end	钉体端	2.1.1.3
blind rivet head	钉体头	2.1.1.1
blind rivet shank	钉体杆	2.1.1.2
blind side axial clearance	盲侧轴向空隙	2.6.2.5
blind side radial clearance	盲侧径向空隙	2.6.2.6
blind side protrusion	盲侧伸出长度	2.6.2.4
break head mandrel	脱出式钉芯	2.2.1.3
break pull mandrel	断裂式钉芯	2.2.1.2
clamping force	夹紧力	2.5.6
clearance hole	铆钉孔	2.6.2.1
closed end	封闭型	2.3.3
countersunk blind rivet head	埋入式钉体头——沉头	2.1.1.1.2
dressing	修整	2.7.2
drive pin	击入式钉芯	2.2.2
filled core	填孔	2.4.1
grip length	铆接长度	2.6.2.2
grip range	铆接范围	2.6.2.3
hole fill capability	填孔能力	2.5.11
hollow core	非填孔	2.4.3
mandrel	钉芯	2.1.2

表 A.1(续)

英文术语	中文术语	条号
mandrel break load	钉芯断裂载荷	2.5.4
mandrel catcher	钉芯收集箱	2.7.1.3
mandrel head retention capability	钉头保持能力	2.5.9
mandrel protrusion	钉芯伸出长度	2.6.1.3
mandrel push out resistance	钉芯拆卸力	2.5.8
mandrel collection system	钉芯收集系统	2.7.1.4
multi-grip flush break positive lock pull mandrel	卡紧式钉芯	2.2.1.6
nose assembly	抓取机构	2.7.1.2
non-break pull mandrel	非断裂式钉芯	2.2.1.4
open end	开口型	2.3.1
open end, extended set	多鼓型	2.3.2
protruding blind rivet head	突出式钉体头——突头	2.1.1.1.1
pull-together capability	铆合能力	2.5.5
pull mandrel	抽拉式钉芯	2.2.1
pull through mandrel	穿越式钉芯	2.2.1.1
residual load	残余载荷	2.5.7
rivet length	铆钉长度	2.6.1.1
rivet setting load	铆接力	2.5.3
sealing capability	密封能力	2.5.10
semi-filled core	半填孔	2.4.2
setting	铆接	2.7.1
setting tool	铆接工具	2.7.1.1
slotted shank	开槽型	2.3.5
split end	扩口型	2.3.4
structural flush break self-plugging pull mandrel	埋入式钉芯	2.2.1.5
tool clearance	工具空隙	2.6.2.7
ultimate shear load	最大剪切载荷	2.5.2
ultimate tensile load	最大拉力载荷	2.5.1

ICS 67.220.20
X 42

中华人民共和国国家标准

GB 3149—2004
代替 GB 3149—1992

食品添加剂　磷酸

Food additive—Phosphoric acid

2004-04-09 发布　　2004-12-01 实施

中华人民共和国国家质量监督检验检疫总局
中国国家标准化管理委员会　发布

前言

本标准的全部技术内容为强制性。

本标准修改采用美国食品化学品法典(第四版)[(FCCⅣ)(1996)]《磷酸》(英文版)。

本标准根据FCCⅣ(1996)重新起草。

本标准与FCCⅣ(1996)的主要技术性差异如下:

——修改了要求中磷酸、砷的指标(本标准的3.2),提高对产品质量的控制;

——增加了易氧化物项目(本标准的3.2),更加适应用户对产品质量的需要;

——试验方法中磷酸含量测定中增加了喹钼柠酮重量法(本标准的4.3),充分保证了对产品质量测定的可靠行;

——砷含量测定中增加了砷斑法(本标准的4.3),在保证准确性的基础上,简化了测定手续;

——修改重金属的测定方法(本标准的4.3),使测定方法更加完善。

本标准代替GB 3149—1992《食品添加剂 磷酸》。

本标准与GB 3149—1992相比主要变化如下:

——修改了要求中磷酸、砷的指标(1992年版的3.2,本版的3.2);

——删除了色度、氯化物、硫酸盐的要求(1992年版的3.2),及相应的试验方法(1992年版的4.2、4.7、4.8)。

本标准由中国石油和化学工业协会提出。

本标准由化学工业无机盐产品标准化技术归口单位和中国疾病预防控制中心归口。

本标准主要起草单位:天津化工研究设计院、浙江新安江化工集团股份有限公司、江苏澄星磷化工股份有限公司、广西钦州港明鑫食用磷化工有限公司。

本标准主要起草人:陆思伟、陈根良、章建江、林明。

本标准所代替标准的历次版本发布情况:

——GB 3149—1982、GB 3149—1992。

食品添加剂　磷酸

1　范围

本标准规定了食品添加剂磷酸的技术要求、试验方法、检验规则以及标志、标签、包装、运输、贮存。

本标准适用于热法生产的食品添加剂磷酸，该产品主要用途为食品工业中的酸味剂，酵母的营养剂等。

分子式：H_3PO_4

相对分子质量：97.99(按 1999 年国际相对原子质量)

2　规范性引用文件

下列文件中的条款通过本标准的引用而成为本标准的条款。凡是注日期的引用文件，其随后所有的修改单(不包括勘误的内容)或修订版均不适用于本标准，然而，鼓励根据本标准达成协议的各方研究是否可使用这些文件的最新版本。凡是不注日期的引用文件，其最新版本适用于本标准。

GB/T 191—2000　包装储运图示标志(eqv ISO 780:1997)

GB/T 6678　化工产品采样总则

GB/T 6682—1992　分析实验室用水规格和试验方法(neq ISO 3696:1987)

HG/T 3696.1　无机化工产品化学分析用标准滴定溶液的制备

HG/T 3696.2　无机化工产品化学分析用杂质标准溶液的制备

HG/T 3696.3　无机化工产品化学分析用制剂及制品的制备

3　要求

3.1　外观：无色透明或略带浅色稠状液体。

3.2　食品添加剂　磷酸应符合下表 1 要求。

表 1　要求

项　　目		指　　标
磷酸(H_3PO_4)的质量分数/(%)		75.0～86.0
砷(As)的质量分数/(%)	≤	0.000 05
氟化物(以 F 计)的质量分数/(%)	≤	0.001
重金属(以 Pb 计)的质量分数/(%)	≤	0.000 5
易氧化物(以 H_3PO_3 计)的质量分数/(%)	≤	0.012

4　试验方法

4.1　安全提示

本试验方法中使用的部分试剂具有毒性、腐蚀性及易燃，操作者须小心谨慎！如溅到皮肤上应立即用水冲洗，严重者应立即治疗。使用易燃品时，严禁使用明火加热。

4.2　一般规定

本标准所用试剂和水在没有注明其他要求时，均指分析纯试剂和 GB/T 6682—1992 中规定的三级水。试验中所用标准滴定溶液、杂质标准溶液、制剂及制品，在没有注明其他要求时，均按 HG/T 3696.1、

HG/T 3696.2、HG/T 3696.3 之规定制备。

4.3 鉴别

4.3.1 试剂

4.3.1.1 氢氧化钠溶液:40 g/L。

4.3.1.2 硝酸银溶液:10 g/L。

4.3.1.3 酚酞指示液:10 g/L。

4.3.2 鉴别方法

称取约 1 g 试样,置于 100 mL 烧杯中,加 10 mL 水,1 滴酚酞指示液,用氢氧化钠溶液调至中性,滴加硝酸银溶液,有黄色沉淀生成,该沉淀能溶于稀硝酸(5%)或氨水。

4.4 磷酸的测定

4.4.1 重量法(仲裁法)

4.4.1.1 方法提要

在盐酸介质中试样与加入的喹钼柠酮沉淀剂生成磷钼酸喹啉沉淀,经过滤,洗涤,烘干及称重后,确定磷酸含量。

4.4.1.2 试剂

4.4.1.2.1 盐酸。

4.4.1.2.2 喹钼柠酮溶液制备:

a) 称取 70 g 钼酸钠溶解于 150 mL 水中,此溶液为溶液 A;

b) 称取 60 g 柠檬酸溶解于 150 mL 水和 85 mL 硝酸的混合溶液中,此溶液为溶液 B;

c) 在搅拌下将溶液 A 倒入溶液 B 中,此溶液为溶液 C;

d) 在 100 mL 水中加入 35 mL 硝酸,再加入 5 mL 喹啉,此溶液为溶液 D;

e) 将溶液 D 倒入溶液 C 中,混匀。放置 12 h 后,用玻璃砂坩埚过滤,再加入 280 mL 丙酮,用水稀释至 1 000mL,混匀,贮存于聚乙烯瓶中。

4.4.1.3 仪器、设备

4.4.1.3.1 玻璃砂坩埚:滤板孔径 5 μm~15 μm;

4.4.1.3.2 电烘箱:温度能控制在 180℃±5℃或 250℃±10℃。

4.4.1.4 分析步骤

4.4.1.4.1 试验溶液的制备

称取约 1 g 试样,精确至 0.000 2 g,置于 100 mL 烧杯中,加 5 mL 盐酸及适量的水,盖上表面皿,煮沸 10 min,冷却后移入 500 mL 容量瓶中,加 10 mL 盐酸,用水稀释至刻度,摇匀。

4.4.1.4.2 空白试验溶液的制备

在制备试验溶液的同时,除不加试样外,其他操作和加入的试剂量与试验溶液同时同样处理。

4.4.1.4.3 测定

用移液管移取 10 mL 试验溶液、空白试验溶液分别置于 250 mL 烧杯中,加水至总体积约 100 mL,加 50 mL 喹钼柠酮溶液,盖上表面皿,在水浴中加热至烧杯内的物质达 75℃±5℃,保温 30 s(在加试剂和加热过程中不得使用明火,不得搅拌,以免凝结成块)。取出并冷却至室温,冷却过程中搅拌 3 次~4 次、用预先在 180℃±5℃或 250℃±10℃下恒重过的玻璃砂坩埚过滤,先将上层清液过滤,以倾泻法用洗瓶冲洗沉淀 6 次,每次用水约 30 mL,最后将沉淀移入玻璃砂坩埚内过滤。再用水洗涤沉淀 4 次,将玻璃砂坩埚连同沉淀置于电烘箱中,从温度稳定时开始计时,温度控制在 180℃±5℃,放置 45 min,或 250℃±10℃放置 15 min,取出,置于干燥器中冷却至室温,称重。

4.4.1.5 结果计算

磷酸(H_3PO_4)含量的质量分数 W_1,数值以%表示,按式(1)计算:

$$W_1 = \frac{0.044\ 28(m_1 - m_2)}{m \times (10/500)} \times 100 \quad \cdots\cdots(1)$$

式中：

m_1——测定试验溶液的沉淀质量的数值，单位为克(g)；

m_2——测定空白试验溶液的沉淀质量的数值，单位为克(g)；

m——试料的质量的数值，单位为克(g)；

0.044 28——将磷钼酸喹啉换算成磷酸的系数。

取平行测定结果的算术平均值为测定结果；平行测定结果的绝对差值不大于0.2%。

4.4.2 容量法

4.4.2.1 方法提要

根据磷酸性质，以百里香酚酞为指示液，用氢氧化钠标准滴定溶液直接滴定，以确定磷酸含量。

4.4.2.2 试剂

4.4.2.2.1 氢氧化钠标准滴定溶液：c(NaOH)约1 mol/L。

4.4.2.2.2 百里香酚酞指示液：1 g/L。

4.4.2.3 分析步骤

称取约1.5 g试样，精确至0.000 2 g，移入250 mL锥形瓶中，加120 mL水和5滴百里香酚酞指示液，用氢氧化钠标准滴定溶液滴定至浅蓝色即为终点。

4.4.2.4 结果计算

磷酸(H_3PO_4)含量的质量分数W_1，数值以%表示，按式(2)计算：

$$W_1 = \frac{(V/1\ 000)cM}{m} \times 100 \quad \cdots\cdots(2)$$

式中：

V——滴定所消耗氢氧化钠标准滴定溶液(4.4.2.2.1)的体积的数值，单位为毫升(mL)；

c——氢氧化钠标准滴定溶液浓度的准确数值，单位为摩尔每升(mol/L)；

m——试样的质量的数值，单位为克(g)；

M——磷酸($\frac{1}{2}H_3PO_4$)的摩尔质量的数值，单位为克每摩尔(g/mol)(M=49.00)。

取平行测定结果的算术平均值为测定结果；平行测定结果的绝对差值不大于0.2%。

4.5 砷的测定

4.5.1 二乙基二硫代氨基甲酸银法(仲裁法)

4.5.1.1 方法提要

在硫酸介质中，用金属锌将砷还原为砷化氢气体，以二乙基二硫代氨基甲酸银-吡啶溶液吸收，对生成的紫红色胶体银溶液作吸光度测定。

4.5.1.2 试剂和材料

4.5.1.2.1 无砷锌粒。

4.5.1.2.2 硫酸溶液：1+4。

4.5.1.2.3 碘化钾溶液：150 g/L。

4.5.1.2.4 氯化亚锡溶液：400 g/L。

4.5.1.2.5 二乙基二硫代氨基甲酸银-吡啶溶液。

4.5.1.2.6 砷标准溶液：1 mL含砷(As)1 μg，临用时配制。用移液管移取1 mL按HG/T 3696.2中规定的砷标准溶液，置于1 000 mL容量瓶中，用水稀释至刻度，摇匀。

4.5.1.2.7 乙酸铅棉花。

4.5.1.3 装置

4.5.1.3.1 测砷装置(见图1)。

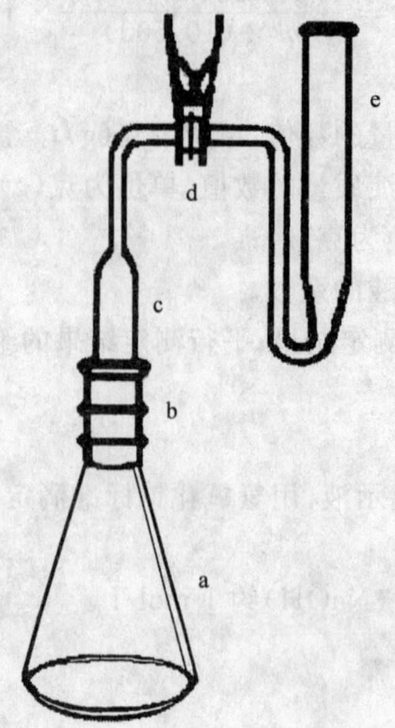

a——砷化氢发生瓶；

b——标准接口；

c——气体洗涤管；

d——球-穴接头；

e——吸收管。

图 1 测砷装置

4.5.1.3.2 分光光度计：带有 1 cm 比色池。

4.5.1.4 分析步骤

4.5.1.4.1 工作曲线的绘制

用移液管移取 0.00 mL、1.00 mL、2.00 mL、4.00 mL、6.00 mL、8.00 mL 砷标准溶液，分别置于 6 个砷发生瓶中，加水至 40 mL，加 20 mL 硫酸溶液，混匀。加入 2 mL 碘化钾溶液、2 mL 氯化亚锡溶液，摇匀。放置 15 min。将装有乙酸铅棉花的吸收管中加入 3 mL 二乙基二硫代氨基甲酸银-吡啶溶液，在砷发生瓶中加入 3 g 无砷金属锌粒，立即将吸收管与砷发生瓶联接。待反应完全后(常温下约 45 min)，将吸收管内的吸收液在 540 nm 处，用 1 cm 比色池测定吸光度。由每个砷标准溶液的吸光度减去空白溶液的吸光度，以标准溶液中所含的砷(As)的微克数为横坐标，以对应的吸光度为纵坐标，绘制工作曲线。

4.5.1.4.2 测定

称取约 10 g 试样，精确至 0.01 g，置于砷发生瓶中，加水至 40 mL，混匀。以下按 4.5.1.4.1 条中从“加 20 mL 硫酸溶液，……”进行操作。

从测定试验溶液的吸光度中减去空白溶液的吸光度，由工作曲线上查出相应的砷(As)含量。

4.5.1.5 结果计算

砷(As)含量的质量分数 W_2，数值以%表示，按式(3)计算：

$$W_2 = \frac{m_1/10^6}{m} \times 100 \quad \cdots\cdots(3)$$

式中：

m_1——由工作曲线上查出的砷的质量分数，单位为微克(μg)；

m——试样的质量分数，单位为克(g)。

取平行测定结果的算术平均值为测定结果，平行测定结果的绝对差值不大于 0.000 02%。

4.5.2 砷斑法

4.5.2.1 方法提要

在硫酸介质中,用金属锌将砷还原为砷化氢,砷化氢与溴化汞反应生成红棕色或浅黄砷斑,与标准色斑比较。

4.5.2.2 试剂和材料

4.5.2.2.1 无砷锌粒。

4.5.2.2.2 硫酸溶液:1+4。

4.5.2.2.3 碘化钾溶液:150 g/L。

4.5.2.2.4 氯化亚锡溶液:400 g/L。

4.5.2.2.5 砷标准溶液:1 mL 含砷(As)1 μg,临用时配制。用移液管移取 1 mL 按 HG/T 3696.2 中规定的砷标准溶液,置于 1 000 mL 容量瓶中,用水稀释至刻度,摇匀。

4.5.2.2.6 溴化汞试纸。

4.5.2.2.7 乙酸铅棉花。

4.5.2.3 装置

测砷装置(见图 2)。

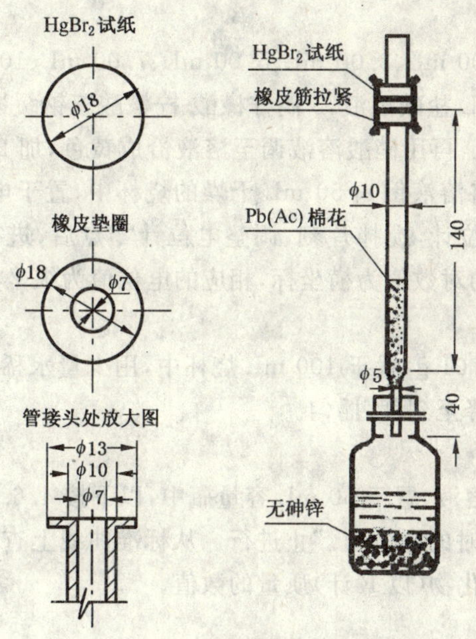

图 2 测砷装置(砷斑法)

4.5.2.4 分析步骤

称取约 10 g 试样,精确至 0.01 g。加水至 40 mL,加 20 mL 硫酸溶液,混匀。加入 2 mL 碘化钾溶液、2 mL 氯化亚锡溶液,摇匀。放置 15 min。将装有乙酸铅棉花的检测管按图 2 放入溴化汞试纸,在砷发生瓶中加入 3 g 无砷金属锌粒,立即将检测管与砷发生瓶联接。待反应完全后(常温下约 45 min),取出溴化汞试纸,与标准色斑进行比较,生成的红棕色砷斑不得深于标准色斑。

标准色斑的制备:用移液管移取 5.0 mL 砷标准溶液置于砷发生瓶中。以下按 4.5.2.4 条中从"加水至 40 mL,加 20 mL 硫酸溶液,……"进行操作。

4.6 氟化物的测定

4.6.1 方法提要

在中性条件下,以饱和甘汞电极为参比电极,用氟离子选择性电极直接测量溶液的电极电位,采用标准曲线法测定氟含量。

4.6.2 **试剂**

4.6.2.1 盐酸溶液:1+1。

4.6.2.2 硝酸溶液:1+15。

4.6.2.3 氢氧化钠溶液:200 g/L。

4.6.2.4 柠檬酸-柠檬酸三钠缓冲溶液:pH=5.5～6。称取 270 g 柠檬酸三钠($Na_3C_6H_5O_7 \cdot 2H_2O$)和 24 g 柠檬酸($C_6H_8O_7 \cdot H_2O$)用水溶解,稀释至 1 000 mL,混匀。

4.6.2.5 溴甲酚绿指示液:1 g/L。

4.6.2.6 氟化物标准溶液:1 mL 含氟(F)2 μg。临用时配制。用移液管移取 2 mL 按 HG/T 3696.2 配制的氟化物标准溶液,置于 1 000 mL 容量瓶中,用水稀释至刻度,摇匀。

4.6.3 **仪器、设备**

4.6.3.1 氟离子选择性电极。

4.6.3.2 饱和甘汞电极。

4.6.3.3 电位计:精度为 2 mV/格。

4.6.3.4 电磁搅拌器。

4.6.4 **分析步骤**

4.6.4.1 工作曲线的绘制

用移液管移取 0.00 mL、1.00 mL、3.00 mL、5.00 mL、7.00 mL、10.00 mL 氟化物标准溶液,分别置于 50 mL 容量瓶中,加入 1 mL 盐酸溶液,5 滴柠檬酸-柠檬酸三钠缓冲溶液和 2 滴溴甲酚绿指示液,用氢氧化钠溶液调至溶液为蓝色,再用硝酸溶液调至溶液恰成黄色,加 20 mL 柠檬酸-柠檬酸三钠缓冲溶液,用水稀释至刻度,混匀。将溶液倒入 50 mL 干燥的烧杯中,置于电磁搅拌器上,插入氟离子选择性电极和饱和甘汞电极,连接电位计,搅拌片刻,调整电位计零点后,进行测量,记录平衡时的电位值。以氟化物(以 F 计)质量的数值的对数值为横坐标,相应的电位值为纵坐标,绘制标准曲线。

4.6.4.2 试验溶液的制备

称取约 10 g 试样,精确至 0.01 g,置于 100 mL 烧杯中,用少量水稀释,用氢氧化钠溶液调至中性,移入 100 mL 容量瓶中,用水稀释至刻度,摇匀。

4.6.4.3 测定

用移液管移取 10 mL 试验溶液,置于 50 mL 容量瓶中,以下按 4.6.4.1 条中从“加入 1 mL 盐酸溶液……”开始,至“……记录平衡时的电位值。”止进行。从标准曲线上查出相应的氟化物(以 F 计)质量的数值的对数,查反对数得到氟化物(以 F 计)质量的数值。

4.6.5 **结果计算**

氟化物含量以氟(F)的质量分数 W_3 计,数值以%表示,按式(4)计算:

$$W_3 = \frac{m_1/10^6}{m(10/100)} \times 100 = \frac{m_1/10^3}{m} \qquad \cdots\cdots(4)$$

式中:

m_1——试验溶液中氟化物(以 F 计)的质量的数值,单位为微克(μg);

m——试样的质量的数值,单位为克(g)。

取平行测定结果的算术平均值为测定结果;平行测定结果的绝对差值不大于 0.000 5%。

4.7 **重金属的测定**

4.7.1 **方法提要**

在 pH≈3～4 条件下,试样中的重金属离子与硫化氢作用,生成棕色悬浮物,与同法处理的铅标准溶液比较。

4.7.2 **试剂**

4.7.2.1 冰乙酸。

4.7.2.2 氨水溶液：1+1。

4.7.2.3 硫化钠-丙三醇溶液配制：

称取5 g硫化钠，溶于10 mL水和30 mL丙三醇混合溶液中。此溶液应避光、密封保存于棕色瓶中，三个月内有效。

4.7.2.4 铅标准溶液：1 mL含铅(Pb)10 μg，临用时配制。用移液管移取1 mL按HG/T 3696.2配制的铅标准溶液，置于100 mL容量瓶中，用水稀释至刻度，摇匀。

4.7.3 分析步骤

4.7.3.1 试验溶液的制备

称取约10 g试样，精确至0.01 g。置于50 mL容量瓶中，用水稀释至刻度，摇匀。

4.7.3.2 测定

用移液管移取25 mL试验溶液，置于50 mL比色管中，用氨水溶液调至pH≈3～4(用精密试纸检验)，用水稀释至约40 mL，10 mL新制备的饱和硫化氢水，摇匀，放置10 min，与铅标准比色液比较。

铅标准比色液的配制：用移液管移取5 mL试验溶液和适量(1 mL～3 mL)铅标准溶液，置于50 mL比色管中，与试验溶液同时同样处理。为求得重金属的含量，需配制一系列的铅标准比色液。

取与试料管浊度相当的标准管中的硫酸盐的量进行计算。当试料管浊度介于两支标准管浊度之间时，按两标准管中硫酸盐量的平均值进行计算。

4.7.4 结果计算

重金属含量以铅(Pb)的质量分数 W_4 计，数值以%表示，按式(5)计算：

$$W_4 = \frac{V \times 10 \times 10^{-6}}{m[(25-5)/50]} \times 100 = \frac{0.002\,5\,V}{m} \qquad \cdots\cdots(5)$$

式中：

V——所取铅标准溶液的体积的数值，单位为毫升(mL)；

m——试样的质量的数值，单位为克(g)；

10——每毫升铅标准溶液中铅的质量的数值，单位为微克(μg)。

4.8 易氧化物的测定

4.8.1 方法提要

在过量酸性硫酸铈标准滴定溶液中，与试样中的易氧化物反应，过量硫酸铈标准滴定溶液用硫酸亚铁铵标准滴定溶液滴定。

4.8.2 试剂

4.8.2.1 硫酸溶液：1+2。

4.8.2.2 硫酸银溶液：10 g/L。配制：称取1 g硫酸银，加50 mL硫酸溶液(1+2)溶解，用水稀释至100 mL，摇匀。

4.8.2.3 硫酸铈标准滴定溶液：$c[Ce(SO_4)_2]$ 约0.1 mol/L。

4.8.2.4 硫酸亚铁铵标准滴定溶液：$c[(NH_4)_2Fe(SO_4)_2]$ 约0.1 mol/L。

4.8.2.5 1,10-菲啰啉-亚铁指示液。

4.8.3 分析步骤

在250 mL锥形瓶中，加入40 mL硫酸溶液，用移液管移取10.00 mL硫酸铈标准滴定溶液，再加入10 mL硫酸银溶液，摇匀。滴加10 g(约6 mL)试样，加40 mL水，煮沸15 min，冷却。用水稀释至原体积，加2滴1,10-菲啰啉-亚铁指示液，用硫酸亚铁铵标准滴定溶液滴定至溶液呈红色。同时做空白试验。

4.8.4 结果计算

易氧化物(以 H_3PO_3 计)含量的质量分数 W_5，数值以%表示，按式(6)计算：

$$W_5 = \frac{[(V_1 - V_2)/1\,000]cM}{m} \times 100 \qquad \cdots\cdots(6)$$

式中：

V_1——空白试验时消耗硫酸亚铁铵标准滴定溶液(4.8.2.4)的体积的数值，单位为毫升(mL)；

V_2——滴定时消耗硫酸亚铁铵标准滴定溶液(4.8.2.4)的体积的数值，单位为毫升(mL)；

c——硫酸亚铁铵标准滴定溶液浓度的准确数值，单位为摩尔每升(mol/L)；

m——试样的质量的数值，单位为克(g)；

M——亚磷酸($\frac{1}{2}H_3PO_3$)的摩尔质量的数值，单位为克每摩尔(g/mol)(M=41.00)。

取平行测定结果的算术平均值为测定结果；平行测定结果的绝对差值不大于0.000 5%。

5 检验规则

5.1 本标准要求中的所有五项指标项目均为出厂检验。

5.2 每批产品不超过30 t。

5.3 按照GB/T 6678的规定确定采样单元数。采样时将采样器自包装桶口插入料层深度的四分之三处采样。将所采样品混匀，所采样品不得少于500 g，分装于两个清洁干燥的具塞瓶中，密封。瓶上粘贴标签，注明：生产厂名、产品名称、批号、采样日期和采样者姓名。一瓶用于检验，另一瓶保存三个月备查。

5.4 食品添加剂磷酸应由生产厂的质量监督检验部门按本标准的要求进行检验，生产厂应保证每批出厂的产品都符合本标准的要求。

5.5 使用单位有权按照本标准的规定对收到的食品添加剂磷酸产品进行验收。

5.6 检验结果如有一项指标不符合本标准要求时，应重新自两倍量的采样单元数的包装中采样复验，复验结果即使只有一项指标不符合本标准要求时，则整批产品为不合格。

6 标志、标签

6.1 食品添加剂磷酸包装桶上应有牢固清晰的标志，内容包括：生产厂名、厂址、产品名称、“食品添加剂”字样、商标、净含量、批号或生产日期、生产许可证号、卫生许可证号、本标准编号以及GB/T 191—2000中规定的“怕晒”、“腐蚀性物品”标志。

6.2 每批出厂的食品添加剂磷酸都应附有质量证明书。内容包括：生产厂名、厂址、产品名称、商标、净含量、批号或生产日期、产品质量符合本标准的证明和本标准编号。

7 包装、运输、贮存

7.1 食品添加剂磷酸采用专用密封小开口聚乙烯桶或材质为316 L的不锈钢槽车包装，每桶标明净含量。

7.2 食品添加剂磷酸在运输过程中，要轻提轻放，严禁烈日曝晒和猛烈撞击，严禁与有毒物质混运。

7.3 食品添加剂磷酸在贮存过程中，严禁与碱类、有毒物品及其他易腐蚀物品混放在一起，防止雨淋及阳光曝晒。

ICS 27.060.30
J 98

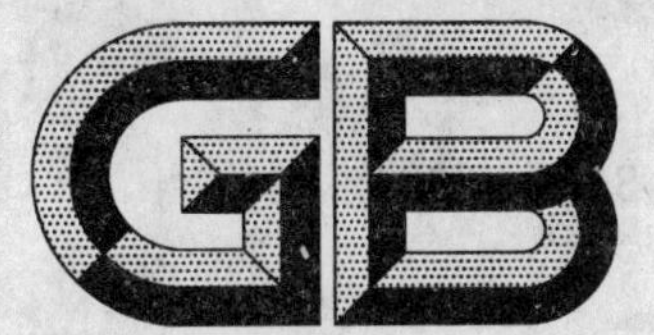

中华人民共和国国家标准

GB/T 3166—2004
代替 GB/T 3166—1988

热水锅炉参数系列

Parameters for hot water boilers

2004-01-06 发布　　2004-06-01 实施

中华人民共和国国家质量监督检验检疫总局
中国国家标准化管理委员会　发布

前　言

本标准代替 GB/T 3166—1988《热水锅炉参数系列》。

本标准与 GB/T 3166—1988 相比主要变化如下：

——适用范围中将热水锅炉的额定压力参数下限提高至大于 0.1 MPa；

——“允许工作压力”改为“额定出水压力”；“额定出口/进口水温度”改为“额定出水温度/进水温度”(1988 年版的表 1,本版的表 1)；

——增加了额定热功率为 0.05 MW、0.5 MW、1.05 MW、2.1 MW、5.6 MW、8.4 MW、17.5 MW 和 174.0 MW 的规格；在额定出水温度/进水温度 95/70℃和 115/70℃对应的额定出水压力中增加了 1.25 MPa 的额定压力参数(本版的表 1)；

——增加了“本标准未列的热水锅炉额定参数由供需双方协商确定”的规定(本版的 2.2)。

本标准由中国电器工业协会提出。

本标准由全国锅炉压力容器标准化技术委员会(SAC/TC262)归口。

本标准起草单位：上海工业锅炉研究所。

本标准主要起草人：钱风华、田耀鑫。

本标准所代替标准的历次版本发布情况为：GB 3166—1982、GB/T 3166—1988。

热 水 锅 炉 参 数 系 列

1 范围

本标准规定了热水锅炉的额定参数系列。

本标准适用于工业用、生活用额定出水压力大于0.1 MPa的固定式热水锅炉。

2 热水锅炉的额定参数

2.1 热水锅炉的额定参数应选用表1中所列的参数，但表1中标有符号“△”处所对应的参数宜优先选用。

表1 热水锅炉额定参数系列

额定热功率/MW	额定出水压力(表压力)/MPa											
	0.4	0.7	1.0	1.25	0.7	1.0	1.25	1.0	1.25	1.25	1.6	2.5
	额定出水温度/进水温度/℃											
	95/70				115/70			130/70		150/90		180/110
0.05	△											
0.1	△											
0.2	△											
0.35	△	△										
0.5	△	△										
0.7	△	△	△	△	△							
1.05	△	△	△	△	△							
1.4	△	△	△	△	△							
2.1	△	△	△	△	△							
2.8	△	△	△	△	△	△	△	△	△	△		
4.2		△	△	△	△	△	△	△	△	△		
5.6		△	△	△	△	△	△	△	△	△		
7.0		△	△	△	△	△	△	△	△	△		
8.4				△		△	△	△	△	△		
10.5				△		△	△	△	△	△		
14.0				△		△	△	△	△	△	△	
17.5						△	△	△	△	△	△	
29.0						△	△	△	△	△	△	△
46.0						△	△	△	△	△	△	△
58.0						△	△	△	△	△	△	△
116.0									△	△	△	△
174.0											△	△

2.2 本标准未列的热水锅炉额定参数由供需双方协商确定。

ICS 85.040
Y 30

中华人民共和国国家标准

GB/T 3332—2004
代替 GB/T 3332—1982

纸浆　打浆度的测定(肖伯尔-瑞格勒法)

Pulps—Determination of beating degree(Schopper—Riegler method)

(ISO 5267-1:1999,Pulps—Determination of drainability—
Part 1:Schopper-Riegler method,MOD)

2004-03-15 发布　　2004-10-01 实施

中华人民共和国国家质量监督检验检疫总局
中国国家标准化管理委员会　发布

前言

本标准修改采用ISO 5267-1:1999《纸浆——滤水性能的测定——第1部分:肖伯尔-瑞格勒法》。

本标准代替GB/T 3332—1982《浆料打浆度的测定法(肖伯尔-瑞格勒法)》。

本标准与GB/T 3332—1982的主要变化如下:

——增加了前言,将原标准附加说明中的有关内容写入了前言;

——增加了范围、规范性引用文件、术语、原理、仪器、试验报告、附录C和附录D等有关内容;

——删除了原标准中的附录A,将原标准1.1中的有关内容放入了本标准的附录C中,并依据ISO 5267-1:1999的附录A,进行了重新编写和修改;

——将原标准中第2章的内容放入了本标准的附录D中,并依据ISO 5267-1:1999的附录B,进行了重新编写和修改;

——在本标准中对原标准的章条名称进行了重新表述,如样品制备改为试样的制备,操作步骤改为试验步骤;

——将原标准中的第4章进行了拆分,在本标准中分别进行了表述;

——本标准的第6章是对原标准第3章的修改和补充,增加了有关消除返逆现象影响的内容,修改了纸浆悬浮液调节温度的精度,由±1℃改为±0.5℃;

——本标准的第7章是对原标准第4章的修改和补充,修改了水温精度,由±1℃改为±0.5℃,并增加了读取SR值时,应准确至1SR等有关内容;

——本标准与ISO的技术性差异在附录B中列出;

——本标准与ISO的结构对比在附录A中列出。

本标准的附录C为规范性附录,附录A、附录B和附录D均为资料性附录。

本标准由中国轻工业联合会提出。

本标准由全国造纸工业标准化技术委员会(SAS/TC 141)归口。

本标准起草单位:天津出入境检验检疫局、中国制浆造纸研究院。

本标准主要起草人:施宇明、栗建永、陈曦。

本标准所代替标准的历次版本发布情况为:

——GB/T 3332—1979、GB/T 3332—1982。

本标准由全国造纸工业标准化技术委员会(SAS/TC 141)负责解释。

纸浆　打浆度的测定(肖伯尔-瑞格勒法)

1　范围

本标准规定了一种测定纸浆悬浮液滤水能力的方法,用肖伯尔-瑞格勒(SR)值表示。

本标准适用于各种纸浆悬浮液,但对于某些纤维极短的纸浆(如重打浆的阔叶木浆),因其大部分纤维会通过滤网,会使 SR 值出现不规则下降,故不建议采用本方法。绝大多数的可靠测定结果应在 10SR～90SR 值范围内。

注:加拿大标准游离度法在 GB/T 12660《纸浆滤水性能测定　"加拿大标准"游离度法》中有详细说明。

2　规范性引用文件

下列文件中的条款通过本标准的引用而成为本标准的条款。凡是注日期的引用文件,其随后所有的修改单(不包括勘误的内容)或修订版均不适用于本标准,然而,鼓励根据本标准达成协议的各方研究是否可使用这些文件的最新版本。凡是不注日期的引用文件,其最新版本适用于本标准。

GB/T 5399　纸浆　浆料浓度的测定(GB/T 5399—2004,ISO 4119:1995,IDT)

3　术语和定义

下列术语和定义适用于本标准。

3.1

肖伯尔-瑞格勒法刻度值　Schopper-Riegler number scale

按这个刻度,排水 1 000 mL 相当于 SR 值为 0,而排水 0 mL 相当于 SR 值为 100。

3.2

浆料　stock

纸浆疏解后的水悬浮液。

4　原理

将一定体积和浓度、温度调节至 20.0℃±0.5℃的纸浆悬浮液倒入肖伯尔-瑞格勒仪的滤水室中,滤液通过滤网上的纤维滤层流入一个备有底孔和侧管的漏斗内,然后将从侧管流出的滤液收集在一个有肖伯尔刻度值的量筒中,读取 SR 值,用该值来表示纸浆悬浮液的滤水速率。

5　仪器

常规的实验室仪器及

5.1　肖伯尔仪(亦称纸浆打浆度测定仪),如附录 C 所示。在附录 D 中备有肖伯尔仪的保养说明书。

5.2　带有肖伯尔刻度值的量筒。

6　试样的制备

取经解离的纸浆悬浮液试样,如果试样的浓度未知,则取标准蒸馏水或去离子水(见注 1)将试样浓度稀释至大约为 0.22%,并按照 GB/T 5399 测定浆料的浓度。然后将纸浆悬浮液稀释至浓度为 0.2%±0.002%,并调节温度至 20.0℃±0.5℃(见注 2)。在制备试样的整个过程中,应避免在悬浮液中形成气泡。

从浆料制备系统或实验室纸浆鉴定设备中取出的纸浆悬浮液,其肖伯尔值可能会因时间的长短而改变。为了避免这种返逆现象的影响，对于取样已超过 30 min 的纸浆悬浮液，应先在搅拌器转数为 6 000 r/min的解离设备中，在接近于测定 SR 值所规定的浆料浓度下，对其进行解离处理。

注 1：由于水中的溶解物质和水的 pH 值对纸浆悬浮液的滤水有明显的影响，故在整个测定过程中，应使用标准蒸馏水或去离子水。

注 2：某些地方由于气候的原因，可采用 25℃±5℃的温度，但应在试验报告中说明。总之，测定时所选择的基准温度的偏差，应保持在±0.5℃之内。

7 试验步骤

彻底清洗肖伯尔仪(5.1)的漏斗和滤水室，并最后用水冲洗。将滤水室放置在漏斗支座上，用 20.0℃±0.5℃的水冲洗，以调节肖伯尔仪的温度(见注)。

将密封锥形体关紧，并将 SR 量筒放在侧管下面。

将 1 000 mL±5 mL 的纸浆悬浮液倒入一个干净的量筒中，并在搅拌的情况下，充分混合试样，以避免空气在这个阶段进入浆料。

迅速而又平稳地将试样倒入滤水室中，应使浆流对准密封锥形体的轴和斜面，以避免形成旋涡。

在纸浆悬浮液全部倒入滤水室后 5 s，将密封锥形体提起。当侧管不再滴出水时，读取 SR 值，应准确至 1SR。

注：某些地方由于气候的原因，可采用 25℃±5℃的温度，但应在试验报告中说明。总之，测定时所选择的基准温度的偏差，应保持在±0.5℃之内。

8 结果的表示

每份试样应测定两次。如果重复测定的 SR 值之差大于 4%的应重新进行试验。

9 试验报告

试验报告应包括以下项目：

a) 本标准编号；
b) 全面鉴定试样所必要的数据；
c) 测定温度；
d) 用肖伯尔-瑞格勒值来表示的测定结果；
e) 在测定过程中观察到的任何异常现象；
f) 在本标准中或指定参考的标准中，未作规定的任何操作，或可选择的但有可能影响结果的操作。

附 录 A
（资料性附录）
本标准与 ISO 5267-1:1999 章条编号对照

表 A.1 给出了本标准与 ISO 5267-1:1999 章条编号对照的一览表。

表 A.1 本标准与 ISO 5267-1:1999 章条编号对照

本标准章条编号	对应国标标准章条编号
1	1
2	2
3.1	3
3.2	3
4	4
5.1	5.1
5.2	5.2
6	6
7	7
8	8
9	9
附录 C	附录 A
附录 D	附录 B
附录 B	—
附录 A	—

附　录　B
（资料性附录）
本标准与 ISO 5267-1:1999 技术性差异及其原因

表 B.1 给出了本标准与 ISO 5267-1:1999 技术性差异及其原因的一览表。

表 B.1　本标准与 ISO 5267-1:1999 技术性差异及其原因

本标准的章条编号	技术性差异	原因
1	删除了范围中某些与标准无直接关系的内容。	本标准的编写应符合 GB/T 1.1 中的有关规定。
2	删除了引用标准中 ISO 14487:1997《纸浆——物理测试用水》的内容。	在本标准中规定使用蒸馏水或去离子水。

附 录 C
（规范性附录）
肖伯尔-瑞格勒仪

C.1 肖伯尔-瑞格勒仪(见图C.1)由一个装有滤网的滤水室、一个密封锥形体和一个装在适当支架上的漏斗组成。所有部件都由耐腐蚀材料制成。滤水室是一个内径为137 mm的圆筒,在滤水室的下端是一个45°的锥形部分,下面接一个直径为112.9 mm±0.1 mm、横截面积为100 cm^2的圆筒部分。锥形部分形成密封锥形体的支座。磷青铜的滤网紧紧地固定在锥形部分下面25 mm处的圆筒内,网子是水平的,并与圆筒中心线垂直安装。网子的厚度为0.40 mm,每10 mm有24根纬线(粗0.17 mm)和32根经线(粗0.16 mm)。

C.2 密封锥形体(见图C.1、图C.2)的外径为120 mm,其锥形表面与垂直线成55°角,并安装在一根外径为20 mm的垂直轴上。一个直径为10 mm的通风孔,轴向穿过密封锥形体和轴,以便在密封锥形体提起时可使空气通过。轴上装有两片径向垂直的叶片,以防止纸浆悬浮液产生旋涡。密封圈是一个肖氏硬度为30°的橡胶圈。密封锥形体应以100 mm/s±10 mm/s的恒定速率提升。

C.3 漏斗(见图C.1的4)的上部有一个锥形部分,即滤水室支座,以使密封锥形体能精确地对准滤水室中心。锥形部分的下面是一个横截面积为100 cm^2、高为35 mm的圆筒。在圆筒上面有一个平衡空气压力的通气孔。圆筒部分有三个用于固定锥形分布器的槽。

漏斗下部是40°锥角的锥形部分,在漏斗的尖端有一个单独的底孔(尺寸见图C.3)。当选择底孔圆锥形的直径时,应确保1 000 mL的20℃±0.5℃的水倒入漏斗时,能在149 s±1 s内流出,即直径大约应为2.32 mm(见附录D中D.2.5)。

C.4 侧管(见图C.1的7)的内径为16.0 mm±0.1 mm,外径为19.0 mm±0.1 mm,它插入漏斗中,并与垂直线成49.0°角。侧管上端被切成与漏斗中心线成12.0°角,而溢流边缘则尽可能地靠近漏斗中心。在此位置时,底孔的下边缘与侧管的溢流边缘之间的体积是7.5 mL～8.0 mL,溢流边缘的水位是可以调节的。在漏斗中放置一个活动的锥形分布器(见图C.4),以防止水溅进侧管,锥形分布器的一个支撑脚与侧管成径向放置。

C.5 量筒刻度应能使测试者直接读出肖伯尔值,1 000 mL的体积相当于零SR值,而0 mL的体积相当于100SR值。两个刻度之间的距离,应至少为1.5 mm,相当于10 mL的体积等于1SR值。

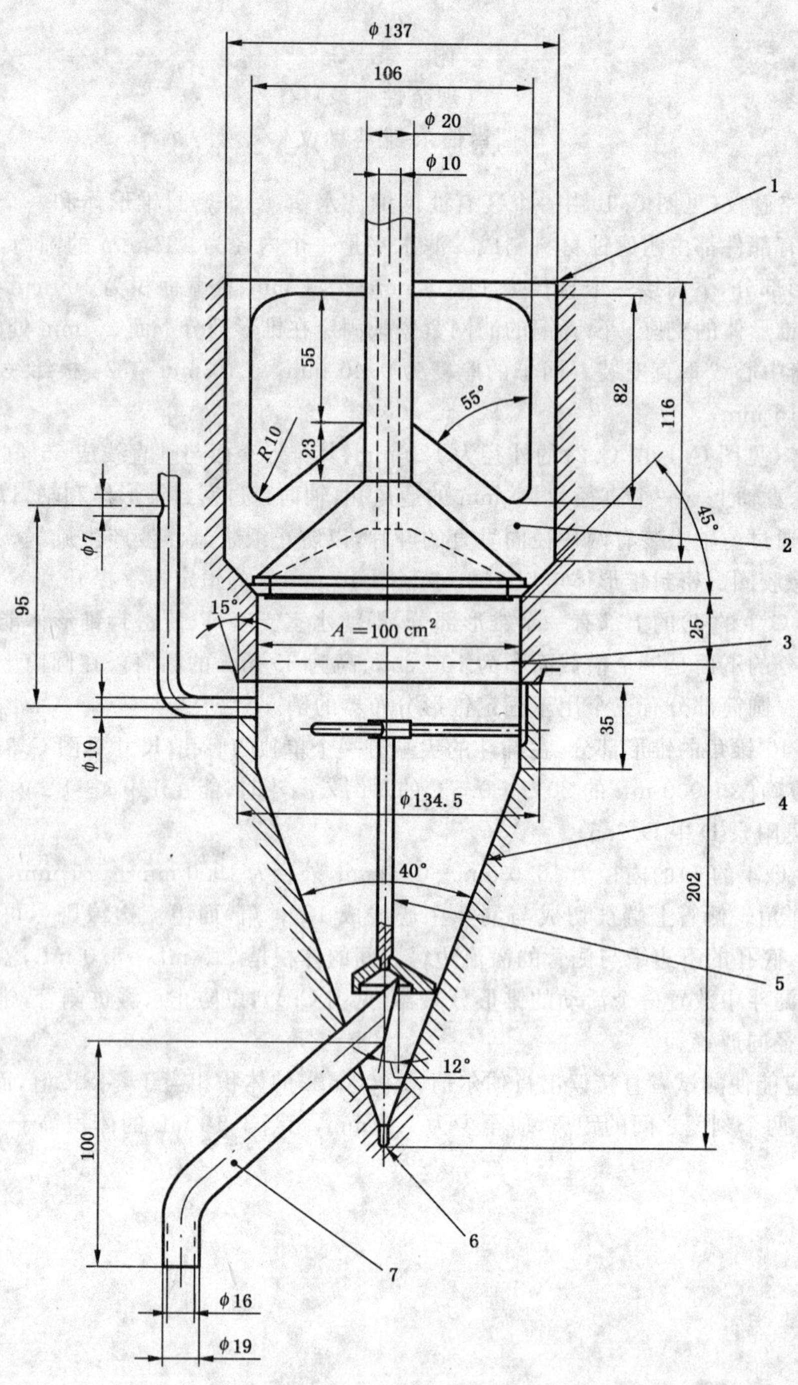

1——滤水室；

2——密封锥形体；

3——铜网；

4——漏斗；

5——锥形分布器；

6——底孔；

7——侧管。

图 C.1　肖伯尔仪

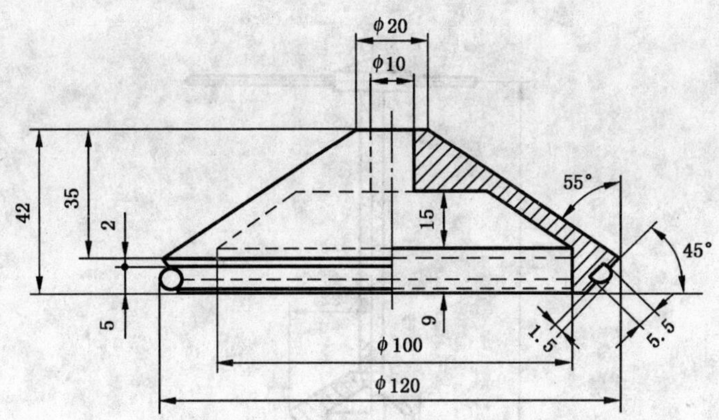

图 C.2　密封锥形体

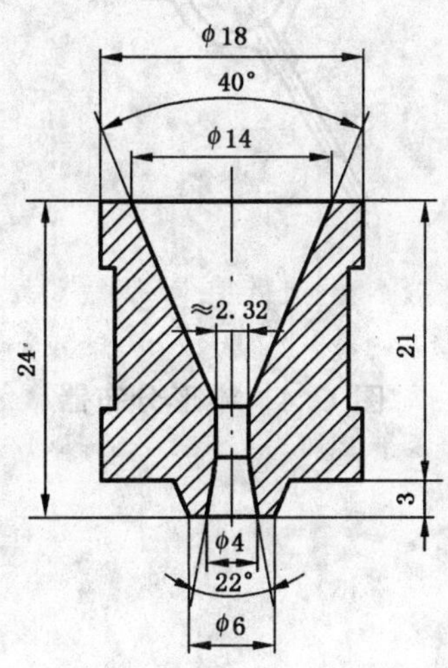

图 C.3　底孔

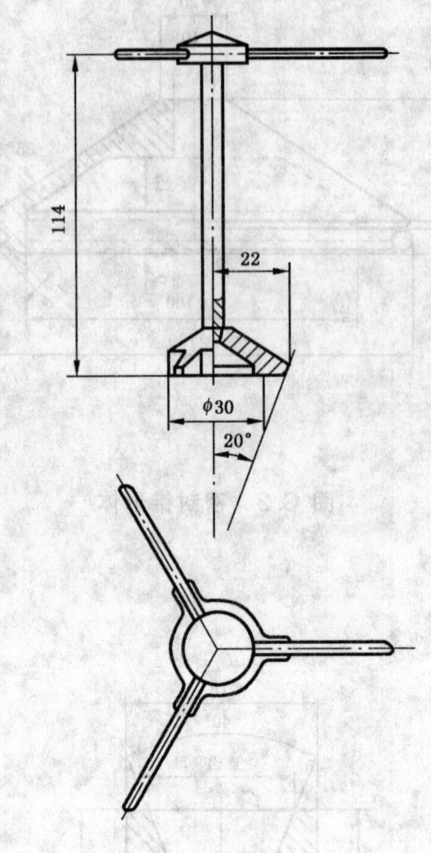

图 C.4 锥形分布器

附 录 D
（资料性附录）
肖伯尔-瑞格勒仪的保养

D.1 肖伯尔-瑞格勒仪应放置在无振动环境中，将机工水平仪放在测速漏斗敞开的顶部上仔细找平，以便将肖伯尔-瑞格勒仪放在平台的适当位置。在漏斗上转动水平仪，就可观测仪器是否被放置在一个稳固的水平位置上。

D.2 肖伯尔仪应定期进行检查，具体方法如下：

D.2.1 用塞尺（测隙规）检查滤网上的密封圈，使其紧紧贴在滤网上，以保证有效滤水面积为 100 cm^2。

D.2.2 检查密封环是否处于良好状况。将水倒入滤水室中，检查密封锥形体是否紧密接触。

D.2.3 检查仪器是否清洁，有无树脂沉积。必要时可用肥皂清洗并用水彻底清洗，但应特别注意清洗滤网。可通过测定蒸馏水的 SR 值，来检查滤网是否清洁。如果 SR 值大于 4，说明应清洗滤网。必要时可用丙酮和软刷刷洗滤网，并用大量的水冲洗。如果滤网状况不良，应进行更换。

D.2.4 按照以下方法检查侧管位置，用手指堵住底孔，将 100 mL 的 20℃±0.5℃的水倒进漏斗。当多余的水从侧管流出后，打开底孔并收集流出漏斗的水。这些水的体积应为 7.5 mL～8.0 mL，如果不是，则应调节侧管。检查侧管的位置是否合适（见第 C.4 章），以使压头正确。

D.2.5 按照以下方法检查底孔直径。取出锥形分布器，用塞子堵住侧管，将 500 mL 的 20℃的水倒进漏斗以灌满侧管，同时用手指堵住底孔。片刻后，让多余的水从底孔流出，然后再堵住底孔。再次用 1 000 mL±5 mL 的 20.0℃±0.5℃的水充满漏斗，并记录水从底孔全部流出所需的时间。这个时间应是 149 s±1 s，如果时间过长，可用适当的工具将底孔磨宽；如果时间过短，则应更换底孔。

D.2.6 检查密封锥形体的提升速率是否保持在 100 mm/s±10 mm/s。

ICS 25.140.30
J 47

中华人民共和国国家标准

GB/T 3390.1—2004
代替 GB/T 3390.1—1989

手动套筒扳手 套筒

Hand operated socket wrenches—Socket

(ISO 2725-1:1996, Assembly tools for screws and nuts—Square drive sockets—Part 1: Hand-operated sockets—Dimensions, MOD)

2004-03-15 发布 2004-09-01 实施

中华人民共和国国家质量监督检验检疫总局
中国国家标准化管理委员会 发布

前言

本标准是在原国家标准 GB/T 3390.1—1989《手动套筒扳手套筒》的基础上修订的，是手动套筒扳手产品系列标准之一。其他同时发布的标准如下：

——GB/T 3390.2—2004《手动套筒扳手　传动方榫和方孔》；

——GB/T 3390.3—2004《手动套筒扳手　传动附件》；

——GB/T 3390.4—2004《手动套筒扳手　连接附件》；

——GB/T 3390.5—2004《手动套筒扳手　检验规则、包装与标志》。

本标准修改采用 ISO 2725-1:1996《螺钉和螺母装配工具——方榫传动套筒——第 1 部分:手动套筒——尺寸》(英文版)。

考虑到我国国情，在采用 ISO 2725-1:1996 时，本标准作了一些修改。有关技术性差异已编入正文中并在它们所涉及的条款的页边空白处用垂直单线标识。在附录 A 中给出了这些技术性差异及其原因的一览表以供参考。在附录 B 中则表示了与 ISO 2725-1:1996 的技术性差异的章条编号对照以供查询。

本标准与 ISO 2725-1:1996 的主要差异如下：

——将一些适用于国际标准的表述改为适用于我国标准的表述；

——在 10 mm、12.5 mm、20 mm 和 25 mm 系列套筒中增加相应的规格；

——套筒工作部分的对边尺寸公差采用了 GB/T 4390 规定的公差，该国家标准修改采用国际标准 ISO 691:1983；

——根据 ISO 2725-1:1996 的规范性引用文件中的 ISO 1711-1:1996《螺钉和螺母装配工具——技术条件——第 1 部分:手用扳手和套筒》的技术条件，增补了套筒的扭矩要求及其试验方法。

本标准与原国家标准 GB/T 3390.1—1989 相比主要变化如下：

——取消 b 级强度等级，保留 a、c 二个强度等级(见 3.3，表 7)；

——对部分内容作了调整。

本标准的附录 A 和附录 B 为资料性附录。

本标准由中国轻工业联合会提出。

本标准由全国工具五金标准化中心归口。

本标准由上海市工具工业研究所负责起草，上海星光里克工具有限公司、上海虬江机械厂、嘉兴市星球工具有限公司等参加起草。

本标准主要起草人：林美德、王朋根、章裕舫、朱士良、吴祖训。

本标准所代替标准的历次版本发布情况为：

——GB/T 3390.1—1982、GB/T 3390.1—1989。

手动套筒扳手　套筒

1　范围

本标准规定了手动套筒扳手套筒的产品分类、技术要求、试验方法、检验规则、包装、标志、运输与贮存。

本标准适用于装拆六角螺栓和螺母的手动套筒扳手的套筒。

2　规范性引用文件

下列文件中的条款通过本标准的引用而成为本标准的条款。凡是注日期的引用文件，其随后所有的修改单(不包括勘误的内容)或修订版均不适用于本标准，然而，鼓励根据本标准达成协议的各方研究是否可使用这些文件的最新版本。凡是不注日期的引用文件，其最新版本适用于本标准。

GB/T 230　金属洛氏硬度试验方法(GB/T 230—1991，neq ISO 6508:1986)

GB/T 3390.2　手动套筒扳手　传动方榫和方孔(GB/T 3390.2—2004，ISO 1174-1:1996，MOD)

GB/T 3390.5　手动套筒扳手　检验规则、包装与标志

GB/T 4390　公制扳手开口和扳手孔的常用公差(GB/T 4390—1995，eqv ISO 691:1983)

GB/T 4955　金属覆盖层　覆盖层厚度测量　阳极溶解库仑法(GB/T 4955—1997，idt ISO 2177:1985)

GB/T 6462　金属和氧化物覆盖层　横断面厚度显微镜测量方法(GB/T 6462—1986，eqv ISO 1463:1982)

3　产品分类

3.1　型式

套筒的形状如图1～图3所示，根据套筒的长度分为普通型(A型)和加长型(B型)。并按其工作部分的几何形状分为六角孔和十二角孔，其中六角孔用 L 表示，十二角孔不予表示。

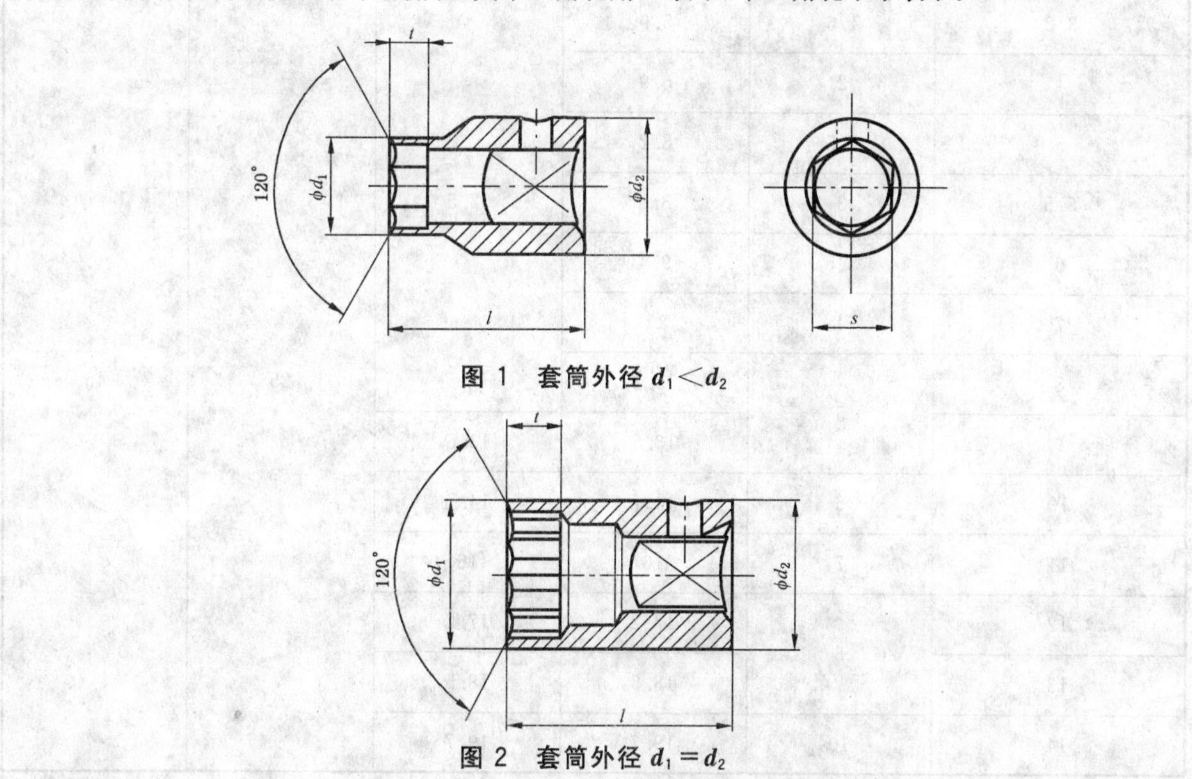

图1　套筒外径 $d_1 < d_2$

图2　套筒外径 $d_1 = d_2$

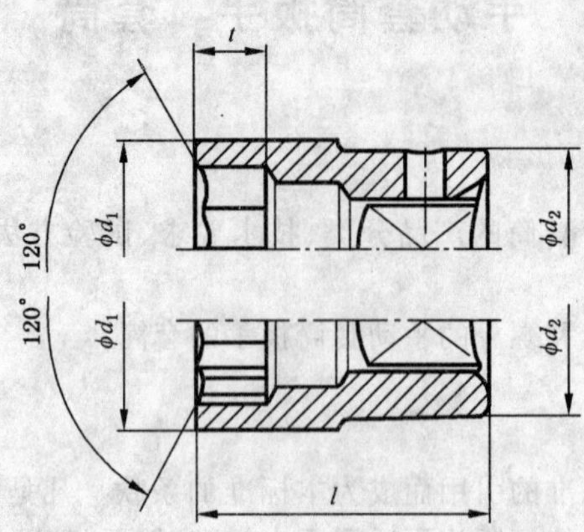

图 3　套筒外径 $d_1 > d_2$

3.2　系列

套筒按其传动方孔的对边尺寸分为 6.3 mm、10 mm、12.5 mm、20 mm 和 25 mm 五个系列。

3.3　等级

套筒按其强度分为 a、c 二个等级。

3.4　基本尺寸

套筒的基本尺寸按表 1～表 5 规定。

表 1　6.3 系列套筒的基本尺寸　　单位为毫米

<table>
<tr><th rowspan="2">s</th><th rowspan="2">t
min</th><th rowspan="2">d_1
max</th><th rowspan="2">d_2
max</th><th colspan="2">l</th></tr>
<tr><th>max
A 型(普通型)</th><th>min
B 型(加长型)</th></tr>
<tr><td>3.2</td><td>1.6</td><td>5.9</td><td rowspan="7">12.5</td><td rowspan="13">25</td><td rowspan="13">45</td></tr>
<tr><td>4</td><td>2</td><td>6.9</td></tr>
<tr><td>5</td><td>2.5</td><td>8.2</td></tr>
<tr><td>5.5</td><td>3</td><td>8.8</td></tr>
<tr><td>6</td><td>3.5</td><td>9.4</td></tr>
<tr><td>7</td><td>4</td><td>11</td></tr>
<tr><td>8</td><td rowspan="2">5</td><td>12.2</td></tr>
<tr><td>9</td><td>13.5</td><td>13.5</td></tr>
<tr><td>10</td><td>6</td><td>14.7</td><td>14.7</td></tr>
<tr><td>11</td><td>7</td><td>16</td><td>16</td></tr>
<tr><td>12</td><td rowspan="2">8</td><td>17.2</td><td>17.2</td></tr>
<tr><td>13</td><td>18.5</td><td>18.5</td></tr>
<tr><td>14</td><td>10</td><td>19.7</td><td>19.7</td></tr>
</table>

表 2　10 系列套筒的基本尺寸

单位为毫米

<table>
<tr><th rowspan="3">s</th><th rowspan="3">t
min</th><th rowspan="3">d_1
max</th><th rowspan="3">d_2
max</th><th colspan="2">l</th></tr>
<tr><th>max</th><th>min</th></tr>
<tr><th>A 型(普通型)</th><th>B 型(加长型)</th></tr>
<tr><td>6</td><td>3.5</td><td>9.6</td><td rowspan="8">20</td><td rowspan="10">32</td><td rowspan="10">45</td></tr>
<tr><td>7</td><td>4</td><td>11</td></tr>
<tr><td>8</td><td rowspan="2">5</td><td>12.2</td></tr>
<tr><td>9</td><td>13.5</td></tr>
<tr><td>10</td><td>6</td><td>14.7</td></tr>
<tr><td>11</td><td>7</td><td>16</td></tr>
<tr><td>12</td><td rowspan="2">8</td><td>17.2</td></tr>
<tr><td>13</td><td>18.5</td></tr>
<tr><td>14</td><td rowspan="4">10</td><td>19.7</td><td rowspan="4">24</td></tr>
<tr><td>15</td><td>21</td></tr>
<tr><td>16</td><td>22.2</td><td rowspan="4">35</td><td rowspan="6">60</td></tr>
<tr><td>17</td><td>23.5</td></tr>
<tr><td>18</td><td rowspan="2">12</td><td>24.7</td><td>24.7</td></tr>
<tr><td>19</td><td>26</td><td>26</td></tr>
<tr><td>21</td><td rowspan="2">14</td><td>28.5</td><td>28.5</td><td rowspan="2">38</td></tr>
<tr><td>22</td><td>29.7</td><td>29.7</td></tr>
</table>

表 3　12.5 系列套筒的基本尺寸

单位为毫米

<table>
<tr><th rowspan="3">s</th><th rowspan="3">t
min</th><th rowspan="3">d_1
max</th><th rowspan="3">d_2
max</th><th colspan="2">l</th></tr>
<tr><th>max</th><th>min</th></tr>
<tr><th>A 型(普通型)</th><th>B 型(加长型)</th></tr>
<tr><td>8</td><td>5</td><td>13</td><td rowspan="8">24</td><td rowspan="10">40</td><td rowspan="18">75</td></tr>
<tr><td>9</td><td>5.5</td><td>14.4</td></tr>
<tr><td>10</td><td>6</td><td>15.5</td></tr>
<tr><td>11</td><td>7</td><td>16.7</td></tr>
<tr><td>12</td><td rowspan="2">8</td><td>18</td></tr>
<tr><td>13</td><td>19.2</td></tr>
<tr><td>14</td><td rowspan="4">10</td><td>20.5</td></tr>
<tr><td>15</td><td>21.7</td></tr>
<tr><td>16</td><td>23</td><td rowspan="3">25.5</td></tr>
<tr><td>17</td><td>24.2</td></tr>
<tr><td>18</td><td rowspan="2">12</td><td>25.5</td><td rowspan="2">42</td></tr>
<tr><td>19</td><td>26.7</td><td>26.7</td></tr>
<tr><td>21</td><td rowspan="2">14</td><td>29.2</td><td>29.2</td><td rowspan="2">44</td></tr>
<tr><td>22</td><td>30.5</td><td>30.5</td></tr>
<tr><td>24</td><td>16</td><td>33</td><td>33</td><td>46</td></tr>
<tr><td>27</td><td>18</td><td>36.7</td><td>36.7</td><td>48</td></tr>
<tr><td>30</td><td>20</td><td>40.5</td><td>40.5</td><td rowspan="2">50</td></tr>
<tr><td>32</td><td>22</td><td>43</td><td>43</td></tr>
</table>

表 4　20 系列套筒的基本尺寸

单位为毫米

<table>
<tr><th rowspan="2">s</th><th rowspan="2">t
min</th><th rowspan="2">d_1
max</th><th rowspan="2">d_2
max</th><th colspan="2">l</th></tr>
<tr><th>max
A 型(普通型)</th><th>min
B 型(加长型)</th></tr>
<tr><td>19</td><td>12</td><td>30</td><td>38</td><td>50</td><td rowspan="10">85</td></tr>
<tr><td>21</td><td rowspan="2">14</td><td>32.1</td><td rowspan="4">40</td><td rowspan="3">55</td></tr>
<tr><td>22</td><td>33.3</td></tr>
<tr><td>24</td><td>16</td><td>35.8</td></tr>
<tr><td>27</td><td>18</td><td>39.6</td><td rowspan="3">60</td></tr>
<tr><td>30</td><td>20</td><td>43.3</td><td>43.3</td></tr>
<tr><td>32</td><td>22</td><td>45.8</td><td>45.8</td></tr>
<tr><td>34</td><td rowspan="2">24</td><td>48.3</td><td>48.3</td><td rowspan="2">65</td></tr>
<tr><td>36</td><td>50.8</td><td>50.8</td></tr>
<tr><td>41</td><td>27</td><td>57.1</td><td>57.1</td><td>70</td></tr>
<tr><td>46</td><td>30</td><td>63.3</td><td>63.3</td><td>75</td><td rowspan="3">100</td></tr>
<tr><td>50</td><td>33</td><td>68.3</td><td>68.3</td><td>80</td></tr>
<tr><td>55</td><td>36</td><td>74.6</td><td>74.6</td><td>85</td></tr>
</table>

表 5　25 系列套筒的基本尺寸

单位为毫米

<table>
<tr><th>s</th><th>t
min</th><th>d
max</th><th>d
max</th><th>l
max
(普通型)</th></tr>
<tr><td>27</td><td>18</td><td>42.7</td><td rowspan="2">50</td><td rowspan="3">65</td></tr>
<tr><td>30</td><td>20</td><td>47</td></tr>
<tr><td>32</td><td>22</td><td>49.4</td><td rowspan="4">52</td></tr>
<tr><td>34</td><td>23</td><td>51.9</td><td rowspan="2">70</td></tr>
<tr><td>36</td><td>24</td><td>54.2</td></tr>
<tr><td>41</td><td>27</td><td>60.3</td><td>75</td></tr>
<tr><td>46</td><td>30</td><td>66.4</td><td rowspan="2">55</td><td>80</td></tr>
<tr><td>50</td><td>33</td><td>71.4</td><td>85</td></tr>
<tr><td>55</td><td>36</td><td>77.6</td><td>57</td><td>90</td></tr>
<tr><td>60</td><td>39</td><td>83.9</td><td>61</td><td>95</td></tr>
<tr><td>65</td><td>40</td><td>90.3</td><td>65</td><td>100</td></tr>
<tr><td>70</td><td rowspan="2">42</td><td>96.9</td><td>68</td><td>105</td></tr>
<tr><td>75</td><td>104.0</td><td>72</td><td>110</td></tr>
<tr><td>80</td><td>48</td><td>111.4</td><td>75</td><td>115</td></tr>
</table>

3.5 对边尺寸公差

套筒的工作部分对边尺寸的公差按 GB/T 4390 的规定。

3.6 标记示例

产品的标记由产品名称、对边尺寸、系列、型式代号、孔形代号、强度等级代号和标准编号组成。

例 1：对边尺寸 s 为 19 mm 的 12.5 系列 A 型 a 级强度六角套筒应标记为：

套筒　19×12.5 A L a GB/T 3390.1

例 2：对边尺寸 s 为 17 mm 的 10 系列 B 型 c 级强度十二角套筒应标记为：

套筒　17×10　B　c GB/T 3390.1

4 技术要求

4.1 表面质量

套筒应壁厚均匀，内外表面不应有裂纹、毛刺、斑疤等影响使用的缺陷。六角孔和十二角孔表面粗糙度的 R_a 值应不大于 25 μm，且各角应清晰。

4.2 传动方孔

套筒的传动方孔应按 GB/T 3390.2 的规定。

4.3 硬度

套筒的硬度按表 6 的规定。

表 6　硬度

对边尺寸 s/mm	硬度　(HRC)
≤32	≥39
>32	≥35

4.4 扭矩

套筒应能承受表 7 规定的试验扭矩。

4.5 表面处理

套筒表面应进行电镀或其他表面处理。电镀层厚度应不低于 8 μm，其表面应色泽均匀，不应有气孔、漏镀、烧焦和起皮等缺陷。

表 7 试验扭矩

对边尺寸 s mm	试验扭矩 M/N·m									
	6.3 系列		10 系列		12.5 系列		20 系列		25 系列	
	a 级	c 级	a 级	c 级	a 级	c 级	a 级	c 级	a 级	c 级
3.2	7.08	5.67								
4	10.4	8.28								
5	15.1	12.1								
5.5	17.8	14.2								
6	20.6	16.5	23.2	18.6						
7	26.8	21.4	33.2	26.6						
8	33.6	26.9	45.5	36.4	94.1	75.3				
9	41.1	32.9	59.9	48.0	119	95.3				
10	49.1	39.3	76.7	61.4	147	118				
11	57.8	46.2	96	76.7	178	142				
12	67.0	53.6	118	94.0	212	169				
13	68.6[a]	54.9[a]	141	113	249	199				
14	68.6[a]	54.9[a]	169	135	288	231				
15			198	159	331	265				
16			225[a]	180[a]	377	301				
17			225[a]	180[a]	425	340				
18			225[a]	180[a]	477	381				
19			225[a]	180[a]	531	425	531[b]	425[b]		
21			225[a]	180[a]	569	455	569[b]	455[b]		
22			225[a]	180[a]	569[a]	455[a]	569[b]	455[b]		
24					569[a]	455[a]	569[b]	455[b]		
27					569[a]	455[a]	665	532	1258	1006
30					569[a]	455[a]	795	636	1397	1118
32					569[a]	455[a]	888	710	1491	1192
34					569[a]	455[a]	984	787	1584	1267
36							1084	868	1677	1342
41							1353	1082	1910	1528
46							1569[a]	1255[a]	2143	1714
50							1569[a]	1255[a]	2329	1863
55									2562	2050
60									2795	2236
65									2795[a]	2236[a]
70									2795[a]	2236[a]
75									2795[a]	2236[a]
80									2795[a]	2236[a]

a 试验扭矩值已限定，方榫强度低于同等材料制成的套筒的强度。

b 表中采用的数值比实际计算值大，因为 20 mm 方榫的套筒其强度低于 12.5 mm 方榫的套筒是不合理的。

5 试验方法

5.1 表面质量检验

套筒的表面质量采用目测检验，表面粗糙度采用标准样板对照检验。

5.2 尺寸检验

套筒的尺寸采用专用量规和通用量具检验。

5.3 硬度试验

套筒的硬度试验按 GB/T 230 的规定，在套筒工作部分的外表面上进行。

5.4 扭矩试验

5.4.1 扭矩试验采用的六角试棒如图 4 所示，其尺寸按表 8 的规定。六角试棒的硬度应不低于 55HRC。

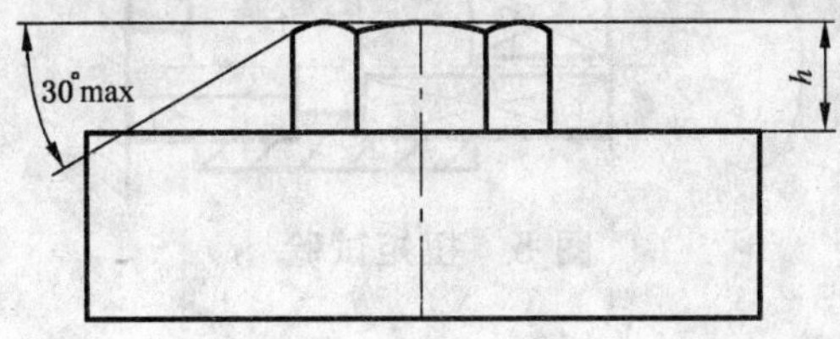

a)

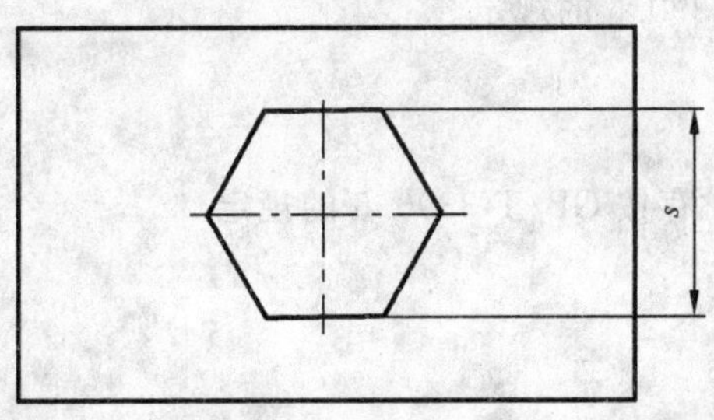

b)

图 4 六角试棒

表 8 六角试棒的尺寸

单位为毫米

s	基本尺寸	3.2	4	5	5.5	6	7	8	9	10	11	12	13
	公差	h8											
h	基本尺寸	1.3	1.6	2	2.4	2.8	3.2	4	4.4	4.8	5.6	6	6.4
	公差	h13											
s	基本尺寸	14	15	16	17	18	19	21	22	24	27	30	32
	公差	h8											
h	基本尺寸	7	7.4	8	8.8	9.6	10.2	11.2	11.8	12.8	14.4	16	16.8
	公差	h13											
s	基本尺寸	34	36	41	46	50	55	60	65	70	75	80	
	公差	h8											
h	基本尺寸	17.6	19.2	21.6	24	26.4	28.8	31.2	33.6	36	38.4	41.6	
	公差	h13											

5.4.2 驱动套筒的方形试棒其对边尺寸应等于相应的套筒方孔的最大尺寸，公差为 h8。方形试棒的硬度应不低于 55HRC。

5.4.3 扭矩试验如图 5 所示，先将套筒套入六角试棒，然后将方形试棒插入套筒的方孔中，二根试棒的轴线应与套筒的轴线同轴。试验时，对方形试棒平稳缓慢地施加表 2 规定的扭矩，在扭矩达到额定值时，保持 30 s，卸载后套筒工作部分的对边尺寸和方孔的对边尺寸不得超出公差范围。

采用试棒旋转的扭矩试验机，其扭矩精度为±2.5%。

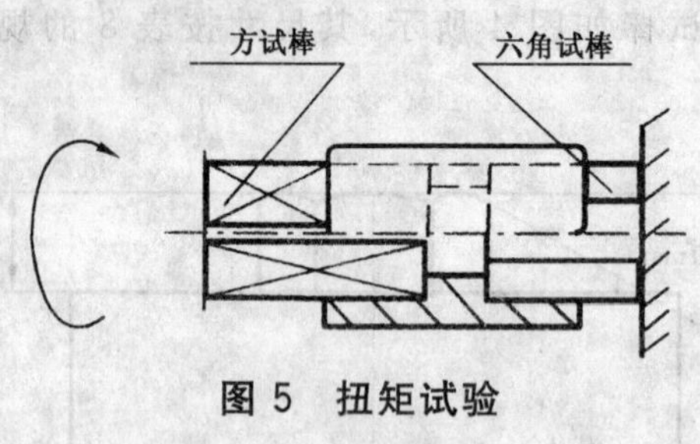

图 5 扭矩试验

5.5 电镀层厚度试验

经电镀处理的套筒，其电镀层厚度按 GB/T 4955 的规定进行测定。对该方法无法测定的电镀层则按 GB/T 6462 的规定测定。

6 检验规则

产品的检验规则按 GB/T 3390.5 的规定。

7 包装、标志、运输与贮存

产品的包装、标志、运输与贮存按 GB/T 3390.5 的规定。

附 录 A
（资料性附录）
本标准与 ISO 2725-1:1996 技术性差异及其原因

表 A.1 给出了本标准与 ISO 2725-1:1996 技术性差异及其原因的一览表。

表 A.1 本标准与 ISO 2725-1:1996 技术性差异及其原因

本标准的章条编号	技术性差异	原 因
2	引用了采用国际标准的我国标准。 增加引用了 GB/T 230、GB/T 3390.5、GB/T 4955、GB/T 6462。	以适合我国国情。
3.4(表 2～表 5)	在表 2～表 5 中增加了以下规格。 表 2：s=6 mm；表 3：s=8，9 mm； 表 4：s=19 mm；表 5：s=27，30，32，34，36，41，65，70，75，80 mm。	以适合我国现有产品的生产和使用规格。
4.4(表 7)	增加了试验扭矩 C 级系列和表 2～表 5 增添的规格的扭矩。	以适合我国产品现状和生产及使用规格。
5.4.1(表 8)	增加了＞65 mm 的六角试棒的尺寸。	以适合我国现有产品的生产和使用规格。

附 录 B
（资料性附录）
本标准与 ISO 2725-1:1996 技术性差异的章条编号对照

表 B.1 给出了本标准与 ISO 2725-1:1996 技术性差异的章条编号对照一览表。

表 B.1 本标准与 ISO 2725-1:1996 技术性差异的章条编号对照

本标准章条编号	对应的国际标准章条编号
2	2
3.4	表 2～表 5
4.4	5
5.4.1	5

ICS 25.140.30
J 47

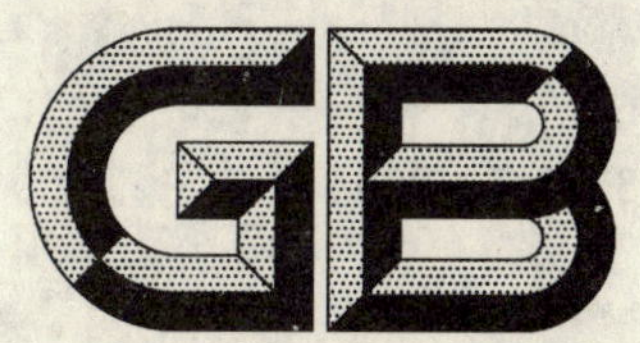

中华人民共和国国家标准

GB/T 3390.2—2004
代替 GB/T 3390.2—1989

手动套筒扳手　传动方榫和方孔

Hand operated socket wrenches—Driving squares

(ISO 1174-1:1996 Assembly tools for screws and nuts—Driving squares—Part 1:Driving squares for hand socket tools,MOD)

2004-03-15 发布　　2004-09-01 实施

中华人民共和国国家质量监督检验检疫总局
中国国家标准化管理委员会　发布

前言

本标准是在原国家标准 GB/T 3390.2—1989《手动套筒扳手传动方榫和方孔》的基础上修订的，是手动套筒扳手产品系列标准之一，其他同时发布的标准如下：

——GB/T 3390.1—2004《手动套筒扳手　套筒》；

——GB/T 3390.3—2004《手动套筒扳手　传动附件》；

——GB/T 3390.4—2004《手动套筒扳手　连接附件》；

——GB/T 3390.5—2004《手动套筒扳手　检验规则、包装与标志》。

本标准修改采用国际标准 ISO 1174-1:1996《螺钉和螺母装配工具——传动方榫和方孔——第1部分：手动套筒工具的传动方榫和方孔》(英文版)。

考虑到我国国情，在采用 ISO 1174-1:1996 时，本标准作了一些修改。有关技术性差异已编入正文中并在它们所涉及的条款的页边空白处用垂直单线标识，在附录 A 中给出了这些技术性差异及其原因的一览表以供参考。在附录 B 中则表示了与 ISO 1174-1:1996 的技术性差异的章条编号对照以供查询。

本标准与 ISO 1174-1:1996 的主要差异如下：

——将一些适用于国际标准的表述改为适用于我国标准的表述；

——国际标准 ISO 1174-1:1996 中引用的国际标准 ISO 3 和 ISO 286-1，本标准改为引用我国国家标准 GB/T 321 和 GB/T 1800.3，这些标准的相关技术内容与国际标准一致。

本标准与原国家标准 GB/T 3390.2—1989 相比主要变化如下：

——增加了传动方榫和方孔的结合性能及相应的试验方法(见 4.2 和 5.3)；

——对部分内容作了调整。

本标准的附录 A 和附录 B 为资料性附录。

本标准由中国轻工业联合会提出。

本标准由全国工具五金标准化中心归口。

本标准由上海市工具工业研究所负责起草，上海星光里克工具有限公司、上海虬江机械厂、嘉兴市星球工具有限公司等参加起草。

本标准主要起草人：林美德、王朋根、章裕舫、朱士良、吴祖训。

本标准所代替标准的历次版本发布情况为：

——GB/T 3390.2—1982、GB/T 3390.2—1989。

手动套筒扳手　传动方榫和方孔

1　范围

本标准规定了手动套筒扳手传动方榫和方孔的型式、基本尺寸、技术要求和试验方法。

本标准适用于装拆六角螺栓和螺母的手动套筒扳手的传动方榫和方孔。

2　规范性引用文件

下列文件中的条款通过本标准的引用而成为本标准的条款。凡是注日期的引用文件，其随后所有的修改单(不包括勘误的内容)或修订版均不适用于本标准，然而，鼓励根据本标准达成协议的各方研究是否可使用这些文件的最新版本。凡是不注日期的引用文件，其最新版本适用于本标准。

GB/T 321　优先数和优先数系

GB/T 1800.3　极限与配合　基础　第 3 部分：标准公差和基本偏差数值表(GB/T 1800.3—1998，eqv ISO 286-1：1988)

GB/T 3390.5　手动套筒扳手　检验规则、包装与标志

3　型式和基本尺寸

3.1　型式

传动方榫的型式如图 1 和图 2 所示，传动方孔的型式如图 3 和图 4 所示。

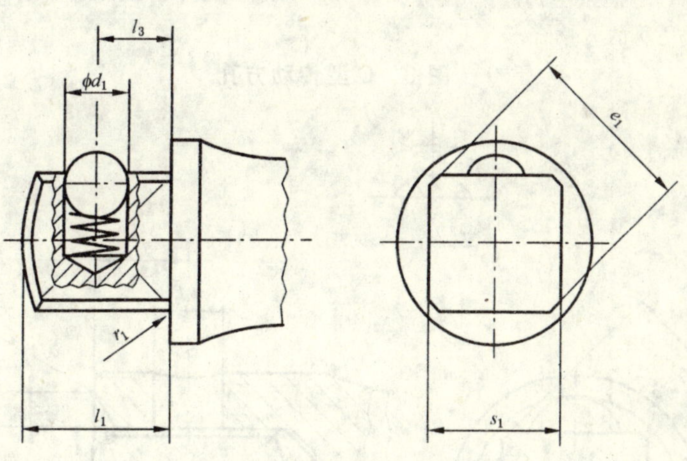

图 1　A 型传动方榫

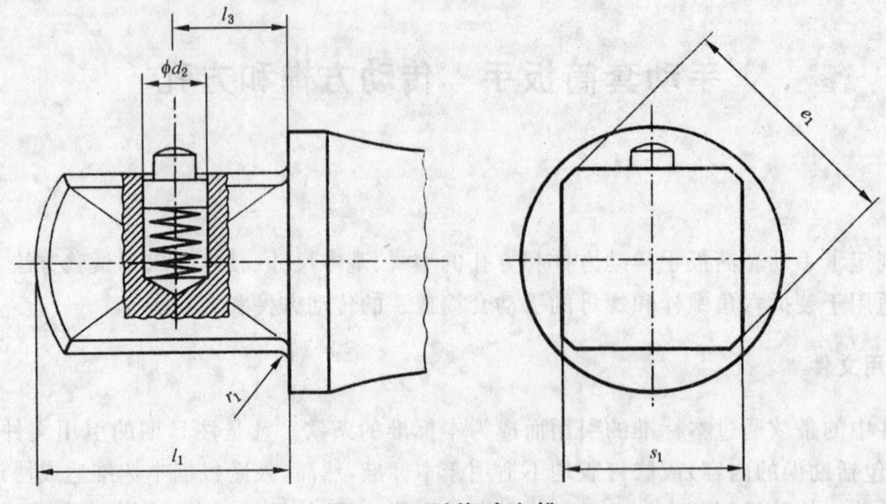

图 2 **B 型传动方榫**

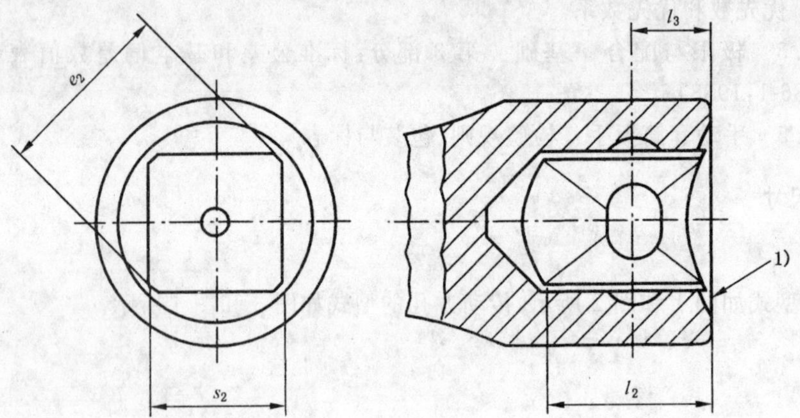

1) 应倒角或磨圆，与方榫的 r_1 吻合。

图 3 **C 型传动方孔**

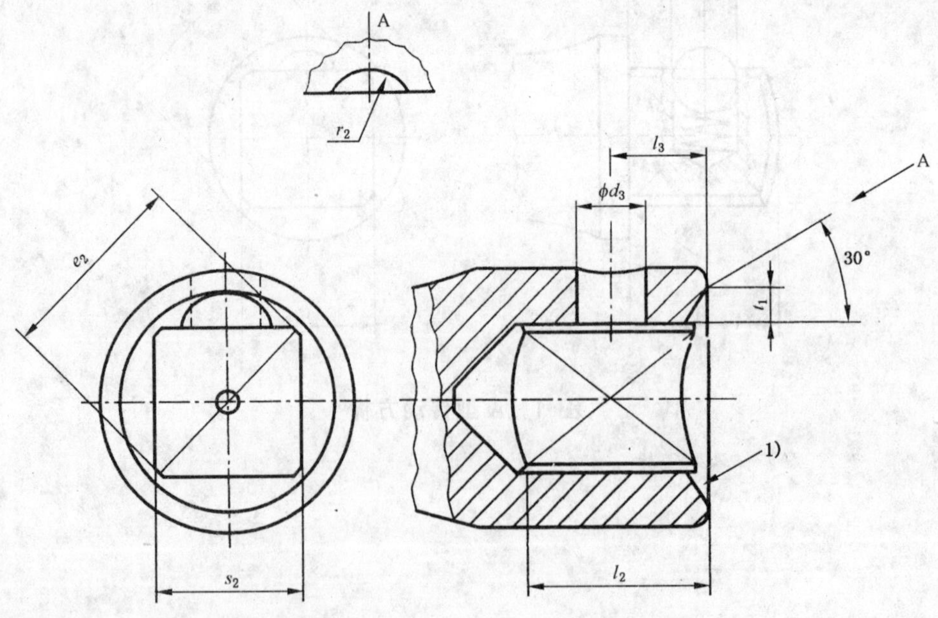

1) 应倒角或磨圆，与方榫的 r_1 吻合。

图 4 **D 型传动方孔**

3.2 系列

传动方榫和方孔的对边尺寸按 GB/T 321 规定，R10 系列分为 6.3 mm、10 mm、12.5 mm、20 mm 和 25 mm 五个系列，其代号分别为 6.3、10、12.5、20 和 25。

3.3 基本尺寸

传动方榫和方孔的基本尺寸按表 1 和表 2 的规定。

表 1 传动方榫尺寸(A 型和 B 型)

单位为毫米

型式[a]	系列	s_1		d_1	d_2	e_1		l_1	l_3		r_1
		max	min	≈	max	max	min	max	基本尺寸	公差	max
A(B)	6.3	6.35	6.26	3	2	8.4	8.0	7.5	4	±0.2	0.5
A(B)	10	9.53	9.44	5	2.6	12.7	12.2	11	5.5	±0.2	0.6
A(B)	12.5	12.70	12.59	6	3	16.9	16.3	15.5	8	±0.3	0.8
B(A)	20	19.05	18.92	7	4.3	25.4	24.4	23	10.2	±0.3	1.2
B(A)	25	25.40	25.27	—	5	34.0	32.4	28	15	±0.3	1.6

注 1：传动方榫对边尺寸 s_1 的最大尺寸和最小尺寸是根据 GB/T 1800.3 规定的 IT11 级公差数值算出的。

注 2：不推荐 B 型和 C 型配合使用。

a 带括号的型式应避免采用。

表 2 传动方孔尺寸(C 型和 D 型)

单位为毫米

型式[a]	系列	s_2		d_3	e_2	l_2	l_3		r_2	t_1
		max	min	min	min	min	基本尺寸	公差		
C、D	6.3	6.63	6.41	2.5	8.5	8	4	±0.2	—	—
C(D)	10	9.80	9.58	5	12.9	11.5	5.5	±0.2	—	—
C(D)	12.5	13.03	12.76	6	17.1	16	8	±0.3	4	3
D(C)	20	19.44	19.11	6	25.6	24	10.2	±0.3	4	3.5
D(C)	25	25.79	25.46	6.5	34.4	29	15	±0.3	6	4

注 1：传动方孔对边尺寸 s_2 的最大尺寸和最小尺寸是根据 GB/T 1800.3 规定的 IT13 级公差数值算出的。

注 2：不推荐 B 型和 C 型配合使用。

a 带括号的型式应避免采用。

3.4 标记示例

传动方榫和方孔的标记由名称、型式、系列代号和标准编号组成。

例 1. 系列为 12.5 的 A 型传动方榫标记为：

传动方榫 A12.5 GB/T 3390.2

例 2. 系列为 12.5 的 C 型传动方孔标记为：

传动方孔 C12.5 GB/T 3390.2

4 技术要求

4.1 表面粗糙度

传动方榫和方孔表面粗糙度的 R_a 值不得大于 25 μm。

4.2 结合性能

传动方榫应能可靠的与传动方孔结合，连接和脱卸应方便，传动方榫的钢珠或钢销不得脱落。

5 试验方法

5.1 尺寸检验

传动方榫和方孔的尺寸采用专用量规和通用量具检验。

5.2 表面粗糙度检验

传动方榫和方孔的表面粗糙度采用标准样板对照检验。

5.3 结合性能试验

将传动方榫插入传动方孔时，不应出现阻滞现象。只有沿传动方榫和方孔的轴线方向施加表3规定的脱卸力，传动方榫和方孔才能脱卸。

注：此项试验应在同一制造厂生产的产品中进行。

表3 结合性能试验

传动方榫和方孔的系列/mm	脱卸力/N
6.3	4
10	11
12.5	25
20	45

6 检验规则

产品的检验规则按 GB/T 3390.5 的规定。

7 包装、标志、运输与贮存

产品的包装、标志、运输与贮存按 GB/T 3390.5 的规定。

附 录 A
（资料性附录）
本标准与 ISO 1174-1:1996 技术性差异及其原因

表 A.1 给出了本标准与 ISO 1174-1:1996 技术性差异及其原因的一览表。

表 A.1 本标准与 ISO 1174-1:1996 技术性差异及其原因

本标准的章条编号	技术性差异	原 因
2	引用了采用国际标准的我国标准。	以适合我国国情。
3.3 表 1	B 型中增加了 B(A)型。	以适合我国现有产品类型。
3.3 表 2	D 型中增加了 D(C)型。	以适合我国现有产品类型。

附 录 B
（资料性附录）
本标准与 ISO 1174-1:1996 技术性差异的章条编号对照

表 B.1 给出了本标准与 ISO 1174-1:1996 技术性差异的章条编号对照一览表。

表 B.1 本标准与 ISO 1174-1:1996 技术性差异的章条编号对照

本标准章条编号	对应的国际标准章条编号
2	2
3.3 表 1	3.3 表 1
3.3 表 2	3.4 表 2

ICS 25.140.30
J 47

中华人民共和国国家标准

GB/T 3390.3—2004
代替 GB/T 3390.3—1989

手动套筒扳手　传动附件

Hand operated socket wrenches—Driving parts

(ISO 3315:1996, Assembly tools for screws and nuts—Driving parts for hand-operated square drive socket wrenches—Dimensions and tests, MOD)

2004-03-15 发布　　2004-09-01 实施

中华人民共和国国家质量监督检验检疫总局
中国国家标准化管理委员会　发布

前言

本标准是在原国家标准 GB/T 3390.3—1989《手动套筒扳手传动附件》的基础上修订的，是手动套筒扳手产品系列标准之一，其他同时发布的标准如下：

——GB/T 3390.1—2004《手动套筒扳手　套筒》；

——GB/T 3390.2—2004《手动套筒扳手　传动方榫和方孔》；

——GB/T 3390.4—2004《手动套筒扳手　连接附件》；

——GB/T 3390.5—2004《手动套筒扳手　检验规则、包装与标志》。

本标准修改采用国际标准 ISO 3315:1996《螺钉和螺母装配工具——手动套筒扳手传动附件——尺寸和试验》(英文版)。

考虑到我国国情，在采用 ISO 3315:1996 时，本标准作了一些修改。有关技术性差异已编入正文并在它们所涉及的条款的页边空白处用垂直单线标识。在附录 A 中给出了这些技术性差异及其原因的一览表以供参考。在附录 B 中则表示了与 ISO 3315:1996 的技术性差异的章条编号对照以供查询。

本标准与 ISO 3315:1996 的主要差异如下：

——将一些适用于国际标准的表述改为适用于我国标准的表述；

——传动附件的扭矩在 ISO 3315:1996 的基础上，根据我国的实际情况增加 c 等级。

本标准与原国家标准 GB/T 3390.3—1989 相比主要变化如下：

——增加了传动附件的基本尺寸(见 3.4)；

——取消 b 级强度等级，保留 a、c 二个强度等级(见 3.3，表 2)

——增加了可逆式棘轮扳手的耐久性试验(见 5.6.2.2)；

——对部分内容作了调整。

本标准的附录 A 和附录 B 为资料性附录。

本标准由中国轻工业联合会提出。

本标准由全国工具五金标准化中心归口。

本标准由上海市工具工业研究所负责起草，上海星光里克工具有限公司、上海虬江机械厂、嘉兴市星球工具有限公司等参加起草。

本标准主要起草人：林美德、王朋根、章裕舫、朱士良、吴祖训。

本标准所代替标准的历次版本发布情况为：

——GB/T 3390.3—1982、GB/T 3390.3—1989。

手动套筒扳手　传动附件

1　范围

本标准规定了手动套筒扳手传动附件的产品分类、技术要求、试验方法、检验规则、包装、标志、运输与贮存。

本标准适用于装拆六角螺栓和螺母的手动套筒扳手的传动附件。

2　规范性引用文件

下列文件中的条款通过本标准的引用而成为本标准的条款。凡是注日期的引用文件，其随后所有的修改单(不包括勘误的内容)或修订版均不适用于本标准，然而，鼓励根据本标准达成协议的各方研究是否可使用这些文件的最新版本。凡是不注日期的引用文件，其最新版本适用于本标准。

GB/T 230　金属洛氏硬度试验方法(GB/T 230—1991,neq ISO 6508:1986)

GB/T 3390.2　手动套筒扳手　传动方榫和方孔(GB/T 3390.2—2004,ISO 1174-1:1996,MOD)

GB/T 3390.5　手动套筒扳手　检验规则、包装与标志

GB/T 4625　螺钉和螺母的装配工具术语(GB/T 4625—1998,idt ISO 1703:1983)

GB/T 4955　金属覆盖层　覆盖层厚度测量　阳极溶解库仑法(GB/T 4955—1997,idt ISO 2177:1985)

GB/T 6462　金属和氧化物覆盖层　横断面厚度显微镜测量方法(GB/T 6462—1986,eqv ISO 1463:1982)

3　产品分类

3.1　类型

传动附件按 GB/T 4625 中编号 251～257 的规定分为七种类型，其命名和编号如下：

a)　旋柄—251；

b)　转向手柄—252；

c)　滑行头手柄—253；

d)　弯柄—254；

e)　快速摇柄—255；

f)　棘轮扳手—256；

g)　可逆式棘轮扳手—257。

3.2　系列

传动附件根据其传动方榫的对边尺寸分为 6.3 mm、10 mm、12.5 mm、20 mm 和 25 mm 五个系列，代号分别为 6.3、10、12.5、20 和 25。

3.3　等级

传动附件按其强度分为 a、c 两个等级。

3.4　基本尺寸

传动附件的基本尺寸按表 1 规定。

表 1 传动附件的基本尺寸

单位为毫米

<table>
<tr><th>编号</th><th>图例</th><th>名称</th><th>方榫系列</th><th colspan="4">基本尺寸</th></tr>
<tr><td rowspan="2">253</td><td rowspan="2"></td><td rowspan="2">滑行头手柄</td><td></td><td>d_{max}</td><td>$l_{1\ min}$</td><td>$l_{1\ max}$</td><td>$l_{2\ max}$</td></tr>
<tr><td>6.3
10
12.5
20
25</td><td>14
23
27
40
52</td><td>100
150
220
430
500</td><td>160
250
320
510
760</td><td>24
35
50
62
80</td></tr>
<tr><td rowspan="2">255</td><td rowspan="2"></td><td rowspan="2">快速摇柄</td><td></td><td>b_{min}</td><td>$l_{1\ max}$</td><td>$l_{2\ min}$</td><td>$l_{2\ max}$</td></tr>
<tr><td>6.3
10
12.5</td><td>30
40
50</td><td>420
470
510</td><td>60
70
85</td><td>115
125
145</td></tr>
<tr><td rowspan="2">256</td><td rowspan="2"></td><td rowspan="2">棘轮扳手</td><td></td><td>d_{max}</td><td>$l_{1\ min}$</td><td>$l_{1\ max}$</td><td>$l_{2\ max}$</td></tr>
<tr><td>6.3
10
12.5
20</td><td>25
35
50
70</td><td>110
140
230
430</td><td>150
220
300
630</td><td>27
36
45
62</td></tr>
<tr><td rowspan="2">257</td><td rowspan="2"></td><td rowspan="2">可逆式
棘轮扳手</td><td></td><td>d_{max}</td><td>$l_{1\ min}$</td><td>$l_{1\ max}$</td><td>$l_{2\ max}$</td></tr>
<tr><td>6.3
10
12.5
20
25</td><td>25
35
50
70
90</td><td>110
140
230
430
500</td><td>150
220
300
630
900</td><td>27
36
45
62
80</td></tr>
<tr><td rowspan="2">251</td><td rowspan="2"></td><td rowspan="2">旋柄</td><td></td><td colspan="2">b_{min}</td><td colspan="2">$l_{1\ max}$</td></tr>
<tr><td>6.3
10</td><td colspan="2">30
40</td><td colspan="2">165
190</td></tr>
<tr><td rowspan="2">252</td><td rowspan="2"></td><td rowspan="2">转向手柄</td><td></td><td colspan="4">$l_{1\ max}$</td></tr>
<tr><td>6.3
10
12.5
20
25</td><td colspan="4">165
270
490
600
850</td></tr>
<tr><td rowspan="2">254</td><td rowspan="2"></td><td rowspan="2">弯柄</td><td></td><td colspan="2">$l_{1\ max}$</td><td colspan="2">$l_{2\ max}$</td></tr>
<tr><td>6.3
10
12.5
20</td><td colspan="2">110
210
250
500</td><td colspan="2">35
45
60
120</td></tr>
</table>

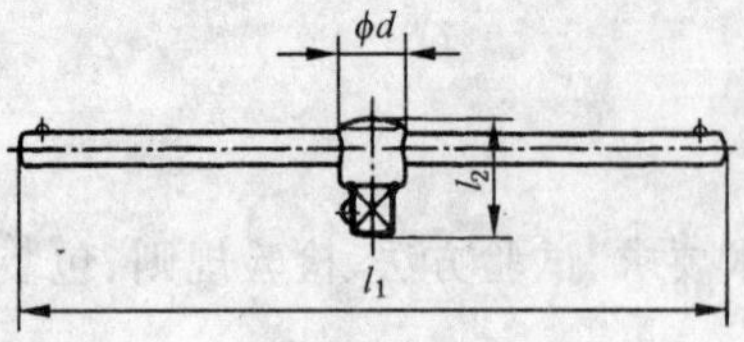

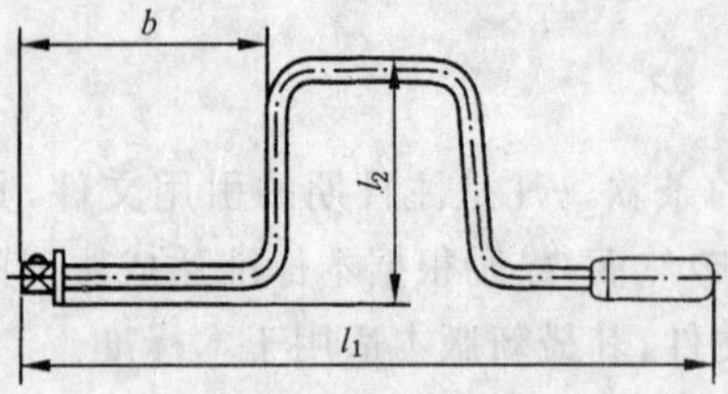

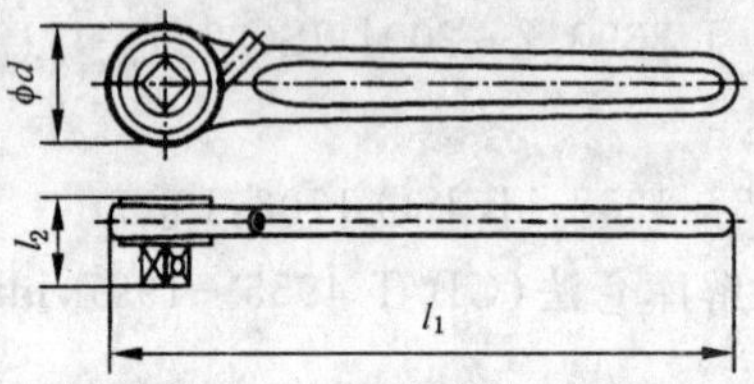

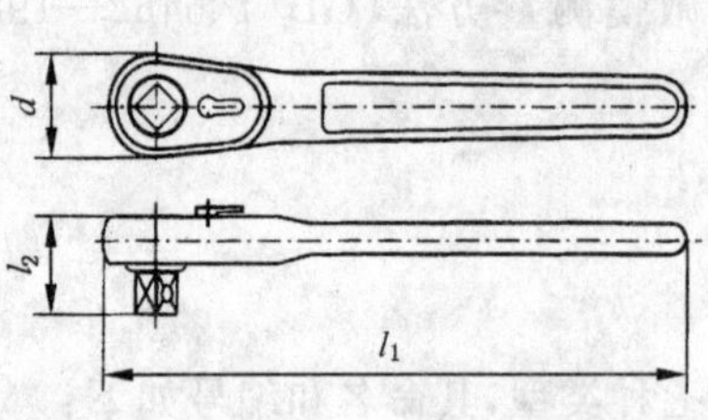

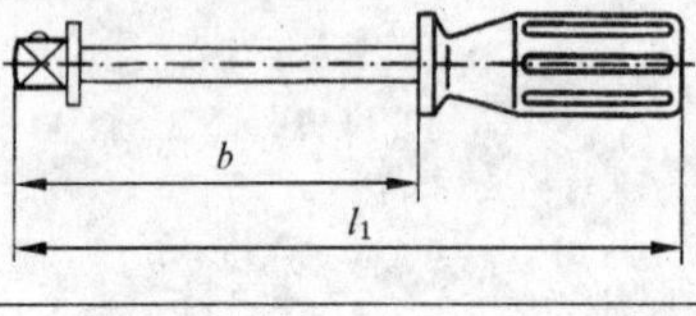

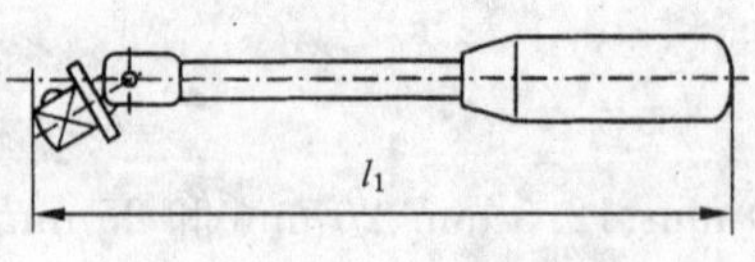

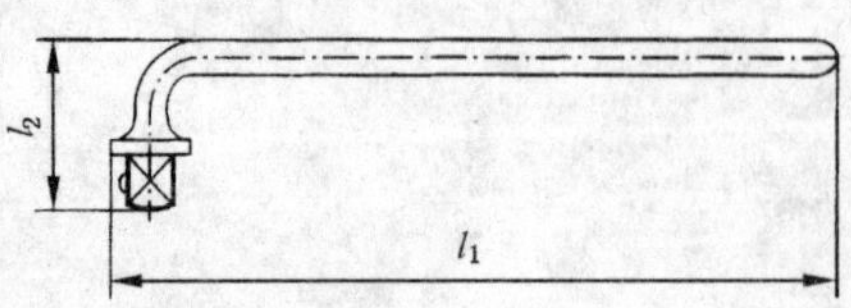

3.5 标记示例

传动附件的标记由名称、编号、系列代号、等级和标准编号组成。

例 1. 强度等级为 a 级的 12.5 系列滑行头手柄应标记为：

滑行头手柄 253 12.5 a GB/T 3390.3

例 2. 强度等级为 c 级的 20 系列可逆棘轮扳手应标记为：

可逆式棘轮扳手 257 20 c GB/T 3390.3

4 技术要求

4.1 表面质量

传动附件的表面不应有裂纹、毛刺等影响使用的缺陷。

4.2 传动方榫和方孔

传动附件的传动方榫和方孔按 GB/T 3390.2 的规定。

4.3 硬度

传动附件的传动方榫硬度应不低于 39HRC。

4.4 扭矩

传动附件应能承受按表 2 规定的试验扭矩。

表 2 传动附件的扭矩

编号	名　称	方榫系列/mm	扭矩/N·m	
			a 级	c 级
253	滑行头手柄	6.3	55	43.9
		10	180	144
		12.5	455	364
		20	1 255	1 004
		25	2 236	1 789
255	快速摇柄	6.3	24	—
		10	79	—
		12.5	199	—
256	棘轮扳手	6.3	62	49.4
		10	202	162
		12.5	512	410
		20	1 412	1 130
257	可逆式棘轮扳手	6.3	62	49.4
		10	202	162
		12.5	512	410
		20	1 412	1 130
		25	2 515	2 012
251	旋柄	6.3	10	—
		10	34	—

表 2(续)

编号	名　　称	方榫系列/mm	扭矩/N·m	
			a级	c级
252	转向柄	6.3	62	49.4
		10	202	162
		12.5	512	410
		20	1 412	1 130
		25	2 515	2 012
254	弯柄	6.3	62	49.4
		10	202	162
		12.5	512	410
		20	1 412	1 130

4.5 表面处理

传动附件表面应进行电镀或其他表面处理。电镀层厚度不低于 8 μm,其表面应色泽均匀,不应有气孔、漏镀、烧焦和起层等缺陷。

4.6 转动部分

棘轮扳手的棘轮机构应转动灵活,无卡轧现象。转向手柄的转动变位角不小于 180°。

5 试验方法

5.1 表面质量检验

传动附件的表面质量采用目测检验。

5.2 尺寸检验

传动附件的尺寸检验采用专用量规和通用量具检验。

5.3 硬度试验

传动附件的传动方榫硬度试验按 GB/T 230 的规定,在传动方榫上进行。

5.4 扭矩试验

5.4.1 试验步骤

传动附件扭矩试验采用的试验方孔,其对边尺寸按 GB/T 3390.2 规定的 s_2 最大尺寸,公差为 H8,试验方孔的硬度不低于 55HRC。试验时,将传动方榫插入试验方孔内,然后平稳缓慢地施加载荷,直至达到表 2 规定的试验扭矩值。

采用方孔旋转的扭矩试验机,其扭矩精度为±2.5%。

5.4.2 各传动附件的试验要求

5.4.2.1 滑行头手柄的试验

将滑行头移至手柄的一端,在距离滑行头最远的另一端施加载荷。

5.4.2.2 快速摇柄的试验

试验载荷应施加在摇柄握捏部的中央。

5.4.2.3 棘轮扳手和可逆式棘轮扳手的试验

试验载荷应尽可能施加在手柄的末端。可逆式棘轮扳手的试验,应按正反两个方向分别进行。

5.4.2.4 旋柄的试验

将旋柄固定,通过旋转试验方孔施加扭矩。

5.4.2.5 **转向手柄的试验**

将手柄转至与转向头成直角的位置，并在其末端施加载荷。

5.4.2.6 **弯柄的试验**

试验载荷应尽可能施加在手柄的末端。

5.5 电镀层厚度试验

经电镀处理的传动附件，其电镀层厚度按 GB/T 4955 的规定进行测定。对该方法无法测定的电镀层则按 GB/T 6462 的规定测定。

5.6 转动部试验

5.6.1 转向手柄的转动试验

转向手柄转向头的转动性能，用手力进行试验。

5.6.2 棘轮扳手和可逆式棘轮扳手的转动试验

5.6.2.1 用手力转动传动方榫，检验棘轮机构的灵活性，可逆式棘轮扳手应做正反检验。

5.6.2.2 可逆式棘轮扳手在扭矩试验后，应按表 3 的规定做耐久性试验。

表 3 耐久性试验

传动方榫系列/mm	总试验转数	每转的试验扭矩/N·m	频率(max)/(r/min)
6.3	50 000	15	30
10	50 000	50	30
12.5	50 000	128	30

6 检验规则

产品的检验规则按 GB/T 3390.5 的规定。

7 包装、标志、运输与贮存

产品的包装、标志、运输与贮存按 GB/T 3390.5 的规定。

附 录 A
（资料性附录）
本标准与 ISO 3315:1996 技术性差异及其原因

表 A.1 给出了本标准与 ISO 3315:1996 技术性差异及其原因的一览表。

表 A.1 本标准与 ISO 3315:1996 技术性差异及其原因

本标准的章条编号	技术性差异	原 因
2	引用了采用国际标准的我国标准。 增加引用了 GB/T 230、GB/T 3390.5、GB/T 4393、GB/T 4625、GB/T 4955、GB/T 6462。	以适合我国国情。
4.4(表 2)	增加了试验扭矩 C 级系列。	以适合我国产品现状。

附 录 B
（资料性附录）
本标准与 ISO 3315:1996 技术性差异的章条编号对照

表 B.1 给出了本标准与 ISO 3315:1996 技术性差异的章条编号对照一览表。

表 B.1 本标准与 ISO 3315:1996 技术性差异的章条编号对照

本标准章条编号	对应的国际标准章条编号
2	2
4.4(表 2)	3(表 1)

ICS 25.140.30
J 47

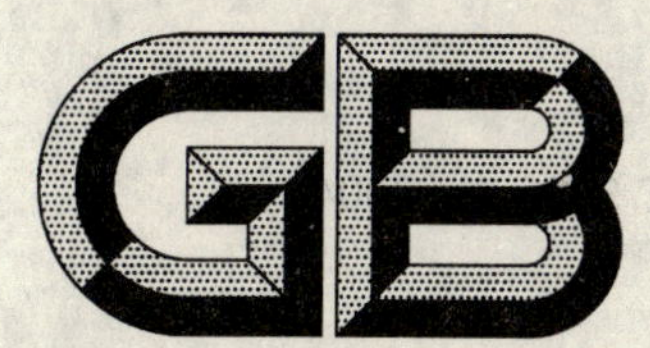

中华人民共和国国家标准

GB/T 3390.4—2004
代替 GB/T 3390.4—1989

手动套筒扳手 连接附件

Hand operated socket wrenches—Attachments

(ISO 3316:1996, Assembly tools for screws and nuts—Attachments for hand-operated square drive socket wrenches—Dimension and tests, MOD)

2004-03-15 发布 2004-09-01 实施

中华人民共和国国家质量监督检验检疫总局
中国国家标准化管理委员会 发布

前　言

本标准是在原国家标准 GB/T 3390.4—1989《手动套筒扳手连接附件》的基础上修订的，是手动套筒扳手产品系列标准之一，其他同时发布的标准如下：

——GB/T 3390.1—2004《手动套筒扳手　套筒》；

——GB/T 3390.2—2004《手动套筒扳手　传动方榫和方孔》；

——GB/T 3390.3—2004《手动套筒扳手　传动附件》；

——GB/T 3390.5—2004《手动套筒扳手　检验规则、包装与标志》。

本标准修改采用国际标准 ISO 3316:1996《螺钉和螺母装配工具——手动套筒扳手附件——尺寸和试验》(英文版)。

考虑到我国国情，在采用 ISO 3316:1996 时，本标准作了一些修改。有关技术性差异已编入正文中并在它们所涉及的条款的页边空白处用垂直单线标识。在附录 A 中给出了这些技术性差异及其原因的一览表以供参考。在附录 B 中则表示了与 ISO 3316:1996 的技术性差异的章条编号对照以供查询。

本标准与 ISO 3316:1996 的主要差异如下：

——将一些适用于国际标准的表述改为适用于我国标准的表述；

——传动附件的扭矩在 ISO 3316:1996 的基础上，根据我国的实际情况增加 C 等级。

本标准与原国家标准 GB/T 3390.4—1989 相比主要变化如下：

——增加了传动附件的基本尺寸(见 3.4)；

——取消 b 级强度等级，保留 a、c 二个强度等级(见 3.3，表 2)；

——对部分内容作了调整。

本标准的附录 A 和附录 B 为资料性附录。

本标准由中国轻工业联合会提出。

本标准由全国工具五金标准化中心归口。

本标准由上海市工具工业研究所负责起草，上海星光里克工具有限公司、上海虬江机械厂、嘉兴市星球工具有限公司等参加起草。

本标准主要起草人：林美德、王朋根、章裕舫、朱士良、吴祖训。

本标准所代替标准的历次版本发布情况为：

——GB/T 3390.4—1982、GB/T 3390.4—1989。

手动套筒扳手 连接附件

1 范围

本标准规定了手动套筒扳手连接附件的产品分类、技术要求、试验方法、检验规则、包装、标志、运输与贮存。

本标准适用于装拆六角螺栓和螺母的手动套筒扳手的连接附件。

2 规范性引用文件

下列文件中的条款通过本标准的引用而成为本标准的条款。凡是注日期的引用文件，其随后所有的修改单(不包括勘误的内容)或修订版均不适用于本标准，然而，鼓励根据本标准达成协议的各方研究是否可使用这些文件的最新版本。凡是不注日期的引用文件，其最新版本适用于本标准。

GB/T 230 金属洛氏硬度试验方法(GB/T 230—1991，neq ISO 6508:1986)

GB/T 3390.2 手动套筒扳手 传动方榫和方孔(GB/T 3390.2—2004，ISO 1174-1:1996，MOD)

GB/T 3390.5 手动套筒扳手 检验规则、包装与标志

GB/T 4625 螺钉和螺母的装配工具术语(GB/T 4625—1998，idt ISO 1703:1983)

GB/T 4955 覆盖层 覆盖层厚度测量 阳极溶解库仑法(GB/T 4955—1997，idt ISO 2177:1985)

GB/T 6462 金属和氧化物覆盖层 横断面厚度显微镜测量方法(GB/T 6462—1986，eqv ISO 1463:1982)

3 产品分类

3.1 类型

连接附件按 GB/T 4625 中编号 203～206 的规定分为四种类型，其命名和编号如下：

a) 接头——203；

b) 接杆——204；

c) 万向接头——205；

d) 方榫传动杆——206。

3.2 系列

连接附件根据其传动方榫的对边尺寸分为 6.3 mm、10 mm、12.5 mm、20 mm 和 25 mm 五个系列，代号分别为 6.3、10、12.5、20 和 25。

3.3 等级

连接附件按其强度分为 a、c 两个等级。

3.4 基本尺寸

连接附件的基本尺寸按表 1 规定。

表 1　连接附件的基本尺寸　　　　单位为毫米

编号	图例	名称	方榫系列		基本尺寸	
			方孔	方榫	l_{max}	d_{max}
203		接头	10	6.3	32	20
			12.5	10	44	25
			20	12.5	58	38
			25	20	85	52
			6.3	10	27	16
			10	12.5	38	23
			12.5	20	50	30
			20	25	68	40
			方榫和方孔		l	d_{max}
204		接杆	6.3		55±3	12.5
					100±5	
					150±8	
			10		75±4	20
					125±6	
					250±12	
			12.5		75±4	25
					125±6	
					250±12	
			20		100±6	38
					200±10	
					400±20	
			25		200±10	52
					400±20	
			方榫和方孔		l_{max}	d_{max}
205		万向接头	6.3		45	14
			10		68	23
			12.5		80	28
			20		110	42
			方榫和方孔		l_{max}	d
206		方榫传动杆（用于螺旋棘轮驱动）	6.3		50	5.5
						7
						8
			10		55	7
						8

3.5 标记示例

连接附件的标记由名称、编号、系列代号、长度、等级和标准编号组成。

例 1. 强度等级为 a 级的 20 系列万向接头应标记为：

万向接头 205 20×110 a GB/T 3390.4

例 2. 强度等级为 c 级的 12.5 系列接头应标记为：

接头 203 12.5×44 c GB/T 3390.4

4 技术要求

4.1 表面质量

连接附件的表面不应有裂纹、毛刺等缺陷。

4.2 传动方榫和方孔

连接附件的传动方榫和方孔按 GB/T 3390.2 的规定。

4.3 硬度

连接附件的传动方榫和方孔的硬度应不低于 39HRC。

4.4 扭矩

连接附件应能承受表 2 规定的试验扭矩。

表 2 连接附件的试验扭矩

编号	名称	方榫系列/mm		扭矩/N·m	
				a 级	c 级
203	接头	方孔	方榫		
		10	6.3	62	49.4
		12.5	10	202	162
		20	12.5	512	410
		25	20	1 412	1 130
	接头	6.3	10	62	49.4
		10	12.5	202	162
		12.5	20	512	410
		20	25	1 412	1 130
204	接杆	方榫和方孔			
		6.3		62	49.4
		10		202	162
		12.5		512	410
		20		1 412	1 130
		25		2 515	2 012
205	万向接头	方榫和方孔			
		6.3		34	27.4
		10		112	90
		12.5		284	228
		20		784	628
206	方榫传动杆	方榫			
		6.3		12	—
		10		40	—

4.5 表面处理

连接附件表面应进行电镀或其他表面处理。电镀层厚度不低于 8 μm，其表面应色泽均匀，不应有气孔、漏镀、烧焦和起层等缺陷。

4.6 转动部分

当万向接头的肘节夹角在 35°以内时，应转动灵活。肘节在各个方向上的转动变位角都不应小于 75°。

5 试验方法

5.1 表面质量检验

连接附件的表面质量采用目测检验。

5.2 尺寸检验

连接附件的尺寸检验采用专用量规和通用量具检验。

5.3 硬度试验

连接附件的硬度试验按 GB/T 230 的规定，在连接附件的传动方榫和传动方孔部分的外表面上进行。

5.4 扭矩试验

5.4.1 试验步骤

连接附件扭矩试验采用的方形试棒，其方榫和方孔的对边尺寸应符合 GB/T 3390.2 中 $S_{1\,max}$ 和 $s_{2\,min}$ 的相应规定，公差分别为 h8 和 H8，硬度都不应低于 55HRC。

试验时，固定试验方孔，将连接附件的传动方榫插入试验方孔内，再将方形试棒插入连接附件的传动方孔内，并平稳缓慢地施加载荷，直至达到表 2 规定的试验扭矩值。

采用方孔旋转的扭矩试验机，其扭矩精度为±2.5%。

5.4.2 各连接附件的试验要求

5.4.2.1 接头、接杆和万向接头的试验

接头、接杆和万向接头在试验时，应保证试验方孔、试件和方形试棒在同一轴线上。

5.4.2.2 方榫传动杆的试验

方榫传动在试验时，应配用与杆部相吻合的接套，并保证试验方孔、试件和接套在同一轴线上。

5.5 电镀层厚度试验

经电镀处理的连接附件，其电镀层厚度按 GB/T 4955 的规定进行测定。对该方法无法测定的电镀层则按 GB/T 6462 的规定测定。

5.6 转动试验

万向接头的转动用手力进行试验，其肘节变位角用万能角尺测量。

6 检验规则

产品的检验规则按 GB/T 3390.5 的规定。

7 包装、标志、运输与贮存

产品的包装、标志、运输与贮存按 GB/T 3390.5 的规定。

附 录 A
（资料性附录）
本标准与 ISO 3316:1996 技术性差异及其原因

表 A.1 给出了本标准与 ISO 3316:1996 技术性差异及其原因的一览表。

表 A.1 本标准与 ISO 3316:1996 技术性差异及其原因

本标准的章条编号	技术性差异	原　因
2	引用了采用国际标准的我国标准。 增加引用了 GB/T 230、GB/T 3390.5、GB/T 4393、GB/T 4625、GB/T 4955、GB/T 6462。	以适合我国国情。
4.4(表 2)	增加了试验扭矩 C 级系列。	以适合我国产品现状。

附 录 B
（资料性附录）
本标准与 ISO 3316:1996 技术性差异的章条编号对照

表 B.1 给出了本标准与 ISO 3316:1996 技术性差异的章条编号对照一览表。

表 B.1 本标准与 ISO 3316:1996 技术性差异的章条编号对照

本标准章条编号	对应的国际标准章条编号
2	2
4.4	3(表 1)

ICS 25.140.30
J 47

中华人民共和国国家标准

GB/T 3390.5—2004
代替 GB/T 3390.5—1989

手动套筒扳手　检验规则、包装与标志

Hand operated socket wrenches—Inspection, packaging and marking

2004-03-15 发布　　　　2004-09-01 实施

中华人民共和国国家质量监督检验检疫总局
中国国家标准化管理委员会　发布

前　言

本标准是在原国家标准 GB/T 3390.5—1989《手动套筒扳手检验规则、包装与标志》的基础上修订的。

本标准与原国家标准 GB/T 3390.5—1989 相比主要变化如下：

——检验程序和具体的抽样方案不在本标准中叙述，改为从 GB/T 2828.1 中查找。

——对不合格分类、检验项目、合格质量水平和检查水平作了必要的调整。

——对部分条文作了调整。

本标准由中国轻工业联合会提出。

本标准由全国工具五金标准化中心归口。

本标准由上海市工具工业研究所负责起草，上海星光里克工具有限公司、上海虬江机械厂、嘉兴市星球工具有限公司等参加起草。

本标准主要起草人：林美德、王朋根、章裕舫、朱士良、吴祖训。

本标准所代替标准的历次版本发布情况为：

——GB/T 3390.5—1982、GB/T 3390.5—1989。

手动套筒扳手　检验规则、包装与标志

1　范围

本标准规定了手动套筒扳手的检验规则、包装与标志。

本标准适用于装拆六角螺栓和螺母的手动套筒扳手。

2　规范性引用文件

下列文件中的条款通过本标准的引用而成为本标准的条款。凡是注日期的引用文件，其随后所有的修改单(不包括勘误的内容)或修订版均不适用于本标准，然而，鼓励根据本标准达成协议的各方研究是否可使用这些文件的最新版本。凡是不注日期的引用文件，其最新版本适用于本标准。

GB/T 2828.1　计数抽样检验程序　第1部分：按接收质量限(AQL)检索的逐批检验抽样计划(ISO 2859-1:1999,IDT)

GB/T 5305　手工具包装、标志、运输与贮存

3　检验规则

3.1　产品须经检验合格后方可出厂，并附有产品合格证。

3.2　收货方可依据本标准和相应的产品标准对产品进行抽检。

3.3　产品的交收检验按GB/T 2828.1规定的二次抽样方案逐项进行。

3.4　检验的样本可由相同规格的组件构成，也可由成套产品构成。

3.5　样本应从交验批中随机抽取。交验批量较大时，可采用某种合理的方法，将其分成若干小批或几部分，然后再按各部分所占整个交验批的百分比，与总样本大小成比例的在各小批或各部分随机抽取。

3.6　产品的不合格分类、检验项目、合格质量水平AQL和检查水平IL按表1的规定。

表1　不合格分类、检验项目、合格质量水平和检查水平

<table>
<tr><th>序号</th><th>不合格分类</th><th>检验项目</th><th>合格质量水平(AQL)</th><th>检查水平(IL)</th></tr>
<tr><td>1</td><td rowspan="2">B</td><td>套筒对边尺寸 s 的公差</td><td rowspan="2">2.5</td><td>S-3</td></tr>
<tr><td>2</td><td>套筒和各附件的扭矩</td><td rowspan="2">S-2</td></tr>
<tr><td>3</td><td rowspan="7">C</td><td>套筒和各附件的硬度</td><td rowspan="7">6.5</td></tr>
<tr><td>4</td><td>套筒和各附件尺寸</td><td rowspan="3">S-3</td></tr>
<tr><td>5</td><td>传动方榫与方孔的结合能力</td></tr>
<tr><td>6</td><td>附件的转动灵活度</td></tr>
<tr><td>7</td><td>可逆式棘轮机构的耐久性</td><td rowspan="2">S-2</td></tr>
<tr><td>8</td><td>套筒和各附件的电镀质量</td></tr>
<tr><td>9</td><td>套筒和各附件的表面质量</td><td>I</td></tr>
</table>

3.7　在使用二次抽样方案时，每次抽样都应在同一交验批中抽取。

3.8　对检验中发现的不合格品及进行破坏试验后的样本，制造厂应予调换。

3.9　经检验拒收的产品，可由制造厂重新分类或修整后，再提交验收。

3.10　由成套套筒扳手组成的交验批，在检验中任何一个组件被判为不合格，都应对交验批中的该组件进行修整或更换后，重新进行检验。

4 包装、标志、运输与贮存

产品的包装、标志、运输与贮存按 GB/T 5305 的规定。

ICS 29.120.60
K 43

中华人民共和国国家标准

GB 3804—2004
代替 GB 3804—1990

3.6 kV～40.5 kV 高压交流负荷开关

High-voltage alternating-current switches for rated voltage above 3.6 kV and less than 40.5 kV

(IEC 60265-1:1998 High-voltage switches—Part1:Switches for rated voltage above 1 kV and less than 52 kV,MOD)

2004-05-14 发布　　2005-02-01 实施

中华人民共和国国家质量监督检验检疫总局
中国国家标准化管理委员会　发布

ICS 29.120.60
K 43

中华人民共和国国家标准

GB 3804—2004
代替 GB 3804—1990

3.6 kV～40.5 kV 高压交流负荷开关

High-voltage alternating-current switches for rated voltage above 3.6 kV and less than 40.5 kV

(IEC 60265-1:1998 High-voltage switches—Part1:Switches for rated voltage above 1 kV and less than 52 kV,MOD)

2004-05-14 发布 2005-02-01 实施

中华人民共和国国家质量监督检验检疫总局
中国国家标准化管理委员会 发布

前　言

本标准的全部技术内容为强制性。

本标准是根据 IEC 60265-1:1998(IEC 60265 的第 3 版)《高压负荷开关　第 1 部分:额定电压 1 kV 以上 52 kV 以下的负荷开关》对 GB 3804—1990《3～63 kV 交流高压负荷开关》进行全面修订的。本标准与 IEC 60265-1:1998 的一致性程度为修改采用。本标准的结构和编排与 IEC 60265:1998 基本一致,技术内容与之等效。

本标准与 IEC 60265:1998 的主要差别体现在:

——适用范围,删去了 IEC 60265-1:1998 中额定频率 60 Hz 的有关内容;根据我国行业分工情况,适用的系统额定电压从 GB/T 11022 规定中选取了 3.6 kV—7.2 kV—12 kV—24 kV—40.5 kV 五个电压等级,删去了与我国电网无关的额定电压值;

——额定电压 40.5 kV 一级电压,在 IEC 60265-1:1998 中是介于 38 kV 与 48.3 kV 之间。对应 40.5 kV 级电压,本标准在表 1 中的额定开断电流值是按插入法确定的;而在表 3、表 4a、表 4b 中的 TRV 参数是按 IEC 60265-1:1998 中相应表格提供的计算公式计算确定的;

——为了避免重复,本标准删去了 IEC 60265-1:1998 中 3.8“定义索引”;

——本标准内容与 IEC 60265-1:1998 不同之处均用“脚注”加以说明。

本标准与 GB 3804—1990 的主要差别有:

——适用范围,GB 3804—1990 额定电压为 3 kV～63 kV,本标准额定电压为 3.6 kV～40.5 kV。关于 63 kV 电压应靠标为 72.5 kV,属于 IEC 60265-2 范围。待对应国标 GB/T 1480—1993 修订时考虑。

——应用和给出的术语大大增加。例如:对通用负荷开关,根据开断频繁程度的要求将电寿命分为 E1 级、E2 级、E3 级;机械寿命分为 M1 级、M2 级等。

——提供的额定值更加充实,规定具体。例如:额定电缆和线路充电开断电流,按不同电压等级列入表 1;

——提供的各种电流试验电源的 TRV 参数更加充实和具体,例如:新增加的表 3、表 4a、表 4b、表 9 等,并增加计算公式;

——详细规定了各种试验方法和程序、将 GB 3804—1990 中表 7 细化为表 5、表 6、表 7 和表 8 等;规定了各种试验回路图,并给出了回路参数。例如:图 1a、图 1b、图 1c、图 2、图 3、图 4、图 5、图 6 等。

——本标准对 GB/T 11022—1999 中已有规定的内容直接加以引用而不再重复。对新增加的条款从 101 开始编号。

本标准自实施之日起,同时代替 GB 3804—1990。

本标准由中国电器工业协会提出。

本标准由全国高压开关设备标准化技术委员会归口。

本标准起草单位及成员:

负责单位:上海华通开关厂:曲培斌、谢根福、王妙发、谭锦权。

参加单位:西安高压电器研究所:刘莉;

西安高压开关厂:刘全都、敖列;

天水长城开关厂:刘成学、孙壮丽;

北京北开电气股份有限公司:齐希泰;

正泰集团成套设备制造有限公司:高诚;
上海华银开关厂:彭跃明;
华仪电器集团公司:金建华;
宁波天安集团股份有限公司:冯保民;
重庆高压开关厂:郑立;
福州第一开关厂:黄炳文;
陕西宝光真空电器股份有限公司:高翔。

本标准主要起草人:曲培斌、谢根福。

本标准代替标准的历次版本发布情况为:

——GB 3804—1983;

——GB 3804—1990。

3.6 kV～40.5 kV 高压交流负荷开关

1 范围

本标准适用于额定电压3.6 kV～40.5 kV,频率为50 Hz,安装于户内或户外且具有关合和开断电流额定值的三极交流负荷开关和隔离负荷开关。

本标准也适用于这些负荷开关的操动机构及其辅助设备。

隔离负荷开关也应满足GB 1985的相关规定。

本标准中的一般原则和规定也适用于单相系统中的单极负荷开关。绝缘试验以及关合和开断试验的要求应满足规定使用场合的要求。

注1:除非有特别说明,术语"负荷开关"就代表了本标准范围内所有类型的负荷开关和隔离负荷开关。

注2:接地开关并未包含在本标准范围内。对作为负荷开关组成部分的接地开关的要求包含在GB 1985中。

注3:本标准不适用于通过分、合熔断器来操作、并作为高压熔断器附件的负荷开关。

2 规范性引用文件

下列文件中的条款通过本标准的引用而成为本标准的条款。凡是注日期的引用文件,其随后所有的修改单(不包括勘误的内容)或修订版均不适用于本标准,然而,鼓励根据本标准达成协议的各方研究是否可使用这些文件的最新版本。凡是不注日期的引用文件,其最新版本适用于本标准。

GB 311.1—1997 高压输变电设备的绝缘配合(neq IEC 60071-1:1993)

GB/T 762—1996 标准电流(eqv IEC 60059:1938)

GB/T 1984—2003 高压交流断路器(IEC 62271-100:2001,MOD)

GB/T 1985—2004 高压交流隔离开关和接地开关(IEC 62271-102:2002,MOD)

GB/T 2900.20—1994 电工术语 高压开关设备(neq IEC 60050)

GB/T 11022—1999 高压开关设备和控制设备标准的共用技术要求(eqv IEC 60694:1996)

GB 16926—1997 交流高压负荷开关——熔断器组合电器(eqv IEC 60420:1990)

IEC 61233:1994 高压交流断路器——感性负载开合

3 正常和特殊使用条件

3.1 正常使用条件

按GB/T 11022—1999中2.1的规定。

3.2 特殊使用条件

按GB/T 11022—1999中2.2的规定。

4 定义

本标准采用了GB/T 11022—1999中第3章的一些定义,为了便于使用,把其中一部分摘录如下。

4.1

通用术语 general terms

无特别的定义。

4.2

成套设备 assemblies

无特别的定义。

4.3

成套设备的各个部分　parts of assemblies

无特别的定义。

4.4

开关装置　switching devices

4.4.101

负荷开关 switch

能够在回路正常条件(也可包括规定的过载条件)下关合、承载和开断电流以及在规定的异常回路条件(如短路)下,在规定的时间内承载电流的开关装置。

4.4.102

隔离负荷开关　switch disconnector

在断开位置,能满足对隔离开关所规定的隔离要求的一种负荷开关。

4.4.103

通用负荷开关　general purpose switch

能够在配电系统中对正常出现的直到其额定开断电流进行关合和开断操作,并能承载和关合短路电流的负荷开关。

4.4.103.1

E1 级通用负荷开关　class E1 general purpose switch

适用于配电系统的正常连续馈电,且不需要进行频繁开合操作的通用负荷开关。

4.4.103.2

E2 级通用负荷开关　class E2 general purpose switch

不需要对主回路的开断部件检查或维护,且在预期的使用寿命期间,其他零件仅需要很少维护的通用负荷开关。

注:很少维护可能包括润滑、更换气体和清洁外表面(适用时)。

4.4.103.3

E3 级通用负荷开关　class E3 general purpose switch

具有频繁开合较大电流和较高频率关合短路能力的通用负荷开关。

4.4.103.4

M1 级通用负荷开关　class M1 general purpose switch

具有 1 000 次(操作)机械寿命的通用负荷开关。

4.4.103.5

M2 级通用负荷开关　class M2 general purpose switch

具有 5 000 次延长的机械寿命的特殊使用场合的通用负荷开关。

注:特殊用途负荷开关和专用负荷开关也可按 M2 级分类。

4.4.104

专用负荷开关　limited purpose switch

具有额定电流、额定短时耐受电流以及通用负荷开关的一种或几种开合能力的负荷开关。

4.4.105

特殊用途负荷开关　special purpose switch

具有额定电流、额定短时耐受电流、额定短路关合电流以及能够在特殊使用场合下能够特殊运行的负荷开关。

注 1:这种特殊要求的例子如开合电容器组、开合电动机及开合并联电力变压器。

注 2:在某些使用场合,当采用了其他装置关合短路,不使负荷开关关合短路时,不要求短路关合能力,用户应做出相应的规定。

4.4.105.1

单个电容器组负荷开关　single capacitor bank switch

用于开合充电电流的特殊负荷开关。其开合的充电电流值应小于或等于额定单个电容器组开断电流。

4.4.105.2

背对背电容器组负荷开关　back-to-back capacitor bank switch

用于开断负荷开关的电源侧接有一个或多个电容器组,且电容器组充电电流值小于或等于额定背对背电容器组开断电流的特殊用途负荷开关。这种负荷开关应能关合小于或等于其额定电容器组关合涌流的所有电流值。

4.4.105.3

电动机负荷开关　motor switch

用于在稳态和故障条件下开合电动机的特殊用途负荷开关。

4.4.105.4

并联电力变压器闭环负荷开关　parallel power transformer closed-loop switch

用于开合大容量电力变压器并联闭环回路的特殊用途负荷开关。这种负荷开关的典型是用作变压器二次侧电路的中压联络负荷开关,在这种情况下开断电流较大,且瞬态恢复电压(TRV)条件苛刻。

4.5

开关装置的部件　parts of switching devices

无特殊定义。

4.6

操作　operation

没有特别定义。

4.7

特性参数　characteristic quantities

4.7.101

开断能力　breaking capacity

在规定的使用与性能条件下以及在指定电压下,开关装置或熔断器能够开断的预期电流值。

注:规定条件和指定电压均在有关出版物中指出。

4.7.102

有功负载开断能力　mainly active load-breaking capacity

开断有功负载回路,该回路功率因数至少为0.75,其负载可用电阻和电抗并联表示。

4.7.103

空载变压器开断能力　no-load transformer breaking capacity

开断空载变压器回路的能力。

4.7.104

闭环开断能力　closed-loop breaking capacity

开断闭环配电线路,或开断两个并联电力变压器或多个并联电力变压器的能力。即负荷开关开断后,其两侧均带电,且其端子间的电压基本上小于系统电压。

4.7.105

电缆充电电流开断能力　cable-charging breaking capacity

开断电缆空载回路的能力。

4.7.106

线路充电电流开断能力　line-charging breaking capacity

开断空载架空线路的能力。

4.7.107

单个电容器组开断能力　single capacitorbankbreakingcapacity

开断接在电源上的单个电容器组回路(此时没有其他电容器组与被开合的电容器组邻近)的能力。

4.7.108

背对背电容器组开断能力　back-to-back capacitor bank breaking capacity

开断接在电源上的电容器组回路(此时有一个或多个电容器组与被开合的电容器组邻近时)的能力。

4.7.109

背对背电容器组关合涌流　back-to-back capacitor bank inrush making current

把一个电容器组投到电源上,这时由于有一个或多个电容器组与被投入的电容器组邻近,因而出现的高频和高幅值的电流。

注:涌流的频率和幅值取决于电容器组之间的电容和电感的数值。

4.7.110

电动机开断能力　motor breaking capacity

开断稳态和失速条件下电动机的能力。

4.7.111

接地故障开断能力　earth fault breaking capacity

在中性点绝缘或谐振接地系统中,负荷开关的负载侧的空载电缆或架空线存在接地故障时开断故障相的能力。

4.7.112

接地故障条件下的电缆充电电流和线路充电电流开断能力　cable-and line-charging breaking capacity under earth fault conditions

在中性点绝缘或谐振接地系统中,在负荷开关的电源侧发生接地故障时切除空载电缆或架空线路健全相的开断能力。

4.7.113

开断电流　breaking current

在开断过程中产生电弧瞬间流过开关装置的一极或流过熔断器的电流。

4.7.114

(峰值)关合电流　(peak) making current

在关合操作过程中,电流出现后的瞬态阶段负荷开关一极中电流的第一个半波的峰值。

注1:一极与另一极以及一次操作与另一次操作的峰值不同,因为它取决于电流出现瞬间所对应的外施电压的波形。

注2:对于三相回路,除非另有规定,(峰值)关合电流的数值是指所有相中的最高值。

4.7.115

短路关合能力　short-circuit making capacity

在规定条件下,包括开关装置的接线端子短路在内的接通能力。

5　额定值

按 GB/T 11022—1999 第 4 章的规定,并作如下补充:

5.1　额定电压(U_r)

额定电压标准值为:3.6 kV—7.2 kV—12 kV—24 kV—40.5 kV

5.2 额定绝缘水平

按 GB/T 11022—1999 中 4.2 的规定。

5.3 额定频率(f_r)

按 GB/T 11022—1999 中 4.3 的规定。

5.4 额定电流(I_r)和温升

按 GB/T 11022—1999 中 4.4 的规定。

5.5 额定短时耐受电流(I_K)

按 GB/T 11022—1999 中 4.5 的规定并作如下补充：

除非用户和制造厂之间另有协议，否则作为负荷开关不可分割部分的接地开关的额定短时耐受电流应该等于负荷开关的额定短时耐受电流。

5.6 额定峰值耐受电流(I_P)

按 GB/T 11022—1999 中 4.6 的规定。

5.7 额定短路持续时间(t_K)

按 GB/T 11022—1999 中 4.7 的规定。

5.8 合闸和分闸操动机构以及辅助和控制回路的额定电源电压(U_a)

按 GB/T 11022—1999 中 4.8 的规定。

5.9 合闸和分闸操动机构以及辅助回路的额定电源频率

按 GB/T 11022—1999 中 4.9 的规定。

5.10 操作和/或开断用的压缩气源的额定压力

按 GB/T 11022—1999 中 4.10 的规定。

5.101 额定有功负载开断电流(I_1)

额定有功负载开断电流是负荷开关在其额定电压下能够开断的最大有功负载电流。

5.102 额定闭环开断电流(I_{2a}和 I_{2b})

额定闭环开断电流是负荷开关能够开断的最大闭环电流，可以分别规定配电线路闭环开断电流和并联电力变压器闭环开断电流额定值。

5.103 额定空载变压器开断电流(I_3)

额定空载变压器开断电流是负荷开关在其额定电压下能够开断的最大空载变压器电流。

5.104 额定电缆充电开断电流(I_{4a})

额定电缆充电开断电流是负荷开关在其额定电压下能够开断的最大电缆充电电流。

5.105 额定线路充电开断电流(I_{4b})

额定线路充电开断电流是负荷开关在其额定电压下能够开断的最大线路充电电流。

5.106 特殊用途负荷开关的额定单个电容器组开断电流(I_{4c})

额定单个电容器组开断电流，是特殊用途负荷开关在其额定电压下，且没有其他与被开合的电容器组邻近的电容器组接在负荷开关的电源侧时，能够开断的最大电容器组电流。

5.107 特殊用途负荷开关的额定背对背电容器组开断电流(I_{4d})

额定背对背电容器组开断电流，是特殊用途负荷开关在其额定电压下且有一个或多个与被开合的电容器组邻近的电容器组接在负荷开关的电源侧时，能够开断的最大电容器组电流。

5.108 特殊用途负荷开关的额定背对背电容器组关合涌流(I_{in})

额定背对背电容器组关合涌流，是特殊用途负荷开关在其额定电压下且涌流频率与使用条件一致时，能够关合的电流峰值。

对于具有额定背对背电容器组开断电流的负荷开关，额定背对背电容器组关合涌流的规定是强制性的。

注：背对背电容器组关合涌流的频率在 2 kHz～30 kHz 的范围内，规定值取决于被开合的电容器组、电源侧的电容

器组以及限流阻抗(如果有的话)的数值和结构。

不必对负荷开关因背对背电容器组产生的关合涌流规定额定开断值。

5.109 额定接地故障开断电流(I_{6a})

对于中性点绝缘或谐振接地系统,额定接地故障开断电流是负荷开关在其额定电压下能够开断的故障相的最大接地故障电流。

注:即使在去掉谐振的情况下,中性点绝缘系统的 TRV 也要比谐振接地系统的 TRV 严酷,因此,为了进行试验,假定为中性点绝缘系统。

5.110 接地故障条件下的额定电缆充电和线路充电开断电流(I_{6b})

对于中性点绝缘或谐振接地系统,接地故障条件下的额定电缆充电和线路充电开断电流是负荷开关在其额定电压下能够开断的健全相中的最大电流。

注:接地故障条件下的额定电缆充电和线路充电电流是正常条件下的电缆充电和线路充电电流的$\sqrt{3}$倍。这覆盖了单屏蔽电缆时出现的最严酷情况。

5.111 特殊用途负荷开关的额定电动机开断电流(I_7)

额定电动机开断电流是负荷开关在其额定电压下能够开断电动机的最大稳态电流。参见 IEC 61233。

除非另有规定,故障条件下的电动机开断电流是电动机额定电流的 8 倍。

5.112 额定短路关合电流(I_{ma})

额定短路关合电流是负荷开关在其额定电压下能够关合的最大峰值预期电流。

5.113 通用负荷开关的额定开断和关合电流

通用负荷开关每一个开合方式规定的额定值如下:

——额定有功负载开断电流等于额定电流;

——额定空载变压器开断电流等于额定电流的 1%;

——额定配电线路闭环开断电流等于额定电流;

——额定电缆充电开断电流如表 1 所示;

——额定线路充电开断电流如表 1 所示;

——额定短路关合电流等于额定峰值耐受电流。负荷开关在其额定电压下应具有成功关合两次或多次额定短路关合电流的能力。

指定用于中性点绝缘或通过高阻抗接地系统中的负荷开关应具有额定接地故障开断电流和接地故障条件下的额定电缆和线路充电开断电流的能力。

额定值的标准数值应该从 GB/T 762 规定的 R10 系列中选取。

如果作为负荷开关不可分割部分的接地开关具有额定短路关合能力,除非用户和制造厂之间另有协议,否则该额定短路关合电流应等于负荷开关的额定峰值耐受电流。

注:R10 系列由 1—1.25—1.6—2—2.5—3.15—4—5—6.3—8 及它们与 10^n 的乘积组成。

5.114 专用负荷开关的额定值

专用负荷开关应具有额定电流、额定短时耐受电流的额定值,并具有通用负荷开关的一种或几种但不是全部的开合能力。如果规定有其他额定值,其数值应从 R10 系列中选取。

5.115 特殊用途负荷开关的额定值

特殊用途负荷开关应具有额定电流、额定短时耐受电流、额定短路关合电流的额定值,并具有通用负荷开关的一种或几种开合能力。

根据特殊负荷开关的使用场合,规定额定值和能力。其额定值应从 R10 系列中选取。可以选择一种或几种下述规定值:

——并联电力变压器开断能力;

——单个电容器组开断能力;

——背对背电容器组开断能力和关合涌流；

——电动机开断能力。

特殊用途负荷开关应该具有5.112中规定的额定短路关合电流，该短路关合电流可以小于额定峰值耐受电流。

5.116 熔断器保护用负荷开关的额定值

选择负荷开关的短时耐受电流和关合电流额定值时，可以考虑熔断器在短路电流的持续时间和数值方面的限流效应。可以使用限流熔断器或其他类别的熔断器。以最高额定电流的相应熔断器为基础确定额定值。参见GB 16926。

6 一般要求

本标准的目的是制定对用于配电系统中的通用负荷开关的要求。

通用负荷开关应能满足下述使用要求：

——连续承载额定电流；

——开合有功负载；

——开合配电闭环电路；

——开合空载变压器；

——开合空载电缆和架空线的充电电流；

——在规定的时间内承载短路电流；

——关合短路电流。

用于中性点绝缘系统或中性点通过高阻抗接地的系统中的通用负荷开关还应具有故障条件下的开合能力。

本标准下一步的目标是制定用于配电系统中的特殊用途和专用负荷开关的要求。

专用负荷开关应具有额定电流、额定短时耐受电流以及通用负荷开关的一种或几种开合能力，但不是全部。

特殊用途负荷开关应具有额定电流、额定短时耐受电流、额定短路关合电流，另外，还能使用于下述一种或几种情况：

——开合单个电容器；

——开合背对背电容器组；

——开合并联大容量变压器构成的闭环电路；

——开合稳定状态下和故障条件下的电动机。

假定按照制造厂的说明书进行负荷开关的分闸操作和合闸操作，关合操作可以紧接在开断操作之后，但开断操作不应紧接在关合操作之后，因为此时的开断电流可能超过负荷开关的额定开断电流。

7 设计与结构

按GB/T 11022—1999中第5章规定，并作如下所示的补充和修改：

7.1 负荷开关中液体的要求

按GB/T 11022—1999中5.1的规定。

7.2 负荷开关中气体的要求

按GB/T 11022—1999中5.2的规定。

7.3 负荷开关的接地

按GB/T 11022—1999中5.3的规定。

7.4 辅助和控制设备

按GB/T 11022—1999中5.4的规定。

7.5　动力操作

按 GB/T 11022—1999 中 5.5 规定，并增加下述限制。

仅允许对不具有短路关合能力的专用负荷开关进行人力操作。

7.6　储能操作

按 GB/T 11022—1999 中 5.6 的规定。

7.7　不依赖人力的操作

按 GB/T 11022—1999 中 5.7 的规定。

7.8　脱扣器操作

按 GB/T 11022—1999 中 5.8 的规定。

7.9　低压和高压闭锁装置

按 GB/T 11022—1999 中 5.9 的规定。

7.10　铭牌

按 GB/T 11022—1999 中 5.10 的规定。负荷开关及其操动机构的铭牌的内容按表 2 的规定。

7.11　联锁装置

按 GB/T 11022—1999 中 5.11 的规定。

7.12　位置指示

按 GB/T 11022—1999 中 5.12 的规定。

应能清楚地指示出负荷开关的分闸和合闸位置。如果满足下列条件之一就认为达到了要求：

a)　间隙或隔离断口是可见的；

b)　每一个动触头的位置通过可靠的指示装置指明。

注 1：可见的动触头可以作为指示装置。

注 2：对于联动的负荷开关(所有极作为一个单元操作)，允许采用公用的指示装置。

注 3：可靠的指示装置的规定见 GB/T 1985。

7.13　外壳的防护等级

按 GB/T 11022—1999 中 5.13 的规定。

7.14　爬电距离

按 GB/T 11022—1999 中 5.14 的规定。

7.15　气体和真空的密封

按 GB/T 11022—1999 中 5.15 的规定。

7.16　液体的密封

按 GB/T 11022—1999 中 5.16 的规定。

7.17　易燃性

按 GB/T 11022—1999 中 5.17 的规定。

7.18　电磁兼容性(EMC)

按 GB/T 11022—1999 中 5.18 的规定。

7.101　关合和开断操作

所有的负荷开关都应能够关合其额定关合电流。

所有的负荷开关都应能够在规定的恢复电压下开断小于或等于其额定开断电流的所有电流。

7.102　隔离负荷开关的要求

作为隔离负荷开关应满足 GB/T 1985 中对隔离开关规定的要求。

7.103　机械强度

如果按照制造厂的说明进行安装，负荷开关应能承受制造厂规定的端子机械负载以及电动力，而不降低它们的可靠性及载流能力。

7.104 安全位置

负荷开关包括其操动机构的结构，应在由于重力、振动、合理的撞击或操动机构连接件的突然接触而产生的力以及电动力的作用下，仍保持其分闸或合闸位置。

负荷开关或其操动机构应具有防止误操作的功能。

7.105 信号用的辅助触头

在动触头确实达到能够安全承载额定电流、峰值耐受电流和短时耐受电流之前，合闸位置的信号不应出现。

在动触头到达相应的间隙或间隙至少为80%隔离距离，或者确实已达到完全分闸位置之前，分闸位置的信号不应出现。

8 型式试验

按GB/T 11022—1999中第6章规定，并作如下补充和修改。

8.1 概述

型式试验的目的是为了验证高压负荷开关及其操动机构和辅助设备的性能。

型式试验包括：

a) 正常的型式试验

——绝缘试验，包括雷电冲击电压耐受试验、工频电压耐受试验及辅助和控制回路的工频电压耐受试验；

——温升试验；

——主回路电阻测量；

——短时耐受电流和峰值耐受电流试验；

——关合和开断能力试验；

——机械操作和机械寿命试验；

——防护等级验证；

——密封试验；

——电磁兼容性试验；

除主回路电阻测量外，所有上述试验都应在完整的负荷开关(充有规定类型和数量、规定密度的气体或如有要求时降低密度的气体)及其操动机构和辅助设备上进行。

b) 根据用户特殊要求进行的特殊型式试验

——验证负荷开关按用户要求并超出正常型式试验范围的开断和关合电流能力试验

——验证在严重冰冻条件下可靠操作性能的试验；

——验证在污秽大气条件下外绝缘性能的试验；

——验证在电缆与负荷开关连接的系统中，负荷开关能够耐受为电缆绝缘试验施加的直流试验电压的试验。确定试验电压时，应考虑到负荷开关电源侧的交流电压。

8.1.1 试验的分组

对于正常的型式试验，按GB/T 11022—1999中6.1.1的规定。对于附加的型式试验，可以使用附加的试品。

8.1.2 确认试品用的资料

按GB/T 11022—1999中6.1.2的规定。

8.1.3 型式试验报告包括的资料

按GB/T 11022—1999中6.1.3的规定。

8.2 绝缘试验

按GB/T 11022—1999中6.2规定，并按下述修改。

8.2.1　人工污秽试验

GB/T 11022—1999 中 6.2.8 规定用于户外设备。对于户内设备不需要进行此试验。

8.2.2　局部放电试验

GB/T 11022—1999 中 6.2.9 有关规定由下述内容替代：

不需要对完整的高压负荷开关进行局部放电试验。然而负荷开关的部件应满足相关标准规定的局部放电值。

8.3　无线电干扰电压(RIV)试验

不要求进行无线电干扰电压试验。

8.4　主回路电阻测量

按 GB/T 11022—1999 中 6.4 的规定。

8.5　温升试验

按 GB/T 11022—1999 中 6.5 的规定。

8.6　短时耐受电流和峰值耐受电流试验

按 GB/T 11022—1999 中 6.6 的规定。

8.7　防护等级验证

按 GB/T 11022—1999 中 6.7 的规定。

8.8　密封试验

按 GB/T 11022—1999 中 6.8 的规定。

8.9　电磁兼容性(EMC)试验

按 GB/T 11022—1999 中 6.9 的规定。

8.101　关合和开断试验

8.101.1　受试负荷开关的布置

受试负荷开关应完整地安装在它自己的支架或等效的支架上。它的操动机构应按规定的方式进行操作，特别是如果操动机构是电动的或气动的，则应分别在最低电源电压或最低空气压力下操作。

在进行关合和开断试验之前，应进行空载操作，并且应记录负荷开关动作特性的详细资料，如运动速度、合闸时间和分闸时间。

如果适用，试验应在开断用气体的最低功能压力下进行。

对于人力操作的负荷开关，可以通过遥控和动力操作方式进行操作，只要此时触头的运动与人力操作时的等效。制造厂应指明触头分离后要求触头运动的最低速度。关合和开断试验代表性的次数(为每一个试验方式总次数的 50％)应在最低操作力下进行。

对于不依赖于人力操作的负荷开关，可以通过可能实现遥控关合的方式进行操作。

应该对负荷开关某个端子的带电效应给予考虑。运行中的负荷开关可以从两侧供电时，若负荷开关一侧的实际布置不同于另一侧时，则试验回路的电源侧应接到能代表最繁重工作条件的那一侧。如有怀疑，每一试验方式总次数 50％的合—分操作应在试验回路的电源接到负荷开关的一侧进行，剩余 50％的合—分操作应在电源接到负荷开关的另一侧上进行。

除了在容性电流开合试验中所指明的情况外，三极操作的负荷开关的关合和开断试验应进行三相试验。对于逐极操作的三极负荷开关或用于三相系统中的单极负荷开关的关合和开断试验可以进行单相试验。

对于正常安装在金属外壳内且在开断和关合过程中具有火焰或金属粒子喷射特性的负荷开关，要求按照下述程序进行试验，试验时负荷开关应安装在金属外壳内或用金属屏，置于带电部件的附近，带电部件和金属屏间的距离应由制造厂规定。金属屏、框架和其他正常接地部件应当与地绝缘，并通过由一段直径为 0.1 mm、长度为 5 cm 的铜丝构成的熔丝接地。该熔丝也可以连接到变比为 1∶1 的电流互感器的二次侧。电流互感器的端子应该通过火花间隙或避雷器来保护。试验后，如果该熔丝无损伤则可以认为没有出现明显的泄漏电流。也可以采用其他能探测过大的泄漏电流的方法。

8.101.2 试验回路和负荷开关的接地

除容性电流开合试验外，三极操作的负荷开关的关合和开断试验应在电源中性点或负载中性点接地的三相试验回路中进行。在任一种情况下，试验回路和负荷开关的框架应接地，使得熄弧后的带电部件和地之间及负荷开关断口间的电压条件重现运行中的电压条件。

对于逐极操作的三极负荷开关或用于三相系统中的单极负荷开关的单相开断试验，应该在负荷开关一个端子接到电源且另一个端子接到负载的情况下进行。电源和负载的共用连接点应接地。如图2和图4所示的例子。容性试验回路参见8.101.8.4。

对于要求电源及负载中性点都接地的试验电流，电源的零序阻抗应小于电源侧正序阻抗的3倍。

试验报告中应注明所有试验所采用的接线方式。

注：通用负荷开关推荐的接地连接方式是基于额定电压40.5 kV及以下，在大多数系统不接地（电源或负载或两者）的条件下确定的。对于容性电流开合试验，应在能够重现规定使用的额定值和接地条件的情况下进行。

8.101.3 试验频率

负荷开关应在额定频率（偏差为±10%）下进行试验。但是为了试验方便，允许与上述允差有一些偏离。例如，额定频率为50 Hz的负荷开关可在60 Hz下进行试验，反之亦然。

但在解释试验结果时应慎重，要考虑到所有显而易见的事实。如负荷开关的类型和所进行试验的类型。

注：在某些情况下，负荷开关用在60 Hz和用在50 Hz时额定特性可能会有差异。

8.101.4 开断试验的试验电压

除了表5所列出的规定试验方式外，三相试验的工频试验电压应等于负荷开关的额定电压。容性电流开合试验时，三极操作负荷开关的单相试验，其试验电压在8.101.8.4b)中给出。

如果对逐极操作的三极负荷开关或用于三相系统中的单极负荷开关进行单相试验，试验电压应按表6的规定选取。

容性负载试验电压应在触头刚分前测得，其他试验电压应在开断后立刻测量，并且应尽可能地在靠近负荷开关的端子处测量电压，也就是说，在负荷开关的端子和测量点之间无明显的阻抗。对于三相试验，试验电压应该用相-相试验电压的平均值表示。任何两相间的试验电压与平均试验电压的偏差不应超过10%。

电弧熄灭后工频试验电压应至少持续0.3 s。

8.101.5 开断电流

开断电流应是衰减可忽略不计的对称电流。负荷开关的触头在接通电路时所产生的瞬态电流消失之前不应分离。

注：如果直流分量等于或小于20%，则认为开断电流的直流分量值可以忽略不计。

三相试验的开断电流应为表5中指出的数值，且为所有极中测得的开断电流的平均值。

平均电流值和任一极中的电流值的差不应超过平均电流值的10%。

单相试验的开断电流应为表6中所示的数值。

容性电流开合试验的试验电流波形应是正弦波。如果电流的有效值与基波分量有效值之比不超过1.2，则认为就达到了这一要求。试验电流在每一工频半波内过零不应多于一次。

应按下列项目表征开断能力：

a） 试验电压；

b） 开断电流；

c） 回路的功率因数；

d） 试验回路；

e） 瞬态恢复电压参数；

f) 合—分操作循环的次数。

8.101.6 短路关合试验的试验电压

应在负荷开关的额定电压下对三极联动的负荷开关进行三相试验。用于三相系统中的单极负荷开关或逐极操作的三极负荷开关的试验电压见表6。

8.101.7 短路关合电流

短路关合电流应该用关合电流峰值和关合电流的对称有效值表示。对于通用负荷开关，每一极中电流的对称有效值在0.2 s时至少应为额定短时耐受电流的80%，短路电流的持续时间至少应为0.2 s。负荷开关应能关合电压波形上任一点出现预击穿时的电流。两种极端的情况规定如下：

a) 在电压峰值处关合，将产生对称的短路电流和最长的预击穿电弧；

b) 在电压零点关合，将产生完全非对称的短路电流而没有预击穿。

8.101.10中提出的试验程序的目的是为了证明负荷开关满足这些要求的能力。

通用负荷开关应能在低于其额定电压且可能关合完全非对称电流的电压下运行，电压的下限，如果有的话，应由制造厂规定。

应用下述项目来表征短路关合电流的性能：

a) 试验电压；

b) 用非对称关合的峰值和对称关合的有效值表示的关合电流；

c) 短路电流的持续时间；

d) 试验回路；

e) 关合操作的次数。

8.101.8 试验回路

开断和关合试验应采用8.101中指出的三相试验回路或单相试验回路。

8.101.8.1 有功负载回路(试验方式1)

图1和图2的试验回路由电源回路和负载回路组成。电源回路总的串联阻抗应为电抗和电阻串联，且功率因数不超过0.2。试验方式1(在100%额定电流时)时电源回路的阻抗应为试验回路总阻抗的(15±3)%。同样的电源回路阻抗也可用于较低电流值的所有试验。

代表电源侧回路的阻抗可以接在负荷开关的电源侧或分开在两侧。在出线端故障的条件下，电源回路的预期瞬态恢复电压，不应比表3中规定的偏轻。负载回路应由电抗器和电阻并联组成且功率因数为0.7±0.05。根据制造厂的意愿也可以采用较低的功率因数。

注：目前中压系统的TRV值由CIGRE正在研究之中。因此，本试验方式规定的数值可能要修订。

8.101.8.2 闭环回路(试验方式2)

a) 配电线路的回路(试验方式2a)

图3和图4的试验回路中的电抗和电阻串联且功率因数不超过0.3。负载阻抗(Z_L)可以在负荷开关的电源侧、负载侧或者分开。如果负载阻抗接在负载侧，则电源侧的阻抗(Z_S)应尽可能的小，但其短路电流不应超过负荷开关的关合电流。预期瞬态恢复电压不应比表4a中的规定值偏轻。

注：目前中压系统的TRV值由CIGRE正在研究之中。因此，本试验方式规定的数值可能要修订。

在开路状态时，三相试验的相-相试验电压应为表5中指出的额定电压的20%。逐极操作的三极负荷开关或用于三相系统中的单极负荷开关单相试验时的试验电压见表6。

b) 特殊用途负荷开关的并联电力变压器回路(试验方式2b)

图3和图4的试验回路中的电抗和电阻串联且功率因数不超过0.2。预期瞬态恢复电压不应比表4b中的规定值偏轻。

在开路状态时，三极负荷开关三相试验时的相-相试验电压应如表7中指出的额定电压的15%。逐极操作的三极负荷开关或用于三相系统中的单极负荷开关的单相试验的试验电压见表8。

8.101.8.3 空载变压器回路(试验方式3)

正常情况下不要求进行本方式的试验。如果要求进行试验，推荐开合典型的变压器。

8.101.8.4 容性回路(试验方式 4a、4b、4c 和 4d)

a) 概述

试验通常在试验室进行。但是,也可以进行现场试验。对于现场试验,应采用实际的线路、电缆和电容器组。

对于试验室试验,可以用由电容器、电抗器和电阻等集中元件组成的人工回路部分或全部代线路或电缆。

应进行三相试验。但是,对于容性电流开合试验也可允许进行三极负荷开关的单相试验室试验。单相电容器组电流开合试验回路的规定值可以用负荷开关预期恢复电压规定值代替,如表 9 所给出的和图 7 的说明。

b) 试验电压

三相试验的工频试验电压列于表 5 中,三极联动负荷开关单相试验的试验电压应等于 $U_r/\sqrt{3}$ 与下列系数之一的乘积。这些试验电压适用于极间不同期性等于或小于 1/6 周期的负荷开关:

——1.0,适用于电源系统的中性点接地时开合中性点接地的电容器组和屏蔽电缆;

——1.1,适用于电源系统的中性点接地时开合铠装电缆;

——1.2,适用于电源系统的中性点接地时开合架空配电线路;

——1.3,适用于电源系统的中性点接地时开合中性点不接地的电容器组;

——1.4,适用于电源的中性点接地以外的系统时,开合电容器组、线路和电缆。

——对于不同期性大于 1/6 周期的三极负荷开关,既可以进行三相试验,也可以进行单相试验,采用表 6 或表 8 中的试验电压。

注 1:如果没有出现重击穿,在 60 Hz 时进行的试验可以用来证明 50 Hz 时的开断性能。

注 2:只要负荷开关断口间的电压在第一个 8.3 ms 以内不小于按 60 Hz 试验时的规定电压,则在 50 Hz 下进行的试验,可以用来证明负荷开关在 60 Hz 时的性能。如果因为瞬时电压高于在 60 Hz 试验时的规定电压,而在 8.3 ms 以后出现重击穿,且负荷开关具有非常低的重击穿概率,则该试验方式应按对于 60 Hz 试验所规定的试验电压,在 60 Hz 下重复进行。如果没有出现重击穿,则认为负荷开关通过了该试验。

注 3:出现重击穿时,表示线路、电缆和电容器组的试验室试验回路不适合于确定可能产生的过电压幅值,它们仅可用来验证开合性能。

c) 电源回路的特性

对于线路充电电流和电缆充电电流开断试验,电源侧电路应为有功负载开合试验所规定的回路(包括 TRV 控制用的电容和电阻)。

对于单个电容器组开合试验,电源回路的特性是其电压变化不应超过 3%,预期短路电流不应超过负荷开关的额定短时电流。在端子故障条件下的预期 TRV 参数不应比表 3 中规定的 TRV 参数偏轻。

对于背对背电容器组开断电流试验,电源回路的电容以及电源侧电容和负载侧电容间的阻抗应能在 100% 额定背对背电容器组开断电流的试验时,产生额定电容器组关合涌流。电源回路的预期瞬态恢复电压,在端子故障下,取决于电源回路的电容。

注 1:如果负荷开关用在电源回路有一定长度的电缆网络中,则电源回路可以采用适当的附加电容。

注 2:对于重击穿概率很低的负荷开关进行背对背电容器组电流开合试验,且单独进行关合试验时,则开断试验可以选用较低的电源回路电容。

d) 电源回路的接地

对于三相试验,应按下述规定接地:

——如果用在中性点绝缘和谐振接地系统中的负荷开关试验时,电源侧的中性点应绝缘以获得1.5 的首开极系数;

注:尤其是对线路充电电流开断试验,为了获取 1.5 的首开极系数,可能有必要将 TRV 控制元件对地隔离,作为替代的方法,负载回路的中性点也可以对地隔离。

——如果用于中性点接地系统中的负荷开关,电源回路的中点性应接地,电源侧的零序阻抗应小于

3 倍的正序阻抗。

对于单相试验室试验,可以把单相电源回路的任一端子接地。

e) 开合容性回路的一般特性

对于三相试验,开合容性回路的接地应和负荷开关的使用场合一致。

容性回路特性包括所有必要的测量装置,如分压器等,应该使被开合的电容上的电压衰减,在电弧熄灭后 300 ms 的间隔处不超过 10% 。这一要求对于现场试验不适用。

注:因为该电压衰减受到容性回路中的电器如电压互感器的影响很大,所以,应采用适当的分压器进行测量。

f) 电缆充电回路(试验方式 4a)

可以使用电容器来模拟屏蔽电缆和铠装电缆。铠装电缆通常用在 15 kV 及以下的系统中。用电源中性点接地电源对三芯铠装电缆进行三相试验,容性回路的正序电容应近似等于两倍的零序电容。对于电源中性点不接地的三相试验,该要求是不必要的。

如果采用电容器模拟电缆,不超过容抗值 5% 的无感电阻应和电容器串联,更高的值可能会对恢复电压产生不良影响。如果涌流的峰值仍然高得不可接受,只要开断瞬间的电流和电压条件以及恢复电压不会显著地偏离规定值,则可以采用替代的阻抗。

注 1:短的架空线可以和进行试验的电缆串联,只要其线路充电电流不超过 1% 的电缆充电电流。

注 2:使用电容器模拟电缆可能不会准确地反映现场条件,这取决于开关装置的特性。

g) 线路充电回路(试验方式 4b)

可以使用电容器来模拟线路,对于电源中性点接地的三相试验,容性回路的正序电容大约应为 3 倍的零序电容。对于电源中性点不接地的三相试验,该要求是不必要的。

如果采用电容器模拟架空线,不超过容抗值 5%的无感电阻应和电容器串联,更高的值可能会对恢复电压产生不良影响。如果涌流的峰值仍然高得不可接受,只要开断瞬时的电流和电压条件以及恢复电压不会显著地偏离规定值,则可以采用替代的阻抗。

注 1:短的电缆可以和进行试验的架空线串联,只要其电缆充电电流小于 20%架空线充电电流。

注 2:使用电容器模拟架空线路可能不会准确地反映现场条件,这取决于开关装置的特性。

h) 特殊用途负荷开关的电容器组回路(试验方式 4c 和 4d)

对于三相试验,应根据负荷开关的额定值或使用情况以及电源回路中性点的接地情况,来决定电容器组的中性点绝缘还是接地。

8.101.8.5 短路关合试验的试验回路(试验方式 5)

三相试验的试验回路应如图 5 所示。逐极操作的三极负荷开关或用在三相系统中的单极负荷开关的单相试验采用的试验回路应如图 6 所示。

8.101.8.6 接地故障试验的试验回路(试验方式 6a 和 6b)

应采用图 8 和图 9 的试验回路,且其电源阻抗(Z_S)应等于通用负荷开关试验方式 1 的试验回路的电源侧阻抗。

应采用其阻值不超过容抗值 5% 的无感电阻与电容器串联。

8.101.8.7 电动机回路(试验方式 7)

IEC 61233 适用。

8.101.9 通用负荷开关的开断试验

E1、E2 和 E3 级负荷开关要求的操作次数、试验电压和试验电流,三相试验的见表 5,单相试验的见表 6。试验方式 1 到 4 以及如果适用时的试验方式 6 应在同一台负荷开关上进行,可以采用任何方便的顺序进行试验。在该试验程序过程中负荷开关不应修整。

对于试验方式 1 到 4 和 6 应按关合—开断操作循环进行。分闸操作应紧跟合闸操作,两次操作间的时延应足够瞬态电流的衰减。如果受负荷开关的设计性能或试验站的限制,分闸和合闸操作可以分开进行。合闸和分闸操作的时间间隔通常应不超过 3 min。为了方便,也可以进行分—合操作,但开断电流应符合8.101.5。

注1：如果试验方式1中的TRV参数等于或者严酷于试验方式2a要求的TRV参数，且只要在100%I的试验方式1时对E1级负荷开关进行10次附加试验或E2和E3级负荷开关进行20次附加试验，则试验方式2a不需进行。

注2：通常不需做空载变压器开合试验，因为与该试验方式相关的负荷可以忽略且具有开合有功负载能力的负荷开关是很容易达到的。如果要求该项试验，进行试验的次数应由用户和制造厂间的协议确定。

注3：对于用在中性点不接地系统中的负荷开关，具有额定电缆充电电流的，在中性点接地系统中的电缆充电电流不需要进行试验。

注4：对于用在中性点接地系统中且具有铠装电缆的额定电缆充电电流的负荷开关，如果屏蔽电缆该方式的电流额定值等于或小于铠装电缆的值，则不需对屏蔽电缆进行电缆充电电流试验。如果额定电缆充电电流开断试验采用的试验回路具有的首开极系数等于或大于线路充电电流开断试验回路所产生的首开极系数，且如果表1中列出的那样线路充电电流额定值小于或等于电缆充电电流额定值，则不需要进行线路充电电流试验。

8.101.10　通用负荷开关的短路关合试验

短路关合试验应在已经受过至少10次试验方式1所要求的100%有功负载关合—开断操作循环的负荷开关上进行。但是，如果能证明短路关合特性不受规定的开断试验的影响，则为了试验方便，试验方式5可以在一台新的负荷开关上进行。

由于预击穿的影响，不可能每次都获得额定的短路关合电流。在这种情况下，应给出证据证明此时的关合电流是负荷开关在额定电压下，同时最大预期峰值电流等于额定短路关合电流的回路中所能获得的电流值。

注：这个证据可以按下面的方法来验证。从试验方式1和2中可以收集足够的统计数据来确定试验方式5中所期望的最大峰值关合电流时的预击穿条件，如果从试验方式1和2中不能确定出足够的数据，则应在5%到10%的额定短路关合电流的交流分量下，进行适当次数的合闸操作。

a)　关合时间分散性等于或小于3 ms

应在具有100%预期峰值关合电流的回路中实施相应于上述条件的相位控制来进行合闸操作以产生最大可能的峰值关合电流。

b)　关合时间分散性大于3 ms

在这种情况下，相位控制可能不适用。应在具有100%预期峰值关合电流的回路中，以及具有或没有相位控制的回路中进行合闸操作。如果能产生最大峰值关合电流的试验条件没有再现，则应该进行附加的短路关合试验：E1级负荷开关1次，E2级2次，E3级3次。进行附加的关合试验前允许对负荷开关修整。

1)　三相试验

对于三极操作的负荷开关的三相试验，假定8.101.7a)和b)提出的要求在正常的试验方式5时已得到充分的证明。

2)　单相试验

对于单相试验，关合试验应按8.101.7b)中提出的要求进行，对于E1级负荷开关，应在1次试验中满足；对于E2级负荷开关，应在2次试验中满足；对于E3级负荷开关，应在3次试验中满足。项a)的要求应在其他关合操作中满足。对这些操作的顺序不做规定。

8.101.11　专用负荷开关的试验

应采用通用负荷开关所规定的试验，根据专用负荷开关的额定值，去掉那些专用负荷开关未做规定的额定值或降低试验值的试验方式。

8.101.12　特殊用途负荷开关的试验

特殊用途负荷开关的试验，表7中给出了三相试验，表8中给出了单相试验。特殊用途负荷开关也应按照对通用负荷开关规定的试验，去掉特殊用途负荷开关未做规定的试验方式进行试验。

背对背电容器组电流开合试验的关合电流应等于额定电容器组关合涌流。对于背对背电容器组开合试验，由于受试验站的限制，不能在开断试验过程中满足涌流的要求时，对于具有非常低的重击穿概率的负荷开关，允许按替代的开断试验程序进行，此时，8.101.8.4 的开断试验要求应最大可能程度的得到满足。在开断试验前进行单独的系列关合试验。该系列试验应以适当的电压并应包括 10 次关合操作，且预期关合电流等于额定电容器组关合涌流时进行。关合操作应在电压峰值的 15 电度内出现。

注：如果试验方式 1 是在电流至少为并联电力变压器的额定闭环开断电流，且获得的 TRV 参数等于或严于试验方式 2b 所要求的 TRV 参数的回路中进行的，只要在试验方式 1 中进行 10 次附加的操作，而不需要进行试验方式 2b。

8.101.13 开断试验中负荷开关的性能

负荷开关应该成功地通过试验而不出现机械的或电气的损伤。

对于容性电流开合试验，如果负荷开关没有被定义为具有非常低的重击穿概率，则在开合过程中允许出现重击穿。但不应从负荷开关中喷出火焰或物质、产生可能会对操作人员有害的噪音。

在操作过程中，负荷开关不应外喷火焰或金属粒子，这可能会损伤负荷开关的绝缘水平。不应有危及操作者或损坏绝缘材料的、明显的对接地框架或金属屏的泄漏电流。这一情况可以按照 8.101 规定的程序来证明。

对于真空负荷开关，在整个试验过程中最多允许出现 3 次非保持破坏性放电(NSDD)。NSDD 定义为负荷开关在工频恢复电压阶段触头间出现的导致高频电流流过的击穿放电。再出现工频电流是不允许的。

8.101.14 开断试验和短路关合试验后负荷开关的状态

完成规定的试验方式 1 到 4、6 以及试验方式 5 后，负荷开关的机械功能和绝缘子应和试验前处于相同的状态。负荷开关应能够承载其额定电流且温升不超过规定值。如果短路关合试验是在同一台试品上进行的，则开断试验后不需要进行状态检查。

试验后，对负荷开关进行目测检查和空载操作，通常就足以判定这些要求。如有怀疑，应在额定电流下进行两次附加的合—分操作。如果对负荷开关处于分闸位置的触头间的绝缘性能或隔离负荷开关的隔离性能有怀疑时，则要按照 GB/T 11022—1999 中 6.2.11 的状态检查试验验证这些性能。对在整个使用寿命期间具有密封灭弧室的负荷开关，除非密封的灭弧室可以拆开或打开来检查，否则该状态检查试验是强制性的。

8.101.15 型式试验报告

所有型式试验的结果都应记录在型式试验报告中，而这些记录要有充分的数据证明其满足本标准的要求。应包含足够的资料，以便能确认受试负荷开关的基本零部件。参见 GB/T 11022—1999 中6.1.3。

试验报告应包含 8.101.2、8.101.4、8.101.5、8.101.6 和 8.101.7 规定的内容。应提供典型的示波图或类似的记录以便能够确定下述参数：

1) 试验电流；
2) 试验电压；
3) 每极端子间的电压，以便能够确定工频恢复电压和瞬态恢复电压；
4) 如果适用，脱扣线圈和合闸线圈的带电时刻。

注：如果用户要求，试验报告中应包括整套示波图，这可能对用户有用。

关于高压负荷开关支架的一般资料也应包括在试验报告中。试验过程中所采用操动机构的相关资料，适用时，也应记录。

8.102 机械操作试验

8.102.1 试验时负荷开关的布置

负荷开关及其操动机构应安装在其自己的支架上，以规定的方式进行操作。

除非另有规定，试验可以在任何方便的周围空气温度下进行。

操动机构的电源电压应在负荷开关操作过程中在合闸线圈和脱扣线圈的端子上测量。应包括构成操动机构一部分的辅助设备。为了调节外施电压，不应在电源和机构端子间增加阻抗。

对于人力操作的负荷开关，为了试验方便，手柄可以用外部动力装置替代，其操作力应与人力手柄操作时的等效。

8.102.2 通用负荷开关的试验

按照本条款试验的负荷开关标定为 M1 级机械寿命。

机械操作试验应在主回路中无电压和电流的情况下由 1 000 次操作循环组成。如果对负荷开关的所有等级要求超出 1 000 次操作循环的能力，则应按照 8.102.4 进行延长的机械寿命试验。

动力操动的负荷开关应按下述试验进行：

——在额定电源电压和/或压缩气源的额定压力下进行 900 次操作循环；

——在规定的最低电源电压和/或压缩气源的最低压力下进行 50 次操作循环；

——在规定的最高电源电压和/或压缩气源的最高压力下进行 50 次操作循环。

手力操作的负荷开关应按下述试验进行，应采用运行中所期望的典型操作力的范围进行 1 000 次操作循环。

在操作循环之间或合闸和分闸操作之间，不要求规定时间间隔。这些试验应该按电气控制元件带电时的温升不超过规定值的速度进行。

8.102.3 专用负荷开关的试验

除非另有规定，试验应按照通用负荷开关的要求来进行。另外，试验也可以按照用户和制造厂的协议进行。

8.102.4 特殊使用要求的负荷开关延长的机械寿命试验

按照本条款试验的负荷开关标定为 M2 级机械寿命。

对于特殊使用要求，按用户规定，延长的机械寿命试验可按下述程序进行：

a) 应按 8.102.2 进行试验并作如下补充，应进行由 5 倍的 8.102.2 规定的试验程序构成的 5 000 次操作循环。

规定的试验项目之间，允许进行一些维护。如润滑和机械调整，但应符合制造厂的说明书。不允许更换触头。在试验之前，制造厂应确定试验过程中的维护程序并应记录在试验报告中。

b) 在整个试验程序之前和之后，应进行下列操作：

——在额定电源电压和/或压力下的 5 次合—分操作循环；

——在最低电源电压和/或压力下的 5 次合—分操作循环；

——在最高电源电压和/或压力下的 5 次合—分操作循环；

——如果除正常的电动或气动操动机构外，还能进行手力操作的负荷开关，应进行 5 次合—分手力操作。

在这些操作循环期间，应记录或计算负荷开关的动作特性，如果适用，如动作时间，控制回路的功耗，手力操作的最大力。并应验证控制和辅助触头的可靠动作以及位置指示装置（如果有）。型式试验报告中不必包含所有记录的示波图。

c) 每一个 1 000 次操作循环系列后或在维护期间，应该记录或计算一些重要的动作特性。

注：延长的机械寿命试验不适用于手力操作的负荷开关。

8.102.5 机械试验中和试验后负荷开关的状态

对于每一个操作循环，负荷开关都应完全达到合闸和分闸位置。

负荷开关应该处于能够正常操作、关合、承载和开断其额定电流的状态。

操动机构、控制和辅助触头以及位置指示装置（如果有）的可靠动作应在试验过程中进行验证。

对于以气体作为开断和绝缘介质的负荷开关，应在机械操作试验前和试验后进行密封试验。见 GB/T 11022—1999 中 6.8。

按照制造厂的说明书在试验期间进行润滑是允许的,但是,不允许进行机械调整。

试验后,所有零部件应处于良好的状态,而不应有过度的磨损。

8.103 严重冰冻条件下的操作

如果有要求,试验应按 GB/T 1985 进行,并把下述情况除外:

具有储能或动力操动机构的负荷开关,应在第 1 次试操作时能够成功地操作。

具有人力操动机构的负荷开关必须成功地分闸或合闸,也就是说,可靠地、安全地断开或接通电路。然而,如果负荷开关受到覆冰的约束而在第 1 次试操作时没有动,则允许进行附加的试操作。

9 出厂试验

按 GB/T 11022—1999 中第 7 章的规定,并对机械操作试验作如下补充:

进行操作试验是为了保证负荷开关在其操动机构规定的电源电压和压力值内,满足规定的性能。

在这些试验中,主回路中应无电压和电流,尤其应该验证的是负荷开关在其操动机构带电或加压的情况下正确地分闸和合闸。而且还应证明这些操作不会造成负荷开关损坏。

负荷开关的布置应满足机械操作型式试验时的规定,参见 8.102.1。

具有动力操动机构的负荷开关应按下述规定进行试验:

——在规定的最高电源电压和/或最高压缩气源压力下,5 次操作循环;

——在规定的最低电源电压和/或最低压缩气源压力下,5 次操作循环;

——如果除正常的电动或气动操动机构外,还能用手力操作的负荷开关,应进行 5 次手力操作循环。

手力操作的负荷开关应该承受 10 次操作循环。

在这些试验期间,不应进行调整且动作无误。每一次操作循环,负荷开关都应达到分闸和合闸位置。

10 负荷开关的选用导则

10.1 概述

本导则提出了关于使用方面的建议,以帮助获得 40.5 kV 及以下负荷开关满意的性能。

考虑到对一般准则之外的附加要求,本导则可以用来补充但不能替代制造厂的说明书。

正常使用条件下的要求参见 GB/T 11022—1999 中 2.1 的规定。

10.2 影响使用的工况

制造厂在其推荐书中应注意到存在的异常工况。这些工况的例子是:

a) 污染。例如破坏性的烟雾或蒸汽,过量的或腐蚀性的灰尘,灰尘或气体的易爆混合物、盐雾、过度的潮湿或滴水等;

b) 异常的振动、冲击、摆动或地震活动;

c) 过低或过高的周围温度;

d) 异常的运输和储存条件;

e) 异常的空间限制;

f) 不同于制造厂推荐的安装位置;

g) 高海拔;

h) 超过正常使用条件下的风速;

i) 不正常的操作方式及操作频率、维护的难度、不平衡电压、特殊绝缘要求等;

j) 用在不同于额定频率的场合,例如与电容器组和整流电路有关的谐波。负荷开关的额定电流应该足够承载工频电流和谐波电流。

对于特殊使用条件,按 GB/T 11022—1999 中 2.2 的规定。

10.3 绝缘配合

负荷开关的额定绝缘水平应按照 GB/T 11022—1999 中 4.2 的规定选择。

关于绝缘配合的一般讨论和推荐参见 GB 311.1。

10.4 负荷开关等级的选择

10.4.1 通用负荷开关

E1、E2、E3、M1 和 M2 级通用负荷开关的用途和使用场合见 4.4.103。

10.4.2 专用负荷开关

专用负荷开关的功能见 4.4.104。

10.4.3 特殊用途负荷开关

特殊用途负荷开关的功能和使用场合见 4.4.105。

11 随询问单、标书和订单提供的资料

11.101 随询问单和订单提供资料

如果要询问或订购负荷开关，询问者应提供下述详细的资料：

a) 系统的详细资料：即正常的和最高的电压、频率、相数以及中性点接地的资料。应该指出负荷开关所在的系统的不正常特性(谐波电流、谐振条件及要求的操作次数)；

b) 运行条件包括超出正常值的最低和最高周围空气温度；超过 1 000 m 的海拔，以及可能存在或出现的任何特殊工况。例如异常地暴露于水蒸汽或蒸汽、潮湿、烟雾、易爆的气体、过量的灰尘或含盐的空气(见 GB/T 11022—1999 中 2.1、2.2 和 6.2.8 以及本标准的 8.2)。

c) 负荷开关的特性

应提供下列资料：

1) 极数；
2) 本标准第 4 章中定义的负荷开关的类型和等级；
3) 户内或户外安装；
4) 额定电压(GB/T 11022—1999 中 4.1)；
5) 对应于给定的额定电压，或不同于标准的不同绝缘水平之间存在选择时的额定绝缘水平，要求的绝缘水平(GB/T 11022—1999 中 4.2)；
6) 额定频率(GB/T 11022—1999 中 4.3)；
7) 额定电流(GB/T 11022—1999 中 4.4)；
8) 额定开断电流；
9) 额定短路关合电流；
10) 不同于标准规定的短路持续时间(GB/T 11022—1999 中 4.7)；
11) 特殊要求需要进行的型式试验。

d) 负荷开关的操动机构和相关设备的特性，尤其是：

1) 操作的方法，手力或动力；
2) 备用辅助开关的型式和数量；
3) 额定电源电压和额定电源频率。

e) 有关压缩气体使用的要求和压力阀门设计和试验的要求。

11.102 随标书提供的资料

如果询问者需要负荷开关的技术细节，适用时，制造厂应提供下列资料并附有解释性的文字或

草图：

a） 额定值和额定特性；

1） 极数；

2） 本标准第4章中定义的负荷开关的型式和等级；

3） 户内或户外安装；

4） 额定电压(GB/T 11022—1999 中 4.1)；

5） 额定绝缘水平(GB/T 11022—1999 中 4.2)；

6） 额定频率(GB/T 11022—1999 中 4.3)；

7） 额定电流(GB/T 11022—1999 中 4.4)；

8） 适用时，本标准第4章的定义和第5章的额定开断电流；

9） 适用时，本标准 4.7.114 和 5.112 中定义的额定短路关合电流；

10） 额定短路持续时间(GB/T 11022—1999 中 4.7)。

b） 型式试验

需要的证书或报告的清单，包括询问者要求的特殊试验。

c） 结构特征

1） 完整的负荷开关的质量；

2） 对于压缩空气负荷开关和气体负荷开关能够正常工作的气体压力和压力限值.(GB/T 11022—1999 中 4.10)；

3） 空气中的最小间隙

——极间；

——对地。

d） 负荷开关的操动机构和相关设备

1） 操动机构的型式；

2） 合闸和分闸装置的额定电源电压(GB/T 11022—1999 中 4.8)；

3） 额定电源频率(GB/T 11022—1999 中 4.9)；

4） 操作用压缩气源的额定压力(GB/T 11022—1999 中 4.10)；

5） 在额定电源电压下负荷开关分闸和合闸所要求的电流；

6） 在额定气压下负荷开关分闸和合闸需要消耗的空气量；

7） 并联分闸脱扣器的额定电源电压；

8） 在额定电源电压下并联分闸脱扣器要求的电流；

9） 备用辅助开关触头的型式和数量；

10） 在额定电源电压下其他辅助设备要求的电流。

e） 总体尺寸和其他资料

制造厂应给出与安装所必须的总体尺寸和相关资料。关于维护方面的一般资料也应给出。

12 运输、储存、安装、运行和维护规则

GB/T 11022—1999 中第10章适用。

13 安全性

GB/T 11022—1999 中第11章适用。

表 1 通用负荷开关的额定电缆和线路充电开断电流

额定电压 U_r/ kV	额定电缆充电电流 I_{4a}/ A	额定线路充电电流 I_{4b}/ A
3.6	4	0.3
7.2	6	0.5
12	10	1
24	16	1.5
40.5	21	2.1

注 1：从 R10 系列中选取更高的值由制造厂规定。

注 2：对于特殊用途负荷开关，更高的额定线路充电开断电流和额定电缆充电开断电流参见 GB/T 1984。

表 2 铭牌内容

(1)	缩写 (2)	单位 (3)	负荷 开关 (4)	操动 机构 (5)	条件：仅当符合 本栏时才标出 (6)
制造厂					
型号和等级标识					
系列编号			X	X	
额定电压	U_r	kV	X		
额定雷电冲击耐受电压	U_w	kV	X		
额定频率	f_r	Hz	X		
额定电流	I_r	A	X		
额定短时耐受电流	I_k	kA	X		
额定短路持续时间	t_k	s	Y		不同于 1s
额定短路关合电流	I_{ma}	kA	(X)		
有功负载开断操作的次数	N		Y		不同于 10 次
额定有功负载开断电流	I_1	A	(X)		
额定配电线路闭环开断电流	I_{2a}	A	(X)		
额定并联电力变压器闭环开断电流	I_{2b}	A	(X)		
额定空载变压器开断电流	I_3	A	(X)		
额定电缆充电开断电流	I_{4a}	A	(X)		
额定线路充电开断电流	I_{4b}	A	(X)		
额定单个电容器组开断电流	I_{4c}	A	(X)		
额定背对背电容器组开断电流	I_{4d}	A	(X)		
额定接地故障开断电流	I_{6a}	A	(X)		
接地故障条件下额定电缆和线路充电开断电流	I_{6b}	A	(X)		
额定电动机开断电流	I_7	A	(X)		
额定背对背电容器组关合涌流	I_{in}	A	(X)		
操动机构的额定压力	P_{op}	Pa		(X)	
负荷开关的额定气压	P_{sw}	Pa	(X)		
辅助回路的额定电源电压	U_a	V		X	
温度等级	TC		Y	Y	不同于：户内－5℃ 或户外－25℃

X——这些值是强制性的标记，铭牌上这些值空白表示该值为零。

(X)——这些值是可选的标记。

Y——这些值是根据第(6)栏的条件确定的标记。

注 1：第(2)栏中的缩写可以用来代替第(1)栏中的术语。如果使用第(1)栏中的术语，可以不出现“额定的”几个字。

注 2：如果数值相同时，允许把缩写合并，如 I_r、I_1、I_{2a}＝400 A。

注 3：可以给出不同等级相关的不同的额定电流和额定短路关合电流。

表 3　有功负载电流开断试验电源回路的 TRV 参数[1)]

额定电压 U_r/kV	电源回路 TRV 参数	
	峰值电压[2)] U_c/kV	时间[2)] t_3/μs
3.6	6.2	40
7.2	12.3	52
12	20.6	60
24	41	88
40.5	69.5	114

注 1：负载电流开断试验时负荷开关断口间的瞬态恢复电压是(1－cos)的形式。负荷开关的电源和负载分量图示如下。电源分量的峰值 U'_c 如图所示，在时间 t_3 时近似等于 15%U_c。实际的 U'_c 和到达峰值的时间取决于负载回路的功率因数和电源回路的串联阻抗。

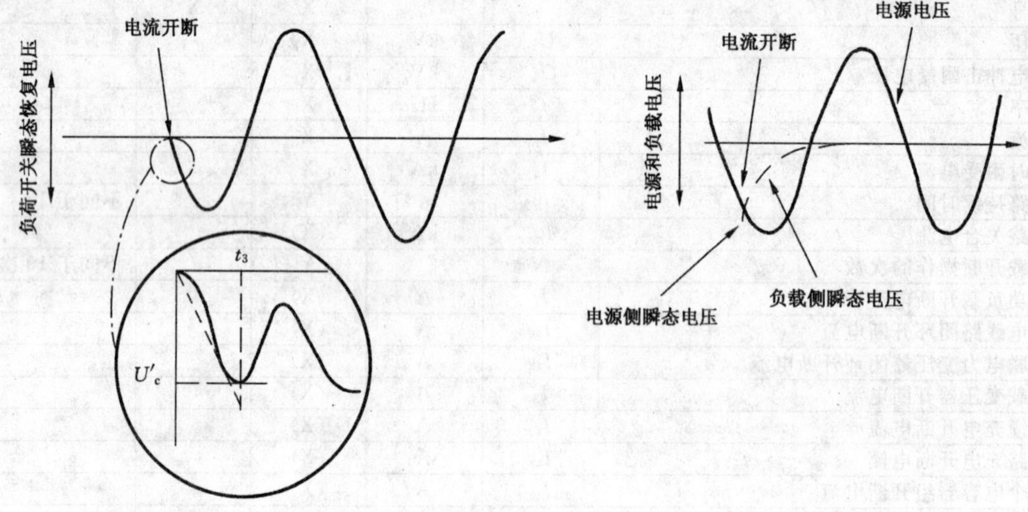

U'_c＝负荷开关瞬态恢复电压电源回路分量的峰值。

注 2：电源回路的串联阻抗应为总阻抗的(15±3)％，且功率因数为 0.2 或更小。负载由电抗和电阻并联组成。负载的 TRV 形式为指数衰减的电压，且其峰值决定于负载的功率因数。因此，负载侧的 TRV 完全取决于负载回路而无须规定。

注 3：电源回路的串联阻抗是配电变压器阻抗和电源阻抗的总合。首开极系数 K_ϕ 为 1.5。振幅系数设定为 1.4。

$$U_c = \frac{U_r\sqrt{2}}{\sqrt{3}} \times 1.5 \times 1.4$$

1) 端子故障条件下的电源回路 TRV 参数。

2) 中压系统的 TRV 值由 CIGRE 正在研究之中。用户应注意如果采用了限流电抗器，电源回路的 TRV 可能超出规定值，因此，这些方式的规定值还会被修订。

表 4a 配电线路闭环开断试验的 TRV 参数

额定电压 U_r	峰值电压[1)] U_c	时间[1)] t_3
3.6	1.2	110
7.2	2.4	110
12	4.1	150
24	8.3	250
40.5	14	330

注 1：负荷开关断口间规定的瞬态恢复电压为(1－cos)形式。典型的瞬态过程图示如下。

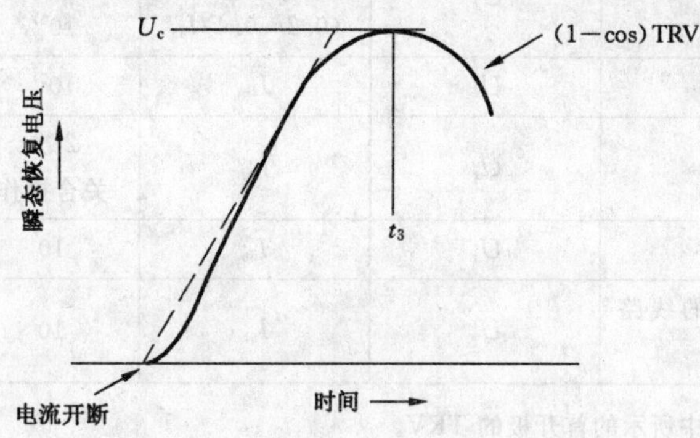

注 2：稳态的相-相开路试验电压为额定电压的 20%。U_c 是按照首开极系数 K_{ϕ} 为 1.5，且振幅系数等于 1.4 确定的。

$$U_c = U_r \times (0.20)\sqrt{\frac{2}{3}} \times 1.5 \times 1.4$$

1) 中压系统的 TRV 值由 CIGRE 正在研究之中，因此，本试验方法规定的值可能会被修订。

表 4b 并联电力变压器电流开断试验的 TRV 参数

额定电压 U_r/ kV	峰值电压[1)] U_c/ kV	时间 t_3[1)] 系数 K
3.6	0.6	0.25
7.2	1.1	0.35
12	1.9	0.45
24	3.7	0.63
40.5	6.3	1.04

注 1：负荷开关断口间的瞬态恢复电压是(1－cos)的形式，且数值为首开极的。

注 2：按照 GB/T 1984 短路试验方式 1，首开极系数 K_{ϕ} 为 1.5，振幅系数设定为 1.7。假定两台电力变压器并联且开合其中一台变压器，TRV 主要来自被开合的变压器，这就意味着瞬态恢复电压仅为一半的稳态恢复电压。

$$U_c = \frac{U_r\sqrt{2}}{\sqrt{3}} \times 1.5 \times 1.7 \times \frac{0.15}{2}$$

1) 时间 t_3 计算按：

$$t_3 = K\sqrt{\frac{1\,480 + 600I}{6.7I}}$$

这里 t_3 的单位是 μs，I 是试验电流，单位为 kA。系数 K 和计算 t_3 的公式是根据变压器的低压电流注入法获取的，并以公开的瞬态恢复电压频率推导出来的。该频率是电流额定值接近试验电流，且在强制冷却时额定阻抗为 15%的电力变压器的典型额定值。

表 5　通用负荷开关的试验方式——三极联动的、逐极操作的和单极负荷开关三相试验的试验方式

试验方式		试验电压[1] $^{+10\%}_{0}$	试验电流 $^{+10\%}_{0}$	操作循环的次数		
代号	型式			E1 级	E2 级	E3 级
1	有功负载电流	U_r	I_1	10	30	100
			$0.05I_1$	20	20	20
2a	配电线路闭环电流	$0.20U_r$	I_{2a}	10	20	20
4a	电缆充电电流[2]	U_r	I_{4a}	10[3]	10[3]	10[3]
			$(0.2\sim0.4)I_{4a}$	10[3]	10[3]	10[3]
4b	线路充电电流[2]	U_r	I_{4b}	10[3]	10[3]	10[3]
5	短路关合电流	U_r	I_{ma}	2 次关合操作	3 次关合操作	5 次关合操作
6a	接地故障电流	U_r	I_{6a}	10	10	10
6b	接地故障条件下的线路和电缆充电电流	U_r	I_{6b}	10	10	10

1) TRV 参数为相应的表中所示的首开极的 TRV。

2) 电源回路的接地应按照 6.101.8.4d) 的规定。

3) 可以采用选相脱扣使触头分离，但是，随机的操作也是允许的。

表 6　通用负荷开关的试验方式——逐极操作的三极负荷开关和用于三相系统中的单极负荷开关的单相试验[6]

试验方式		试验电压[1] $^{+10\%}_{0}$	试验电流 $^{+10\%}_{0}$	操作循环的次数		
代号	型式			E1 级	E2 级	E3 级
1	有功负载电流	$1.5U_r/\sqrt{3}$	I_1	5	15	50
		U_r[3]	$0.87I_1$[2]	5	15	50
		U_r[3]	$0.05I_1$	20	20	20
2a	配电线路闭环电流	$0.20U_r$[3]	I_{2a}	10	20	20
4a	电缆充电电流	5)	I_{4a}	12[4]	12[4]	12[4]
		5)	$(0.2\sim0.4)I_{4a}$	12[4]	12[4]	12[4]
4b	线路充电电流	5)	I_{4b}	12[4]	12[4]	12[4]
5	短路关合电流	U_r	I_{ma}	1 次关合操作	2 次关合操作	3 次关合操作
		U_r	I_{ma}	1 次关合操作	1 次关合操作	2 次关合操作
6a	接地故障电流	$U_r\sqrt{3}$	I_{6a}	10	10	10
6b	接地故障条件下的电缆和线路充电电流	U_r	I_{6b}	10	10	10

表 6(续)

试验方式		试验电压[1)]$^{+10\%}_{0}$	试验电流 $^{+10\%}_{0}$	操作循环的次数		
代号	型式			E1 级	E2 级	E3 级

1) TRV 值在相应的表中规定。

2) 可在额定电压 U_r 和额定电流 I_1 下进行一个试验系列,E1 级进行 10 次操作;E2 级进行 30 次操作;E3 级进行 100 次操作。

3) TRV 的峰值应为表 3 和表 4a 中表示的值的$\sqrt{3}/1.5$倍。

4) 以 30 电度递增进行选相脱扣使触头分离。如果不可行时,也可以采用 30 次随机操作。

5) 制造厂应该选择代表使用场合的试验回路。试验电压等于 $U_r/\sqrt{3}$和下列系数的乘积:

a) 1.0,用于中性点接地系统中屏蔽电缆的开合;

b) 1.2,用于中性点接地系统中铠装电缆的开合;

c) 1.3,用于中性点接地系统中线路的开合;

d) 1.75,用于中性点接地以外的系统中线路和电缆的开合。

6) 这些试验方式不适用于单相系统中的单极负荷开关。

表 7 特殊用途负荷开关的试验方式——三极联动的、逐极操作的和单极负荷开关的三相试验

试验方式		试验电压 $^{+10\%}_{0}$	试验电流 $^{+10\%}_{0}$	操作循环的次数
代号	型式			
2b	闭环并联电力变压器回路电流	$0.15U_r$[1)]	I_{2b}	10
4c	单个电容器组电流[3)]	U_r	I_{4c}	10
			$(0.2\sim0.4)I_{4c}$	10
4d	背对背电容器组电流[3)]	U_r	I_{4d}	10
			$(0.2\sim0.4)I_{4d}$	10
8	电动机电流	2)	2)	2)

1) TRV 参数为表 4b 中所示的首开极的 TRV。

2) 参见 IEC 61233。

3) 回路的接地应按照 8.101.8.4c)的规定,对于试验方式 4c 和 4d,电容器组中性点应该绝缘还是接地取决于负荷开关的使用场合。

表 8 特殊用途负荷开关的试验方式——逐极操作的三极负荷开关和用于三相系统中的单极负荷开关的单相试验[6)]

<table>
<tr><th colspan="2">试验方式</th><th rowspan="2">试验电压
$^{+10\%}_{0}$</th><th rowspan="2">试验电流
$^{+10\%}_{0}$</th><th rowspan="2">操作循环的次数</th></tr>
<tr><th>代号</th><th>型式</th></tr>
<tr><td>2b</td><td>闭环并联电力变压器回路电流</td><td>$0.15U_r$[1)]</td><td>I_{2b}</td><td>10</td></tr>
<tr><td rowspan="2">4c</td><td rowspan="2">单个电容器组电流</td><td rowspan="2">2)</td><td>I_{4c}</td><td>12[3)]</td></tr>
<tr><td>$(0.2\sim0.4)I_{4c}$</td><td>12[3)]</td></tr>
<tr><td rowspan="2">4d</td><td rowspan="2">背对背电容器组电流</td><td rowspan="2">2)</td><td>I_{4d}</td><td>12[3)4)]</td></tr>
<tr><td>$(0.2\sim0.4)I_{4d}$</td><td>12[3)]</td></tr>
<tr><td>8</td><td>电动机电流</td><td>5)</td><td>5)</td><td>5)</td></tr>
</table>

1) TRV 的峰值应为表 4b 中的值的$\sqrt{3}/1.5$倍。

2) 制造厂应该选择将要使用场合的试验回路。试验电压应为$U_r/\sqrt{3}$和下列系数之一的乘积。

a) 1.0 用于中性点接地系统中开合中性点接地的电容器组；

b) 1.75 用于中性点不接地的系统中电容器组的开合。

3) 用 30 电度递增的选相脱扣来控制触头分离。如果不可行，也可以采用 30 次随机操作。

4) 至少应有三次关合操作出现在电压峰值处的 15 电度范围内。

5) 参见 IEC 61233。

6) 这些试验方式不适合于用在单相系统中的单极负荷开关。

表 9 单相电容器组电流开断试验的预期恢复电压参数值

<table>
<tr><th colspan="2">恢复电压[1)2)]</th><th colspan="3">时间[1)]</th></tr>
<tr><th rowspan="2">U_c[5)]</th><th rowspan="2">U_a[4)]</th><th rowspan="2">t_a[4)]</th><th colspan="2">t_2[5)]
ms</th></tr>
<tr><th>50 Hz</th><th>60 Hz</th></tr>
<tr><td>1.97</td><td>0.042</td><td>t_3[3)]</td><td>8.7</td><td>7.3</td></tr>
</table>

1) 参见图 7。

2) 每个单位的值相应于试验电压的峰值。

3) 表 3 中的 t_3。

4) 预期 TRV 初始部分的峰值 U'_a 应该小于 U_a 且到达峰值(U'_a)的时间 t'_a 应该大于 t_a，如图 7 所示。

5) 预期恢复电压的峰值 U'_c，应大于 U_c，且到达峰值的时间 t'_2 应小于 t_2，如图 7 所示。

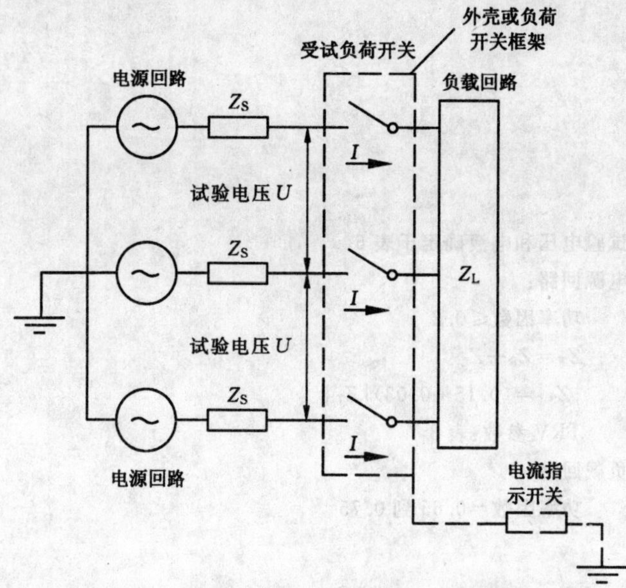

试验方式 1：

$I=I_1$ 和 $0.05I_1$

电源回路：

功率因数≤0.2

$Z_T=Z_S+Z_L$

$Z_S=(0.15\pm0.03)Z_T$

TRV 参数：表 3

负载回路：

功率因数＝0.65 到 0.75

注：负载阻抗回路的中性点也可以接地并作为电源中性点的替代。

图 1a　总体回路

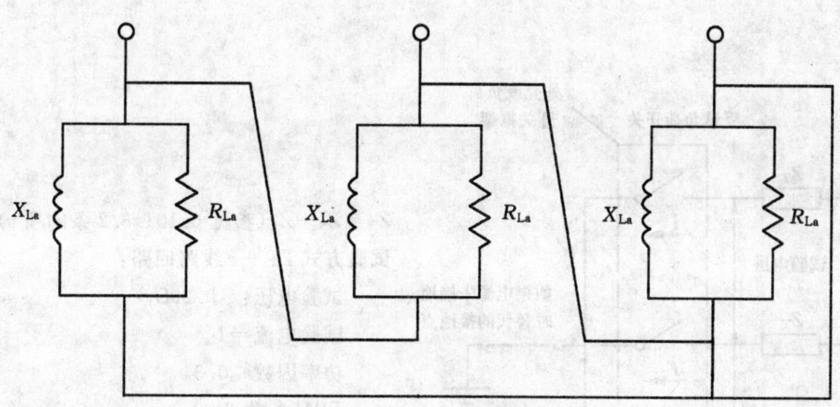

图 1b　三角形连接的负载

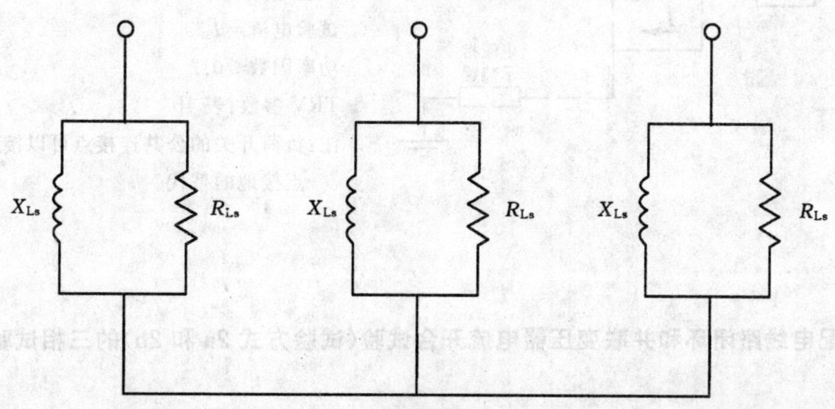

图 1c　星形连接的负载

图 1　有功负载电流开合试验(试验方式 1)的单相试验回路

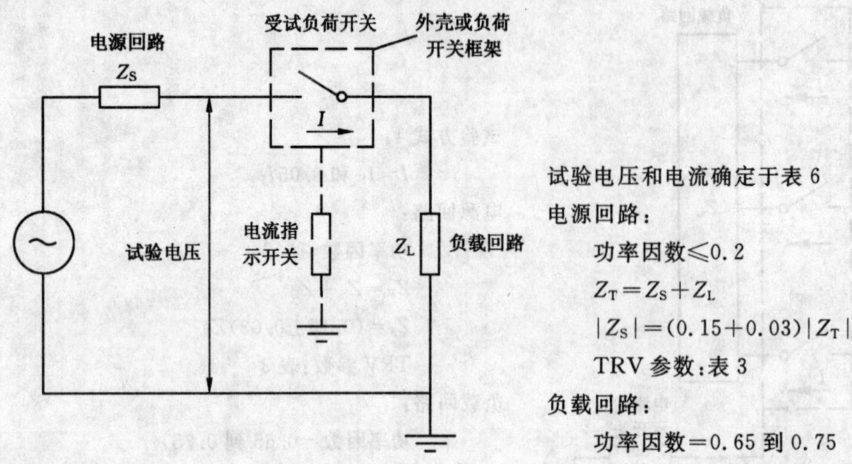

试验电压和电流确定于表 6

电源回路：

功率因数≤0.2

$Z_T = Z_S + Z_L$

$|Z_S| = (0.15 + 0.03)|Z_T|$

TRV 参数：表 3

负载回路：

功率因数＝0.65 到 0.75

图 2　有功负载电流开合试验(试验方式 1)的单相试验回路

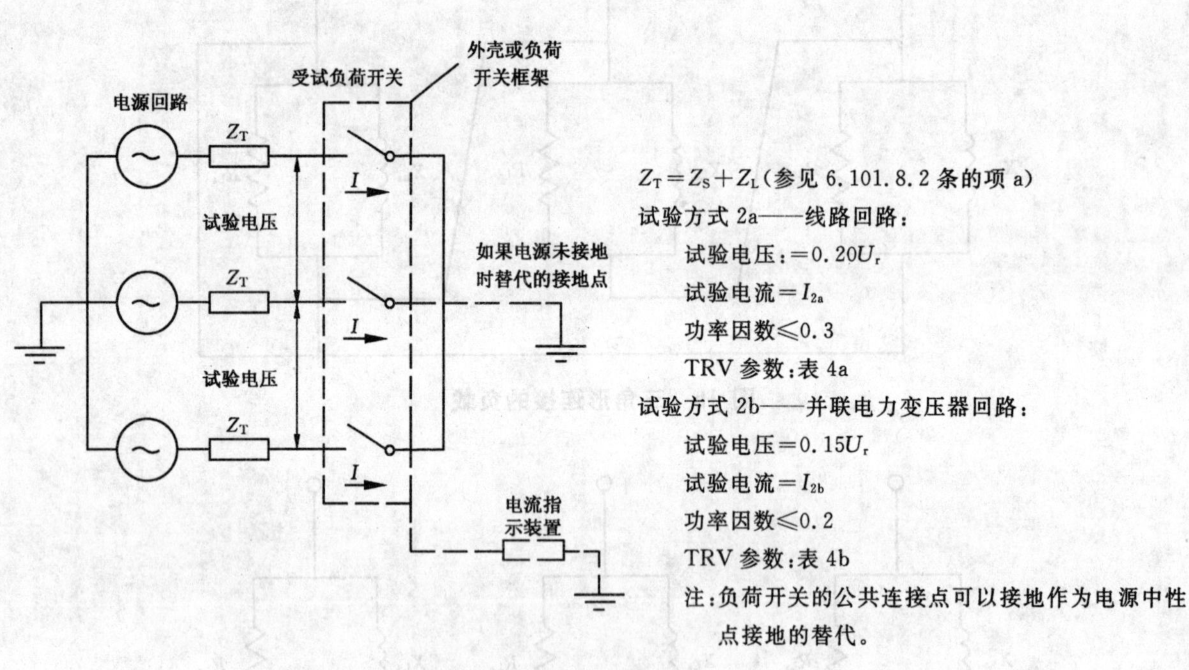

$Z_T = Z_S + Z_L$(参见 6.101.8.2 条的项 a)

试验方式 2a——线路回路：

试验电压：$=0.20U_r$

试验电流$=I_{2a}$

功率因数≤0.3

TRV 参数：表 4a

试验方式 2b——并联电力变压器回路：

试验电压$=0.15U_r$

试验电流$=I_{2b}$

功率因数≤0.2

TRV 参数：表 4b

注：负荷开关的公共连接点可以接地作为电源中性点接地的替代。

图 3　配电线路闭环和并联变压器电流开合试验(试验方式 2a 和 2b)的三相试验回路

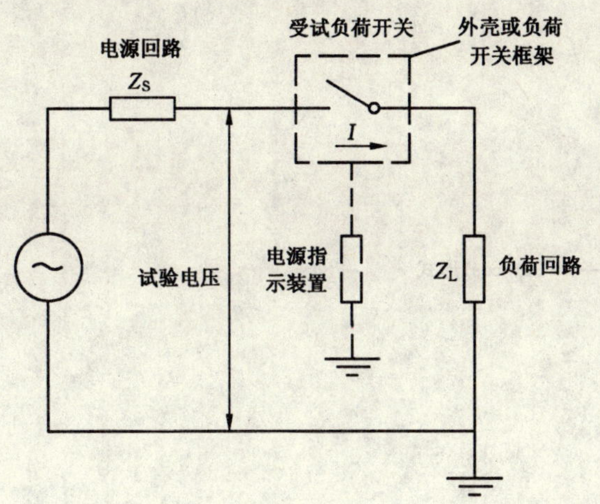

$Z_r=Z_S+Z_L$(见 8.101.8.2 项 a)

试验方式 2a——线路闭环回路：

试验电压和电流见表 6

功率因数≤0.3

TRV 参数：见表 6 角注

试验方式 2b——并联电力变压器回路：

试验电压和电流见表 6

功率因数≤0.2

图 4　配电线路闭环和并联变压器闭环电流开合试验(试验方式 2a 和 2b)的单相试验回路

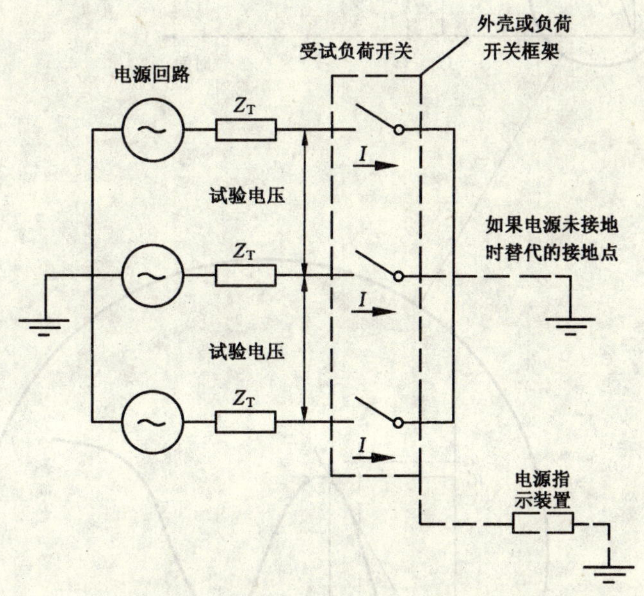

图 5　短路关合电流试验(试验方式 5)的三相试验回路

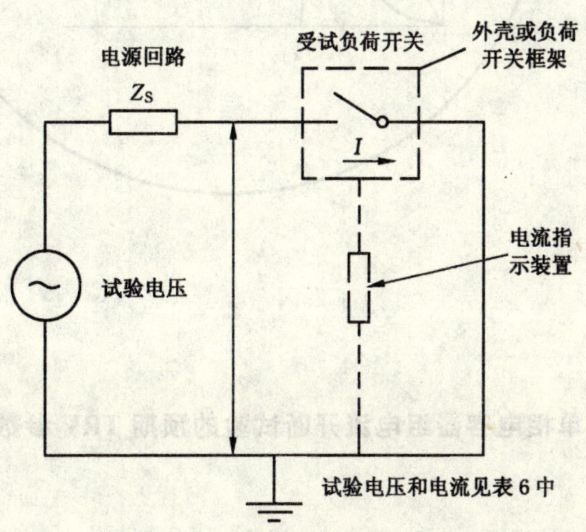

图 6　短路关合电流试验(试验方式 5)的单相试验回路

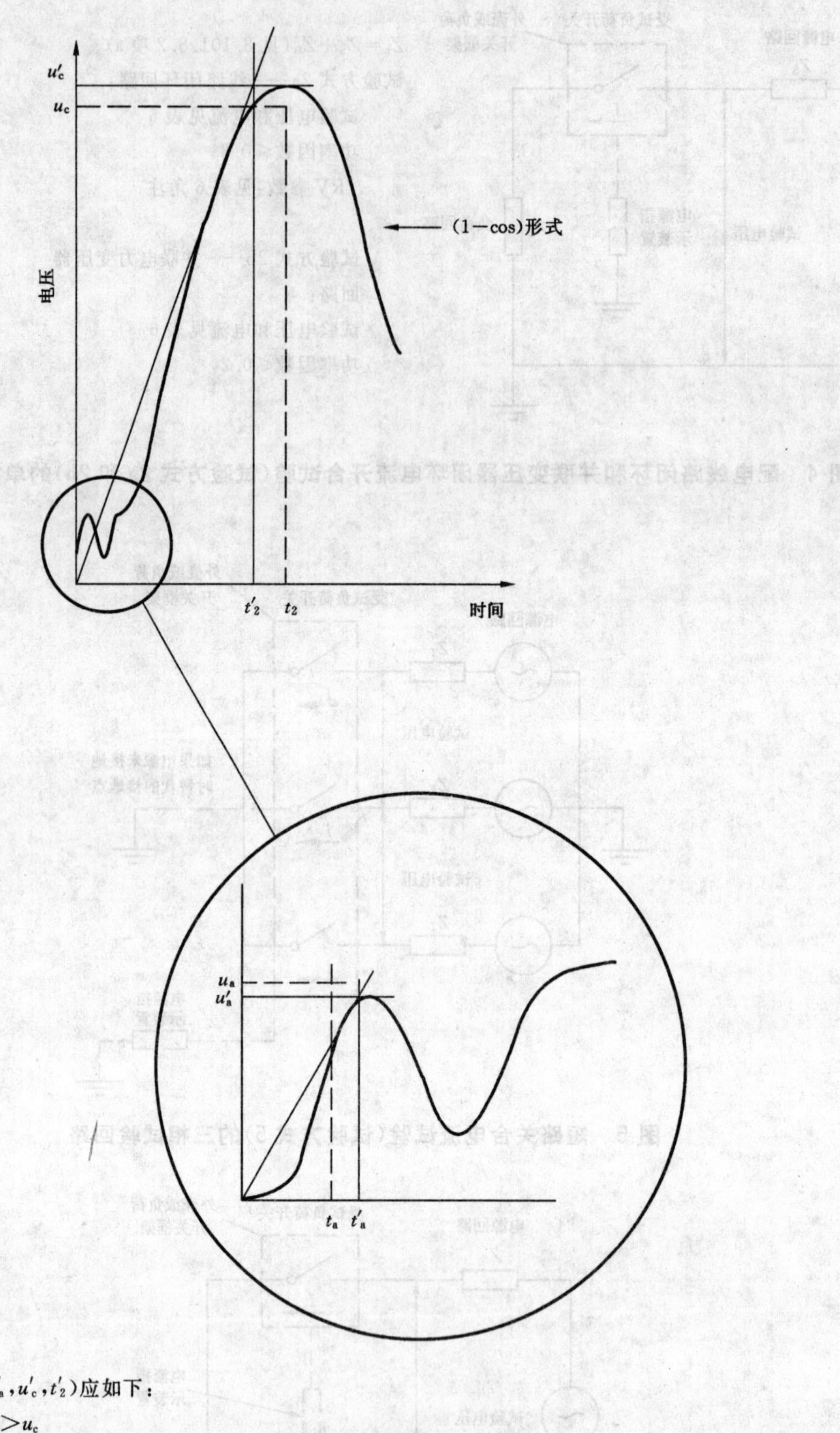

预期 TRV(u'_a,t'_a,u'_c,t'_2)应如下：

$u'_a < u_a$　　　$u'_c > u_c$

$t'_a > t_a$　　　$t'_2 < t_2$

u_a,t_a,u_c 和 t_2 定义于表 9 中。

图 7　单相电容器组电流开断试验的预期 TRV 参数限值

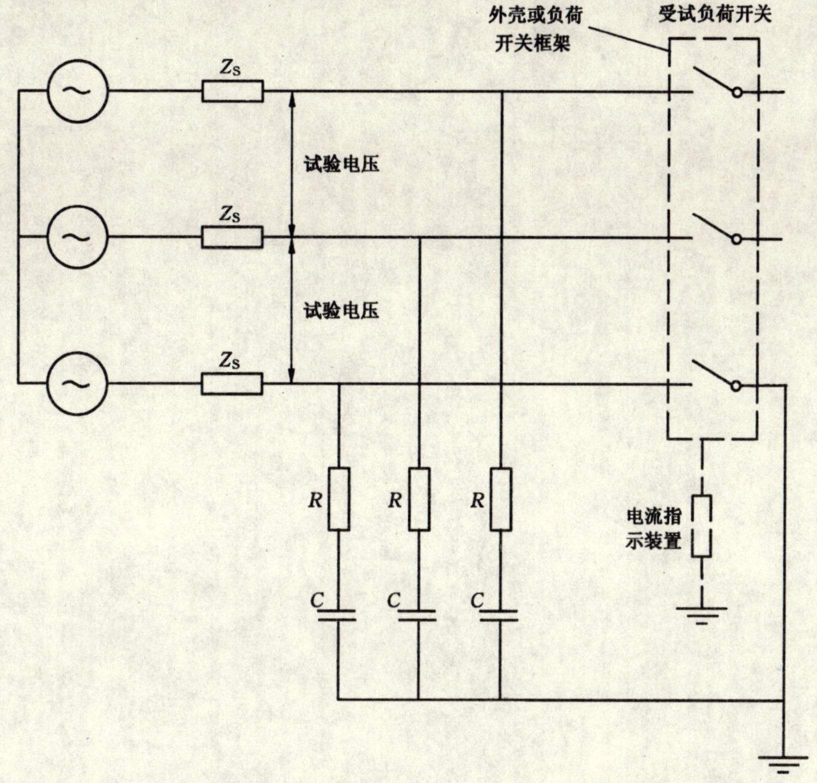

图 8 接地故障开断电流试验(试验方式 6a)的三相试验回路

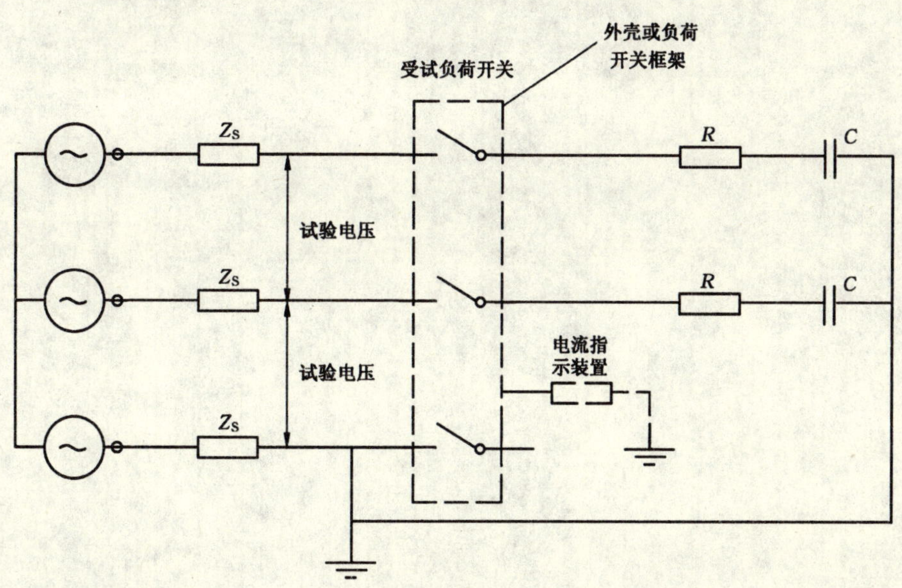

图 9 接地故障条件下电缆充电开断电流试验(试验方式 6b)的三相试验回路

ICS 25.100.25
J 41

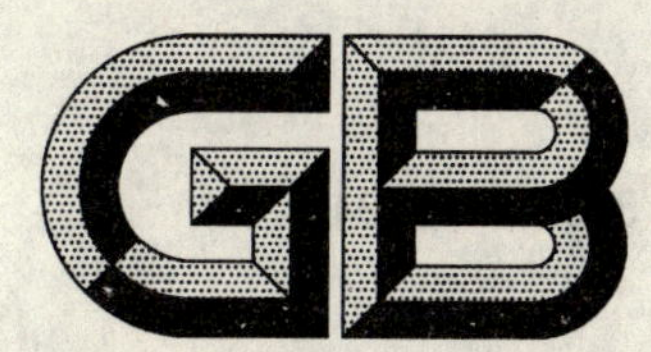

中华人民共和国国家标准

GB/T 3832.1—2004
代替 GB/T 3832.1—1983

拉刀柄部　第1部分:矩形柄

Broaches shanks—Part 1:Rectangular shanks

2004-02-10 发布　　2004-08-01 实施

中华人民共和国国家质量监督检验检疫总局
中国国家标准化管理委员会　发布

前言

GB/T 3832 在《拉刀柄部》的总标题下，分为三个部分：

——第1部分：矩形柄；

——第2部分：圆柱形前柄；

——第3部分：圆柱形后柄。

本部分为 GB/T 3832 的第1部分。

本部分是对 GB/T 3832.1—1983 的修订，与 GB/T 3832.1—1983 相比有如下变化：

——题目由《拉刀矩形柄　型式和基本尺寸》改为《拉刀柄部　第1部分：矩形柄》；

——所有条文角注改为图的角注；

——所有偏差只列出公差带代号。

本部分自实施之日起，代替 GB/T 3832.1—1983。

本部分由中国机械工业联合会提出。

本部分由全国刀具标准化技术委员会归口。

本部分由哈尔滨第一工具厂负责起草。

本部分主要起草人：罗雁、宋铁福、董英武、张强。

本部分所代替标准的历次发布情况：

——GB/T 3832.1—1983。

拉刀柄部　第1部分:矩形柄

1　范围

GB/T 3832 的本部分规定了拉刀矩形柄型式和基本尺寸。

本部分适用于柄部宽度为 4 mm～45 mm 的各种键槽拉刀的矩形柄。

2　型式和尺寸

矩形柄的基本结构型式分为Ⅰ型、Ⅱ型两种:

Ⅰ型——平刀体。

Ⅱ型——加宽平刀体。

2.1　Ⅰ型尺寸

Ⅰ型尺寸见图1和表1。

单位为毫米

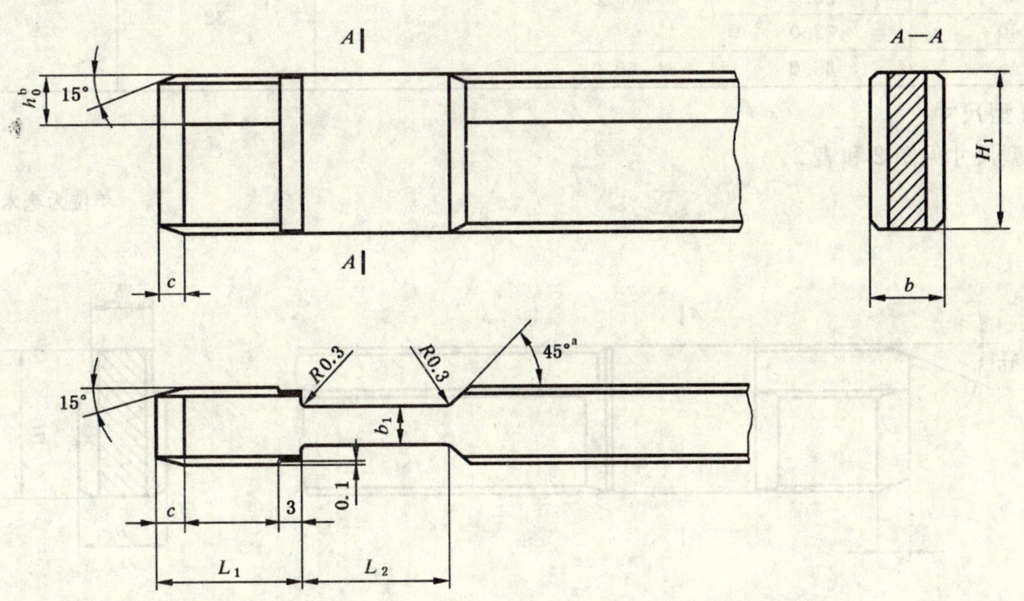

a　允许制成 90°。

b　在 h_0 高度内 b 的偏差可按 c12,尺寸 h_0 由制造厂自定。

图1　Ⅰ型——平刀体

表 1

单位为毫米

b h12	b_1 h12	H_1 h16	L_1	L_2	c
4	2.5	7.0	16	16	2
5	3.2	8.0			3
		10.5			
6	4.0	12.5	20	20	
		14.0			
8	5.0	16.0			4
		18.0			
10	7.0	21.5			
12	8.0	27.5	25	25	
14	10.0	29.5			
16	11.5	34.5			
18	13.0	39.5			
20	15.0	44.5	28	28	
22	17.0				
25	19.0	49.5			
28	21.0	54.5			
32	24.0	59.5	32	32	
36	28.0				
40	32.0				
45	36.0	60.0			

2.2 Ⅱ型尺寸

Ⅱ型尺寸见图 2 和表 2。

单位为毫米

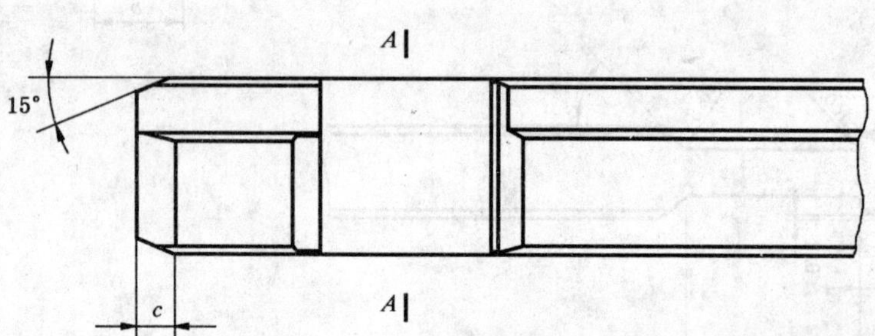

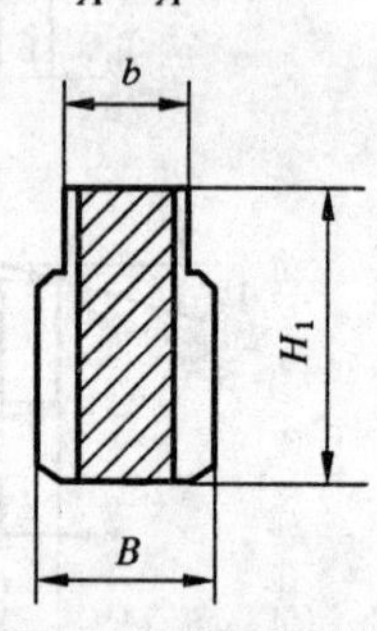

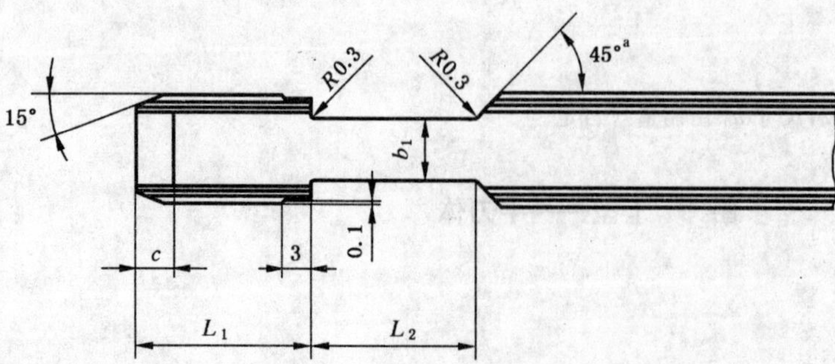

[a] 允许制成 90°。

图 2 Ⅱ型——加宽平刀体

表 2

单位为毫米

<table>
<tr><th>b
h12</th><th>B
h12</th><th>b_1
h12</th><th>H_1
h16</th><th>L_1</th><th>L_2</th><th>c</th></tr>
<tr><td>3</td><td>4</td><td>2.5</td><td>5.5</td><td rowspan="4">16</td><td rowspan="4">16</td><td rowspan="2">2</td></tr>
<tr><td>4</td><td>6</td><td>4</td><td>6.5</td></tr>
<tr><td rowspan="2">5</td><td rowspan="2">8</td><td rowspan="2">5</td><td>8.0</td><td rowspan="4">3</td></tr>
<tr><td>9.5</td></tr>
<tr><td rowspan="2">6</td><td rowspan="2">10</td><td rowspan="2">6</td><td>12.5</td><td rowspan="5">20</td><td rowspan="5">20</td></tr>
<tr><td>14.5</td></tr>
<tr><td rowspan="2">8</td><td rowspan="2">12</td><td rowspan="2">8</td><td>15.5</td><td rowspan="3">4</td></tr>
<tr><td>17.5</td></tr>
<tr><td>10</td><td>15</td><td>10</td><td>21.5</td></tr>
</table>

ICS 25.100.25
J 41

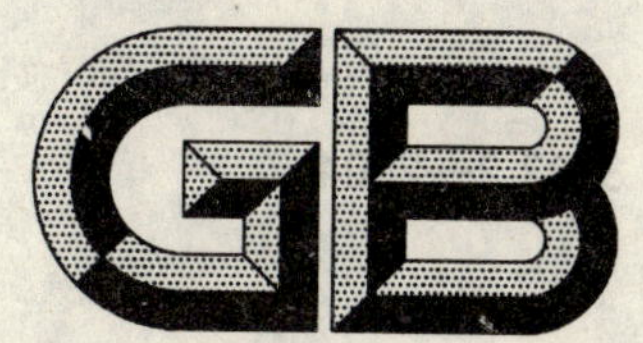

中华人民共和国国家标准

GB/T 3832.2—2004
代替 GB/T 3832.2—1983

拉刀柄部 第2部分:圆柱形前柄

Broaches shanks—Part 2:Round shanks

2004-02-10 发布 2004-08-01 实施

中华人民共和国国家质量监督检验检疫总局
中国国家标准化管理委员会 发布

前 言

GB/T 3832 在《拉刀柄部》的总标题下，分为三个部分：

——第1部分：矩形柄；

——第2部分：圆柱形前柄；

——第3部分：圆柱形后柄。

本部分为 GB/T 3832 的第2部分。

本部分是对 GB/T 3832.2—1983 的修订，与 GB/T 3832.2—1983 相比有如下变化：

——题目由《拉刀圆柱形前柄　型式和基本尺寸》改为《拉刀柄部　第2部分：圆柱形前柄》；

——所有条文角注改为图的角注；

——所有偏差只列出公差带代号。

本部分自实施之日起，代替 GB/T 3832.2—1983。

本部分由中国机械工业联合会提出。

本部分由全国刀具标准化技术委员会归口。

本部分由哈尔滨第一工具厂负责起草。

本部分主要起草人：罗雁、王家喜、于继龙、王雅兰。

本部分所代替标准的历次发布情况：

——GB/T 3832.2—1983。

拉刀柄部　第2部分:圆柱形前柄

1　范围

GB/T 3832的本部分规定了各种内拉刀圆柱形前柄的型式和基本尺寸。

本部分适用于柄部直径 D_1 为 4 mm～100 mm 的各种内拉刀的圆柱形前柄。

2　型式和尺寸

圆柱形前柄的基本结构型式分为:

Ⅰ型——A:无周向定位面;

Ⅰ型——B:有周向定位面。

Ⅱ型——A:无周向定位面;

Ⅱ型——B:有周向定位面。

2.1　Ⅰ型尺寸

Ⅰ型用于柄部直径 4 mm≤D_1≤18 mm 的拉刀,尺寸按图1、图2和表1。

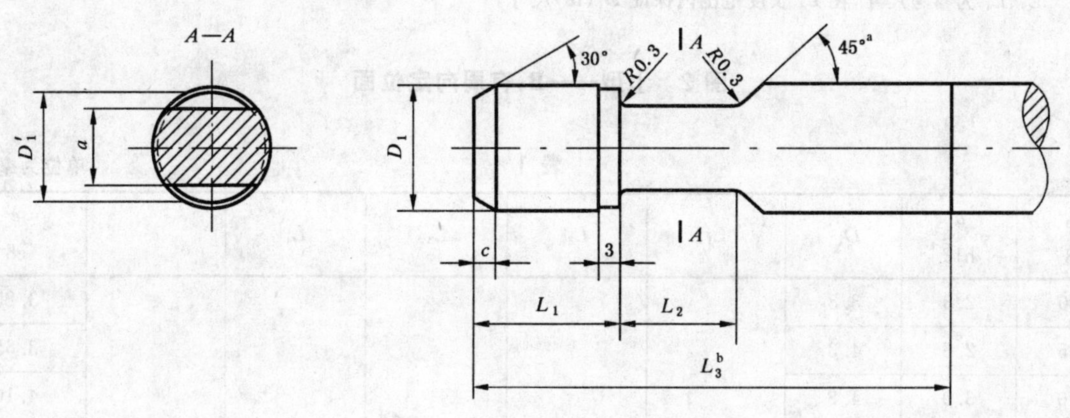

a　允许制成90°。

b　L_3 为参考尺寸,在 L_3 长度范围内保证 D_1(f8)尺寸。

图1　Ⅰ型——A:无周向定位面

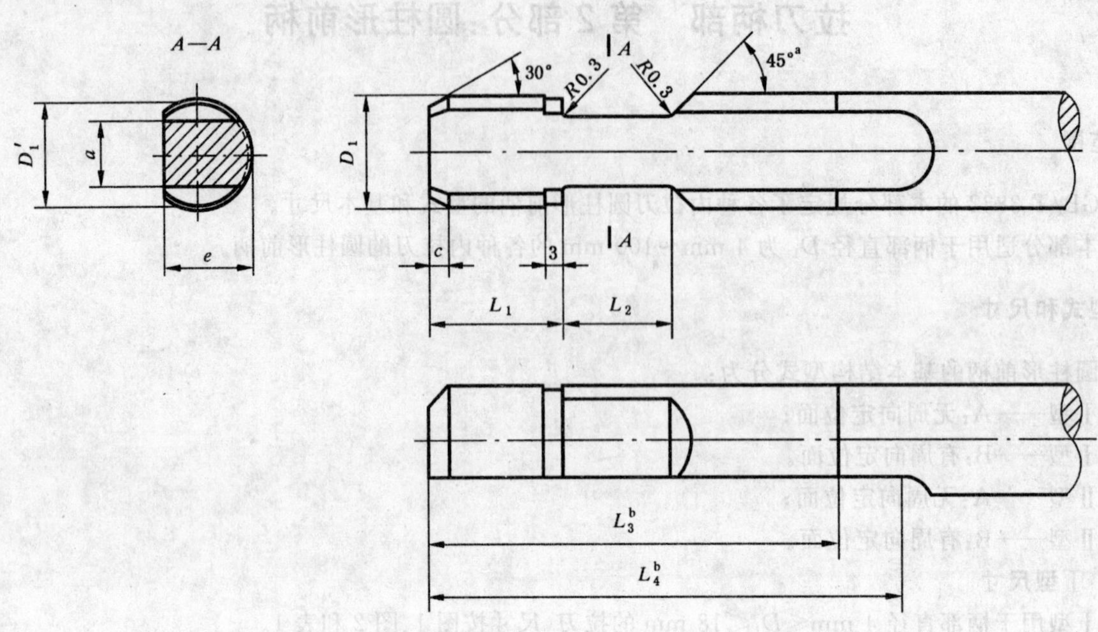

a 允许制成90°。

b L_3、L_4 为参考尺寸，在 L_3 长度范围内保证 D_1(f8)尺寸。

图 2 Ⅰ型——B：有周向定位面

表 1

单位为毫米

D_1 f8	a h12	D_1'	L_1	L_2	L_3	L_4	c	e e8
4.0	2.3	3.8						3.25
4.5	2.6	4.3						3.65
5.0	3.0	4.8						4.10
5.5	3.3	5.3	16		70	80	2	4.50
6.0	3.6	5.8						5.00
7.0	4.2	6.8						5.80
8.0	4.8	7.8		16				6.70
9.0	5.4	8.8						7.60
10.0	6.0	9.8						8.30
11.0	6.6	10.8					2.5	9.10
12.0	7.2	11.8						10.00
14.0	8.5	13.7	20		80	90		11.75
16.0	10.0	15.7					3	13.50
18.0	11.5	17.7						15.25

2.2 Ⅱ型尺寸

Ⅱ型用于柄部直径 8 mm≤D_1≤100 mm 的拉刀，尺寸按图 3、图 4 和表 2。

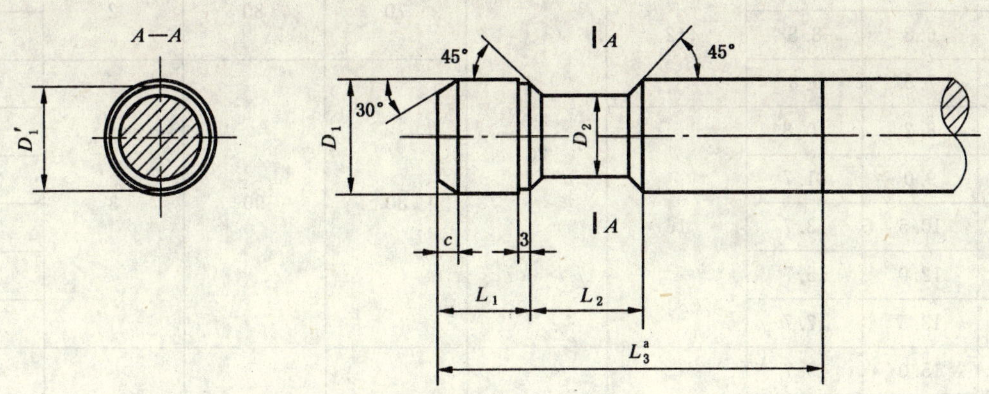

a　L_3 为参考尺寸，在 L_3 长度范围内保证 D_1(f8)尺寸。

图 3　Ⅱ型——A：无周向定位面

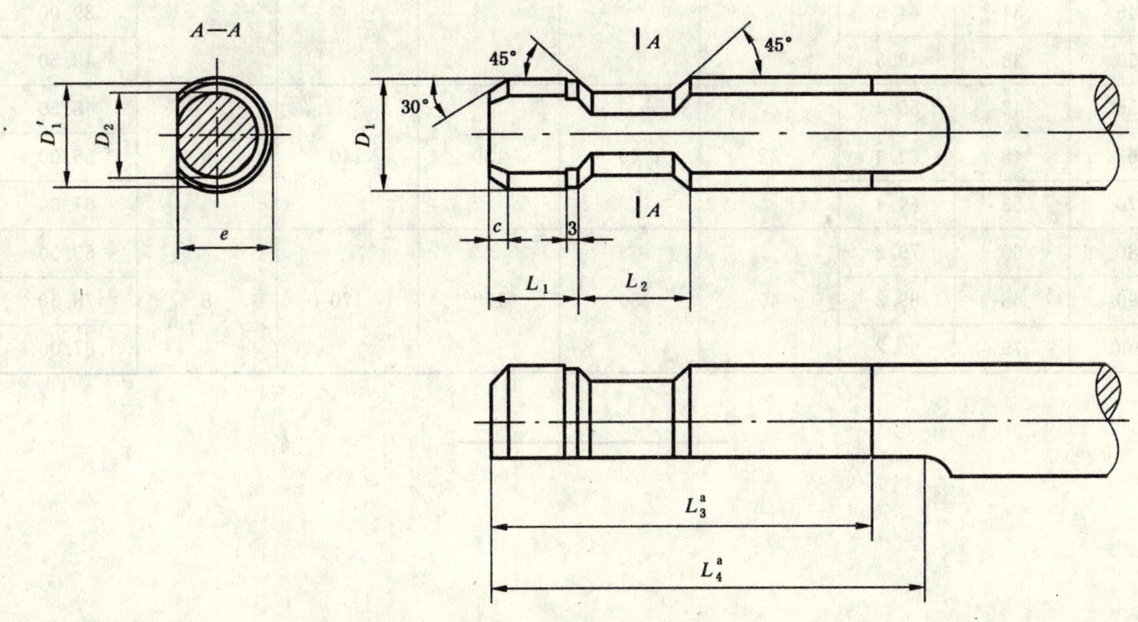

a　L_3、L_4 为参考尺寸，在 L_3 长度范围内保证 D_1(f8)尺寸。

图 4　Ⅱ型——B：有周向定位面

表 2

单位为毫米

<table>
<tr><th>D_1
f8</th><th>D_2
h12</th><th>D_1'</th><th>L_1</th><th>L_2</th><th>L_3</th><th>L_4</th><th>c</th><th>e
e8</th></tr>
<tr><td>8</td><td>6.0</td><td>7.8</td><td rowspan="3">12</td><td rowspan="8">20</td><td rowspan="2">70</td><td rowspan="2">80</td><td rowspan="2">2</td><td>6.50</td></tr>
<tr><td>9</td><td>6.8</td><td>8.8</td><td>7.40</td></tr>
<tr><td>10</td><td>7.5</td><td>9.8</td><td rowspan="8">80</td><td rowspan="8">90</td><td rowspan="8">3</td><td>8.25</td></tr>
<tr><td>11</td><td>8.2</td><td>10.8</td><td rowspan="5">16</td><td>9.10</td></tr>
<tr><td>12</td><td>9.0</td><td>11.7</td><td>10.00</td></tr>
<tr><td>14</td><td>10.5</td><td>13.7</td><td>11.75</td></tr>
<tr><td>16</td><td>12.0</td><td>15.7</td><td>13.50</td></tr>
<tr><td>18</td><td>13.5</td><td>17.7</td><td>15.25</td></tr>
<tr><td>20</td><td>15.0</td><td>19.7</td><td rowspan="4">20</td><td rowspan="4">25</td><td rowspan="4">90</td><td rowspan="4">100</td><td rowspan="4">4</td><td>17.00</td></tr>
<tr><td>22</td><td>16.5</td><td>21.7</td><td>18.75</td></tr>
<tr><td>25</td><td>19.0</td><td>24.7</td><td>21.50</td></tr>
<tr><td>28</td><td>21</td><td>27.6</td><td>24.00</td></tr>
<tr><td>32</td><td>24</td><td>31.6</td><td rowspan="5">25</td><td rowspan="5">32</td><td rowspan="5">110</td><td rowspan="5">125</td><td rowspan="5">5</td><td>27.50</td></tr>
<tr><td>36</td><td>27</td><td>35.6</td><td>31.00</td></tr>
<tr><td>40</td><td>30</td><td>39.5</td><td>34.50</td></tr>
<tr><td>45</td><td>34</td><td>44.5</td><td>39.00</td></tr>
<tr><td>50</td><td>38</td><td>49.5</td><td>43.50</td></tr>
<tr><td>56</td><td>42</td><td>55.4</td><td rowspan="3">32</td><td rowspan="3">40</td><td rowspan="3">130</td><td rowspan="3">140</td><td rowspan="3">6</td><td>48.50</td></tr>
<tr><td>63</td><td>48</td><td>62.4</td><td>55.00</td></tr>
<tr><td>70</td><td>53</td><td>69.4</td><td>61.00</td></tr>
<tr><td>80</td><td>60</td><td>79.2</td><td rowspan="3">40</td><td rowspan="3">50</td><td rowspan="3">160</td><td rowspan="3">170</td><td rowspan="3">8</td><td>69.50</td></tr>
<tr><td>90</td><td>68</td><td>89.2</td><td>78.50</td></tr>
<tr><td>100</td><td>75</td><td>99.2</td><td>87.00</td></tr>
</table>

ICS 25.100.25
J 41

中华人民共和国国家标准

GB/T 3832.3—2004
代替 GB/T 3832.3—1983

拉刀柄部　第3部分:圆柱形后柄

Broaches shanks—Part 3:Round follower end

2004-02-10 发布　　2004-08-01 实施

中华人民共和国国家质量监督检验检疫总局
中国国家标准化管理委员会　发布

前　言

GB/T 3832 在《拉刀柄部》的总标题下，分为三个部分：

——第 1 部分：矩形柄；

——第 2 部分：圆柱形前柄；

——第 3 部分：圆柱形后柄。

本部分为 GB/T 3832 的第 3 部分。

本部分是对 GB/T 3832.3—1983 的修订，与 GB/T 3832.3—1983 相比有如下变化：

——题目由《拉刀圆柱形后柄　型式和基本尺寸》改为《拉刀柄部　第 2 部分：圆柱形后柄》；

——所有偏差只列出公差带代号。

本部分自实施之日起，代替 GB/T 3832.3—1983。

本部分由中国机械工业联合会提出。

本部分由全国刀具标准化技术委员会归口。

本部分由哈尔滨第一工具厂负责起草。

本部分主要起草人：罗雁、陈克天、周耀文、曲建华。

本部分所代替标准的历次发布情况：

——GB/T 3832.3—1983。

拉刀柄部 第3部分:圆柱形后柄

1 范围

GB/T 3832 的本部分规定了拉刀圆柱形后柄的型式和基本尺寸。

本部分适用于柄部直径 D_1 为 12 mm～100 mm 的圆柱形后柄。

2 型式和尺寸

圆柱形后柄的基本结构型式分为Ⅰ型、Ⅱ型两种:

Ⅰ型——整体式。

Ⅱ型——装配式。

2.1 Ⅰ型尺寸

Ⅰ型尺寸按图1和表1。

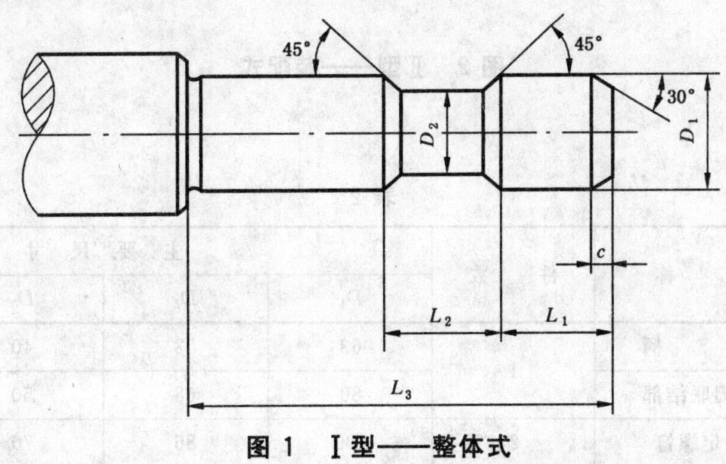

图1 Ⅰ型——整体式

表1

单位为毫米

D_1 f8	D_2 h12	L_1	L_2	L_3	c
12	9	16	16	60	3
16	12				
20	15	20	20	80	4
25	20				
32	26	25	25	100	5
40	34				
50	42	28	32	120	6
63	53				
80	68	32	40	140	8
100	86				

2.2 Ⅱ型尺寸

Ⅱ型尺寸按图2、图3、图4、表2、表3的规定。

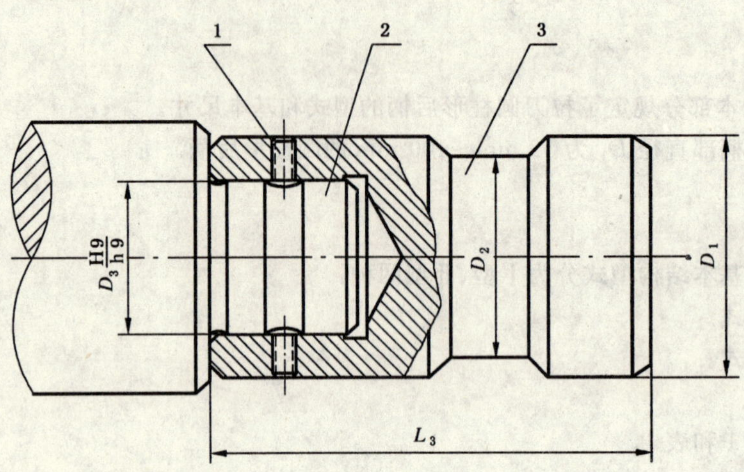

图2 Ⅱ型——装配式

表2 单位为毫米

件号	名称	件数	主要尺寸			
			D_1	D_2	D_3	L_3
1	接柄	1	63	53	40	120
2	拉刀联结部		80	68	50	140
3	紧定螺钉	2	100	86	70	

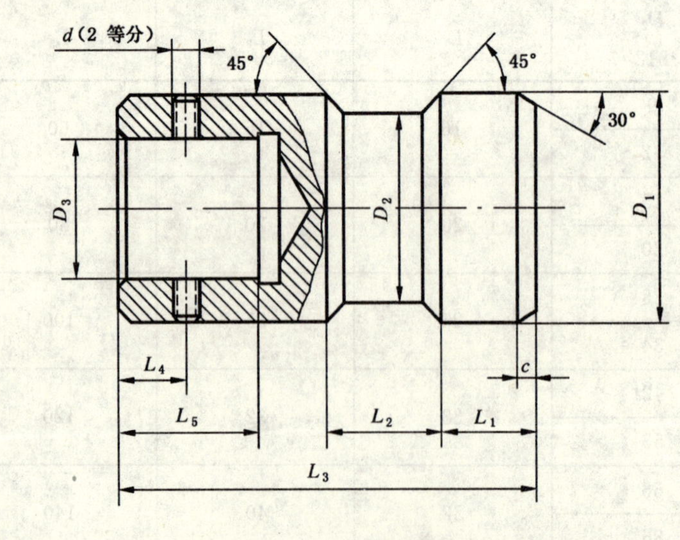

图3 接柄

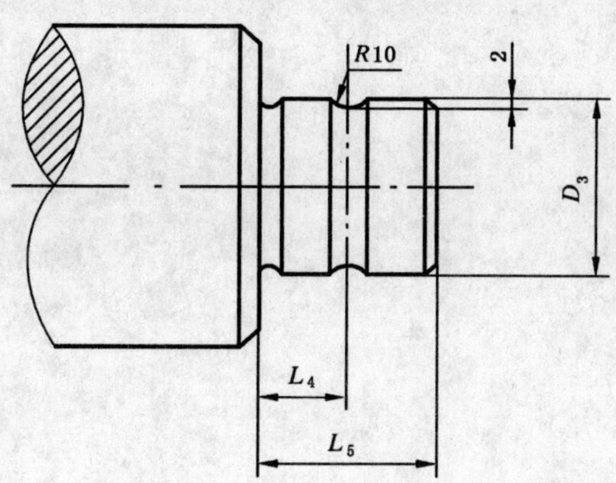

图 4 拉刀联结部

表 3

单位为毫米

D_1 f8	D_2 h12	D_3 轴 h9 孔 H9	L_1	L_2	L_3	L_4	L_5	c	d
63	53	40	28	32	120	20	40	6	M6
80	68	50	32	40	140	25	50	8	M8
100	86	70							

ICS 29.260.20
K 35

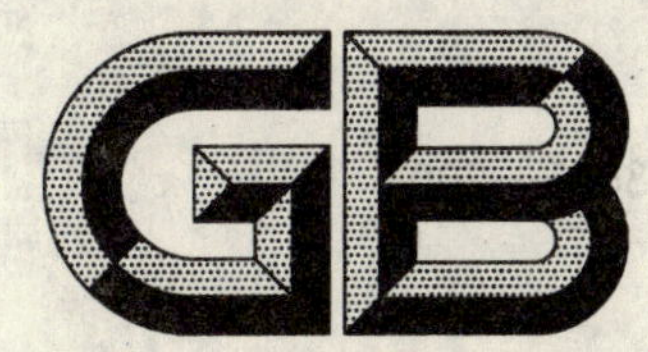

中华人民共和国国家标准

GB 3836.5—2004
代替 GB 3836.5—1987

爆炸性气体环境用电气设备 第5部分:正压外壳型“p”

Electrical apparatus for explosive gas atmosphere— Part 5:Pressurized enclosures “p”

(IEC 60079-2:2001,Eletrical apparatus for explosive gas atmospheres— Part 2:Pressurized enclosures “p”,MOD)

2004-05-14 发布　　2005-02-01 实施

中华人民共和国国家质量监督检验检疫总局
中国国家标准化管理委员会　发布

前言

GB 3836 的本部分全部技术内容为强制性。

本部分是修改采用 IEC 60079-2:2001(第 4 版)对 GB 3836.5—1987 进行修订的，在技术内容和编写格式上与 IEC 标准基本相同。

GB 3836《爆炸性气体环境用电气设备》系列标准共分为若干部分：

——第 1 部分：通用要求；

——第 2 部分：隔爆型“d”；

——第 3 部分：增安型“e”；

——第 4 部分：本质安全型“i”；

——第 5 部分：正压外壳型“p”；

——第 6 部分：油浸型“o”；

——第 7 部分：充砂型“q”；

——第 8 部分：无火花型“n”；

——第 9 部分：浇封型“m”；

——第 11 部分：最大试验安全间隙测定方法；

——第 12 部分：气体或蒸气混合物按照其最大试验安全间隙和最小点燃电流的分级；

——第 13 部分：爆炸性气体环境用电气设备的检修；

——第 14 部分：危险场所分类；

——第 15 部分：危险场所电气安装(煤矿除外)。

……

本部分是该系列标准的第 5 部分，对应于 IEC 60079-2。

本部分与 IEC 60079-2:2001 相比，主要变化如下：

1) 删除了 1.5 中关于正压外壳中的仪器仪表不需要计量校正的规定；

2) 删除了 1.6 中关于用户自己制造的正压外壳型电气设备由用户自行负责和检验的条文；

3) 在 7.9 中增加了项 e):对于 pz 型，当正压外壳内的正压下降到制造厂规定的最小值时，自动安全装置应能切断向正压外壳供电的电源；

4) 增加了 16.9:保护装置动作可靠性试验；

5) 增加了 16.10:设备温度测量。

本部分与 GB 3836.5—1987 版本相比变化较大，增加的主要内容如下：

1) 本部分将正压外壳分为 px、py 和 pz 型，并且将正压外壳型电气设备外壳内部是否含有可燃性气体或液体释放源分为有或无内置系统两大类，对不同类型正压外壳的结构和安全措施作了具体规定。

2) 本部分将外壳内的正压分为具有稀释气流正压、泄漏补偿正压和静态正压，并规定了相应的安全要求。

3) 本部分比 GB 3836.5—1987 版本对正压外壳型提出了更具体的要求，以指导正压外壳电气设备的制造和使用。

本部分的附录 A、附录 E 和附录 G 是规范性附录。

本部分的附录 B、附录 C、附录 D 和附录 F 是资料性附录。

本部分自实施之日起代替 GB 3836.5—1987，凡不符合本部分规定的产品均应在两年内过渡完毕。

本部分由中国电器工业协会提出。

本部分由全国防爆电气设备标准化技术委员会归口。

本部分由南阳防爆电气研究所、上海自动化仪表研究所、煤炭科学研究院上海分院、沈阳电气传动研究所、佳木斯防爆电机研究所、煤炭工业设备成套局和沈阳市三丰电器厂等单位起草。

本部分主要起草人:王军、李合德、徐建平、王其坤、郑琦、王维越、徐泓、李东久。

本部分于1987年首次发布,2004年5月第1次修订。

本部分委托全国防爆电气设备标准化技术委员会负责解释。

IEC 引　言

IEC 60079 的本部分规定了爆炸性气体环境用正压外壳型电气设备"p"的设计、结构、试验和标志，其要求如下：

a) 保护气体压力保持高于外部环境的压力，以阻止在不含有可燃性气体或蒸气内释放源的外壳内形成爆炸性气体环境。和必要时

b) 对外壳供给足够量的保护气体，以保证电气部件周围形成的爆炸性气体混合物浓度保持在超过相应的特定使用条件的爆炸极限值范围之外。对含有一个或多个内部释放源的外壳供给保护气体，以阻止外壳内形成爆炸性气体环境。

本部分包括对设备和其关联设备包括保护气体的进出口和排气管道的要求，同时也对保证建立和保持正压和/或稀释必须提供的辅助控制设备规定了要求。

爆炸性气体环境用电气设备
第5部分:正压外壳型“p”

1 范围

GB 3836 的本部分规定了爆炸性气体环境用正压外壳型电气设备“p”的结构和试验的特殊要求,本部分的要求是对 GB 3836.1 的补充。

本部分规定了包含有可燃性物质限制释放的正压外壳的要求。

本部分不包括在其中含有可以释放下列可燃性物质的内置系统的正压外壳要求:

a) 含氧量大于正常值的空气,或

b) 氧气与惰性气体混合比例大于21%。

本部分不包括对正压小室或分析室的要求。

2 规范性引用文件

下列文件中的条款通过 GB 3836 的本部分的引用而成为本部分的条款。凡是注明日期的引用文件,其随后所有的修改单(不包括勘误的内容)或修订版均不适用于本部分,然而,鼓励根据本部分达成协议的各方研究是否可使用这些文件的最新版本。凡是未注日期的引用文件,其最新版本适用于本部分。

GB/T 2900.1—1992 电工术语 基本术语(eqv IEC 60050)

GB/T 2900.35—1998 电工术语 爆炸性环境用电气设备(neq IEC 60050(426):1990)

GB 3836.1—2000 爆炸性气体环境用电气设备 第1部分:通用要求(eqv IEC 60079-0:1998)

GB/T 4207—1984 固体绝缘材料在潮湿条件下相比漏电起痕指数和耐漏电起痕指数的测定方法(neq IEC 60112:1979)

GB 4208—1993 外壳防护等级(IP代码)(eqv IEC 60529:1989)

GB/T 4942.1—2001 旋转电机外壳防护分级(idt IEC 60034-5:1991)

GB/T 16935.1—1997 低压系统内设备的绝缘配合 第一部分:原理、要求和试验(idt IEC 60664-1:1992)

3 术语和定义

本部分采用 GB/T 2900.1 和 GB/T 2900.35 的定义及下列定义。

注:除另有规定外,“电压”和“电流”是指交流、直流或复合电压或电流的有效值(r.m.s)。

3.1

报警 alarm

设备的一个部件产生的可视或声音信号,以引起注意。

3.2

内置系统 containment system

设备含有可燃性物质并可能形成内释放源的部分。

3.3

稀释 dilution

正压外壳换气之后,连续以规定速率供给保护气体使其中的可燃性物质的浓度在任何潜在的点燃源附近，均保持在爆炸界限值之外（也就是说，在稀释区域之外）。

注：用惰性气体稀释氧气可能造成可燃性气体或蒸气浓度高于爆炸上限（UEL）。

3.4

稀释区域　dilution area

在内释放源附近，可燃性物质浓度未被稀释到安全浓度范围的区域。

3.5

外壳容积　enclosure volume

没有内装设备的空外壳的容积。对于旋转电机是指内部净容积加上转子占用的容积。

3.6

可燃性物质　flammable substance

能够被点燃的气体、蒸气、液体或其混合物。

3.7

气密装置　hermetically sealed device

制成外部大气不能通向里面并且用熔化的方法，例如：铜焊、钎焊或玻璃对金属的熔接进行密封的装置。

3.8

有点燃能力的电气设备（ICA）　ignition-capable apparatus（ICA）

在正常运行条件下，对特定的爆炸性环境构成点燃源的电气设备。包括未用7.13所列防爆型式保护的电气设备。

3.9

显示器　indicator

显示流量或压力是否适当，并且定期监测以满足使用要求的设备器件。

3.10

内释放源　internal source of release

外壳内某地点或部分，从这些地方可燃性物质能够以可燃性气体或蒸气或液体的形式释放到正压外壳中，并能与周围的空气形成爆炸性气体环境。

3.11

泄漏补偿　leakage compensation

供给的保护气体流量足以补偿正压外壳及其管道中的任何泄漏。

3.12

正压　overpressure

正压外壳内高于环境大气压力的压力值。

3.13

正压保护　pressurization

用保持外壳内部保护气体的压力高于外部大气压力，以阻止外部爆炸性气体进入外壳内的方法。

3.14

正压保护系统　pressurization system

用于增压和监测正压外壳的元件组合。

3.15

正压外壳　pressurized enclosure

保持内部保护气体的压力高于外部环境大气压力的外壳。

3.16

保护气体 protective gas

用于换气、保持过压及稀释(如有要求)的空气或惰性气体。

注:本部分中的惰性气体是指氮、二氧化碳、氩或任何气体,当它们同氧按 4∶1 的比例在空气中形成混合物时,不会引起点燃和形成可燃特性,更严重的情况,如爆炸极限。

3.17

保护气体供给源 protective gas supply

供给正压保护气体的压缩机、鼓风机或压缩气容器。供气源包括进气(抽气)管或管道、压力调节器、排气管、管道和供气阀,不包括正压系统部件。

3.18

换气 purging

在正压外壳中,大量的保护气体通过外壳和管道,使爆炸性气体混合物的浓度降低到安全水平的工作过程。

3.19

例行试验 routine test

每一个单独装置在制造期间或出厂前都应进行的、以确定其是否符合标准要求的试验。

[IEV 151-04-16]

3.20

静态正压保护 static pressurization

不添加保护气体而保持危险场所中正压外壳内正压值的保护方法。

3.21

px 型正压 type px pressurizing

将正压外壳内的危险分类从 1 区降至非危险或从 1 类(煤矿井下危险区域)降至非危险的正压保护。

3.22

py 型正压 type py pressurizing

将正压外壳内的危险分类从 1 区降至 2 区的正压保护。

3.23

pz 型正压 type pz pressurizing

将正压外壳内危险分类从 2 区降至非危险的正压保护。

3.24

型式试验 type test

对某一设计进行一台或多台装置的试验,以证明其设计符合技术条件的规定。[IEV 151-04-15]

4 防爆型式

用正压保护的防爆型式细分为 3 种型式(px、py 和 pz),它们分别是以外部的爆炸性环境(Ⅰ类,1 区或 2 区)、是否有内释放,以及正压外壳内的电气设备是否有点燃能力为依据进行划分的,见表 1。然后正压外壳和正压系统的设计要求按防爆型式来确定,见表 2。

表1 确定防爆型式

内置系统内的可燃性物质	外部区域类别	外壳内含有点燃能力的设备	外壳内不含有点燃能力的设备
无内置系统	1	px型[a]	py型
无内置系统	2	pz型	不要求正压保护[d]
气体/蒸气	1	px型[a]	py型
气体/蒸气	2	px型(并且有点燃能力的设备不在稀释区域内)	py型[b]
液体	1	px型[a](惰性的)[c]	py型
液体	2	pz型(惰性的)[c]	不要求正压保护[d]

注:如果可燃性物质是液体则正常释放是决不允许的。

a 防爆型式px也适用于Ⅰ类设备。

b 如果无正常释放,见附录E。

c 如果在正压型式之后标明是"(惰性的)",则保护气体应是惰性的,见13章。

d 不需要正压防爆是因为考虑到引起液体释放的故障不大可能与引起设备内形成点燃源的故障同时发生。

5 正压外壳的结构要求

5.1 外壳

正压外壳应具有符合表2的防护等级。

注:在潮湿和充满灰尘的采煤工作面上可以要求IP44的防护等级。

5.2 材质

用于外壳、管道和连接件的材质不应受规定的保护气体的不利影响。

5.3 门和盖

5.3.1 对Ⅰ类正压外壳门和盖应:

——采用符合GB 3836.1—2000的9.2的特殊紧固件;或者

——采用联锁以便使门和盖打开时,向未用本部分7.13所列的防爆型式保护的电气设备供电的电源能自动切断,而且在门和盖闭合以前不能重新通电。同时还应符合7.6的要求。

5.3.2 对于具有静态正压保护的Ⅰ类正压外壳,门和盖应采用符合GB 3836.1—2000的9.2的特殊紧固件,并且应设置警告标志:

"警告——严禁在危险场所内打开"

5.3.3 对于Ⅱ类正压外壳,紧固件可以不符合GB 3836.1—2000的9.2的要求。

除了只能用工具或钥匙才能打开的门和盖之外,门和盖应该联锁以使向未用GB 3836.1所列其他标准之一规定的防爆型式保护的电气设备供电的电源能在门和盖打开时自动断电,并且在门和盖关闭前不能重新通电。

注:高的内部压力可能会使门或盖猛烈地打开。应采用下列方法防止操作人员和维护人员受到伤害:

a) 采用多个紧固件,以便在松开所有紧固件之前外壳将安全地排气;或

b) 采用双位紧固件,使外壳打开时能够安全排放压力;或

c) 限制最大内部压力不大于2.5 kPa。

表 2　防爆型式的设计准则

设计准则	px 型	py 型	带显示器的 pz 型	带报警的 pz 型
外壳防护等级按照 GB/T 4208 或 GB/T 4942.1	最低 IP4X	最低 IP4X	最低 IP4X	最低 IP3X
外壳抗冲击能力	GB 3836.1—2000 的表 4	GB 3836.1—2000 的表 4	GB 3836.1—2000 的表 4	GB 3836.1—2000 的表 4
检查换气周期	要求一个定时装置并且监测压力和流量	标志时间和流量	标志时间和流量	标志时间和流量
阻止炽热颗粒从通常关闭的排气孔排入 1 区场所	要求使用火花和颗粒挡板，见 5.8，通常不产生炽热颗粒的除外	无要求（注 1）	要求使用火花和颗粒挡板，见 5.8，通常不产生炽热颗粒的除外	要求使用火花和颗粒挡板，见 5.8，通常不产生炽热颗粒的除外
阻止炽热粒子从通常关闭的排气孔排入 2 区场所	无要求（注 2）	无要求（注 2）	无要求（注 2）	无要求（注 2）
正常运行时阻止炽热颗粒从排气孔处排入 1 区场所	要求使用火花和颗粒挡板，见 5.8	要求使用火花和颗粒挡板，见 5.8	要求使用火花和颗粒挡板，见 5.8	要求使用火花和颗粒挡板，见 5.8
正常运行时阻止炽热粒子从排气孔处排入 2 区场所	要求使用火花和颗粒挡板，见 5.8，通常不产生炽热颗粒的除外	无要求（注 2）	要求使用火花和颗粒挡板，见 5.8，通常不产生炽热颗粒的除外	要求使用火花和颗粒挡板，见 5.8，通常不产生炽热颗粒的除外
需要用工具打开的门和盖	警告，见 5.3 和 6.2b)ii)	警告，见 5.3（注 1）	警告，见 5.3 和 6.2b)ii)	警告，见 5.3 和 6.2b)ii)
不需要用工具打开的门和盖	联锁，见 7.12（无内部热部件）	警告，见 5.3（注 1）	无要求（注 3）	无要求（注 3）
在打开外壳之前内部热部件需要一个冷却时间	符合 6.2b)ii)	不适用	警告，见 5.3 和 6.2b)ii)	警告，见 5.3 和 6.2b)ii)

注 1：6.2b)ii)不适用于 py 型，因为既不允许内部热零件，也不允许正常产生炽热颗粒。

注 2：对火花和颗粒挡板没有要求，因为在非正常运行时当排气孔打开，外部环境不大可能在爆炸极限范围内。

注 3：对 pz 型外壳上的标志或工具打开没有要求，因为在正常工作时，外壳是正压的，所有门和盖处于应处位置。如果把门或盖移去，外部环境不大可能在爆炸极限范围内。

5.3.4　对于具有静态压力保护的Ⅱ类正压外壳，门和盖只能用工具才能打开，并且应设置警告标志：

“警告——严禁在危险场所内打开”

5.3.5　对于含有需要冷却时间的热部件的 px 型正压外壳，不用工具或钥匙不应轻易打开。

5.4 机械强度

正压外壳管道和它们的连接部件应承受制造厂规定的正常运行时，所有排气孔封闭状态下最大正压的1.5倍压力，最低压力为200 Pa。

如果运行中产生的压力可能引起外壳管道或连接部件变形，应设置安全装置，将最大内部正压限制到低于对防爆型式可能产生不利影响的水平。如果制造厂不提供安全装置，设备应标示“X”标志，并且在使用说明书中应包括用户需要保证符合本部分要求的全部必要信息。

5.5 气孔、隔板、间隔和内部元件

5.5.1 气孔和隔板的设置应保证有效换气。

注1：可通过适当设置保护气体供气的进气孔和排气孔及隔板的作用来消除不换气的区域。

注2：对于重于空气的气体或蒸气，保护气体的进入口应靠近正压外壳的顶部，而排气孔靠近外壳的底部。

注3：对于轻于空气的气体或蒸气，保护气体的进入口应靠近外壳的底部而排气孔应靠近外壳的顶部。

注4：在外壳的相对侧设置进气孔和排气孔以促进前后通风。

注5：内部隔板(例如：电路板)的设置应使保护气体的气流不受阻碍。使用支管或导流板也应能改善障碍物周围的气流流动。

注6：气孔数量应按设备的设计来选择，特别要考虑电气设备可能被分成一些小空腔的换气。

5.5.2 内间隔应与主外壳相通或单独换气。

注：对于每1 000 cm^3 设置面积不小于1 cm^2 的通气孔，最小为6.3 mm直径的通气孔才足以适当换气。

5.5.3 阴极射线管(CRTs)和其他气密装置不需要换气。

5.5.4 内部净容积小于20 cm^3 的元件，只要所有这类元件的总容积不超过正压外壳内部净容积的1%，则视为不需要换气的内部空腔。

注1：1%是以氢气的爆炸下限(LEL)的25%为基础，见A.2。

注2：被视为密封的电气元件，如晶体管、微电路、电容等，在计算元件的总容积中不包括它们。

5.5.5 对于静态压力保护外壳，应有一个或多个气孔。充气和正压保护后，所有的气孔应关闭。

5.6 绝缘材料

对于1类电气设备，承受额定电流大于16 A(在如断路器、接触器、隔离器的开关设备中)造成的足以在空气中产生电弧的电应力的绝缘材料至少应符合下列要求之一：

——相对泄痕指数应等于或大于符合GB/T 4027标准中的CTI 400 M；

——带电裸露导体的爬电距离应符合GB/T 16935.1—1997表4中对应于3级污染的Ⅲ类材料等效电压所示爬电距离。

5.7 密封

所有与外壳连接的电缆和导管应密封，以保持外壳的防护等级。如果不密封，则应作为外壳部分。

5.8 火花和颗粒挡板

正压外壳和保护气体用的管道应安装火花和颗粒挡板，以防止炽热颗粒吹入危险场所。

例外1：如果通常不产生炽热颗粒，则排入1区场所的正常关闭的排气孔不需要用火花和颗粒挡板。

例外2：如果通常不产生炽热颗粒，则保护气体排入2区场所时就不需要火花和颗粒挡板。

除非通断触头工作电流低于10 A，同时工作电压不超过275 V(交流)或60 V(直流)，并且触头有灭弧罩，否则应假定通常可能产生炽热颗粒。

如果制造厂未提供火花和颗粒挡板，设备应按GB 3836.1—2000的27.2(9)的规定标志。

6 温度极限

6.1 概述

设备应按GB 3836.1中温度组别的要求进行分组。该组别应按6.2和6.3进行确定。

6.2 对于 px 型或 py 型

温度组别应按下列温度较高者分组：

a) 外壳的最高外表面温度；或

b) 内部零件的最高表面温度。

例外：如果是下列情况，内部元件可以超过标志的温度组别：

i) 符合 GB 3836.1—2000 的 5.3 的要求，或

ii) 按照 GB3836.1—2000 的 6.2 要求标志的正压外壳，其周期足以满足元件冷却到标志的温度组别。如果正压保护中断，应采取适当措施，在设备内部发热元件表面温度冷却到低于允许的最高值之前防止可能出现的任何爆炸性气体环境与热元件任何表面的接触。

注 1：以上要求可以通过正压外壳和管道接头的设计和结构或其他的方法来达到，例如：辅助通风系统进入工作状态或将正压外壳内的热表面安放在气密或浇封的壳体内。

注 2：在 py 型外壳内，在正常运行条件下有点燃能力的热元件是不允许的。

6.3 对于 pz 型

温度组别应以外壳的最高外表面温度为根据。

注：在确定温度组别时，应该考虑当正压系统断开时，内部仍然带电的设备的自身保护。

7 安全措施和安全装置（静态正压保护除外）

7.1 用来防止正压保护的电气设备产生爆炸的所有安全装置本身应不能引起爆炸（见 7.13）或安装在危险场所以外。

7.2 本部分要求的安全装置（见表 3）构成与控制系统有关的安全部件。制造厂的责任就是要评定控制系统的安全性与整体性：

——对于 px 或 py 型，按单个故障评定；或

——对于 pz 型，按正常运行评定。

表 3 基于防爆型式的安全装置

设计准则	px 型	py 型	pz 型
用于检测失去最低正压的安全装置	压力传感器，见 7.9	压力传感器，见 7.9	显示器或压力传感器，见 7.9d)
检查换气时间的安全装置	定时器、压力传感器和排气口处流量传感器；见 7.6	标志时间和流量，见 7.7c)	标志时间和流量，见7.7c)
需要用工具开启的门或盖的安全装置	警告，见 6.2b)	警告，见 6.2b)	无要求
不需用工具开启的门或盖的安全装置	联锁装置，见 7.12（无内部热部件）	警告，见 6.2b)（无内部热部件）	警告，见 6.2b)
当有内置系统时内部热部件用的安全装置（见 15 章）	报警并停止可燃性物质流动	不适用于该防爆型式，因为不允许有内部热部件	报警（正常释放不允许）

7.3 安全装置应由设备制造厂或用户设置，如果制造厂不设安全装置，设备上应标志“X”，并且在使用说明书中应包括用户需要的保证符合本标准规定的所有要求的内容。

7.4 对于 px 正压保护系统，功能时序图应由制造厂提供，例如：真值表、状态图、流程图等，以规定控

制系统的作用。时序图应能清晰辨别,并且表明安全装置的运行状态和随后的动作。应要求进行功能性试验以检验是否与时序图一致。这些试验只需在正常环境条件下进行,制造厂另有规定的除外。

注:附录B给出了由制造厂提供的资料的示例。

7.5 制造厂应该规定安全装置的最高和最低动作值及公差。安全装置应按制造厂的规定在正常工作范围内使用。

7.6 应设置防止正压外壳内电气设备在完成换气前就通电的安全装置。

对于px型,安全装置的操作时序应如下所示:

a) 按本部分规定的时序开始后,应监测通过正压外壳的换气流量和外壳内的正压;

b) 当达到保护气体的最低流量并且正压是在规定的范围内时可启动换气计时器;

c) 时间达到后电气设备可以通电;

d) 时序中任何步骤出了故障,电路应重新整定到起始阶段。

7.7 当外壳被打开后或正压下降低于制造厂规定的最低值时,制造厂应规定需要适当换气的条件。

a) 对于px或py型,制造厂应规定最低换气流量和换气时间,以满足16.3或16.4的试验要求。最低换气流量和时间可以依据5倍外壳容积换气量确定,在检验站能确定该换气合适的情况下不需试验。

b) 对于pz型,制造厂应规定最低换气流量和时间,以保证正压外壳用等于外壳容积5倍的保护气体量进行换气。如果有效换气是按16.3或16.4试验证实换气有效,则可降低保护气体数量。

c) 应在正压外壳排气口处监测换气流速。对于px型,应监测实际流速。对于py或pz型可以推断出流速,例如:可以从排气口处外壳压力和规定的开口推断。对于py或pz型应设置指示标记允许电气设备通电前对正压外壳进行换气。

注:用户负责确定设备未经检验部分的关联管道的自由空间,并且确定在给定的最低流速下的附加换气时间。

7.8 当制造厂规定了保护气体的最低流速(例如:如果内部设备产生的温度高于标志的温度组别额定值)时,应提供一个(或多个)自动安全装置,以便在排气口处保护气体的流速降低到规定的最低数值以下时动作。

7.9 应提供一个或多个自动安全装置,以便在正压外壳内的正压下降低于制造厂规定的最低值时动作。

a) 自动安全装置传感器应直接采用来自正压外壳的信号。

b) 在自动安全装置传感器和正压外壳之间不允许有阀门。

c) 应能够核查安全装置是否能正确运行。其位置和整定值应考虑7.10的要求。

注:使用自动安全装置(即断电或声音报警或用其它方法来保证设施的安全)是用户的责任。

d) 对于pz型,如果正压外壳配置显示器未代替自动安全装置,则应符合下列条件:

1) 为保持正压外壳内的最低压力,保护气体源应配置报警装置,以便显示保护气体源的故障;

2) 在正压外壳和保护气体源的报警器之间不应配置其他装置,但隔离阀和/或压力或流量控制器除外;

3) 隔离阀应:

——按18.7的要求标志;

——在开口处应能够密封或固定;

——具有是否打开或闭合的显示;

——靠近正压外壳安装;

——只能在正压外壳运行期间使用;

4) 压力或流量控制装置,如果能调整,应要求用工具操作;

5) 在正压外壳和保护气体系统报警器之间应不配置过滤器;

6) 为了方便观察应安装显示器;

7) 显示器应显示外壳压力;

8) 安装显示器的取样点应考虑最恶劣的运行条件;

注1:如果流量计用于显示外壳压力和换气流量时,则应安装在排气口处。

注2:如果流量计仅用于显示压力,则可以安装在外壳上任何一处,进气口除外。

注3:只有在例外情况下才将流量计安装在进气口处,用于显示外壳压力或通过外壳的流量。

9) 在显示器和正压外壳之间不应配置隔离阀。

e) 对于px型,当正压外壳内的正压下降至制造厂规定的最小值时,自动安全装置应能切断电源。

7.10 在可能产生泄漏的正压外壳及其管道内,每一部位相对于外部压力应保持的最低正压:对于px或py型为50 Pa,对于pz型为25 Pa。

制造厂应规定运行中的最低和最高正压及最高正压时的最大泄漏速度。

各系统和管道内压力的分布情况在图C.1～图C.4中作了说明。

注:对正压外壳安装的安全来说,很重要的是压缩机或风机关联管道的安装不产生危险。附录D给出了管道系统安装的基本要求。

7.11 当几个单独的正压外壳共用一个保护气体气源时,一个或几个安全装置可以是公用的,只要合成控制考虑了该组外壳最不利的布置情况。如果安装一个公用安全装置,则须符合以下3个条件,打开门或盖时就可不必关闭正压外壳内的所有电气设备或发出信号报警:

a) 对于px型,打开门或盖之前应先断开特定的正压外壳中电气设备的供电电源,7.13允许的除外;

b) 公用安全装置连续监测本组所有其他正压外壳内的正压,必要时监测气流;

c) 对特定的正压外壳内电气设备供电之前先进行7.6规定的换气程序。

7.12 对于px型,门和盖应该联锁,使门和盖打开时,没有按7.13标志的电气设备的供电电源自动断开,并且在门和盖关闭前不能通电,7.6的要求也应使用。

例外:门和盖只能用工具或钥匙开启并且具有警告标志"带电时不能打开"。

7.13 在正压外壳内px或py防爆型式不起作用时仍可能带电的电气设备应采用"d"、"e"、"i"、"m"、"o"或"q"防爆型式。

正压外壳内在pz防爆型式保护不起作用时仍可能带电的电气设备应采用"d"、"e"、"i"、"m"、"o"、"q"、"nA"或"nC"防爆型式。

7.14 对于py型正压外壳内的电气设备应该用"o"、"q"、"d"、"i"、"m"、"e"、"nA"或"nC"防爆型式。

注:正压型外壳可以充当内部电气设备的"n"型外壳。

8 静态正压用安全措施和安全装置

8.1 所有用于防止由静态正压保护的电气设备引起爆炸的安全装置本身应不能引起爆炸,并且如果安全装置是电气操作,则应按GB 3836.1规定的防爆型式之一保护或安装在危险场所之外。

8.2 保护气体应为惰性气体,充以惰性气体之后的氧气浓度应少于1%(按体积计)。

8.3 不允许有内释放源。

8.4 正压外壳应采用制造厂规定的方法在非危险场所充入惰性气体。

8.5 对于px型或py型设备应安装两台自动安全装置,对pz型应安装一台自动安全装置,当正压下降低于制造厂规定的数值时,自动安全装置应该动作。在设备运行时应能检查安全装置是否正确动作。

这些自动安全装置只能使用工具或钥匙才能重新复位。

注：使用自动安全装置(即:断电或声音报警或用其他的方法保证设备的安全性)是用户的责任。

8.6 防爆型式“p”未运行时,正压外壳内可能带电的电气设备应采用 7.13 所列防爆型式之一加以保护。

8.7 最低正压值应大于正常运行时一周期内所测得的最大压力损失,此周期不小于按 GB 3836.1—2000 中 6.2 规定的内装元件冷却到所需时间的 100 倍,至少为 1 h。在对正常运行所规定的最恶劣的条件下,最低正压值至少应高于外部压力 50 Pa。

9 保护气体的供给

9.1 保护气体类型

保护气体应是非可燃性的。制造厂应规定保护气体和允许用的其他气体。

注 1：保护气体不应由本身的化学特性或因其可能所含的杂质而降低防爆型式“p”的保护效果,或严重影响正常运行和内装设备的整体性。

注 2：达到标准仪器精度的空气,氮或其他非可燃性气体可作为保护气体。

注 3：当使用惰性气体时,有窒息的危险。因此,对外壳应附加适当的警告。另外,在打开门和盖之前应采用适当方式吹洗外壳,清除惰性气体。

9.2 温度

在外壳进气口处,保护气体的温度通常不超过 40℃。但在特殊情况下,允许较高的温度或可以要求较低的温度;在这种情况下,应在外壳上标出温度。

注：如果需要,应采取措施避免凝露和结冰。

10 有内部释放源的正压外壳

第 11 章～第 15 章给出了释放条件、内置系统设计要求、合适的正压技术、有点燃能力的设备和内部热表面的限制。

11 释放条件

11.1 无释放

11.1.1 当内置系统无故障时,无内部释放;见 12.2。

11.1.2 当内置系统内的可燃性物质是气体或蒸气状态时,在规定温度极限和以下两种情况之间运行时,则认为不存在内释放:

a) 内置系统内的气体混合物始终低于爆炸下限(LEL);或

b) 对正压外壳规定的最低压力至少比对内置系统规定的最大压力高 50 Pa,并且如果压差下降到 50 Pa 以下时,自动安全装置动作。

注：使用安全装置的报警信号(即断电或声音报警或用其他方法保证设施的安全)是用户的责任。

符合本条款要求的这些条件需按 GB 3836.1—2000 的 27.2(9)的规定在设备上标志“X”。

11.2 气体或蒸气的有限释放

在内置系统的所有故障状态下进入正压外壳的可燃性物质的释放速度应该可以预计;见 12.3。

注：对于本部分,释放液化气被视作释放气体。

11.3 液体的有限释放

按 11.2 的规定应限制可燃性物质释放进入正压外壳内的速度,但液体向可燃性蒸气的转换是不可预料的。应该考虑正压外壳内液体聚积及由此产生的后果。

如果从液体中可以释放出氧气，则应预计氧气的最大流量；见13.2。

12 内置系统的设计要求

12.1 一般设计要求

内置系统的设计和结构，将确定其是否可能出现泄漏现象，应以制造厂规定的最恶劣的运行条件为基础。

内置系统应是无故障的或故障时有限释放。如果可燃性物质是液体，应无正常释放(见附录E)，且保护气体应为惰性气体。

注：保护气体必须是惰性气体，以防止释放出的蒸气超过保护气体的稀释能力。

制造厂应规定内置系统的最大进气口压力。

制造厂应提供内置系统的设计和结构说明，可能含有可燃性物质的类型和运行条件，以及预计的释放速率或已知位置的释放速率，以便将内置系统划分为无故障的内置系统(12.2)或有限释放的内置系统(12.3)。

12.2 无故障的内置系统

无故障的内置系统应由金属、陶瓷、玻璃、输送管、管道或容器组成，没有活动接头。连接采用熔焊、铜焊、玻璃与金属密封，或用低共熔合法"[1)]连接。

不允许使用低温合金焊料，例如铅/锡。

注：制造厂应考虑由于不利的运行条件对潜在易损坏的内置系统造成的损坏，制造厂和用户之间认可的不利运行条件，可以包括打开正压外壳的门或检修盖时振动、热冲击和维护操作。

12.3 有限制释放的内置系统

有限释放的内置系统的设计应能预计内置系统在所有故障状态下可燃性物质的释放速率。释放到正压外壳的可燃性物质数量，包括内置系统内可燃物质的数量和工艺过程中进入内置系统的可燃性物质的数量。应通过相应的限流装置把流量限制到预计的速率，而限流装置应安装在正压外壳外面。

然而，如果内置系统从进入正压外壳的入口处到限流装置的入口部分，包括限流装置的进气口在内，符合12.2，则限流装置可以安装在正压外壳内，在这种情况下，限流装置应永久固定并且不应有可拆卸部件。

如果能预计内置系统进入正压外壳内的可燃性物质的最大释放速率，则不必限制进入内置系统的工艺流速，该条件在下列情况下可以满足：

a) 内置系统由单独符合12.2要求的连接部件组成并且部件之间的连接头应设计成能预计内置系统的最大释放速率，并且连接头永久固定；和/或

b) 内置系统包括在正常运行条件下用于释放(例如：火焰)的气孔或喷嘴，但其他应符合12.2的要求。

如果限流装置不作为设备的一部分，正压外壳应标志"X"。安全使用的特殊条件应规定进入内置系统的可燃性物质的最大压力和流量。

含有火焰的正压外壳，火焰已熄灭的情形也应评定。供给火焰的燃料/空气混合物的最大数量应加到内置系统的释放量上。

注1：弹性密封件、观察窗和内置系统其他的非金属部件是允许的，管螺纹、压力连接(例如：金属压接附件)和法兰连接也是允许的。

---

1) 连接两个或多个元件的方法，通常是金属元件，采用双金属或三金属合金的方式，其凝固温度要比任何被连接的元件的初始凝固的恒温还低。

注 2：用户应考虑因空气渗入内置系统而形成可燃性混合物的可能性，必要时采取有效的附助措施。

13 保护气体和正压技术

13.1 概述

保护气体的选择取决于内置系统释放的或然率、数量和成分。允许的保护气体一览表见表 4。

表 4 对有内置系统的正压外壳保护气体的要求

内释放(见附录 E)				连续稀释		泄漏补偿	
可燃性物质	正常	异常	附录	*UEL*<80%	*UEL*>80%	*UEL*<80%	*UEL*>80%
气体或液体	无	无	E.2	不使用		不使用	
气体	无	有限	E.3	空气或惰性气体	空气或惰性气体	仅用惰性气体	(否)
气体	有限	有限	E.4	空气或惰性气体	空气或惰性气体	(否)	(否)
液体	无	有限	E.3	仅用惰性气体	(否)	仅用惰性气体	(否)
液体	有限	有限	E.4	(否)	(否)	(否)	(否)
(否)意思指不适用正压技术。							

具有内置系统的正压外壳和有限释放的设计应使正压外壳内潜在点燃源的附近不能形成爆炸性气体环境，也就是说在释放区域之外。附录 F 提供怎样使用内隔板来保证潜在点燃源在稀释区域外的示例。

当惰性气体用于保护气体时，正压外壳应按 18.9 标志。

应用正压技术取决于以下的释放状况和释放的成分。

13.2 具有泄漏补偿的正压

13.2.1 无释放

保护气体应是空气或惰性气体。

13.2.2 有限释放气体或液体

保护气体应是惰性气体。

可燃性物质中的氧气浓度不应超过 2%(V/V)。

不应有任何正常释放的可燃性物质(见附录 E)。

可燃性物质的爆炸上限(*UEL*)不应超过 80%。

注 1：当可燃性物质在贫氧或无氧条件下可能起反应时(也就是说爆炸上限超过 80%)，难于或不能采用惰性气体进行泄漏补偿保护。

注 2：如果可燃性物质的爆炸上限超过 80%，或氧气浓度超过 2%(V/V)，或有可燃性物质的正常释放(见附录 E)，则应按 13.3 的要求采用连续气流稀释可燃性物质。

13.3 具有稀释气流的正压

13.3.1 无释放

保护气体应是空气或惰性气体。

13.3.2 有限释放气体或蒸气

在内置系统的所有故障状态下，换气后保护气体的流速应足以使在潜在点燃源处的最大释放得以稀释，也就是说点燃源在稀释区域之外，如下所述：

a) 当保护气体是空气时,释放中的可燃性物质浓度应稀释到不超过爆炸下限的25%;

b) 当保护气体是惰性气体时,释放中的氧气浓度应稀释到不超过2%(V/V)。

当从内置系统内释放出可燃性物质的爆炸上限高于80%时,应用空气或惰性气体把释放出的可燃性物质浓度稀释到不超过爆炸下限25%。

注:当可燃性物质在贫氧或无氧条件下可能起反应时,即爆炸上限大于80%时,必须稀释到爆炸下限的25%。

13.3.3 液体的有限释放

保护气体应为惰性气体,并且保护措施应按13.3.2b)的要求。不应有可燃物质的任何形式正常释放(见附录E)。

14 有点燃能力的设备

在稀释区域中的电气设备应采用表5所列的防爆型式进行保护,此要求对于明火、点火器或其他用于点火的类似装置除外,从火焰扩散的稀释区域不应与其他稀释区域重叠。

表5 允许在稀释区域内使用的防爆型式

内释放是:	px型式、py型式	pz型式
异常	d、e、i、m、o、q	d、e、i、m、o、q、nA、nC
正常	ia	ia

注1:通常,任何释放源应靠近保护气体排气口,并且有点燃能力的电气设备应靠近保护气体的进气口,释放的可燃性气体以最短的途径离开正压外壳,而不是穿越有点燃能力的设备。

注2:为了避免内置系统内点燃源的着火返回到设备,有必要使用阻火器,但本部分不包括这些措施。

15 内部热表面

如果正压外壳包含的任何表面所具有的温度超过从内置系统可能释放出的可燃性物质的点燃温度,则应安装自动安全装置。按照11.1.2b)规定操作安全装置,安全装置的作用如表3所示。

此外,

a) 如果保护气体是空气,内置系统中残余可燃性物质的释放,在热表面附近形成的浓度应不能大于爆炸下限的50%;或

b) 如果保护气体是惰性气体,正压外壳接合面的结构和设计应有效地防止外部空气与内部惰性气体(或内部可燃性气体或蒸气)在冷却期间进行混合。外部进入的空气不得使氧气浓度增加到大于2%(V/V)。

正压外壳应设置警告标志说明正压外壳内部热源的消失和开启门和盖之间遵守的延时时间。该延时时间应长于热表面温度冷却到低于从内置系统释放出的可燃性物质的引燃温度或正压外壳组别温度所用的时间。

16 型式检查和试验

16.1 最高正压试验

应在1.5倍规定的最大正压或200 Pa压力中,取两者较大值施加到正压外壳,相关管道和它们的连接件上(当它们是该外壳的一个整体部件时)。

施加压力的试验时间应为2 min±10 s。

如果不发生使防爆性能失效的永久性变形,则认为试验合格。

16.2 泄漏试验

16.2.1 正压外壳内的压力应调整到制造厂规定的正常运行时的最大压力,然后将出气口封闭,在进气

孔测定泄漏流速。

所测的流速应不大于制造厂规定的最大泄漏流速。

16.2.2 在静态正压保护情况下，正压外壳内的压力应调整到正常运行时能够出现的最大正压值，封闭各气孔，按 8.7 的要求监测内部压力一段时间。压力的变化应不超过正常运行时规定的最低正压。

16.3 无内释放源的正压外壳换气试验（正压技术可以是泄漏补偿或是连续气流）和静态正压时充气程序试验

16.3.1 保护气体为空气的正压外壳

正压外壳应按附录 A 准备试验，正压外壳应充以试验气体，试验气体在任何位置的浓度不低于 70%。正压外壳充气后马上切断试验气体源，并且在制造厂规定的最低换气速度下接通空气源，测量外壳内取样点的试验气体浓度不超过附录 A.2 的规定值为止所用时间，并注明其为换气时间。如果要求进行第二种试验，那么，正压外壳应充入代表密度范围另一界限值的试验气体，在任一点上气体浓度都不小于 70%，并且应测量第二种试验气体的换气时间。由制造厂规定的最短换气持续时间应不小于所测量的换气时间，或大于所进行的两次试验中测得的较长换气时间。

16.3.2 保护气体为惰性气体的正压外壳

正压外壳应按附录 A 的规定准备试验，外壳应在正常大气压下开始充入空气，然后外壳应用制造厂规定的惰性气体换气。

应测量直到取样点氧气浓度不超过附录 A.3 规定值为止所用的时间，并注明其为换气时间。

制造厂规定的最小换气持续时间应不小于所测量的换气时间。

16.3.3 保护气体是空气或其密度等于空气±10%的惰性气体的正压外壳

当允许空气和隋性气体作为具有同样换气时间的替换保护气体时，应按 16.3.1 规定的方法测量换气时间。

16.3.4 用静态正压保护的正压外壳充气程序试验

在静态正压保护情况下，外壳应在正常大气压力下开始充入空气。然后设备应按制造厂的技术条件充入惰性气体。然后检查各抽样点氧气浓度不超过 1%(V/V)，参照大气条件。

16.4 具有内释放源的正压外壳的换气和稀释试验

16.4.1 试验气体

一种试验气体或多种试验气体的选择应考虑外部气体和内部释放可燃物质两种情况。

16.4.2 可燃性物质含有少于 2%(V/V)的氧气，并且保护气体是惰性气体的正压外壳

16.4.2.1 换气试验

应采用 16.3.2 规定的试验程序进行试验。最小换气流速应不小于内置系统的最大释放速度，制造厂规定的最小换气时间应不小于所测换气时间的 1.5 倍。

注：考虑到在进行换气时可能从内置系统释放出氧气，在试验中对核定换气时间增加 50%。

16.4.2.2 稀释试验

因为可燃性物质不含超过 2%(V/V)的氧气，所以不需要进行稀释试验。

16.4.3 连续气流正压保护、内置系统氧气浓度少于 21%(V/V)且保护气体为惰性气体的正压外壳

16.4.3.1 换气试验

外壳应充入空气。空气还应通过内置系统充入壳内，其充入速率与释放最严酷条件下所代表的最大释放速率相适应，并考虑释放位置、数量和性质以及它们接近位于稀释区域之外的有潜在点燃能力的设备。

然后应在制造厂规定的最低换气流速时打开保护气体源。

应将直到取样点的氧气浓度不超过附录 A.3 的规定时所用的时间作为测定的换气时间。

制造厂规定的最低换气持续时间不应小于所测定的换气时间。

16.4.3.2 稀释试验

按 16.4.3.1 规定进行换气试验之后，应立即把供给的保护气体调整到制造厂规定的最低流速，密封系统的氧气流速保持在 16.4.3.1 的规定值。

在不小于 30 min 的时间内测量的氧气浓度不应超过附录 A.3 所规定的浓度。

然后把含有与内置系统内氧气量相同的空气量从内置系统释放到正压外壳，同时，空气释放应符合 12.3 的规定。

释放期间，在稀释区域以外的有潜在点燃能力的设备附近，释放的氧气浓度不应超过附录 A.3 规定的氧气浓度的 1.5 倍，并且应在不超过 30 min 时间内下降至规定浓度以下。

注：这种试验被用于模拟内置系统发生严重事故时的大量释放。

16.4.4 可燃性物质不是液体，连续气流正压，且保护气体为空气的正压外壳

16.4.4.1 换气试验

该试验应采用 16.3.1 规定的试验程序进行。

此外，在试验期间，试验气体应通过内置系统充入正压外壳，其充入速率与最严酷条件下所代表的最大释放速率相适应，并考虑释放位置、释放数量和性质，以及它们接近于稀释区域之外的有潜在点燃能力的设备。

应测量直到取样点的试验气体浓度不超过 A.2 规定的换气时间。

如果要求进行第二种试验，试验应采用第二种试验气体重复进行试验，并将记录的换气时间作为所测定的换气时间。

制造厂规定的最短换气持续时间不应小于所测的换气时间或进行两种试验时所测的较长换气时间。

16.4.4.2 稀释试验

按 16.4.4.1 规定进行换气试验后，如有必要，应立即把供给的保护气体调整到制造厂规定的最低稀释流速，内置系统试验气体流速应保持在 16.4.3.1 的规定值。

在不少于 30 min 的时间内测量的试验气体浓度应不超过 A.2 的规定值。

然后把等于内置系统内可燃性气体体积的试验气体从内置系统释放到正压外壳内，同时试验气体的流速等于符合 12.3 规定的可燃性气体的最大释放速度。

释放期间，在有潜在点燃能力的设备附近的试验气体浓度即是稀释区域之外的浓度，应不超过 A.2 规定值的两倍，且在 30 min 时间内应下降至低于规定值以下。

如果要求第二种试验，试验应采用第二种试验气体重复进行。

注：该试验被用于模拟内置系统的严重事故的大量释放。

16.5 最低正压检查

应进行试验来检查正压保护系统在正常运行条件下能够动作，并保持符合 7.10 的正压。

应在可能出现泄漏的地方，尤其是出现最低压力的地方测量外壳内的压力。

应在最低正压，并在必要时在制造厂规定的最低流速下对正压外壳供给保护气体。

对于旋转电动机，试验应在停机，以及在其最大额定转速下运行时进行试验。

16.6 无故障的内置系统的试验

注：试验应在设计为无故障的内置系统进行。

16.6.1 正压试验

应将正常运行所规定的至少 5 倍的最大内部正压试验压力，即至少为 1 000 Pa 的压力施加到内置系统内，历时 2 min±10 s。内置系统应在额定温度的最严酷条件下进行试验。

增加的试验压力应在 5s 内达到最大压力值。

如果没有出现永久性变形，并符合 16.6.2 规定的试验要求则认为试验合格。

16.6.2 无故障试验

a) 用压力等于正常运行时规定的最大压力的氦气包围内置系统，内置系统应抽真空使其降低到 0.1 Pa 或更低的绝对压力。在附录 G 中列出了本试验的示意图。

b) 或者，内置系统应放置在真空箱内，并且与正常运行时所规定的最大压力的氦气源连接。真空箱应抽真空使其降到 0.1 Pa 或更低的绝对压力。

如果在真空系统运行情况下可以保持 0.1 Pa 的绝对压力，则认为该试验合格。

16.7 带有有限释放的内置系统的正压试验

注：该试验应在正常运行时具有有限释放的内置系统上进行。

应把正常运行时所规定的至少 1.5 倍的最大内部正压的试验压力，即至少为 200 Pa 的压力施加到内置系统内并保持 2 min±10 s 的时间，如果没有出现永久变形，则认为该试验合格。

16.8 限制内部压力的正压外壳的性能检查

16.8.1 该试验适用于当外壳设计成使用压缩空气（或其他压缩气体），并且在调节器故障时，泄漏、排气口或泄压装置取决于对最大正压的限制情况。

警告——下列试验可能有内在危险，操作人员和使用的器材应采取适当的安全措施。

16.8.2 正压保护系统和外壳应采用最大的额定压力或 690 kPa 压力，两者取较大值进行试验，压力施加到正压保护系统的进气口，正压保护系统内的调节器应设置旁路以模拟调节器故障。

注：690 kPa 压力表示典型的仪器用压缩空气源的最大压力。

16.8.3 除排气口和泄压装置之外，所有能被关闭的开孔在设备正常运行时应当关闭。

16.8.4 所测量的内部压力不应超过规定的最大正压。

16.9 保护装置动作的可靠性试验

保护装置动作的可靠性按下列程序试验：

a) 电气设备换气前正压外壳内不能接通电源，但利用 GB 3836.1 所列保护型式加以保护的除外。

b) 正压外壳换气后，方可起动和运行。

c) 电气设备在起动和运行中人为降低正压值至规定值以下时，保护装置能可靠地发出信号或切断电源。

试验须连续进行 5 次。

16.10 温度测量

电气设备在额定运行条件下，通以最低流量和压力的保护气体，然后按照 GB 3836.1 的规定进行温度测量。

17 例行试验

17.1 功能试验

安全装置的性能应进行检查。

17.2 泄漏试验

保护气体的泄漏试验应按 16.2 的规定进行。

17.3 无故障内置系统的试验

无故障内置系统试验应按 16.6 的规定进行。

17.4 有限释放的密封系统试验

内置系统试验应按 16.7 的规定进行。

18 标志

18.1 正压外壳应按 GB 3836.1 的规定标志。

18.2 如果本部分需要警告标志,“警告”词之后的内容可以用技术上等效的内容代替。多种警告内容可综合成一种等效的警告内容。

18.3 适当时,还应标志下列补充内容:

a) 遵照 GB 3836.1 要求的防爆型式标志“p”的正压保护类型,也就是 px、py 或 pz 型;

b) 对外壳换气需要的最少量保护气体应按下列规定:

——保护气体的最小换气流速;和

——最短的换气持续时间;和

——辅助管道每单元体积的最短补充换气持续时间(适当时);

注 1:用户负责增加保护气体量以保证管道的换气。

注 2:对于 pz 和 py 型正压外壳,如果压力显示能正确反映流量,则可以使用最低压力代替流速,见 7.7c)。

c) 空气之外的保护气体类型;

d) 最低和最高正压;

e) 保护气体的最低流速;

f) 向正压系统供给最低和最高气压;

g) 正压外壳的最大泄漏速度;

h) 在制造厂有规定时,正压外壳进气口处的保护气体的特定温度或温度范围;

i) 一个或多个压力监测点,除非在有关文件里有规定。

18.4 具有内置系统的正压外壳适当时应补充标志下列内容:

a) 内置系统最大进气口压力;

b) 进入内置系统的最大流速;

c) 限制可燃性物质的氧气浓度必须不超过 2%;

d) 可燃性物质爆炸上限(*UEL*)不应高于 80%的限制。

18.5 用静态正压保护的正压外壳应标志:

警告——该外壳用静态正压保护。该外壳按制造厂说明书的要求只能在非危险场所充气。

18.6 如果正压系统和相关的安全装置分别认证则应标志[Ex p]。

18.7 如果按 7.9 d) 3)的要求,阀门应该标志:

警告——保护气体供应源阀门——在关闭前应阅读说明书。

注:该阀门须持续打开,除非已知场所是非爆炸性环境或正压外壳内所有设备断电并且冷却。

18.8 当说明书要求用户限制压力,最大工作压力应标志在外壳上,说明书应包括下列规定之一:

a) 要求用户配置保护气体供应源在单个故障状态下不应超过外壳的最大工作压力,故障应是自显示,保护可以利用备用调节器或利用具有维持最大流速能力的外部泄压阀;或

b) 要求用户对保护气体供应源只使用鼓风系统并且未压缩的空气。

依照说明书和标志规定检查其符合性。

18.9 使用惰性气体作为保护气体的正压外壳应按下列内容标志:

警告——该外壳含惰性气体,且可能有窒息危险;

外壳内含有可燃性物质,当暴露在空气中时可能处于爆炸极限之内。

附 录 A
(规范性附录)
换气和稀释试验

A.1 概述

正压外壳的内部环境应在认为试验气体很可能持续存在的地方,以及在有潜在点燃能力设备的附近(也就是正常稀释区域之外)的不同位置进行试验。

整个试验时间应分析或测量各个试验点的气体浓度。例如:正压外壳可配置几个小的管子,管子的开口端应设在取样点所在的正压外壳内侧。

如果抽样试验,所抽样数量不应明显影响试验结论。

必要时,正压外壳上的各个气孔可以封闭,以便能够使正压外壳充以规定试验气体,只有在进行换气和稀释试验时重新打开孔。

在采用空气作为保护气体时,试验方法应如下:

——在要求专门应用时,可以对专用的可燃性气体和蒸气进行试验。在这种情况下应规定潜在可燃性气体并且选用的试验气体密度应在规定的最重和最轻气体的±10%范围内;

——在用单一规定气体的情况下,单一试验应该用密度在规定气体的±10%范围内的试验气体进行;

——当要求包括所有的可燃性气体时应进行两次试验,第一次试验应采用氦气作为对包括所有轻于空气的气体的试验气体,第二次试验应采用氩气或二氧化碳作为对包括所有重于空气的气体的试验气体。

注:一般情况,试验气体应是非可燃的和无毒的。

A.2 保护气体为空气的合格判据

在换气和稀释后,在各个取样点上的试验气体浓度应不超过下列数值:

——对特定的可燃性气体进行试验时,数值等于最低爆炸下限的25%;

——包含一种规定可燃性气体时,等于其爆炸下限的25%;

——包含所有可燃性气体时,对氦气试验为1%,对氩气或二氧化碳试验为0.25%。

注:这些数值大约分别对应于轻或重的可燃性气体爆炸下限的25%。

A.3 保护气体为惰性气体的合格判据

如果保护气体是惰性气体,换气和稀释后氧气浓度应不超过2%(V/V)。

附 录 B
（资料性附录）
功能时序图实例

下列数据是制造厂提供的泄漏补偿的正压外壳的简单控制系统的实例。

表 B.1 泄漏补偿换气控制系统的真值表

S0	S1	S2	S3	MOP	XOP	PFLO	PTIM
1	0	0	0	0	1	0	1
1	0	0	0	0	0	0	1
1	0	0	0	1	1	1	0
1	0	0	0	1	1	0	1
1	0	0	0	1	1	1	1
1	0	0	0	0	1	1	1
1	0	0	0	0	0	1	1
1	0	0	0	1	1	0	0
1	0	0	0	0	1	0	0
1	0	0	0	0	0	0	0
1	0	0	0	0	0	1	0
1	0	0	0	0	1	1	0
0	1	0	0	1	0	0	0
0	0	1	0	1	0	1	0
0	0	0	1	1	0	0	1
0	0	0	1	1	0	1	1

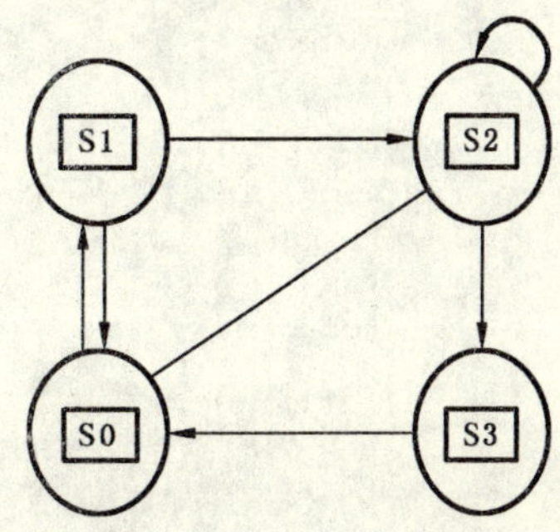

图 B.1 泄漏补偿换气控制系统的状态图

漏泄补偿逻辑定义

超过最高正压＝[XOP]

正压＞50 Pa(对于pz型25 Pa)＝[MOP]

换气流量＞最小＝[PFLO]

换气时间不完全＝[PTIM]

换气时间完全＝[PTIM]

初始状态＝S0

[MOP]&[XOP]&[PFLO]&[PTIM]＝S1 开始换气的最低状态

[MOP]&[XOP]&[PFLO]&[PTIM]＝S2 换气

[MOP]&[XOP]&[PTIM]＝S3 完全换气，连接电源

随监测装置的输入情况而规定系统的各个状态，该状态是独特的。状态之间的转换只允许通过箭头规定的通路和箭头标示的方向，对于每个状态占有的逻辑条件是根据布尔逻辑表示法专门确定。表中给出了所有输入状态的可能组合，带有更多监测装置的其他系统，如果每个工作状态是仅由它们的输入决定时，则可以使用该方法描述。

附　录　C
（资料性附录）
管道和外壳中压力变化的示例

在图 C.1a)，图 C.1b)，图 C.2，图 C.3 和图 C.4 中用图例示出了用风机保持的正压，但也可用其他方法，例如：用压缩空气罐、压缩机等输送空气来保证正压。在这些情况下，直到外壳入口，可能有不同的压降。

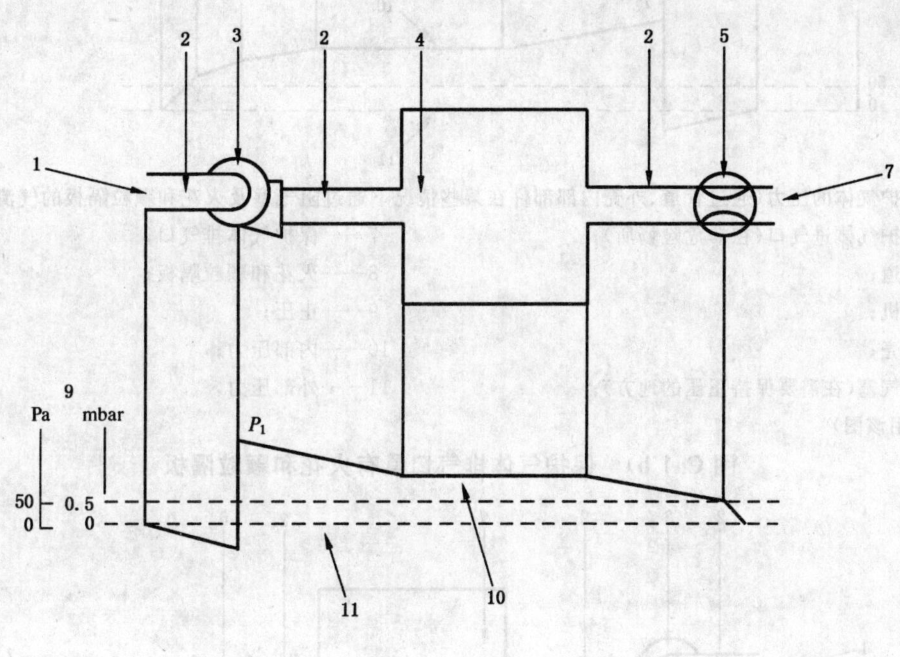

P_1——保护气体的压力（通过管道、外壳内部部件以及在某些情况下通过阻气塞的气流阻力来确定）。

1——保护气体进气口（在非危险场所）；

2——管道；

3——风机；

4——外壳；

5——阻气塞（在需要保持正压的地方）；

（6 不使用该图）

7——保护气体排气口；

（8 不使用该图）

9——正压；

10——内部压力；

11——外部压力。

图 C.1 a)　保护气体排气口无火花和颗粒隔板

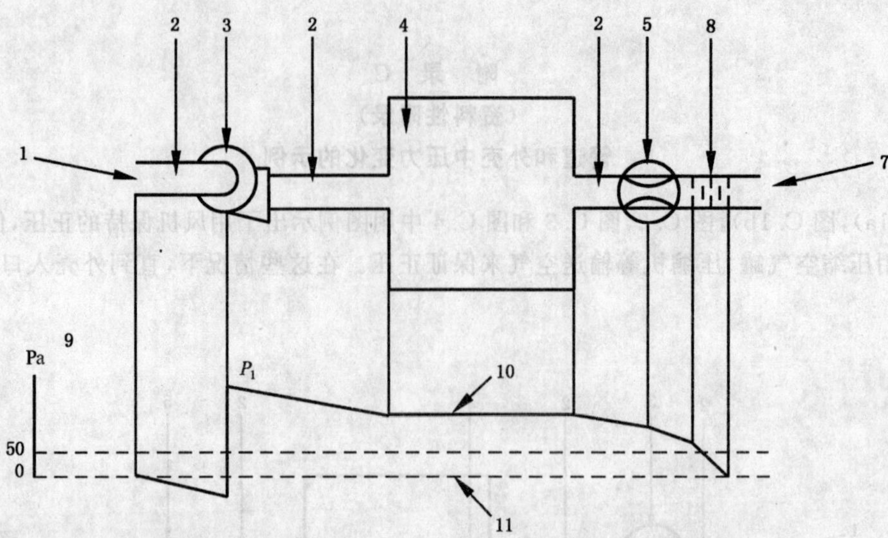

P_1——保护气体的压力(通过管道、外壳内部部件在某些情况下通过阻气塞及火花和颗粒隔板的气流阻力来确定)。

1——保护气体进气口(在非危险场所);
2——管道;
3——风机;
4——外壳;
5——阻气塞(在需要保持正压的地方);
(6 不使用该图)
7——保护气体排气口;
8——火花和颗粒隔板;
9——正压;
10——内部压力;
11——外部压力。

图 C.1 b) 保护气体排气口具有火花和颗粒隔板

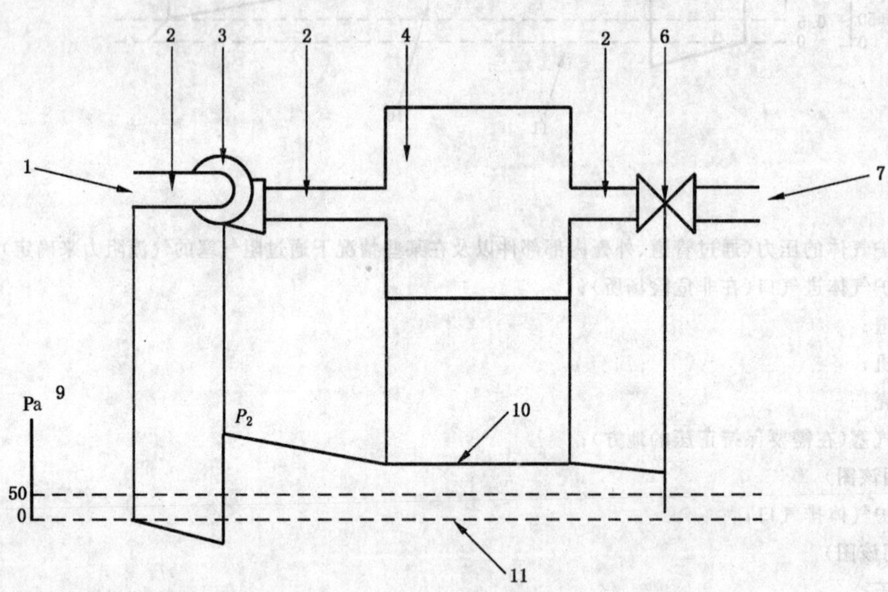

P_2——保护气体的压力(几乎恒定)。

1——保护气体进气口(在非危险场所);
2——管道;
3——风机;
4——外壳;
(5 不使用该图)
6——排气口阀门;
7——保护气体排气口;
(8 不使用该图)
9——正压;
10——内部压力;
11——外部压力。

图 C.2 具有泄漏补偿的正压外壳,外壳中没有运动部件

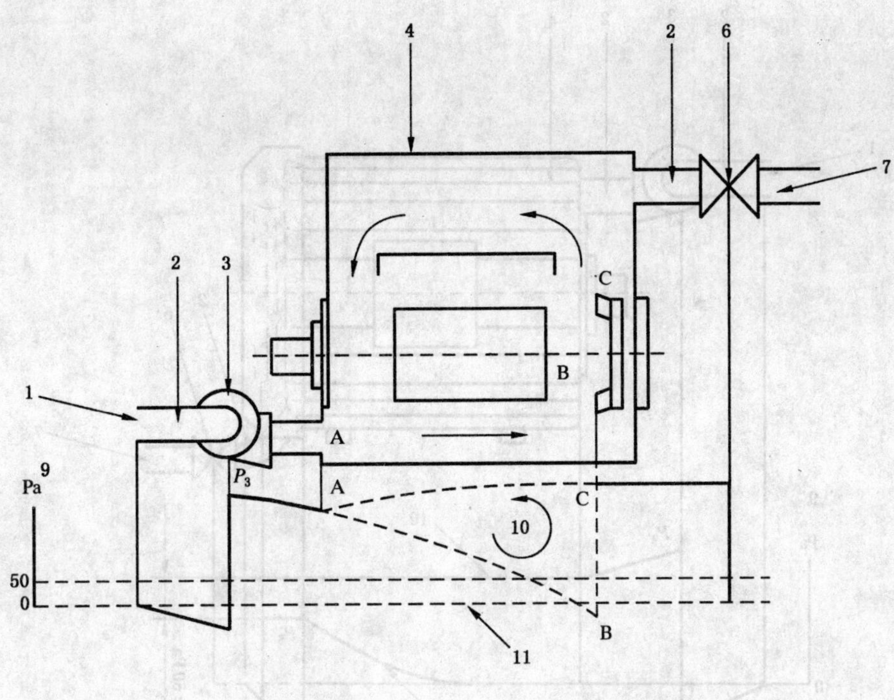

P_3——保护气体的压力(通过内部管道气流阻力和A、B和C之间受内冷却风扇影响程度来决定)。

1——保护气体进气口(在非危险场所);

2——管道;

3——风机;

4——外壳;

(5不使用该图)

6——排气口阀口;

7——保护气体排气口;

(8不使用该图)

9——正压;

10——内部压力;

11——外部压力。

在可能发生泄漏的各点压力超过px型的最低压力50 Pa。

注:在使用具有由内风扇协助循环的内部封闭冷却回路的正压电机时应该小心,因为这些风扇作用可以在壳体部件上产生负压,而且造成外部环境侵入气体的危险。对内部正压通风电动机的任何建议应该向制造厂提出。

图C.3　具有泄漏补偿的正压外壳,旋转电动机具有内冷风扇

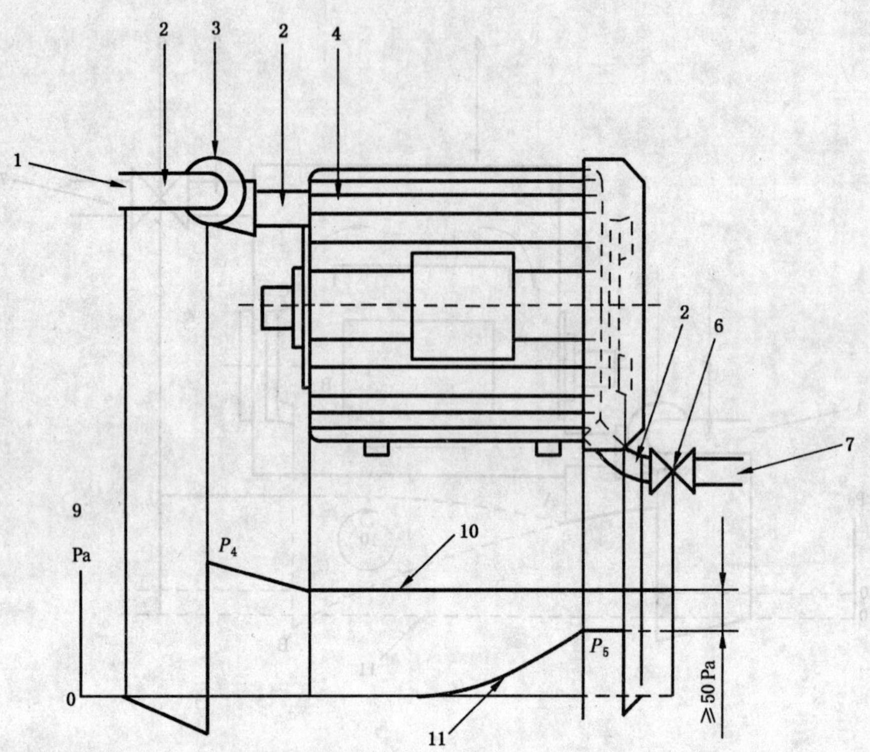

P_4——保护气体的压力(通过内部部件气流阻力和外部空气的最高压力值来确定);

P_5——由外部冷却风机引起外部空气压力。

1——保护气体进气口(在非危险场所);

2——管道;

3——风机;

4——外壳;

(5不使用该图)

6——排气口阀门;

7——保护气体排气口;

(8不使用该图)

9——正压;

10——内部压力;

11——外部压力。

图C.4 带有外冷风机、具有泄漏补偿正压外壳的旋转电动机

附 录 D
(资料性附录)
向用户提供的资料

D.1 概述

向用户提供正压保护系统正确安装的资料对安全是重要的。在使用条件要求用户安装安全装置或提供特殊保护要求的情况下，制造厂应按照 GB 3836.1—2000 的 27.2(9)在装置上标志。说明文件应包含用户需要的必要资料来保证符合本部分和 GB 3836.1 的要求。

适当时，制造厂应说明的事项如下。

D.2 保护气体的管道

D.2.1 进气口的位置

除供气的气瓶和一些Ⅰ类设备外，保护气体进入供气管道的位置应设在非危险场所。

对于Ⅰ类设备，保护气体从危险场所进入供气管道时，应采取下列措施：

a) 在风机或压缩机的排气侧应配置两个独立的甲烷检测仪，如果甲烷浓度超过爆炸下限的10%时，则每个检测仪应能自动断开正压外壳的电源；

b) 达到自动切断电源所需的时间，不应大于保护气体从检测点流到正压外壳的输送时间的二分之一；

c) 即使自动断电，在恢复供电前，正压外壳应重新换气。换气时间直到保护气体源的甲烷浓度降至爆炸下限的10%以下才能开始。

D.2.2 正压外壳和进气口之间的管道

压缩机输入管道通常不应穿过危险场所。

如果压缩机的输入管道穿过危险场所，则应用非可燃性材料制造并防止机械损坏和腐蚀。

应采取适当的保护措施以保证管道在内部压力低于外部环境压力的情况下不发生泄漏(见附录C)。应考虑一些附加保护措施，如可燃性气体检测器来保证管道内无可燃性浓度的气体或蒸气。

D.2.3 保护气体排气口

对于排放保护气体的管道，它们的排气口远离封闭区域，而在一个非危险区域内，除非制造厂提供或用户增加颗粒挡板。

D.2.4 计入管道的补充换气时间

换气持续时间应增加对相关管道净容积换气需的时间，这些管道不是经认证的电气设备的一部分，增加的时间是在制造厂规定的最低流速下至少5倍于净容积所需换气量的时间。

D.3 保护气体源的电源

保护气体源(鼓风机、压缩机等)的电源应由独立电源供电或从正压外壳用的隔离开关的供电侧供电。

D.4 静态正压保护

当正压降低至规定的最小值之下时，在重新充气之前，正压外壳应移到非危险场所。

D.5 带内置系统的外壳

最大压力和进入内置系统的可燃性物质的流量不应超过制造厂规定的额定值。

如果因为空气渗入内置系统可能形成爆炸性混合物时，则必须采取附加保护措施。

为防止可能损坏内置系统的不利运行条件，应采取适当的保护措施。说明文件应说明这些条件，如正压外壳门或盖打开时出现振动、热冲击和维护操作等。

为阻止可燃性物质的流动，如可能被内部热表面点燃，且依靠内部的正压来防止内置系统释放，则可以要求设置一个流量开关。

如果异常释放可能对外部场所分类产生不利影响，则有必要采取附加保护措施。

D.6 外壳的最大正压

用户应按制造厂的规定限制压力。

附 录 E
（规范性附录）
外壳内释放型式的分类

E.1 概述

在外壳内释放可燃性物质的后果比露天的类似释放要严重得多，外壳内的暂时泄漏将产生可燃性物质，而这些可燃物质即使在漏泄停止后也长时间的滞留在外壳内。鉴于这种原因，对“正常释放”和“异常释放”的评定，比露天场所中的释放更重要。

在各种情况下，为了限制可燃性物质从内置系统进入正压外壳的流量，应设置限制装置。只允许有限制的释放。

E.2 无正常释放，无异常释放

内置系统符合12.2的设计要求和16.6中对无故障容器的试验要求。

E.3 无正常释放，有限制的异常释放

不符合无故障内置系统要求的内置系统包括金属管、软管或元件，如弹簧管、波纹管或螺旋形管，其连接件在例行维护时不需断开，并采用管螺纹、焊接、锡焊或金属压接件连接，这种系统应视为无正常释放，但为有限的异常释放。

旋转或滑动连接、法兰连接、弹性密封件和非金属软管连接不符合该判据。

E.4 有限制的正常释放

不能满足无正常释放要求的系统应视为有限的正常释放，它包括承受例行维护的连接件的内置系统，这种连接件应清楚标志。

其结构由非金属管道管子或元件，如：弹性波纹管、膜盒、螺纹管、弹性密封件、旋转或滑动连接件组成的内置系统，应视为正常运行时的释放源。

在正常运行时内有火焰的外壳应按火焰的熄灭进行评定，此时应假设火焰熄灭是一种正常现象，且该设备应划分为有正常释放的结构，除非安装一些装置在火焰熄灭时阻止可燃性气体或蒸气气。

附 录 F
（资料性附录）
稀释区域原理的使用示例

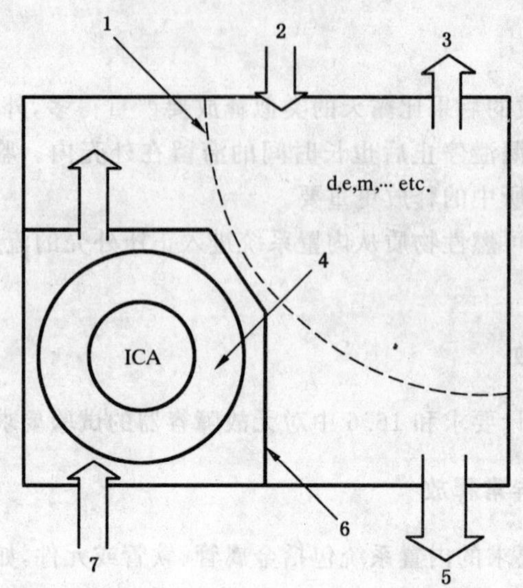

1——稀释区域标称界限；
2——可燃性材料的进气口；
3——可燃性材料的出口；
4——稀释试验的区域；
5——换气排气口；
6——封闭有点燃能力的设备(ICA)隔板；
7——换气进气口。

图 F.1 表示采用稀释区域原理来简化换气和稀释试验要求的示意图

利用将有点燃能力设备(ICA)封装在内部外壳中或使用隔板，可通过简单试验证明有点燃能力的设备不位于稀释区域内。没有必要，也不希望确定稀释区域范围，而仅仅确定稀释区域范围不能延伸到有点燃能力设备周围。

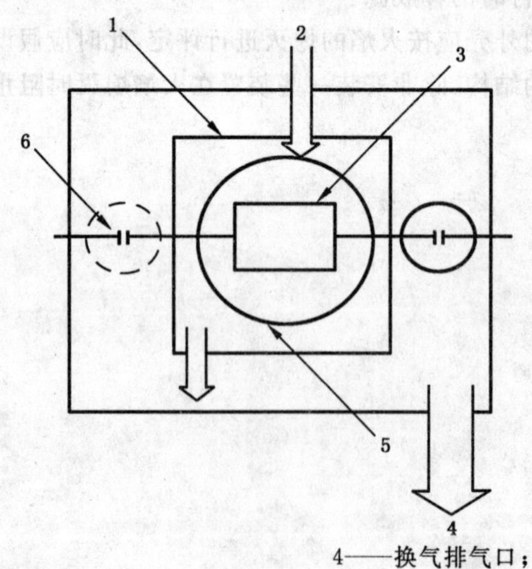

1——内隔板；
2——换气进气口；
3——内置系统无故障部件；
4——换气排气口；
5——有点燃能力设备(ICA)的位置；
6——具有正常稀释区域的潜在释放源。

图 F.2 表示用无故障内置系统原理来简化换气和有点燃能力设备周围稀释要求示意图

因为那些使用内部隔板的内置系统部件符合无故障内置系统的要求，有点燃能力设备不能在稀释区域内。

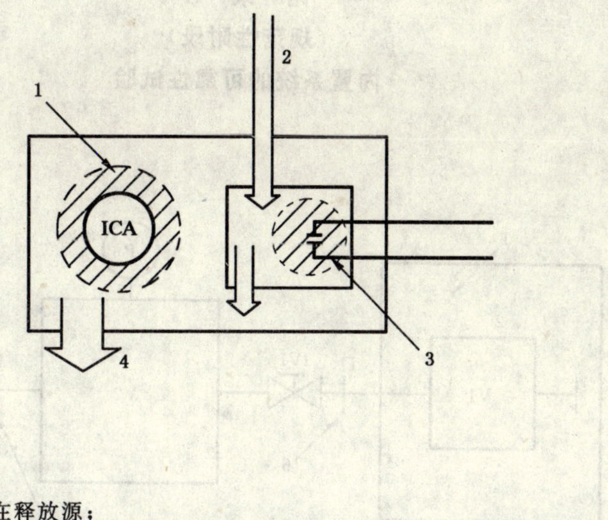

1——稀释试验的区域；

2——惰性气体的换气进气口；

3——具有正常稀释区域的潜在释放源；

4——换气排气口。

图 F.3　表示在释放源周围使用内部隔板来简化位于隔板之外有点燃能力的设备周围换气和稀释要求的示意图

因为稀释区域包括在内部隔板内，有点燃能力设备不在稀释区域内。

附 录 G
（规范性附录）
内置系统的可靠性试验

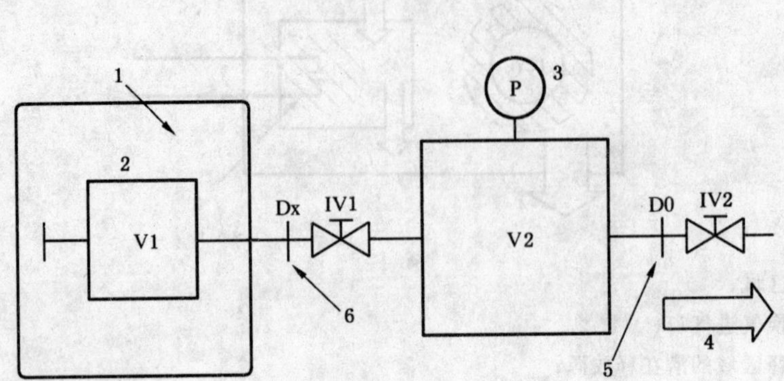

1——充氦气箱；

2——试验中的系统；

3——压力监测装置；

4——抽真空系统；

5——临界的气孔直径；

6——连接小孔直径。

注 1：V2 的容积大于试验系统的容积 V1。

注 2：临界气孔直径 D0 的横截面积小于连接孔 Dx 的横截面积。

注 3：压力监测装置 P 应进行校正以便考虑泄漏试验气体（例如：氦气）的性能。

注 4：如果两个阀门打开（IV1 和 IV2）在 V2 内能保持小于或等于 0.1 Pa 压力，则认为合格。

注 5：打开阀门 IV1 并关闭阀门 IV2，可以测定泄漏速度（如有的话）。

图 G.1　16.6.2 a）　叙述的无故障试验示意图

参 考 文 献

IEC 60051（所有部分）直接作用指示电气测量仪表及其附件
IEC 60079-13 爆炸性环境用电气设备　第 13 部分：正压房间或建筑物的结构和使用
IEC 60079-16 爆炸性环境用电气设备　第 16 部分：人工通风保护的分析室

ICS 29.260.20
K 35

中华人民共和国国家标准

GB 3836.6—2004/IEC 60079-6:1995
代替 GB 3836.6—1987

爆炸性气体环境用电气设备 第6部分:油浸型“o”

**Electrical apparatus for explosive gas atmosphere—
Part 6:Oil-immersion“o”**

(IEC 60079-6:1995,Electrical apparatus for explosive gas atmospheres—
Part 6:Oil-immersion“o”,IDT)

2004-05-14 发布　　　　2005-02-01 实施

中华人民共和国国家质量监督检验检疫总局
中国国家标准化管理委员会　发布

前言

GB 3836 的本部分全部技术内容为强制性。

GB 3836 本部分等同采用 IEC 60079-6:1995《爆炸性气体环境用电气设备　第 6 部分:油浸型“o”》。

GB 3836《爆炸性气体环境用电气设备》系列标准共分为若干个部分,本部分是该标准的第 6 部分,其总标题下包括以下内容:

——GB 3836.1:通用要求;

——GB 3836.2:隔爆型“d”;

——GB 3836.3:增安型“e”;

——GB 3836.4:本质安全型“i”;

——GB 3836.5:正压型“p”;

——GB 3836.6:油浸型“o”;

——GB 3836.7:充砂型“q”;

——GB 3836.8:无火花型“n”;

——GB 3836.9:浇封型“m”;

——GB 3836.11:最大试验安全间隙测定方法;

——GB 3836.12:气体或蒸气混合物按其最大试验安全间隙和最小点燃电流分级;

——GB 3836.13:爆炸性气体环境用电气设备的检修;

——GB 3836.14:危险场所分类;

——GB 3836.15:危险场所电气安装(煤矿除外)。

……

本部分与 GB 3836.6—1987 相比变化较大,主要有:

——将“充油型”修订为“油浸型”;

——增加了油浸型电气设备或部件应符合 GB 3836.4 或 GB 3836.8 的有关规定;

——将保护用“油”修订为“保护液”;

——将“爆炸性环境”修订为“爆炸性气体环境”,以区别于“爆炸性粉尘环境”;

——在“结构要求”一章中增加了对保护液着火点、闪点、运动粘度、击穿强度以及凝固点等的规定;

——删除了“专用规定”一章;

——将“检查和试验”修订为“型式试验和出厂试验”;

——在“标志”一章中增加了“使用的保护液”和“泄压装置整定值”。

GB 3836 的本部分自发布实施之日起代替 GB 3836.6—1987。凡不符合本部分规定的产品,均应在两年内过渡完毕。

本部分由中国电器工业协会提出。

本部分由全国防爆电气设备标准化技术委员会归口。

本部分主要起草单位:南阳防爆电气研究所、沈阳市中兴防爆电器厂、国营启东防爆电器仪表厂、煤炭科学研究总院上海分院、浙江华荣防爆电器有限公司和中国寰球化学工程公司。

本部分主要起草人:李书朝、肇桂林、李斌、高峰、何金田、赵红宇、熊延。

本部分于 1987 年第一次发布,200×年×月第一次修订。

本部分委托全国防爆电气设备标准化技术委员会负责解释。

爆炸性气体环境用电气设备 第6部分:油浸型“o”

1 范围

GB 3836 的本部分规定了潜在爆炸性气体、蒸气和薄雾环境用油浸型电气设备、电气设备油浸部件和油浸型的 Ex 元件的结构和试验方法。

本部分是对 GB 3836.1 适用于油浸型电气设备要求的补充。

本部分适用于正常运行时不能够点燃的电气设备和电气设备的部件,除了那些符合 GB 3836.4 的部件外,电气设备须符合 GB 3836.8 的规定。

注:本部分假定电气设备浸渍在保护液中,并按安装说明书的要求固定在其工作位置上。

2 规范性引用文件

下列文件中的条款通过 GB 3836 的本部分的引用而构成为本部分的条款。凡是注明日期的引用文件,其随后所有的修改单(不包括勘误的内容)或修订版均不适用于本部分,然而,鼓励根据本部分达成协议的各方研究是否可使用这些文件的最新版本。凡是不注明日期的引用文件,其最新版本适用于本部分。

GB 3836.1—2000 爆炸性气体环境用电气设备 第1部分:通用要求(eqv IEC 60079-0:1998)

GB 3836.3—2000 爆炸性气体环境用电气设备 第3部分:增安型“e”(eqv IEC 60079-7:1990)

GB 3836.4—2000 爆炸性气体环境用电气设备 第4部分:本质安全型“i”(eqv IEC 60079-11:1999)

GB 3836.8 爆炸性气体环境用电气设备 第8部分:“n”型电气设备(GB 3836.8—1987,neq BS 4683:1972)

GB/T 507—2002 绝缘油 击穿电压测定法(eqv IEC 60156:1995)

GB/T 5654—1985 液体绝缘材料工频相对介电常数、介电损耗因数和体积电阻率的测量(neq IEC 60247:1978)

GB 4208—1993 外壳防护等级(IP 代码)(eqv IEC 60529:1989)

IEC 60296:1982 变压器和开关装置未使用过的矿物绝缘油技术要求

IEC 588-2:1978 变压器和电容器用氯化联苯电介液 第2部分:试验方法

IEC 60836:1988 电气设备用硅酮液体的技术要求

ISO 2719:1988 石油产品和润滑油 闪点测定 Pensky-martens 闭杯法

ISO 3016:1974 石油 凝固点的测定

ISO 3104:1976 石油产品 透明和不透明液体 运动粘度的测定和动力粘度的计算

3 术语和定义

GB 3836 的本部分采用下列定义,这是对 GB 3836.1 中所给定义的补充。

3.1

油浸型“o” oil-immersion “o”

该种防爆型式是将电气设备或电气设备的部件整个浸在保护液中,使设备不能够点燃液面上或外壳外面的爆炸性气体。

3.2

保护液 protective liquid

符合 IEC 60296 的矿物油或符合 4.1 条要求的其他液体。

3.3

密封设备　sealed apparatus

通过设计和结构防止在正常运行条件下，外部爆炸性气体混合物通过容器内部液体膨胀和收缩而进入的设备。

3.4

非密封设备　non-sealed apparatus

由于设计和结构允许在正常运行条件下，外部爆炸性气体混合物可以通过内部液体的膨胀和收缩而进入和排出的设备。

3.5

最高允许保护液面　maximum permissible liquid level

正常运行条件下，考虑制造厂规定的最不利充液状态、液体的膨胀效应，以及产品设计规定的最高环境温度和满负荷状态时，保护液可以达到的最高液面。

3.6

最低允许保护液面　minimum permissible liquid level

正常运行条件下，考虑到最不利充液状态、液体的收缩效应，以及在最低环境温度下断电时，保护液可以达到的最低液面。

4　结构要求

4.1　保护液除了符合 IEC 60296 的矿物油外，应符合下列专门要求：

a)　按 IEC 60836 规定的试验方法测定保护液的着火点最低为 300℃；

b)　按 ISO 2719 的要求测定保护液的闪点（闭杯）最低为 200℃；

c)　按 ISO 3104 的要求，在 25℃时测定保护液的动粘度最高为 100 cSt；

d)　按 GB/T 507 的要求测定保护液的电气击穿强度最低为 27 kV。对于硅酮液体来说，应按 IEC 60836测定；

e)　按 GB/T 5654 的要求，在 25℃时测定保护液的体积电阻最低为 1×10^{12}(25℃)Ω·m；

f)　按 ISO 3016 测定凝固点最高应为－30℃；

g)　按 IEC 60588-2 测定的酸度（中和值）最高为 0.03 mg（氢氧化钾）KOH/g；

注：参照 IEC 60588-2 仅确定了试验方法，不得采用法律禁用物质。

h)　保护液不应对所接触材料的性能产生不利的影响。

制造厂应提供资料以证明符合上述要求。

4.2　Ⅰ类电气设备不允许使用矿物油。

4.3　电气设备的结构应通过下列措施来防止保护液受外部灰尘或潮气的影响而变质。

4.3.1　密封设备应装有泄压装置，该装置应由充液装置制造厂安装和密封，使之能在最高允许保护液面之上至少 1.1 倍压力时工作。

4.3.2　非密封设备的结构在正常运行时能将保护液中离析出来的气体或蒸气迅速排出。应提供具有合适干燥剂的呼吸装置，制造厂应对干燥剂规定维护要求。检验机构无须检验干燥剂的适合性，也无须检验其维护情况。

4.3.3　设备应具有 GB 4208 中规定的防护等级，最低为 IP 66，并且无水进入。

非密封设备的呼吸装置的排出口和密封设备的泄压装置的排出口的防护等级，按GB/T 4208的规定最低为 IP 23。

4.4　应对显示保护液高度的装置及充液和排液的插塞和其他部件的内外紧固件采取措施，以防止偶然松脱。

防止偶然松脱措施的一些实例如下：

——螺纹部分胶粘；

——锁紧垫圈；

——钢丝捆绑螺栓头。

不能仅设警告牌。

4.5 应设置符合4.5.1～4.5.3要求的保护液液面显示装置，以便在运行中能够容易检查每个单独充入保护液的容腔液位。

4.5.1 考虑到制造厂规定的整个环境温度范围内由运行温度变化而产生的膨胀和收缩，应清晰地标识正常运行时的最高和最低允许保护液面。

4.5.2 保护液面显示装置应标志出制造厂规定的填充温度条件下，向电气设备充入保护液的液位高度，或者在旁边的标牌上完整地规定充液条件。

4.5.3 考虑到制造厂规定的整个环境温度范围内运行温度变化而造成的膨胀和收缩的作用，设备结构应采取措施，使最低保护液的液位不能低于4.7所需的液位，除非制造厂能够证明在正常运行时保护液高度显示装置不会出现泄漏。

4.5.4 制造厂应提供能表明与保护液接触的透明件在与保护液接触时保持其机械性能和光学性能。

4.5.5 非密封设备可采用测深尺，只要在正常运行时，测深尺固定在测量位置并保证符合4.3有关防止外物侵入的要求。旁边应设置标牌，要求测深尺用后恢复原位。

4.6 不应超过4.6.1和4.6.2中规定的两种温度的较低值。

4.6.1 保护液自由表面温度不得超过保护液闪点(闭杯的)之下25 K。

4.6.2 保护液自由表面的温度或爆炸性气体环境用电气设备表面任何位置上的温度，不得超过GB 3836.1中温度组别的规定限值。

4.7 除了符合GB 3836.3中规定的电气间隙和爬电距离要求的导体或构成符合GB 3836.4中安全要求的部分导体外，电气设备的裸露带电部件应沉浸入保护液面以下，在最低保护液面时，其深度不小于25 mm。

不符合上述要求的设备、元件和导体应具有符合GB 3836.1中规定的防爆型式。

4.8 应防止由于毛细作用或虹吸作用引起保护液的减少。

4.9 在保护液的排放装置上应装有有效的密封装置，并用特殊紧固件固定，紧固件有凹窝结构或防止非专业人员拆卸的紧固措施。

4.10 密封外壳盖可以连续焊到外壳上，或用密封衬垫密封，这种情况下盖子应配紧固件，紧固件要有凹窝结构或防止非专业人员拆卸的固定措施。

4.11 非密封外壳应带有油膨胀装置，并装有只有人工操作才能复位的保护装置，当充液外壳内部出现故障时，(例如从保护液中分离出气体时)该保护装置能自动切断供电。

5 型式试验和出厂试验

5.1 型式试验

5.1.1 密封外壳的过压试验

将1.5倍泄压装置整定值的压力施加到充有保护液的外壳内，其液面高度至少是最高允许保护液面，加压时间至少应为60 s。试验过程中泄压装置的入口应密封。

试验结束后，如果外壳既无损坏又无对符合4.3.3要求的性能产生不利影响的永久性变形，则认为合格。

5.1.2 密封外壳的降压试验

应降低没有保护液的外壳内部压力，降低值至少相当于保护液从允许的最高液面降低到允许的最低液面的压力变化值，并进行环境温度变化的校正。

24 h后，压力上升不得超过5%。

5.1.3 非密封外壳过压试验

当呼吸装置密封，保护液位在最高允许液位时，对外壳施加1.5倍大气压力，至少保持60 s。

试验结束后，如果外壳既无损坏又无对符合4.3.3要求的性能产生不利影响的永久性变形，则认为合格。

5.2 出厂试验

5.2.1 每个密封外壳应按顺序进行下列两项试验：

a) 5.1.1规定的过压试验。如果外壳是焊接的，在型式试验时采用4倍的规定压力(即6倍泄压装置整定值)，该设备符合5.1.1中的验收规定，则出厂试验可以免做。

b) 5.1.2规定的试验或等效试验，即采用制造厂建议的更低压力进行加速试验。在后一种情况下，制造厂应保证该试验将能达到24 h试验时相同的泄漏限值。

5.2.2 每一种非密封外壳应经受5.1.3规定的试验。如果外壳是焊接的，而在型式试验时采用4倍的规定压力(即0.6 MPa)，该设备符合5.1.3中的验收规定，则出厂试验可免做。

6 标志

除GB 3836.1规定的标志外，电气设备还应标注下述内容：

——使用的保护液；

——必要时标出泄压装置整定值。

注：在某些国家，在使用设备之前，必须给出更详细的内容，例如保护液的净热值和燃点。

ICS 29.260.20
K 35

中华人民共和国国家标准

GB 3836.7—2004/IEC 60079-5:1997
代替 GB 3836.7—1987

爆炸性气体环境用电气设备
第7部分:充砂型“q”

Electrical apparatus for explosive gas atmosphere—Part 7:Power filling“q”

(IEC 60079-5:1997,Electrical apparatus for explosive gas atmospheres—Part 5:Powder filling “q”,IDT)

2004-05-14 发布　　　　2005-02-01 实施

中华人民共和国国家质量监督检验检疫总局
中国国家标准化管理委员会　发布

ICS 29.260.20
K 35

中华人民共和国国家标准

GB 3836.7—2004/IEC 60079-5:1997
代替 GB 3836.7—1983

爆炸性气体环境用电气设备
第7部分：充砂型"q"

Electrical apparatus for explosive gas atmospheres—Part 7: Powder filling "q"

(IEC 60079-5:1997, Electrical apparatus for explosive gas atmospheres—Part 5: Powder filling "q", IDT)

2004-05-14发布　　2005-02-01实施

中华人民共和国国家质量监督检验检疫总局
中国国家标准化管理委员会　发布

前　　言

GB 3836 的本部分的全部技术内容为强制性。

GB 3836《爆炸性气体环境用电气设备》系列标准共分为若干部分，本部分是该系列标准的第 7 部分：

——第 1 部分：通用要求；

——第 2 部分：隔爆型“d”；

——第 3 部分：增安型“e”；

——第 4 部分：本质安全型“i”；

——第 5 部分：正压外壳型“p”；

——第 6 部分：油浸型“o”；

——第 7 部分：充砂型“q”；

——第 8 部分：无火花型“n”；

——第 9 部分：浇封型“m”；

——第 11 部分：最大试验安全间隙测定方法；

——第 12 部分：气体或蒸气混合物按照其最大试验安全间隙和最小点燃电流的分级；

——第 13 部分：爆炸性气体环境用电气设备的检修；

——第 14 部分：危险场所分类；

——第 15 部分：危险场所电气安装（煤矿除外）。

……

本部分等同采用 IEC 60079-5:1997《爆炸性气体环境用电气设备　第 5 部分：充砂型“q”》，并在编写格式上符合 GB/T 1.1—2000 的规定。

本部分与 GB 3836.7—1987 相比，主要差异如下：

1）标准名称由《爆炸性环境用防爆电气设备　充砂型电气设备“q”》改为《爆炸性气体环境用电气设备　第 7 部分：充砂型“q”》；

2）电气设备的适用条件修订：原标准额定电压不超过 6 kV，在使用时活动部件不直接与填料接触的电气设备，才允许制成充砂型，而本部分规定额定电流小于（或等于）16 A，额定功率损耗小于（或等于）1 000 VA，连接的输入电压不超过 1 000 V；

3）修改了术语和定义，增加了 7 条定义；

4）增加了外壳防护等级为 IP 54 或更高时应该配置呼吸装置的要求；

5）增加了温度限制保护装置的要求；

6）增加了故障条件；

7）增加了材料的燃烧试验和填充材料的介电强度试验要求；

8）增加了表 1 填料内的距离；

9）增加了表 2 爬电距离和通过填料的距离；

10）增加了外壳封闭方法的要求；

11）增加了图 1 填料的介电强度试验装置；

12）删除了最小安全高度；

13）删除了有机材料的使用要求；

14）删除了格网的使用要求；

15） 删除了电气距离；

16） 删除了充砂型原理图；

17） 删除了图2试验装置。

本部分自实施之日起，代替GB 3836.7—1987。凡不符合本部分规定的产品均应在两年内过渡完毕。

本部分由中国电器工业协会提出。

本部分由全国防爆电气设备标准化技术委员会归口。

本部分起草单位：南阳防爆电气研究所、煤科总院上海分院、天津化工研究院、沈阳市中兴防爆电器厂、浙江华荣防爆电器有限公司、国营启东防爆电器仪表厂。

本部分主要起草人：李合德、宋荣敏、曹光辉、徐建文、肇桂林、何金田、龚玉伟、侯彦东。

本部分1983年首次发布，2004年5月第一次修订。

本部分委托全国防爆电气设备标准化技术委员会负责解释。

爆炸性气体环境用电气设备　第7部分:充砂型“q”

1　范围

GB 3836 的本部分规定了爆炸性气体、蒸气和薄雾环境用的充砂型电气设备、电气设备部件和 Ex 元件的结构、试验及标志的特殊要求。

注:充砂型电气设备及 Ex 元件包括:电子电路、传感器、保护熔断器、继电器、本安电气设备、关联电气设备、开关等等。

本部分是对 GB 3836.1 适用于充砂型电气设备要求的补充,本部分适用于符合下列条件的电气设备、电气设备部件及 Ex 元件:

——额定电流小于(或等于)16 A;

——额定功率损耗小于(或等于)1 000 VA,连接到电源电压不超过 1 000 V。

2　规范性引用文件

下列文件中的条款通过 GB 3836 的本部分的引用而成为本部分的条款。凡是注明日期的引用文件,其随后所有的修改单(不包括勘误的内容)或修订版均不适用于本部分,然而,鼓励根据本部分达成协议的各方研究是否可使用这些文件的最新版本。凡是未注日期的引用文件,其最新版本适用于本部分。

GB 3836.1—2000　爆炸性气体环境用电气设备　第1部分:通用要求(eqv IEC 60079-0:1998)

GB 3836.2—2000　爆炸性气体环境用电气设备　第2部分:隔爆型“d”(eqv IEC 60079-1:1990 第1次修订(1993))

GB 3836.3—2000　爆炸性气体环境用电气设备　第3部分:增安型“e”(eqv IEC 60079-7:1990)

GB 3836.4—2000　爆炸性气体环境用电气设备　第4部分:本质安全型“i”(eqv IEC 60079-11:1999)

GB 4208—1993　外壳防护等级(IP 代码)(eqv IEC 60529:1989)

GB 9364.1—1997　小型熔断器　第1部分:小型熔断器定义和小型熔断体通用要求(idt IEC 60127-1:1988)

GB 13539.1—2002　低压熔断器　第1部分:基本要求(IEC 60269-1:1998,IDT)

ISO 565—1990　试验格网　金属丝网,钻孔的金属盘和电铸板　孔径的标准尺寸

3　术语和定义

对于 GB 3836 的本部分来说,采用下列定义和 GB 3836.1 的一些定义。

3.1

充砂型“q”　powder filling“q”

电气设备的一种防爆型式,将能点燃爆炸性气体的导电部件固定在适当位置上,且完全埋入填充材料中,以防止点燃外部爆炸性气体环境。

注:这种防爆型式不能阻止爆炸性气体进入设备和 Ex 元件而被电路点燃。但是,由于填充材料中空隙小,且火焰通过填充材料中的通路时被熄灭,从而防止外部爆炸。

3.2

填充材料　filling material

石英或玻璃颗粒。

3.3

外部最高电压 U_m　externally applied maximum voltage "U_m"

由制造厂规定的、能加在电气设备连接件上且不影响充砂防爆型式的交流电压的最高有效值或直流电压最高值。

3.4

工作电压　working voltage

在电路开路条件或正常运行条件下，以额定电压供电(不考虑瞬间值)时，跨越任何绝缘可能出现的交流电压的最高有效值或直流电压最高值。

3.5

爬电距离　creepage distance

两个导电部分之间沿绝缘材料表面的最短距离。

3.6

覆盖层下的爬电距离　creepage distance under coating

沿着覆盖了绝缘层的绝缘介质表面的两导电部件之间的最短距离。

3.7

通过填料的电气间隙　distance through filling material

两导电部件间通过填充材料的最短距离。

3.8

熔断器额定电流 I_n　infuse rating "I_n"

按 GB 9364.1 或制造厂规定的熔断器额定电流。

4　结构要求

4.1　外壳

4.1.1　机械强度

由充砂型"q"保护的电气设备、设备部件及 Ex 元件应符合 GB 3836.1 中高机械危险程度相对应的冲击能量的要求(见机械型式试验)，并且应符合本部分中 5.1 及 5.2 规定的压力试验要求。

安装在符合 GB 3836.1 要求的其他外壳内的设备或 Ex 元件仅需符合本部分中 5.1 及 5.2 规定的压力试验要求。如果不是 Ex 元件，这些设备应按照 GB 3836.1 标志"X"符号。

4.1.2　外壳防护等级

充砂型设备、充砂型设备部件或充砂型 Ex 元件在其正常运行条件下，即在正常使用中其外壳的所有开口都闭合情况下，至少应符合 GB 4208 规定的 IP54 防护等级。若防护等级是 IP55 或更高，则外壳应配置呼吸装置。具有呼吸装置的外壳应符合按 GB 4208 规定的 IP54 防护等级。

仅在清洁、干燥房间内使用的充砂型电气设备或充砂型电气设备部件的外壳，应至少符合GB 4208 规定的 IP43 防护等级。这些外壳应标记"X"符号。

当充砂型设备的外壳、充砂型设备部件的外壳或充砂型 Ex 元件的外壳规定安装在符合 GB 3836.1 的其他外壳内时，外部外壳防护等级至少应为 IP54。内部外壳 IP 代码不必说明。

外壳的最大间隙比实际填料的最小尺寸至少小 0.1 mm，并且不超过 0.9 mm 以防止填料漏出。

4.1.3　填充方法

填充应使填料内不留空隙(例如通过摇匀法)，充砂型设备、设备部件或 Ex 元件内部自由空间应全部充满填料(同时见 4.3.2)。

4.1.4　封闭方法

充砂型设备、充砂型设备部件或充砂型 Ex 元件的外壳应由工厂封闭，不损坏外壳或封闭措施时不能打开。填充口应采用同样方法封闭。

注：合适的封装技术如：焊接、硬焊、接合面粘接、铆接、粘接螺纹。

4.2 填充材料

4.2.1 文件

由制造厂提供并由检验单位按 GB 3836.1(见型式检验文件)审查的文件应准确地说明填充材料、填充过程及确保进行正确填充的方法。

说明应包括：

——填充材料制造厂的名称和地址；

——确切、完整的填充材料鉴定书；

——填充材料(颗粒)尺寸(见 4.2.2)。

4.2.2 要求

颗粒大小应在下列按 ISO 565 规定的筛子限度范围内：

——上限：标称筛孔尺寸为 1 mm 的金属丝网或钻孔金属板；

——下限：标称筛孔尺寸为 0.5 mm 的金属丝网。

只允许用石英或玻璃颗粒。

检验单位不必对 4.2.1 和 4.2.2 的填料进行检验。

4.2.3 试验

填充材料应承受 5.1 及 5.2 规定的介电强度试验。

4.3 距离

4.3.1 除非在本部分中另有其他规定，设备导电部件与绝缘元件间、以及与外壳内表面间通过填料的最短距离均应符合表 1 规定，该规定不适用于穿过外壳壁的外部连接件用的导体。这种导体应符合 4.3.3的规定。

表 1 填料内的距离

最高交流电压有效值或直流电压的最高值/V	最小距离/mm
$U\leqslant 275$	5
$275<U\leqslant 420$	6
$420<U\leqslant 550$	8
$550<U\leqslant 750$	10
$750<U\leqslant 1\,000$	14
$1\,000<U\leqslant 3\,000$	36
$3\,000<U\leqslant 6\,000$	60
$6\,000<U\leqslant 10\,000$	100

在确定内部的最高交流电压有效值或直流电压的最高值时，应考虑工作电压及 4.8 的故障条件。

注：尽管本部分适用于额定输入电压不超过 1 000 V 的电气设备，但表 1 还是对内部产生电压高于 1 000 V 的设备作了考虑。

4.3.2 若电气设备含有一个没有用填料填充的密闭空腔(如继电器)的元件，则应满足下列要求：

——如果元件的密闭空腔净容积小于 3 cm^3，那么元件壁与外壳内表面间通过填料的最短距离应符合表 1 规定；

——如果元件的密闭空腔净容积在 3 cm^3 和 30 cm^3 之间，那么元件壁与外壳内表面间通过填料的最短距离应符合表 1 规定，但最短为 15 mm；

——元件应固定，使其不可能移动靠近外壳壁；

——不允许净容积大于 30 cm^3；

——元件外壳应能承受可能受到的热及机械应力(甚至在 4.8 的故障状态下)，其所产生的变形或损坏不能降低由填料提供的保护程度。

4.3.3 不符合 4.3.1 和 4.3.2 的电气装置或元件应采用 GB 3836.1 中列举的防爆型式之一。

4.4 材料的使用

在 4.3 规定的范围内，导电部件和外壳壁间使用的材料应符合 5.1.3 燃烧试验的规定(对外部布线的绝缘及填料除外)。

4.5 电缆引入装置和绝缘套管

充砂型电气设备、充砂型设备部件或充砂型 Ex 元件外壳的电缆引入装置和绝缘套管不应破坏 4.1.2规定的外壳防护等级。

电气设备的电缆引入装置和绝缘套管应按 4.1.4 的规定保护和密封起来，对于充砂型外壳放入另一个符合 4.1.2 要求的外壳内时，GB 3836.1 规定的电缆及导管引入装置要求不适用于引入充砂型外壳的电缆引入装置和绝缘套管。

4.6 能量贮存装置

在充砂型电气设备外壳内、电气设备部件内或 Ex 元件中的所有电容的总贮存能量，在正常运行时不应超过 20 J。

不允许使用可能损坏防爆型式的干电池和蓄电池。

注：干电池和蓄电池的要求正在考虑之中。

4.7 温度限制

每个充砂型电气设备、电气设备部件或 Ex 元件应对事故状态，如短路或热过载进行保护，以保证外壳壁和外壳壁到填料内 5 mm 深处的温度不超过相应温度组别的允许温度。

4.8 故障条件

在制造厂规定的任何相关产品标准中所述的过载及在下列情况下，如可能产生过压或过流的任一单个内部电气故障时，应能保持其防爆型式“q”：

——任何元件的短路；

——由于任何元件的故障产生的断路；

——印刷电路中的故障；

——等等。

如果一种故障能导致一个或多个随后的故障，例如某元件的过载，可将原来的和随后的一些故障认为是单一故障。

若无产品标准，应是制造厂规定的过载。

当考虑故障状态和非故障时，应假定电压 U_m 就是施加于端子上的电压。

4.8.1 不必考虑的故障

以下故障不必考虑：

a) 电阻值低于额定值：

——薄膜电阻；

——绕线电阻及螺旋形单层线圈；

当其在不大于各元件制造厂规定的额定电压和功率的 2/3 条件下使用时。

b) 短路情况：

——塑料箔电容器；

——陶瓷电容器；

——纸电容器；

当其在不大于各元件制造厂规定的额定电压的 2/3 条件下使用时。

c) 绝缘故障：

——隔离不同电路的光电耦合器和继电器；

当两电路的最大电压有效值的总和 U 不高于 1 000 V，且两不同电路间元件的额定电压至少是 U

的 1.5 倍时。

符合 GB 3836.3 的变压器、线圈和绕组或符合 GB 3836.4—2000 中 8.1 的变压器是不发生故障的。

如果裸露导电部件或印刷电路间的爬电距离或电气间隙至少等于表 2 中的值(测量爬电距离方法见 GB 3836.3 和 GB 3836.4),则不必考虑短路的可能性。

按照表 2,部件间的最大峰值电压应当考虑作为峰值电压,如果部件在电气上是隔离的,两电路的最大峰值电压的总和应认为是峰值电压。最大峰值电压的检验应考虑其正常工作条件(瞬态忽略不计)和本标准中规定的故障情况。

下列条件适用于符合表 2 规定的涂层下的爬电距离:

——敷形涂层应具有密封导体的作用以防止潮气进入;

——应粘附在导电部件及绝缘材料上;

——若敷形涂层采用喷涂方法涂覆时,那么,应分别涂覆两次;

——仅要求一层涂层时可使用如浸涂、涂刷、真空浸渍方法,目的是要达到有效、持久、连续密封;

——只要软焊期间不会损害软焊面层,则该面层作为两涂层之一。

从绝缘中伸出的导电部件(包括软焊元件头),除了用特殊方法使其获得连续的有效密封之外,不应视为有涂层。

当从涂层中显露出裸露导体时,表 2 的相比漏电起痕指数(CTI)适用于绝缘及敷形涂层。

表 2　爬电距离和通过填料的距离

峰值电压/V	爬电距离/mm	IRC 最小值	涂层下的爬电距离/mm	通过填料的距离/mm
10	1.5	—	0.6	1.5
30	2	100	0.7	1.5
60	3	100	1	1.5
90	4	100	1.3	2
190	8	175	2.6	3
375	10	175	3.3	3
550	15	175	5	3
750	18	175	6	5
1 000	25	175	8.3	5
1 300	36	175	12	10
1 575	49	175	13.3	10

超过 1 575 V(峰值)的电压通常认为是易发生故障的。

注:电压 10 V(峰值)以下,绝缘材料的 CTI 不需作规定。

4.8.2　限制温度的保护装置

通过内部或外部、电的或热的保护装置可以达到限制温度的目的。该装置不应是自动复位式的。

当使用熔断器作为保护装置时,熔断元件应是封闭型的,例如在玻璃或陶瓷中。对于 60 V 以上的电压,熔断器的通断能力应符合 GB 9364.1 或 GB 13539.1 的要求。

4.8.3　电源预期短路电流

设计成连接不超过 250 V 交流外部电源的充砂型电气设备、电气设备部件及 Ex 元件应适合于 1 500 A的预期短路电流,在标志中规定了允许的预期短路电流值的除外。在一些装置中可能出现高于 1 500 A 的预期电流,例如在高电压时。

若限流装置必须将预期电流值限制到不高于熔断器的额定断开值时,按照 4.8.1a)规定,该限流装置应是一个电阻器,其额定值应为:

——额定电流:1.5×1.7×熔断器的 I_n;

——使用的外部最大电压 U_m;

——额定功率：1.5×(1.7×熔断器的 I_n)^2×限流装置电阻。

5 检查和试验

5.1 型式检查和试验

5.1.1 外壳压力的型式试验

无论外壳的容积如何，外壳都应承受过压 0.05 MPa 的压力型式试验。任何尺寸不应出现超过 0.5 mm的永久变形，施加压力历时 60 s，公差范围为+5%～0%。

对于没有呼吸和排气口的充砂型外壳，如果内有塑料箔、纸或陶瓷类型之外的电容器，且填充材料的体积小于 8 倍电容容积，则压力型式试验过压 1.5 MPa，历时 60 s，公差范围为+5%～0%。

试验应在设备的正常状态下进行，但是可以在外壳没有填充材料下进行。

5.1.2 外壳防护等级检验

外壳防护等级检验方法应按 GB 4208 进行。呼吸装置应安装就位，该试验要在 5.1.1 的压力试验后进行。

5.1.3 材料的可燃性

应符合 GB 3836.2 的可燃性要求(见 GB 3836.2—2000 附录 A.3.3)。

5.1.4 填充材料的电气强度试验

填充材料的绝缘性能应在填充之前选取填充材料样品进行试验，电极位置见图 1。电极应被填充材料覆盖，其厚度在任何方向均不小于 10 mm。

样品应放在温度 23℃±2℃，相对湿度 45%～55%为条件下 24 h，然后将 1 000 V，公差范围为+5%～0%的直流试验电压加在电极上。

如果填充材料漏电电流不超过 10^{-6} A，则视为合格。如材料不合格不允许进一步调节和重做试验。

5.1.5 最高温度

当用熔断器作为温度限制保护装置时，应在连续电流不超过 1.7 倍的额定电流下通过熔断器电路，测量故障状态下最高温度。

注：为了模拟可能引起高于正常运行时温度的故障状态，适合于采用装在电气设备内的功率元件施加可能产生的最大功率。应选择这类元件并装在该设备中，以使它们能反映出所代表元件的热特性。

5.2 出厂检查和试验

5.2.1 外壳的出厂压力试验

外壳容积如大于 100 cm^3 时，需进行出厂压力试验。过压 0.05 MPa，历时 60 s，公差范围为+5%～0%，任何尺寸不应出现超过 0.5 mm 的永久变形。

试验应在设备的正常状态下进行，但可以在外壳没有填充材料下进行。

如果外壳通过了 4 倍于 5.1.1 中规定的参考压力(0.05 MPa 或 1.5 MPa)的型式试验，出厂压力试验可省略。

5.2.2 填充材料的电气强度试验

填充材料的绝缘性能应在填充之前，选取填充材料样品进行试验。电极装置见图 1，电极的填充材料覆盖厚度任何方向不小于 10 mm。在下列气候条件下试验电压为直流 1 000 V，公差范围为+5%～0%：

——温度 23℃±2℃；

——相对湿度 45%～55%。

如果泄漏电流不超过 10^{-6} A，认为该填充材料合格。

如填充材料首次试验不合格，可烘干，并且再次试验。

6 标志

标志应符合 GB 3836.1 的规定，并应包括下述补充内容。

补充标志：

——“外壳由制造厂密封，不准打开”；

——每个连接装置(对外连接)应清晰地标出额定电压及电流值(例如“24 Vd.c.，200 mA”、“230 V，100 mA”)；

——与防爆型式关联的外部熔断器数据，如“要求的外部熔断器：315 mA”；

——若按4.8.3设计不同于1 500 A短路电流的电气设备，应标明外部电源允许的预期短路电流值，如“允许的电源短路电流：35 A”。

尺寸单位为毫米

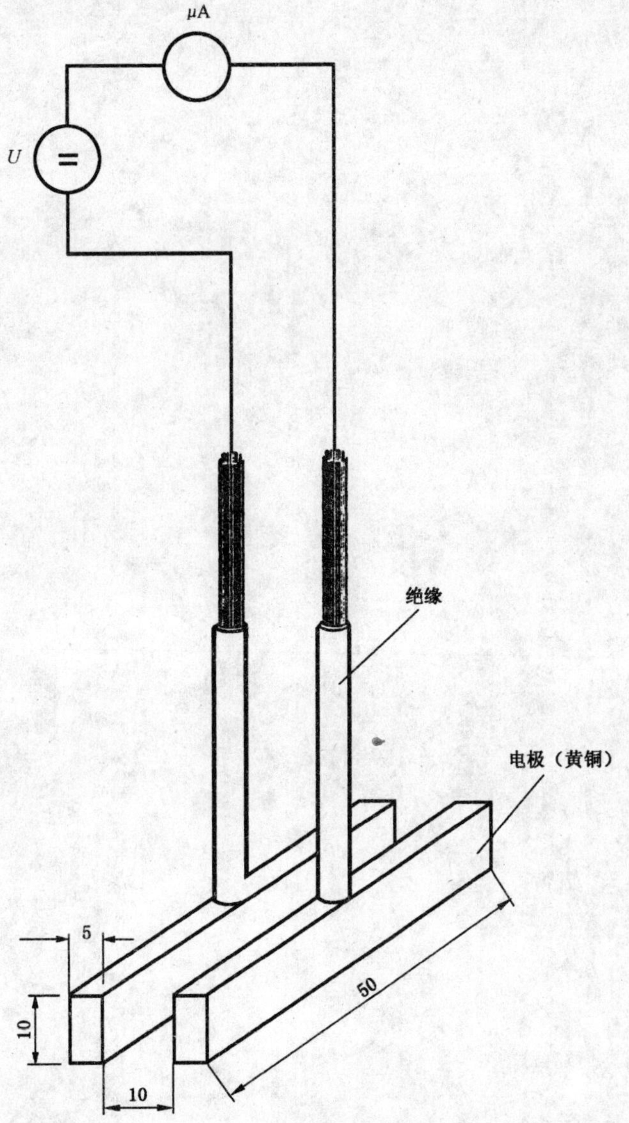

尺寸公差为±1.0 mm。

图1　填料的介电强度试验装置

ICS 29.200
K 46

中华人民共和国国家标准

GB/T 3859.4—2004/IEC 60146-2:1999
代替 GB/T 7677—1987,GB/T 7678—1987

半导体变流器 包括直接直流变流器的半导体自换相变流器

Semiconductor converter—Self-commutated semiconductor converters including direct d.c. converters

(IEC 60146-2:1999,IDT)

2004-05-14 发布 2005-02-01 实施

中华人民共和国国家质量监督检验检疫总局
中国国家标准化管理委员会 发布

前言

《半导体变流器》是一个系列标准,由以下部分组成:

GB/T 3859.1:半导体变流器　基本要求的规定(eqv IEC 60146-1-1:1991)

GB/T 3859.2:半导体变流器　应用导则(eqv IEC 60146-1-2:1991)

GB/T 3859.3:半导体变流器　变压器和电抗器(eqv IEC 60146-1-3:1991)

GB/T 3859.4:半导体变流器　包括直接直流变流器的半导体自换相变流器(IEC 60146-2:1999,IDT)

GB/T 17950:半导体变流器　使用熔断器保护半导体变流器防止过电流的应用导则(IEC 60146-6—1992,IDT)

本部分是系列标准的第4部分,等同采用IEC 60146-2:1999。除标准名称不含原文中"第2部分"字样(受我国标准编号规定的限制)和更正编辑印刷性错误外,内容均与IEC 60146-2:1999相同。

本部分代替GB/T 7677—1987《半导体直接直流变流器》和GB/T 7678—1987《半导体自换相变流器》两个标准,内容的主要变化为:

a) 两个标准合并为一个标准。GB/T 7677—1987和GB/T 7678—1987分别等效采用IEC 60146-2:1974(第1版)和IEC 60146-3:1977(第1版),而这两个IEC标准已为本部分所采用的IEC 60146-2:1999(第2版)所代替;

b) 产品标志方式有较大改变;

c) 试验程序和试验电路不同;

d) 增加了谐波和电磁兼容性及其试验要求。

本部分附录A是资料性附录。

本部分由中国电器工业协会提出。

本部分由全国电力电子学标准化技术委员会归口。

本部分起草单位:西安电力电子技术研究所、广州金来电子技术工程有限公司。

本部分主要起草人:周观允、李敏。

本部分于1987年首次发布,版本为:GB/T 7677—1987(主要起草人:张石安、缪时轮),GB/T 7678—1987(主要起草人:周观允、周胜宗)。本次是第1次修订。

半导体变流器　包括直接直流变流器的半导体自换相变流器

1　范围

本部分适用于电力变流器中至少有一部分是自换相型的所有类型半导体自换相变流器。例如:交流变流器,间接直流变流器,直接直流变流器。

GB/T 3859.1 中的要求,只要不与本部分相矛盾,也同样适用于自换相变流器。对于某些特殊应用,如不间断电源设备(UPS),交、直流调速传动和电气牵引设备,可使用另外的标准。

注:试验限制可适用于特殊应用,如大功率无功变流器。

2　规范性引用文件

下列文件中的条款通过本标准的引用而成为本标准的条款。凡是注日期的引用文件,其随后所有的修改单(不包括勘误的内容)或修订版均不适用于本标准,然而,鼓励根据本标准达成协议的各方研究是否可使用这些文件的最新版本。凡是不注日期的引用文件,其最新版本适用于本标准。

GB/T 2900.1　电工术语　基本术语(IDT IEC 60050-101)

GB/T 2900.33　电工术语　电力电子技术(IEC 60050-551 和 IEC 60050-551-20)

GB/T 3859.1　半导体变流器　基本要求的规定(eqv IEC 60146-1-1)

GB/T 3859.2　半导体变流器　应用导则(eqv IEC 60146-1-2)

GB/T 4365　电磁兼容术语(IEC 60050(161),IDT)

GB 4793　测量、控制和实验室用电气设备的安全要求　第 1 部分:通用要求(IEC 61010-1,IDT)

GB/T 16935.1　低压系统内设备的绝缘配合(idt IEC 60664-1)

GB/T 17573　半导体器件　分立器件和集成电路　第 1 部分:总则(IEC 60747-1,IDT)

GB/T 17626(所有部分)　电磁兼容试验和测量技术(idt IEC 61000-4)

IEC 61000-2-2:1990　电磁兼容性(EMC)——第 2 部分:环境——第 2 章:低压公共供电系统中低频传导干扰和信号传输的兼容性水平

IEC 61000-2-4:1994　电磁兼容性(EMC)——第 2 部分:环境——第 4 章:工业场所低频传导干扰的兼容性水平

3　定义

3.1　变流器的功能

3.1.1

(电力)(电子)变流　(electronics)(power) conversion

借助电子阀器件使电力系统的一个或多个特性变化,且基本没有可观的损耗。[GB/T 2900.33]

注:例如,特性有电压、相数和频率(包括零频率)。

3.1.2

(电力)(电子)交流/直流变流　(electronics) a.c./d.c. (power) conversion

交流到直流或直流到交流的变流。[GB/T 2900.33]

3.1.3

(电力)(电子)整流　(electronics)(power) rectification

交流到直流的变流。[GB/T 2900.33]

3.1.4

(电力)(电子)逆变　(electronics)(power)inversion

直流到交流的变流。[GB/T 2900.33]

3.1.5

(电力)(电子)交流变流　(electronics) a.c. (power) conversion

交流到交流的变流。[GB/T 2900.33]

3.1.6

(电力)(电子)直流变流　(electronics) d.c. (power) conversion

直流到直流的变流。[GB/T 2900.33]

3.1.7

(电力)直接变流　direct (power) conversion

无直流或交流环节的变流。[GB/T 2900.33]

3.1.8

(电力)间接变流　indirect (power) conversion

有一个或多个直流或交流环节的变流。[GB/T 2900.33]

3.1.9

换相　commutation

在变流器中,电流由一个导通臂向下一个导通臂顺序转移的过程,电流不中断,该两个臂在一限定的时间内同时导电。[GB/T 2900.33]

3.1.10

换相电压　commutating voltage

使电流换相的电压。[GB/T 2900.33]

3.1.11

电网换相　line commutation

由电网提供换相电压的一种外部换相方式。[GB/T 2900.33]

3.1.12

自换相　self-commutation

由变流器或电子开关内部零件提供换相电压的一种换相方式。[GB/T 2900.33]

3.1.13

相(位)控(制)　phase control

改变电子阀器件或阀臂在周期内导电开始时刻的过程。[GB/T 2900.33]

3.1.14

脉冲控制　pulse control

改变主臂重复导电的起点和/或终点的控制。[GB/T 2900.33]

3.1.15

脉冲持续时间控制　pulse duration control

改变脉冲宽度而保持频率不变的一种脉冲控制。[GB/T 2900.33]

3.1.16

脉(冲)频(率)控制　pulse frequency control

改变脉冲频率而保持脉冲持续时间不变的一种脉冲控制。[GB/T 2900.33]

3.1.17

脉宽调制控制　pulse width modulation control(简写 PWM 控制)

为产生某一输出波形,在每一基本周期调制脉冲的宽度或频率,或同时调制脉冲的宽度和频率的一

种脉冲控制。[GB/T 2900.33]

3.1.18

触发　triggering

使擎住阀器件或由其构成的臂实现开通的控制效应。[GB/T 2900.33]

3.1.19

开通　firing

在擎住阀器件或由其构成的臂的导电方向建立主电流的过程。[GB/T 2900.33]

3.2　变流器的型式

3.2.1

(电力)(电子)变流器　(electronics)(power) converter

由一个或多个阀器件连同变压器、滤波器(如有必要)和辅助装置(如有)所组成的运行单元。[GB/T 2900.33]

3.2.2

自换相变流器　self-commutated converter

至少有一部分使用自换相的变流器。

注:如果需要强调自换相的特征,特定型式的自换相变流器可以使用类似的术语。如:自换相交流/直流变流器,自换相逆变器等。

3.2.3

交流/直流变流器　a.c./d.c. converter

用于整流或逆变,或既可以整流也可以逆变的电子变流器。[GB/T 2900.33]

3.2.4

电压型交流/直流变流器　voltage stiff a.c./d.c. converter

直流侧电压基本平稳(例如为谐波电流提供一个低阻抗通路)的交流/直流变流器。[GB/T 2900.33]

3.2.5

电流型交流/直流变流器　current stiff a.c./d.c. converter

直流侧电流基本平滑(例如通过减少谐波电流)的交流/直流变流器。[GB/T 2900.33]

3.2.6

整流器　rectifier

用于整流的交流/直流变流器。[GB/T 2900.33]

3.2.7

逆变器　inverter

用于逆变的交流/直流变流器。[GB/T 2900.33]

3.2.8

电压源逆变器　voltage source inverter;voltage fed inverter

电压保持平稳的逆变器。[GB/T 2900.33]

3.2.9

电流源逆变器　current source inverter;current fed inverter

电流保持平滑的逆变器。[GB/T 2900.33]

3.2.10

并网双向变流器　line-interactive converter

与电网并联运行,既可向一个或多个用户提供电能,也可相反地吸收、储存和/或反馈电能的交流/直流变流器。

3.2.11

无功(功率)变流器　reactive power converter

用于无功补偿或消耗无功功率的变流器,除变流器的损耗外,没有有功功率流动。[GB/T 2900.33]

3.2.12

交流变流器　a.c. converter

用于交流变流的变流器。[GB/T 2900.33]

3.2.13

直接交流变流器　direct a.c. converter

无直流环节的交流变流器。[GB/T 2900.33]

3.2.14

间接交流变流器　indirect a.c. converter

有直流环节的交流变流器。[GB/T 2900.33]

3.2.15

直流变流器　d.c. converter

用于直流变流的变流器。[GB/T 2900.33]

3.2.16

直接直流变流器　direct d.c. converter

直流斩波器　d.c. chopper

无交流环节的直流变流器。[GB/T 2900.33]

3.2.17

间接直流变流器　indirect d.c. converter

有交流环节的直流变流器。[GB/T 2900.33]

3.3　变流器电路组件

3.3.1

电子器件　electronic device

其功能是基于通过半导体、高真空或气体放电使电荷载流子迁移的器件。[GB/T 2900.33]

3.3.2

电子阀器件　electronic valve device

用于电力电子变流或电力电子通断,包括单一不可控或双稳态可控单向导电路径的不可分割的电子器件。[GB/T 2900.33]

注1:晶闸管、电力整流二极管、开关型双极和场效应电力晶体管、IGBT等是典型的电子阀器件。

注2:两个或更多电子阀器件可以做在一个半导体芯片上(如逆导通晶闸管包括一个晶闸管和一个整流二极管,开关型场效应电力晶体管包括其反向二极管),或封装在一个共同的外壳中(如电力半导体模块)。这样的组合按独立的电子阀器件考虑。

3.3.3

阀器件堆　valve device stack

由一个或多个电子阀器件连同其安装件和辅助件(如有)组成一体的结构。[GB/T 2900.33]

3.3.4

阀器件装置　valve device assembly

由电子阀器件或堆通过电气和机械连接而组合成的总装体,包括其机械结构内的所有电联结和辅助件。[GB/T 2900.33]

注:类似术语也适用于由特定电子阀器件组成的堆和装置,例如二极管堆(仅为整流二极管)、晶闸管装置(仅为晶闸管,或与整流二极管共同组成)。

3.3.5

变流装置 converter assembly

变流器的臂和主电路中其他起主要作用的部分,特别是直流电容器、电抗器和门极设备,在电和机械上的组装体,通常不包括控制设备。

3.3.6

(阀)臂 (valve)arm

电力电子变流器或开关的一部分电路,以任意两个交流或直流端子为界,包括一个或多个连接在一起的同时导电的电子阀器件及其他组件(如有)。[GB/T 2900.33]

3.3.7

阻尼器(电路) snubber (circuit)

为减少诸如瞬态过电压、关断损耗、高的电压或电流上升率而在一个或几个电子阀器件上连接的辅助电路。[GB/T 2900.33]

注:常用诸如 RC 阻尼器、并联阻尼器、交流侧阻尼器等特定术语。

3.4 变流器和电子阀器件的主要性能

3.4.1

基波功率 fundamental power

由电压和电流的基波分量所决定的有功功率。[GB/T 2900.33]

3.4.2

直流功率 DC power

直流电压和直流电流(均为平均值)的乘积。[GB/T 2900.33]

3.4.3

变流因数 conversion factor

基波输出有功功率或直流输出功率对基波输入有功功率或直流输入功率之比。[GB/T 2900.33]

3.4.4

总功率因数 total power factor

有功功率对表观功率之比。[GB/T 3859.1]

3.4.5

位移因数 displacement factor

基波分量的有功功率对其表观功率之比。[GB/T 3859.1]

3.4.6

形变因数 deformation factor

总功率因数对位移因数之比。[GB/T 3859.1]

3.4.7

(功率)效率 (power) efficiency

变流器输出有功功率对输入有功功率之比。[GB/T 3859.1]

3.4.8

(电子阀器件的)等效结温 virtual junction temperature (of an electronic valve device)

半导体器件中结的等效温度。[GB/T 17573.1]

3.4.9

(电子阀器件的)瞬态热阻抗 transient thermal impedance (of an electronic valve device)

术语一般表示:在一个时段之末,两规定点或区域间温差的变化对该时段初引起温差变化的阶跃功率损耗之比。[GB/T 17573.1]

3.5 骚扰和电磁兼容性

3.5.1

电骚扰 electrical disturbance

电量超出规定限值的任何变化。电骚扰可能引起变流器性能下降、工作中断或损坏。[GB/T 3859.1]

3.5.2

(电磁)骚扰 (electromagnetic) disturbance

任何可能引起装置、设备或系统性能降低,或者对有生命或无生命物质产生有害作用的电磁现象。[GB/T 4365]

注:电磁骚扰可能是电磁噪声、无用信号或传播媒介自身的变化。

3.5.3

(电磁)辐射 (electromagnetic)emission

从一个源向外发出电磁能的现象。[GB/T 4365]

3.5.4

(骚扰源的)辐射电平 emission level (of disturbance source)

用规定方法测得的来自特定装置、设备或系统发出的某给定电磁骚扰电平。[GB/T 4365]

3.5.5

电磁扰动 electromagnetic interference

电磁骚扰引起的设备、传输通道或系统性能的下降。[GB/T 4365]

3.5.6

电磁兼容性 electromagnetic compatibility (简写 EMC)

设备或系统在其电磁环境中能正常工作且不对该环境中任何事物构成不能承受的电磁骚扰的能力。[GB/T 4365]

3.5.7

(电磁)兼容电平 (electromagnetic) compatibility level

所规定的骚扰电平,在此骚扰电平下,有一个满意的、高概率的电磁兼容性。[修改 GB/T 4365]

注:实际上电磁兼容电平并非绝对最大值,而可能以小概率超出。[1)]

3.5.8

(对骚扰的)抗扰性 immunity (to a disturbance)

装置、设备或系统面临电磁骚扰而不降低运行性能的能力。[GB/T 4365]

3.5.9

抗扰性电平 immunity level

将某一给定电磁骚扰施加于某一特定装置、设备或系统,而其仍能保持在所要求性能等级下运行时的最大骚扰电平。[修改 GB/T 4365]

3.5.10

抗扰性余量 immunity margin

装置、设备或系统的抗扰性限值与电磁兼容电平之间的差值。[GB/T 4365]

3.5.11

变流器的抗扰电平 immunity level of a converter

电扰动的规定值,低于此值,变流器满足所要求的性能,或连续运行,或避免损坏。[GB/T 4365]

3.5.11.1

超过变流器抗扰电平可能产生的后果所使用的字母符号 letter symbols for the possible consequences of exceeding the immunity level of a converter

1) IEC 60146-2:1999 没有注。此注的内容是按 GB/T 4365 而增加的,以使术语更便于理解和使用。

性能降低　　　　　　　　　　F(仍可运行)

中断运行(由于保护装置产生)　T(跳闸)

永久损坏(熔断器除外)　　　　D(损坏)

[修改 GB/T 3859.1]

3.5.12

(性能)降级　degradation (of performance)

装置、设备或系统的运行性能从预期性能的非期望偏离。[GB/T 4365]

注：术语“降低”可适用于暂时或永久故障。

3.5.13

电压变化　voltage change

在一定的,但非规定的时间内,电压的方均根值或峰值在两相邻电平之间的变化。[GB/T 4365]

3.5.14

电压不对称　voltage unbalance;voltage imbalance

多相系统相邻相之间的相电压方均根值或相角不完全相等的一种状态。[GB/T 4365]

3.5.15

不对称率　unbalance ratio

三相交流系统中,电流或电压基波分量的最大和最小方均根值之差,与对应的三相基波分量的平均方均根值之比。

3.5.16

不对称因数　unbalance factor

负序分量对正序分量之比。

3.5.17

电压瞬时跌落　voltage dip

电气系统某一点电压的突然下降,在经历几个周期到数秒的短暂持续时间之后又恢复正常。[GB/T 4365]

3.5.18

换相缺口　commutation notch

交流电压由于变流器的换相过程而可能出现的电压变化,其持续时间远小于交流电周期。[GB/T 4365]

3.5.19

(直流侧的)纹波电压　ripple voltage (on the d.c. side)

变流器直流侧电压中的交流电压分量。[GB/T 2900.33]

3.5.20

直流波形因数　d.c. form factor

含直流分量之周期变化量的方均值对在整个周期内的平均值之比。[GB/T 2900.33]

3.5.21

直流纹波因数　d.c. ripple factor

脉动直流电量的峰值与谷值之差的一半对该直流电量平均值之比。[GB/T 2900.33]

注：当直流纹波因数很小时,其值近似等于最大值与最小值之差对该两值之和的比。

3.5.22

相对峰谷纹波因数　relative peak-to-peak ripple factor

电量的纹波峰谷值对其直流分量之比。

3.5.23

交流电压和电流的谐波分析　harmonic analysis of the a.c. voltage and current

注：新概念的确切定义正在制定中，在此期间，对给出的谐波含量的任何数值，THF 和 THD 应使用分析的方法来表征。

3.5.23.1

傅立叶级数　Fourier series

周期函数用其平均值和一系列正弦项来描述的方法，其中正弦项的频率为该函数频率的整数倍。[GB/T 2900.1]

3.5.23.2

基波　fundamental(component)

周期函数的傅立叶级数序次为 1 的分量。[GB/T 2900.1]

3.5.23.3

谐波含量　harmonic content

从交流量中减去其基波分量后所得的量。[GB/T 2900.1]

3.5.23.4

(总)谐波因数　(total)harmonic factor(简写 THF)

交流量中谐波含量的方均根值对该交流量方均根值之比。[GB/T 2900.1]

3.5.23.5

总谐波畸变率　total harmonic distortion(简写 THD)

交流量中谐波含量方均根值对该交流量中基波分量方均根值之比。[GB/T 2900.33]

3.5.23.6

部分谐波的畸变率　partial harmonic distortion

规定谐波分量的方均根值对交流量中基波分量的方均根值之比。例如 14 次到 50 次频段：

$$PHD=\sqrt{\sum_{h=14}^{50}\left(\frac{Q_h}{Q_{1N}}\right)^2}$$

式中：

Q——交流量(电压或电流)。

3.5.23.7

单次谐波畸变　individual harmonic distortion

所规定的某一次谐波分量的方均根值对交流量中基波分量方均根值之比。

3.6　有关输入和输出的特性

能量的流动方向用“输入”和“输出”来表征。对于能量可逆流动，以主要流动方向来确定输入和输出。输入和输出的定义指定为变流器的，且不随能量流动和应用而改变。

3.6.1

电压的形式　shape of voltage

直流电压或交流电压。

3.6.2

阻抗特性　impedance characteristics

由于可能存在着电压源和负载的差异，建议下述一组术语。

3.6.2.1

电机电压　electrical machine voltage

交流电机或直流电机产生的电压，阻抗用电机的型式和参数来表征。

3.6.2.2

有源负载 active load

负载有其自身的电动势，像电机电压。

3.6.2.3

无源负载 passive load

负载没有电动势，但有阻抗特性。

3.6.2.4

线性负载 linear load

可用具有恒定因子的线性微分方程式表征的负载。

3.6.2.5

非线性负载 non-linear load

除线性负载之外的负载。

3.6.3

(变流器)输入 (converter) input

将需要变换的电力引入变流器的那部分(在正常运行情况下)。

3.6.4

(变流器)输出 (converter) output

将经过变换后的电力引出变流器的那部分(在正常运行情况下)。

注：如果两个方向电力流动相同，则输入和输出可随意假定。

3.6.5

恒直流源或恒交流源 stiff d.c. or a.c. source

连接到变流器的输入或输出的直流源或交流源(电压或电流)，其方均根值、频率和波形不因变流器的影响而发生显著变化。

3.6.6

供电电源 supply

连接到变流器输入的电气系统。

3.6.7

负载 load

连接到变流器输出的电气系统。

3.6.8

供电电源的瞬时过电压 supply transient overvoltage

断开变流器时，可能在输入电网和变流器之间出现的瞬时峰值电压。

3.6.9

供电电源的瞬时能量 supply transient energy

接通变流器时，供电电源的端子上能够在一瞬间向所连接变流器释放的能量。

3.6.10

供电电源电感 supply inductance

断开变流器时输入电网对变流器的电感。

3.6.11

输入阻抗 input impedance

规定条件下，变流器对供电电源呈现的阻抗。

3.6.12

(输入)冲击电流　(input) inrush current

当给变流器通电时,变流器输入电流的最大瞬时值。

3.6.13

动态短路输出电流　dynamic short-circuit output current

由变流器流入短接输出端子的瞬时直流或交流电流。

3.6.14

输出阻抗　output impedance

在规定条件下,变流器对负载呈现的阻抗。(见 3.6.11 和 3.6.15)

3.6.15

负载阻抗　load impedance

在规定条件下,负载对变流器呈现的阻抗。

3.6.16

输出电压周期性调制　periodic output voltage modulation

输出电压幅值在频率低于输出基波频率下的周期性变化。

3.6.17

周期性频率调制　periodic frequency modulation

输出频率偏离其额定值的周期性变化。

3.6.18

瞬时电压偏差　instantaneous voltage deviation

实际的瞬时电压与对应波形未受扰动时的瞬时值差。

注:瞬时电压偏差的大小用对未受扰动时电压峰值的百分数或标幺值表示。

3.6.19

允差带　tolerance band

稳定电源的稳定输出量的稳态值范围,处于偏离预定值(如标称值)规定的上、下限值之间。

[GB/T 2900.33]

3.7 额定值的定义

3.7.1

额定值　rated value

相对于定义的运行条件,供货者所指定的电、热、机械和环境参数的规定值。在此条件和参数下,阀器件、堆、装置或变流器能实现预期的满意运行。[修改 GB/T 3859.1]

注 1:半导体器件与其他电器元件不同,即使超过最大额定值运行的时间极短,也会被永久损坏。

注 2:应规定额定值的变化范围,其中某些指定为限值,这些限值可为最大值或最小值。

3.7.2

额定输入直流供电电压　rated input d.c. supply voltage

所规定的变流器输入端子间的直流电压平均值。

3.7.3

额定输入交流供电电压　rated input a.c. supply voltage

所规定的变流器输入端子间的交流电压基波分量方均根值。

3.7.4

额定输入供电频率　rated input supply frequency

所规定的额定交流供电电压的频率。

3.7.5

额定输入电流　rated input current

考虑到其他所有参数在规定范围内最繁重组合情况下，输入的最大直流电流平均值或最大交流电流方均根值。

3.7.6

额定输入有功功率　rated active input power

考虑到其他所有参数在规定范围内最繁重组合情况下，输入的总有功功率。

3.7.7

额定输入表观功率　rated apparent input power

考虑到其他所有参数在规定范围内最繁重组合情况下，输入的总表观功率。

3.7.8

额定输出电压　rated output voltage

在额定输出电流下，变流器输出端子间直流输出电压的规定值或交流输出电压规定的方均根值。

3.7.9

额定输出电流　rated output current

对于规定的负载和使用条件，由供货者规定的输出直流电流或输出交流电流基波分量的方均根值。在与其他输出电流值进行比较时，可用100%该值为基准。

如果规定的是总交流输出电流方均根值，则应予以说明。

3.7.10

额定输出直流功率　rated d. c. output power

在本部分规定条件下和供货者指定运行的限值内，输出端子输出的直流功率。

3.7.11

额定输出交流功率　rated a. c. output power

在本部分规定条件下和供货者指定的限值内，输出端子输出的基波功率。

3.7.12

额定输出表观功率　rated apparent output power

在规定的负载条件下，输出端子输出的总表观功率。

3.7.13

额定输出频率　rated output frequency

规定的输出交流电压频率。

3.7.14

额定绝缘电压　rated insulation voltage(简写 RIV)

由供货者对设备或其部件指定的耐压值，用以表征其绝缘的规定(长时间)耐压能力。[修改GB/T 3859.1]

3.8　关于冷却的定义

参见GB/T 3859.1。

3.9　关于温度的定义

参见GB/T 3859.1。

3.10　关于试验的定义

3.10.1

型式试验　type test

参见GB/T 3859.1。

3.10.2

出厂试验　routine test

参见 GB/T 3859.1。

3.10.3

选择试验　optional test

由各个设备技术规范要求的型式试验或出厂试验。

4　增加的脚标和字母符号

除非另有说明,GB/T 3859.1 中列出的字母符号和脚标适用于本部分,且增加以下脚标和字母符号。

第 1 个脚标:

E　变流器输入

S　变流器输出

第 2 个脚标:

a　交流量

d　直流量

l　基波分量

h　h 次谐波分量

H　谐波含量

第 3 个脚标:

N　额定值

max　最大值[2)]

min　最小值

如果缺少一个脚标,则其他脚标依次提前。

增加的字母符号		条款号
U_{EDN}	额定直流供电电压	3.7.2
U_{E1N}	额定交流供电电压(基波分量)	3.7.3
F_{EN}	额定供电频率	3.7.4
I_{EdN}	额定输入直流电流	3.7.5
I_{EaN}	额定输入交流电流	3.7.5
P_{EN}	额定输入有功功率	3.7.6
S_{EN}	额定输入表观功率	3.7.7
U_{SdN}	额定输出直流电压	3.7.8
U_{SaN}	额定输出交流电压	3.7.8
I_{SdN}	额定输出直流电流	3.7.9
I_{SaN}	额定输出交流电流	3.7.9
P_{SdN}	额定输出直流功率	3.7.10
P_{SdN}	额定输出交流功率(基波分量的)	3.7.11
S_{SaN}	额定输出表观功率	3.7.12
f_{SN}	额定输出频率	3.7.13

2)　IEC 60146-2:1999 将“max”误为“m”。

5 使用条件

在下列一些条款中,阐述的“应规定的”使用条件,其含义如下:

——对于为特定用户生产的大型设备,或者为特定应用,往往也就是为特定用户大量生产的设备,将由用户在合同中规定其所要求的使用条件。

——对于为不同用途不同用户而生产的系列设备,供货者应规定所设计设备使用条件的范围,那么,用户可以检查在该范围中是否包含了自己的条件。若未包含,则向供货者提出。

5.1 冷却方法的识别代码

参见 GB/T 3859.2。

5.2 环境条件

5.2.1 周围空气循环

参见 GB/T 3859.1。

5.2.2 正常使用条件

除非另有规定,应采用如下限值。

5.2.2.1 储存和运输温度

最低:－25℃

最高:＋55℃

这些限值适用于排净冷却液。

注:在低温储存时,应采取预防措施避免湿气在设备中冷凝,以防止由于湿气冻结而损坏的危险。

5.2.2.2 包括空载期间的运行,户内设备

参见 GB/T 3859.1。

5.2.2.3 包括空载期间的运行,户外设备

参见 GB/T 3859.1。

5.2.3 非正常环境使用条件和设计考虑

已列出的那些使用条件是假定在正常使用情况下。以下是非正常使用条件的例子,它们应以用户和供货者的特定协议为准(见 GB/T 3859.1)。

a) 非正常的机械应力,例如冲击或振动;

b) 可能发生腐蚀或阻塞的冷却水,例如海水或硬水;

c) 环境空气中的杂粒,例如异常的灰尘和粉末;

d) 含盐空气(近海),滴水或腐蚀性气体;

e) 暴露在水蒸气或油气中;

f) 暴露在爆炸性粉尘或气体的混合物中;

g) 暴露在放射性辐射中;

h) 类似于热带或亚热带气候条件的高相对湿度和高温;

i) 温度波动超过 5 K/h 和相对湿度变化超过 0.05 标幺值/h;

j) 用水冷却时在环境温度低于 5℃下运行;

k) 用油冷却时在环境温度低于－5℃下运行;

l) 海拔超过 1 000 m 时电气间距的海拔修正因数见 GB 4793;

m) 在低于－25℃或高于 55℃时储存和运输;

n) 上列情况之外的其他非正常使用条件或超出正常使用条件所规定限值的使用条件。

5.3 电气使用条件

参见 GB/T 3859.1。

5.3.1 电气环境技术条件

参见 GB/T 3859.1。

5.3.2 未知现场条件

参见 GB/T 3859.1。

5.4 负载特性

参见 GB/T 3859.1。

5.5 抗扰性要求

除非另有规定,变流器设计应遵守由下述条文为传导骚扰所规定的抗扰要求。

骚扰水平与包括变流器骚扰影响在内的抗扰水平一致,但如果变流器改善了骚扰值,则骚扰水平应不考虑变流器的影响。

对于不同的交流或直流联结,可以规定不同的抗扰等级或特定的抗扰水平。

如果没有规定抗扰性等级,则假定适用 B 级。

5.5.1 交流供电电源

对于恒压联结,电气使用条件可考虑以 IEC 61000-2-4 和 IEC 61000-2-2 为基准。

关于由电网换相变流器产生的骚扰影响的控制,见 GB/T 3859.2。

在本条定义的 A、B、C 抗扰等级,与 GB/T 3859.1 定义的等级一致。

抗扰等级 A:A 级抗扰水平为 IEC 61000-2-4 规定的 3 级兼容性水平,但不包括短时跌落和中断(大多数变流器均不考虑)以及其表 1 规定的附加抗扰水平。

抗扰等级 B:B 级抗扰水平为 IEC 61000-2-4 规定的 2 级兼容性水平,但不包括短时跌落和中断(大多数变流器均不考虑)以及其表 1 规定的附加抗扰水平。

抗扰等级 C:C 级抗扰水平为 IEC 61000-2-4 规定的 1 级兼容性水平,但不包括短时跌落(大多数变流器均不考虑)和其表 1 规定的附加抗扰水平。

对于特定的设备和应用,应说明与定义所规定的抗扰水平和附加抗扰水平的不一致之处。

表 1 交流恒压联结的抗扰水平

骚 扰	IEC 61000-2-4 适用的值(全部)	抗扰等级			若超过可能发生的后果[a]
		A	B	C	
频率允差					
范围(%)	表 1	±2	±1	±1	F
变化率(%/s)	—	±2	±1	±1	F
电压幅值允差					
a) 稳态 $\Delta U/U_N$(%)	表 1	+10,−15	±10	±8	F
b) 短时(0.5~30 周波)					
在额定值之内					
——只作整流运行(%)	—	±15	+15,−10	+15,−10	T
——逆变器运行(%)	—	±15	+15,−10	+15,−8	
注 1:假定频率的降低不与电网电压的升高同时发生,反之亦然。 注 2:过载条件的其他限值应另行规定。 注 3:在所规定的某些限值内,可能发生的后果 T 可以由 F 代替,特别是如果在技术条件的要求中加进了用户要求的专用控制设施。 注 4:交流电压短时变化的预期频度每 2 h 不超过一次。					

表 1(续)

骚扰	IEC 61000-2-4 适用的值(全部)	抗扰等级 A	抗扰等级 B	抗扰等级 C	若超过可能发生的后果[a]
电压不对称率 U_n/U_p(见图 2)					
a) 稳态(>任一 10 min,%)	表 1	3	2	2	F
b) 短时					
——只作整流运行(%)	—	8	5	3	T
——逆变器运行(%)	—	5	5	2	T
注 1:短时电压规定的较高值可能导致诸如在交流电压中出现非特征谐波电流。 注 2:交流电压短时不对称发生的预期频度每 2 h 不超过一次。					
电压波形					
a) 总谐波畸变 THD(%)	表 2	10	8	5	F
b) 单次谐波畸变					
——5 次(%)	表 3	8	6	3	F
——除 3 倍频之外的其他奇次谐波	表 3				F
——3 倍频次的谐波	表 4	见 IEC 6100-2-4	见 IEC6100-2-4	见 IEC 6100-2-4	F
——偶次谐波	表 5				F
c) 换相缺口(稳态)					
——幅值(U_{LWM}%)	—	100	40	20	T
——面积(U_{LWM}%×角度)	—	625	250	125	T
d) 间谐波电压分量	表 6	见 IEC 6100-2-4	见 IEC 6100-2-4	见 IEC 6100-2-4	F
注:如果几台变流器接于同一台变流变压器,在一个基波周期内,所有换相缺口的总面积不期望超过一个主换相缺口面积的 4 倍。					
a) 基于 3.5.11.1 的定义。					

5.5.2 直流供电电源

下列值和抗扰等级用于规定直流源。

5.5.2.1 直流电压允差

表 2 直流电压允差

允差	抗扰等级 A	抗扰等级 B	抗扰等级 C	若超过可能发生的后果[1)]
a) 稳态(%)	±10	+10	+10,−5	F
b) 短时(<0.5 s)运行(%)	±15	+15,−10	+15,−7	T
1) 基于 3.5.11.1 的定义。				
注:电压短时偏差发生的预期频度每 2 h 不超过一次。				

5.5.2.2 相对峰谷纹波因数

表 3 相对峰谷纹波因数

允差	抗扰等级			若超过可能发生的后果[1]
	A	B	C	
a) 稳态(%)	±10	±5	±2	F
b) 短时(<1 s)运行(%)	±15	±10	±5	F
1) 基于 3.5.11.1 的定义。				
注:直流电压短时纹波发生的预期频度每 2 h 不超过一次。				

5.5.2.3 重复和非重复瞬态过程

这些瞬态过程必须考虑,并可以在技术要求中说明。

然而,在断开变流器时供电电源的瞬时能量应不超过 4 J。

5.5.2.4 直流供电系统的过电压

a) 对于 $U_{dN} \leqslant 50$ V,过电压应不超过图 1 曲线。

b) 对于 $U_{dN} > 50$ V,图 1 曲线在按下式规定的电压水平处截止。

$$U_{dN} + \Delta U = 1\ 400\ V + 2.3U_{dN}$$

式中:

U_{dN}——额定直流供电电压。

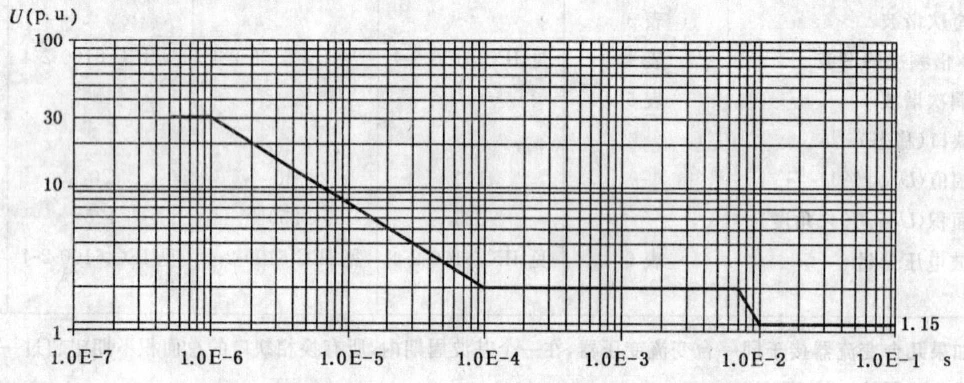

图 1 预期的最大过电压与瞬态过程的关系曲线

5.5.2.5 供电电源电感

供电电源的电感范围应在设计设备时予以规定。

5.5.3 负载条件,负载不平衡

正常使用条件下,负载不平衡(多相输出时最大与最小基波方均根电流值之差)应不超过额定输出电流的 25%,且最大电流应不超过额定输出电流。

$$\frac{I_{max} - I_{min}}{I_N} \leqslant 0.25(\text{p. u.})$$

且 $I_{max} \leqslant I_N$。

涉及电动机和发电机的电气使用条件应予以说明。

5.5.4 非正常电气使用条件和性能要求

电力变流器在不符合 5.2.2 规定的条件下使用,应特殊考虑。

下述情况可能需要特殊的结构或保护性能,应由用户说明它们是否存在。

5.5.4.1 交流供电电源

a) 超过表 1 规定的值;

b) 供电阻抗和电网结构;

c) 接地形式，特别是在高压系统附近；

d) 超过表1给出的谐波。

5.5.4.2 直流供电电源

a) 超过5.5.2规定的值；

b) 接地形式。

5.5.4.3 交流输出

a) 直流输入或交流输入与交流输出的隔离；

b) 负载不平衡，如果超过5.5.3规定给出的值；

c) 负载循环时间；

d) 负载要求直流分量；

e) 接地形式；

f) 产生谐波的负载。

5.5.4.4 直流输出

a) 直流输入或交流输入与直流输出的隔离；

b) 负载循环时间；

c) 直流的纹波；

d) 接地形式。

5.5.4.5 性能限值

下列各限值(如有)应予以规定。

a) 空中传播的噪声和机械或结构噪声(振动)；

b) 传导或发射的电磁骚扰；

c) 输入冲击电流。

5.5.4.6 特殊性能要求

有关下列各项的特殊性能要求应予以规定。

a) 输出电压稳定度和相角允差(三相逆变器)；

b) 频率稳定性；

c) 效率；

d) 功率损耗。

6 额定值和附加特性

6.1 概述

对于一般用途的变流器而言，额定值应作为标准设计值给出。该(额定)值定义了变流装置在规定使用条件下可以提供的输出值，此时，所采用的、用于变流器各种部件的标准所规定的限值均未超过，也无结构性故障。

对于特定用途的变流器，额定值应作为设计值给出。该(额定)值定义了在规定使用条件且不发生结构性故障情况下，根据适合预期负载的输出值。

在变流器的技术条件中，应规定负载特性。

如果负载改变为另一种不是变流器预期的负载，则变流器额定值不能适应。

除非另有规定，在6.2所列出的额定值应标注在额定值标牌上或用其他适当方法标明。

在6.2所列出的额定值应按第7章的试验验证。

6.2 由供货者规定的额定值

6.2.1 额定输入值

a) 电压(交流或直流)及其允差。对于蓄电池供电，额定供电电压值应等于蓄电池单元的数量与

每个蓄电池单元电压(例如酸性蓄电池单元为 2 V,镍镉蓄电池单元为 1.2 V)的乘积;

b) 电流(交流或直流);

c) 频率和频率允差(如合适);

d) 交流输入的表观功率(如合适);

e) 直流输入的有功功率(如合适)。

6.2.2 额定输出值

a) 额定电压(交流或直流);

b) 额定电压允差,对输出稳定电压而言;

c) 额定电压范围,对电压可调变流器;

d) 与 GB/T 3859.1 相应工作制等级的额定电流;

e) 额定频率(如合适)

f) 额定频率允差,对恒定频率变流器而言;

g) 额定频率范围,对频率可调变流器而言。

注:表观功率和有功功率应以省略,因为它们不足以保证与负载的适应性,且可能使人产生误解。

6.3 附加特性

可以规定下述附加性能:

a) 特殊变流器的应用形式;

b) 额定输出电流和额定输出电压时的功率效率;

c) 功率损耗;

d) 总功率因数范围(如合适);

e) 最大输入电流纹波,对蓄电池供电变流器而言;

f) 抗扰等级;

g) 输出电压或电流的的谐波含量;

h) 电磁兼容性。

6.4 标志

最通常的是参考 GB/T 3859.1 中的标志要求。然而,考虑到(用户和供货者两方面的)实用性和实施方便,经用户和供货者协议,可视情况加以考虑。

7 试验

7.1 概述

参见 GB/T 3859.1。

通常作为整体装置装运的小型变流器设备。在开始装运之前应按这些规定进行全部试验。

对于大型设备,出于经济原因,适当限制一些试验项目是需要的。因此,本部分的处理是使大型设备的试验只限于在供货者工厂对单独装运的变流器单元的试验。像大型的、整体变流器设备的其他试验或现场试验,仅仅在单独作出规定时才予以进行。

7.1.1 试验分类

变流装置或变流设备的试验分型式试验和出厂试验,选择性试验只有在要求时才予以规定。

7.1.2 试验的实施

试验应在与那些实际使用条件相等效的电气条件下进行。如果不可行,变流装置或设备可以分别在能够产生规定性能的条件下进行试验。

试验可以在与变流变压器(如有)和辅助装置组合好的条件下联合进行,也可以分别进行试验。

当用户或其代理人希望参加工厂的试验时,应在订货时说明。

如果在定订货时同意,合同可以规定供货者应提供产品完成合格试验的报告。这也适用于以前相同或类似产品进行的型式试验，试验条件至少与合同或本规定的要求相等效。

7.2 变流设备和变流装置试验项目一览表

除非另有规定，设备的试验应包括表4所列项目，其中大多数项目也适用于变流装置。

表4 试验项目

序号	试验项目	型式试验	出厂试验	选择试验	技术规定
1	外观检查	×	×		7.3.1
2	辅助装置检验	×	×		7.3.2
3	绝缘试验	×	×		7.3.3
4	保护装置检验	×	×		7.3.4
5	轻载和功能试验	×	×		7.3.5
6	额定输出试验	×			7.3.6
7	过电流试验	×			7.3.7
8	温升试验	×			7.3.8
9	功率损耗测定	×			7.3.9
10	电压和/或电流的THD或THF测量			×	7.3.10
11	功率因数测量			×	7.3.11
12	输出电压测量	×	×		7.3.12
13	输出电压调节范围确认	×	×		7.3.13
14	输出电压不对称试验			×	7.3.14
15	输出频率调节范围确认	×			7.3.15
16	输出频率允差带试验			×	7.3.16
17	自动控制性能检验	×			7.3.17
18	短路试验			×	7.3.18
19	音频噪声测量			×	7.3.19
20	抗扰性试验			×	7.3.20
21	辐射试验			×	7.3.21
22	纹波电压和纹波电流测量			×	7.3.22
23	附加试验			×	7.3.23
注：原则上，某些型式的变流器或变流装置的型式试验时，可以不做某些试验项目。					

7.3 试验说明

7.3.1 外观检查

为保证设备或装置制造正确并满足所规定的全部要求，应进行外观检查。在试验开始之前，外观检查应检验诸如标志、维修操作、安全性等特性是否适当。

要求在试验中进行外观检查，以检验设备或装置在承受了特殊试验之后仍保持完好，并可以继续进行以后的试验。

要求在全部试验完成之后进行的外观检查，以检验所进行的试验是否对设备或装置有不利影响。零部件的过热信号、紧固件松动和绝缘损伤等应予以注明和修复。

7.3.2 辅助装置检验

诸如接触器、泵、程序设备和风机等辅助装置的功能应予以检验，如果方便，可结合轻载试验一起进行。

7.3.3 绝缘试验

绝缘试验应按GB/T 3859.1实施。

7.3.4 保护装置检验

保护装置的检验应尽可能在不使变流器零件承受超过其额定值应力的状态下进行。由于保护装置及其组合形式繁多,不可能为这些保护装置的检验规定一个通用规则。然而,如果一个系统控制设备用来保护变流器避免电流过载,则应检验其相关的功能。

如果需要进行型式试验和熔断器保护效能试验,则应分别规定其试验条件。

出厂试验应检验保护装置的动作。但是,这并不意味着一定要检验那些基于损坏动作元件,如像熔断器等那样保护装置的动作。

7.3.5 轻载和功能试验

7.3.5.1 轻载试验

同时参见 GB/T 3859.1。

实施轻载试验是为了验证变流器的所有电路部分和冷却系统与主电路一起正确运行。

出厂试验时变流器连接到额定输入电压,而型式试验时则在输入电压的最大值和最小值下试验变流器的功能。如果变流器的臂使用了串联阀器件,则应检验其均压。对于高压变流器,出厂试验时,可以仅在低于额定电压下进行试验。小电流(小于 5 A)设备不需要进行轻载试验。

7.3.5.2 功能试验

同时参见 GB/T 3859.1。

选择试验负载以给出所要求的各种性能。试验期间应验证控制设备、辅助装置、保护装置和主电路一起协调运行。该试验应根据设备型式,采用不同的方法来实现。

如果规定了输出电压、电流和/或输出频率的变化范围,则型式试验时,应在整个范围内改变输出电压、电流和/或频率进行验证。

7.3.6 额定输出试验

实施该试验是为了检验设备在规定的输入电压范围,能以额定输出电流和额定输出电压满意运行。

对于大型设备,可以用一个模拟负载(见附录 A)施加额定电流和电压脉冲进行试验。

进行检验以确认零件和均压电阻器、吸收电阻器、电容器诸装置的正确运行以及它们的正常温升。试验应在额定冷却条件下进行。

如果在臂中使用了并联阀器件,则应在额定电流下检验其均流。该试验可作为型式试验在低于额定电压下实施。

7.3.7 过电流试验

进行该试验是为了检验变流器具备 6.2.2 或 6.3 所规定的额定值。应在规定的时期内施加规定的短时过电流值或实际负载的起动程序,并记录规定的电压和电流值。

该试验的另一个目的是验证阀器件可以安全地关断过电流。对于大型变流器,该试验可能并不可行(见附录 A)。

7.3.8 温升试验

变流器的温升应在额定冷却条件最不利的情况时,在额定输出试验给定的试验条件下测定。如果试验时的温度低于规定的最高温度,则应予以修正。温升试验不限于主电路。在某些情况下,温升试验可以使用测量和计算相结合的方法进行。

温升应在规定点测量,其结果用于验证冷却系统的设计。如果变流器预期有过载情况。则应测量主电路元件和冷却系统的瞬态热阻抗。而如果温升可以通过提供一个等于规定负载电流的电流(根据额定值类型)来测量,则不需要测量瞬态热阻抗。

电子阀器件规定点的温升应记录,并根据温度测量计算等效结温升,以说明变流器能够承载规定负载工作制,并考虑了并联阀器件的实际电流均衡度之后,不超过器件的最高等效结温。

7.3.9 功率损耗测定

变流器的损耗可以根据测量计算确定。对于小型变流器,也可以直接测量。功率损耗可以通过测量冷却媒质带走的热量(用量热计法)和估算流经变流器外壳的热量来评估。

7.3.10 总谐波畸变(THD)或总谐波因数(THF)测量

应在进行额定输出试验时测量输入和/或输出电压和/或电流的 THD 或 THF。除非另有规定,则使用线性负载。测量 THD 更为可取。

当测量有困难时,THD 可以通过计算确定。计算公式的参数须经用户和供货者协议。

7.3.11 功率因数测量

总功率因数或位移因数由测量得到,应规定测量时的负载类型(线性或非线性)、交流电压及其频率。如果功率因数的测量有困难,则可以用计算确定,但应规定计算方法。

7.3.12 输出电压测量

输出电压应在规定的输入电压范围,在规定的负载变化范围和规定的频率变化范围内进行测量。如果可能,应测定输出电压的准确度。

7.3.13 输出电压调节范围确认

输出电压调节范围应在额定输出试验时确认,并考虑以下情况:

a) 规定的输入电压范围;

b) 规定的负载变化范围;和

c) 规定的频率范围。

如果不可行,则可根据轻载试验(见 7.3.5.1)测得的数据进行计算。

7.3.14 输出电压不对称试验

电压不对称可以用电压不对称率和电压不对称因数表示。如果没有其他要求,推荐使用电压不对称率。

三相输出电压的不对称应在规定负载范围的两种负载情况下测量,对于平衡负载条件,最好在空载和满载下测量。如果规定了负载不平衡与电压不对称的关系,则应施加适当的试验来检验。

电压不对称因数可以用如下方法计算(参见图 2)。

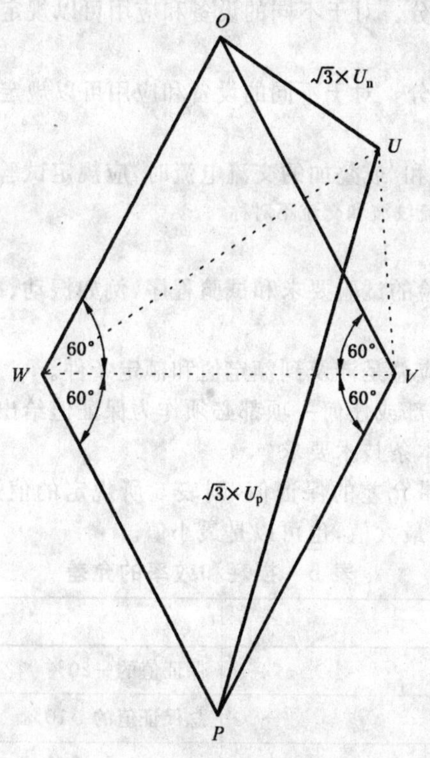

U_n——输出电压的负序分量;

U_p——输出电压的正序分量。

图 2 电压不对称因数计算图

画出如图中虚线表示的线电压UV、VW和WU的三角形，其中，UV、VW和WU为所测得的线电压。以VW为底边，在其两侧各做一个等边三角形，三角形的顶点分别为O和P。矢量PU和OU分别表示输出线电压的正序分量和负序分量的$\sqrt{3}$倍。

电压不对称因数可以用OU对PU之比计算。

7.3.15 输出频率调节范围确认

输出频率调节范围应在进行额定输出试验(见7.3.6)时，在规定输入电压范围和规定负载变化范围内验证。

当输出频率仅仅由控制设备决定时，可在整个温度范围内检验控制设备的调节范围。

7.3.16 输出频率允差带试验

输出频率允差带应在进行温升试验时，在规定输入电压变化范围和规定负载变化范围内验证。

当输出频率仅仅由控制设备决定时，可在整个温度范围内检验控制设备的调节范围。

7.3.17 自动控制检验

当变流器含有诸如自动电压控制、自动电流控制等自动控制电路时，控制设备的静态和动态性能应作为型式试验项目检验，包括检验设备在设计规定的整个供电电压变化范围内能满意运行。

如果满足试验条件有困难，按用户和供货者协议，可采用模拟和稳定性分析的方法。

7.3.18 短路试验

进行短路试验是为了确定变流器的保护等级。如果声明变流器的短路保护需要特殊设计，此时，短路试验仅仅是选择性试验。试验用一个制造厂规定的短路阻抗进行。

7.3.19 音频噪声测量

测量程序和限值应另行规定。

注：整台变流设备的音频噪声可能与单个功能单元的值有显著差异。室内条件(谐振和反射)将产生计算或测量的差异。

7.3.20 抗扰性试验

参见GB/T 17626的相关部分。对于不同的设备和应用可以规定专门的技术要求。

7.3.21 辐射试验

参见GB/T 17626的相关部分。对于不同的设备和应用可以规定专门的技术要求。

7.3.22 纹波电压和电流测量

当要求测量叠加的交流电压和/或叠加的交流电流时，应规定试验条件和试验程序。

注：应考虑设备输入或输出的直流纹波和交流不对称。

7.3.23 附加试验

如果需要，对于任何附加试验的试验要求和试验程序，例如振动、冲击、环境、漂移，应分别规定。

7.4 允差

如果给出了保证值，则它们应总是涉及到额定值和额定条件。

并不是说表4所示项目的全部或任何一项都必须作为保证值给出。但是，在作为保证给出定时，可以带和不带允差，两者均应符合本条技术要求。

如果损耗和/或效率规定为带允差的保证值，则表5所规定的值适用。如果规定的保证值没有允差，则根据具体情况，它们可以是最大值，也可以是最小值。

表5 损耗和效率的允差

项　目	允　差
变流装置的损耗	保证值的+20%
变压器和电抗器的损耗	总保证值的+10%
变流设备的效率	对应+20%损耗，效率允差最小值为-0.2%
注：如果变流设备有输出量的自动控制，则应规定控制量的允差。	

附 录 A
（资料性附录）
大功率变流器试验的例子

A.1 概述

本附录叙述了所要求的大电流试验项目的推荐试验方法，例如由几个变流装置组成的电压型自换相变流器的额定输出试验、过载试验、温升试验和功率损耗测定。由于阀器件的应力应由电流和电压的共同作用来评定，因而，这些试验应在标称电压的条件下实施。对于一个大功率变流器来说，进行满量程试验往往是不可能的。这里叙述的试验方法，意图是不必使用大容量的试验装置，就可以得到可靠的正确评定。

A.2 基本原理

图 A.1 给出了由几个变流装置组成的大型 GTO 变流器试验程序的例子。

如图 A.1 那样的大型变流器试验的基本原理如下：

a） 全部装置在现场组装后进行整体试验，各部分和/或分装置已在工厂分别进行了试验。

b） 涉及变流装置的试验，可以在模块或变流装置两个级别进行。只要试验设施允许，希望在变流装置级进行额定输出试验和温升试验，因为 GTO 和吸收电容器上的电压应力有电路分布电感的影响，而 GTO 模块的试验可能不包括试验电路的等效引线电感，其主要目的是验证 GTO 门极驱动单元运行和 GTO 的均压或电压的均衡情况。

c） 控制设备的控制性能试验，可以结合一个小功率变流器进行验证。

A.3 试验程序

A.3.1 额定输出试验

进行本试验是为了验证变流器在输入和输出电压变化范围内能满意运行。对 GTO 和二极管的电压和电流应力应予以特别注意。为此，以下试验程序是满足要求的。

图 A.2 是一个试验电路图。直流供电源用于为变流装置的直流电容器充电，电抗器 L 作为负载，脉冲发生器是本试验专用的脉冲装置。图 A.3 是 GTO 门极脉冲时序图。在直流电容器充电之后，门极脉冲施加到 GTO，首先，G1 和 G2 分别施加到 GU 和 GY。在 t_1 时间，GU 和 GY 导通，负载电流 I 以 E_d/L 的上升率增加；在 t_2 时间，当电流达到预定值，例如达到额定值时，GU 关断，负载电流 I 转移到 DX；在 t_4 时间，GY 关断，电抗器的能量回馈到直流电容器。如有必要，可观测 GU 导通而电流流过对应二极管时的电压和电流波形，在此同时，电流通过对应的二极管。在 t_3 时间，GU 重新导通，并在 t_4 关断（见图 A.3 虚线所示）。同样的过程适用于其他 GTO。

本试验方法有如下特点：

a） 电流的大小可以通过控制 t_1 和 t_2 的时间间隔很容易地进行调节。

b） 能量损耗极小。

在起动一次试验的基础上，可以测得如下数据：

a） 电流中断时，施加到 GTO 上的电压应力，由此可以估算关断容量。如果没有达到所要求的水平，则应改进吸收器电路。

b） 当一个 GTO 导通，随之环流流过二极管时，施加到对应 GTO 和二极管上的电压应力。

c） 如果每臂 GTO 之间的电压不均衡度超过限值，则应以修正。[3)]

3） IEC 60146-2:1999 的本条款号误为 a)。

A.3.2 过电流试验

进行过电流试验是为了验证所有部分运行时不发生损坏。重点是检验 GTO 和二极管在过电流的保护水平上允许的电压和电流应力。该试验的程序与额定输出试验相同。

A.3.3 温升试验

如果变流器用来产生无功功率,则适用零功率因数试验,用一个电抗器做负载。然而,在通常不是零功率因数情况下,额定条件下的试验就需要太大的直流电源和负载。因而,可考虑采用其他方法。

若仅仅是关注 GTO 和二极管,可以进行 GTO 模块的直流电流试验。确定电流幅值的依据是使功率损耗等于通态损耗与开关损耗之和。

另一种实用的方法是利用由零功率因数试验得到的数据。零功率因数试验和规定功率因数试验的差别在以下条款中考虑。

在直流电流试验和零功率因数试验两种情况下,应根据被试器件承受的额定电流份额选取试验电流。

A.3.3.1 GTO 和二极管

考虑两种情况。一种情况是开关时刻相对于负载电流的相位不是固定的,非同步 PWM 变流器就是这种情况。GTO 的开关损耗与负载功率因数无关。因而,所检验的仅仅是通态损耗的差异。另一种情况是如同步 PWM 变流器那样,开关时刻相对于负载电流的相位是固定的。此时,GTO 的开关损耗就与负载的位移因数 $\cos\phi_1$ 有关。开关损耗和通态损耗将根据负载的功率因数进行检验。

计算零功率因数时的损耗,并与试验数据进行比较。如果两组数据吻合,则认为在规定位移因数下估算的损耗和温升是合适的。因为一个低电感量的负载电抗器可能产生很大的谐波电流,因而希望使用大电感量的负载。这种情况仅限于非同步 PWM 变流器。

A.3.3.2 吸收电路

有关吸收电路的损耗,类似于 GTO 的开关损耗,可同样按上述两种情况考虑。

A.3.3.3 直流电容器

流过直流电容器的电流与负载电流、负载功率因数、负载电流中的谐波含量、PWM 控制的调制因数、电源中所含的纹波电流等有关。同时,也受其他变流装置的影响。因而,所测得的数据应与计算值进行比较。

A.3.4 功率损耗测定

效率不是直接测量,而是通过估计各部件和装置的损耗进行计算。关键是如何估计或测量各个损耗。有关 GTO 开关损耗的估计,最好通过使用上述推荐的试验程序测得的开通和关断的电压和电流波形来确定。在测量 GTO 电流时,可能影响电压波形,从而影响到开关损耗。因此,应考虑一个预计的修正。

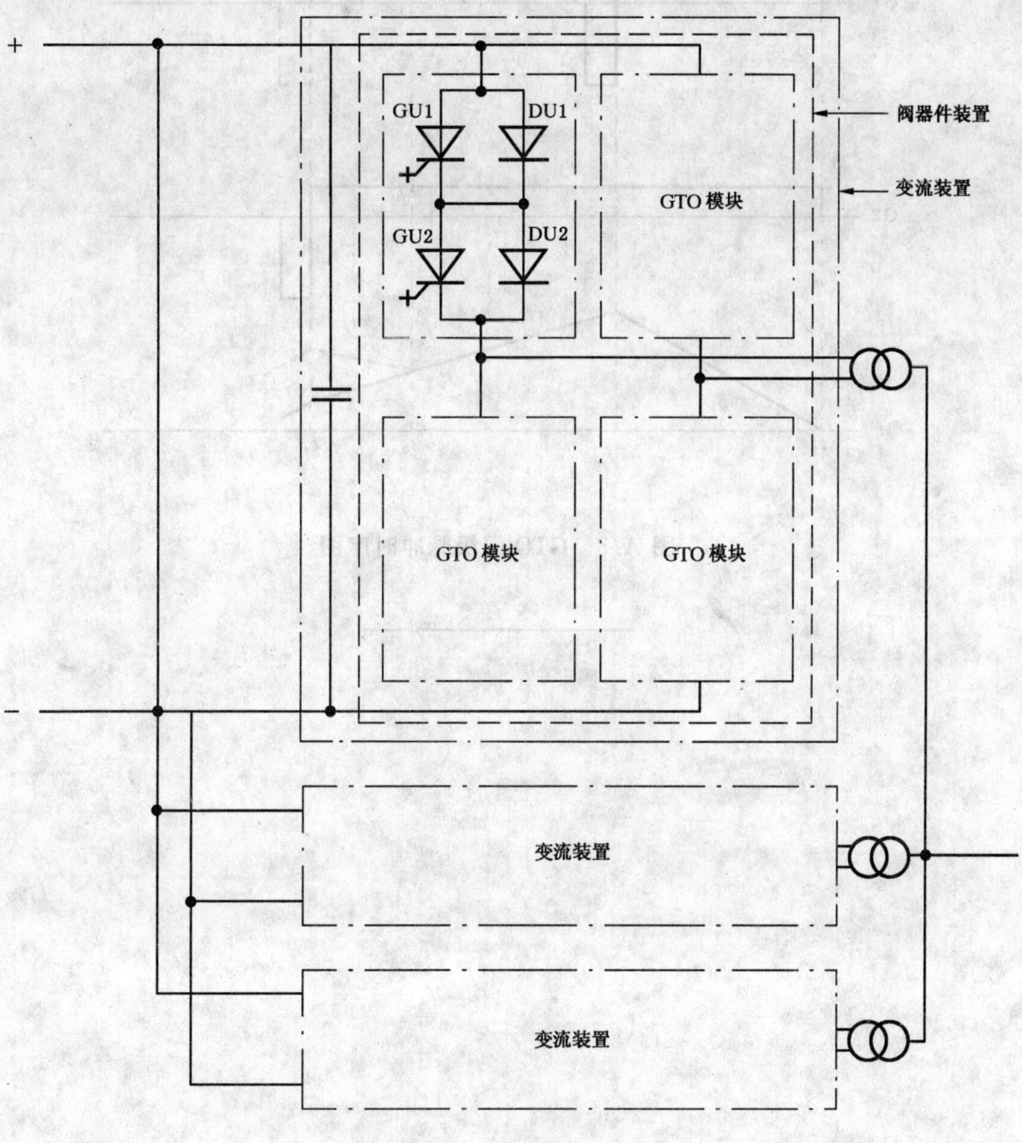

+
−
GU1
DU1
GU2
DU2
阀器件装置
变流装置
GTO 模块
GTO 模块
GTO 模块
变流装置
变流装置

图 A.1 大型变流器的例子

+
−
E_d
GU
DU
GV
DV
GX
DX
GY
DY
L
I

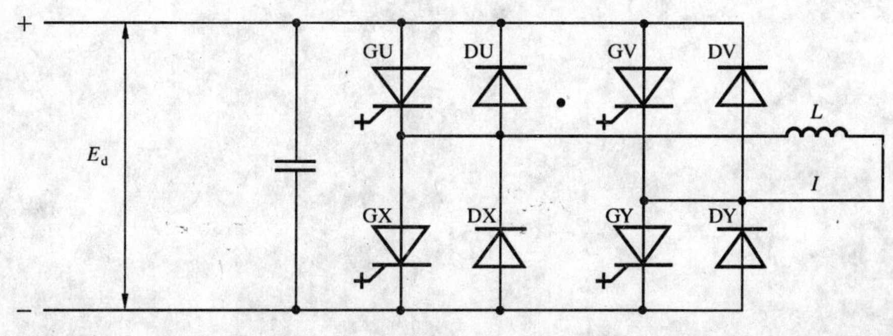

图 A.2 变流装置的试验电路

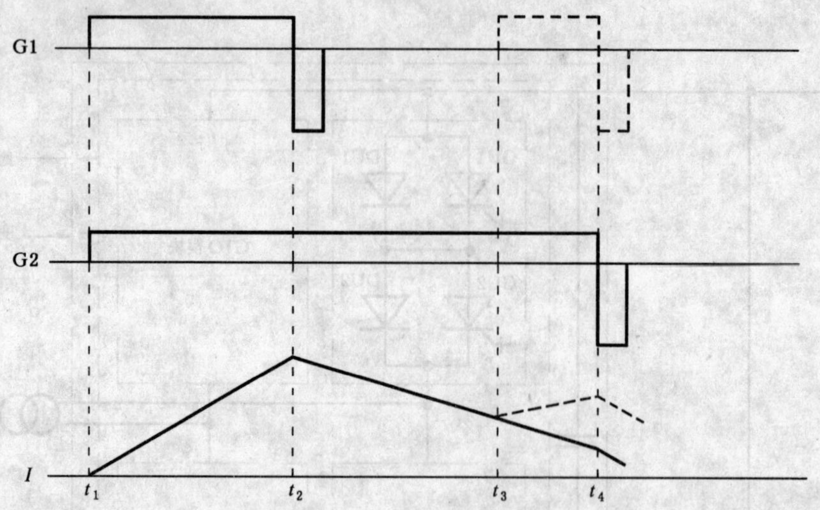

图 A.3 GTO 门极脉冲时序图

ICS 65.150
B 56

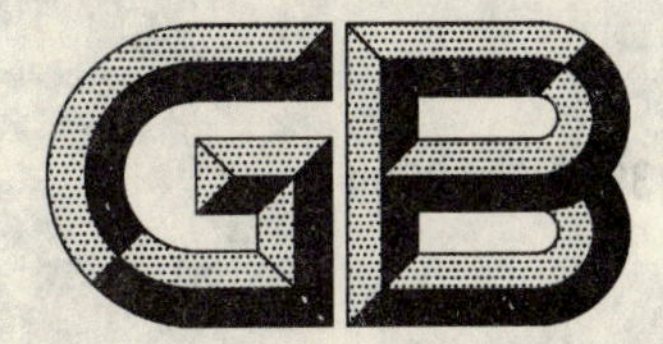

中华人民共和国国家标准

GB/T 3939.1—2004
代替 GB/T 3939—1983

主要渔具材料命名与标记 网线

Nomenclature and signs of main fishing gear material—Netting twine

2004-11-09 发布 2005-03-01 实施

中华人民共和国国家质量监督检验检疫总局
中国国家标准化管理委员会 发布

前　言

GB/T 3939《主要渔具材料命名与标记》分为如下五个部分：

——GB/T 3939.1—2004《主要渔具材料命名与标记　网线》；

——GB/T 3939.2—2004《主要渔具材料命名与标记　网片》；

——GB/T 3939.3—2004《主要渔具材料命名与标记　绳索》；

——GB/T 3939.4—2004《主要渔具材料命名与标记　浮子》；

——GB/T 3939.5—2004《主要渔具材料命名与标记　沉子》。

本部分为 GB/T 3939 的第 1 部分。

本部分是对 GB/T 3939—1983《网线标识》的修订。其重要技术内容有以下修改：

——本部分名称由《网线标识》改为《主要渔具材料命名与标记　网线》；

——增加命名部分，并将标识完整为标记；

——省略了标记中的单位符号；

——简便标记由捻线扩大至单丝和编线；

——捻线简便标记时，除以综合线密度表示外，亦可以结构进行表示。

本部分使用 SC/T 5001 《渔具材料基本术语》中的定义。

本部分由农业部渔业局提出。

本部分由全国水产标准化技术委员会渔具及渔具材料分技术委员会(TC 156/SC 4)归口。

本部分起草单位：中国水产科学研究院东海水产研究所、山东省海洋水产研究所。

本部分主要起草人：柴秀芳、乐伟章、邹本全。

本部分委托中国水产科学研究院东海水产研究所负责解释。

本部分所代替标准的历次版本发布情况为：

——GB/T 3939—1983。

主要渔具材料命名与标记 网线

1 范围

GB/T 3939 的本部分规定了网线命名的原则和标记的组成。

本部分适用于未经任何处理的网线命名和标记。经化学或物理处理过的网线，如用综合线密度标记，则须注明。

2 规范性引用文件

下列文件中的条款通过 GB/T 3939 的本部分的引用而成为本部分的条款。凡是注日期的引用文件，其随后所有的修改单（不包括勘误的内容）或修订版均不适用于本部分，然而，鼓励根据本部分达成协议的各方研究是否可使用这些文件的最新版本。凡是不注日期的引用文件，其最新版本适用于本部分。

SC/T 5001 渔具材料基本术语

3 术语和定义

SC/T 5001 确立的术语和定义适用于 GB/T 3939 的本部分。

4 命名

网线按纤维材料进行分类的原则命名。

4.1 当网线由单一纤维材料组成时，在纤维材料的中文名称后接“网线”二字作为产品名称。

4.2 当网线由两种及两种以上纤维材料组成时，以其主次按序写纤维材料的中文名称后接“网线”二字作为产品名称。

4.3 当网线结构为单丝型式时，在纤维材料的中文名称后接“单丝”二字作为产品名称。

5 单丝标记

5.1 单丝标记，应按次序包括下列四项：

a) 产品名称；

b) 单丝的公称直径，以毫米值表示；

c) 单丝的线密度，以特克斯值表示；

d) 标准号。

5.2 a)与后项之间和 d)与前项之间留一字空位。

5.3 b)在公称直径的数值之前，应写上“Φ”。c)在线密度的数值之前，应写上“ρ_x”。

示例：渔用锦纶 6 单丝 Φ 0.40 ρ_x 150 SC 5004

这表示按 SC 5004《渔用锦纶 6 单丝》生产的公称直径为 0.40 mm、线密度为 150 tex 的渔用锦纶 6 单丝。

6 捻线标记

6.1 捻线标记，应按次序包括下列八项：

a) 产品名称；

b) 单丝或单纱的线密度，以特克斯值表示；

c) 初捻后线股的单丝或单纱根数；

d) 复捻后复捻线的股数；

e) 复合捻后复合捻线的股数；

f) 综合线密度，以特克斯值表示；

g) 成品的最终捻向，用“S”或“Z”表示；

h) 标准号。

6.2 a)、b)之间和 h)与前项之间留一字空位。

6.3 b)在线密度的数值之前，应写上“ρ_x”。b)～e)之间用“×”号连接。

6.4 网线若为单捻线则无 d)、e)；若为复捻线则无 e)。

6.5 f)在综合线密度的数值之前，应写上“R”。

6.6 成品的最终捻向为 Z 捻时，可省略 g)特征。

示例 1：锦纶渔网线 ρ_x 23×3R75S SC 5006

表示按 SC 5006《锦纶渔网线》生产、以 3 根线密度为 23 tex 的锦纶复丝一次加捻而成的综合线密度为 75 tex、最终捻向为 S 的单捻线。

示例 2：锦纶渔网线 ρ_x 23×6×3R460 SC 5006

表示按 SC 5006《锦纶渔网线》生产、以 6 根线密度为 23 tex 的锦纶复丝捻成股、再以 3 股捻成综合线密度为 460 tex 的最终捻向为 Z 的复捻线。

示例 3：乙纶渔网线 ρ_x 36×6×3×3R2140 SC 5007

表示按 SC 5007《乙纶渔网线》生产、以 6 根线密度为 36 tex 的乙纶单丝捻成股、再以 3 股捻成复捻线、最后以 3 股复捻线捻成综合线密度为 2140 tex 的最终捻向为 Z 的复合捻线。

7 编线标记

7.1 编线标记，应按次序包括下列三项：

a) 产品名称；

b) 综合线密度，以特克斯值表示；

c) 标准号。

7.2 a)、b)之间和 b)、c)之间留一字空位。

7.3 b)在综合线密度的数值之前，应写上“R”。

8 简便标记

8.1 在产品标志、渔具制图、网片标记、网线由不同材料组成等场合全面标记太复杂时，可采用简便标记。

8.2 a)产品名称用纤维材料的代号后接“—”号表示。a)与后项之间不留空位。当网线由两种及两种以上纤维材料组成时，在纤维材料代号之间用“—”号连接。

8.3 单丝简便标记时，省略第 5 章之 b)或省略 c)。

示例：第 5 章的示例简便标记为：

PA6—ρ_x 150 SC 5004

或 PA6—Φ 0.40 SC 5004

8.4 捻线简便标记时，省略第 6 章之 b)～e)或以单丝(单纱)的总根数代替 c)～e)并省略 f)。

示例：第 6 章的示例 3 简便标记为：

PE—R2140 SC 5007

或 PE—ρ_x 36×54 SC 5007

ICS 65.150
B 56

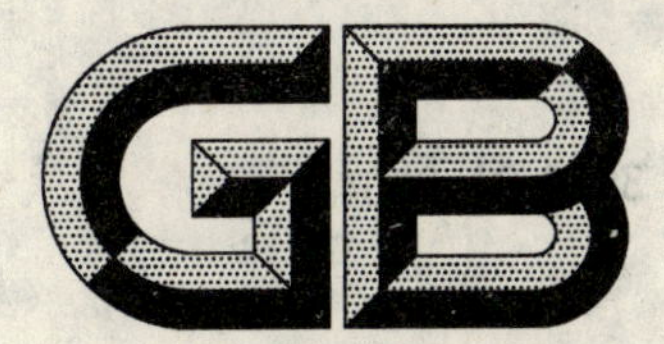

中华人民共和国国家标准

GB/T 3939.2—2004
代替 GB/T 3940—1983

主要渔具材料命名与标记　网片

Nomenclature and signs of main fishing gear material—Netting

2004-11-09 发布　　　　2005-03-01 实施

中华人民共和国国家质量监督检验检疫总局
中国国家标准化管理委员会　发布

前　言

GB/T 3939《主要渔具材料命名与标记》分为如下五个部分：

——GB/T 3939.1—2004《主要渔具材料命名与标记　网线》；

——GB/T 3939.2—2004《主要渔具材料命名与标记　网片》；

——GB/T 3939.3—2004《主要渔具材料命名与标记　绳索》；

——GB/T 3939.4—2004《主要渔具材料命名与标记　浮子》；

——GB/T 3939.5—2004《主要渔具材料命名与标记　沉子》。

本部分为 GB/T 3939 的第 2 部分。

本部分是对 GB/T 3940—1983《网片标识》的修订。其重要技术内容有以下修改：

——本部分名称由《网片标识》改为《主要渔具材料命名与标记　网片》；

——增加命名部分，并将标识完整为标记；

——增加了无结网片的标记；

——删除了网片类别特征；

——省略了标记中的单位符号；

——增加了简便标记。

本部分使用 SC/T 5001《渔具材料基本术语》中的定义。

本部分由农业部渔业局提出。

本部分由全国水产标准化技术委员会渔具及渔具材料分技术委员会(TC 156/SC 4)归口。

本部分起草单位：中国水产科学研究院东海水产研究所、山东省海洋水产研究所。

本部分主要起草人：柴秀芳、乐伟章、邹本全。

本部分委托中国水产科学研究院东海水产研究所负责解释。

本部分所代替标准的历次版本发布情况为：

——GB/T 3940—1983。

主要渔具材料命名与标记　网片

1　范围

GB/T 3939 的本部分规定了网片命名的原则和标记的组成。

本部分适用于未经涂料处理的网片命名和标记。经涂料处理过的网片，标记时须注明。

2　规范性引用文件

下列文件中的条款通过 GB/T 3939 的本部分的引用而成为本部分的条款。凡是注日期的引用文件，其随后所有的修改单(不包括勘误的内容)或修订版均不适用于本部分，然而，鼓励根据本部分达成协议的各方研究是否可使用这些文件的最新版本。凡是不注日期的引用文件，其最新版本适用于本部分。

GB/T 3939.1　主要渔具材料命名和标记　网线

SC/T 5001　渔具材料基本术语

3　术语和定义

SC/T 5001 确立的术语和定义适用于 GB/T 3939 的本部分。

4　命名

网片按纤维材料进行分类的原则命名。

4.1　当网片由单一纤维材料组成时，在纤维材料的中文名称后接“网片”二字作为产品名称。

4.2　当网片由两种及两种以上纤维材料组成时，以其主次按序写纤维材料的中文名称后接“网片”二字作为产品名称。

5　标记

5.1　本部分标记的网线技术特性部分采用 GB/T 3939.1 的简便标记。

5.2　网片标记，应按次序包括下列七项：

a) 产品名称；

b) 网线技术特性；

c) 双线网片，以乘 2 表示；

d) 网目长度(目大)，以毫米值表示；

e) 网片尺寸，以横向目数和纵向目数表示；

f) 网片结构形式，以网片代号表示；

g) 标准号。

5.3　a)、b)之间和 g)与前项之间留一字空位。

5.4　b)，单丝有结网片以单丝公称直径的毫米值表示，在数值之前写上“Φ”；捻线有结网片以捻线的单丝(单纱)线密度的特克斯值乘其总根数表示，在线密度的数值之前写上“ρ_x”；编线有结网片以编线的综合线密度的特克斯值表示，在数值之前写上“R”；经编、辫编、绞捻网片以目脚的单丝(单纱)线密度的特克斯值乘其根数表示，在线密度的数值之前写上“ρ_x”；插捻、平织网片以经、纬纱的线密度的特克斯值表示，在数值之前写上“ρ_x”。

5.5　单线、单丝网片或无结网片则无 c)。

5.6 d)，用"—"号与前项连接。

5.7 e)，横向目数之前写上"T"，纵向目数之前写上"N"。

5.8 对于插捻、平织网片，d)为经纱密度乘以纬纱密度；e)以幅宽乘长度的米数表示。

5.9 f)，活结、死结、双死结、经编、辫编、绞捻、插捻、平织、成型网片的代号分别为 HJ、SJ、SS、JB、BB、JN、CN、PZ、CX。

示例：渔用乙纶机织网片 单线单死结型 ρ_x 36×12—40T400N250SJ SC 5008

表示按 SC 5008《渔用乙纶机织网片 单线单死结型》生产、网线是由 12 根线密度为 36 tex 的乙纶单丝捻成的复捻线、最终捻向为 Z、目大为 40 mm、网片尺寸为横向 400 目、纵向 250 目的单线单死结网片。

6 简便标记

6.1 在产品标志、渔具制图、网片由不同材料组成等场合全面标记太复杂时，可采用简便标记。

6.2 a)产品名称用纤维材料的代号后接"—"号表示。a)、b)之间不留空位。当网片由两种及两种以上纤维材料组成时，在纤维材料代号之间用"—"号连接。

6.3 在不需表明网片尺寸时，可省略 e)。

示例：第 5 章的示例简便标记为：

PE—ρ_x 36×12—40SJ SC 5008

ICS 65.150
B 56

中华人民共和国国家标准

GB/T 3939.3—2004
代替 GB/T 3941—1983

主要渔具材料命名与标记　绳索

Nomenclature and signs of main fishing gear material—Rope

2004-11-09 发布　　2005-03-01 实施

中华人民共和国国家质量监督检验检疫总局
中国国家标准化管理委员会　发布

前 言

GB/T 3939《主要渔具材料命名与标记》分为如下五个部分:

——GB/T 3939.1—2004《主要渔具材料命名与标记　网线》;

——GB/T 3939.2—2004《主要渔具材料命名与标记　网片》;

——GB/T 3939.3—2004《主要渔具材料命名与标记　绳索》;

——GB/T 3939.4—2004《主要渔具材料命名与标记　浮子》;

——GB/T 3939.5—2004《主要渔具材料命名与标记　沉子》。

本部分为 GB/T 3939 的第 3 部分。

本部分是对 GB/T 3941—1983《绳索标识》的修订。其重要技术内容有以下修改:

——本部分名称由《绳索标识》改为《主要渔具材料命名与标记　绳索》;

——增加命名部分,并将标识完整为标记;

——将绳索的类别、绳股数合并为绳索的结构型式;

——以绳索的公称直径为主要特征进行标记,删除了绳纱的线密度、绳纱数、综合线密度三项特征;

——省略了标记中的单位符号。

本部分使用 SC/T 5001《渔具材料基本术语》中的定义。

本部分由农业部渔业局提出。

本部分由全国水产标准化技术委员会渔具及渔具材料分技术委员会(TC 156/SC 4)归口。

本部分起草单位:中国水产科学研究院东海水产研究所、山东省海洋水产研究所。

本部分主要起草人:柴秀芳、乐伟章、邹本全。

本部分委托中国水产科学研究院东海水产研究所负责解释。

本部分所代替标准的历次版本发布情况为:

——GB/T 3941—1983。

主要渔具材料命名与标记　绳索

1　范围

GB/T 3939 的本部分规定了绳索命名的原则和标记的组成。

本部分适用于未经浸渍或涂层处理的植物纤维绳、合成纤维绳及混合绳的命名和标记。经浸渍或涂层处理过的绳索，标记时须注明。

2　规范性引用文件

下列文件中的条款通过 GB/T 3939 的本部分的引用而成为本部分的条款。凡是注日期的引用文件，其随后所有的修改单（不包括勘误的内容）或修订版均不适用于本部分，然而，鼓励根据本部分达成协议的各方研究是否可使用这些文件的最新版本。凡是不注日期的引用文件，其最新版本适用于本部分。

SC/T 5001　渔具材料基本术语

3　术语和定义

SC/T 5001 确立的术语和定义适用于 GB/T.3939 的本部分。

4　命名

绳索按材料进行分类的原则命名。

4.1　当绳索由单一纤维材料组成时，在纤维材料的中文名称后接“绳”字作为产品名称。

4.2　当绳索由两种及两种以上纤维材料组成时，以其主次按序定纤维材料的中文名称后接“绳”字作为产品名称。

4.3　当绳索由纤维材料与钢丝绳组成混合绳时，在纤维材料的中文名称后接“包芯绳”（或“夹芯绳”）三字作为产品名称。

5　标记

5.1　绳索标记，按次序包括下列五项：

a) 产品名称；

b) 绳索的结构型式，以代号表示；

c) 绳索的公称直径，以毫米值表示；

d) 捻绳的最终捻向，以“S”或“Z”表示；

e) 标准号。

5.2　a)、b)之间和 e)与前项之间留一字空位。

5.3　b)，绳索结构为三股复捻、四股复捻、三股复合捻、八股编绞、无芯编织、有芯编织、单股初捻、六股复捻的代号分别为 A、B、C、E、H、K、I、J。

5.4　对于最终捻向为 Z 捻的捻绳可省略 d)，编绳则无 d)。

示例 1：三股乙纶单丝绳索　A24　SC 5013

表示按 SC 5013《三股乙纶单丝绳索》生产、公称直径为 24 mm、最终捻向为 Z 捻、三股复捻的三股乙纶单丝绳索。

示例 2：三股聚丙烯单丝绳索　E64　GB/T 8050

表示按 GB/T 8050《三股和八股聚丙烯单丝或薄膜绳索特性》生产、公称直径为 64 mm、八股编绞的三股聚丙烯单丝绳索。

示例 3:丙纶裂膜夹钢丝绳 A24 SC/T 5017

表示按 SC/T 5017《丙纶裂膜夹钢丝绳》生产、公称直径为 24 mm、最终捻向为 Z 捻、三股复捻的丙纶裂膜夹钢丝绳。

6 简便标记

6.1 在产品标志、渔具制图等场合,可采用简便标记。

6.2 a)产品名称用纤维材料的代号后接"—"表示。a)、b)之间不留空位。

6.3 当绳索由两种及两种以上纤维材料组成时,在纤维材料代号之间用"—"号连接。

6.4 当绳索由纤维材料与钢丝绳组成混合绳时,用"COMB"表示夹芯绳,用"COMP"表示包芯绳。

示例 1:第 5 章示例 1 简便标记为:

PE—A24 SC 5013

示例 2:第 5 章示例 2 简便标记为:

PP—E64 GB/T 8050

示例 3:第 5 章示例 3 简便标记为:

PPCOMB—A24 SC/T 5017

ICS 65.150
B 56

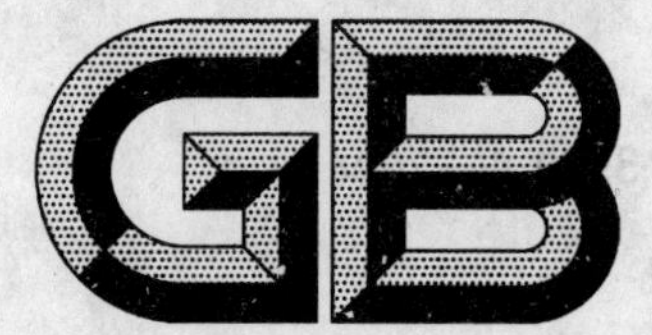

中华人民共和国国家标准

GB/T 3939.4—2004
代替 GB/T 3942—1983

主要渔具材料命名与标记 浮子

Nomenclature and signs of main fishing gear material—Float

2004-11-09 发布　　2005-03-01 实施

中华人民共和国国家质量监督检验检疫总局
中国国家标准化管理委员会　发布

前　言

GB/T 3939《主要渔具材料命名与标记》分为如下五个部分：

——GB/T 3939.1—2004《主要渔具材料命名与标记　网线》；

——GB/T 3939.2—2004《主要渔具材料命名与标记　网片》；

——GB/T 3939.3—2004《主要渔具材料命名与标记　绳索》；

——GB/T 3939.4—2004《主要渔具材料命名与标记　浮子》；

——GB/T 3939.5—2004《主要渔具材料命名与标记　沉子》。

本部分为 GB/T 3939 的第 4 部分。

本部分是对 GB/T 3942—1983《浮子标识》的修订。其重要技术内容有以下修改：

——本部分名称由《浮子标识》改为《主要渔具材料命名与标记　浮子》；

——增加命名部分，并将标识完整为标记；

——删除了浮力特征；

——省略了标记中的单位符号；

——增加了简便标记。

本部分使用 SC/T 5001《渔具材料基本术语》中的定义。

本部分由农业部渔业局提出。

本部分由全国水产标准化技术委员会渔具及渔具材料分技术委员会(TC 156/SC 4)归口。

本部分起草单位：中国水产科学研究院东海水产研究所、山东省海洋水产研究所。

本部分主要起草人：柴秀芳、乐伟章、邹本全。

本部分委托中国水产科学研究院东海水产研究所负责解释。

本部分所代替标准的历次版本发布情况为：

——GB/T 3942—1983。

主要渔具材料命名与标记　浮子

1 范围

GB/T 3939 的本部分规定了浮子命名的原则和标记的组成。

本部分适用于渔用塑料浮子的命名和标记。

2 规范性引用文件

下列文件中的条款通过 GB/T 3939 的本部分的引用而成为本部分的条款。凡是注日期的引用文件,其随后所有的修改单(不包括勘误的内容)或修订版均不适用于本部分,然而,鼓励根据本部分达成协议的各方研究是否可使用这些文件的最新版本。凡是不注日期的引用文件,其最新版本适用于本部分。

SC/T 5001　渔具材料基本术语

3 术语和定义

SC/T 5001 确立的术语和定义适用于 GB/T 3939 的本部分。

4 命名

浮子按材料进行分类的原则命名。在材料的中文名称后接“浮子”二字作为产品名称。

注:丙烯腈-丁二烯-苯乙烯共聚物的名称用其代号“ABS”表示。

5 泡沫塑料浮子标记

5.1　泡沫塑料浮子标记,应按次序包括下列四项:

a) 产品名称;

b) 外形尺寸:球形为外径,圆柱形为外径乘长度,其他形状为外形最大的长乘宽乘厚,以毫米值表示;

c) 孔径:以毫米值表示;

d) 标准号。

5.2　a)、b)之间和 d)与前项之间留一字空位。

5.3　b)在外径的毫米值之前,应写上“Φ”。

5.4　c)在孔径的毫米值之前,应写上“D”;若无串心孔,则无 c)。

示例:泡沫塑料浮子　聚氯乙烯球形　Φ 120 D 15　SC/T 5009

表示按 SC/T 5009《泡沫塑料浮子　聚氯乙烯球形》生产、外径为 120 mm、孔径为 15 mm 的泡沫塑料浮子　聚氯乙烯球形。

6 硬质塑料浮子标记

6.1　硬质塑料浮子标记,应按次序包括下列四项:

a) 产品名称;

b) 外形尺寸:球形为外径,非球形为外形最大的长乘宽乘厚,以毫米值表示;

c) 耐压水深,以米值表示;

d) 标准号。

6.2 a)、b)之间和 c)、d)之间留一字空位。b)、c)之间用“—”号连接。

6.3 b)在外径的毫米值之前,应写上“Φ”。

7 简便标记

7.1 在产品标志、渔具制图和浮子为非球形、非圆柱形等场合,可采用简便标记。

7.2 a)产品名称用材料的代号后接“—”号表示。a)、b)之间不留空位。

7.3 外形尺寸和孔径在不需表明时,可用代号来表示。

示例:第 5 章的示例简便标记为:

PVC—Φ120D15 SC/T 5009

ICS 65.105
B 56

中华人民共和国国家标准

GB/T 3939.5—2004

主要渔具材料命名与标记 沉子

Nomenclature and signs of main fishing gear material—Sinker

2004-11-09 发布 2005-03-01 实施

中华人民共和国国家质量监督检验检疫总局
中国国家标准化管理委员会 发布

前 言

GB/T 3939《主要渔具材料命名与标记》分为如下五个部分:

——GB/T 3939.1—2004《主要渔具材料命名与标记 网线》;

——GB/T 3939.2—2004《主要渔具材料命名与标记 网片》;

——GB/T 3939.3—2004《主要渔具材料命名与标记 绳索》;

——GB/T 3939.4—2004《主要渔具材料命名与标记 浮子》;

——GB/T 3939.5—2004《主要渔具材料命名与标记 沉子》。

本部分为 GB/T 3939 的第 5 部分。

沉子是渔具的重要属具,是主要的渔具材料之一。本部分作为《主要渔具材料命名与标记》系列标准而制定,目的是使沉子的命名和标记有统一的规范。

本部分使用 SC/T 5001《渔具材料基本术语》中的定义。

本部分由农业部渔业局提出。

本部分由全国水产标准化技术委员会渔具及渔具材料分技术委员会(TC 156/SC 4)归口。

本部分起草单位:中国水产科学研究院东海水产研究所。

本部分主要起草人:柴秀芳、乐伟章。

本部分委托中国水产科学研究院东海水产研究所负责解释。

主要渔具材料命名与标记　沉子

1　范围

GB/T 3939 的本部分规定了沉子命名的原则和标记的组成。

本部分适用于渔用沉子的命名和标记。

2　规范性引用文件

下列文件中的条款通过 GB/T 3939 的本部分的引用而成为本部分的条款。凡是注日期的引用文件，其随后所有的修改单(不包括勘误的内容)或修订版均不适用于本部分，然而，鼓励根据本部分达成协议的各方研究是否可使用这些文件的最新版本。凡是不注日期的引用文件，其最新版本适用于本部分。

SC/T 5001　渔具材料基本术语

3　术语和定义

SC/T 5001 确立的术语和定义适用于 GB/T 3939 的本部分。

4　命名

沉子按材料进行分类的原则命名。

4.1　当沉子由单一材料组成时，在材料的中文名称后接“沉子”二字作为产品名称。

4.2　当沉子由两种及两种以上材料组成时，以主要材料的中文名称后接“复合沉子”四字作为产品名称。

5　标记

5.1　沉子标记，应按次序包括下列四项：

a) 产品名称；

b) 外形尺寸：圆柱形为外径乘长度，腰鼓形为最大外径乘长度，球形为外径，其他形状为外形最大的长乘宽乘厚，以毫米值表示；

c) 孔径：以毫米值表示；

d) 标准号。

5.2　a)、b)之间和 d)与前项之间留一字空位。

5.3　b)在外径的数值之前，应写上“Φ”。

5.4　c)在孔径的数值之前，应写上“D”；若无串心孔，则无 c)。

6　简便标记

6.1　在产品标志、渔具制图中，可采用简便标记。

6.2　a)产品名称用材料的代号后接“—”表示。当沉子由两种及两种以上材料组成时，以其主次按序在材料代号之间用“—”号连接。a)之后不留空位。沉子常用材料代号见表 1。

表 1 沉子常用材料代号

材 料	代 号	材 料	代 号
铅	Pb	水泥	CEM
铁	Fe	聚氯乙烯	PVC
橡胶	RUB	不饱和聚酯树脂	DAP
陶土	CER	硫酸钡	B
岩石	STO		

6.3 b)外形尺寸和 c)孔径在不需表明时,可用"—"代号来表示。

ICS 31.060.70
K 42

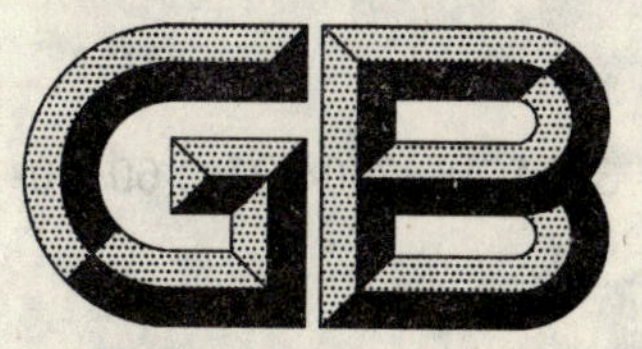

中华人民共和国国家标准

GB/T 3984.1—2004/IEC 60110-1:1998

感应加热装置用电力电容器 第1部分:总则

Power capacitors for induction heating installations—Part 1:General

(IEC 60110-1:1998,IDT)

2004-02-04 发布 2004-08-01 实施

中华人民共和国国家质量监督检验检疫总局
中国国家标准化管理委员会 发布

前言

GB/T 3984《感应加热装置用电力电容器》分为两个部分：

第1部分：总则；

第2部分：老化试验、破坏试验和内部熔丝隔离要求。

本部分为GB/T 3984的第1部分，本标准等同采用IEC 60110-1:1998《感应加热装置用电力电容器 第1部分：总则》。

本部分与JB 7110—1993《电热电容器》主要差别有：

a) 适用频率由原来40 Hz～24 000 Hz改为50 kHz及以下；

b) 原标准中只有水冷式和空气自冷式电容器，本部分中增加了强迫通风电容器的要求及相应的规定；

c) 本部分增加了短路放电试验、冷却管密封试验、自愈性试验(对自愈式介质的电容器)的要求；

d) 交流极间电气强度试验由原来的2.15 U_N 持续10 s改为2.0 U_N 持续10 s。直流极间电气强度试验由原来的4.3 U_N 持续10 s改为4.0 U_N 持续10 s；

e) 极对壳耐压试验也由原来的三档改为2.15 U_m，最小值为2 000 V，历时10 s。

本部分的附录A为规范性附录，附录B、附录C为资料性附录。

本部分由中国电器工业协会提出。

本部分由全国电力电容器标准化技术委员会(CSBTS/TC 45)归口。

本部分起草单位：西安电力电容器研究所、上虞电力电容器有限公司。

本部分主要起草人：郭天兴、陈柏富。

本部分所代替标准的历次版本发布情况为：

——JB 732—1965、JB 732—1975、GB 3984—1983、JB 7110—1993。

感应加热装置用电力电容器
第1部分:总则

1 概述

1.1 范围

GB/T 3984 的本部分适用于标称电压不大于3.6 kV,频率为50 kHz及以下的可控或可调的交流电压系统中,专门用来改善感应加热、熔化、搅拌或铸造装置,以及类似应用场合的功率因数的户内电容器单元和户内电容器组。

对于由内部元件熔丝保护的电容器的附加要求在GB/T 3984.2中给出。

本部分不适用于下列电容器:

——电力系统用串联电容器;

——电动机用电容器及其类似者;

——耦合电容器及电容分压器;

——标称电压1 kV及以下交流电力系统用自愈式并联电容器;

——标称电压1 kV以上交流电力系统用并联电容器;

——标称电压1 kV及以下交流电力系统用非自愈式并联电容器;

——荧光灯和放电灯用小型交流电容器;

——电力电子电路用电容器;

——微波炉用电容器;

——抑制无线电干扰用电容器;

——拟在叠加有直流电压的交流电压下使用的电容器。

各附件,诸如绝缘子、开关、仪用互感器、外部熔断器等均应符合相应的国家标准。

本部分的目的是:

a) 阐述关于性能、试验和定额的统一规则;

b) 阐述特殊的安全规则;

c) 提供安装和使用导则。

1.2 规范性引用文件

下列文件中的条款通过GB/T 3984本部分的引用而成为本部分的条款。凡是注日期的引用文件,其随后所有的修改单(不包括勘误的内容)或修订版均不适用于本部分,然而,鼓励根据本部分达成协议的各方研究是否可使用这些文件的最新版本。凡是不注日期的引用文件,其最新版本适用于本部分。

GB/T 2900.16 电工术语:电力电容器(GB/T 2900.16—1996,neq IEC 60050(436):1990)

GB/T 3984.2 感应加热装置用电力电容器 第2部分:老化试验,破坏试验和内部熔丝隔离要求(GB/T 3984.2—2004,IEC 60110-2:2000,IDT)

GB/T 6115(所有部分) 电力系统用串联电容器(eqv IEC 60143(所有部分))

GB/T 12747(所有部分) 标称电压1 kV及以下交流电力系统用自愈式并联电容器(IEC 60831(所有部分),IDT)

GB/T 11024(所有部分) 标称电压1 kV以上交流电力系统用并联电容器(eqv IEC 60871(所有部分)

GB/T 17886(所有部分) 标称电压1 kV及以下交流电力系统用非自愈式并联电容器

(idt IEC 60931(所有部分))

JB/T 8957　检验电容器损耗角正切测量准确度的方法(JB/T 8957—1999,idt IEC 60996:1989)

1.3　定义

本部分采用下列定义:

1.3.1

(电容器)元件　(capacitor) element

主要是由电介质和被它隔开的两电极构成的部件。

1.3.2

(电容器)单元　(capacitor) unit

由一个或多个电容器元件组装于同一外壳中并将端子引出的组装体。

1.3.3

自愈式电容器　self-healing capacitor

在电介质局部击穿之后能迅速地基本上恢复其电性能的电容器。

1.3.4

(电容器)组　(capacitor) bank

连接起来共同起作用的若干电容器单元。

1.3.5

电容器　capacitor

在本部分中,电容器一词是当不需要特别强调电容器单元或电容器组的不同含义时的用语。

1.3.6

电容器装置　capacitor installation

一个或多个电容器组及其附件。

1.3.7

放电器件(电容器的)　discharge device(of a capacitor)

一种可装于电容器内部的、当电容器从电源断开后能在给定时间内将电容器端子间的电压几乎降低到零的器件。

1.3.8

内部熔丝(电容器的)　lnternal fuse (of a capacitor)

在电容器单元内部与一个或一组元件串联连接的熔丝。

1.3.9

过压力装置(电容器的)　overpressure device (of a capacitor)

在电容器内部压力不正常增大情况下发出警报或切除电容器的装置。

1.3.10

过温度装置(电容器的)　overtemperature device (of a capacitor)

在电容器内部温度不正常增高情况下发出警报或切除电容器的装置。

1.3.11

线路端子　line terminal

连接到线路的端子。

1.3.12

额定电容(电容器的)　(C_N)　rated capacitance (of a capacitor) (C_N)

设计电容器时采用的电容值。

1.3.13

额定容量(电容器的)　(Q_N)　rated output(of a capacitor) (Q_N)

由额定电容、额定频率和额定电压得到的无功功率。

1.3.14

额定电压(电容器的)　(U_N)　rated voltage (of a capacitor) (U_N)

设计电容器时采用的正弦波交流电压方均根值。

1.3.15

额定频率(电容器的)　(f_N)　rated frequency (of a capacitor) (f_N)

设计电容器时采用的频率。

注：如果电容器拟用于一个频率范围,则 f_N 指该范围中的最大频率。

1.3.16

额定电流(电容器的)　(I_N)　rated current (of a capacitor) (I_N)

设计电容器时采用的正弦波交流电流方均根值。

1.3.17

电容器损耗　capacitor losses

电容器消耗的有功功率。

注:应包括所有部件产生的损耗,例如:

——对于单元,指电介质、内部熔丝、内部放电电阻、连接件等产生的损耗;

——对于电容器组,指由单元、外部熔断器、母线、放电电阻器等产生的损耗。

1.3.18

损耗角正切(电容器的)　($\tan\delta$)　tangent of the loss angle (of a capacitor) ($\tan\delta$)

在规定的正弦交流电压和频率下,电容器的等效串联电阻与容抗之比。

1.3.19

最高允许交流电压(电容器的)　(U_{max})　maximum permissible a.c. voltage (of a capacitor)(U_{max})

在规定条件下,电容器能承受一给定时间的最高交流电压方均根值。

1.3.20

最大允许交流电流(电容器的)　(I_{max})　maximum permissible a.c. current (of a capacitor) (I_{max})

在规定条件下,电容器能承受一给定时间的最大交流电流方均根值。

1.3.21

环境空气温度　ambient air temperature

拟安装电容器处的空气温度。

1.3.22

冷却空气温度　cooling air temperature

在稳定状态下,在电容器组的最热区域的两单元中间测得的冷却空气温度。如果仅有一个单元,则为在距离电容器外壳大约 0.1 m 和距离底部 2/3 高度处测得的温度。

1.3.23

稳定状态　steady-state condition

在恒定输出和恒定冷却条件下电容器所达到的热平衡状态。

1.3.24

剩余电压　residual voltage

断开电源一给定时间后,电容器端子间尚残存的电压。

1.3.25

设备最高电压　(U_m)　highest voltage for equipment　(U_m)

设计时采用的连接在一起的端子与外壳之间的绝缘上所承受的正弦电压方均根值。

注：进一步的详细说明见 6.8。

1.3.26

水冷却电容器周围的空气温度　air temperature around water-cooled capacitors

当电容器运行时，在电容器最热点处上方 0.05 m 处测得的空气温度。

1.3.27

强迫通风电容器的出口空气温度　outlet air temperature for forced-ventilated capacitors

在最热点测得的离开电容器的冷却空气温度。

1.3.28

强迫通风电容器的进口空气温度　inlet air temperature for forced-ventilated capacitors

在进口空气通道的中部，不受电容器散热影响处测得的冷却空气温度。

1.3.29

空气冷却电容器的外壳温升　container temperature rise for air-cooled capacitors

外壳最热点温度与冷却空气温度之间的差。

1.4　使用条件

1.4.1　正常使用条件

本部分给出的要求适用于在下列条件下使用的电容器。

1.4.1.1　再通电时的剩余电压

剩余电压应不超过额定电压的 10%(见 1.3.14)。

1.4.1.2　海拔

海拔不应超过 1 000 m。

1.4.1.3　温度类别

电容器按温度类别分类。每一类别以电容器可以投入运行的最低温度(从−25℃、−10℃、0℃三个值中选取)和从下表中选择的冷却媒质的上限温度来表示。

表 1　冷却媒质上限温度

冷却类型	无时间限制的冷却媒质的最高温度/℃		
	冷却空气温度 (1.3.22)	冷却媒质出口温度 (1.3.27)	电容器周围的空气温度 (1.3.26)
AN 空气冷却 自然通风	40 45	— —	— —
AF 空气冷却 强迫通风	— —	40 45	— —
WF 水冷却	— —	40 45	50 —
除非另有协议，冷却方法由电容器制造厂选择。			

1.4.2　非正常使用条件

本部分不适用于使用条件不符合本部分要求的电容器，但制造厂与购买方之间另有协议时除外。

2　质量要求和试验

2.1　试验要求

2.1.1　概述

本条给出了对电容器单元和在有规定时对电容器元件的试验要求。

支柱绝缘子、开关、仪用互感器、外部熔断器等应符合相应的国家标准。

2.1.2 试验条件

除对特殊试验或测量另有规定外，电容器介质的温度应在＋5℃～＋35℃范围内。当必须进行校正时，使用的参考温度为＋20℃，但制造厂和购买方之间另有协议时除外。如果电容器在未通电状态下在恒定环境空气温度中放置了适当长的时间，则认为电容器单元的介质温度与环境温度相同。

除非另有规定，交流试验和测量应在 50 Hz 或 60 Hz 的频率下进行，与电容器的额定频率无关。

2.2 试验分类

2.2.1 出厂试验

a) 电容测量(见 2.3)；

b) 电容器损耗角正切(tanδ)测量(见 2.4)；

c) 端子间电压试验(见 2.5)；

d) 端子与外壳间电压试验(见 2.6.1)；

e) 内部放电器件试验(若有时)(见 2.7)；

f) 密封试验(见 2.8)；

g) 冷却管密封试验(若有时)(见 2.12.1)。

试验顺序不一定按上述顺序。

出厂试验应由制造厂在交货前对每一台电容器进行。如果购买方有要求，则制造厂应提供详列这些试验结果的证明书。

2.2.2 型式试验

a) 热稳定性试验(见 2.9)；

b) 电容器损耗试验(见 2.10)；

c) 测量电容随温度的变化关系(若有要求)(见 2.11)；

d) 端子与外壳间电压试验(见 2.6)；

e) 自愈式金属化介质电容器的自愈性试验(见 2.13)；

f) 短路放电试验(见 2.14)；

g) 老化试验(见 GB/T 3984.2)；

h) 破坏试验(见 GB/T 3984.2)；

i) 内部熔丝隔离试验(若有时)(GB/T 3984.2)；

j) 冷却管密封试验(若有时)(见 2.12.2)。

进行型式试验是为了确保电容器单元符合本部分中规定的性能和运行要求。

型式试验应在与供货的电容器有相同设计的电容器，或在可能影响型式试验所要检验的各项性能的设计与工艺上与供货产品没有差异的电容器上进行。

所有型式试验项目没有必要都在同一电容器单元上进行，可以在具有相同特性的不同单元上进行。

上面列出的型式试验没有指明任何试验次序。

除非另有规定，每一拟用来作型式试验的电容器试品应首先满意地通过了全部出厂试验。

2.2.3 验收试验

出厂试验和(或)型式试验，或其中的某些试验项目可由制造厂按照与购买方签订的合同并且在购买方同意的情况下进行。

试验种类、进行这些试验的试品数量、验收标准和试验报告应由制造厂与购买方协商确定且应在合同中写明。

2.3 电容测量

2.3.1 测量程序

电容测量应在 0.9～1.1 倍额定电压的工频电压(见 2.1.2)下，用能排除由谐波或被测电容器外部附件所引起的误差的方法进行，如应排除测量回路内的电抗器和阻塞电路引起的误差。

其他的测量条件可由制造厂和购买方协商确定，例如，当在额定电压下电容器超过了电桥的允许功率时，使用低电压电桥。测量方法的准确度以及与在额定电压和频率下测量值的关系应予以给出。

电容测量应在端子间电压试验(见 2.5)之后进行。

2.3.2 电容偏差

偏差指在 2.3.1 条件下测得的电容值的偏差。

在参考温度(见 2.1.2)下的电容与额定电容之差应不超过：

对于单元或具有 4 个及以下单元的电容器组，－5％～＋10％；

对于具有 5 个及以上单元的电容器组，0～＋10％；

多端子电容器单元的各个电容之和应在电容器单元规定的偏差之内。

2.4 电容器损耗角正切(tanδ)测量

损耗角正切(tanδ)应在 0.9～1.1 倍额定电压的工频电压(见 2.1.2)下，用能排除由谐波或被测电容器外部附件，如在测量回路内的电抗器和阻塞电路所引起的误差的方法进行测量。

其他的测量条件可由制造厂与购买方协商确定。

测量应在端子间电压试验(见 2.5)之后进行。

注 1：测量大量小电容器时，可用统计抽样法测量 tanδ。统计抽样方案应由制造厂与购买方协商确定。

注 2：某些类型介质的 tanδ 值是测量前通电时间的函数。制造厂和购买方应协商确定试验电压与通电时间。

注 3：测量设备应按 JB/T 8957 或能给出同样的或更高准确度的别的方法进行校正。

2.5 端子间电压试验(出厂试验)

每一电容器应承受 2.5.1 的试验或 2.5.2 的试验。在没有协议的情况下，由制造厂选择。

自愈式电容器应按 2.5.1 进行试验。在试验过程中不应发生击穿或闪络。对于自愈式电容器，可以发生自愈性击穿。

2.5.1 交流试验

交流试验应用实际正弦电压在 2.0 U_N 和工频下进行，持续时间 10 s。

对于具有一个公共端子的由多个部分组成的电容器，每个部分应分别进行试验。

对于内部有串联的电容器，不允许有任何内部元件击穿和一根内熔丝动作。这可以用在试验电压降低到不超过 0.15 U_N 下的电容预测来检验。测量方法的再现性应能检测出一个元件击穿或一根熔丝动作。

注：如果每一单元中动作的熔丝不超过 2 根，且电容器内部没有串联，而电容偏差仍然满足要求，则内部元件熔丝动作是允许的。

2.5.2 直流试验

直流试验电压应为 4.0 U_N，持续时间 10 s。

注：见 2.5.1 的注。

2.6 端子与外壳间电压试验

2.6.1 出厂试验

所有端子均与外壳绝缘的电容器单元应承受工频(见 2.1.2)2.15 U_m(见 1.3.25)，最小值为 2 000 V 的交流电压试验，历时 10 s，交流电压施加在连接在一起的端子与外壳之间。

在试验过程中不应发生击穿或闪络。

即使在运行中有一个端子拟与外壳连接，此试验仍应进行。有一个端子固定连接到外壳上的单元应不作此项试验。

当单元外壳是由绝缘材料构成时，可省去本试验。

如果电容器具有分开的几个部分，则对各分开部分之间的绝缘应进行试验，其试验电压及要求与端子对外壳试验相同。

2.6.2 型式试验

所有端子均与外壳绝缘的单元应承受按 2.6.1 的试验,持续时间 60 s。

如果电容器外壳属绝缘材料制成的,则试验电压应施加于各端子和紧包在外壳表面上的金属箔之间。

2.7 内部放电器件的试验

如果有内部放电器件,则其电阻应用测量电阻或用测量放电速率(见 4.2)的方法来检验。检验方法由制造厂选择。本试验应在 2.5.1 电压试验之后进行。

2.8 密封试验

电容器单元应经受能有效地检测出其外壳和套管上任何渗漏的试验。试验程序由制造厂规定,制造厂应说明有关试验方法。

如果制造厂没有规定程序,则应采用下列试验程序。

将未通电的电容器单元通体加热,使各部分均达到不低于表 1 所列冷却媒质最高温度加 20℃的温度,并应在此温度下保持 2 h。

不应发生渗漏。

建议使用适当的指示剂。

注:如果在试验温度下,电容器不含有液体材料,则可以省去此试验。

2.9 热稳定性试验

本试验的目的是证明在下述条件下电容器单元的热稳定性。

2.9.1 冷却条件

2.9.1.1 自然通风空气冷却电容器(AN)

在整个试验过程中,应将电容器置于具有正常冷却条件的封闭箱中,箱中冷却空气温度应保持铭牌上标出的上限或更高的温度。

在整个试验过程中,冷却空气温度(见 1.3.22)应以具有热时间常数约 1 h 的温度计来检验。

2.9.1.2 强迫通风空气冷却电容器(AF)

应将电容器直立放在一个垂直的通风管道的内部,对于横截面为矩形的电容器,通风管道也应有矩形横截面。通风管道的尺寸应能保证在每侧都有足够的间隙以便于冷却空气流通。

除非制造厂另有说明,建议在电容器每侧留有 0.04 m 的间隙。

管道应扩大到低于电容器外壳底部大约 0.4 m,而高出外壳顶部大约 0.1 m。

风扇离开管道的距离应为 0.5 m~1 m 以便得到具有良好均匀性的空气流速。

预热后的空气应从下部送入管道。该空气的温度应调节到铭牌上所规定的冷却空气温度的上限或更高的温度,并且应测量管道壁与电容器之间的中央空气的流速。

空气温度的测量点应取紧靠电容器外壳的底部之下(或顶部之上)进行。并应注意使测量不受电容器外壳热辐射的影响。

电容器外壳温度的测量应在靠近顶部的低于浸渍剂(如有的话)水平面处进行。

管道的壁应用绝热材料制造。

试验装置的详细说明见附录 A。

注:已计算过,由使用绝热壁管道代替在试验中置于被试电容器旁的同样通电的电容器在距离等于所规定的间隙时所导致电容器外壳温度的误差,实际上对试验结果没有影响。

2.9.1.3 水冷却电容器(WF)

在整个试验过程中,应保持铭牌上规定的最小水流量不变。并应以加热方式调节进口水的温度从而使得在整个试验期间出口水的温度保持在铭牌上规定的值或更高值。

2.9.2 电气条件

试验容量,对于额定频率 40 Hz~60 Hz 的电容器应为额定容量 Q_N 的 1.44 倍,而对于额定频率 60 Hz以上的电容器应为 Q_N 的 1.33 倍。

注:对于额定频率 60 Hz 及以下的电容器,如果电容器是从一批中挑选的,则建议选 tanδ 值最大的电容器。

如果电容器的额定频率不能实现,则试验应在尽可能接近额定频率的频率下进行,且应根据试验频率对无功容量用一个适当的校正系数进行校正。

试验电压应基本上是正弦形的。

2.9.3 试验持续时间和准则

电容器应承受 2.9.1 和 2.9.2 所规定的冷却和电气条件,其持续时间按表 2。

在试验最后时间,应测量电容器的损耗或电容器外壳接近顶部处的温度至少 4 次,并应记录。在整个期间内,外壳相对于冷却媒质的温升的增加量应不大于 1 K。当能够测量 tanδ 时,则其增加量应不大于测量灵敏度,测量灵敏度应不低于 $\pm 1\times 10^{-4}$。

表 2 热稳定试验的冷却和通电持续时间

单位为小时

冷却类型	施加电压的整个试验持续时间(最小值)	电容器处于热平衡的最后试验时间
空气冷却—自然通风	48	6
空气或水—强迫冷却	12	6
注:根据制造厂与购买方之间的协议,对于额定频率 60 Hz 以上且热时间常数短的水冷却电容器,试验持续时间可以缩短。		

如果观察到变化较大,则试验应继续进行直到热平衡或发生击穿。

试验后相对于同一介质温度测得的电容与试验前测得的电容相差不得超过 2%。

若电容器装设有信号或保护装置,则在试验过程中这些装置应是可使用的,但不应动作。

2.10 电容器损耗试验

电容器损耗应在达到热平衡之后,在热稳定试验结束时测定。

2.10.1 额定频率 40 Hz~60 Hz 的电容器

对于额定频率 40 Hz~60 Hz 的电容器应测量损耗角正切(tanδ)。

测量电压应为热稳定试验电压。

2.10.2 自然通风和强迫通风空气冷却电容器

对于额定频率 60 Hz 以上的自然通风和强迫通风空气冷却电容器,损耗应采用由制造厂与购买方协商的方法进行测量。

2.10.3 额定频率 60 Hz 以上的水冷却电容器

对于额定频率 60 Hz 以上的水冷却电容器,损耗应由出口和进口水温度之差和水流量来进行计算。

注 1:对于水冷却电容器,由冷却水散逸的电容器的损耗可用下式计算:

$$P = 70\,q\Delta\theta$$

$$\tan\delta = P/Q$$

式中:

P——有功功率,W;

q——水的流量,(L/min);

$\Delta\theta$——水的温升,K。

注 2:水冷却电容器也从外壳侧面散发一些热量到空气中去。因此,如果要测量出全部损耗,则在试验过程中应用绝热材料将电容器包起来。然而在大多数情况下,使用一个由过去的经验得出的系数对水散发的损耗进行校正就足够了。

2.10.4 要求

按 2.10 测得的或确定的损耗(tanδ)值应不超过制造厂给出的值或制造厂与购买方协商的值。

2.11 电容随温度的变化关系

在制造厂与购买方之间有协议时,电容随温度变化的关系可以作为型式试验进行测量。电容器应承受 2.3.1 规定的电气条件。

2.12 冷却管(若有时)的密封试验

2.12.1 冷却管的密封试验,出厂试验

如果电容器装有连接在电容器内部的冷却管,由于用电容器单元密封试验不能检查出其渗漏,故应对每个冷却管进行密封试验,试验方法由制造厂自行选定,其应在冷却管装入电容器之前能有效检查出渗漏。

2.12.2 冷却管的密封试验,型式试验

制造厂应采用对冷却回路施加 150%最大规定运行压力,历时至少 5 min 的试验,来确保水冷却电容器的冷却管能够耐受在正常运行中可能出现的水压。

注:如果购买方有要求,则制造厂应提供在额定流量时进口与出口间水压的最大差值[见 5.1.2 项 e)]。

2.13 自愈性试验(对自愈式金属化介质的电容器)

自愈式电容器应具有满意的自愈性能。可用下面的试验进行检查。

在试验前后应按 2.3.1 测量电容。

电容器应承受 2.5.1 所述的试验。

如果在试验期内发生少于 5 次自愈击穿(清除),则应以不超过 200 V/min 的速度升高电压直到自试验开始计共发生 5 次清除为止,或直到电压升到最大值 3.5 U_N 为止。

然后将电压降低到发生第 5 次清除时的电压值的 0.8 倍的电压,或 0.8 倍最大电压,并保持 10 s。在此期间内允许发生一次附加的清除。

如果试验前后测得的电容没有明显的变化,则认为电容器通过了试验。

试验过程中的自愈击穿,可用示波器、声响法或高频试验法进行检测。

2.14 短路放电试验

单元应以直流充电,然后通过尽可能靠近电容器放置的间隙放电。电容器应在 10 min 内承受 5 次这样的放电。

试验电压应为 2 U_N。

在试验前后应测量电容(见 2.3.1)。两次测量值之差应小于相当于一个元件击穿,或一根内部熔丝动作之量,或者不超过 2%。

对于自愈式电容器,电容变化应小于 0.5%。且对于自愈式电容器在试验前后应测量 $\tan\delta$ (见 2.4)。试验后 $\tan\delta$ 的增量不得大于 20%。

2.15 老化试验

见 GB/T 3984.2。

2.16 破坏试验

见 GB/T 3984.2。

2.17 内部熔丝(若有时)隔离试验

见 GB/T 3984.2。

3 过负荷

3.1 最高允许电压

电容器单元不适宜在端子间有效值电压超过额定电压下长期运行,过渡过程除外。

每天允许在不超过 1.05 U_N 的电压下运行最多 12 h。

重复施加电压峰值的最大值应不超过 $1.05\times\sqrt{2}\times U_N$。

在过渡状态期间,端子间以及端子与外壳间的瞬时电压应不超过 $2\sqrt{2}\times1.05U_N$。

3.2 操作电压

用不重击穿断路器来切合电容器组通常会产生第一个峰值不超过 $2\sqrt{2}$ 倍施加电压(有效值),持续时间不大于 1/2 周波的过渡过电压。

在这些条件下，每年约 5000 次切合操作是可以接受的，这是考虑到其中有些是在电容器内部温度低于 0℃，但在温度类别之内发生的(相应的暂态过电流峰值可达 100 I_N(见附录 B))。

在切合电容器更为频繁的场合，过电压幅值和持续时间，以及暂态过电流均应限制到较低的水平(见 6.5)。

这些限制和(或)降低应由制造厂和购买方之间协商确定。

3.3 最大允许电流

电容器单元应适于在下列最大有效值电流下连续运行(过渡过程除外)：

表 3 电容器允许连续运行的最大电流

额定频率 f_N	最大允许电流
≤60 Hz	1.2 I_N
>60 Hz	1.15I_N

这些过电流因数是考虑到谐波、过电压、电容偏差和频率增加共同作用的结果。

4 安全要求

4.1 爬电距离

爬电距离和污秽等级目前正在考虑之中。

4.2 放电器件

在电容器内部或外部应备有使所有电容器在 3 min 内从$\sqrt{2}\ U_N$ 初始峰值电压放电到 75 V 或更低的放电器件。

在电容器单元与放电器件之间应没有开关、熔断器或任何其他隔离器件。

注：对用在要求较短放电时间的场合，可用一可切换的放电电阻器附加到安全装置上(见 6.5.4)。

放电器件不能代替在接触电容器之前将电容器端子短路并接地。

注 1：高于额定电压的运行条件，可能引起剩余电压超过 75 V。

注 2：应注意，当要求更短的放电时间和更低的剩余电压时，购买方应通知制造厂。

注 3：放电回路应具有足以承受电容器从 3.1 规定的过电压峰值下放电的载流能力。

4.3 外壳连接

仅适用于具有金属外壳的电容器。

为使电容器金属外壳电位得以固定，并能承受对壳击穿时的故障电流，金属外壳应设有能承受故障电流的连接件。

4.4 环境保护

当电容器是用不允许扩散到环境中的材料浸渍时，必须采取预防措施。若国家在这方面有法律上的要求时，电容器单元和组应相应予以标志。

4.5 其他安全要求

当安装电容器的国家对有关安全规则有特殊要求时，购买方应在询价时予以说明

5 标志

5.1 电容器单元的标志

5.1.1 铭牌

下列资料应直接或以铭牌的形式永久地标志在每台电容器单元上。

a) 制造厂名称或商标；

b) 识别编号及制造年份，年份可以是识别编号的一部分或是代码形式；

c) 额定容量 Q_N,kvar,或额定电容 C_N,μ F;

d) 额定电压 U_N,V 或 kV;或额定电流 I_N,A;

e) 额定频率 f_N,Hz 或 kHz;

f) 冷却和温度类别

冷却类型和温度类别应按下列顺序以 1.4.1.3 给出的符号和数值表示:

1) 冷却类型;

2) 温度类别下限;

3) 温度类别上限;

4) 冷却媒质出口温度,如采用时(仅对强迫冷却电容器);

5) 冷却媒质的流量(仅对强迫冷却电容器);

例如:AN　　−25/40

AF　　−25/40 出口 4 m/s

WF　　0/40 出口　5 L/min

g) 放电器件,如果是内部的,则以文字或符号 ─□─ 表示,或以额定电阻千欧(kΩ),或兆欧(MΩ)表示;

h) 内部熔丝,如装有时,则以文字或符号 ─▭─ 表示;

i) 压力传感隔离器,若有时,则以文字或英文词首 PSI 表示;

j) 设备最高电压 U_m,kV,仅对所有端子均与外壳绝缘的单元;

k) 自愈能力,对于自愈式电容器,以文字“SELF—HEALING”或“SH”表示,或以符号“#”表示;

l) 参考 GB/T 3984.1—2004;

如果需要且有要求时,还应给出以下补充资料:

m) 实测电容值;

n) 叠加的直流电压值;

o) 浸渍剂若有时的标识。

5.1.2 说明书

如果制造厂与购买方取得协议,则以下资料应在说明书中给出:

a) 由几部分组成的电容器的连接图;

b) 端子标记;

c) 如果电容器拟在变化频率下运行,则表明运行电压和电流的限值(见 6.7)。

对于水冷却电容器,应补充以下项目:

d) 当电容器在最小允许水流量和最大允许负荷下运行时,在一个电容器单元冷却管的进口与出口之间产生的冷却水的温升;

e) 额定流量下进口与出口之间最大水压差。

5.2 电容器组的标志

制造厂应根据购买方要求在说明书中或在铭牌上至少给出下列资料:

a) 制造厂名称或商标;

b) 额定容量 Q_N,kvar(给出总容量);

c) 额定电压 U_N,V 或 kV;

d) 电容器组切出与再投入之间所需的最短时间;

e) 质量,kg。

6 安装和运行导则

6.1 概述

与 GB/T 11024、GB/T 12747 和 GB/T 17886 所涉及的电力电容器相比,本部分所涉及的电容器组中功率高度集中,而额定电压又如此的低,以致由于要流过强大的电流和散发大量的热而出现一些特殊问题。

在频繁切合操作和测量温度等方面也会出现问题,因此必须仔细检查运行条件。

下述的有关安装和运行资料仅仅是需加以考虑的最重要的几点。另外,必须遵守制造厂的说明书。

6.2 获得适当冷却的方法

6.2.1 自然通风空气冷却电容器

电容器应安装得使冷却空气可以进入电容器之间的空气间隙。

如果电容器是一层叠于另一层之上安装的,则重要的是检验冷却空气的温度,不超过最高允许温度,即使是最上层的温度。

应该考虑到房间或建筑物的适当通风是有效的。

6.2.2 强迫通风空气冷却电容器

对于强迫通风空气冷却电容器,冷却空气的效果取决于沿每台电容器流动的空气的温度和速度。因此,电容器组的设计者应确保在间隙中能得到所需要的最小空气速度。

电容器制造厂必须说明在正常运行条件下电容器的损耗。

6.2.3 水冷却电容器

从电容器中流出的冷却水的温度(出口温度)应不超过最高允许温度(见1.4.1.3和5.1.1的项f),而且冷却水的流速绝不能低于最小允许值(见2.9.1.3和5.1.1的项f)。

如果几台电容器单元的水管是串接的,则水流方向的最后一单元应满足上述条件。

因为冷却水的供应不是一直均匀的,故电容器设备的使用者应确保冷却水的出口温度不超过极限值。

1.4.1.3规定的空气温度的上限也不应超过。

冷却水在力学与光学上应是清洁的而在化学上应是中性的。在直接冷却带电部件的情况下,其导电率应低于300 s/m,以便限制泄漏电流。

应采取措施确保冷却条件的极限值保持在规定值之内。

6.3 额定电压、电流和容量的选择

电容器的设计者应选择得使电容器在考虑了谐波的运行过程中,所承受的负荷不超过这些电容器的额定电压、额定电流和额定容量。

6.4 频繁切合的电容器

在3.2中规定了每年允许切合操作最高次数。如果要超过此数,则应按制造厂与购买方协议进行特殊设计。

6.5 投入负荷用开关设备和切合方法的选择

6.5.1 开关设备的选择

为了切合电容器,应只选用操作时不重击穿的开关设备。

然而,即使仔细选择了开关设备并正确地进行了调整,在大量操作之后仍可能发生重击穿。为了避免可能引起电容器故障的重击穿,定期维护是很重要的。

然而,对于高频电流,如果开关设备的动作时间等于或大于电源频率半个周波,则正常设计的开关设备虽经仔细选择和维护,但仍不能无重击穿地切除电容器。

为了避免电容器过电压,应采用瞬时动作开关设备,例如可采用晶闸管或常规开关设备与切合回路内的附加措施相结合。

6.5.2 电流特性

开关与保护装置及其连接线应按能流过在任何使用条件下产生的最大电流进行设计。

如果这些装置是为在50 Hz或60 Hz下正常使用设计的,则应考虑适当的降载因数。

6.5.3 并联的电容器的合闸操作

如果电容器投入与另外一些已经通电的电容器并联，则开关、保护装置和连接件应能承受由合闸时可能产生的过渡过电流产生的电动应力。

如果电动应力有可能过大，则应采取特殊措施来减小这一过渡效应，如带电阻合闸，或在电源到电容器组的每一分组之间串入电抗器。

6.5.4 在短的时间间隔的投切操作

按照3.2与4.2，电容器是设计成在几乎放完电条件下被合闸操作。若在很短的时间间隔内合闸投入电容器，则用符合4.2的放电电阻器来使电容器放电太慢了。在这种场合，电容器组的设计者应决定切合操作之间的最短时间，并选择能适合该时间的放电器件。

6.6 具有熔丝的电容器的合闸操作

对于有熔丝的电容器，必须确保在合闸操作时产生的暂态电流不超过熔丝的耐受电流。

这一要求也适用于将单个电容器投入与固定连接在回路中的电容器组相并联的情况。

6.7 在变化频率下运行

如果电容器拟在变化频率下运行，而它不是为此特殊用途设计和标志(见5.1.1项e))的，这时应注意不能超过第3章中规定的允许过负荷。

应特别注意拟与其他构件串联运行的电容器，因为在电流不变时，电容器上电压的增加与频率成反比。

注：当设计电容器组时，应从电容器制造厂得到表示实际电压有效值和电流有效值的极限值对频率的关系曲线。为了使制造厂能够提供这些资料，电容器组的设计者应说明最主要的谐波次数及其预期最大值。

6.8 电容器组的设备最高电压的选择

对于拟并联运行的电容器，U_m(见1.3.25)等于U_N。对于其中有n个相同的电容器单元或单元组串联连接，且所有单元的外壳均有同一电位的电容器组，U_m等于$n \cdot U_N$。

6.9 串联连接的单元电容器

如果电容器单元或组串联连接，则应注意使相互间的电容值尽可能相等，以确保每一单元上的电压不超过额定电压。

6.10 串联电容器

串接在发电机和负载之间的输电线中的电容器，当线路上或负载中发生故障时，将承受过电压。

应提供适当的保护设备，以使过电压不超过第3章的允许值。

更全面的有关串联电容器的资料可从GB/T 6115得到。

6.11 连接导线

连接导线应使套管不受机械过应力。应遵守制造厂的安装说明书。

应注意，由于电流在导线横截面上分布不均匀(集肤效应)会产生附加损耗，这主要在频率高于电源频率时发生。

6.12 沿供水管的带电部件

水管的带电部件(即水软管接头)应安排得使危险电压不能传输到可以触及到的装置的导电部件上。

还应注意沿水软管的电压降不要引起装置中电位偏移。

这一注意事项对于单元为串联连接的电容器组特别适用。

应注意水的导电率(见6.2.3)可能增加。

6.13 支柱绝缘子

当电容器外壳不是地电位时，用来支撑电容器的支柱绝缘子应按在其上可能产生的最高电压进行设计。

如果电容器和支柱绝缘子之间的电压分布是不确定的，则支柱绝缘子应满足电容器所要接入的装置的全绝缘电压要求。

6.14 水冷却电容器结冰的危险

水管中水结冰可能导致水冷却电容器损坏。

因此应注意防止在停止运行期间冷却回路中的水结冰。

在电容器存贮或运输前应将水全部排除。

附 录 A
（规范性附录）
测量自然通风和强迫通风空气冷却电容器损耗的方法

A.1 电容器应置于一个充有水的容器中，该容器加有由有效绝热材料构成的防护套。水平面刚好低于端子绝缘子。预热到比相应于热稳定试验（见 2.9.1）最后达到的外壳温度低 5 K 的温度的水应以已知速度从水箱的底部注入。

应测量水箱顶部出口水温度。电容器应在额定频率与额定功率下的运行。如果不可能施加额定频率，则应与购买方商定替代的频率。电容器通电时间应持续到进出口之间水温差稳定。应调节流量使温差不超过 5 K。

电容器的损耗应由水的温差和流速计算得出。

A.2 另一种测量方法是采用没有水流动的热量计技术。在这种场合，推荐将校准过的电阻加热元件放入水箱中，水箱不需要加套。为确保水温均匀，应使用水搅拌器。将水加热器通电，保持水温恒定在比热稳定试验最后达到的外壳温度低 5 K 的温度。然后将电容器通电一已知时间，且每隔一段时间测量水的温度。最高温升应不超过 5 K。电容器断电之后也应每隔一段时间测量水的温度。

在整个试验过程中，加热电阻器应一直通电。试验电容器和充有水的容器的总体热校验可用下述方法来实现，即将电阻器的功率增加一已知量，并测量在电容器不通电情况下水温变化与时间的关系。

电容器的损耗可由电阻器功率增加和温度升高率计算得出。

温度升高率应为同样的数值。

注：在上述试验方法中，重要的是在终止读温度之前必须已达到热平衡。

A.3 在 JB/T 8957 中提供了又一种方法供制造厂选择。

附 录 B
(资料性附录)
电容器及装置的计算公式

B.1 谐振频率

在下式中,当 n 为整数时,电容器将在该次谐波下谐振。

$$n=\sqrt{\frac{S}{Q}}$$

式中:

S——在电容器安装处的短路容量,MVA;

Q——电容器容量,Mvar;

n——谐波次数,即谐振频率(Hz)与网络频率(Hz)之比。

B.2 电压升高

接入并联电容器将导致如下的持续电压升高:

$$\frac{\Delta U}{U}\approx\frac{Q}{S}$$

式中:

ΔU——电压升高,V;

U——接入电容器前的电压,V;

S——电容器安装处的短路容量,MVA;

Q——电容器的容量,Mvar。

B.3 涌流

B.3.1 投入单个电容器

$$\hat{I}_{S}\approx I_{N}\sqrt{\frac{2S}{Q}}$$

式中:

$\hat{I}_{S}$——电容器涌流的峰值,A;

I_{N}——电容器的额定电流(有效值),A;

S——电容器安装处的短路容量,MVA;

Q——电容器的容量,Mvar。

B.3.2 将电容器投入与已通电的电容器并联

$$\hat{I}_{S}=\frac{U\sqrt{2}}{\sqrt{X_{C}X_{L}}}$$

$$f_{S}=f_{N}\sqrt{\frac{X_{C}}{X_{L}}}$$

式中:

$\hat{I}_{S}$——电容器涌流的峰值,A;

U——相对地电压,V;

X_{C}——每相串联的容抗,Ω;

X_{L}——电容器组间每相的感抗,Ω;

f_S——涌流频率,Hz;

f_N——额定频率,Hz。

B.3.3 放电电阻

$$R \leqslant \frac{t}{C \cdot \ln \frac{U_N \sqrt{2}}{U_R}}$$

式中:

t——从 $U_N \sqrt{2}$ 放电到 U_R 的时间,s;

R——放电电阻,MΩ;

C——额定电容,μF;

U_N——单元的额定电压,V;

U_R——允许剩余电压,V(t 与 U_R 的限值见 4.2)。

参 考 文 献

[1] GB 3667 交流电动机电容器(GB 3667—1997,idt IEC 60252:1993)

[2] GB/T 17702.1 电力电子电容器 第1部分:总则(GB/T 17702.1—1999,idt IEC 61071-1:1991)

[3] GB/T 18939.1 微波炉用电容器 第1部分:总则(GB/T 18939.1—2003,IEC 61270-1:1996,IDT)

[4] GB 18489 管形荧光灯和其他放电灯线路用电容器一般要求和安全要求(GB 18489—2001,idt IEC 61048:1999)

[5] GB/T 18504 管形荧光灯和其他放电灯线路用电容器性能要求(GB/T 18504—2001,eqv IEC 61049:1991)

[6] JB/T 8169 耦合电容器及电容分压器(JB/T 8169—1999,eqv IEC 60358:1990)

ICS 31.060.70
K 42

中华人民共和国国家标准

GB/T 3984.2—2004/IEC TS 60110-2:2000

感应加热装置用电力电容器 第2部分:老化试验、破坏试验和内部熔丝隔离要求

Power capacitors for induction heating installations—Part 2:Ageing test,destruction test and requirements for disconnecting internal fuses

(IEC TS 60110-2:2000,IDT)

2004-02-04 发布　　　　2004-08-01 实施

中华人民共和国国家质量监督检验检疫总局
中国国家标准化管理委员会　发布

前 言

GB/T 3984《感应加热装置用电力电容器》分为两个部分：

——第 1 部分：总则；

——第 2 部分：老化试验、破坏试验和内部熔丝隔离要求。

本部分为 GB/T 3984 的第 2 部分，本部分等同采用 IEC TS 60110-2:2000《感应加热装置用电力电容器　第 2 部分：老化试验、破坏试验和内部熔丝隔离要求》(英文版)。

为便于使用，本部分对 IEC 60110-2 做了下列编辑性修改：

——用“本部分”代替“本标准”；

——用小数点符号“·”代替小数点符号“,”；

——删除国际标准的前言。

本部分与 JB 7110—1993 中的相关内容相比主要变化如下：

——增加了老化试验项目；

——增加了破坏试验项目(适用于除调谐回路用高频电容器外，没有装设内部熔丝的感应加热装置用电力电容器或自愈式感应加热装置用电力电容器)；

——增加了附录 A 的内容；

——增加了附录 B 的内容。

本部分的附录 A 和附录 B 均为规范性附录。

本部分由中国电器工业协会提出。

本部分由全国电力电容器标准化技术委员会(CSBTS/TC 45)归口。

本部分起草单位：西安电力电容器研究所、新安江电力电容器有限责任公司。

本部分主要起草人：刘菁、罗建利。

本部分所代替标准的历次版本发布情况为：

——JB 732—1965、JB 732—1975、GB 3984—1983、JB 7110—1993。

感应加热装置用电力电容器 第2部分:老化试验、破坏试验和内部熔丝隔离要求

1 总则

1.1 范围

GB/T 3984 的本部分适用于符合 GB/T 3984.1—2004 的电容器,并给出了这些电容器的老化试验和破坏试验的要求,以及内部熔丝隔离试验的要求。

注:本部分中章和节的编号与 GB/T 3984.1—2004 的相对应。

1.2 规范性引用文件

下列文件中的条款通过 GB/T 3984 本部分的引用而成为本部分的条款。凡是注日期的引用文件,其随后所有的修改单(不包括勘误的内容)或修订版均不适用于本部分,然而,鼓励根据本部分达成协议的各方研究是否可使用这些文件的最新版本。凡是不注日期的引用文件,其最新版本适用于本部分。

GB/T 3984.1—2004 感应加热装置用电力电容器 第1部分:总则(IEC 60110-1:1998,IDT)

1.3 定义

本部分采用 GB/T 3984.1—2004 中列出的所有定义。

2 质量要求和试验

2.15 老化试验

老化试验是为了验证在提高的温度和电场强度下所造成的加速损坏不会引起介质过早击穿而进行的型式试验。

除非另有规定,试验和测量用电压的频率应为 50 Hz 或 60 Hz。

老化试验应对至少两单元进行。

试验单元可为生产单元或模型单元,模型单元在老化试验所要检验的性能方面与生产单元是等效的。

对模型单元设计的限制在附录 B 中详细叙述。

2.15.1 试验准备和初始测量

老化试验期间介质的温度应至少等于铭牌上规定的冷却媒质的上限温度加上生产单元在热稳定试验结束时测得的介质温升,或 60℃,取两者中较高者。

在该试验过程中,应将试验单元放入一个强迫空气循环的烘箱中,其端子竖立向上垂直放置,调节烘箱环境温度使介质能达到所要求的温度。该环境温度应保持恒定,允许波动范围为 −2 K～+5 K。在施加电压前,应将试验单元在这一温度下稳定至少 12 h。

然后应在相同的温度下对单元施加 U_N。测量电容和损耗角正切(见 GB/T 3984.1—2004 的 2.3 和 2.4)。

注:介质温度可用热电偶测量,或者根据热稳定试验结束时测得的电容用电容与温度的关系曲线来估算,或从以前确定的内部温度和外部温度之间的关系来估算,例如使用 JB/T 8957 中所述的由电阻性模拟电容器得出的内部温度和外部温度之间的关系。

2.15.2 试验方法

单元应在工频 1.25 U_N 下通电 1 000 h,或在 1.35 U_N 下通电 500 h,由制造厂选择。

由于本试验的持续时间长,因此允许电压中断。在电压中断期间,单元应保持在可控制的环境温度中。如果烘箱断电,则在单元重新施加电压前应再放置至少 12 h,使其再次达到环境温度。

2.15.3 最后电容和损耗角正切测量

在完成老化试验的两天内,应在相同温度、相同电压和相同频率下重复2.15.1的测量。

2.15.4 验收准则

如果没有发生击穿,则认为试验单元成功地通过了老化试验。

电容测量值与2.15.1的测量值之差,对于非自愈式电容器应不大于相当于一个元件击穿或一根内部熔丝动作之量,对于自愈式电容器应不大于2%。

损耗角正切测量值应不超过制造厂所述的最大值。

当对两单元进行试验时,应没有单元损坏(击穿、过大的电容变化或超限值的损耗角正切)方可接受;当对三单元进行试验时,有一单元损坏可以接受。

2.16 破坏试验

这类电容器大多数已传统上采用内部熔丝、压力指示器或隔离器加以保护。

对于调谐回路(换流器)用的高频非自愈式电容器,可制成没有任何保护的装置:由回路的失谐而断开电源回路来提供保护。破坏试验不适用于这类电容器。

本试验也不适用于具有内部熔丝的非自愈式电容器,对内部熔丝进行隔离试验(见2.17)。

除调谐回路用高频电容器外,如果没有装设内部熔丝,或如果电容器为自愈式的,则必须按下列程序进行破坏试验。

2.16.1 试验程序

试验应对电容器单元进行。

当由制造厂确定时,可以使用已通过老化试验的单元。

试验的原理是用高内阻的直流电源促使元件损坏,随后施加交流电压,检验电容器的性能。

对于没有内部熔丝的非自愈式电容器可以按附录A中给出的各种方法来促使元件损坏。制造厂选择其中之一。

电容器应放置在具有温度等于电容器温度类别最高环境空气温度的空气循环的烘箱中。

当电容器的所有部分均达到烘箱的温度后,按图1给出的电路进行下面的试验程序。

如果电容器是用过压力指示器代替图1中的熔断器来进行保护的,则应使用由过压力指示器控制的断路器。

带有温度开关或制造厂与用户商定的其他指示器者,应采用同样的方法。

a) 将选择开关H和K分别置于位置1和a,将交流电源电压整定到1.3 U_N,并记录电容器电流。

b) 将直流电源电压整定到制造厂所述的值,然后将开关H置于位置2,调节可变电阻器使直流短路电流为300 mA。

c) 将开关H置于位置3,开关K置于位置b,对电容器施加直流试验电压。维持该状态,直到电压表V指示大约为零,并保持3 s~5 s为止。

d) 然后将开关K置于位置a,再次对电容器施加试验电压(1.3 U_N),历时5 min,在此期间再次记录电流。

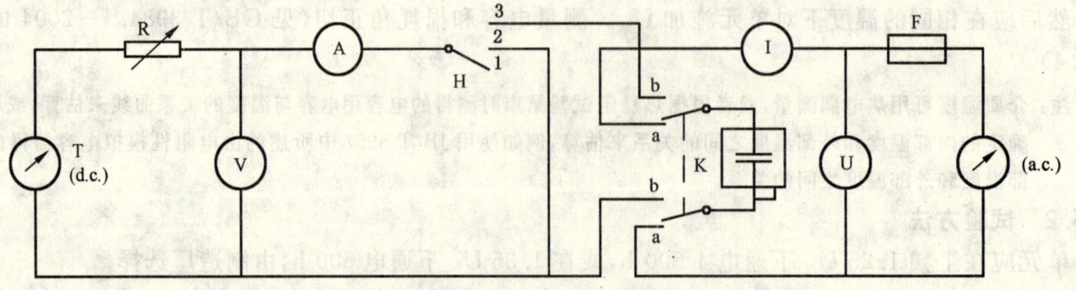

图1 进行破坏试验的电路

可能出现下述情况：

——电流表 I 和电压表 U 两者均指示为零。在这种情况下应检查熔断器 F，如果已熔断，则应予以更换。接着对电容器施加相同交流电压，如果熔断器再次熔断，则终止程序；如果熔断器不熔断，则仅使用开关 K 继续进行项 c）和项 d）所规定的程序。

——电流表 I 指示的电流为零，而电压表 U 指示 1.3 U_N，在这种情况下，终止程序。

——电流表 I 指示的电流大于零，在这种情况下继续进行项 b）、项 c）和项 d）的程序。

中断程序后，将电容器冷却到环境温度，并按照 GB/T 3984.1—2004 的 2.6 进行端子与外壳间电压试验。

交流电源在电容器端子上的短路电流应大于 5 I_{max}（见 GB/T 3984.1—2004 的 1.3.20）。

熔断器的额定电流 I_F 应不小于 2 I_{max}。

2.16.2 试验要求

试验结束时，电容器外壳应完整无损，只有在满足下列条件的前提下，才允许排气孔正常动作或外壳有较小损伤（如裂纹）。

a） 逸出的液体材料可以浸湿电容器外表面，但不得滴落。

b） 电容器的外壳可以变形和损伤，但不得爆裂。

c） 不应有火焰和（或）火星从开口处喷出。这可用纱布（粗棉布）将电容器裹起来的方法来检验，纱布燃烧或烤焦作为失效的判据。

2.17 内部熔丝隔离试验

2.17.1 概述

本试验用来代替具有内部熔丝的非自愈式电容器的破坏试验（见 2.16）。

熔丝与元件串联连接，一旦元件发生故障，则用此熔丝来断开。因此熔丝的电流与电压的范围取决于电容器的设计，在有些情况下也取决于熔丝接入的电容器组。

通常，内部熔丝的动作取决于下列两因素或其中之一：

——来自与故障元件或单元相并联的元件或单元的放电能量；

——工频故障电流。

熔丝应能承受按 GB/T 3984.1—2004 的电容器单元的全部型式试验和出厂试验。

熔丝的开断试验应在一台完整的电容器单元上，或在两单元上进行，由制造厂选择。用两单元做试验时，一单元在下限电压下进行试验，另一单元在上限电压下进行试验。

单元应通过了 GB/T 3984.1—2004 规定的全部出厂试验。

注：由于试验、测量和安全等情况，可能有必要对做试验的单元作一些修改，例如，在附录 A 中所述的那些。还可参照附录 A 中给出的各种试验方法。

2.17.2 隔离要求

当元件在 u_1 和 u_2 电压范围内发生电击穿时，熔丝应能将故障元件断开。其中 u_1 和 u_2 分别为故障瞬间单元端子电压的最低和最高瞬时值。

u_1 和 u_2 的推荐值如下：

——$u_1=0.9\sqrt{2}\,U_N$；

——$u_2=2\sqrt{2}\,U_N$。

上述的 u_1 和 u_2 值是根据在元件电击穿瞬间电容器单元端子上通常可能出现的电压确定的。

u_2 值是过渡性的，并且是考虑了阻尼后的值。

如果用户规定了不同于上述值的 u_1 和 u_2 值，则应根据制造厂与用户之间的协议改变上限和下限试验电压。

2.17.3 承受要求

动作后，熔断了的熔丝间隙应能承受元件全电压，加上由于熔丝动作引起的任何不平衡电压，以及在电容器寿命期间内正常受到的任何短时瞬态过电压。

在整个电容器寿命期间，熔丝应能连续通过等于或大于单元最大允许电流除以并联熔丝支路数的电流（见 GB/T 3984.1—2004 的 3.3）。

熔丝应能承受在电容器寿命期间可能发生的由于切合操作引起的涌流。

连接到未损坏的元件上的熔丝应能承受由于元件击穿引起的放电电流。

熔丝应能承受在 2.17.2 的电压范围内发生的在电容器组内单元外部的短路故障引起的电流。

2.17.4 隔离试验（型式试验）

a） 试验方法

熔丝的隔离试验应在 0.9 U_N 的下限电压和 2 U_N 的上限电压下进行。

如果试验用直流进行，则试验电压应为相应交流试验电压的$\sqrt{2}$倍。

如果试验用交流进行，则在下限电压下试验时不必用峰值电压来触发元件损坏。

在附录 A 中给出了一些试验方法。

b） 电容测量

试验后应测量电容，以证明熔丝已经断开。所采用的测量方法应具有足以检测出由一根熔丝断开所引起的电容变化的灵敏度。

c） 对单元的检查

打开前，外壳应无明显变形。

打开外壳后，应进行检查以确定：

——完好的熔丝没有明显变形；

——没有超过一根（或接有熔丝的直接并联的元件的十分之一）以上的另外的熔丝损坏（参见 A.1 的注 1）。如果采用附录 A 中的方法 b)，则应注意 A.1 的注 2。

注 1：少量浸渍剂变黑不影响电容器质量。

注 2：在由于熔丝动作或者由于其连接线损坏而断开的元件上可能存在危险的残余电荷，故所有元件均应仔细地放电。

d） 打开外壳后的电压试验

电压试验应在击穿的元件与其熔断了的熔丝间隙之间施加 3 U_{Ne}（U_{Ne}为元件电压）的直流电压来进行，历时 10 s。试验期间，间隙应处于浸渍剂中，不允许熔丝间隙击穿。

注：对于全部元件并联的单元以及对于采用附录 A 中给出的试验方法 b)、c)、d)或 e)之一的所有单元，该试验可以在单元打开外壳前用交流试验来代替。端子间的试验电压用电容比进行计算，这种情况下，在击穿元件与其熔断了的熔丝间隙之间的电压为 3 U_{Ne}/2。

附 录 A
(规范性附录)
促使接有或没有内部熔丝的非自愈式电容器击穿的方法

A.1 概述(仅适用于接有内部熔丝的电容器)

试验期间应记录电容器的电压和电流,以证明熔丝确已断开。对于直流试验,击穿后应将试验电压保持至少 30 s,以确证熔丝的开断没有借助于电源的断开。

为了检验熔丝的限流性能,在上限电压下试验时,熔断了的熔丝两端的电压降,除暂态过程外,应不超过 30%。

如果电压降超过 30%,则应采取措施,使得由试验系统得到的并联贮存能量和工频故障电流与运行条件相当。然后应在这些条件下进行试验来验证熔丝动作是否满意。

注 1:在上限电压下,允许有另外一根接在完好元件上的熔丝(或接有熔丝的直接并联的元件的十分之一)损坏。

注 2:在进行该试验时,应采取措施以防电容器单元可能爆炸和钉子爆炸性射出。

A.2 试验方法

应采用试验方法 a)、b)、c)、d)、e)中之一种或其他的方法。

a) 预热电容器(仅适用于接有内部熔丝的电容器)

在施加下限交流试验电压前,将电容器单元置于烘箱内预热。预热温度(100℃～140℃)由制造厂选择,以求在实际上短的时间(几分钟到几小时)内得到第一次击穿。

注 1:为防止由于温度高引起内部液压过高,可以在单元上装设一个带阀门的溢流管,在施加试验电压的瞬间关上阀门。

注 2:在施加上限试验电压时可以采用较低的预热温度,以避免在达到试验电压之前就发生击穿。

b) 机械刺穿元件

机械刺穿元件用钉子进行,将钉子通过预先在外壳上钻好的孔打进元件内。试验电压可以是直流或交流,由制造厂选择。

如果采用交流电压,则应选择刺穿的时间,使得在接近峰值的瞬间发生击穿。

注 1:不能保证只刺穿一个元件。

注 2:为了防止沿着钉子或通过钉子打穿的孔对外壳闪络的可能性,可以使用由绝缘材料制成的“钉子”和(或)可以在与外壳固定连接的或在试验时连接起来的元件内进行刺穿。

注 3:直流电压对所有元件并联的电容器特别适合。

c) 元件电击穿(第一种方法)

在试验单元的一些元件中,每只都装一个插于介质层间的插片。每一插片分别连接到一个单独的端子上。

试验电压可以是交流或直流,由制造厂选择。

为使这样设置的元件击穿,在此改装元件的插片与任一极板之间施加足够幅值的冲击电压。

在采用交流电压的情况下,应在接近峰值电压的瞬间触发冲击。

d) 元件电击穿(第二种方法)

在试验单元的一些元件中,每只都装一根与两个附加插片连接的短的易熔金属丝并插于介质层间。每一插片分别连接到一个单独的绝缘端子上。

试验电压可以是直流或交流,由制造厂选择。

为使装有这一易熔金属丝的元件击穿,用另外的充电到足够电压的电容器对金属丝放电,使其烧断。

在采用交流电压的情况下，应在接近峰值电压的瞬间触发导致金属丝烧断的充电电容器放电。

e) 元件电击穿(第三种方法)

在制造时，将单元中一个元件(或几个元件)的一小部分去掉，换成耐电较弱的介质。

例如：将膜-纸-膜介质割下 10 cm^2～20 cm^2，换成两层薄纸。

附 录 B
（规范性附录）
模型单元设计的要求

如果模型单元和其内部元件的设计两者均满足下列要求，则认为模型单元与生产单元是可比的。

B.1 模型单元元件设计准则

a) 模型单元内部元件固体介质的层数应相同或较少，且应用同一种液体（若有的话）浸渍；介质应在70%～130%厚度内，额定电场强度应相同或高一些。

b) 固体介质材料的组合应相同，例如，全膜或全纸或膜—纸—膜等；

c) 对于金属化膜或金属化纸，金属化层的成分、表面设计、边缘和表面电阻应相同（在规定的偏差范围内）。

d) 固体和液体介质材料应满足同一制造厂的技术规范。

e) 铝箔设计应相同：厚度相同（偏差±20%）；铝箔边缘凸出或不凸出；铝箔折边和（或）切边（若为设计特点）；留边较少或相同。

f) 元件连接方式应相同，例如引线片、焊接等。

g) 元件宽度（有效铝箔宽度）允许在50%～400%内变化，元件长度（有效铝箔长度）允许在30%～300%内变化。

B.2 模型单元设计

a) 与生产单元相比，满足B.1要求的元件的组装方式应相似，元件间绝缘应相同或较薄，压紧系数应相同（在制造偏差之内）。

b) 应至少连接4个元件，使得在额定电压和额定频率下的容量不小于30 kvar。

c) 内部电气连接方式应相似，试验元件外部的连接件可以加大，以便适应，例如由于一些元件并联引起的电流增大。

d) 对壳绝缘厚度应相同或较薄。

e) 应使用制造厂的相同冷却媒质用的标准设计外壳。与生产单元相比，外壳尺寸在下列范围之内：

——外壳宽度：50%到200%；

——外壳高度：50%到400%；

——外壳长度：50%到200%。

注：考虑到元件尺寸的变化，上述外壳尺寸范围是必要的。

外壳材料应相同，或热性能是等效的，但表面油漆可以不同。

为了与试验电压和/或试验电流相适应，可调整套管的设计和套管的数量。

f) 干燥和浸渍工艺应与正常生产工艺相同。

g) 模型单元在其他各方面，如放电电阻和内部熔丝等构件的类型，也应该是相同的，并且制造工艺也应与生产单元的相同。

参 考 文 献

JB/T 8957—1999 检验电容器损耗角正切测量准确度的方法(JB/T 8957—1999,idt IEC 60996:1989)

ICS 29.020
K 09

中华人民共和国国家标准

GB/T 4026—2004/IEC 60445:1999
代替 GB/T 4026—1992

人机界面标志标识的基本方法和安全规则 设备端子和特定导体终端标识及字母数字系统的应用通则

Basic and safety principles for man-machine interface, marking and identification—Identification of equipment terminals and of terminations of certain designated conductors, including general rules for an alphanumeric system

(IEC 60445:1999,IDT)

2004-02-04 发布　　2004-07-01 实施

中华人民共和国国家质量监督检验检疫总局
中国国家标准化管理委员会　发布

前言

本标准等同采用 IEC 60445:1999《人机界面标志标识的基本方法和安全规则——设备端子和特定导线终端标识及字母数字系统的应用通则》(第3版英文版)。

本标准代替 GB/T 4026—1992《电器设备接线端子和特定导线线端的识别及应用字母数字系统的通则》

本标准与 GB/T 4026—1992 相比有如下主要变化:

——依据 IEC 60445:1993 改变了标准名称;(见封面、首页)

——对 GB/T 4026—1992 保留部分的技术内容进行了某些文字性修改,力争简明清晰,更符合 IEC 出版物原意;

——表明了本标准的"基础安全出版物"属性,及与其他专业技术委员会的关系(见本版第1章的第1段和第2段);

——增加了 GB 7947、IEC 导则 104 和 ISO/IEC 导则 51 等 4 项规范性引用文件(见本版第2章);

——第3章中增加了"为保持与文件和设备端子标志的一致性,建议使用字母数字标记"(见本版第3章倒1段);

——在保留技术内容的前提下删去了 1992 年版的 5.1.1、5.1.2 和 5.1.3 条号,且 5.1.2 的第1段改为注;

——删去了 1992 年版的图 3;其他图例编号稍做改动;图中项目代号按与 GB/T 6988《电气技术文件的编制》有关项目代号的方向与引出线方向一致的规则重新做了标注;图 2、图 4 中的中间端子引出线改为从元件右侧引出;

——按 GB/T 4728 改动了某些图例中的图形符号(见本版图 5a)、图 5b)和图 6));

——用三个破折号代替了 1992 年版 5.2.3 的 a)、b)、c);第2个破折号后增加了一个注"端子明确的标记示例见 IEC 61666 附录 B";第3个破折号后增补了"对端子标志和标识的更详细的要求可由相应产品委员会制定"(见本版 5.2.3);

——1992 年版 5.2.4 条的注改为该条的正文(见本版 5.2.4);

——1992 年版 5.3 和 5.4 条合并成一条,并增补了一个注(见本版 5.3)

——引入了 IEC 60050-195 的术语和概念——功能接地导体(FE);对于保护导体,无论是否接地均用 PE 标识,根据这一规则,分别删去了 1992 年版的不接地的保护导体、接地导体、低噪声接地导体、接机壳接机架、等电位连接等的标识标志 PU、E、TE、MM、CC 等;增加了 PEN 导体、PEM 导体、PEL 导体、功能接地导体和功能等电位联结导体的标识标志 PEN、PEM、PEL、PE 和 FB,同时增补了某些端子的图形符号标志;(见本版表1)

——增补了附录 A;以反映新旧版本名词术语及端子标识标志的变化。

本标准的附录 A 为资料性附录。

本标准由中国机械工业联合会提出。

本标准由机械科学研究院归口。

本标准负责起草单位:机械科学研究院。

本标准参加起草单位:信息产业部电子第三研究所、无锡日新电机有限公司、航天科工集团 23 所。

本标准主要起草人:李世林、郭汀、赵晓英、邓塔、李萍。

本标准代替标准的历次版本发布情况为:

——GB 4026—1983、GB/T 4026—1992。

人机界面标志标识的基本方法和安全规则 设备端子和特定导体终端标识及字母数字系统的应用通则

1 范围

本标准适用于如电阻、熔断器、继电器、导体、变压器、旋转机械及这类电气设备组合的端子的标识与标志。此外,本标准也适用于某些特定导体的终端的标识。

各技术委员会在遵循 IEC 导则 104 和 ISO/IEC 导则 51 所确定的原则制定标准时,可以应用本基础安全出版物。

应指出,技术委员会的职责之一是在编制适用于某一类设备的标准时,尽可能包括或参照基础安全出版物的要求。

2 规范性引用文件

下列文件中的条款,通过本标准的引用而成为本标准的条款。凡是注日期的引用文件,其随后所有的修改单(不包括勘误的内容)或修订版均不适用于本标准,然而,鼓励根据本标准达成协议的各方研究是否可使用这些文件的最新版本。凡是不注日期的引用文件,其最新版本适用于本标准。

GB/T 4728(所有部分) 电气简图用图形符号(GB/T 4728.1—1985,idt IEC 60617-1:1985;GB/T 4728.2～4728.3—1998,GB/T 4728.4—1999,GB/T 4728.5～4728.8—2000,GB/T 4728.9～4728.10—1999,GB/T 4728.11—2000,idt IEC 60617-2～60617-11:1996;GB/T 4728.12—1996,idt IEC 60617-12:1991;GB/T 4728.13—1996,idt IEC 60617-13:1993)

GB/T 5465(所有部分) 设备用图形符号(GB/T 5465.1—1996,eqv IEC 60416:1988;GB/T 5465.2—1996,idt IEC 60417:1994)

GB 7947 导体的颜色或数字标识(idt IEC 60446:1989)

IEC 60050-195:1998 国际电工词汇(IEV)——第 195 部分:接地和防电击保护

IEC 导则 104 安全出版物的准备和基础安全出版物以及群组组安全出版物的使用

ISO/IEC 导则 51 标准中包含安全特性的指南

3 标识方法

可采用下列一种或多种方法标识设备端子和特定导体终端:

——设备端子或特定导体终端的实际的或相对的位置;

——设备端子和特定导体终端的颜色代码;

——GB/T 5465 规定的图形符号。如果需要辅助符号,应符合 GB/T 4728;

——本标准第 5 章规定的系统字母数字标记。

为保持文件和设备端子标志的一致性,建议使用字母数字标记。

4 标识方法的应用

用做识别的颜色、图形符号或字母数字标记应标注在相应的端子或其邻近处。

当采用一种以上的识别方法并可能出现混淆时,各种识别方法间的关系应在有关文件中说明。

5 字母数字系统通则

5.1 总则

如果在标识中应用字母和/或数字,字母要用大写拉丁字,数字要用阿拉伯数字。

注:标记直流元件的字母从字母表的前半部分中选用,标志交流元件的字母从字母表的后半部分选用。

为了避免与数字 1 和 0 的混淆,不应使用字母 I 和 O;可以使用“+”和“-”。

对不致产生混淆的场合,允许省略下列标志规则中规定的完整字母数字符号的某些部分。

5.2 标志规则

端子标志依据下列规则:

5.2.1 单个元件的两边端子用连续的两个数字来表示,奇数数字应小于偶数数字,例如 1 和 2(见图 1)。

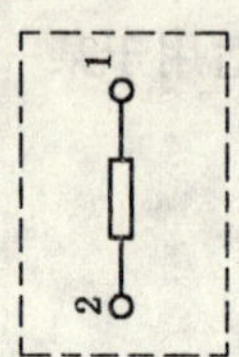

图 1 带有两个端子的单个元件

5.2.2 单个元件的中间各端子最好用连续数字来区别。例如:3,4,5 等。中间各端子的数字应选用大于两边端子的数字,并应从靠近数字较小的那个两边端子开始标志,例如:一个两边端子为 1 和 2 的元件的中间各端子用数字 3 和 4 标志(见图 2)。

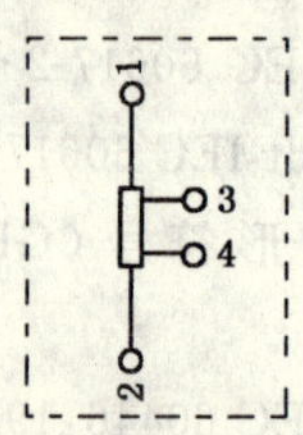

图 2 带有四个端子的单个元件:两个两边端子和两个中间端子

5.2.3 如果几个相似的元件组合成一组,各个元件的端子应采用下列方法标记:

——用在 5.2.1 和 5.2.2 条中所规定的数字前冠以字母的方法来区分两边端子和中间各端子,例如:用 U、V、W 标志三相交流系统中相应设备的各相端子(见图 3)。

注:表明什么是设备端子明确标志的举例参见 GB/T 18656 的附录。

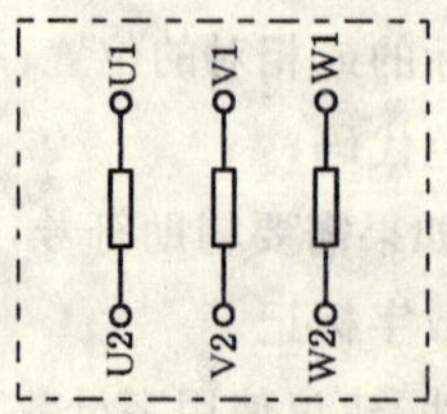

图 3 带有六个端子的三相设备

——对不需要或不可能识别相位的场合,用在 5.2.1 和 5.2.2 条中所规定的数字前冠以数字的方法来区分两边端子和中间各端子。为避免混淆,在这些数字中间用一个圆点分开,例如:一个元件的端子用 1.1 和 1.2 标志,另一个元件的端子用 2.1 和 2.2 标志(见图 4)。

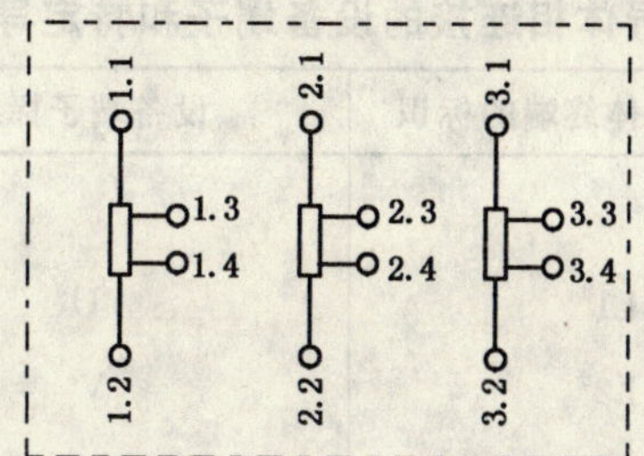

图 4 带有十二个端子的三个元件的设备:六个两边端子和六个中间端子

——当端子组是用数字标记时,则采用数序。

对端子标志和标识的更详细的要求可由相应的产品委员会制定。

5.2.4 同类的元件组用相同字母标志时,在字母前冠以数字来区别(见图 5a)和 5b))

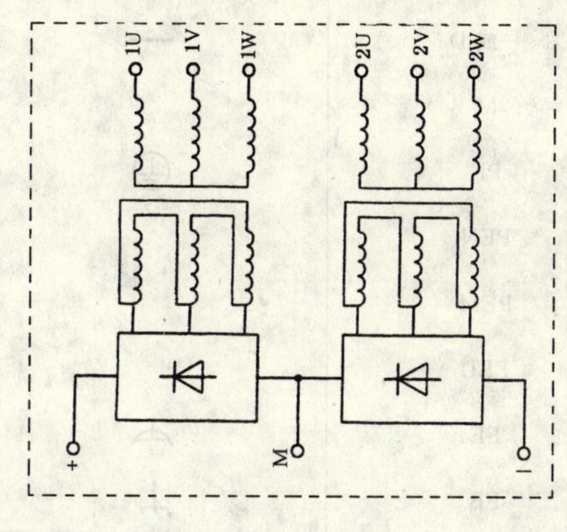

图 5a) 带有两组元件的三相设备

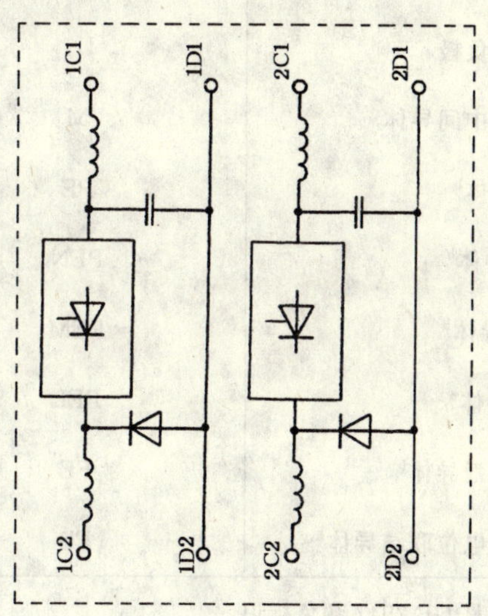

图 5b) 带有两组元件且各有四个端子的两相设备

图 6 为按照字母数字符号标记的设备端子和某些特定导体相互连接的示例。

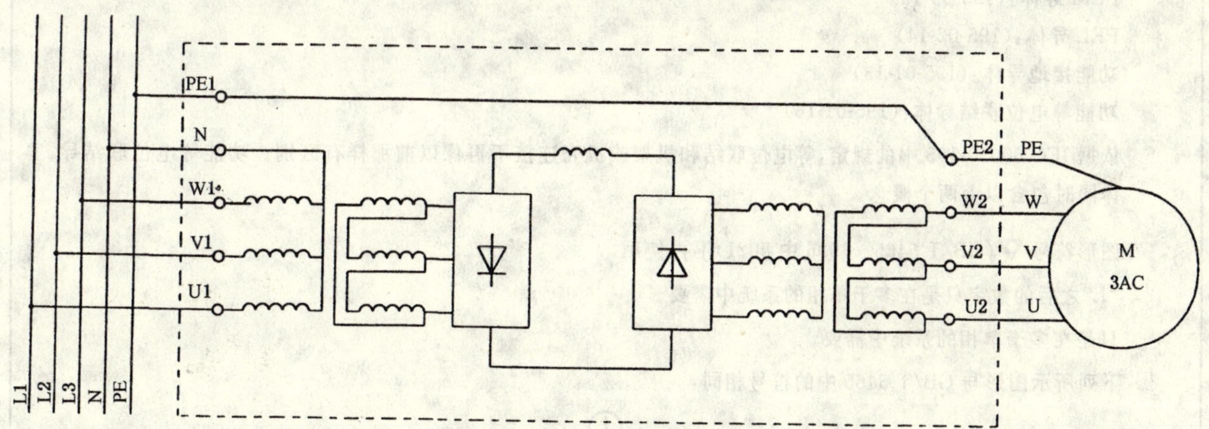

图 6 设备端子和某些特定导体的相互连接

5.3 与特定导体相连接的设备端子和特定导体终端的标志

与某些特定导体直接或间接相连的设备端子和特定导体终端应采用表 1 中所列的字母标记。

注:本标准中未涉及的特殊用途标志(例如禁止接地的保护性等电位联结导体),有关技术委员会可以为其另行制定单独的标志标准。

表 1　与特定导体相连接的设备端子和特定导体终端的标志

特定导体	导体[a]和导体终端的标识	设备端子标志	图形符号[f]
交流导体			～
第 1 线	L1[d]	U	
第 2 线	L2[d]	V[e]	
第 3 线	L3[d]	w[e]	
中性导体	N	N	
直流导体			⎓
正极	L_+	＋或 C	＋
负极	L_-	—或 D	—
中间导体	M	M	
保护导体[b]	PE	PE	
PEN 导体[b]	PEN	PEN	
PEM 导体[b]	PEM	PEM	
PEL 导体[b]	PEL	PEL	
功能接地导体[b]	FE	FE	
功能等电位联结导体[b,c]	FB	FB	

a　见 GB 7947 颜色标识。

b　见 IEC 60050-195 定义。

保护导体：(195-02-09)

PEN 导体：(195-02-12)

PEM 导体：(195-02-13)

PEL 导体：(195-02-14)

功能接地导体：(195-01-13)

功能等电位联结导体：(195-01-16)

c　依据 IEC 60050-195 中的规定，等电位联结和机架或机壳连接不再像以前那样有区别。功能等电位联结导体同时包含以上两个概念。

图形符号 (GB/T 5465—1996 中 5021)不再使用。

d　“L”之后的数字只是在多于单相的系统中需要。

e　只是在多于单相的系统中需要。

f　下列所示图形与 GB/T 5465 中的符号相同：

符号	说明	符号	说明
～	GB/T 5465 中的符号 5032		GB/T 5465 中的符号 5019
⎓	GB/T 5465 中的符号 5031		GB/T 5465 中的符号 5018
＋	GB/T 5465 中的符号 5005		GB/T 5465 中的符号 5020
—	GB/T 5465 中的符号 5006		

附　录　A
（资料性附录）
设备接线端子和某些特定导体的新老符号对比

旧符号			新符号		
导体终端的标识	设备端子标志	特定导体	特定导体	导体和导体终端标识	设备端子标志
		交流系统电源导体	交流导体		
L1	U	第1相	第1线	L1	U
L2	V	第2相	第2线	L2	V
L3	W	第3相	第3线	L3	W
N	N	中性线	中性导体	N	N
		直流系统电源导体	直流导体		
L_+	C	正极	正极	L^+	+[a] 或 C
L_-	D	负极	负极	L^-	−[a] 或 D
M	M	中间线	中间点导体	M	M
PE	PE	保护导体	保护导体	PE	PE
PEN	—	PEN 导体	PEN 导体	PEN	PEN
E	E	接地导体	PEM 导体	PEM	PEM
			PEL 导体	PEL	PEL
TE	TE	低噪声接地导体	功能接地导体	FE	FE
MM	MM	机壳或机架连接	功能等电位联结导体	FB	FB
CC	CC	等电位连线	功能等电位联结导体	FB	FB

a　符号来源于 GB/T 5465。

参 考 文 献

GB/T 18656—2002 工业系统　装置和设备及工业产品—系统内端子的标识(idt IEC 61666:1997)

ICS 13.220.30
C 84

中华人民共和国国家标准

GB 4066.1—2004
代替 GB 4066—1994

干粉灭火剂
第1部分:BC干粉灭火剂

Fire extinguishing media—Part 1:BC powder

(ISO 7202:1987,Fire protection —Fire extinguishing media—Powder,NEQ)

2004-08-05 发布　　2005-02-01 实施

中华人民共和国国家质量监督检验检疫总局
中国国家标准化管理委员会　发布

前言

本部分的第4章、第6章为强制性的，其余为推荐性的。

GB 4066《干粉灭火剂》分为两个部分：

——第1部分：BC干粉灭火剂；

——第2部分：ABC干粉灭火剂。

本部分为GB 4066的第1部分。

本部分与ISO 7202：1987《消防　干粉灭火剂》的一致性程度为非等效，主要差异如下：

——增加了含水率、吸湿率、颜色的要求；

——修改了灭火性能的试验方法；

——增加了附录A“碳酸氢钠含量试验方法”；

——提供了附录B“流动性试验方法”。

本部分代替GB 4066—1994《碳酸氢钠干粉灭火剂》，与GB 4066—1994相比主要变化如下：

——增加了含水率、颜色的要求；

——修改了含量、粒度分布的要求；

——修改了斥水性、吸湿性、灭火性能的试验方法；

——增加了规范性附录“碳酸氢钠含量试验方法”(见附录A)；

——增加了资料性附录“流动性试验方法”(见附录B)。

本部分自实施之日起，GB 13532—1992《干粉灭火剂通用技术条件》与GB 4066—1994《碳酸氢钠干粉灭火剂》同时废止。

本部分的附录A为规范性附录，附录B为资料性附录。

本部分由中华人民共和国公安部提出。

本部分由全国消防标准化技术委员会第三分技术委员会(SAC/TC 113/SC 3)归口。

本部分起草单位：公安部天津消防科学研究所、江苏省公安厅消防局。

本部分主要起草人：戴殿峰、刘玉恒、李姝、孙卫东、钱涛。

本部分于1983年12月首次发布，1994年5月第一次修订，本次修订为第二次修订。

干粉灭火剂　第 1 部分:BC 干粉灭火剂

1　范围

GB 4066 的本部分规定了 BC 干粉灭火剂的定义、要求、试验方法、检验规则、标志、包装、运输和贮存等。

本部分适用于能扑灭 B 类和 C 类火灾的干粉灭火剂。

2　规范性引用文件

下列文件中的条款通过 GB 4066 的本部分的引用而成为本部分的条款。凡是注日期的引用文件,其随后所有的修改单(不包括勘误的内容)或修订版均不适用于本部分,然而,鼓励根据本部分达成协议的各方研究是否使用这些文件的最新版本。凡是不注日期的引用文件,其最新版本适用于本部分。

GB 622—1989　化学试剂　盐酸(eqv ISO 6353/2:1983)

GB 4351　手提式干粉灭火器通用技术条件

GB/T 4509—1998　沥青针入度测定法

GB/T 6003.1—1997　金属丝编织网试验筛(eqv ISO 3310-1:1990)

GB/T 6682—1992　分析实验室用水规格和试验方法(neq ISO 3696:1987)

3　术语和定义

下列术语和定义适用于 GB 4066 的本部分。

3.1

BC 干粉灭火剂　BC Fire extinguishing media—Powder

能扑灭 B 类和 C 类火灾的干粉灭火剂。

4　要求

BC 干粉灭火剂主要性能应符合表 1 的规定。

表 1

项　　目		技术要求
主要组分含量/%		厂方公布值±3
松密度/(g/mL)		≥0.85,厂方公布值±0.1
含水率/%		≤0.20
吸湿率/%		≤2.00
抗结块性(针入度)/mm		≥16.0
斥水性		无明显吸水,不结块
粒度分布/%	0.250 mm	0.0
	0.250 mm～0.125 mm	厂方公布值±3
	0.125 mm～0.063 mm	厂方公布值±6
	0.063 mm～0.040 mm	厂方公布值±6
	底　　盘	≥70.0

表 1(续)

项目	技术要求
耐低温性/s	≤5.0
电绝缘性/kV	≥5.00
颜色	白色
喷射性能/%	≥90
灭 B、C 类火灾效能	三次灭火试验至少二次灭火成功

5 试验方法

5.1 主要组分含量

碳酸氢钠含量的测定见附录 A;其他组分含量按相应的国家标准或行业标准测定;若无相应标准则由委托方提供适当的检测方法。

结果准确至 0.1%。

5.2 松密度

5.2.1 仪器

a) 天平:感量 0.2 g;

b) 具塞量筒:量程 250 mL,分度值 2.5 mL;

c) 秒表:分度值 0.1 s。

5.2.2 试验步骤

5.2.2.1 称取干粉灭火剂试样 100 g,精确至 0.2 g,置于具塞量筒中。

5.2.2.2 以 2 s 一个周期的速度,上下颠倒量筒 10 个周期。

5.2.2.3 将具塞量筒垂直于水平面静置 3 min 后,记录试样的体积。

5.2.3 结果

松密度按式(1)计算:

$$D_b = \frac{m_0}{V} \qquad (1)$$

式中:

D_b——松密度,单位为克每毫升(g/mL);

m_0——干粉灭火剂试样的质量,单位为克(g);

V——干粉灭火剂试样所占的体积,单位为毫升(mL)。

取差值不超过 0.04 g/mL 的两次试验结果的平均值作为测定结果。

5.3 含水率

5.3.1 仪器

a) 天平:感量 0.2 mg;

b) 称量瓶:ϕ 50 mm×30 mm;

c) 干燥器:ϕ 220mm;

d) 真空干燥箱:控温精度±2℃。

5.3.2 试验步骤

5.3.2.1 在已恒重的称量瓶中,称取干粉灭火剂试样 5 g,精确至 0.2 mg。

5.3.2.2 将称量瓶免盖置于温度(50±2)℃,真空度(0.095~0.096)MPa 的真空干燥箱内 1 h。

5.3.2.3　取出称量瓶加盖置于干燥器内，静置 15 min 后称量，精确至 0.2 mg。

5.3.3　**结果**

含水率 x_1(%)按式(2)计算：

$$x_1 = \frac{m_1 - m_2}{m_1} \times 100 \quad \cdots\cdots (2)$$

式中：

m_1——干燥前干粉灭火剂试样质量，单位为克(g)；

m_2——干燥后干粉灭火剂试样质量，单位为克(g)。

取差值不超过 0.02% 的两次试验结果的平均值作为测定结果。

5.4　**吸湿率**

5.4.1　**试剂、仪器、设备**

a)　氯化铵：化学纯；

b)　天平：感量 0.2 mg；

c)　称量瓶：ϕ 50 mm×30 mm；

d)　干燥器：ϕ220 mm；

e)　恒温恒湿系统：饱和氯化铵恒湿系统（仲裁检验时采用）或调温调湿箱；饱和氯化铵恒湿系统（见图 1），控制 5 L/min 流量的空气（湿度为 78%）通过恒湿器，恒湿器下部装有饱和氯化铵溶液。

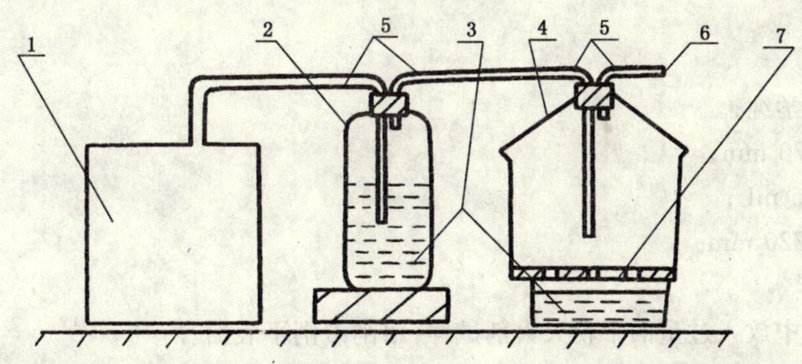

1——供气稳压缓冲装置；
2——广口瓶；
3——饱和氯化铵溶液；
4——ϕ 250 mm 恒湿器；
5——内径 6 mm 玻璃管；
6——空气出口；
7——恒湿器孔板。

图 1　饱和氯化铵恒湿系统

5.4.2　**试验步骤**

5.4.2.1　在已恒重的称量瓶中，称取干粉灭火剂试样 5 g，精确至 0.2 mg。

5.4.2.2　将称量瓶免盖置于温度(21±3)℃，相对湿度 78% 的恒温恒湿环境内 24 h。

5.4.2.3　取出称量瓶加盖置于干燥器中，静置 15 min 后称量，精确至 0.2 mg。

5.4.3　**结果**

吸湿率 x_2(%)按式(3)计算：

$$x_2 = \frac{m_4 - m_3}{m_3} \times 100 \quad \cdots\cdots (3)$$

式中：

m_3——吸湿前干粉灭火剂试样质量，单位为克(g)；

m_4——吸湿后干粉灭火剂试样质量，单位为克(g)。

取差值不超过 0.05% 的两次试验结果的平均值作为测定结果。

5.5 抗结块性

5.5.1 试剂、仪器、设备

a) 氯化铵:化学纯;

b) 恒温恒湿系统:按5.4.1中e)的规定;

c) 针入度仪(符合GB/T 4509—1998的规定):精度0.1 mm,标准针与针杆质量之和为(50.00±0.05)g;

d) 电热恒温干燥箱:精度±2℃;

e) 烧杯:100 mL;

f) 秒表:分度值0.1 s;

g) 震筛机:摆动频率(4.58~4.92)Hz,震击频率(0.52~0.55)Hz,震击高度4.0 mm。

5.5.2 试验步骤

5.5.2.1 在干燥、洁净的烧杯中,装满干粉灭火剂试样,用刮刀刮平表面。

5.5.2.2 将烧杯置于震筛机上,用夹具夹紧,震动5 min;取下烧杯,在温度为(21±3)℃、相对湿度为78%的条件下增湿24 h;然后移入温度为(48±3)℃的电热恒温干燥箱内干燥24 h。

5.5.2.3 测定针入度:测定时,针尖要贴近试样表面,针入点之间、针入点与杯壁之间的距离不小于10 mm。针自由落入试样内5 s后,记录针插入试样的深度(以mm计),每只烧杯的试样测三个针入点。

5.5.3 结果

取九次试验结果的平均值作为测定结果。

5.6 斥水性

5.6.1 试剂、仪器

a) 氯化钠:化学纯;

b) 培养皿:ϕ70 mm;

c) 吸量管:0.5 mL;

d) 干燥器:ϕ220 mm。

5.6.2 试验步骤

5.6.2.1 在培养皿中放入过量的干粉灭火剂试样,用刮刀刮平表面。

5.6.2.2 在干粉表面三个不同点用吸量管各滴0.3 mL三级水(符合GB/T 6682—1992的规定)。

5.6.2.3 将培养皿放在温度为(20±5)℃、盛有饱和氯化钠溶液(相对湿度75%)的干燥器内1 h。

5.6.2.4 取出培养皿,逐渐倾斜,使水滴滚落。

5.6.3 结果

观察干粉灭火剂试样,有无明显吸水、结块现象。

5.7 粒度分布

5.7.1 仪器、设备

a) 天平:感量0.2 g;

b) 秒表:分度值0.1 s;

c) 震筛机:按5.5.1中g)的规定;

d) 套筛(符合GB/T 6003.1—1997的规定):网孔尺寸分别为0.250 mm、0.125 mm、0.063 mm、0.040 mm,一个顶盖和一个底盘。

5.7.2 试验步骤

5.7.2.1 称取干粉灭火剂试样50 g,精确至0.2 g,放入0.250 mm顶筛内,下面依次为0.125 mm、0.063 mm、0.040 mm的筛和底盘,盖上顶盖。

5.7.2.2 将套筛固定在震筛机上,震动10 min。

5.7.2.3 取下套筛,分别称量留在每层筛上和底盘中的干粉灭火剂质量。

5.7.3 结果

干粉灭火剂在每层筛和底盘中的质量百分数 x_3(%)按式(4)计算:

$$x_3 = \frac{m_5}{m_6} \times 100 \quad \cdots\cdots (4)$$

式中:

m_5——干粉灭火剂试样在每层筛和底盘中的质量,单位为克(g);

m_6——干粉灭火剂试样的质量,单位为克(g)。

取回收率大于98%的两次试验结果的平均值作为测定结果。

5.8 耐低温性

5.8.1 仪器、设备

a) 低温试验仪:精度±1℃;

b) 试管:ϕ 20 mm×150 mm;

c) 天平:感量 0.2 g;

d) 秒表:分度值 0.1 s。

5.8.2 试验步骤

5.8.2.1 称取干粉灭火剂试样 20 g,精确至 0.2 g,放在干燥、洁净的试管中。

5.8.2.2 将试管加塞后,放入−55℃环境中 1 h。

5.8.2.3 取出试管,使其在 2 s 内倾斜直到倒置。用秒表记录试样全部流下的时间。

5.8.3 结果

取三次试验结果的平均值作为测定结果。

5.9 电绝缘性

5.9.1 仪器、设备

a) 试验杯(见图 2):杯体由不吸潮的高绝缘性材料制成。电极的任何部位与试验杯的距离不小于 13 mm。试验杯顶部与电极顶部距离不小于 32 mm。平板电极为抛光的黄铜板,直径为 25 mm,厚度不小于 3 mm,边缘成直角,电极间距为(2.50±0.01)mm。

b) 升压变压器:输出电压可连续升到 5 kV 以上。

c) 跌落试验台:最大跌落高度 30 mm,最大允许负荷 50 kg,频率范围(0～1.667)Hz 连续可调,下落加速度大于 9.3 m/s²。

5.9.2 试验步骤

5.9.2.1 将试验杯装满干粉灭火剂试样,放在跌落台上夹紧。

5.9.2.2 在 1 Hz 的频率、下落高度为 15 mm 的条件下,跌落 500 次。

5.9.2.3 用升压变压器将电压加到圆盘形电极上,在漏电流 1 mA 档的状态下迅速匀速升压直至击穿为止,记录击穿电压值。

5.9.3 结果

取两次试验结果的平均值作为测定结果。

5.10 颜色

将干粉灭火剂试样松散堆放在容器内,目测试样颜色。

5.11 喷射性能

5.11.1 方法Ⅰ(仲裁检验)

5.11.1.1 仪器、设备

单位为毫米

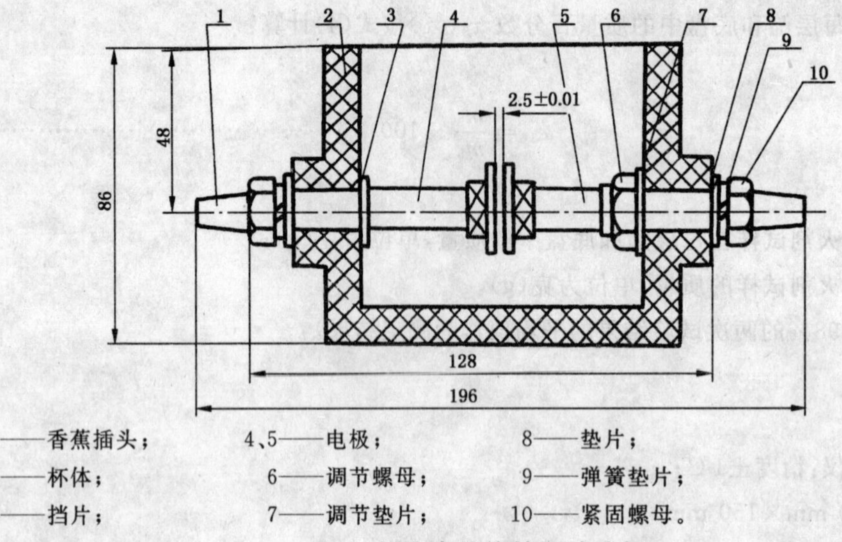

1——香蕉插头；
2——杯体；
3——挡片；
4、5——电极；
6——调节螺母；
7——调节垫片；
8——垫片；
9——弹簧垫片；
10——紧固螺母。

图2　测定电绝缘性用试验杯

a)　2.25 kg 干粉专用喷射器(见图3)：喷射器容量 2.25 kg，推进气体二氧化碳(40±4)g，喷射器内高度 375 mm，喷射器内径 90 mm，喷射管内径 10 mm，喷嘴直径 4.25 mm；

单位为毫米

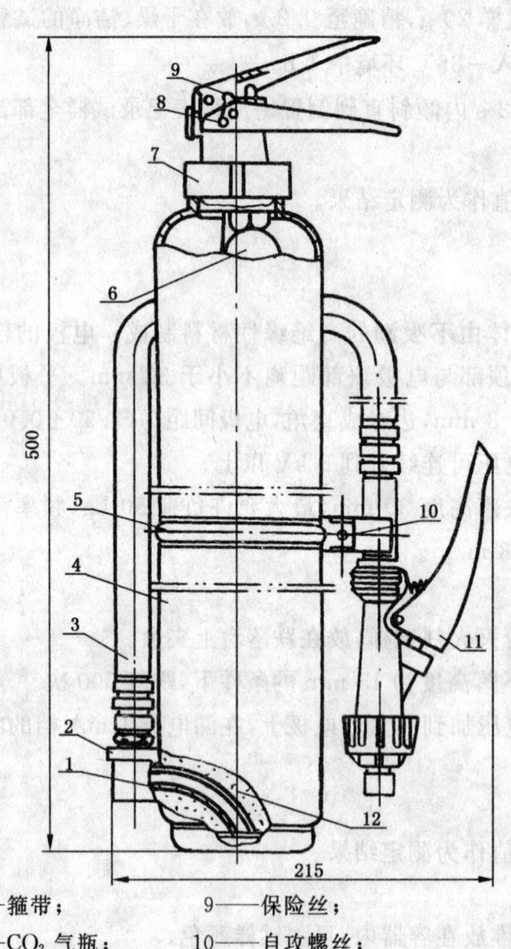

1——出粉管；
2——出粉接头；
3——胶管总成；
4——瓶体；
5——箍带；
6——CO_2 气瓶；
7——气头总成；
8——铅封；
9——保险丝；
10——自攻螺丝；
11——压把总成；
12——干粉灭火剂。

图3　干粉专用喷射器

b) 跌落试验台：按 5.9.1c)的规定；

c) 电热鼓风干燥箱：精度±2℃；

d) 台秤：精度 5 g。

5.11.1.2 试验步骤

5.11.1.2.1 将质量为(2 250×D_b±10)g 的干粉灭火剂试样装入专用喷射器(其中 D_b 为试样的松密度，g/mL)，并将二氧化碳贮气瓶装到喷射器的器头上，然后把器头紧固在专用喷射器上。

5.11.1.2.2 将喷射器固定在跌落试验台上，以 0.417 Hz 的频率，从(25.0±1.5)mm 的高度跌落 250 次。

5.11.1.2.3 将喷射器放在(49±2)℃的干燥箱内 8 h。

5.11.1.2.4 取出喷射器，充压 5 s 后开始喷射，直至压力消失。

5.11.1.2.5 称量喷射器内剩余的干粉灭火剂质量。

5.11.1.3 结果

喷射率 x_4(%)按式(5)计算

$$x_4 = \frac{m_7 - m_8}{m_7} \times 100 \quad \cdots\cdots (5)$$

式中：

m_7——喷射前喷射器内干粉灭火剂的质量，单位为克(g)；

m_8——喷射后喷射器内干粉灭火剂的质量，单位为克(g)。

取三次试验结果的平均值作为测定结果。

5.11.2 方法Ⅱ

5.11.2.1 仪器、设备

a) 8 kg 贮压式 BC 干粉灭火器：符合 GB 4351 的规定；

b) 振动台：振幅 3 mm，频率(10～80)Hz；

c) 电热鼓风干燥箱：精度±2℃；

d) 台秤：精度 0.05 kg；

e) 秒表：分度值 0.1 s。

5.11.2.2 试验步骤

5.11.2.2.1 将 8 kg 干粉灭火剂试样装入干粉灭火器内，充压至工作压力。

5.11.2.2.2 将干粉灭火器固定在振动台上，在振幅 1.27 mm、频率 34 Hz 的条件下，振动 30 min。

5.11.2.2.3 将干粉灭火器放在(54±3)℃的干燥箱内 24 h。

5.11.2.2.4 取出干粉灭火器，静置至室温，喷射至压力消失。

5.11.2.2.5 称量干粉灭火器内剩余的干粉灭火剂质量。

5.11.2.3 结果

按 5.11.1.3 的规定进行计算。

5.12 灭 B、C 类火灾效能

5.12.1 材料、仪器、设备

a) 燃料：90 号车用无铅汽油；

b) 风速仪；

c) 3 kg 专用干粉灭火器：初始压力(1.4±0.1)MPa，喷嘴直径 ϕ 4 mm，喷管内径 ϕ 10 mm，喷管长度 320 mm，筒体直径 ϕ 127.4 mm，筒体容积 3.8 L，虹吸管内径 ϕ 12 mm，虹吸管距筒底距离(13～16)mm，材料和强度等符合 GB 4351 的规定；

d) 秒表：分度值 0.1 s；

e) 钢质油盘：直径(1750±20)mm，高(200±15)mm，盘壁厚度 2.5 mm。

5.12.2 试验步骤

5.12.2.1 试验温度为(0～30)℃，风速不大于 3 m/s。

5.12.2.2 将油盘置于水平地面下，使油盘上沿与地面在同一水平面上，加 29 L 水后倒入 60 L 燃料，并使油盘中各点的燃料深度不小于 15 mm，但液体深度不大于 50 mm。

5.12.2.3 点火，预燃时间 60 s。

5.12.2.4 用灭火器灭火。开始时操作者与油盘的距离不应小于 1.5 m，以后操作者可以任意移动灭火，但不允许操作者接触油盘。

5.12.3 结果

火焰全部熄灭即为灭 B 类火试验成功。灭火试验应进行三次，若连续二次灭火成功，第三次可免试。

注：干粉灭火剂若具有灭 B 类火灾的灭火效能，即认为其具有灭 C 类火灾的灭火效能。

6 检验规则

6.1 检验类别与项目

6.1.1 出厂检验

本部分的主要组分含量、松密度、含水率、吸湿率、抗结块性、斥水性、粒度分布、耐低温性为出厂检验项目。

6.1.2 型式检验

本部分表 1 中的全部检验项目为型式检验项目。有下列情况之一时，要进行型式检验。

a) 新产品鉴定或老产品转厂生产时；

b) 正式生产后，如原料、工艺有较大改变时；

c) 正式生产时每隔二年的定期检验；

d) 停产 1 年以上恢复生产时；

e) 国家质量监督机构提出进行型式检验要求时。

6.2 组、批

批为一次性投料于加工设备制得的均匀物质。

组为在相同的环境条件下，用相同的原料和工艺生产的产品，包括一批或多批。

6.3 抽样

6.3.1 型式检验样品应从出厂检验合格产品中抽样。抽样前应将产品混合均匀，每一项性能在检验前也应将样品混合均匀。

6.3.2 按“组”和“批”抽样，都应随机抽取不小于 50 kg 样品。所取的样品必须贮存于洁净、干燥、密封的专用容器内。

6.4 检验结果判定

出厂检验、型式检验结果应符合本部分中第 4 章规定的技术要求，如有一项不符合本部分要求，则判为不合格产品。

7 标志、包装、使用说明书、运输和贮存

7.1 标志

每个包装上都应清晰、牢固地标明生产厂名称、地址、产品名称、灭火剂主要组分及含量、商标、标准编号、生产日期或生产批号、合格标志、质量及适用的火灾类别和简单的贮存保管要求等。

7.2 包装

干粉灭火剂应密封在塑料袋内，塑料袋外应加保护包装。

7.3 使用说明书

生产厂应提供具有使用注意事项及符合本部分所规定的主要性能要求的说明书。

7.4 运输和贮存

干粉灭火剂应贮存在通风、阴凉干燥处，运输中应避免雨淋，防止受潮和包装破损。

附 录 A
(规范性附录)
碳酸氢钠含量试验方法

A.1 滴定法(仲裁法)

A.1.1 方法原理

干粉灭火剂试样破坏硅膜后,加热蒸馏水溶解过滤,取其滤液,分别以甲酚红-百里酚蓝和溴甲酚绿-甲基红为指示液,用盐酸标准溶液滴定。

A.1.2 试剂

A.1.2.1 丙酮:分析纯。

A.1.2.2 三级水(符合 GB/T 6682—1992 的规定)。

A.1.2.3 溴甲酚绿乙醇溶液(0.1%)。

A.1.2.4 甲基红乙醇溶液(0.2%)。

A.1.2.5 溴甲酚绿-甲基红混合指示剂:将溴甲酚绿乙醇溶液(0.1%)与甲基红乙醇溶液(0.2%)按3∶1体积比混合,摇匀。

A.1.2.6 甲酚红钠盐水溶液(0.1%)。

A.1.2.7 百里酚蓝钠盐水溶液(0.1%)。

A.1.2.8 甲酚红-百里酚蓝混合指示剂:将甲酚红钠盐水溶液(0.1%)与百里酚蓝钠盐水溶液(0.1%)按1∶3体积比混合,摇匀。

A.1.2.9 盐酸标准滴定溶液:用盐酸(按 GB 622—1989 的规定)配制浓度约为 0.1 mol/L 的水溶液。

A.1.3 仪器

A.1.3.1 天平:感量 0.2 mg。

A.1.3.2 容量瓶:500 mL。

A.1.3.3 移液管:50 mL。

A.1.3.4 滴定管:50 mL。

A.1.3.5 锥形瓶:250 mL。

A.1.4 试验步骤

A.1.4.1 待测溶液制备

a) 称取干粉灭火剂试样 2 g,精确至 0.000 2 g,置于 100 mL 烧杯中,加(3～4)mL 丙酮并不断搅拌。

b) 待丙酮挥发后,加入少量热三级水(60～70)℃溶解过滤,用约 250 mL 三级水洗涤不溶物,将滤液和洗涤液均收集在 500 mL 容量瓶中,用三级水稀释至 500 mL,摇匀,即为待测溶液 A。

A.1.4.2 用移液管吸取 50 mL 溶液 A,移入 250 mL 锥形瓶中,加 5 滴甲酚红-百里酚蓝混合指示剂,用盐酸标准溶液滴定至试验溶液的颜色由紫色变为黄色,读取消耗盐酸标准溶液的体积 V_1。

A.1.4.3 再加入 10 滴溴甲酚绿-甲基红混合指示剂,用盐酸标准溶液滴定至试验溶液的颜色由绿色变为暗红色。

A.1.4.4 煮沸 2 min,溶液颜色变回绿色,冷却至室温。用盐酸标准溶液继续滴定至暗红色为终点,读取消耗盐酸标准溶液的体积 V_2。

A.1.5 结果

试样中碳酸氢钠含量 x_1(%)按式(A.1)计算：

$$x_1 = \frac{c \times (V_2 - 2 \times V_1) \times 0.8401}{m_0} \times 100 \quad \cdots\cdots (A.1)$$

式中：

m_0——试样质量，单位为克(g)；

c——盐酸标准滴定溶液实际浓度，单位为摩尔每升(mol/L)；

V_1——第一次滴定所消耗盐酸标准滴定溶液的体积，单位为毫升(mL)；

V_2——滴定所消耗盐酸标准滴定溶液的总体积，单位为毫升(mL)；

取差值不超过0.2%的两次试验结果的平均值作为测定结果。

A.2 灼烧法

A.2.1 仪器、设备

A.2.1.1 天平：感量0.2 mg。

A.2.1.2 马富炉：分度值20℃。

A.2.1.3 称量瓶：ϕ 50 mm×30 mm。

A.2.1.4 干燥器：ϕ 220 mm。

A.2.2 试验步骤

A.2.2.1 将干粉灭火剂置于真空干燥箱内，在真空度(0.095～0.096)MPa、温度(50±2)℃，干燥1 h。

A.2.2.2 在已恒重的三只称量瓶中，分别称取已干燥的干粉灭火剂试样5 g，称准至0.000 2 g。

A.2.2.3 将称量瓶免盖置于马富炉内，在温度(270～300)℃，灼烧1 h。

A.2.2.4 取出称量瓶，加盖置于干燥器中，静置45 min称量，称准至0.000 2 g。

A.2.3 结果

碳酸氢钠含量 x_2(%)按式(A.2)计算：

$$x_2 = \frac{(m_1 - m_2) \times 2.709}{m_1} \times 100 \quad \cdots\cdots (A.2)$$

式中：

m_1——灼烧前干粉灭火剂试样质量，单位为克(g)；

m_2——灼烧后残留物质量，单位为克(g)。

取三次试验结果的平均值作为测定结果。

附 录 B
（资料性附录）
流动性试验方法

B.1 仪器、设备

B.1.1 流动性测定仪(见图 B.1)：由玻璃砂钟(见图 B.2)和可翻转的支架组成。
B.1.2 天平：感量 0.5 g。
B.1.3 秒表：分度值 0.1 s。

B.2 试验步骤

B.2.1 称取干粉灭火剂试样 300 g，精确至 0.5 g，放入玻璃砂钟内。
B.2.2 将玻璃砂钟安装在支架上，然后将试样在砂钟内连续翻转 30 s，使试样充气后，即开始测定其全部自由通过中部颈口的时间，连续测定 20 次。

B.3 结果

取 20 次试验结果的平均值作为测定结果。

B.4 判定

流动性宜控制在 8 s 以下。

单位为毫米

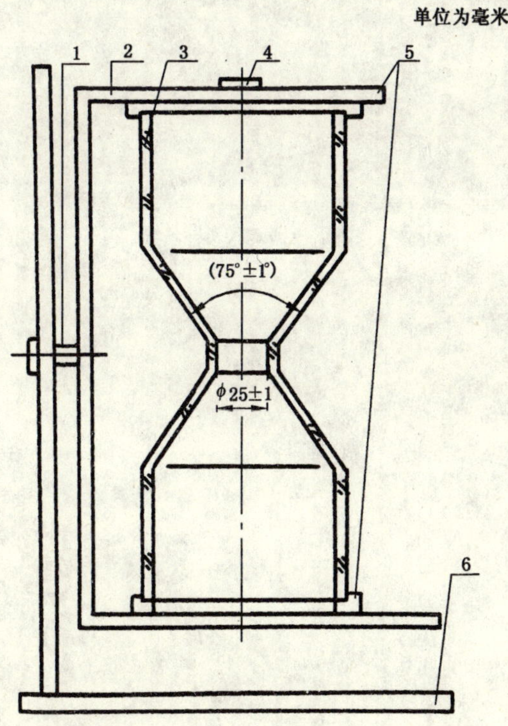

1——轴；
2——支架；
3——玻璃砂钟；
4——紧固螺母；
5——玻璃砂钟盖；
6——底座。

图 B.1 流动性测定仪示意图

单位为毫米

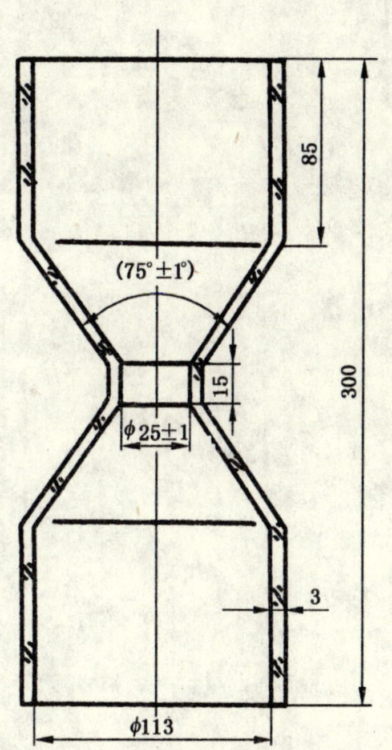

图 B.2 玻璃砂钟结构图

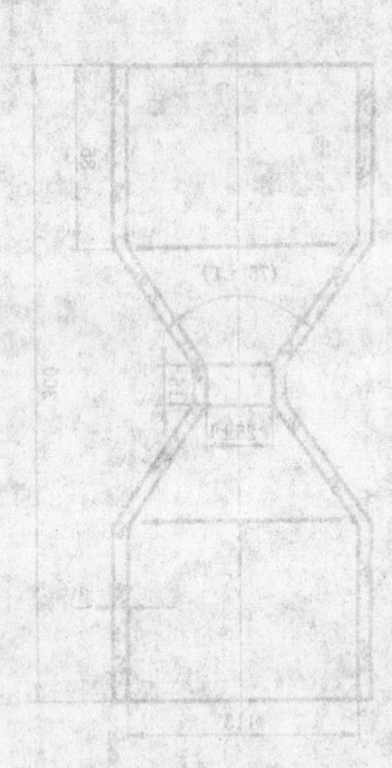

ICS 13.220.30
C 84

中华人民共和国国家标准

GB 4066.2—2004
代替 GB 15060—2002

干粉灭火剂 第2部分：ABC干粉灭火剂

Fire extinguishing media—Part 2：ABC powder

(ISO 7202：1987，Fire protection—Fire extinguishing media—Powder，NEQ)

2004-08-05 发布　　　　2005-02-01 实施

中华人民共和国国家质量监督检验检疫总局
中国国家标准化管理委员会　发布

前言

本部分的第4章、第6章为强制性的，其余为推荐性的。

GB 4066《干粉灭火剂》分为两个部分：

——第1部分：BC干粉灭火剂；

——第2部分：ABC干粉灭火剂。

本部分为GB 4066的第2部分。本部分与ISO 7202:1987《消防　干粉灭火剂》的一致性程度为非等效，主要差异如下：

——按照汉语习惯对一些编排格式进行了修改；

——将一些适用于国际标准的表述改为适用于我国标准的表述；

——增加了含水率、吸湿率、颜色的要求；

——修改了灭火性能的试验方法；

——增加了附录A"磷酸二氢铵含量试验方法"、附录B"流动性试验方法"。

本部分代替GB 15060—2002《磷酸铵盐干粉灭火剂》，本次修订除参照ISO 7202—1987外，同时参照美国联邦规范O-D-1380B 1990.12《磷酸铵盐干粉灭火剂》、马来西亚标准MS 1180 1990第三部分《干粉灭火剂》。

本部分与GB 15060—2002相比主要变化如下：

——增加了颜色、喷射性能的要求；

——修改了含量、松密度、粒度分布的要求；

——修改了含水率、灭火性能的试验方法；

——增加了规范性附录"磷酸二氢铵含量试验方法"（见附录A）；

——增加了资料性附录"流动性试验方法"（见附录B）。

本部分自实施之日起，GB 13532—1992《干粉灭火剂通用技术条件》、GB 15060—2002《磷酸铵盐干粉灭火剂》同时废止。

本部分的附录A为规范性附录，附录B为资料性附录。

本部分由中华人民共和国公安部提出。

本部分由全国消防标准化技术委员会第三分技术委员会(SAC/TC113/SC3)归口。

本部分起草单位：公安部天津消防科学研究所、江苏省公安厅消防局。

本部分主要起草人：戴殿峰、刘玉恒、李姝、孙卫东、钱涛。

本部分于1983年12月首次发布，1994年5月第一次修订，2002年1月第二次修订，本次修订为第三次修订。

干粉灭火剂　第2部分:ABC干粉灭火剂

1　范围

GB 4066的本部分规定了ABC干粉灭火剂的定义、要求、试验方法、检验规则、标志、包装、运输和贮存等内容。

本部分适用于能扑灭A类、B类、C类火灾的干粉灭火剂。

2　规范性引用文件

下列文件中的条款通过GB 4066的本部分的引用而成为本部分的条款。凡是注日期的引用文件，其随后所有的修改单(不包括勘误的内容)或修订版均不适用于本部分，然而，鼓励根据本部分达成协议的各方研究是否使用这些文件的最新版本。凡是不注日期的引用文件，其最新版本适用于本部分。

GB 4066.1—2004　干粉灭火剂　第1部分:BC干粉灭火剂(ISO 7202:1987,NEQ)

GB/T 6682—1992　分析实验室用水规格和试验方法(neq ISO 3696:1987)

3　术语和定义

下列术语和定义适用于GB 4066的本部分

3.1

ABC干粉灭火剂　ABC Fire extinguishing media—Powder

能扑灭A类、B类、C类火灾的干粉灭火剂。

4　要求

ABC干粉灭火剂主要性能应符合表1的规定。

表1

项　　目		技术要求
主要组分含量/%		厂方公布值±3
松密度/(g/mL)		≥0.80,厂方公布值±0.1
含水率/%		≤0.20
吸湿率/%		≤3.00
抗结块性(针入度)/mm		≥16.0
斥水性		无明显吸水,不结块
粒度分布/%	0.250 mm	0.0
	0.250 mm～0.125 mm	厂方公布值±3
	0.125 mm～0.063 mm	厂方公布值±6
	0.063 mm～0.040 mm	厂方公布值±6
	底　　盘	≥50.0
耐低温性/s		≤5.0
电绝缘性/kV		≥5.00

表 1(续)

项目	技术要求
颜色	黄色
喷射性能/%	≥90
灭 A 类火灾效能	三次灭火试验至少二次灭火成功
灭 B、C 类火灾效能	三次灭火试验至少二次灭火成功

5 试验方法

5.1 主要组分含量

磷酸二氢铵含量的测定见附录 A；其他组分含量按相应的国家标准或行业标准测定；若无相应标准，应由委托方提供适当的检测方法。

结果准确到 0.1%。

5.2 松密度

按 GB 4066.1—2004 中 5.2 的规定进行试验。

5.3 含水率

按 GB 4066.1—2004 中 5.3 的规定进行试验。

5.4 吸湿率

按 GB 4066.1—2004 中 5.4 的规定进行试验。

5.5 抗结块性

按 GB 4066.1—2004 中 5.5 的规定进行试验。

5.6 斥水性

按 GB 4066.1—2004 中 5.6 的规定进行试验。

5.7 粒度分布

按 GB 4066.1—2004 中 5.7 的规定进行试验。

5.8 耐低温性

按 GB 4066.1—2004 中 5.8 的规定进行试验。

5.9 电绝缘性

按 GB 4066.1—2004 中 5.9 的规定进行试验。

5.10 颜色

将干粉灭火剂试样松散堆放在容器内，目测试样颜色。

5.11 喷射性能

5.11.1 方法Ⅰ(仲裁检验)

按 GB 4066.1—2004 中 5.11.1 的规定进行试验。

5.11.2 方法Ⅱ

5.11.2.1 仪器、设备

a) 8 kg 贮压式 ABC 干粉灭火器：符合 GB 4351 的规定；

b) 振动台：振幅 3 mm，频率(10～80)Hz；

c) 电热鼓风干燥箱：精度±2℃；

d) 台秤：精度 0.05 kg；

e) 秒表：分度值 0.1 s。

5.11.2.2 试验步骤

按 GB 4066.1—2004 中 5.11.2.2 的规定进行试验。

5.11.2.3 结果

按 GB 4066.1—2004 中 5.11.2.3 的规定进行计算。

5.12 灭 A 类火灾效能

5.12.1 材料、仪器、设备

a) 燃料：90 号车用无铅汽油；

b) 风速仪；

c) 3 kg 专用干粉灭火器：按 GB 4066.1—2004 中 5.12.1c)的规定；

d) 木材湿度仪：量程(0～40)%；

e) 秒表：分度值 0.1 s；

f) 松木：78 根(13 层，每层 6 根)。规格(38^{+3}_{-1}) mm×(38^{+3}_{-1}) mm×(651±10) mm，含水率(9～13)%，无节子；

g) 钢质油盘：686 mm×686 mm×102 mm，盘壁厚度 2.5 mm；

h) 木垛与支架(见图 1)。

单位为毫米

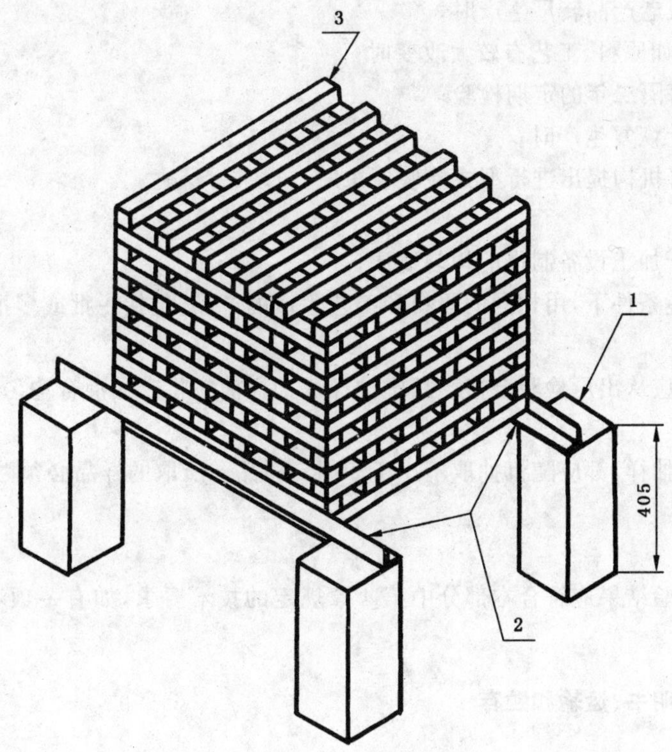

1——水泥方柱；

2——∠65×40×5 角钢；

3——木垛。

图 1 A 类火木垛与支架

5.12.2 试验步骤

a) 试验温度为(0～30)℃，风速不大于 3 m/s。

b) 在油盘内倒入 3.8 L 燃料点燃，引燃木垛。当油盘内的燃料烧尽后，撤出油盘。

c) 在点燃燃料的同时开始计时，当木垛燃烧到失重 40%左右时(预燃时间约为 6.5 min～7.0 min)开始灭火。

d) 用灭火器灭火：开始时，从距离木垛不小于 1.8 m 处喷射，以后操作者可以随意向木垛的前面、顶面和两侧面喷射，但不允许从木垛的背面喷射。

e) 灭火后计时，到 15 min 时观察木垛有无复燃、阴燃现象。

5.12.3 结果

灭火后 15 min 木垛不复燃、阴燃即为灭 A 类火试验成功。灭火试验应进行三次，若连续二次灭火成功，第三次可免试。

5.13 灭 B、C 类火灾效能

按 GB 4066.1—2004 中 5.12 的规定进行试验。

6 检验规则

6.1 检验类别与项目

6.1.1 出厂检验

本部分的主要组分含量、松密度、含水率、吸湿率、抗结块性、斥水性、粒度分布、耐低温性为出厂检验项目。

6.1.2 型式检验

本部分表 1 中的全部检验项目为型式检验项目。有下列情况之一时，要进行型式检验。

a) 新产品鉴定或老产品转厂生产时；

b) 正式生产后，如原料、工艺有较大改变时；

c) 正式生产时每隔二年的定期检验；

d) 停产 1 年以上恢复生产时；

e) 国家质量监督机构提出进行型式检验要求时。

6.2 组、批

批为一次性投料于加工设备制得的均匀物质。

组为在相同的环境条件下，用相同的原料和工艺生产的产品，包括一批或多批。

6.3 抽样

6.3.1 型式检验样品应从出厂检验合格产品中抽样。抽样前应将产品混合均匀，每一项性能在检验前也应将样品混合均匀。

6.3.2 按"组"和"批"抽样，都应随机抽取不小于 50 kg 样品。所取的样品必须贮存于洁净、干燥、密封的专用容器内。

6.4 检验结果判定

出厂检验、型式检验结果应符合本部分中第 4 章规定的技术要求，如有一项不符合本部分要求，则判为不合格产品。

7 标志、包装、使用说明书、运输和贮存

7.1 标志

每个包装上都应清晰、牢固地标明生产厂名称、地址、产品名称、主要灭火组分及含量、商标、标准编号、生产日期或生产批号、合格标志、质量及适用的火灾类别和简单的贮存保管要求等。

7.2 包装

干粉灭火剂应密封在塑料袋内，塑料袋外应加保护包装。

7.3 使用说明书

生产厂应提供具有使用注意事项及符合本部分所规定的主要性能要求的说明书。

7.4 运输和贮存

干粉灭火剂应贮存在通风、阴凉干燥处，运输中应避免雨淋，防止受潮和包装破损。

附 录 A
（规范性附录）
磷酸二氢铵含量试验方法

A.1 方法原理

磷酸二氢铵溶液中的正磷酸根离子在酸性介质中和喹钼柠酮试剂生成黄色磷钼酸喹啉沉淀，经过滤、洗涤、干燥后，称量所得沉淀的重量。

A.2 试剂

A.2.1 钼酸钠：分析纯。

A.2.2 柠檬酸：分析纯。

A.2.3 硝酸：分析纯。

A.2.4 三级水（符合 GB/T 6682—1992 的规定）。

A.2.5 喹啉（不含还原剂）。

A.2.6 丙酮：分析纯。

A.2.7 硝酸溶液：1+1 溶液。

A.2.8 喹钼柠酮试剂

溶液 a—将 70 g 钼酸钠置于 400 mL 烧杯中，加入 100 mL 三级水溶解；

溶液 b—将 60 g 柠檬酸置于 1 000 mL 烧杯中，加入 100 mL 三级水溶解后，加入 85 mL 硝酸；

溶液 c—把溶液 a 加到溶液 b 中，混匀；

溶液 d—在 400 mL 烧杯中，将 35 mL 硝酸和 100 mL 三级水混合，然后加入 5 mL 喹啉；

把溶液 d 加到溶液 c 中，混匀，静置一夜，用滤纸或棉花过滤，滤液加入 280 mL 丙酮，用三级水稀释至 1 000 mL，混匀，贮存在棕色容量瓶中，放在暗处，避光，避热。

A.3 仪器

a） 天平：感量 0.2 mg；

b） 坩埚式滤器：4 号，容积 30 mL；

c） 带刻度烧杯：容量 400 mL；

d） 电热恒温干燥箱：精度±2℃；

e） 封闭电炉。

A.4 试验步骤

A.4.1 待测溶液制备

a） 称取磷酸铵盐干粉灭火剂试样 1 g，精确至 0.000 2 g，置于 100 mL 烧杯中，加 2 mL 丙酮并不断搅拌。

b） 待丙酮挥发后，加入少量热三级水（60～70）℃溶解过滤，用约 250 mL 三级水洗涤不溶物，将滤液和洗涤液均收集在 500 mL 容量瓶中，用三级水稀释至 500 mL，摇匀，即为待测溶液 A。

A.4.2 用移液管吸取 25 mL 溶液 A 移入 400 mL 烧杯中，加入 10 mL 硝酸溶液，用三级水稀释至 100 mL，预热近沸。加入（40～45）mL 喹钼柠酮试剂，盖上表面皿，在封闭电炉上微沸 1 min 或置于沸水浴中保温至沉淀分层，取出烧杯，冷却至室温，冷却过程转动烧杯三至四次。

A.4.3 用预先在（180±2）℃下干燥 45 min 的坩埚式滤器过滤，先将上层清液滤完，然后用约 100 mL

三级水洗涤沉淀，将沉淀连同滤器置于(180±2)℃电热恒温干燥箱内干燥 45 min，移入干燥器中冷却 45 min，称量。

A.5 结果

试样中磷酸二氢铵含量 x_1(%)按式(1)计算：

$$x_1 = \frac{m_1 \times 1.039\ 6}{m_0} \times 100 \qquad \cdots\cdots (A.1)$$

式中：

m_0——试验时所取试样质量，单位为克(g)；

m_1——磷钼酸喹啉沉淀质量，单位为克(g)。

取差值不大于 0.5%的两次试验结果的平均值作为测定结果。

附 录 B
（资料性附录）
流动性试验方法

B.1 仪器、设备

B.1.1 流动性测定仪(见图 B.1):由玻璃砂钟(见图 B.2)和可翻转的支架组成。
B.1.2 天平:感量 0.5 g。
B.1.3 秒表:分度值 0.1 s。

B.2 试验步骤

B.2.1 称取干粉灭火剂试样 300 g,精确至 0.5 g,放入玻璃砂钟内。
B.2.2 将玻璃砂钟安装在支架上,然后将试样在砂钟内连续翻转 30 s,使试样充气后,即开始测定其全部自由通过中部颈口的时间,连续测定 20 次。

B.3 结果

取 20 次试验结果的平均值作为测定结果。

B.4 判定

流动性宜控制在 8 s 以下。

单位为毫米

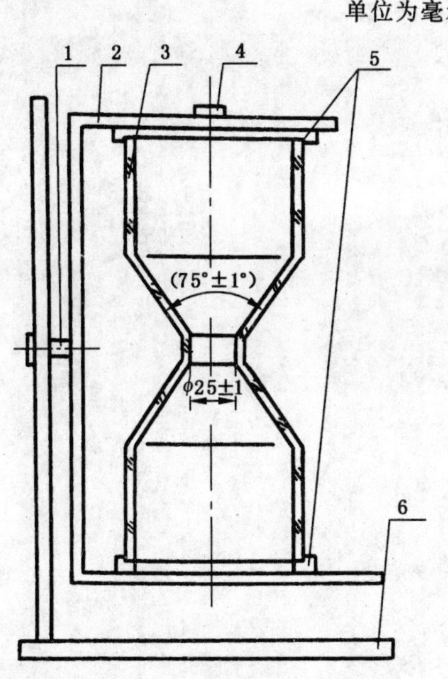

1——轴;
2——支架;
3——玻璃砂钟;
4——紧固螺母;
5——玻璃砂钟盖;
6——底座。

图 B.1 流动性测定仪示意图

单位为毫米

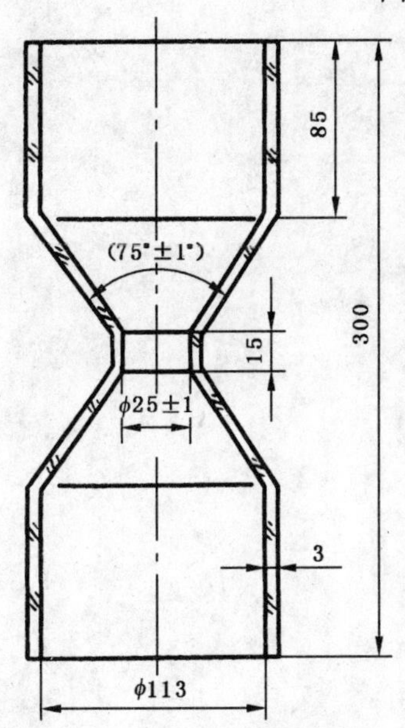

图 B.2 玻璃砂钟结构图

ICS 77.040.30
H 21

中华人民共和国国家标准

GB/T 4107—2004
代替 GB/T 4107—1983

镁粉松装密度的测定 斯科特容量法

Determination of apparent density of magnesium powder —Scott volumetric method

2004-04-30 发布　　2004-10-01 实施

中华人民共和国国家质量监督检验检疫总局
中国国家标准化管理委员会 发布

前　言

本标准是对 GB/T 4107—1983 的修订。

本次修订删除了取样方法的规定,其他为编辑性整理。

本标准由中国有色金属工业协会提出。

本标准由全国有色金属标准化技术委员会归口。

本标准由东北轻合金有限责任公司起草。

本标准主要起草人:韩书超。

本标准由全国有色金属标准化技术委员会负责解释。

本标准所代替标准的历次版本发布情况为:

——GB/T 4107—1983。

镁粉松装密度的测定
斯科特容量法

1 范围

本标准规定了用斯科特容量法测定镁粉松装密度的试验方法。

本标准适用于测定能自由通过 2 500 μm 筛网的漏斗的镁粉。

2 规范性引用文件

下列文件中的条款通过本标准的引用而成为本标准的条款。凡是注日期的引用文件，其随后所有的修改单(不包括勘误的内容)或修订版均不适用于本标准，然而，鼓励根据本标准达成协议的各方研究是否可使用这些文件的最新版本。凡是不注日期的引用文件，其最新版本适用于本标准。

GB 5149.1　镁粉　第 1 部分　铣削镁粉

3 原理

让一定量的镁粉通过斯科特计内的一系列斜板，以瀑布状落入并装满已知容积的量杯，然后测定其质量，从而求得松装密度。

4 取样

按 GB 5149.1 中规定的方法取样。

5 设备与仪器

5.1　斯科特容量计：如图 1 所示，包括以下部分：

5.1.1　漏斗：带有孔径 2 500 μm 黄铜材质的筛网。

5.1.2　缓冲箱：由箱壁和挡板组成，分别用厚度 2 mm 的金属或不锈钢板制作。

5.1.3　支架：支承量杯、缓冲箱和漏斗并使其沿高度方向保持同轴。

5.2　圆柱形量杯：容积(V)为 100 mL±0.3 mL，内径为 36 mm。

5.3　工业天平：最大称量 500 g，感量 10 mg。

5.4　秒表、钢板尺。

6 测定步骤

6.1　独立地进行三次测定，取其平均值。

6.2　将搅拌均匀的镁粉连续均匀地倒入固定在支架上的漏斗中，使镁粉自由地通过 2 500 μm 孔径的筛网，并沿着固定在漏斗内壁上的斜板滑落到已知质量(m_0)的量杯中，在 40 s～80 s 时间内注满量杯，测定过程中不准移动、震动、碰撞量杯。

6.3　用钢板尺垂直于量杯平面轻轻地一次刮平量杯上部多余的镁粉，称量镁粉和量杯的总质量(m_1)，精确至 0.01 g。

7 分析结果的计算

镁粉的松装密度按下式计算：

$$\rho = \frac{m_1 - m_0}{V}$$

式中：

m_1——镁粉和量杯的质量，单位为克(g)；

m_0——量杯的质量，单位为克(g)；

V——镁粉的体积(即量杯的容积)，单位为立方厘米(cm^3)。

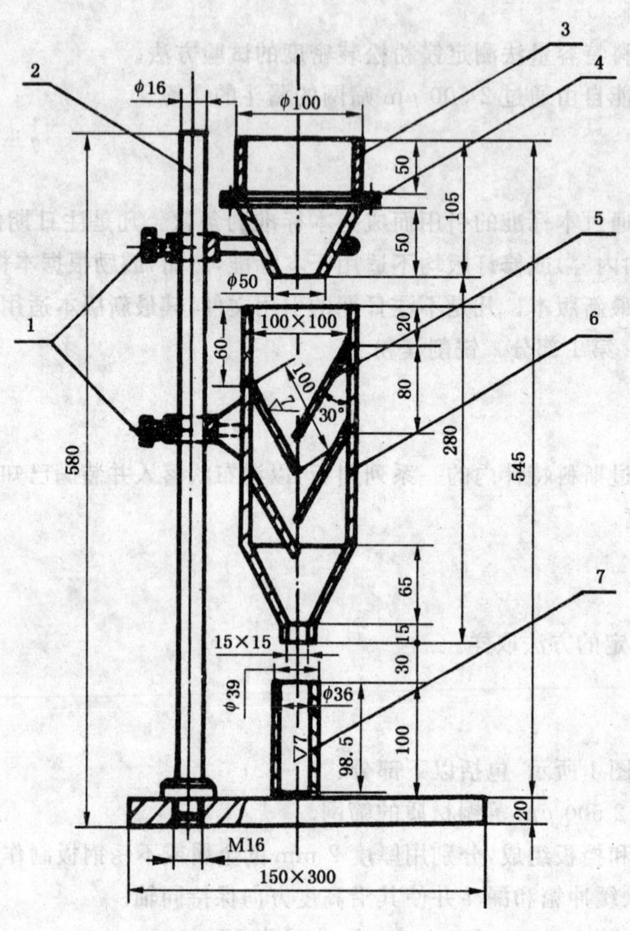

1——移动架；

2——固定支架；

3——漏斗；

4——铜网：2 500 μm；

5——挡板；

6——容量计；

7——量杯(容积 100 mL±0.3 mL，材质为黄铜)。

图 1 斯科特容量计示意图

8 允许差

试验室之间测定结果的差值应不大于 0.01 g/cm^3。

9 试验报告

试验报告应包括以下内容：

a） 本标准编号；

b） 识别试样的必要说明；

c） 计算结果；

d） 本标准中未规定的其他全部操作；

e） 可能影响结果的任何细节。

ICS 77.040.30
H 21

中华人民共和国国家标准

GB/T 4108—2004
代替 GB/T 4108—1983

镁粉和铝镁合金粉粒度组成的测定 干筛分法

Magnesium powder and aluminium-magnesium alloy powder determination of particle size—Dry sieving method

2004-04-30 发布　　2004-10-01 实施

中华人民共和国国家质量监督检验检疫总局
中国国家标准化管理委员会　发布

前言

本标准是对 GB/T 4108—1983 的修订。

本次修订的主要内容如下：

——删除了取样方法的规定；

——增加了若干不同筛孔尺寸的筛网。

本标准由中国有色金属工业协会提出。

本标准由全国有色金属标准化技术委员会归口。

本标准由东北轻合金有限责任公司起草。

本标准主要起草人：韩书超。

本标准由全国有色金属标准化技术委员会负责解释。

本标准所代替标准的历次版本发布情况为：

——GB/T 4108—1983。

镁粉和铝镁合金粉粒度组成的测定 干筛分法

1 范围

本标准规定了用干筛分法测定镁粉、铝镁合金粉的粒度组成。

本标准适用于测定粒度全部或大部分大于 56 μm 的镁粉或铝镁合金粉的粒度组成。

2 规范性引用文件

下列文件中的条款通过本标准的引用而成为本标准的条款。凡是注日期的引用文件,其随后所有的修改单(不包括勘误的内容)或修订版均不适用于本标准,然而,鼓励根据本标准达成协议的各方研究是否可使用这些文件的最新版本。凡是不注日期的引用文件,其最新版本适用于本标准。

GB 5149.1 镁粉 第1部分 铣削镁粉

GB/T 5150 铝镁合金粉

GB/T 6003.1 金属丝编织网试验筛

GB/T 6003.2 金属穿孔板试验筛

GB/T 6003.3 电成型薄板试验筛

GB/T 6005 试验筛 金属丝编织网、穿孔板、电成型薄板筛孔的基本尺寸

3 方法原理

将一定量的试料置于标准筛上,借助于震动,通过一系列不同孔径筛网,依次筛分称量,即可计算各种粒度的组成。

4 取样

按 GB 5149.1 和 GB/T 5150 中规定的方法取样。

5 设备与仪器

5.1 试验筛:试验筛应符合 GB/T 6003.1 的要求。筛框尺寸为 ϕ200 mm×50 mm,筛网的筛孔尺寸应符合 GB/T 6005 的要求,分别为:1 600 μm、1 000 μm、850 μm、800 μm、700 μm、630 μm、500 μm、450 μm、400 μm、315 μm、250 μm、200 μm、180 μm、160 μm、154 μm、140 μm、100 μm、80 μm、76 μm、71 μm、60 μm。GB/T 6005 中没有规定的筛孔尺寸由供需双方协商确定。经供需双方协商,也可采用 GB/T 6003.2 或 GB/T 6003.3 中规定的试验筛。

5.2 震筛机:为偏心振动式震筛机(即在振筛过程中,能使试验筛按圆周摇动和上下振动)。摇动频率为 290 次/min,并振击 145 次。

5.3 工业天平:最大称量 500 g,感量 10 mg。

5.4 秒表。

6 测定步骤

6.1 按 GB 5149.1 和 GB/T 5150 中相应的镁粉或铝镁合金粉的牌号选择试验筛及系列筛网。

6.2 称取 50.00 g 试样(4),精确至 0.01 g(m_0)。

6.3 将试料(6.2)置于最上层筛网上,然后加盖,并将系列筛网紧固在震筛机(5.2)上,振筛 30 min。

6.4 取下系列筛网,分别称量每个筛网上的镁粉或铝镁合金粉的质量(m_{i+}),并计算出每个筛网下的镁粉或铝镁合金粉的质量(m_{i-})。

6.5 任一筛网上的镁粉或铝镁合金粉小于 0.3%时定为全部通过。

6.6 筛分损耗量不允许大于 1%。大于 1%时,重新取样测定。

7 测定结果的计算

7.1 按公式(1)分别计算每个筛网上的镁粉或铝镁合金粉的质量分数 $w(S_{i+})$(%):

$$w(S_{i+}) = \frac{m_{i+}}{m_0} \times 100 \quad \cdots\cdots(1)$$

式中:

$w(S_{i+})$——第 i 个筛网上的镁粉或铝镁合金粉的质量分数,单位为质量分数(%);

m_{i+}——第 i 个筛网上的镁粉或铝镁合金粉的质量,单位为克(g);

m_0——试料的质量,单位为克(g)。

7.2 按公式(2)分别计算每个筛网下的镁粉或铝镁合金粉的质量分数 $w(S_{i-})$(%):

$$w(S_{i-}) = \frac{m_{i-}}{m_0} \times 100 \quad \cdots\cdots(2)$$

式中:

$w(S_{i-})$——第 i 个筛网下的镁粉或铝镁合金粉的质量分数,单位为质量分数(%);

m_{i-}——第 i 个筛网下的镁粉或铝镁合金粉的质量,单位为克(g);

m_0——试料的质量,单位为克(g)。

8 试验报告

试验报告应包括以下内容:

a) 本标准编号;

b) 鉴别试样的必要说明;

c) 测定结果;

d) 本标准未规定的操作;

e) 可能影响结果的任何情况。

ICS 77.100
H 65

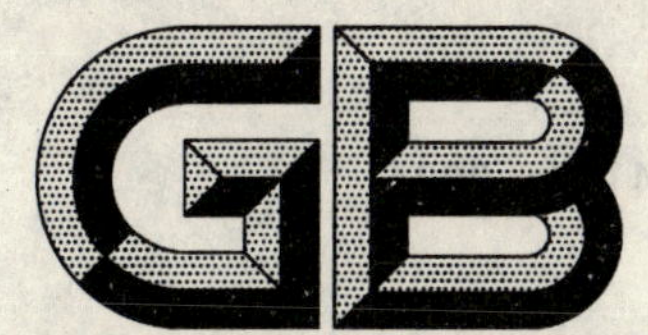

中华人民共和国国家标准

GB/T 4137—2004
代替 GB/T 4137—1993

稀土硅铁合金

Rare earth ferrosilicon alloy

2004-06-09 发布　　　　2004-11-01 实施

中华人民共和国国家质量监督检验检疫总局
中国国家标准化管理委员会　发布

前言

本标准代替 GB/T 4137—1993《稀土硅铁合金》。

本标准与 GB/T 4137—1993 对比，主要有如下变动：

——根据 GB/T 17803《稀土产品牌号表示方法》的规定，用数字牌号表示方法代替字符牌号表示方法。

——增加了 Ce/RE 的考核指标，并在本标准的附录中规定了其相应的分析方法。

——195032、195035 两牌号不再分为 A、B 两种产品规格。

——降低了产品中杂质元素 Mn、Ti 的含量。

——粒度范围增加二档范围值。

——组批中将重量 5 000 kg 改为 2 500 kg。

本标准附录 A 为规范性附录。

本标准由国家发展和改革委员会稀土办公室提出。

本标准由全国稀土标准化技术委员会归口。

本标准由包钢稀土一厂负责起草。

本标准主要起草人：乔祯、王立夫、贾艳华、胡瑞芳、朱玉华、亢锦文。

本标准由全国稀土标准化技术委员会负责解释。

本标准所代替标准的历次版本发布情况为：

——GB/T 4137—1984、GB/T 4137—1993。

稀 土 硅 铁 合 金

1 范围

本标准规定了稀土硅铁合金的要求、试验方法、检验规则和标志、包装、运输、贮存。

本标准适用于生产在钢、铁中作添加剂、合金剂的轻稀土硅铁合金。

2 规范性引用文件

下列文件中的条款通过本标准的引用而成为本标准的条款。凡是注日期的引用文件，其随后所有的修改单(不包括勘误的内容)或修订版均不适用于本标准，然而，鼓励根据本标准达成协议的各方研究是否可使用这些文件的最新版本。凡是不注日期的引用文件，其最新版本适用于本标准。

GB/T 3650 铁合金验收、包装、储运、标志和质量证明书的一般规定

GB/T 4010 铁合金化学分析用试样的采取和制备

GB/T 16477(所有部分) 稀土硅铁合金、稀土镁硅铁合金化学分析方法

3 要求

3.1 产品的牌号及化学成分应符合表1的规定。

表 1

牌号	化学成分/%						
	RE	Ce/RE	Si	Mn	Ca	Ti	Fe
			不大于				
195023	21.0～<24.0	≥46	44.0	2.5	5.0	2.0	余量
195026	24.0～<27.0	≥46	43.0	2.5	5.0	2.0	余量
195029	27.0～<30.0	≥46	42.0	2.0	5.0	2.0	余量
195032	30.0～<33.0	≥46	40.0	2.0	4.0	1.0	余量
195035	33.0～<36.0	≥46	39.0	2.0	4.0	1.0	余量
195038	36.0～<39.0	≥46	38.0	2.0	4.0	1.0	余量
195041	39.0～<42.0	≥46	37.0	2.0	4.0	1.0	余量

3.2 产品粒度范围为0～5 mm、>5 mm～50 mm、>50 mm～150 mm。小于下限和大于上限的各不超过总重量的5%。

3.3 产品外观应呈块状，不粉化，断面应呈银灰色。表面及断面均不得带有夹渣物。

3.4 需方对化学成分和粒度等如有特殊要求，可由供需双方另行协商。

4 试验方法

4.1 产品中除Ce外，其他化学成分仲裁分析方法按GB/T 16477的规定进行。

4.2 产品中Ce的仲裁分析方法按本标准附录A(规范性附录)的规定进行。

4.3 产品粒度分别用5 mm、50 mm、150 mm的方孔筛检测。

4.4 产品外观以目测检查。

5 检验规则

5.1 检查和验收

5.1.1 产品应由供方技术监督部门进行检验,保证产品质量符合本标准规定,并填写产品质量证明书。

5.1.2 需方应对收到的产品进行检验。如检验结果与本标准规定不符,应在收到产品之日起一个月内向供方提出,由供需双方协商解决。如需仲裁,可委托双方认可的单位进行,并在需方共同取样。

5.2 组批

产品应按批提交验收,每批应由同一牌号、同一粒度范围的产品组成。每批不大于 2 500 kg。

5.3 检验项目

每批产品应进行化学成分、粒度及外观的检验。

5.4 取样和制样

产品的化学成分取样、制样按 GB/T 4010 的规定进行。

产品的粒度取样,应在一批内随机取样 8 袋,混匀后进行。

5.5 检验结果判定

化学成分或粒度仲裁分析结果与本标准规定不符时,则从该批产品中取双倍试样对不合格项目进行复验。若复验结果仍不合格,则该批产品为不合格。

6 标志、包装、运输、贮存

6.1 包装

产品使用铁桶或内衬塑料袋的编织袋包装。每桶净重 50 kg,每袋净重 25 kg。

6.2 贮运、标志和质量证明书

产品的贮运、标志和质量证明书应符合 GB/T 3650 的规定。

附　录　A
（规范性附录）
稀土硅铁合金和稀土镁硅铁合金中铈量的测定

A.1　方法原理

试样以磷酸、硝酸、氢氟酸溶解，高氯酸将铈氧化成四价，在 0.75 mol/L～0.94 mol/L 的硫酸介质中，以硫酸亚铁铵标准溶液滴定铈。测定范围：0.30%～20.00%。

A.2　试剂

A.2.1　浓硫酸（ρ1.84 g/mL）。

A.2.2　磷酸（ρ1.69 g/mL）。

A.2.3　氢氟酸（ρ1.14g/mL）-硝酸（ρ1.42 g/mL）混合酸（1＋2）。

A.2.4　硫酸溶液（5＋95）。

A.2.5　磷酸（ρ1.69 g/mL）-高氯酸（ρ1.67 g/mL）混合酸（5＋1）。

A.2.6　尿素溶液（200 g/L）。

A.2.7　亚砷酸钠-亚硝酸钠溶液（0.025 mol/L）：称取 1.25 g 三氧化二砷，溶于 50 mL 氢氧化钠（100 g/L）中，用水稀至 200 mL，用硫酸（A.2.4）中和至酸性，然后用碳酸钠（150 g/L）中和至中性（用石蕊试纸试验），加 0.85 g 亚硝酸钠，过滤，以水稀至 1 L。

A.2.8　硫磷混酸溶液（15＋15＋70）：将 70 mL 水置于 300 mL 烧杯中，将烧杯放于冷却槽中，在不断搅拌的情况下，沿杯壁缓缓加入 15 mL 浓硫酸（A.2.1），待冷却后再加入 15 mL 磷酸（A.2.2），搅匀。

A.2.9　苯代邻氨基苯甲酸（2 g/L）：称取 0.200 g 苯代邻氨基苯甲酸，溶解于 100 mL 的碳酸钠溶液（2 g/L）中。

A.2.10　二苯胺磺酸钠指示剂（2 g/L）。

A.2.11　重铬酸钾标准溶液（0.001 221 mol/L）：准确称取基准试剂重铬酸钾 0.359 2 g 于 300 mL 烧杯中，用水溶解，移入 1 000 mL 容量瓶中，用水稀至刻度，摇匀。

A.2.12　硫酸亚铁氨标准滴定溶液：

配制：溶解 2.869 6 g 硫酸亚铁氨［$(NH_4)_2Fe(SO_4)_2 \cdot 6H_2O$］于 500 mL 冷的硫酸溶液（A.2.4）中，移入 1 000 mL 容量瓶中，用硫酸溶液（A.2.4）稀释至刻度，摇匀。待标定。

标定：移取 20.00 mL 硫酸亚铁铵滴定溶液（A.2.12）于 300 mL 的三角瓶中，加水 80 mL，加入 10 mL硫磷混酸（A.2.8），加 5 滴二苯胺磺酸钠指示剂（A.2.10），用重铬酸钾标准溶液（A.2.11）滴定至溶液呈黄紫色为终点。

按式（A.1）标定计算：

$$c_1 = \frac{6 \times c_2 \cdot V_2}{V_1} \qquad \cdots\cdots(A.1)$$

式中：

c_1——硫酸亚铁氨标准滴定溶液的摩尔浓度，单位为摩尔每升（mol/L）；

V_1——移取硫酸亚铁氨标准滴定溶液的体积，单位为毫升（mL）；

c_2——重铬酸钾标准溶液的摩尔浓度，单位为摩尔每升（mol/L）；

V_2——消耗重铬酸钾标准溶液的体积，单位为毫升（mL）；

6——硫酸亚铁氨与重铬酸钾进行氧化还原反应时的摩尔比。

A.3 试样

样品制备:将试样磨碎,过 0.125 mm 筛。

A.4 分析步骤

A.4.1 试料:称取 0.200 0 g 试样(A.3)。

A.4.2 将试料(A.4.1)置于 300 mL 三角瓶中,加入 3 mL~4 mL 氢氟酸-硝酸混合酸(A.2.3),加热溶解,加 7 mL~8 mL 磷酸-高氯酸混合酸(A.2.5),加热至冒高氯酸烟取下,冷至 80℃~90℃。

A.4.3 用硫酸溶液(A.2.4)溶液稀至约 100 mL,摇匀,加 5 mL 尿素溶液(A.2.6),滴加亚砷酸钠-亚硝酸钠溶液(A.2.7),边摇至红色消失,加 4 滴苯代邻氨基苯甲酸指示剂(A.2.9),用硫酸亚铁铵标准滴定溶液(A.2.12)滴至紫红色变为黄绿色为终点。

A.5 分析结果的计算与表述

按式(A.2)计算试样中 Ce 的质量分数(%)$w(\mathrm{Ce})$:

$$w(\mathrm{Ce}) = \frac{M \cdot c_1 \cdot V \times 10^{-3}}{m} \times 100\% \qquad \text{(A.2)}$$

式中:

M——Ce 的摩尔质量,单位为克每摩尔(g/mol);

c_1——硫酸亚铁铵标准滴定溶液的摩尔浓度,单位为摩尔每升(mol/L);

V——滴定时消耗硫酸亚铁铵标准滴定溶液的体积,单位为毫升(mL);

m——试料量,单位为克(g)。

A.6 允许差

实验室之间分析结果的差值应不大于表 A.1 所列的允许值。

表 A.1

$w(\mathrm{Ce})$	允许差/%
0.30~1.00	0.05
>1.00~5.00	0.10
>5.00~10.00	0.20
>10.00~20.00	0.30

ICS 77.100
H 65

中华人民共和国国家标准

GB/T 4138—2004
代替 GB/T 4138—1993

稀土镁硅铁合金

Rare earth ferrosiliconmagnesium alloy

2004-06-09 发布　　2004-11-01 实施

中华人民共和国国家质量监督检验检疫总局
中国国家标准化管理委员会　发布

前　言

本标准代替 GB/T 4138—1993《稀土镁硅铁合金》。

本标准与 GB/T 4138—1993 对比，主要有如下变动：

——根据 GB/T 17803《稀土产品牌号表示方法》的规定，用数字牌号表示方法代替字符牌号表示方法。

——增加了 Ce/RE 的考核指标，并在 GB/T 4137 的附录 A 中规定了其相应的分析方法。

——将原标准的 10 个牌号细化为 15 个牌号。

——将低稀土含量合金中硅含量由 44％调整为 45％。

——增加了对 MgO 含量的考核。

本标准由国家发展和改革委员会稀土办公室提出。

本标准由全国稀土标准化技术委员会归口。

本标准由包钢稀土一厂负责起草。

本标准主要起草人：乔祯、王立夫、贾艳华、胡瑞芳、朱玉华、亢锦文。

本标准由全国稀土标准化技术委员会负责解释。

本标准所代替标准的历次版本发布情况为：

——GB/T 4138—1984、GB/T 4138—1993。

稀 土 镁 硅 铁 合 金

1 范围

本标准规定了稀土镁硅铁合金的要求、试验方法、检验规则和标志、包装、运输、贮存。

本标准适用于生产球化剂、蠕化剂、孕育剂使用的轻稀土镁硅铁合金。

2 规范性引用文件

下列文件中的条款通过本标准的引用成为本标准的条款，凡是注明日期的引用文件，其随后所有的修改单(不包括勘误的内容)或修订版均不适用于本部分，然而，鼓励根据本标准达成协议的各方研究是否可使用这些文件的最新版本。凡是不注日期的引用文件，其最新版本适用于本标准。

GB/T 3650 铁合金验收、包装、储运、标志和质量证明书的一般规定

GB/T 4010 铁合金化学分析用试样的采取和制备

GB/T 4137 稀土硅铁合金

GB/T 16477(所有部分) 稀土硅铁合金、稀土镁硅铁合金化学分析方法

3 要求

3.1 产品的牌号及化学成分应符合表1的规定。

表 1

牌号	化学成分/%								
	RE	Ce/RE	Mg	Ca	Si	Mn	Ti	MgO	Fe
					不大于				
195101A	0.5～<2.0	≥46	4.5～<5.5	1.5～3.0	45.0	1.0	1.0	1.0	余量
195101B	0.5～<2.0	≥46	5.5～<6.5	1.5～3.0	45.0	1.0	1.0	1.0	余量
195101C	0.5～<2.0	≥46	6.5～<7.5	1.0～2.5	45.0	1.0	1.0	1.0	余量
195101D	0.5～<2.0	≥46	7.5～8.5	1.0～2.5	45.0	1.0	1.0	1.0	余量
195103A	2.0～<4.0	≥46	6.0～8.0	1.0～<2.0	45.0	1.0	1.0	1.0	余量
195103B	2.0～<4.0	≥46	6.0～8.0	2.0～3.5	45.0	1.0	1.0	1.0	余量
195103C	2.0～<4.0	≥46	7.0～9.0	1.0～<2.0	45.0	1.0	1.0	1.0	余量
195103D	2.0～<4.0	≥46	7.0～9.0	2.0～3.5	45.0	1.0	1.0	1.0	余量
195105A	4.0～<6.0	≥46	7.0～9.0	1.0～<2.0	44.0	2.0	1.0	1.2	余量
195105B	4.0～<6.0	≥46	7.0～9.0	2.0～3.0	44.0	2.0	1.0	1.2	余量
195107A	6.0～<8.0	≥46	7.0～9.0	1.0～<2.0	44.0	2.0	1.0	1.2	余量
195107B	6.0～<8.0	≥46	7.0～9.0	2.0～3.0	44.0	2.0	1.0	1.2	余量
195107C	6.0～<8.0	≥46	9.0～11.0	1.0～3.0	44.0	2.0	1.0	1.2	余量
195109	8.0～<10.0	≥46	8.0～10.0	1.0～3.0	44.0	2.0	1.0	1.2	余量
195118	17.0～20.0	≥46	7.0～10.0	1.5～3.5	42.0	2.0	2.0	1.2	余量

3.2 产品粒度范围为5 mm～30 mm。小于5 mm和大于30 mm的各不应超过总重量5%。

3.3 产品外观应呈块状、不粉化、断面应呈银灰色。表面及断面均不得带有夹渣物。

3.4 需方对化学成分和粒度如有特殊要求,可由供需双方另行协商。

4 试验方法

4.1 产品中除 Ce 外,其他化学成分仲裁分析方法按 GB/T 16477 规定进行。

4.2 产品中 Ce 的仲裁分析方法按 GB/T 4137 中附录 A(规范性附录)规定进行。

4.3 产品粒度分别用 5 mm、30 mm 的方孔筛检测。

4.4 产品的外观以目测检查。

5 检验规则

5.1 检查和验收

5.1.1 产品由供方技术监督部门进行检验,保证产品质量符合本标准规定,并填写产品质量证明书。

5.1.2 需方应对收到的产品进行检验,如检验结果与本标准规定不符,应在收到产品之日起一个月内向供方提出,由供需双方协商解决。如需仲裁,可委托双方认可的单位进行,并在需方共同取样。

5.2 组批

产品应成批提交验收,每批应由同一牌号、同一粒度范围的产品组成,每批不大于 2 500 kg。

5.3 检验项目

每批产品应进行化学成分、粒度及外观的检验。

5.4 取样和制样

产品的化学成分取样、制样按 GB/T 4010 的规定进行。

产品的粒度取样,应在一批内随机取样 8 袋,混匀后进行。

5.5 检验结果判定

化学成分或粒度仲裁分析结果与本标准规定不符时,则从该批产品中取双倍试样对不合格项目进行复验。若复验结果仍不合格,则该批产品为不合格。

6 标志、包装、运输、贮存

6.1 包装

产品采用内衬塑料袋的编织袋或铁桶包装,每袋净重 25 kg,每桶净重 50 kg。

6.2 贮运、标志和质量证明书

产品的贮运、标志和质量证明书应符合 GB/T 3650 规定。

ICS 77.100
H 42

中华人民共和国国家标准

GB/T 4139—2004
代替 GB/T 4139—1987

钒 铁

Ferrovanadium

(ISO 5451:1980,Ferrovanadium—Specification and conditions of delivery,MOD)

2004-01-19 发布 2004-07-01 实施

中华人民共和国国家质量监督检验检疫总局
中国国家标准化管理委员会 发布

前　言

本标准修改采用国际标准 ISO 5451:1980《钒铁　规格和交货条件》(英文版)。

本标准根据 ISO 5451:1980 重新起草。在附录 A 中列出了本标准章条编号与 ISO 5451:1980 章条编号的对照一览表。

考虑到我国国情,在采用 ISO 5451:1980 时,本标准做了一些修改。有关技术性差异已编入正文并在它们所涉及的条款的页边空白处用垂直单线标识。在附录 B 中给出了这些技术性差异及其原因的一览表以供参考。

为便于使用,对 ISO 5451:1980,本标准还做了下列编辑性修改:

——将“本国际标准”一词改为“本标准”;

——用小数点“.”代替 ISO 5451:1980 中作为小数点使用的“,”;

——删除 ISO 5451:1980 的前言。

本标准代替 GB/T 4139—1987《钒铁》。

本标准与 GB/T 4139—1987 相比主要变化如下:

——删除原标准中的 FeV75-A 和 FeV75-B 两个牌号,增加了 FeV80-A 和 FeV80-B 两个牌号,并将原标准中的 FeV50-A 和 FeV50-B 细分为 FeV50-A、FeV60-A 和 FeV50-B、FeV60-B;

——修改了产品化学成分要求;

——修改了产品粒度要求;

本标准的附录 A 和附录 B 均为资料性附录。

本标准由中国钢铁工业协会提出。

本标准由冶金工业信息标准研究院归口。

本标准起草单位:攀枝花钢铁(集团)公司、冶金工业信息标准研究院、锦州铁合金(集团)有限责任公司。

本标准主要起草人:颜启光、李瑰生、谭克建、孙朝晖、张瑞香、梁志全。

本标准所代替标准的历次版本发布情况为:

——YB 61—1965;GB 4139—1984、GB/T 4139—1987。

钒 铁

1 范围

本标准规定了钒铁的要求、试验方法、检验规则以及包装、储运、标志和质量证明书。

本标准适用于炼钢或合金材料中作为钒元素添加剂的钒铁。

2 规范性引用文件

下列文件中的条款通过本标准的引用而成为本标准的条款。凡是注日期的引用文件，其随后所有的修改单(不包括勘误的内容)或修订版均不适用于本标准，然而，鼓励根据本标准达成协议的各方研究是否可使用这些文件的最新版本。凡是不注日期的引用文件，其最新版本适用于本标准。

GB/T 3650 铁合金验收、包装、储运、标志和质量证明书的一般规定

GB/T 4010 铁合金化学分析用试样的采取和制备(GB/T 4010—1994,neq ISO 4552:1987)

GB/T 8704.1 钒铁化学分析方法 红外线吸收法及气体容量法测定碳量

GB/T 8704.3 钒铁化学分析方法 红外线吸收法及燃烧中和滴定法测定硫量

GB/T 8704.5 钒铁化学分析方法 电位滴定法测定钒量(GB/T 8704.5—1994 eqv ISO 6467:1980)

GB/T 8704.6 钒铁化学分析方法 硫酸脱水重量法测定硅量

GB/T 8704.7 钒铁化学分析方法 钼蓝光度法测定磷量

GB/T 8704.8 钒铁化学分析方法 铬天青 S 光度法和 EDTA 容量法测定铝量

GB/T 8704.9 钒铁化学分析方法 高碘酸钾光度法和火焰原子吸收光谱法测定锰量

GB/T 13247 铁合金产品粒度的取样和检测方法

3 要求

3.1 牌号和化学成分

3.1.1 钒铁按钒和杂质含量不同，分为 8 个牌号，其化学成分应符合表 1 的规定。

表 1 牌号和化学成分

牌 号	化学成分(质量分数)/%						
	V	C	Si	P	S	Al	Mn
		不大于					
FeV40-A	38.0～45.0	0.60	2.0	0.08	0.06	1.5	—
FeV40-B	38.0～45.0	0.80	3.0	0.15	0.10	2.0	—
FeV50-A	48.0～55.0	0.40	2.0	0.06	0.04	1.5	—
FeV50-B	48.0～55.0	0.60	2.5	0.10	0.05	2.0	—
FeV60-A	58.0～65.0	0.40	2.0	0.06	0.04	1.5	—
FeV60-B	58.0～65.0	0.60	2.5	0.10	0.05	2.0	—
FeV80-A	78.0～82.0	0.15	1.5	0.05	0.04	1.5	0.50
FeV80-B	78.0～82.0	0.20	1.5	0.06	0.05	2.0	0.50

3.1.2 经供需双方协商并在合同中注明，可供应其他化学成分要求的钒铁。

3.2 粒度

3.2.1 钒铁以块状交货，其粒度要求应符合表 2 的规定。

表 2 粒度要求

粒度组别	粒度/mm	小于下限粒度/%	大于上限粒度/%
		不大于	
1	10～50	3	7
2	10～100	3	7
3	10～150	3	7

3.2.2 经供需双方协商并在合同中注明，可供应其他粒度要求的钒铁，也可供应粉状的钒铁(粉)。

4 试验方法

4.1 取样和制样

钒铁化学分析用试样的采取和制备按 GB/T 4010 的规定进行。

4.2 化学分析方法

钒铁的化学分析方法应符合表 3 的规定。

表 3 钒铁的化学分析方法

序号	元素	分析方法
1	V	GB/T 8704.5
2	C	GB/T 8704.1
3	Si	GB/T 8704.6
4	P	GB/T 8704.7
5	S	GB/T 8704.3
6	Al	GB/T 8704.8
7	Mn	GB/T 8704.9

4.3 粒度检验

钒铁粒度的检验按 GB/T 13247 的规定进行。

5 检验规则

5.1 钒铁的质量检查和验收应符合 GB/T 3650 的规定。

5.2 钒铁应按炉组批，每一炉号的产品作为一批交货。不足包装一件的余量，可与同牌号钒含量(质量分数)相差不大于 2%的其他炉产品组成一批交货。

6 包装、储运、标志和质量证明书

6.1 产品用铁桶包装，每桶净重分为 50 kg、100 kg 和 250 kg 三种，产品的包装规格应在合同中注明。

6.2 产品的储运、标志和质量证明书应符合 GB/T 3650 的规定。

6.3 需方对产品的包装、储运、标志等如有特殊要求，按合同规定进行。

附　录　A
（资料性附录）
本标准章条编号与 ISO 5451:1980 章条编号对照

表 A.1 给出了本标准章条编号与 ISO 5451:1980 章条编号对照一览表。

表 A.1　本标准章条编号与 ISO 5451:1980 章条编号对照

本标准章条编号	对应的国际标准章条编号
1	1
2	2
—	3
—	4
3	5
3.1	5.2
3.1.1	5.2.1
3.1.2	5.2.2
—	5.2.3
3.2	5.3
3.2.1	5.3.1
3.2.2	5.3.2
—	5.4
4	6
—	6.1
4.1、4.3	6.1.1
—	6.1.2
—	6.1.3
—	6.2
4.2	6.2.1
—	6.2.2
—	6.2.3
5	—
5.1	6.2.3 的对应内容
—	5.1
5.2	5.1.1
—	5.1.2
—	5.1.3
6	7
6.1	—
6.2	6.2.2 的部分内容
6.3	—
附录 A	—
附录 B	—

附 录 B
（资料性附录）
本标准与ISO 5451:1980技术性差异及其原因

表B.1给出了本标准与ISO 5451:1980技术性差异及其原因一览表。

表B.1 本标准与ISO 5451:1980技术性差异及其原因

本标准的章条编号	技术性差异	原 因
1	用“炼钢或合金材料中作为钒元素添加剂的钒铁”代替“用于炼钢和铸造的钒铁”。	国际标准规定的适用领域仅是“通常”的而不是全部的。
2	引用了我国标准而非国际标准。其中GB/T 4010、GB/T 8704.9和GB/T 13247均为与国际、国外标准一致性程度为“非等效”的国家标准。 删除ISO 5451:1980中引用的ISO 565。	以适合我国国情； ISO 5451:1980中仅引用了测定钒量的标准而没有给出测定其他元素和粒度的标准，不能满足使用。 本标准引用的GB/T 13247中已包含对试验用筛的要求。
	删除ISO 5451:1980中的第3章“定义”。	“钒铁”的定义在GB/T 14984—1994《铁合金术语》已定义，无需进行重新定义。
	删除ISO 5451:1980中的第4章“订货内容”。	目前我国铁合金国家标准均将此项内容纳入到GB/T 3650标准的质量证明书中，每个标准没有必要再单列。
3.1.1	将ISO 5451:1980中的“FeV40”牌号细分为“FeV40-A(B)”两个牌号；将“FeV60”细分为“FeV50-A(B)”和“FeV60-A(B)”四个牌号；将“FeV80”细分为“FeV80-A(B)”两个牌号；删除ISO 5451:1980的“FeV80A12”和“FeV80A14”两个牌号。 缩小了各牌号钒铁主元素(V)的允许含量范围。例如，对FeV40，用“38.0%～45.0%”代替ISO 5451:1980的“35.0%～50.0%”；对FeV80，用“78.0%～82.0%”代替ISO 5451:1980的“75.0%～85.0%”。 提高了各牌号钒铁的允许含碳量。 对硅、磷、硫、铝等杂质元素的允许含量进行了修改，其中大部分指标优于ISO 5451:1980规定；删除ISO 5451:1980中对砷、铜、镍等杂质含量的要求。 删除ISO 5451:1980中5.2.1中“其粒度应符合表2中1～4级的粒度范围”。	以适合我国国情并保持与原国家标准的连续性；牌号的细分有利于资源的合理利用，可满足不同层次的使用要求。 作为钒铁的主元素，其钒含量波动范围大必然影响使用，例如炼钢时。目前的钒铁生产技术水平亦可以把产品的含钒量控制在较小的范围。 稍高的含碳量并不影响钒铁的使用效果。ISO 5451:1980规定的允许含碳量过于严格，不利于降低钒铁生产成本。 对砷、铜、镍等杂质含量的要求，属于特殊要求，在本标准3.1.2中规定。 粒度要求在本标准3.2.1(ISO 5451:1980中5.3)中规定。

表 B.1(续)

本标准的章条编号	技术性差异	原　因
3.2.1	删除 ISO 5451:1980 中 5.2.3“表 1 所列化学成分受钒铁取样和分析方法精确度的影响(见‘6’条)”。 以本标准的表 2 代替 ISO 5451:1980 的表 2。本标准的表 2 规定了钒铁的三个粒度组别,ISO 5451:1980 的表 2 则规定了五个粒度级别,且各粒度组(级)的粒度要求存在差异。 删去 ISO 5451:1980 中 5.3.1 中的“过细粒度以给需方的交货点为准”和“规定的粒度系用方孔钢筛筛分,见 ISO 565”。	钒铁取样和分析方法对化学成分的影响是显而易见的。 以适合我国国情并更大限度地满足用户使用要求。 此两项内容在本标准的引用标准 GB/T 13247 中已有相应规定。
4	删去 ISO 5451:1980 中 5.4“外来沾污　钒铁应尽可能避免外来沾污”。 以本标准的 4.1 和 4.3 代替 ISO 5451:1980 的 6.1.1“化学分析和筛分分析的取样最好按 ISO 3713中规定的方法进行,但是也可以采用具有类似准确度的其他取样方法”。 删除 ISO 5451:1980 的 6.1.2 和 6.1.3。 以本标准的 4.2 代替 ISO 5451:1980 的 6.2.1“钒铁的化学成分分析最好用 ISO 6467 中规定的方法进行,但是也可以采用具有类似精确度的其他化学分析方法”。 将 ISO 5451:1980 的 6.2.2“钒铁交货产品应附有供方提供的分析合格证,说明钒的含量,如经商定,也可说明表 1 中规定的或附加协议规定的其他元素含量,如果需方要求,应交付产品的代表性样品”和 6.2.3“发生争议时,可采用下列两种方法中的一种方法解决”及 6.2.3 项下的 6.2.3.1 和 6.2.3.2分别移至本标准的 5.1 和 6.2 并规定相应内容按我国相关国家标准的规定。	在本标准的引用标准 GB/T 4010 中对钒铁的外观质量已有相应规定。 与引用标准一致。 相关内容在本标准的引用标准中已另有规定。 本标准中,钒量的测定方法引用了国家标准而非国际标准。 ISO 5451:1980 中未规定碳、硅、磷、硫、铝、锰量的测定方法。 ISO 5451:1980 的 6.2.2 和 6.2.3 的规定不属于试验方法的范畴。
5	增加第 5 章“检验规则”(国际标准中没有对应章节)。 将 ISO 5451:1980 中 5.1“组批”的内容安排在本标准的 5.2。并且仅选择了其中规定的组批方法中的“按炉组批法”。	适应我国标准版式。 此内容属检验规则而非对产品的要求; 以适合我国国情并保持和原国家标准的连续性。
6	以本章代替 ISO 5451:1980 的第 7 章“交货和储存”。并增加对产品标志的要求和修改对质量证明书(合格证)的要求,同时明确了常用的几种包装规格。	以适合我国国情; 本标准关于产品的包装、储运的要求引用了国家标准而非国际规章。

ICS 77.040.10
H 22

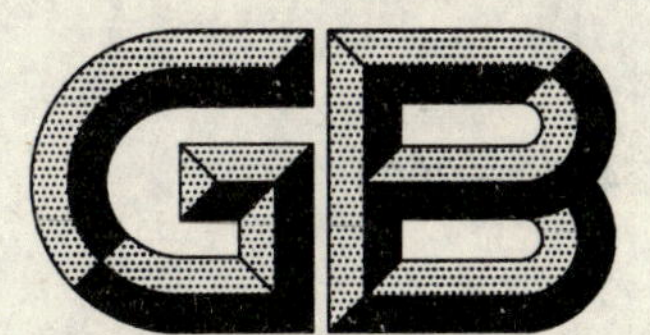

中华人民共和国国家标准

GB/T 4160—2004
代替 GB/T 4160—1984

钢的应变时效敏感性试验方法（夏比冲击法）

Steel-strain ageing sensibility test（Charpy impact method）

2004-01-19 发布　　2004-07-01 实施

中华人民共和国国家质量监督检验检疫总局
中国国家标准化管理委员会　发布

前　言

本标准此次修订主要参考了前苏联 ГОСТ 7268—1982《钢的应变时效冲击韧性试验方法》标准。在主要技术内容上与 ГОСТ 7268—1982 相同。

本标准代替 GB/T 4160—1984《钢的应变时效敏感性试验方法(夏比冲击法)》。

本标准与 GB/T 4160—1984 比较,主要技术内容改变如下:

——对范围、试样的制备和要求、试验条件和步骤、试验报告等进行了修改;

——增加了原理、试验仪器和设备等内容;

——取消了应变时效冲击韧性值 a_{KS} 的定义;

——取消了宽度 30 mm 和 15 mm 的拉伸样坯;

——明确样坯应变及室温冲击试验温度在 10℃～35℃范围内。

本标准由中国钢铁工业协会提出。

本标准由全国钢标准化技术委员会归口。

本标准起草单位:首钢总公司、钢铁研究总院。

本标准主要起草人:王萍、郭雁行、李久林。

本标准 1984 年 2 月首次发布。

钢的应变时效敏感性试验方法
(夏比冲击法)

1 范围

本标准规定了钢的应变时效敏感性试验方法的原理、符号、试样的制备和要求、试验仪器和设备、试验条件和步骤及试验报告。

本标准适用于厚度大于或等于 6 mm 的钢板、钢带、条钢、型钢及异型钢材。

2 规范性引用文件

下列文件中的条款通过本标准的引用而成为本标准的条款。凡是注日期的引用文件,其随后所有的修改单(不包括勘误的内容)或修订版均不适用于本标准,然而,鼓励根据本标准达成协议的各方研究是否可使用这些文件的最新版本。凡是不注日期的引用文件,其最新版本适用于本标准。

GB/T 228 金属材料室温拉伸试验方法(GB/T 228—2002,eqv ISO 6892:1998)

GB/T 229 金属夏比缺口冲击试验方法(GB/T 229—1994,eqv ISO 83:1976,ISO 148:1983)

GB/T 2975 钢及钢产品力学性能试验取样位置及试样制备(GB/T 2975—1998,eqv ISO 377:1997)

3 符号和说明

本标准使用的符号、说明和单位见表 1。

4 原理

测定钢经受规定应变并人工时效后的冲击吸收功,将经受与未经受规定应变并人工时效的冲击吸收功进行比较,得出钢的应变时效敏感性系数,表征钢的应变时效敏感性。

5 试样的制备和要求

5.1 样坯的切取应按照相关产品标准或供需双方协议执行。如未具体规定,应按照 GB/T 2975 的规定执行。经受应变的样坯切取的部位、取向应与未经受应变的样坯一致。切取样坯时应避免由于过热或加工硬化而影响其性能。

5.2 厚度大于或等于 12 mm 的钢材,拉伸样坯尺寸为 12 mm×12 mm×L mm,并应保留一个轧制面。厚度小于 12 mm 的钢材,拉伸样坯尺寸为 a mm×12 mm×L mm,并应保留两个轧制面。

5.3 厚度大于或等于 12 mm 的钢材,压缩样坯尺寸为 12 mm×12 mm×57 mm,并应保留一个轧制面。厚度小于 12 mm 的钢材,压缩样坯尺寸为 a mm×12 mm×57 mm,并应保留两个轧制面。

5.4 经过应变时效后制备的冲击试样,应符合 GB/T 229 中对试样的规定。测定应变时效冲击吸收功的冲击试样类型应在相关产品标准或供需双方协议中规定。如未具体规定,可根据钢材厚度分别采用 10 mm×10 mm×55 mm、7.5 mm×10 mm×55 mm、5 mm×10 mm×55 mm 的试样。建议尽量采用 V 型缺口标准冲击试样。

5.5 当测定应变时效敏感性系数时,未经受应变时效的试样类型和尺寸必须与经受应变时效的试样一致。

6 试验仪器和设备

6.1 样坯应变设备可用试验机或压力机。

6.2 可控制温度的加热装置应能保证样品在达到规定时效温度之前均匀加热并保证样品时效温度恒定。

表 1

符 号	说 明	单 位
A_K	未经受应变时效的冲击吸收功	J
$\overline{A}_K$	未经受应变时效的冲击吸收功的平均值	J
A_{KS}	经受规定应变并人工时效后的冲击吸收功	J
$\overline{A}_{KS}$	经受规定应变并人工时效后冲击吸收功的平均值	J
A_{KVS}	经受规定应变并人工时效后 V 型缺口冲击试样的冲击吸收功	J
$\overline{A}_{KVS}$	经受规定应变并人工时效后 V 型缺口冲击试样冲击吸收功的平均值	J
A_{KUS}	经受规定应变并人工时效后 U 型缺口冲击试样的冲击吸收功	J
$\overline{A}_{KUS}$	经受规定应变并人工时效后 U 型缺口冲击试样冲击吸收功的平均值	J
a	钢材实际厚度	mm
C	应变时效敏感性系数,用百分数表示 $C=\frac{\overline{A}_K-\overline{A}_{KS}}{\overline{A}_K}\times 100\%$	
C_V	V 型缺口冲击试样的应变时效敏感性系数	
C_U	U 型缺口冲击试样的应变时效敏感性系数	
L	拉伸样坯长度	mm
L_0	拉伸样坯标距长度	mm

7 试验条件和步骤

7.1 一般应采用拉伸应变。拉伸时样坯的夹持应尽量使其纵轴与试验机拉力中心保持一致,试验机夹头到拉伸样坯标距两端的距离应不小于 10 mm。拉伸速度应控制在 GB/T 228 中规定的测定抗拉强度的试验速度以内。

样坯拉伸应变量应按照相关产品标准或供需双方协议规定执行。如未具体规定,一般非合金钢的残余应变量应为 10%,合金钢应为 5%,其偏差均为±0.5%。

拉伸样坯上应标有 120 mm 或 170 mm 的标距。经受应变时效后制备的冲击试样应在拉伸样坯标距范围内。

7.2 根据相关产品标准或供需双方协议,允许采用压缩应变。压缩时应垂直于样坯轧制面缓慢施加压力,直到获得与 7.1 条规定相一致的残余应变量。

7.3 样坯应变应在 10℃～35℃室温下进行。

7.4 应变后所制备的试样应根据相关产品标准或供需双方协议所规定的条件进行人工时效。如未具体规定,试样可在 250℃±10℃下均匀加热,并在该温度下保温 1 h,然后在空气中冷却至室温。允许用应变后截断的样坯或磨光之前的试样进行人工时效。

7.5 冲击试验应按照 GB/T 229 的规定进行。测定应变时效敏感性系数时,未经受应变时效与经受应变时效状态的试验应在同一台冲击试验机上进行。

7.6 冲击试验温度应在相关产品标准或供需双方协议中规定。如未具体规定,室温试验应在 10℃～35℃进行,对试验温度要求严格的试验应在 20℃±2℃进行。测定应变时效敏感性系数时,未经受应变时效与经受应变时效状态的冲击试验温度应相同。

7.7 测定应变时效冲击吸收功的冲击试样数量应在相关产品标准或供需双方协议中规定。如未具体规定，一般不应少于三个。测定应变时效敏感性系数所用的冲击试样一般不应少于六个：其中三个是未经受应变时效状态的，另外三个是应变时效状态的。

8 试验报告

试验报告至少应包括下列内容：

a) 本国家标准编号；

b) 试样标识（材料牌号，炉号等）；

c) 试样类型及尺寸；

d) 采用的应变方式及残余应变量；

e) 人工时效的加热温度、保温时间及冷却条件；

f) 应变温度及冲击试验温度；

g) 经受应变时效状态的冲击吸收功、未经受应变时效状态的冲击吸收功及应变时效敏感性系数。

ICS 25.100.10
J 41

中华人民共和国国家标准

GB/T 4211.1—2004/ISO 5421:1977
代替 GB/T 4211—1984 部分

高速钢车刀条　第1部分:型式和尺寸

High speed steel tool bits—Part 1:Types and dimensions

(ISO 5421:1977,Ground high speed steel tool bits,IDT)

2004-02-10 发布　　2004-08-01 实施

中华人民共和国国家质量监督检验检疫总局
中国国家标准化管理委员会　发布

前　言

GB/T 4211《高速钢车刀条》分为两个部分：

——第1部分：型式和尺寸；

——第2部分：技术条件。

本部分为GB/T 4211的第1部分。

本部分等同采用ISO 5421:1977《磨制高速钢车刀条》(英文版)。

为便于使用，本部分做了下列编辑性修改：

——“本国际标准”一词改为“本部分”；

——用小数点“.”代替作为小数点的逗号“,”；

——制图方法按我国标准；

——删除国际标准的前言；

——增加了资料性附录A“常用尺寸”。

本部分代替GB/T 4211—1984《高速钢车刀条》中的型式和尺寸部分。

本部分与GB/T 4211—1984相比主要变化如下：

——技术要求列入第2部分技术条件中；

——取消了GB/T 4211—1984中的试验方法部分；

——标志和包装部分列入技术条件中；

——取消了验收一章；

——取消了标记示例；

——ISO 5421:1977中没有的尺寸作为常用尺寸列入附录A，增加了资料性附录A“常用尺寸”。

本部分的附录A为资料性附录。

本部分由中国机械工业联合会提出。

本部分由全国刀具标准化技术委员会归口

本部分负责起草单位：成都工具研究所。

本部分主要起草人：闫悦俭、查国兵。

本部分所代替标准的历次发布情况：

——GB/T 4211—1984。

高速钢车刀条　第1部分:型式和尺寸

1　范围

本部分规定了下列几种高速钢车刀条的型式和尺寸:

——圆形截面(第2章);

——正方形截面(第3章);

——矩形截面(第4章);

——不规则四边形截面(第5章)。

2　圆形截面车刀条

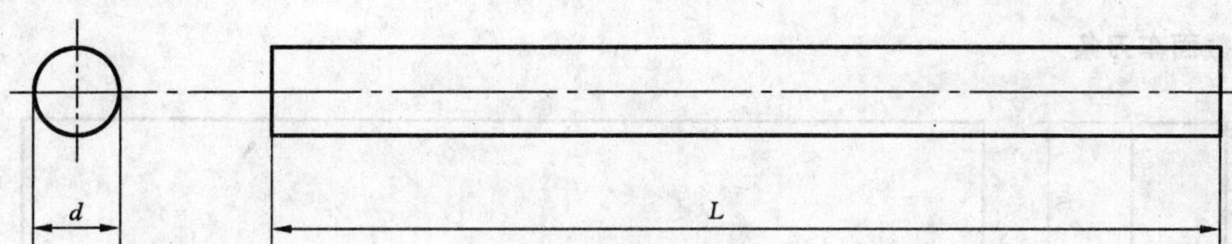

图1

表1

单位为毫米

d h9	L±2				
	63	80	100	160	200
4	×	×	×		
5	×	×	×		
6	×	×	×	×	
8		×	×	×	
10		×	×	×	×
12			×	×	×
16			×	×	×
20					×

3　正方形截面车刀条

注:经供需双方协议,车刀条两端可制成带斜度的,但在这种情况下,总长 L 仍应符合下表规定。

图2

表 2

单位为毫米

h h13	b h13	$L\pm2$				
		63	80	100	160	200
4	4	×				
5	5	×				
6	6	×	×	×	×	×
8	8	×	×	×	×	×
10	10	×	×	×	×	×
12	12	×	×	×	×	×
16	16			×	×	×
20	20				×	×
25	25					×

4 矩形截面车刀条

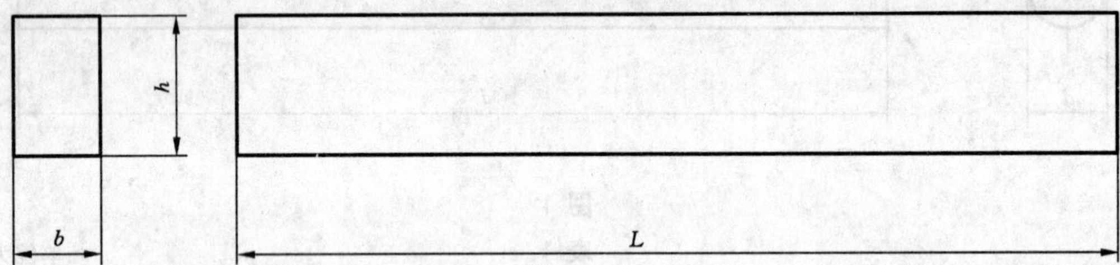

图 3

表 3

单位为毫米

比例 $h/b\approx$	h h13	b h13	$L\pm2$		
			100	160	200
1.6	6	4	×		
	8	5	×		
	10	6		×	×
	12	8		×	×
	16	10		×	×
	20	12		×	×
	25	16			×
2	8	4	×		
	10	5	×		
	12	6		×	×
	16	8		×	×
	20	10		×	×
	25	12			×

第二种选择尺寸

表 4 单位为毫米

比例 $h/b\approx$	h h13	b h13	$L\pm2$
2.33	14	6	140
2.5	10	4	120

5 不规则四边形截面车刀条(带侧后角但无纵向后角的切断刀条)

注:经供需双方协议,这种车刀条的一端可制成直角的。

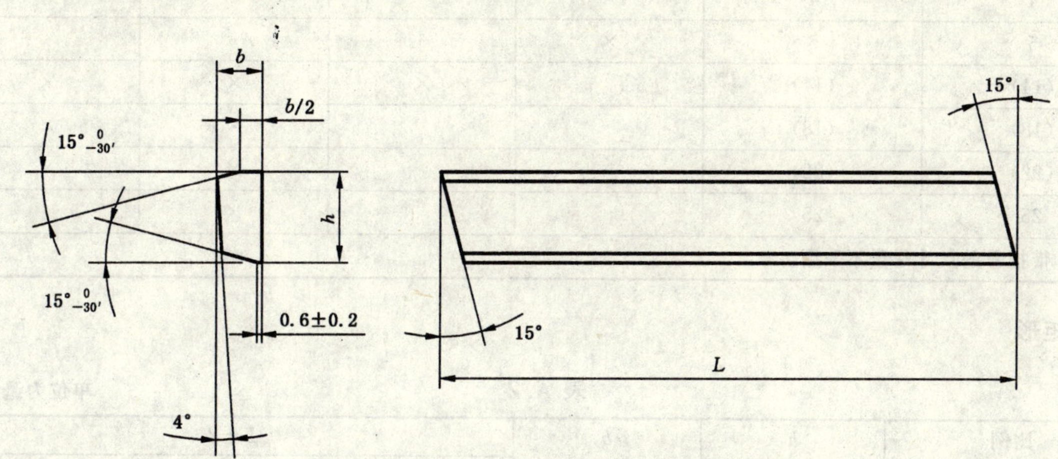

图 4

表 5 单位为毫米

h h13	b h13	$L\pm2$				
		85	120	140	200	250
12	3	×	×			
12	5	×	×			
16	3			×	×	
16	4			×		
16	6			×		
18	4			×		
20	3			×		
20	4			×		×
25	4					×
25	6					×

附 录 A
（资料性附录）
常用尺寸

A.1 正方形

表 A.1

单位为毫米

h h13	b h13	L±2			
		80	100	160	200
4	4	×			
5	5	×			
(14)	(14)		×	×	×
(18)	(18)			×	×
(22)	(22)			×	×
25	25			×	

注：带括号的尺寸尽量不采用。

A.2 矩形

表 A.2

单位为毫米

比例 h/b≈	h h13	b h13	L±2		
			100	160	200
1.6	10	6	×		
	12	8	×		
	16	10	×		
	25	16		×	
2	12	6	×		
	16	8	×		
	25	12		×	
4	12	3	×		
	16	4	×		×
	20	5		×	×
	25	6		×	×
5	16	3	×	×	
	20	4	×	×	×
	25	5		×	×

ICS 25.100.10
J 41

中华人民共和国国家标准

GB/T 4211.2—2004
代替 GB/T 4211—1984 部分

高速钢车刀条 第2部分:技术条件

High speed steel tool bits—Part 2:Technical requirements

2004-02-10 发布 2004-08-01 实施

中华人民共和国国家质量监督检验检疫总局
中国国家标准化管理委员会 发布

前言

GB/T 4211《高速钢车刀条》分为两个部分：

——第1部分：型式和尺寸；

——第2部分：技术条件。

本部分为GB/T 4211的第2部分。

本部分代替GB/T 4211—1984《高速钢车刀条》中技术条件。

本部分与GB/T 4211—1984相比主要变化如下：

——型式和尺寸列入第1部分；

——取消了GB/T 4211—1984中的试验方法部分、验收部分；

——修改了GB/T 4211—1984中高速钢车刀条的材料部分，材料由W18Cr4V改为W6Mo5Cr4V2；

——修改了GB/T 4211—1984中的标志和包装部分；

——修改了表面粗糙度的标注方法。

本部分由中国机械工业联合会提出。

本部分由全国刀具标准化技术委员会归口。

本部分负责起草单位：成都工具研究所。

本部分主要起草人：闫悦俭、查国兵。

本部分所代替标准的历次发布情况：

——GB/T 4211—1984。

高速钢车刀条　第2部分：技术条件

1　范围

本部分规定了高速钢车刀条的形位公差、材料和硬度、外观和表面粗糙度、标志和包装的基本要求。

本部分适用于按GB/T 4211.1生产的高速钢车刀条。

2　规范性引用文件

下列文件中的条款通过GB/T 4211的本部分的引用而成为本部分的条款。凡是注日期的引用文件，其随后所有的修改单(不包括勘误的内容)或修订版均不适用于本部分，然而，鼓励根据本部分达成协议的各方研究是否可使用这些文件的最新版本。凡是不注日期的引用文件，其最新版本适用于本部分。

GB/T 4211.1　高速钢车刀条　第1部分：型式和尺寸(GB/T 4211.1—2004，ISO 5421:1977，IDT)

3　形位公差

3.1　高速钢车刀条侧面对支承面的垂直度公差为12级。

3.2　高速钢车刀条侧面和支承面或圆柱表面素线的直线度公差为0.002 L(L为车刀条长度)。

4　材料和硬度

4.1　材料

高速钢车刀条用W6Mo5Cr4V2或同等性能的其他牌号高速钢制造。

4.2　硬度

高速钢车刀条的硬度不低于63HRC。

5　外观和表面粗糙度

5.1　外观

高速钢车刀条表面不得有裂纹、磨削烧伤、黑皮和锈迹以及其他影响使用性能的缺陷。

5.2　表面粗糙度

高速钢车刀条表面(不包括端头表面)的表面粗糙度上限值为：Ra1.6 μm。

6　标志和包装

6.1　标志

6.1.1　产品上应标有：

——制造厂或销售商的商标；

——截面尺寸和长度；

——材料代号(HSS)。

6.1.2　包装盒上应标有：

——制造厂或销售商的名称、地址和商标；

——产品名称、截面尺寸、长度、标准编号；

——材料代号；

——件数；
——制造年月。

6.2 包装

车刀条在包装前应经防锈处理，包装应牢固，防止运输过程中损伤。

ICS 77.080.01
H 41

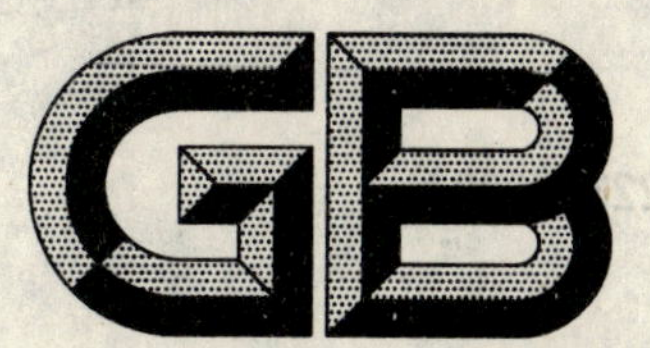

中华人民共和国国家标准

GB 4223—2004
代替 GB/T 4223—1996

废钢铁

Iron and steel scraps

2004-05-20 发布　　　　2004-12-01 实施

中华人民共和国国家质量监督检验检疫总局
中国国家标准化管理委员会　发布

前言

本标准的第5章为强制性的，其余为推荐性的。

本标准与JISG 2401—1979《废钢分类》一致性程度为非等效。

本标准代替GB/T 4223—1996《废钢铁》。

本标准与GB/T 4223—1996相比技术内容进行了如下修改：

——取消了再生用废钢的定义及相关内容；规定了废钢铁单件的最大尺寸和最大重量；

——取消了原标准中的4条术语，增加了6条术语及其定义；

——改变了废铁的分类，以废铁的化学成分、外形尺寸为划分依据，将废铁分为3类、4个品种；

——改变了废钢的分类，提出了新的外形尺寸和单重以及相应的验收条件，并将废钢分为重型废钢、中型废钢、小型废钢、统料型废钢、轻料型废钢5类；

——调整合金废钢的分组，由原标准的5个钢类67个钢组，合并、简化成6个钢类46个钢组，并将其调整为资料性附录；

——降低了废钢中S、P的含量，由原标准的0.080%，改为0.050%；

——增加了对废钢铁必须分类的要求；

——增加了对环保控制、放射性物质控制等方面的要求，增加了检验项目和试验方法的部分内容。

本标准自实施之日起，废止GB/T 4223—1996《废钢铁》。

本标准的附录A为规范性附录，附录B为资料性附录。

本标准由中国钢铁工业协会提出。

本标准由冶金工业信息标准研究院归口。

本标准起草单位：马鞍山钢铁股份有限公司、冶金工业信息标准研究院、川投长城特殊钢股份有限公司、鞍山钢铁公司、本溪钢铁公司。

本标准主要起草人：李效群、孙保东、李家鸣、张宇春、张瑞香、蔡钢、刘徐源、张险峰。

本标准所废止标准的历次版本发布情况为：

——YB 518—1964、YB 519—1964、YB 520—1964；GB 4223—1984、GB 4224—1984、GB 4225—1984；GB/T 4223—1996。

废钢铁

1 范围

本标准规定了废钢铁的术语和定义、分类、技术要求、检验项目和检验方法、验收规则、运输和质量证明书等。

本标准适用于炼钢、炼铁、铸造及铁合金冶炼时作为炉料使用的熔炼用废钢铁以及一般用途的非熔炼用废钢铁。

2 规范性引用文件

下列文件中的条款通过本标准的引用而成为本标准的条款。凡是注日期的引用文件，其随后所有的修改单(不包括勘误的内容)或修订版均不适用于本标准，然而，鼓励根据本标准达成协议的各方研究是否可使用这些文件的最新版本。凡是不注日期的引用文件，其最新版本适用于本标准。

GB/T 222—1984 钢的化学分析用试样取样法及成品化学成分允许偏差

GB/T 719 生铁化学分析用试样取制方法

GB 5085.1 危险废物鉴别标准 腐蚀性鉴别

GB 5085.3 危险废物鉴别标准 浸出毒性鉴别

GB 13015 含多氯联苯废物污染控制标准

GB/T 13304 钢分类

GB 16487.6 进口废物环境保护控制标准 废钢铁(试行)

SN 0570 进口废金属放射性污染检验规程

有关元素的化学分析方法引用标准见附录A。

3 术语和定义

下列术语和定义适用于本标准。

3.1

熔炼用废钢铁 iron and steel scraps for smelting

不能按原用途使用且必须作为熔炼回收使用的钢铁碎料及钢铁制品。

3.2

非熔炼用废钢铁 iron and steel scraps for non-smelting

不能按原用途使用，又不作为熔炼回收和轧制钢材使用而改做它用的钢铁制品。

3.3

有害物 injurant

其存在对熔炼金属质量和环境将产生不良影响的物质。

3.4

夹杂物 inclusion

指在收集、包装和运输过程中，混入或夹带在废钢铁中的其他物质。

3.5

交货批 delivery lot

用同一运输工具、一次到达的同一型号类别或多个型号类别的废钢铁。

3.6

检验批 inspection lot

作为检验对象而汇集起来的一批同一型号类别的废钢铁。

4 分类

废钢铁分为废铁和废钢两大类。

4.1 废铁

4.1.1 废铁的碳含量一般大于2.0%。优质废铁的硫含量(质量分数)和磷含量(质量分数)分别不大于0.070%和0.40%。普通废铁、合金废铁的硫含量(质量分数)和磷含量(质量分数)分别不大于0.12%和1.00%。高炉添加料的含铁量应不小于65.0%。

4.1.2 废铁按其用途分为熔炼用废铁和非熔炼用废铁。

4.1.2.1 熔炼用废铁

4.1.2.1.1 熔炼用废铁按质量和形状分类,如表1规定。

表1 熔炼用废铁分类

品种	类别				典型举例
	代码	A	B	C	
优质废铁	101	长度≤1000 mm,宽度≤500 mm,高度≤300 mm,单件重量≤200 kg	经破碎、熔断容易成为一类形状的废铁	生铁粉(车削下来的生铁屑未混入异物的生铁)及其冷压块	生铁机械零部件、输电工程各种铸件、铸铁轧辊、汽车缸体、发动机壳、钢锭模等
普通废铁	102				铸铁管道、高磷铁、高硫铁、火烧铁等
合金废铁	103				合金轧辊、球墨轧辊等
高炉添加料	104	外形尺寸应≥10 mm×10 mm×10 mm,≤200 mm×200 mm×200 mm,单件重量≤5 kg			加工压块等

4.1.2.1.2 铁屑冷压块的密度不小于3 000 kg/m³。在运输和卸货时,散落的铁屑量不大于批重的5%,压块满足脱落性试验。

4.1.2.1.3 经供需双方协议,也可供应表1规定以外种类和尺寸的废铁。

4.1.2.2 非熔炼用废铁

非熔炼用废铁不再分类,由供需双方协议确定。

4.2 废钢

4.2.1 废钢的碳含量一般小于2.0%,硫含量、磷含量均不大于0.050%。

4.2.2 非合金废钢中残余元素应符合以下要求:镍的质量分数不大于0.30%、铬的质量分数不大于0.30%、铜的质量分数不大于0.30%。除锰、硅以外,其他残余元素含量总和(质量分数)不大于0.60%。

4.2.3 废钢按其用途分为熔炼用废钢和非熔炼用废钢。

4.2.3.1 熔炼用废钢

4.2.3.1.1 熔炼用废钢按其外形尺寸和单件重量分为5个型号,如表2规定。

表 2 熔炼用废钢分类

型号	类别	代码	外形尺寸及重量要求	供应形状	典型举例
重型废钢	1类	201A	≤1 000 mm× 400 mm,厚度≥40 mm, 单重:40 kg～1 500 kg, 圆柱实心体直径≥80 mm。	块、条、板、型	报废的钢锭、钢坯、初轧坯、切头、切尾、铸钢件、钢轧辊、重型机械零件、切割结构件等。
	2类	201B	≤1 000 mm×500 mm,厚度≥25 mm, 单重:20 kg～1 500 kg, 圆柱实心体直径≥50 mm。	块、条、板、型	报废的钢锭、钢坯、初轧坯、切头、切尾、铸钢件、钢轧辊、重型机械零件、切割结构件、车轴、废旧工业设备等。
	3类	201C	≤1 500 mm×800 mm,厚度≥15 mm, 单重:5 kg～1 500 kg, 圆柱实心体直径≥30 mm。	块、条、板、型	报废的钢锭、钢坯、初轧坯、切头、切尾、铸钢件、钢轧辊、火车轴、钢轨、管材、重型机械零件、切割结构件、车轴、废旧工业设备等。
中型废钢	1类	202A	≤1 000 mm×500 mm,厚度≥10 mm, 单重:3 kg～1 000 kg, 圆柱实心体直径≥20 mm。	块、条、板、型	轧废的钢坯及钢材、车船板、机械废钢件、机械零部件、切割结构件、火车轴、钢轨、管材、废旧工业设备等。
	2类	202B	≤1 500 mm×700 mm,厚度≥6 mm, 单重:2 kg～1 200 kg, 圆柱实心体直径≥12 mm。	块、条、板、型	轧废的钢坯及钢材、车船板、机械废钢件、机械零部件、切割结构件、火车轴、钢轨、管材、废旧工业设备等。
小型废钢	1类	203A	≤1 000 mm×500 mm, 厚度≥4 mm,单重:0.5 kg～1 000 kg, 圆柱实心体直径≥8 mm。	块、条、板、型	机械废钢件、机械零部件、车船板、管材、废旧设备等。
	2类	203B	Ⅰ级:密度≥1 100 kg/m³, Ⅱ级:密度≥800 kg/m³。	破碎料	汽车破碎料等。
统料型废钢	—	204	≤1 000 mm×800 mm, 厚度≥2 mm,单重:≤800 kg, 圆柱实心体直径≥4 mm。	块、条、板、型	机械废钢件、机械零部件、车船板、废旧设备、管材、钢带、边角余料等。
轻料型废钢	1类	205A	≤1 000 mm×1 000 mm, 厚度≤2 mm,单重:≤100 kg。	块、条、板、型	各种机械废钢及混合废钢、管材、薄板、钢丝、边角余料、生产和生活废钢等。
	2类	205B	≤800 mm×600 mm×500 mm, Ⅰ级:密度≥2 500 kg/m³, Ⅱ级:密度≥1 800 kg/m³, Ⅲ级:密度≥1 200 kg/m³。	打包件	各种机械废钢及混合废钢、薄板、边角余料、钢丝、钢屑、生产和生活废钢等。

4.2.3.1.2 各类型废钢尺寸的正偏差应不大于10%。

4.2.3.1.3 熔炼用废钢按其化学成分分为非合金废钢、低合金废钢和合金废钢。非合金废钢、低合金废钢参照GB/T 13304的规定。

4.2.3.1.4 熔炼用合金废钢按化学成分及主要合金元素含量分为6个钢类46个钢组，见附录B。

4.2.3.2 非熔炼用废钢不再分类，由供需双方协议确定。

5 技术要求

5.1 废钢铁必须分类。

5.2 废钢铁的单件外形尺寸不大于 1 500 mm,单件重量不大于 1 500 kg。

5.3 对于单件表面有锈蚀的废钢铁,其每面附着的铁锈厚度不大于单件厚度的 10%。

5.4 废钢铁内不应混有铁合金、有害物;非合金废钢、低合金废钢不应混有合金废钢和废铁;合金废钢内不应混有非合金废钢、低合金废钢和废铁。废铁内不应混有废钢。

5.5 废钢铁表面和器件、打包件内部不应存在泥块、水泥、粘砂、油污以及珐琅等。

5.6 废钢铁中禁止混有炸弹炮弹等爆炸性武器弹药及其他易燃易爆物品。禁止混有两端封闭的管状物、封闭器皿等物品。禁止混有橡胶和塑料制品。

5.7 废钢铁中不应有成套的机器设备及结构件(如有,则必须拆解且压碎或压扁成不可复原状)。各种形状的容器(罐筒等)应全部从轴向割开。机械部件容器(发动机、齿轮箱等)应清除易燃品和润滑剂的残余物。

5.8 废钢铁中禁止混有其浸出液中有害物质浓度超过 GB 5085.3 中鉴别标准值的有害废物。

5.9 废钢铁中禁止混有其浸出液中超过 GB 5085.1 中鉴别标准值即 pH 值不小于 12.5 或不大于 2.0 的夹杂物。

5.10 废钢铁中禁止混有多氯联苯含量超过 GB 13015 控制标准值的有害物。

5.11 钢铁中曾经盛装液体和半固体化学物质的容器、管道及其碎片,必须清洗干净。进口废钢铁必须向检验机构申报容器、管道及其碎片曾经盛装或输送过的化学物质的主要成分。

5.12 废钢铁中不应混有下列有害物:

——医药废物、废药品、医疗临床废物;

——农药和除草剂废物、含木材防腐剂废物;

——废乳化剂、有机溶剂废物;

——精(蒸)馏残渣、焚烧处置残渣;

——感光材料废物;

——铍、六价铬、砷、硒、镉、锑、碲、汞、铊、铅及其化合物的废物,含氟、氰、酚化合物的废物;

——石棉废物;

——厨房废物、卫生间废物等。

5.13 废钢铁中禁止夹杂放射性废物。

废钢铁的放射性污染按以下要求控制:

——废钢铁的外照射贯穿辐射剂量率不能高于 0.46 μSv/h;

——废钢铁的 α 表面放射性污染水平检测值,不能超过 0.04 Bq/cm^2;β 表面放射性污染水平检测值,不能超过 0.4 Bq/cm^2;

——废钢铁中放射性核素比活度禁止超过 GB 16487.6 的规定。

5.14 废钢铁各检验批中非金属夹杂物(不含非金属有害废物)的总重量,不应超过该检验批重量的千分之五。

5.15 废旧武器由供方作技术性的安全检查后按有关规定处理。

5.16 非熔炼用废钢铁使用后,其制品的性能指标满足有关标准的规定,且不应对公众人身安全、财产、环保等造成隐患或危害。

6 检验项目与检验方法

6.1 检验项目

6.1.1 单件的外形尺寸、重量和厚度的抽样检验。

6.1.2 夹杂物及清洁性的检验。

6.1.3 有害物及放射性物质的检验。

6.1.4 硫、磷、铬、镍、钼、钨、锰、铜等化学元素的抽查检验。

6.1.5 打包件的脱落试验。

6.1.6 废钢铁中其他项目的检验，根据到货批的实际情况，进行抽查。

6.2 检验方法

6.2.1 检验所需样品的取样方法由供需双方协商确定。

6.2.2 本标准5.8条检验按GB 5085.3的规定进行。

6.2.3 本标准5.9条检验按GB 5085.1的规定进行。

6.2.4 本标准5.10条的检验，按GB 13015的规定进行。

6.2.5 本标准5.13条的检验，按SN 0570的规定进行。

6.2.6 废钢样品的制样按GB/T 222—1984的规定进行，废铁样品的制样按GB/T 719的规定进行。化学分析按附录A规定的或通用方法进行，但仲裁分析时应按附录A有关规定进行。

6.2.7 对废钢铁的种类、清洁性、夹杂物、外形尺寸、单件重量等项目，使用衡器、卷尺等检验手段或其他检测手段进行测定。

6.2.8 打包件(压块)的脱落试验：

在一个验收批中随机抽取5块打包件(压块)。打包件(压块)从高于金属板或水泥板1.5 m处落下三次(自由落体)，此时打包件(压块)不应有大于其重量10%的脱落物。

7 验收规则

7.1 需方可对每批废钢铁进行抽查验收。可将一个交货批分成多个检验批进行验收。

7.2 每个检验批应由同一型号、类别以及同一钢组或牌号(合金钢)废钢铁组成。

7.3 各交货批废钢铁验收后，应扣除夹杂物、铁锈等杂质的重量。

8 运输和质量证明书

8.1 发运装车(船)时，每车厢(船舱、集装箱)一般只允许装载同一型号(类别)、同一钢组(合金钢)的废钢铁。为补足车厢(船舱、集装箱)载重时，也可装两个以上型号(类别)、钢组的废钢铁，但应隔离，作出明确标识，不应混放。

8.2 废钢铁交货时，每个交货批必须附有质量证明书，进口废钢铁需同时附有放射性检验证明书。质量证明书中应注明：供方名称、废钢铁的型号类别、每批重量，合金废钢还需注明钢组以及相应的化学成分等。

附 录 A
（规范性附录）
钢铁产品分析方法标准

GB/T 223.3 钢铁及合金化学分析方法 二安替比林甲烷磷钼酸重量法测定磷量
GB/T 223.4 钢铁及合金化学分析方法 硝酸铵氧化容量法测定锰量
GB/T 223.5 钢铁及合金化学分析方法 还原型硅钼酸盐光度法测定酸溶硅含量
GB/T 223.6 钢铁及合金化学分析方法 中和滴定法测定硼量
GB/T 223.7 铁粉 铁含量的测定 重铬酸钾滴定法
GB/T 223.8 钢铁及合金化学分析方法 氟化钠分离-EDTA 滴定法测定铝含量
GB/T 223.9 钢铁及合金化学分析方法 铬天青 S 光度法测定铝含量
GB/T 223.10 钢铁及合金化学分析方法 铜铁试剂分离-铬天青 S 光度法测定铝含量
GB/T 223.11 钢铁及合金化学分析方法 过硫酸铵氧化容量法测定铬量
GB/T 223.12 钢铁及合金化学分析方法 碳酸钠分离-二苯碳酰二肼光度法测定铬量
GB/T 223.13 钢铁及合金化学分析方法 硫酸亚铁铵滴定法测定钒含量
GB/T 223.14 钢铁及合金化学分析方法 钽试剂萃取光度法测定钒含量
GB/T 223.15 钢铁及合金化学分析方法 重量法测定钛
GB/T 223.16 钢铁及合金化学分析方法 变色酸光度法测定钛量
GB/T 223.17 钢铁及合金化学分析方法 二安替比林甲烷光度法测定钛量
GB/T 223.18 钢铁及合金化学分析方法 硫代硫酸钠分离-碘量法测定铜量
GB/T 223.19 钢铁及合金化学分析方法 新亚铜灵-三氯甲烷萃取光度法测定铜量
GB/T 223.20 钢铁及合金化学分析方法 电位滴定法测定钴量
GB/T 223.21 钢铁及合金化学分析方法 5-Cl-PADAB 分光光度法测定钴量
GB/T 223.22 钢铁及合金化学分析方法 亚硝基 R 盐分光光度法测定钴量
GB/T 223.23 钢铁及合金化学分析方法 丁二酮肟分光光度法测定镍量
GB/T 223.24 钢铁及合金化学分析方法 萃取分离-丁二酮肟分光光度法测定镍量
GB/T 223.25 钢铁及合金化学分析方法 丁二酮肟重量法测定镍量
GB/T 223.26 钢铁及合金化学分析方法 硫氰酸盐直接光度法测定钼量
GB/T 223.27 钢铁及合金化学分析方法 硫氰酸盐-乙酸丁酯萃取分光光度法测定钼量
GB/T 223.28 钢铁及合金化学分析方法 α-安息香肟重量法测定钼量
GB/T 223.29 钢铁及合金化学分析方法 载体沉淀-二甲酚橙光度法测定铅量
GB/T 223.31 钢铁及合金化学分析方法 蒸馏分离-钼蓝分光光度法测定砷量
GB/T 223.32 钢铁及合金化学分析方法 次磷酸钠还原-碘量法测定砷量
GB/T 223.33 钢铁及合金化学分析方法 萃取分离-偶氮氯磷 mA 光度法测定铈量
GB/T 223.38 钢铁及合金化学分析方法 离子交换分离-重量法测定铌量
GB/T 223.39 钢铁及合金化学分析方法 氯磺酚 S 光度法测定铌量
GB/T 223.40 钢铁及合金化学分析方法 离子交换分离-氯磺酚 S 光度法测定铌量
GB/T 223.41 钢铁及合金化学分析方法 离子交换分离-连苯三酚光度法测定钽量
GB/T 223.42 钢铁及合金化学分析方法 离子交换分离-溴邻苯三酚红光度法测定钽量
GB/T 223.43 钢铁及合金化学分析方法 钨量的测定
GB/T 223.47 钢铁及合金化学分析方法 载体沉淀-钼蓝光度法测定锑量
GB/T 223.48 钢铁及合金化学分析方法 半二甲酚橙光度法测定铋量

GB/T 223.49 钢铁及合金化学分析方法 萃取分离-偶氮氯膦 mA 分光光度法测定稀土总量
GB/T 223.50 钢铁及合金化学分析方法 苯基荧光酮-溴化十六烷基三甲基胺直接光度法测定锡量
GB/T 223.51 钢铁及合金化学分析方法 5-Br-PADAP 光度法测定锌量
GB/T 223.52 钢铁及合金化学分析方法 盐酸羟胺-碘量法测定硒量
GB/T 223.53 钢铁及合金化学分析方法 火焰原子吸收分光光度法测定铜量
GB/T 223.54 钢铁及合金化学分析方法 火焰原子吸收分光光度法测定镍量
GB/T 223.55 钢铁及合金化学分析方法 示波极谱(直接)法测定碲量
GB/T 223.56 钢铁及合金化学分析方法 巯基棉分离-示波极谱法测定碲量
GB/T 223.57 钢铁及合金化学分析方法 萃取分离-吸附催化极谱法测定镉量
GB/T 223.58 钢铁及合金化学分析方法 亚砷酸钠-亚硝酸钠滴定法测定锰量
GB/T 223.59 钢铁及合金化学分析方法 锑磷钼蓝光度法测定磷量
GB/T 223.60 钢铁及合金化学分析方法 高氯酸脱水重量法测定硅含量
GB/T 223.61 钢铁及合金化学分析方法 磷钼酸铵容量法测定磷量
GB/T 223.62 钢铁及合金化学分析方法 乙酸丁酯萃取光度法测定磷量
GB/T 223.63 钢铁及合金化学分析方法 高碘酸钠(钾)光度法测定锰量
GB/T 223.64 钢铁及合金化学分析方法 火焰原子吸收光谱法测定锰量
GB/T 223.65 钢铁及合金化学分析方法 火焰原子吸收光谱法测定钴量
GB/T 223.66 钢铁及合金化学分析方法 硫氰酸盐-盐酸氯丙嗪-三氯甲烷萃取光度法测定钨量
GB/T 223.67 钢铁及合金化学分析方法 还原蒸馏-次甲基蓝光度法测定硫量
GB/T 223.68 钢铁及合金化学分析方法 管式炉内燃烧后碘酸钾滴定法测定硫含量
GB/T 223.69 钢铁及合金化学分析方法 管式炉内燃烧后气体容量法测定碳含量
GB/T 223.70 钢铁及合金化学分析方法 邻菲啰啉分光光度法测定铁量
GB/T 223.71 钢铁及合金化学分析方法 管式炉内燃烧后重量法测定碳含量
GB/T 223.72 钢铁及合金化学分析方法 氧化铝色层分离-硫酸钡重量法测定硫量
GB/T 223.73 钢铁及合金化学分析方法 三氯化钛-重铬酸钾容量法测定铁量
GB/T 223.75 钢铁及合金化学分析方法 甲醇蒸馏-姜黄素光度法测定硼量
GB/T 223.76 钢铁及合金化学分析方法 火焰原子吸收光谱法测定钒量
GB/T 223.77 钢铁及合金化学分析方法 火焰原子吸收光谱法测定钙量
GB/T 223.78 钢铁及合金化学分析方法 姜黄素直接光度法测定硼含量

附 录 B
（资料性附录）
熔炼用合金废钢分类

熔炼用合金废钢分类见表 B.1。

表 B.1 熔炼用合金废钢分类

钢类	序号	钢组	典型牌号	合金元素含量(质量分数)/%					
				Cr	Ni	Mo	W	Mn	其它
合金结构钢	1	Cr(Si,V)	40Cr 38CrSi 40CrV	0.70～1.60					
	2	CrMn（Si,Ti)	40CrMn 20CrMnSi 20CrMnTi	0.40～1.40				0.80～1.40	
	3	CrMnMo	20CrMnMo 40CrMnMo	0.90～1.40		0.20～0.30		0.90～1.20	
	4	CrMnNiMo	18CrNiMnMoA	1.00～1.30	1.00～1.30	0.20～0.30		1.10～1.40	
	5	CrMo(V,Al)	42CrMo 35CrMoV 25Cr2Mo1VA 38CrMoAl	0.30～2.50		0.15～1.10			V:0.30～0.60 Al:0.70～1.10
	6	CrNi	20CrNi	0.45～0.75	1.00～1.40				
			12CrNi2	0.60～0.90	1.50～1.90				
			20CrNi3	0.60～1.60	2.75～3.15				
			20Cr2Ni4	1.25～1.65	3.00～3.65				
	7	CrNiMo(V)	20CrNiMoA	0.40～0.70	0.35～0.75	0.20～0.30			
			40CrNiMo 45CrNiMoV	0.60～1.10	1.25～1.80	0.15～0.30			
	8	CrNiW	25Cr2Ni4WA	1.35～1.65	4.00～4.50		0.80～1.20		
弹簧钢	9	Mn（Si,V,B)	65Mn 60Si2Mn 55SiMnVB 55Si2MnB					0.60～1.30	Si:0.70～2.00
	10	Cr(V,Si)	60Si2CrA,60Si2CrVA 50CrVA	0.70～1.20					Si:1.40～1.80
	11	CrMn(B)	60CrMn 60CrMnB	0.65～1.00				0.65～1.00	
	12	CrMnMo	60CrMnMoA	0.70～0.90		0.25～0.35		0.70～1.00	
	13	WCrV	30W4Cr2VA	2.00～2.50			4.00～4.50		V:0.50～0 80
轴承钢	14	Cr	GCr15	0.35～1.65					
	15	CrMn(Si)	GCr15SiMn	1.40～1.65				0.95～1.25	
	16	CrMo(Si)	GCr18Mo G20CrMo G20Cr15SiMo	0.35～1.95		0.08～0.40			
	17	CrNi	G20Cr2Ni4	1.25～1.75	3.25～3.75				
	18	CrNiMo	G20CrNiMo	0.35～0.65	0.40～0.70	0.15～0.30			
			G20CrNi2Mo,G10CrNi3Mo	0.35～1.40	1.60～3.50	0.08～0.30			
	19	CrMnMo	G20Cr2Mn2Mo	1.70～2.00		0.20～0.30		1.30～1.60	

表 B.1（续）

钢类	序号	钢组	典型牌号	合金元素含量(质量分数)/%					
				Cr	Ni	Mo	W	Mn	其它
合金工具钢	20	Cr(Si)	9SiCr　Cr06	0.50～1.25					Si:1.20～1.60
			Cr2　8Cr3	1.30～3.80					
			Cr12	11.50～13.00					
	21	CrMnMo(V,Si)	5CrMnMo,4CrMnSiMoV	0.60～1.50		0.15～0.60		0.80～1.60	
			6CrMnSi2Mo1	0.10～0.50		0.20～1.35		0.60～1.00	Si:1.75～2.25
			5Cr3Mn1SiMo1V	3.00～3.50		1.30～1.80		0.20～0.90	
	22	CrMo(V,Si)	3Cr2Mo	1.40～2.00		0.30～0.55			
			Cr5Mo1V　4Cr5MoSiV1	4.75～5.50		0.90～1.75			V:0.30～1.20
			4Cr3Mo3SiV	3.00～3.75		2.00～3.00			V:0.25～0.75
			Cr12MoV　Cr12Mo1V1	11.00～13.00		0.40～1.20			V:0.30～1.10
	23	CrW(V,Si)	4CrW2Si	1.00～1.30			2.00～2.70		
			3Cr2W8V	2.20～2.70			7.50～9.00		V:0.30～0.50
			4Cr5W2VSi	4.50～5.50			1.60～2.40		V:0.60～1.00
	24	CrWMn	CrWMn	0.50～1.20			0.50～1.60	0.80～1.20	
	25	CrWMoV(Nb)	Cr4W2MoV	3.50～4.00		0.80～1.20	1.90～2.60		V:0 80～1.10
			6Cr4W3Mo2VNb	3.80～4.40		1.80～2.50	2.50～3.50		V:0.80～1.20 Nb:0.20～0.35
			3Cr3Mo3W2V	2.80～3.30		2.50～3.00	1.20～1.80		V:0.80～1.20
			5Cr4W5Mo2V	3.40～4.40		1.50～2.10	4.50～5.30		V:0.70～1.10
			6W6Mo5Cr4V	3.70～4.30		4.50～5.50	6.00～7.00		V:0.70～1.10
	26	CrNiMo	5CrNiMo	0.50～0.80	1.40～1.80	0.15～0.30			
	27	CrMoMnV(Al,Si)	5Cr4Mo3SiMnVAl	3.80～4.30		2.80～3.40		0.80～1.10	V:0.80～1.20
	28	MnCrW-MoVAl	7Mn15Cr2Al3V2WMo	2.00～2.50		0.50～0.80	0.50～0.80	14.50～16.50	V:1.50～2.00 Al:2.30～3.30
	29	Mn(V)	9Mn2V					1.70～2.00	
	30	W	W	0.10～0.30			0.80～1.20		
高速工具钢	31	WCrV	W18Cr4V	3.80～4.40			17.50～19.00		V:1.00～1.40
	32	WCrCoV	W18Cr4V2Co8	3.75～5.00		0.50～1.25	17.50～19.00		V:1.80～2.40 Co:7.00～9.50
	33	WMoCrV(Al)	W6Mo5Cr4V2, W6Mo5Cr4V2Al	3.80～4.40		4.50～5.50	5.50～6.75		V:1.75～2.20 Al:0.80～1.20
			W6Mo5Cr4V3	3.75～4.50		4.75～6.50	5.00～6.75		V:2.25～2 75
			W2Mo9Cr4V2	3.50～4.00		8.20～9.20	1.40～2.10		V:1.75～2.25
			W9Mo3Cr4V	3.80～4.40		2.70～3.30	8.50～9.50		V:1.30～1.70
	34	WMoCrCoV	W6Mo5Cr4V2Co5	3.75～4.50		4.50～5.50	5.50～6.50		V:1.75～2.25 Co:4.50～5.50

表 B.1（续）

钢类	序号	钢组	典型牌号	合金元素含量（质量分数）/%					
				Cr	Ni	Mo	W	Mn	其它
不锈耐热耐蚀钢	35	Cr（Al，N，Si）	4Cr9si2	8.00～10.00					Si:2.00～3.00
			1Cr12　2Cr13　0Cr13Al	11.00～14.50					
			1Cr17　9Cr18	16.00～19.00					
	36	CrMo(V,Si)	1Cr5Mo	4.00～6.00		0.45～0.60			
			4Cr10Si2Mo	9.00～10.50		0.70～0.90			Si:1.90～2.60
			1Cr11MoV　1Cr13Mo	10.00～14.00		0.30～1.00			
			9Cr18Mo　9Cr18MoV	16.00～18.00		0.40～1.30			
	37	CrNi（Al,Nb,Ti,N,Si）	1Cr17Ni2	16.00～18.00	1.50～2.50				
			0Cr17Ni7Al　0Cr19Ni9N	16.00～20.00	6.00～11.00				Al:0.75～1.50
			00Cr19Ni10　1Cr18Ni12 0Cr19Ni10NbN	17.00～20.00	7.50～13.00				
			8Cr20Si2Ni	19.00～20.50	1.15～1.65				Si:1.75～2.25
	38	CrNiMo（Al，Ti，N，Si）	0Cr15Ni7Mo2Al	14.00～16.00	6.50～7.50	2.00～3.00			Al:0.75～1.50
			0Cr17Ni12Mo2 00Cr17Ni14Mo2 0Cr19Ni13Mo3	16.00～20.00	10.00～15.00	1.80～4.00			
			00Cr18Ni5Mo3Si2	18.00～19.50	4.50～5.50	2.50～3.00			Si:1.30～2.00
	39	CrMnNi（N，Si）	1Cr17Mn6Ni5N 1Cr18Mn8Ni5N	16.00～19.00	3.50～6.00			5.50～10.00	
			5Cr21Mn9Ni4N	20.00～22.00	3.25～4.50			8.00～10.00	
			2Cr20Mn9Ni2Si2N	18.00～21.00	2.00～3.00			8.50～11.00	Si:1.80～2.70
	40	CrMnNiMo(N)	1Cr18Mn10Ni5Mo3N	17.00～19.00	4.00～6.00	2.80～3.50		8.50～12.00	
	41	CrNiCu(Nb)	0Cr18Ni9Cu3	17.00～19.00	8.50～10.50				Cu:3.00～4.00
			0Cr17Ni4Cu4Nb	15.50～17.50	3.00～5.00				Cu:3.00～5.00 Nb:0.15～0 45
	42	CrNiMoCu	0Cr18Ni12Mo2Cu2 00Cr18Ni14Mo2Cu2	17.00～19.00	10.00～16.00	1.20～2.75			Cu:1.00～2.50
	43	CrNiMoTi（Al,V,B）	0Cr15Ni25Ti2MoAlVB	13.50～16.00	24.00～27.00	1.00～1.50			Ti:1.90～2.35
	44	CrNiWMo（V）	4Cr14Ni14W2Mo	13.00～15.00	13.00～15.00	0.25～0.40	2.00～2.75		
			1Cr11Ni2W2MoV	10.50～12.00	1.40～1.80	0.35～0.50	1.50～2.00		
			2Cr12NiMoWV	11.00～13.00	0.50～1.00	0.75～1.25	0.70～1.25		
	45	CrMn(Si,N)	3Cr18Mn12Si2N	17.00～19.00				10.50～12.50	Si:1.40～2.20
	46	CrWMo(V)	1Cr12WMoV	11.00～13.00		0.50～0.70	0.70～1.10		

表 B.1（续）

<table>
<tr><th rowspan="2">钢类</th><th rowspan="2">序号</th><th rowspan="2">钢组</th><th rowspan="2">典型牌号</th><th colspan="6">合金元素含量（质量分数）/%</th></tr>
<tr><th>Cr</th><th>Ni</th><th>Mo</th><th>W</th><th>Mn</th><th>其它</th></tr>
<tr><td colspan="10">注 1：合金废钢分组原则是按钢类和钢中所含合金元素分组，钢组内合金钢牌号按元素含量不同分成不同等级。
注 2：在分类钢组后“()”内的元素是易氧化或微量添加的元素如：B、Si、Al、Ti、V、Nb、N 等，在钢组中不予考虑；在各钢组中或“合金元素重量百分比”一栏中没有标明成份的元素，在钢组中不予考虑。
注 3：该合金废钢钢组后所列“典型牌号”是国标牌号，国外牌号应对照国内牌号纳入相应钢组。
注 4：没被列入或没有对应分组牌号的国内外合金废钢，应按其中所含元素种类及元素含量范围分类后，纳入相应钢组，不符合钢组条件的的合金废钢应单列。
注 5：高温合金、精密合金、高锰铸钢、含铜钢均按牌号单独存放、管理、供应。</td></tr>
</table>

ICS 25.100.30
J 41

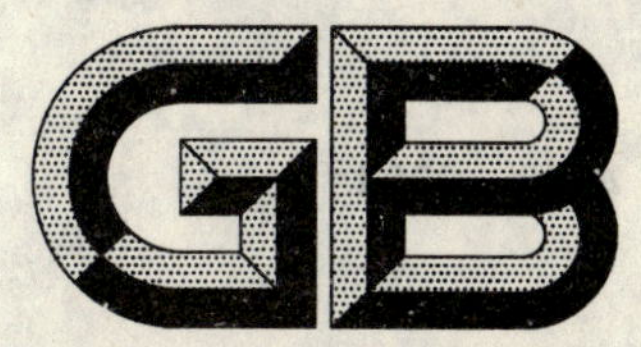

中华人民共和国国家标准

GB/T 4243—2004
代替 GB/T 4243—1984

莫氏锥柄长刃机用铰刀

Long fluted machine reamers, Morse tape shanks

(ISO 236-2:1976, MOD)

2004-02-10 发布　　　　2004-08-01 实施

中华人民共和国国家质量监督检验检疫总局
中国国家标准化管理委员会　发布

前言

本标准修改采用ISO 236-2:1976《莫氏锥柄长刃机用铰刀》(英文版)。

本标准与ISO 236-2:1976相比有下列技术性差异和编辑性修改:

——规范性引用文件中,删除ISO 236-1《手用铰刀》、ISO 521《直柄和莫氏锥柄机用铰刀》;ISO 296用GB/T 1443《机床和工具柄用自夹圆锥》代替;增加了GB/T 4246《铰刀特殊公差》;

——增加了标记示例;

——用符号“.”代替用作小数点的逗号“,”;

——用“本标准”代替“本国际标准”;

——删除了国际标准前言;

——增加了规范性附录A(加工H7、H8、H9级孔的铰刀直径公差);

——将ISO 236-2图和表1、表2、表3、表4中的l改为L,l_1改为l。

本标准自实施之日起,代替GB/T 4243—1984《锥柄长刃机用铰刀》。

本标准与GB/T 4243—1984相比有如下变化:

——增加了常备的标准铰刀直径公差m6;

——增加了英制尺寸;

——增加了第3章:互换性;

——按ISO 236-2调整了GB/T 4243—1984的章条;

——取消了GB/T 4243—1984图中的参考尺寸和表面粗糙度标注(表面粗糙度列入技术条件标准中);

——取消了GB/T 4243—1984表中的参考尺寸:l_1、a、f和齿数;

——按ISO 236-2调整了GB/T 4243—1984表中的直径范围;

——将GB/T 4243—1984中的表按ISO 236-2,调整为:表1长度公差,表2推荐直径和相应尺寸(米制),表3推荐直径和相应尺寸(英制)和表4以直径分段的尺寸;

——GB/T 4243—1984表中加工H7、H8和H9级精度孔的机用铰刀直径d的公差列入附录A;

——修改了标记示例;

——增加了附录A(加工H7、H8、H9级孔的铰刀直径公差)。

本标准的附录A为规范性附录。

本标准由中国机械工业联合会提出。

本标准由全国刀具标准化技术委员会(SAC/TC 91)归口。

本标准起草单位:成都工具研究所。

本标准主要起草人:樊瑾、许刚。

本标准所代替标准的历次版本发布情况:

——GB/T 4243—1984。

莫氏锥柄长刃机用铰刀

1 范围

本标准规定了莫氏锥柄长刃机用铰刀的尺寸及标记示例。

本标准包括三个表：

——单位为毫米的推荐直径和相应尺寸；

——单位为英寸的推荐直径和相应尺寸；

——单位为毫米和英寸以直径分段的尺寸。此外还规定了长度和切削部分直径公差。

本标准适用于直径大于 6 mm 至 85 mm 的高速钢莫氏锥柄长刃机用铰刀。

2 规范性引用文件

下列文件中的条款通过本标准的引用而成为本标准的条款。凡是注日期的引用文件，其随后所有的修改单(不包括勘误的内容)或修订版均不适用于本标准，然而，鼓励根据本标准达成协议的各方研究是否可使用这些文件的最新版本。凡是不注日期的引用文件，其最新版本适用于本标准。

GB/T 1443 机床和工具柄用自夹圆锥(GB/T 1443—1996，eqv ISO 296:1991)

GB/T 4246 铰刀特殊公差(GB/T 4246—2004，ISO 522:1975，IDT)

3 互换性

编制各尺寸表时，考虑了保证以毫米和英寸表示的各尺寸尽可能相等。

因此，将直径范围再细分为一系列尺寸段。米制直径尺寸分段的极限值取自优先数系列，并直接转换成英制数值，同一直径分段中米制和英制的长度保持相同。

但是在两种计量单位制里，推荐直径是不同的，并且在同一直径分段中，推荐的直径数也是不同的。

4 公差

4.1 切削部分

直径 d 在紧接切削锥之后测量。对于常备标准铰刀，直径 d 的公差为 m6。对于加工特定公差孔的铰刀直径公差按 GB/T 4246 设计，本标准在附录 A 中给出了加工 H7、H8、H9 级孔的铰刀直径公差。

4.2 长度公差

铰刀的长度公差按表 1。

表 1 长度公差

总长 L、切削刃长度 l				公差	
大于	至	大于	至		
mm		in		mm	in
6	30	$\frac{1}{4}$	$1\frac{1}{4}$	±1	±$\frac{1}{32}$
30	120	$1\frac{1}{4}$	$4\frac{3}{4}$	±1.5	±$\frac{1}{16}$
120	315	$4\frac{3}{4}$	12	±2	±$\frac{3}{32}$
315	1 000	12	40	±3	±$\frac{1}{8}$

对特殊公差的铰刀，其长度和柄部尺寸可以从相邻较大或较小的分段内选择，但公差按表 1 的规定。

示例：

直径为 15 mm 的特殊公差莫氏锥柄长刃机用铰刀，长度 L 可取 187 mm，l 为 87 mm 和 2 号莫氏锥柄；或长度 L 取 156 mm，l 为 76 mm 和 1 号莫氏锥柄（见表 4）。

5 尺寸

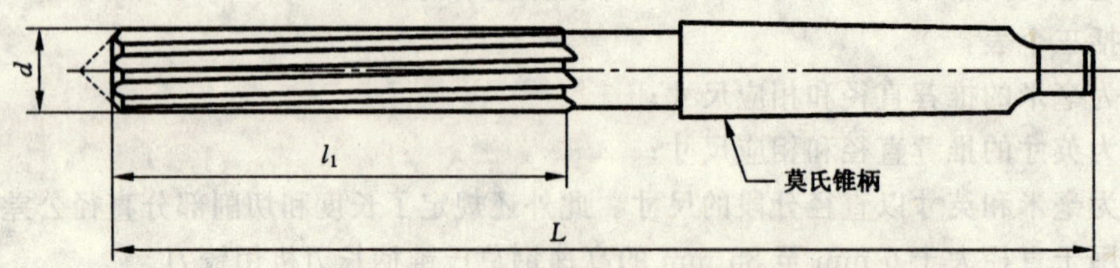

图 1 莫氏锥柄长刃机用铰刀

表 2 推荐直径和相应尺寸

单位为毫米

<table>
<tr><th>d</th><th>l</th><th>L</th><th>莫氏锥柄号</th></tr>
<tr><td>7</td><td>54</td><td>134</td><td rowspan="8">1</td></tr>
<tr><td>8</td><td>58</td><td>138</td></tr>
<tr><td>9</td><td>62</td><td>142</td></tr>
<tr><td>10</td><td>66</td><td>146</td></tr>
<tr><td>11</td><td>71</td><td>151</td></tr>
<tr><td>12</td><td rowspan="2">76</td><td rowspan="2">156</td></tr>
<tr><td>(13)</td></tr>
<tr><td>14</td><td rowspan="2">81</td><td>161</td></tr>
<tr><td>(15)</td><td>181</td><td rowspan="9">2</td></tr>
<tr><td>16</td><td rowspan="2">87</td><td rowspan="2">187</td></tr>
<tr><td>(17)</td></tr>
<tr><td>18</td><td rowspan="2">93</td><td rowspan="2">193</td></tr>
<tr><td>(19)</td></tr>
<tr><td>20</td><td rowspan="2">100</td><td rowspan="2">200</td></tr>
<tr><td>(21)</td></tr>
<tr><td>22</td><td rowspan="2">107</td><td rowspan="2">207</td></tr>
<tr><td>(23)</td></tr>
<tr><td>(24)</td><td rowspan="3">115</td><td rowspan="3">242</td><td rowspan="6">3</td></tr>
<tr><td>25</td></tr>
<tr><td>(26)</td></tr>
<tr><td>(27)</td><td rowspan="3">124</td><td rowspan="3">251</td></tr>
<tr><td>28</td></tr>
<tr><td>(30)</td></tr>
</table>

表 2（续） 单位为毫米

<table>
<tr><th>d</th><th>l</th><th>L</th><th>莫氏锥柄号</th></tr>
<tr><td>32</td><td>133</td><td>293</td><td rowspan="12">4</td></tr>
<tr><td>(34)</td><td rowspan="3">142</td><td rowspan="3">302</td></tr>
<tr><td>(35)</td></tr>
<tr><td>36</td></tr>
<tr><td>(38)</td><td rowspan="3">152</td><td rowspan="3">312</td></tr>
<tr><td>40</td></tr>
<tr><td>(42)</td></tr>
<tr><td>(44)</td><td rowspan="3">163</td><td rowspan="3">323</td></tr>
<tr><td>45</td></tr>
<tr><td>(46)</td></tr>
<tr><td>(48)</td><td rowspan="3">174</td><td rowspan="2">334</td></tr>
<tr><td>50</td></tr>
<tr><td>(52)</td><td>371</td><td rowspan="9">5</td></tr>
<tr><td>(55)</td><td rowspan="4">184</td><td rowspan="4">381</td></tr>
<tr><td>56</td></tr>
<tr><td>(58)</td></tr>
<tr><td>(60)</td></tr>
<tr><td>(62)</td><td rowspan="3">194</td><td rowspan="3">391</td></tr>
<tr><td>63</td></tr>
<tr><td>67</td></tr>
<tr><td>71</td><td>203</td><td>400</td></tr>
<tr><td colspan="4">注：括号内的尺寸尽量不采用。莫氏锥柄按 GB/T 1443 的规定。</td></tr>
</table>

表 3 推荐直径和相应尺寸 单位为英寸

<table>
<tr><th>d</th><th>l</th><th>L</th><th>莫氏锥柄号</th></tr>
<tr><td>$\frac{1}{4}$</td><td>2</td><td>$5\frac{1}{8}$</td><td rowspan="9">1</td></tr>
<tr><td>$\frac{9}{32}$</td><td>$2\frac{1}{8}$</td><td>$5\frac{1}{4}$</td></tr>
<tr><td>$\frac{5}{16}$</td><td>$2\frac{1}{4}$</td><td>$5\frac{3}{8}$</td></tr>
<tr><td>$\frac{11}{32}$</td><td>$2\frac{7}{16}$</td><td>$5\frac{9}{16}$</td></tr>
<tr><td>$\frac{3}{8}$</td><td rowspan="2">$2\frac{5}{8}$</td><td rowspan="2">$5\frac{3}{4}$</td></tr>
<tr><td>($\frac{13}{32}$)</td></tr>
<tr><td>$\frac{7}{16}$</td><td>$2\frac{13}{16}$</td><td>$5\frac{15}{16}$</td></tr>
<tr><td>($\frac{15}{32}$)</td><td rowspan="2">3</td><td rowspan="2">$6\frac{1}{8}$</td></tr>
<tr><td>$\frac{1}{2}$</td></tr>
</table>

表 3（续）

单位为英寸

d	l	L	莫氏锥柄号
$\frac{9}{16}$	$3\frac{3}{16}$	$7\frac{1}{8}$	2
$\frac{5}{8}$	$3\frac{7}{16}$	$7\frac{3}{8}$	
$\frac{11}{16}$	$3\frac{11}{16}$	$7\frac{5}{8}$	
$\frac{3}{4}$	$3\frac{15}{16}$	$7\frac{7}{8}$	
($\frac{13}{16}$)			
$\frac{7}{8}$	$4\frac{3}{16}$	$8\frac{1}{8}$	
1	$4\frac{1}{2}$	$9\frac{1}{2}$	3
($1\frac{1}{16}$)	$4\frac{7}{8}$	$9\frac{7}{8}$	
$1\frac{1}{8}$			
$1\frac{1}{4}$	$5\frac{1}{4}$	$10\frac{1}{4}$	
($1\frac{5}{16}$)		$11\frac{9}{16}$	4
$1\frac{3}{8}$	$5\frac{5}{8}$	$11\frac{15}{16}$	
($1\frac{7}{16}$)			
$1\frac{1}{2}$	6	$12\frac{5}{16}$	
($1\frac{5}{8}$)			
$1\frac{3}{4}$	$6\frac{7}{16}$	$12\frac{3}{4}$	
($1\frac{7}{8}$)	$6\frac{7}{8}$	$13\frac{3}{16}$	
2			
$2\frac{1}{4}$	$7\frac{1}{4}$	15	5
$2\frac{1}{2}$	$7\frac{5}{8}$	$15\frac{3}{8}$	
3	$8\frac{3}{8}$	$16\frac{1}{8}$	

注：括号内的尺寸尽量不采用。莫氏锥柄按 GB/T 1443 的规定。

表 4　以直径分段的尺寸

直径范围 d				长度尺寸				莫氏锥柄号
大于	至	大于	至	l	L	l	L	
mm		in		mm		in		
6.00	6.70	0.236 2	0.263 8	50	130	2	$5\frac{1}{8}$	1
6.70	7.50	0.263 8	0.295 3	54	134	$2\frac{1}{8}$	$5\frac{1}{4}$	
7.50	8.50	0.295 3	0.334 6	58	138	$2\frac{1}{4}$	$5\frac{3}{8}$	
8.50	9.50	0.334 6	0.374 0	62	142	$2\frac{7}{16}$	$5\frac{9}{16}$	
9.50	10.60	0.374 0	0.417 3	66	146	$2\frac{5}{8}$	$5\frac{3}{4}$	
10.60	11.80	0.417 3	0.464 6	71	151	$2\frac{13}{16}$	$5\frac{15}{16}$	
11.80	13.20	0.464 6	0.519 7	76	156	3	$6\frac{1}{8}$	
13.20	14.00	0.519 7	0.551 2	81	161	$3\frac{3}{16}$	$6\frac{5}{16}$	
14.00	15.00	0.551 2	0.590 6		181		$7\frac{1}{8}$	2

表 4（续）

直径范围 d				长度尺寸				莫氏锥柄号
大于	至	大于	至	l	L	l	L	
mm		in		mm		in		
15.00	17.00	0.590 6	0.669 3	87	187	$3\frac{7}{16}$	$7\frac{3}{8}$	2
17.00	19.00	0.669 3	0.748 0	93	193	$3\frac{11}{16}$	$7\frac{5}{8}$	
19.00	21.20	0.748 0	0.834 6	100	200	$3\frac{15}{16}$	$7\frac{7}{8}$	
21.20	23.02	0.834 6	0.906 2	107	207	$4\frac{3}{16}$	$8\frac{1}{8}$	
23.02	23.60	0.906 2	0.929 1		234		$9\frac{3}{16}$	3
23.60	26.50	0.929 1	1.043 3	115	242	$4\frac{1}{2}$	$9\frac{1}{2}$	
26.50	30.00	1.043 3	1.181 1	124	251	$4\frac{7}{8}$	$9\frac{7}{8}$	
30.00	31.75	1.181 1	1.250 0	133	260	$5\frac{1}{4}$	$10\frac{1}{4}$	
31.75	33.50	1.250 0	1.318 9		293		$11\frac{9}{16}$	4
33.50	37.50	1.318 9	1.476 4	142	302	$5\frac{5}{8}$	$11\frac{15}{16}$	
37.50	42.50	1.476 4	1.673 2	152	312	6	$12\frac{5}{16}$	
42.50	47.50	1.673 2	1.870 1	163	323	$6\frac{7}{16}$	$12\frac{3}{4}$	
47.50	50.80	1.870 1	2.000 0	174	334	$6\frac{7}{8}$	$13\frac{3}{16}$	
50.80	53.00	2.000 0	2.086 6	174	371	$6\frac{7}{8}$	$14\frac{5}{8}$	5
53.00	60.00	2.086 6	2.362 2	184	381	$7\frac{1}{4}$	15	
60.00	67.00	2.362 2	2.637 8	194	391	$7\frac{5}{8}$	$15\frac{3}{8}$	
67.00	75.00	2.637 8	2.952 8	203	400	8	$15\frac{3}{4}$	
75.00	76.20	2.952 8	3.000 0	212	409	$8\frac{3}{8}$	$16\frac{1}{8}$	
76.20	85.00	3.000 0	3.346 5		479		$18\frac{7}{8}$	6
注：莫氏锥柄按 GB/T 1443 的规定。								

6 标记示例

直径 d=10 mm，公差为 m6 的莫氏锥柄长刃机用铰刀为：

长刃机用铰刀　10　GB/T 4243—2004

直径 d=10mm，加工 H8 级精度孔的莫氏锥柄长刃机用铰刀为：

长刃机用铰刀　10　H8　GB/T 4243—2004

附　录　A
（规范性附录）
加工 H7、H8、H9 级孔的铰刀直径公差

表 A.1　　　　单位为毫米

直径		极限偏差		
大于	至	H7 级	H8 级	H9 级
6.00	10.00	+0.012 +0.006	+0.018 +0.010	+0.030 +0.017
10.00	18.00	+0.015 +0.008	+0.022 +0.012	+0.036 +0.020
18.00	30.00	+0.017 +0.009	+0.028 +0.016	+0.044 +0.025
30.00	50.00	+0.021 +0.012	+0.033 +0.019	+0.052 +0.030
50.00	80.00	+0.025 +0.014	+0.039 +0.022	+0.062 +0.036
80.00	120.00	+0.029 +0.016	+0.045 +0.026	+0.073 +0.042